Automatisierungstechnik 2

Springer
Berlin
Heidelberg
New York
Barcelona
Hongkong
London
Mailand
Paris
Singapur
Tokio

HANS-JÜRGEN GEVATTER (Hrsg.)

Automatisierungstechnik 2
Geräte

mit 312 Abbildungen und 38 Tabellen

 Springer

Professor Dr.-Ing. **Hans-Jürgen Gevatter**
Technische Universität Berlin
Institut für Mikrotechnik und Medizintechnik
Keplerstraße 4
D-10589 Berlin

Die Deutsche Bibliothek – CIP-Einheitsaufnahme

Automatisierungstechnik / Hrsg.: Hans-Jürgen Gevatter. - Berlin ; Heidelberg ; New York ; Barcelona ; Hongkong ;
London ; Mailand ; Paris ; Singapur ; Tokio : Springer
(VDI-Buch)
Bd. 2. Geräte. - 2000
ISBN 3-540-67085-8

ISBN 3-540-67085-8 Springer-Verlag Berlin Heidelberg New York

Springer-Verlag ist ein Unternehmen der Fachverlagsgruppe BertelsmannSpringer
© Springer-Verlag Berlin Heidelberg 2000
Printed in Germany

Einbandgestaltung: Struwe & Partner, Ilvesheim
Satz: MEDIO, Berlin
Gedruckt auf säurefreiem Papier   SPIN: 10756506   68/3020   5 4 3 2 1 0

Vorwort

Das Handbuch Automatisierungstechnik 2 ist ein auszugsweiser und inhaltlich unveränderter Nachdruck aus dem *Handbuch der Meß- und Automatisierungstechnik*, das 1998 im Springer-Verlag erschienen ist. Es beinhaltet die Teile der Geräte.

Um dem Leser, der sich nur über Teilgebiete informieren möchte, einen kostengünstigen Zugriff zu bieten, wurde das Handbuch in drei Teilbände mit den Themen

1. Meß- und Sensortechnik
2. Geräte
3. Aktoren

gegliedert.

Das Buch soll dem Leser bei der Lösung von Aufgaben auf dem Gebiet der Entwicklung, der Planung und des technischen Vertriebes von Geräten und Anlagen der Meß- und Automatisierungstechnik helfen. Der heutige Stand der Technik bietet ein sehr umfangreiches Sortiment gerätetechnischer Mittel, gekennzeichnet durch zahreiche Technologien und unterschiedliche Komplexität. Es ist daher einem einschlägigen Fachmann kaum möglich, alle anfallenden Fragestellungen aus seinem naturgemäß begrenzten Kenntnisstand heraus zu beantworten.

Daher geht die Gliederung dieses Buches von den sich ergebenden Problemstellungen aus und gibt dem Leser zahlreiche Antworten und Hinweise, welches Bauelement für die jeweilige Fragestellung die optimale Lösung bietet.

Der hier verwendete Begriff des Bauelementes ist sehr weit gefaßt und steht für

- die am Meßort einzusetzenden Meßumformer und Sensoren,
- die zur Signalverarbeitung dienenden Bauelemente und Geräte,
- die Stellglieder und Stellantriebe,
- die elektromechanischen Schaltgeräte,
- die Hilfsenergiequellen.

Die Kapitel für die Signalverarbeitung, für die Stellantriebe und für die Hilfsenergiequellen sind in die drei gängigen Hilfsenergiearten (elektrisch, pneumatisch, hydraulisch) unterteilt. Für den oftmals erforderlichen Wechsel der Hilfsenergieart dienen die entsprechenden Schnittstellen-Bauelemente (z.B. elektro-hydraulische Umformer).

Alle Kapitel sind mit einem ausführlichen Literaturverzeichnis ausgestattet, das dem Leser den Weg zu weiterführenden Detailinformationen aufzeigt.

Der Umfang der heute sehr zahlreich zur Verfügung stehenden Komponenten machte eine Auswahl und Beschränkung auf die wesentlichen am Markt erhältlichen Bauelemente erforderlich, um den Umfang dieses Buches in handhabbaren Grenzen zu halten. Daher wurden die systemtechnischen Grundlagen nur sehr knapp behandelt. Die gesamte Mikrocomputertechnik wurde vollständig ausgeklammert, da für dieses Gebiet eine umfangreiche, einschlägige Literatur zur Verfügung steht. Den Schluß des Buches bildet ein ausführliches Abkürzungsverzeichnis.

Hans-Jürgen Gevatter   Berlin, im März 2000

Hinweise zur Benutzung

Die in diesem Buch aufgenommenen Abschnitte sind mit denen des Gesamtwerks *Handbuch der Meß- und Automatisierungstechnik* identisch. Die Abschnittsnumerierung wie auch die Querverweise im Text auf andere Abschnitte, auch wenn diese nicht in diesem Einzelband enthalten sind, wurden beibehalten. Dem interessierten Leser helfen diese Strukturmerkmale. Es sind ergänzende, aber für das Grundverständnis des Einzelbandes nicht notwendige Hinweise zu weiteren interessierenden Ausführungen.

Zur Information und besseren Orientierung wurde das vollständige Autorenverzeichnis aus dem Gesamtwerk übernommen. Aus denselben Gründen folgt im Anschluß an das Inhaltsverzeichnis dieses Teilbandes eine Inhaltsübersicht über das Gesamtwerk.

Autoren

Prof. Dr. sc. phil. WERNER KRIESEL
Fachhochschule Merseburg

DIPL.-ING. MATHIAS MARTIN
Brandenburgische Technische Universität
Cottbus

Prof. Dr.-Ing. habil. JÜRGEN PETZOLDT
Universität Rostock

Dr.-Ing. TOBIAS REIMANN
Technische Universität Ilmenau

LUDWIG SCHICK
91091 Großenseebach

Dr. rer. nat. GÜNTER SCHOLZ
Physikalisch-Technische Bundesanstalt
Berlin

Dipl.-Ing. GERHARD SCHRÖTHER
SIEMENS AG

Prof. Dr.-Ing. habil. MANFRED SEIFART
Otto-von-Guericke Universität Magdeburg

Prof. Dr.-Ing. HELMUT E. SIEKMANN
Technische Universität Berlin

Dr. DIETER STUCK
Physikalisch-Technische Bundesanstalt,
Berlin

Prof. Dr.-Ing. HANS-DIETER STÖLTING
Universität Hannover

Dipl.-Ing. DIETMAR TELSCHOW
Hochschule für Technik, Wirtschaft und
Kultur
Leipzig

Prof. Dr.-Ing. habil. HEINZ TÖPFER
01277 Dresden

MICHAEL ULONSKA
Fa. Knick
Berlin

Prof. Dr. rer. nat. GERHARD WIEGLEB
Fachhochschule Dortmund

Prof. Dr.-Ing. habil. HELMUT BEIKIRCH
Universität Rostock

Doz. Dr.-Ing. PETER BESCH
01279 Dresden

Prof. Dr.-Ing. KLAUS BETHE
Technische Universität Braunschweig

Prof. Dr.-Ing. GERHARD DUELEN
03044 Cottbus

Dipl.-Phys. FRANK EDLER
Physikalisch-Technische Bundesanstalt
Berlin

Prof. Dr.-Ing. DIETMAR FINDEISEN
Bundesanstalt für Materialforschung
Berlin

Prof. Dr.-Ing. HANS-JÜRGEN GEVATTER
Technische Universität Berlin

Dipl.-Ing. HELMUT GRÖSCH
72459 Albstadt

Prof. Dr.-Ing. ROLF HANITSCH
Technische Universität Berlin

Dr.-Ing. EDGAR VON HINÜBER
IMAR GMBH, 66386 St. Ingbert

Prof. Dr.-Ing. habil. HARTMUT JANOCHA
Universität des Saarlandes,
Saarbrücken

Dipl.-Phys. ROLF-DIETER KIMPEL
SIEMENS Electromechanical Components,
Inc.
Princeton, Indiana 47671

Prof. Dr.-Ing. habil. LADISLAUS KOLLAR (†)
Fachhochschule Lausitz
01968 Senftenberg

Inhalt

G   Bauelemente für die Signalverarbeitung mit hydraulischer Hilfsenergie   333

L   Hilfsenergiequellen   357

Inhaltsübersicht über das Gesamtwerk

Teil A

Begriffe, Benennungen, Definitionen

1 Begriffe, Definitionen

L. Kollar (Abschn. 1.1, 1.2)
H.-J. Gevatter (Abschn. 1.3–1.5)

1.1
Aufgabe der Automatisierung

Mit Hilfe der Automatisierung werden menschliche Leistungen auf Automaten übertragen. Dazu ordnet der Mensch zwischen sich und einem Prozeß (z.B. technologischen Prozeß) Automaten und weitere technische Mittel (z.B. Einrichtung zur Hilfsenergieversorgung) an (Bild 1.1).

Ein *Automat* ist ein technisches System, das *selbsttätig* ein Programm befolgt. Auf Grund des Programms trifft das System Entscheidungen, die auf der Verknüpfung von Eingaben mit den jeweiligen Zuständen des Systems beruhen und Ausgaben zur Folge haben [DIN 19223].

Zur Realisierung der Funktion eines Automaten ist das Zusammenwirken verschiedener Automatisierungsmittel erforderlich. Sie erstrecken sich auf die

- Informationsgewinnung (Meßmittel),
- Informationsverarbeitung (z.B. Steuereinrichtung, Regler),
- Informationsausgabe (z.B. Sichtgerät),
- Informationseingabe (Tastatur, Schalter),
- Informationsnutzung (Stelleinrichtung) und
- Informationsübertragung (z.B. elektrische oder pneumatische Leitungen).

Die zur Informationsübertragung und zum Betrieb der Automatisierungsmittel benötigte *Hilfsenergie* (s. Abschn. 1.5) kann elektrisch, pneumatisch oder hydraulisch sein. Im Bereich nichtelektrischer Automatisierungsmittel ist oft keine Hilfsenergie erforderlich, weil diese dem zu automatisierenden Prozeß entnommen werden kann (Geräte *ohne* Hilfsenergie). Um die Informationsübertragung zwischen den verschiedenen Funktionseinheiten zu gewährleisten, wurden Einheitssignale und Einheitssignalbereiche festgelegt [VDI/VDE 2188] (s. Abschn. 1.4).

Die Einbeziehung von Mikrokontrollern und Mikrorechnern in die Informationsverarbeitung hat zur Entwicklung von Bus-Verbindungen geführt [VDI/VDE 3689] (s. Teil D).

Ein Bus ist eine mehradrige Leitung, durch die der Aufwand bei der Verkabelung verringert wird.

In Verbindung mit einer entsprechenden Steuerung des Informationsflusses kann eine bestimmte Nachricht allen Teilnehmern (Funktionseinheiten) gleichzeitig angeboten werden. Auf diese Weise ist die Kopplung von verschiedenen Automatisierungsmitteln, z.B. für die Informationsgewinnung über intelligente Meßeinrichtungen mit mikrorechnergestützten Reglern zur Informationsverarbeitung besonders effektiv möglich [1.1].

Von besonderer Bedeutung sind die Koppelstellen (Bild 1.1)

Mensch – Automat
Mensch – Prozeß und
Automat – Prozeß.

Über die Koppelstellen Mensch – Automat sowie Mensch – Prozeß wird dem Menschen die Möglichkeit eingeräumt, auf einen Automaten oder Prozeß entsprechend festgelegter Vorgehensweisen Einfluß zu nehmen (Informationseingabe) oder sich über Aktivitäten des Automaten oder über Parameter einer Prozeßgröße zu informieren (Informationsausgabe). Die u.a. auch dafür entwickelte Leittechnik [DIN 19222] und die Besonderheiten der *Mensch-Maschine-Kommunikation* [1.2] sollen im folgenden nicht näher erörtert werden.

Die von Automaten zu lösenden Aufgaben sind unterschiedlich. Sie werden u.a. wesentlich bestimmt durch die Anforderungen der Automatisierung [1.1], die technische Entwicklung der Geräte und Softwaresysteme [1.3, 1.4] sowie die Einsatz- und Umgebungsbedingungen (s. Kap. 3). Umgebungsbedingungen sind die Gesamtheit einzeln oder kombiniert auftretender Einflußgrößen, die auf Erzeugnisse einwirken und zusammen mit den Erzeugnisei-

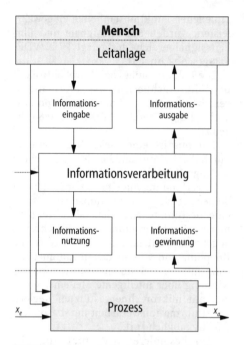

Bild 1.1. Kopplungen im Bereich des Informationsflusses zwischen Mensch und Prozeß

genschaften zu Beanspruchungen und in deren Folge zu Erzeugnisdegradation und Ausfällen führen. Umgebungsbedingungen natürlichen Ursprungs sind statistisch erfaßbar und territorial klassifizierbar [VDI/VDE 3540].

Technische Bauten und Einrichtungen bewirken Veränderungen, die durch Einflüsse aus dem Zusammenwirken von Geräte- und Anlagenfunktionen überlagert werden und die technoklimatischen Umgebungsbedingungen verursachen. Diese sind mit statistischen Verfahren gegenwärtig nicht erfaßbar.

1.2
Methoden der Automatisierung

Im Rahmen der Automatisierung werden automatische Steuerungen mit

– offenem Wirkungsablauf (Steuerungen) und
– geschlossenem Wirkungsablauf (Regelungen) sowie
– Kombinationen aus beiden

eingesetzt [DIN 19226 T.1].

Automatische Steuerungen sind *dynamische Systeme*. Entsprechend der Definition [DIN 19222] gilt dafür: Ein dynamisches System ist eine Funktionseinheit zur Verarbeitung und Übertragung von Signalen (z.B. in Form von Energie, Material, Information, Kapital und anderen Größen), wobei die Systemeingangsgrößen als *Ursache* und die Systemausgangsgrößen als deren zeitliche *Wirkung* zueinander in Relation gebracht werden.

Dynamische Systeme können Wechselwirkungen zwischen einer Ein- und Ausgangsgröße, zwischen mehreren Ein- und Ausgangsgrößen oder auch zwischen mehrstufig hierarchisch gegliederten Mehrgrößensystemen darstellen [DIN 19226 T.1, DIN 19222, 1.5].

Der Anwendungsbereich von Steuerungen und Regelungen ist sehr vielfältig. Zumeist wird die Entscheidung für eine Steuerung oder Regelung von dem Einfluß der *Störgrößen* getroffen, die das Einhalten geforderter Ausgangsgrößen eines dynamischen Systems erschweren.

1.3
Information, Signal

In einer offenen Steuerkette bzw. in einer geschlossenen Regelschleife werden Signale von einem Übertragungsglied zum nächsten Übertragungsglied weitergegeben. Die Signalflußrichtung ist durch die im Idealfall volle *Rückwirkungsfreiheit* des Übertragungsgliedes gegeben. Das heißt, das Ausgangssignal des vorgeschalteten Übertragungsgliedes ist gleich dem Eingangssignal des nachgeschalteten Übertragungsgliedes (Verzweigungs- und Summationsfreiheit vorausgesetzt).

Signale sind ausgewählte physikalische Größen, die sich aus gerätetechnischer Sicht vorteilhaft verarbeiten lassen (s. Abschn. 1.4). Jedoch sind Signale nur Mittel zum Zweck der *Informationsübertragung*. Eine Information, d.h. das Wissen um einen bestimmten Zusammenhang („Know-how") ist ein immaterieller, energieloser Zustand (Negativdefinition: „Information ist weder Materie noch Energie"). Um jedoch Informationen weitergeben zu können, muß ein Signal, ausgestattet mit einem gewissen

Energiepegel, zu Hilfe genommen werden. Die Höhe des erforderlichen Energiepegels richtet sich nach der Höhe des zu beachtenden Störpegels des Übertragungsweges und muß einen hinreichend hohen Störabstand (signal-to-noise ratio, in dB gemessen) haben, um eine sichere Informationsübertragung (d.h. ohne Informationsverlust) zu gewährleisten.

Damit der Empfänger eines Signales die Information entschlüsseln kann, muß zwischen Sender und Empfänger vorher eine Vereinbarung getroffen werden. Dabei kann ein und dasselbe Signal je nach Vereinbarung verschiedenen Informationsinhalt haben. Umgekehrt kann ein und dieselbe Information mit Hilfe unterschiedlicher Signale transportiert werden. So hat z.B. ein elektrischer Temperatur-Meßumformer mit einem Meßbereich von $0/100$ °C als Ausgangssignal $4/20$ mA, während ein pneumatischer Temperatur-Meßumformer für den gleichen Meßbereich ein Ausgangssignal von $0,2/1,0$ bar liefert (s. Abschn. 1.4).

Der für die Signalübertragung erforderliche Energiepegel wird entweder dem Meßort entnommen oder mit Hilfe eines Leistungsverstärkers aus einer *Hilfsenergiequelle* (s. Abschn. 1.5) geliefert. Ein Thermoelement (als Beispiel eines Meßumformers/Sensors ohne Hilfsenergie) entnimmt dem Meßort durch Abkühlung (Temperaturmeßfehler) die Energie, die am Ausgang abgenommen wird.

Mit Hilfe eines als Impedanzwandler geschalteten Operationsverstärkers, der aus einer Hilfsenergiequelle (Netzgerät) gespeist wird, kann dieser Meßfehler vermieden werden.

Somit wird deutlich, daß im allgemeinen Fall ein Übertragungsglied sowohl hinsichtlich der Qualität des Signalflusses als auch der Qualität des Energieflusses beurteilt werden muß (Bild 1.2).

Für Signalumformer am Meßort steht die Qualität des Signalflusses (Meßwertgenauigkeit) im Vordergrund, während der Energiefluß lediglich einen Ausgangsenergiepegel liefern muß, der der Anforderung nach einem hinreichenden Störabstand genügt.

Am Stellort steht die Qualität des Energieflusses (Energiewirkungsgrad) im Vor-

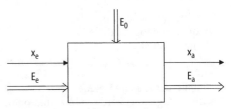

Bild 1.2. Allgemeines Übertragungsglied
x_e Eingangssignal, x_a Ausgangssignal, E_e Eingangsenergie, E_a Ausgangsenergie, E_0 Hilfsenergie

dergrund, insbesondere wenn eine hohe Stellenergie für große Stellantriebe erforderlich ist. Die Qualität des Signalflusses ist am Stellort in einer Regelschleife von untergeordneter Bedeutung. Es muß lediglich die Erhaltung des Signalvorzeichens gewährleistet sein. Kleine Abweichungen von der Signalübertragungsgenauigkeit (z.B. Nullpunktfehler, Nichtlinearitätsfehler) werden in der Regelschleife ausgeregelt.

1.4
Signalarten

Grundsätzlich ist jede physikalische Größe als Signal verwendbar. Es wurden jedoch als Ergebnis der langjährigen Erfahrungen aus der meß- und automatisierungstechnischen Praxis die physikalischen Größen

– pneumatischer Druck,
– elektrische Spannung,
– elektrischer Strom,
– Weg/Winkel,
– Kraft/Drehmoment

bevorzugt. Während die ersten drei Größen für die signalmäßige Verbindung zwischen den Übertragungsgliedern (Geräte) einer Signalflußkette eingesetzt werden, werden die letzten beiden Größen vorzugsweise als geräteinterne Signale verwendet (z.B. wegkompensierende bzw. kraftkompensierende Systeme).

In den primären Sensorelementen (Meßelementen, Meßumformern) werden für die Signalumformung (z.B. mechanische Größe/elektrische Größe) sehr zahlreiche verschiedene physikalische Effekte genutzt, die unterschiedliche Signalarten am Ausgang haben:

– amplitudenanaloge Signale,
– frequenzanaloge Signale,
– digitale Signale.

1.4.1
Amplitudenanaloge Signale

Bei dieser Signalart wird die Information in eine analoge *Amplitudenmodulation* der als Signal verwendeten physikalischen Größe umgeformt. Dabei unterscheidet man vorzeichenerhaltende Amplitudenmodulationen (z.B. –5 V/+5 V Gleichspannung) und nicht vorzeichenerhaltende (nur in einem Quadranten) modulierbare Signale (z.B. 0,2/1,0 bar).

Eine besondere Art der Amplitudenmodulation ist die amplitudenmodulierte *Wechselspannungs-Nullspannung*. Mit dieser Bezeichnung soll zum Ausdruck kommen, daß die ausgangsseitig amplitudenmodulierte Wechselspannung Null ist, wenn das Eingangssignal Null ist. Diese Signalart tritt bei zahlreichen Meßumformer-Bauformen auf, die die eingangssignalabhängige transformatorische Kopplung zwischen einer Primärspule und einer Sekundärspule verwenden (z.B. Differentialtransformator, s. Abschn. B 5.1). Das Ausgangssignal hat den zeitlichen Verlauf

$$u_a(t) = \hat{u}_a \sin(\omega_T t) x_e(t) \qquad (1.1)$$

mit $x_e(t)$ als (normiertes) Eingangssignal, $\hat{u}_a$ als Amplitude der Ausgangswechselspannung und $f_T = \omega_T/2\pi$ als Trägerfrequenz (Bild 1.3).

Das Vorzeichen des Eingangssignals wird auf die Phasenlage des Trägers abgebildet. Positives Vorzeichen bildet die Phasenlage Null des Trägers, negatives Vorzeichen bildet die Phasenlage $\pm\pi$ des Trägers (wegen $-\sin \omega_T t = \sin (\omega_T t \pm\pi)$). Die Rückgewinnung der Einhüllenden $x_e(t)$ erfolgt durch eine phasenempfindliche (vorzeichenerhaltende) Gleichrichtung (Synchrongleichrichtung).

1.4.2
Frequenzanaloge Signale

Bei dieser Signalart wird die *Frequenz* des Ausgangssignales in Abhängigkeit des Eingangssignals moduliert. Der Vorteil dieser Signalart ist die sehr störsichere Übertra-

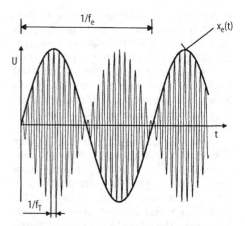

Bild 1.3. Amplitudenmodulierte Wechselspannungs-Nullspannung. Zeitlicher Verlauf des amplitudenmodulierten Ausgangssignals

gung über große Entfernungen (drahtgebunden oder drahtlos). Nachteilig ist jedoch, daß kein Vorzeichenwechsel des Eingangssignales zulässig ist und daß es nur wenige physikalische Effekte gibt, die ein primäres Sensorelement mit frequenzanalogem Ausgang ermöglichen.

1.4.3
Digitale Signale

Das Ausgangssignal ist digital codiert:

– binär 0/1 bzw. Low (L)/High (H),
– inkremental,
– absolut.

Binäre Signale können nur den Zustand Ja/Nein übertragen (z.B. Näherungsschalter). Inkremental codierte Signale bilden eine Impulsfolge. Jeder Übergang von L auf H bzw. von H auf L kennzeichnet einen inkrementalen Schritt des Eingangssignals. Zum Erkennen der Änderungsrichtung des Eingangssignales ist es erforderlich, eine um $1/4$ Schritt versetzte zweite Spur einzusetzen.

Außerdem wird die absolute Größe des Eingangssignales nicht übertragen. Jedoch ist es möglich, nach einem „Reset" die Impulsfolge störsicher in einen Zähler zu geben, so daß der jeweilige Zählerinhalt ein pseudo-absolutes Abbild des Eingangssignales ist.

Signalumformer mit einem absolut codiertem Ausgangssignal formen das Eingangssignal entsprechend um, wobei der oben genannte Nachteil des inkrementalen Signales nicht mehr auftritt. Entsprechend größer ist der gerätetechnische Aufwand, um z.B. einen Drehwinkel als Eingangssignal mittels einer n-spurigen optischen Codierscheibe in ein n-bit breites, absolut codiertes Digitalsignal (z.B. in einschrittigen Gray-Code) umzusetzen.

1.4.4
Zyklisch-absolute Signale

Diese Signalart setzt sich aus einem absoluten und einem zyklischen Anteil zusammen (Bild 1.4).

Ein Resolver (Abschn. B 5.1) liefert mit dem Sinus des Eingangssignales α_e zyklisch verlaufende Wechselspannungs-Nullspannungen (Kurve 1). Die Impulsformung der Nulldurchgänge liefert eine inkrementale Impulsfolge (Kurve 2). Innerhalb des Eingangssignalbereiches $\pm\pi/2$ ist das Ausgangssignal eindeutig und absolut/analog interpolierbar. Durch Verwendung von Grob/Fein-Resolverpaaren oder Grob/Mittel/Fein-Resolverdrillingen kann der absolute Eindeutigkeitsbereich wesentlich erweitert werden [1.6].

1.4.5
Einheitssignale

Um die Zusammenschaltung und Austauschbarkeit von Geräten verschiedener Hersteller ohne Anpassungsmaßnahmen funktionssicher vornehmen zu können, wurden verschiedene Einheitssignale vereinbart (Bild 1.5). Daraus folgt, daß ein Einheitssignal-Meßumformer verschiedene Meßgrößen in das gleiche Einheitssignal umformt. Auch innerhalb eines (Einheits-) Gerätesystems werden für die Hintereinanderschaltung innerhalb einer Steuerkette oder Regelschleife dieselben Einheitssignale verwendet. Bei manchen Geräten ist die wahlweise Anwendung verschiedener Einheitssignale eingangs- und/oder ausgangsseitig möglich.

1.5
Hilfsenergie

Man unterscheidet Übertragungsglieder *mit* und *ohne* Hilfsenergie (s. Bild 1.2). Ein Übertragungsglied ohne Hilfsenergie entnimmt die mit dem Ausgangssignal gelieferte Ausgangsenergie dem Eingangssignalpegel. Es hat damit zwangsläufig einen Leistungsverstärkungsfaktor < 1.

Ein Übertragungsglied mit Hilfsenergie entnimmt die Ausgangsenergie zum größten Teil einer Hilfsenergiequelle. Es hat somit einen Leistungsverstärkungsfaktor > 1.

Ein historischer Rückblick zeigt, daß am Anfang die mechanische Hilfsenergie stand (z.B. Wasserkraft, Windkraft, Transmissionswelle). Heute sind die drei typischen Hilfsenergiearten der Automatisierungstechnik

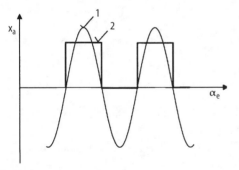

Bild 1.4. Zyklisch-absolutes Signal
Kurve 1: $x_a = \hat{x}_a \sin(\alpha_e + 2n\pi)$; Kurve 2: Impulsfolge der Nulldurchgänge

– pneumatische Hilfsenergie,
– elektrische Hilfsenergie,
– hydraulische Hilfsenergie.

Die in die Übertragungsglieder eingespeiste Hilfsenergie wird der jeweiligen Hilfsenergiequelle (s. Teil L) entnommen.

Welche Hilfsenergieart für eine gegebene Automatisierungsaufgabe zu bevorzugen ist, um zu einer gerätetechnisch optimalen Lösung zu kommen, hängt von zahlreichen, unterschiedlich zu gewichtenden

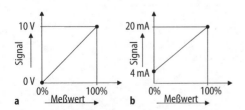

Bild 1.5. Ausgewählte Einheitssignale. **a** 0/10 V eingeprägte Spannung („Dead-Zero"), **b** 4/10 mA eingeprägter Strom („Life-Zero")

Kriterien ab. Ein wesentliches Kriterium ist z.B. der Explosionsschutz (s. Abschn. 3.3), der bei durchgängiger Verwendung der pneumatischen Hilfsenergie problemlos ist. Wenn z.B. hohe Leistungen bei kleinem Gerätevolumen und -gewicht gefordert sind, wird die hydraulische Hilfsenergie bevorzugt. Ist eine anspruchsvolle Signalverarbeitung und/oder eine Signalübertragung über große Entfernungen gefordert, dann ist die elektrische Hilfsenergie zu bevorzugen. Typische *Mischformen* sind z.B. elektrische Hilfsenergie am Meßort und pneumatische oder hydraulische Hilfsenergie am Stellort unter Verwendung elektro-pneumatischer bzw. elektro-hydraulischer Umformer (s. Kap. E 5 bzw. Kap. G 2).

Literatur

1.1 Toepfer H, Kriesel W (1993) Funktionseinheiten der Automatisierungstechnik. 5., überarb. Aufl. Verlag Technik, Berlin. S 19–31

1.2 Johannsen G (1993) Mensch-Maschine-Systeme. Springer, Berlin Heidelberg New York

1.3 Schuler H (1993) Was behindert den praktischen Einsatz moderner regelungstechnischer Methoden in der Prozeßindustrie. atp Sonderheft NAMUR Statusbericht '93. S 14–21

1.4 Schuler H, Giles ED (1993) Systemtechnische Methoden in der Prozeß- und Betriebsführung. atp Sonderheft NAMUR Statusbericht '93. S 22–30

1.5 Unbehauen H (1992) Regelungstechnik, 1. Klassische Verfahren zur Analyse und Synthese linearer kontinuierlicher Regelungen. 7., überarb. u. erw. Aufl. Vieweg, Braunschweig Wiesbaden

1.6 IMAS Induktives Multiturn Absolut-Meßsystem. Firmenprospekt. Baumer Electric

2 Grundlagen der Systembeschreibung

L. KOLLAR

2.1 Glieder in Steuerungen und Regelungen – Darstellung im Blockschaltbild

Die Aufgabe eines Automaten (Bild 2.1) besteht darin, ein dynamisches System über Eingangsgrößen $\bar{x}_e(t)$ unter Beachtung vorgegebener Führungsgrößen $\bar{w}(t)$ bei der Wirkung von Störgrößen $\bar{z}(t)$ so zu steuern, daß die Wirkung der Störgrößen auf die Ausgangsgrößen $\bar{x}_a(t)$ minimiert wird und daß das dynamische System sich ändernden Führungsgrößen unter Beachtung der Zustandsgrößen $\bar{q}(t)$ optimal folgt. Die verschiedenen Größen, z.B. $x_{e1}, x_{e2}, \ldots x_{em}$ wurden zu einem Vektor $\bar{x}_e(t)$ zusammengefaßt, um die Übersichtlichkeit zu verbessern. Somit gilt:

$$\bar{x}_a(t) = f[\bar{x}_e(t); \bar{q}(t); \bar{z}(t)] \tag{2.1}$$

für die Ausgangsgrößen .

Steuerung
Sind die Eigenschaften des dynamischen Systems bekannt, und darf der Einfluß der Störgrößen auf die Ausgangsgrößen des dynamischen Systems vernachlässigt werden oder gibt es eine dominierende und meßbare Störgröße, so daß ihre Wirkung in einer Steuervorschrift berücksichtigt werden kann, dann wird eine Steuerung angewendet (Bild 2.2a).

Regelung
Sind bei bekannten Eigenschaften des dynamischen Systems mehrere dominierende Störgrößen wirksam und auch nur eine in Abhängigkeit von der Zeit nicht bestimmbar, muß eine Regelung angewendet werden (Bild 2.2b).

Der wesentliche Vorteil einer Regelung im Vergleich zur Steuerung besteht darin, daß der Regeldifferenz (bzw. Regelabweichung) unabhängig von ihrer Entstehungsursache entgegengewirkt wird.

Bei Vergleichen mit dem Wirkungsablauf einer Steuerung zeichnet sich eine Regelung aus durch:

- ständiges Messen und Vergleichen der Regelgröße mit der Führungsgröße,
- den geschlossenen Wirkungsablauf (Regelkreis),
- die Umkehr der Vorzeichen der Signale entsprechend der jeweiligen Regeldifferenz.

Beim Einsatz von digitalen Reglern muß die zumeist analog vorliegende Regelgröße in eine digitale Größe umgesetzt werden (Bild 2.2c). Das gilt auch für die Führungsgröße.

Zur Beschreibung der Beziehung „Ursache – Wirkung" der verschiedensten Er-

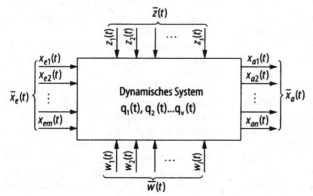

$x_{a1}(t)\ldots x_{an}(t)$	Ausgangsgrößen
$\bar{x}_{a1}(t)$	Vektor der Ausgangsgrößen
$x_{e1}(t)\ldots x_{em}(t)$	Eingangsgrößen
$\bar{x}_e(t)$	Vektor der Eingangsgrößen
$w_1(t)\ldots w_i(t)$	Führungsgrößen
$\bar{w}(t)$	Vektor der Führungsgrößen
$q_1(t)\ldots q_v(t)$	Zustandsgrößen
$\bar{q}(t)$	Vektor der Zustandsgrößen
$z_1(t)\ldots z_s(t)$	Störgrößen
$\bar{z}(t)$	Vektor der Störgrößen

Bild 2.1. Automat als System

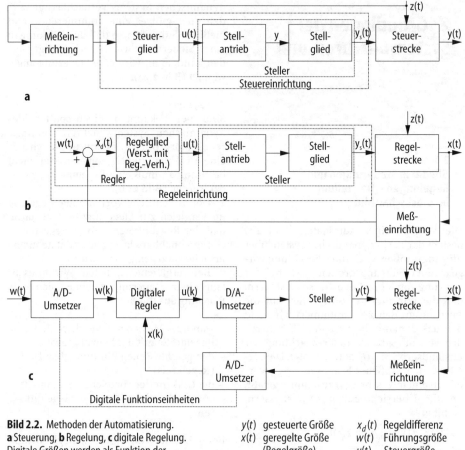

Bild 2.2. Methoden der Automatisierung.
a Steuerung, **b** Regelung, **c** digitale Regelung.
Digitale Größen werden als Funktion der
Abtastschrittweite k angegeben

$y(t)$ gesteuerte Größe
$x(t)$ geregelte Größe
    (Regelgröße)
$z(t)$ Störgröße

$x_d(t)$ Regeldifferenz
$w(t)$ Führungsgröße
$u(t)$ Steuergröße
$y_s(t)$ Streckenstellgröße

scheinungsformen von Objekten und Ge-
bilden ist es oft zweckmäßig, bestimmte
Teilbereiche zu betrachten, die miteinander
in Beziehung stehen.

Eine abgegrenzte Anordnung von Gebil-
den, die miteinander in Beziehung stehen,
wird System genannt [DIN 19226 T.1].

Durch Abgrenzung treten Ein- und Ausgangsgrößen von der bzw. zu der Umwelt
auf (Bild 2.3).

Nicht zum betrachteten System gehören-
de Glieder werden auch Umgebung eines
Systems, die Grenze zwischen Systemen und
Umgebung wird Systemrand genannt. Zwischen einem System und der Umgebung
bestehen Wechselwirkungen. Wirkungen
der Umgebung auf das System sind Ein-

gangsgrößen, Wirkungen des Systems auf
die Umgebung Ausgangsgrößen (Bild 2.3a).

Die Funktion eines Systems ist dadurch
gekennzeichnet, Eingangsgrößen in bestimmter Weise auf Ausgangsgrößen zu
übertragen (Bild 2.3b).

Die Funktion eines Systems ist bei glied-
weiser Betrachtung meistens einfach erkennbar.

Ein *Glied* ist ein Objekt in einem
Abschnitt eines Wirkungsweges, bei dem
Eingangsgrößen in bestimmter Weise Aus-
gangsgrößen beeinflussen.

Die Beschreibung des wirkungsmäßigen
Zusammenhanges eines Systems wird
Übertragungsglied genannt. Ein Übertra-
gungsglied ist ein *rückwirkungsfreies* Glied

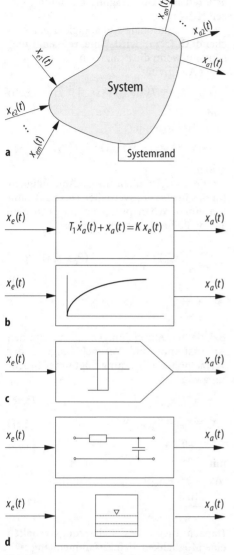

Bild 2.3. Systemkennzeichnung. **a** allgemeines System, **b** Differentialgleichung, **c** nichtlineares Übertragungsglied, **d** Glied, Funktionseinheit

bei der wirkungsmäßigen Betrachtung eines Systems.

Die *Wirkungsrichtung* eines Systems verläuft stets von der verursachenden zur beeinflussenden Größe und wird durch Pfeile entsprechend dem Richtungssinn (Ursache – Wirkung) dargestellt. Der Wirkungsweg ist der Weg, längs dem die Wirkungen in einem System verlaufen. Der Wirkungsweg

ergibt sich aus den Übertragungsgliedern und den sie verbindenden Wirkungslinien, den Pfeilen [DIN 19226, T 1].

Läßt sich der Zusammenhang durch *lineare* Gleichungen beschreiben, dann wird das Übertragungsglied durch ein Rechteck mit einem Ein- und Ausgangssignal und der Kennzeichnung des Zeitverhaltens im Block (z.B. Sprungantwort, Differentialgleichung) dargestellt (Bild 2.3b). Ist der Zusammenhang durch eine lineare Gleichung nicht beschreibbar, wird das Übertragungsglied *nichtlineares* Übertragungsglied genannt und durch ein Fünfeck mit der entsprechenden Kennzeichnung (Kennlinie) dargestellt (Bild 2.3c).

Signale sind gemäß ihrem durch die Pfeilspitze gekennzeichneten Richtungssinn wirksam.

Ein *Signal* ist die Darstellung von Informationen über physikalische Größen als Signalträger, die Parameter über Größen enthalten. Die Werte der Parameter bilden die Zeitfunktionen der Größen ab.

Rückwirkungsfreiheit ist gegeben, wenn durch die Ankopplung eines folgenden Gliedes an den Ausgang des vorangehenden Gliedes das Ausgangssignal des vorangehenden Gliedes nicht verändert wird bzw. eine von außen verursachte Änderung der Ausgangsgröße keine Rückwirkung auf die Eingangsgröße desselben Übertragungsgliedes hat.

Die Beschreibung des gerätetechnischen Aufbaus eines Systems wird Glied oder Bauglied genannt. Durch diese Darstellung wird der innere Aufbau eines Systems gekennzeichnet (Bild 2.3d).

Mehrere zu einer Einheit zusammengesetzte Bauglieder, Bauelemente oder Baugruppen mit einer abgeschlossenen Funktion zur Informationsgewinnung, -übertragung, -eingabe oder -ausgabe oder der Energieversorgung werden *Funktionseinheit* genannt.

2.2
Kennfunktion und Kenngrößen von Gliedern

Ausgewählte Eigenschaften von Systemen werden durch das Übertragungsverhalten beschrieben.

Das *Übertragungsverhalten* ist das Verhalten der Ausgangsgrößen eines Systems in Abhängigkeit von Eingangsgrößen, wobei es eine Beschreibung im Zeit- oder Frequenzbereich, eine Beschreibung von Speicher- und Verknüpfungsoperation analoger oder diskreter Größen sein kann. Das Übertragungsverhalten von Systemen kann durch das Beharrungs- und Zeitverhalten beschrieben werden.

Das *Beharrungsverhalten* (statisches Verhalten) eines Systems gibt die Abhängigkeit der Ausgangs- und/oder Zustandsgrößen von konstanten Eingangsgrößen nach Abklingen aller Übergangsvorgänge an, wobei diese Abhängigkeit für verschiedene Arbeitspunkte durch statische Kennlinien oder Kennlinienscharen darstellbar ist. Somit gilt für das Beharrungsverhalten (Bild 2.4a):

$$x_a = f(x_e). \qquad (2.2a)$$

Ein Übertragungsglied wird lineares Übertragungsglied genannt, wenn es durch eine lineare Differential- oder Differenzengleichung beschrieben werden kann; hierzu

gehören auch Übertragungsglieder mit Totzeit [DIN 19227].

Eine funktionale Abhängigkeit entsprechend Gl. (2.2a) wird "lineare Kennlinie" genannt, wenn die Prinzipien
– der Additivität

$$f(x_1 + x_2) = f(x_1) + f(x_2) \qquad (2.2b)$$

und
– der Homogenität

$$f(k_1 x_1 + k_2 x_2) = k_1 f(x_1) + k_2 f(x_2) \qquad (2.2c)$$

gelten.

Die zumeist nichtlineare Abhängigkeit für das Beharrungsverhalten Gl. (2.2a) kann um einen Arbeitspunkt $(x_{eo}; x_{ao})$ in eine Taylor-Reihe entwickelt werden:

$$x_a = f(x_{e0}) + \frac{\partial f}{1! \partial x_e}\bigg|_{x_e = x_{e0}} (x_e - x_{e0})$$

$$+ \frac{\partial^2 f}{2! \partial x_e^2}\bigg|_{x_e = x_{e0}} (x_e - x_{e0})^2 + \dots + . \qquad (2.2d)$$

Bei kleinen Abweichungen $x_e - x_{eo}$ um den Arbeitspunkt und Vernachlässigung der Terme höherer Ordnung folgt unter Beachtung von

$$x_{a0} = f(x_{e0}) \qquad (2.2e)$$

$$x_a \approx x_{a0} + K(x_e - x_{e0}) \qquad (2.2f)$$

$$\Delta x_a \approx K \Delta x_e \qquad (2.2g)$$

mit

$$\Delta x_a = (x_a - x_{a0}); \Delta x_e = (x_e - x_{e0});$$

$$K = \frac{\partial f}{\partial x_e}\bigg|_{x_e = x_{e0}}. \qquad (2.2h)$$

Danach bietet das Beharrungsverhalten eine Möglichkeit, den Zusammenhang zwischen Ursache und Wirkung zu beschreiben. Abweichungen zwischen idealem und realem Verlauf ergeben den Fehler.

Das *Zeitverhalten* (dynamisches Verhalten) eines Systems gibt das Verhalten hinsichtlich des zeitlichen Verlaufs der Ausgangs- und/oder Zustandsgrößen an. Somit gilt:

$$x_a = f(x_e, t). \qquad (2.3)$$

Das Zeitverhalten eines Systems beschreibt dessen Eigenschaften, Eingangsgrößenänderungen unmittelbar zu folgen. Das Zeitverhalten ist ein Maß dafür, wie schnell ein

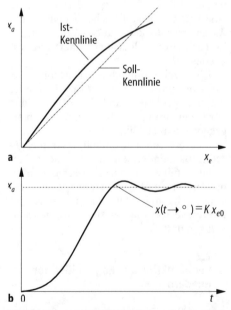

Bild 2.4. Beharrungs- und Zeitverhalten eines Systems. **a** Beharrungsverhalten in der statischen Kennlinie, **b** Zeitverhalten in der Sprungantwort

betrachtetes System auf Änderungen des Eingangssignals reagiert (Bild 2.4b).

Sind Parameter eines Übertragungsgliedes oder Systems zeitinvariant, d.h. sie ändern sich nicht in Abhängigkeit von der Zeit, wird das Glied (System) *zeitinvariantes Glied* (System) genannt.

Ändern sich die Parameter eines Gliedes oder Systems in Abhängigkeit von der Zeit, wird das Glied (System) *zeitvariantes* Glied (System) genannt.

In Abhängigkeit von den Eigenschaften, die für ein betrachtetes System typisch sind und durch das Übertragungsverhalten beschrieben werden, erfolgt die Einteilung der Übertragungsglieder.

Die zeitliche Aufeinanderfolge von verschiedenen Zuständen wird als *Prozeß* bezeichnet. Nach Art des zeitlichen Ablaufs verschiedener Zustände werden Prozesse in kontinuierliche und nichtkontinuierliche eingeteilt.

Zur Beschreibung des Übertragungsverhaltens von Systemen oder Prozessen werden meistens mathematische Modelle verwendet.

Ein *Modell* ist die Abbildung eines Systems oder Prozesses in ein anderes begriffliches oder gegenständliches System, das auf Grund der Anwendung bekannter Gesetzmäßigkeiten einer Identifikation oder auch getroffener Annahmen entspricht [DIN 19226].

2.3
Untersuchung und Beschreibung von Systemen

2.3.1
Experimentelle Untersuchung

2.3.1.1
Voraussetzungen und Testsignale

Eine wesentliche Grundlage zur Untersuchung und Beschreibung von Gliedern ergibt sich aus der Eigenschaft linearer Systeme, Eingangsgrößen in bestimmter Weise auf Ausgangsgrößen zu übertragen. Dadurch ist es möglich, ein lineares Übertragungsglied mit einem definierten Eingangssignal zu beaufschlagen und aus dem gemessenen Ausgangssignal mit Hilfe entsprechender Verfahren [2.1, 2.2] die Kennwerte und Eigenschaften eines Gliedes zu ermitteln.

Voraussetzungen einer experimentellen Untersuchung sind:

– das zu untersuchende System (Glied) befindet sich ursprünglich im Beharrungszustand,
– er wirkt nur das aufgeschaltete Testsignal, alle weiteren Signale sind konstant oder haben den Wert Null,
– die erzwungene Abweichung durch das *Testsignal* von einem Arbeitspunkt ist so klein, daß lineare Verhältnisse zutreffen.

Häufig angewendete Eingangsgrößen zur Untersuchung von Systemen sind die Testsignale:

– Sprungfunktion,
– Impulsfunktion,
– Rampenfunktion und
– Harmonische Funktion.

Mit Hilfe dieser Testsignale lassen sich das Übergangsverhalten (s.a. Abschn. 2.2) und daraus die Parameter zur Systemidentifikation bestimmen.

Systemidentifikationen mit statistischen Methoden [2.3] werden im folgenden nicht behandelt.

2.3.1.2
Sprungantwort, Übergangsfunktion

Die Sprungantwort ergibt sich als Reaktion eines linearen Übertragungsgliedes in Abhängigkeit von der Zeit auf eine sprungförmige Änderung des Eingangssignals (Bild 2.5a). Die Sprungantwort hat die Maßeinheit des Ausgangssignals. Wird das Ausgangssignal auf die Amplitude des Eingangssignals bezogen, entsteht die *Übergangsfunktion h(t)* (Bild 2.5b).

$$h(t) = \frac{x_a(t)}{x_{e0}} \quad \text{für} \quad t \geq 0 \qquad (2.4a)$$

mit

$$x_e(t) = \begin{cases} 0 & \text{für} \quad t < 0 \\ x_{e0} & \text{für} \quad t \geq 0 \ . \end{cases} \qquad (2.4b)$$

Aus Zweckmäßigkeit wird die Höhe des Eingangssignals Gl. (2.4b) auf den Wert Eins normiert und als *Einheitssprungfunktion* definiert:

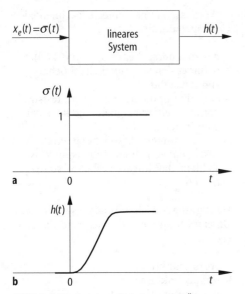

Bild 2.5. Sprungfunktion. **a** Einheitssprung, **b** Übergangsfunktion

$$\sigma(t) = \begin{cases} 0 & \text{für } t < 0 \\ 1 & \text{für } t \geq 0 \end{cases} \qquad (2.4c)$$

Daraus folgt:

$$x_e(t) = x_{e0}\sigma(t). \qquad (2.4d)$$

Die Sprungfunktion Gln. (2.4b, 2.4c) kann experimentell nur näherungsweise realisiert werden. Elektrische Systeme lassen Anstiegszeiten im Nanosekundenbereich zu. Pneumatische, hydraulische oder mechanische Systeme liegen um Größenordnungen (0,1 ... 0,15 s) darüber. Mit Hilfe der Einheitssprungfunktion können Systeme verglichen werden.

2.3.1.3
Impulsantwort, Gewichtsfunktion

Die Impulsantwort ergibt sich als Reaktion eines linearen Übertragungsgliedes in Abhängigkeit von der Zeit auf eine rechteckimpulsförmige Änderung des Eingangssignals. Eine vor allem für theoretische Untersuchungen häufig angewendete Testfunktion ist die δ-Funktion (Bild 2.6a). Die δ-Funktion geht für $t = 0$ gegen Unendlich. Außerhalb des Zeitpunktes $t = 0$ ist ihr Wert Null. Die durch den Impuls eingeschlossene Fläche hat den Wert 1.

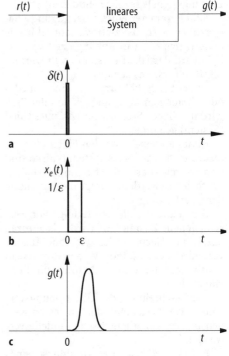

Bild 2.6. Impulsfunktion. **a** δ-Funktion, **b** Rechteckimpuls, **c** Gewichtsfunktion

Es gilt:

$$\int_{-\infty}^{+\infty} \delta(t)dt = 1. \qquad (2.5)$$

Für die δ-Funktion folgt daraus die Maßeinheit 1/sec.

Zur experimentellen Untersuchung wird die δ-Funktion als rechteckförmiger Impuls mit der Breite ε und der Höhe 1/ε aus Sprungfunktionen realisiert (Bild 2.6b):

$$\delta(t) = \lim_{\varepsilon \to 0} \frac{1}{\varepsilon}[\sigma(t) - \sigma(t - \varepsilon)]. \qquad (2.6)$$

Zwischen der δ-Funktion und der Einheitssprungfunktion besteht für $t \geq 0$ folgender Zusammenhang:

$$\delta(t) = \frac{d\sigma(t)}{dt}. \qquad (2.7)$$

Wird das Ausgangssignal eines linearen Übertragungsgliedes auf die Fläche der Impulsfunktion (Breite des Impulses ε, Höhe 1/ε) für den Grenzfall Gl. (2.6) bezogen, ergibt sich die Gewichtsfunktion (Bild 2.6c). Die Gewichtsfunktion $g(t)$ folgt aus der Übergangsfunktion für $t \geq o$ zu:

$$g(t) = \frac{dh(t)}{dt} \quad (2.8a)$$

sowie

$$h(t) = \int_0^\infty g(t)\,dt \; . \quad (2.8b)$$

Bei der Auswahl der Impulsfunktion ist eine annähernde Übereinstimmung der Impulsbreite ε (Impulsdauer) mit der Reaktionszeit des untersuchten Systems zu vermeiden, da es in diesem Falle zu unrichtigen Aussagen kommt [2.4]. Aus diesen Gründen wird eine Impulsdauer von rd. 20% der Reaktionszeit des zu untersuchenden Systems empfohlen.

2.3.1.4
Anstiegsantwort, Anstiegsfunktion
Die Anstiegsantwort ergibt sich als Reaktion eines linearen Übertragungsgliedes in Abhängigkeit von der Zeit auf eine mit konstanter Geschwindigkeit sich ändernde Eingangsfunktion [2.4] (Bild 2.7a). Für die Eingangsfunktion gilt:

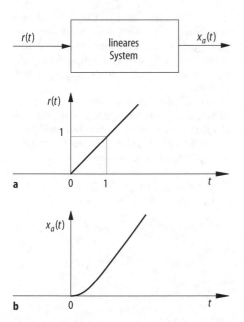

Bild 2.7. Ausstiegsfunktion. **a** Einheitsanstiegsfunktion, **b** Anstiegsantwort

$$x_e(t) = K_I t\,\sigma(t) = \begin{cases} 0 & \text{für} \quad t < 0 \\ K_I t & \text{für} \quad t \geq 0 \end{cases} . \quad (2.9a)$$

Für die Anstiegsgeschwindigkeit

$$K_I = \frac{dx_e}{dt} = 1 \quad (2.9b)$$

ergibt sich die Einheitsanstiegsfunktion:

$$r(t) = t\,\sigma(t) \quad (2.9c)$$

mit $\sigma(t)$ als Einheitssprungfunktion.

2.3.1.5
Sinusfunktion, Frequenzgang
Der Frequenzgang beschreibt das Übertragungsverhalten linearer Systeme bei harmonischer Erregung (Bild 2.8a) für den Beharrungszustand

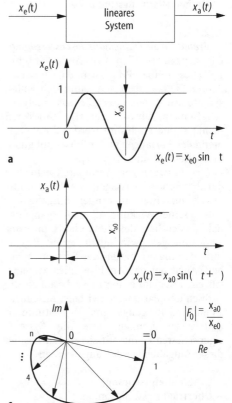

Bild 2.8. Harmonische Funktion. **a** Sinusfunktion, **b** Sinusantwort, **c** Ortskurve

$$F(j\omega) = \frac{X_a(j\omega)}{X_e(j\omega)} = \frac{x_{ai}(j\omega)}{x_{e0}(j\omega)} e^{j\varphi i(\omega)} \quad (2.10a)$$

mit

$$x_e(t) = x_{e0} \sin \omega t$$
$$x_a(t) = x_{a0} \sin (\omega t + \varphi). \quad (2.10b)$$

Infolge der Systemträgheit ergibt sich die Phasenverschiebung $\varphi(\omega)$ zu (Bild 2.8b):

$$\varphi(\omega) = \varphi_\alpha - \varphi_e. \quad (2.10c)$$

Die Auswertung des Frequenzganges ist die Frequenzgangortskurve (Bild 2.8c). Die Frequenzgangortskurve ist der geometrische Ort eines Zeigers $|F(j\omega)|$, der mit der Kreisfrequenz von $\omega = 0$ bis $\omega \to \infty$ umläuft. Die Ortskurve ergibt sich als Verbindung aller Zeigerspitzen in Abhängigkeit von der Kreisfrequenz ω.

2.3.2
Mathematische Beschreibung

2.3.2.1
Gründe für die mathematische Beschreibung

Die experimentellen Verfahren (Abschn. 2.3.1) beschreiben Prozesse und Glieder eindeutig. Sie lassen in den häufigsten Fällen sichere Aussagen über die Systemeigenschaften zu. Obwohl derartige Aussagen nicht parametrisch sind, werden die experimentellen Verfahren in der Praxis mit guten Erfolgen angewandt [1.5, 2.1].

Der Entwurf von Automaten erfordert darüber hinaus Aussagen, die den Funktionsverlauf eines steuernden Eingangssignals in seiner Wirkung auf ein Ausgangssignal hinsichtlich des Zeitverlaufs und der Änderungsgeschwindigkeit unter Beachtung der Eigenschaften des Systems angeben. Auch bei der Analyse eines Systems, z.B. einer Regelung, kommt es darauf an, die Größen und Parameter zwischen Ausgangssignal und Eingangssignal zu bestimmten Zeiten zu kennen, um die Systemeigenschaften zu quantifizieren. Zur Lösung dieser Aufgaben werden angewendet:

– Differentialgleichung,
– Übertragungsfunktion,
– Frequenzgang,
– Zustandsraumbeschreibung.

2.3.2.2
Differentialgleichung

Mit Hilfe von Differentialgleichungen (Dgln.) läßt sich das Übertragungsverhalten von Systemen rechnerisch bestimmen. Die Differentialgleichungen werden durch Anwendung physikalischer Beziehungen auf die zu beschreibenden Systeme bestimmt. Dabei können sich ergeben:

1. *gewöhnliche* Differentialgleichungen mit konzentrierten Parametern (dynamisches Verhalten wird in einem „Punkt" oder in „Punkten" konzentriert angenommen),
2. *partielle* Differentialgleichungen mit verteilten Parametern (dynamisches Verhalten muß verteilt angenommen werden).

Lineare Übertragungsglieder mit konzentrierten Parametern werden durch Differentialgleichungen der Form

$$a_n x_a^{(n)}(t) + a_{n-1} x_a^{(n-1)}(t) + \dots$$
$$+ a_2 \ddot{x}_a(t) + a_1 \dot{x}_a(t) + a_0 x_a(t)$$
$$= b_0 x_e(t) + b_1 \dot{x}_e(t) + b_2 \dot{x}_e(t) + \dots \quad (2.11a)$$
$$+ b_{m-1} x_e^{(m-1)}(t) + b_m x_e^{(m)}(t)$$

im Zeitbereich beschrieben. In dieser Gleichung n-ter Ordnung wird die Ausgangsgröße $x_a(t)$ und ihre zeitliche Änderung $\dot{x}_a(t)$ mit der Eingangsgröße $x_e(t)$ und deren zeitlicher Änderung $\dot{x}_e(t)$ verknüpft.

Die Koeffizienten a_i und b_i (i = 1, 2, ..., Zählindex) bestimmen die Systemparameter. Einzelne Parameter können Null sein. Wird die Dgl. (2.11a) durch den Koeffizienten a_0 dividiert, ergibt sich:

$$\frac{a_n}{a_0} x_a^{(n)}(t) + \frac{a_{n-1}}{a_0} x_a^{(n-1)}(t) + \dots$$

$$+ \frac{a_2}{a_0} \ddot{x}_a(t) + \frac{a_1}{a_0} \dot{x}_a(t) + x_a(t)$$
$$\qquad\qquad\qquad\qquad\qquad (2.11b)$$
$$= \frac{b_0}{a_0} x_e(t) + \frac{b_1}{a_0} \dot{x}_e(t) + \frac{b_2}{a_0} \ddot{x}_e(t) + \dots$$

$$+ \frac{b_{m-1}}{a_0} x_e^{(m-1)}(t) + \frac{b_m}{a_0} x_e^{(m)}(t)$$

mit

$$\frac{a_n}{a_0} = T_n^n; \frac{a_2}{a_0} = T_2^2; \frac{a_1}{a_0} = T_1 \qquad (2.11c)$$

Zeitkonstanten (Verzögerungsanteile),

$$\frac{b_m}{a_0} = T_{Dm}^m; \frac{b_2}{a_0} = T_{D2}^2; \frac{b_1}{a_0} = T_{D1} \qquad (2.11d)$$

Zeitkonstanten (differenzierte Anteile),

$$\frac{b_0}{a_0} = K \qquad (2.11e)$$

Übertragungsfaktor.

In der Form Gl. (2.11b) werden Differentialgleichungen zur Systembeschreibung zumeist benutzt, weil sich durch die Zeitkonstanten gut vorstellbare Reaktionen ergeben und der Übertragungsfaktor das Beharrungsverhalten beschreibt.

Bei technischen Systemen ist allgemein die Ordnungszahl n größer oder mindestens gleich der Ordnungszahl m der höchsten Ableitung der Eingangsgröße.

Somit ergibt sich aus der Lösung der ein betrachtetes System beschreibenden Differentialgleichung das Übertragungsverhalten. Die graphische Darstellung der Lösung der Differentialgleichung z.B. für ein sprungförmiges Eingangssignal ergibt die Sprungantwort bzw. für die Einheitssprungfunktion die Übergangsfunktion.

Differentialgleichungen kleiner Ordnungszahl lassen sich mit relativ geringem Aufwand lösen. Bei Differentialgleichungen ab der Ordnungszahl 3 steigt der Aufwand an. Zur Verringerung des Aufwandes wird zweckmäßigerweise die *Laplace*-Transformation angewendet [2.5].

2.3.2.3
Übertragungsfunktion
Die Übertragungsfunktion eines linearen Übertragungsgliedes ergibt sich als Quotient der Laplace-Transformierten des Ausgangssignals zur Laplace-Transformierten des Eingangssignals bei verschwindenden Anfangsbedingungen zu

$$G(s) = \frac{L\{x_a(t)\}}{L\{x_e(t)\}} = \frac{X_a(s)}{X_e(s)} \qquad (2.12a)$$

mit der komplexen Frequenz (Laplace-Operator) $s = \delta + j\omega$.

Somit folgt die Übertragungsfunktion für verschwindende Anfangsbedingungen aus der Differentialgleichung Gl. (2.11a):

$$G(s) = \frac{X_a(s)}{X_e(s)}$$

$$= \frac{b_0 + b_1 s + b_2 s^2}{a_0 + a_1 s + a_2 s^2} \cdots$$

$$\cdot \frac{b_{m-1} s^{m-1} + b_m s^m}{a_{n-1} s^{n-1} + a_n s^n}. \qquad (2.12b)$$

Für ein im Frequenzbereich vorliegendes Eingangssignal ergibt sich bei bekannter Übertragungsfunktion Gl. (2.12b) die einfache Beziehung für das Ausgangssignal im Frequenzbereich:

$$X_a(s) = G(s) X_e(s). \qquad (2.12c)$$

Da der Aufbau von Funktionseinheiten der Automatisierungstechnik aus Gliedern in

– Reihenschaltungen,
– Parallelschaltungen und
– Rückführschaltungen

realisiert wird, lassen sich die entsprechenden Systemübertragungsfunktionen aus den Übertragungsfunktionen der einzelnen Glieder berechnen (Tabelle 2.1).

Mit Hilfe der über das Laplace-Integral vorgenommenen Transformation der Differentialgleichung aus dem Zeitbereich in den Frequenzbereich wird

– die Differentiation bzw. Integration im Zeitbereich durch die algebraische Operation Multiplikation und Division mit dem Laplace-Operator $s = \delta + j\omega$ ersetzt,
– die Differentialgleichung in ein Polynom der komplexen Frequenz s überführt, wobei die Anfangswerte über den Differentiationssatz der Laplace-Transformation zu berücksichtigen sind.

Größerer rechnerischer Aufwand entsteht jedoch bei der Rücktransformation in den Zeitbereich über das Umkehr-Integral der Laplace-Transformation, der durch Anwendung entsprechender Tabellen [2.5] vereinfacht wird.

Tabelle 2.1. Grundschaltungen von Übertragungsgliedern und dazugehörenden Übertragungsfunktionen

Grundschaltung/Signalflußbild	Übertragungsfunktion

Reihenschaltung

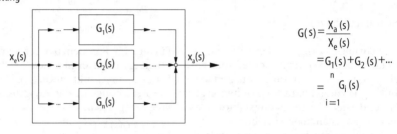

$$G(s) = \frac{X_a(s)}{X_e(s)}$$

$$= \prod_{i=1}^{n} G_i(s)$$

Parallelschaltung

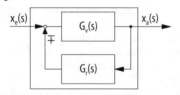

$$G(s) = \frac{X_a(s)}{X_e(s)}$$

$$= G_1(s) + G_2(s) + \dots$$

$$= \sum_{i=1}^{n} G_i(s)$$

Rückführschaltung

$$G(s) = \frac{X_a(s)}{X_e(s)}$$

$$= \frac{G_v(s)}{1 \pm G_v(s)\,G_r(s)}$$

2.3.2.4
Frequenzgang

Der Frequenzgang läßt sich aus der Übertragungsfunktion für

$$s = j\omega \tag{2.13a}$$

mit $\delta = 0$ herleiten.

Aus Gl. (2.12b) ergibt sich für den Frequenzgang:

$$F(j\omega) = \frac{X_a(j\omega)}{X_e(j\omega)}$$

$$= \frac{b_0 + b_1 j\omega + b_2(j\omega)^2}{a_0 + a_1 j\omega + a_2(j\omega)^2} \cdots \tag{2.13b}$$

$$\cdot \frac{b_{m-1}(j\omega)^{m-1} + b_m(j\omega)^m}{a_{n-1}(j\omega)^{n-1} + a_n(j\omega)^n}.$$

Die auf der Grundlage der Übertragungsfunktion geltenden Grundschaltungen (Tabelle 2.1) können formal auf den Frequenzgang übertragen werden.

Somit lassen sich Funktionseinheiten und Systeme hinsichtlich ihrer Eigenschaften experimentell und rechnerisch untersuchen, sowohl bzgl. ihres Einschaltverhaltens (Zeitbereich) als auch ihres Frequenzgangs (Frequenzbereich).

Literatur

2.1 Unbehauen H (1992) Regelungstechnik, 3. Identifikation, Adaption, Optimierung. 6., durchges. Aufl. Vieweg Braunschweig Wiesbaden

2.2 Reinisch K (1974) Kybernetische Grundlagen und Beschreibung kontinuierlicher Systeme. Verlag Technik, Berlin. S 252–216

2.3 Schlitt H (1992) Systemtheorie für Stochastische Prozesse: Statistische Grundlagen, Systemdynamik, Kalman-Filter. Springer, Berlin Heidelberg New York

2.4 Oppelt W (1964) Kleines Handbuch technischer Regelvorgänge. 4., neubearb. u. erw. Aufl. Verlag Technik, Berlin. S 39–125

2.5 Doetsch G (1967) Anleitung zum praktischen Gebrauch der Laplace-Transformation und der Z-Transformation. 3., neubearb. Aufl. Oldenbourg, München Wien. S 23–81

3 Umgebungs-bedingungen

L. KOLLAR (Abschn. 3.1, 3.3)
H.-J. GEVATTER (Abschn. 3.2, 3.4)

3.1
Gehäusesysteme

3.1.1
Aufgabe und Arten

Gehäuse und Gehäusesysteme (z.B. Schrank, Gestell, Kassette, Steckblock) haben die Aufgabe, Bauelemente, Funktionseinheiten und Geräte aufzunehmen und sie vor Belastungen von außen (z.B. Feuchtigkeit, elektromagnetische Strahlung, s. Abschn. 3.4) zu schützen. Gleichzeitig muß über Gehäuse und Gehäusesysteme eine Belastung der Umwelt durch Strahlung und Felder, die infolge des Betriebes von Funktionseinheiten (z.B. freiwerdende Wärme, elektrische und magnetische Energie) vermieden werden [3.1–3.3].

Gehäuse und Gehäusesysteme werden entsprechend den Abmessungen in

- 19 Zoll-Systeme mit 482,6 mm Bauweise [IEC 297] und
- Metrische-Systeme mit 25 mm Bauweise [IEC 917] als ganzzahlige Vielfache/Teile der angegebenen Längen
  sowie entsprechend der Gestaltung in
- universelle Systeme [Beiblatt 1 zu DIN 41454] und
- individuelle Systeme [3.4, 3.5]
eingeteilt.

3.1.2
Konstruktionsmäßiger Aufbau

Bei den universellen Systemen besteht ein modularer Aufbau (Bild 3.1), der in ähnlicher Weise zumeist auch bei individuellen Systemen weitgehend eingehalten wird [3.6–3.9].

Durch die modulare Struktur ergeben sich Lösungen, die hinsichtlich des Einsatzes funktionsoffen sind und von den Anforderungen einer konkreten Anwendung bestimmt werden.

In der Ebene 1 sind Leiterplatte, Frontplatte und Steckverbinder zu einer Baugruppe, z.B. Steckplatte, zusammengefügt.

Die Ebene 2 enthält Baugruppe, Steckplatte, Steckblock und Kassette.

Die Ebene 3 beinhaltet Baugruppenträger, die zur Aufnahme der Baugruppe dienen. Dabei entsprechen die mit Baugruppen bestückten Bauträger einschließlich deren seitliche Befestigungsflansche den Frontplattenmaßen nach DIN 41494 Teil 1.

Die Ebene 4 besteht aus Gehäuse, Gestell und Schrank [Beiblatt 1 zu DIN 41494]. Die Maße zwischen den einzelnen Ebenen korrespondieren. Je nach Konstruktionsart können Gestelle allein oder durch Verkleidungsteile, aufgerüstet zu Schränken, für den Aufbau elektronischer Anlagen verwendet werden. Bei selbsttragenden Schränken sind die Gestellholme mit ihren Einbaumaßen Bestandteil der Schrankkonstruktion. In DIN 41494 Teil 7 sind die Teilungsmaße für Schrank- und Gestellreihen genormt.

Weitere Zusammenhänge hinsichtlich der Konstruktion in den 4 Ebenen sind in entsprechenden Standards genormt (Tabelle 3.1).

Die von Gehäusesystemen zu realisierenden Schutzarten (s. Abschn. 3.3) enthält IEC 529.

Im Zusammenhang mit dem Betrieb von Gehäusen und Gehäusesystemen zu beachtende Sicherheitsanforderungen für die Anwendung im Bereich der Meß- und Regelungstechnik sowie in Laboren gilt IEC 1010-1.

Gehäuse werden aus Metall (z.B. verzinkter Stahl, nichtrostender Stahl verschiedener Legierungen, Aluminium, Monelmetall), Verbundwerkstoff (z.B. formgepreßtes glasfaserverstärktes Polyester, pultrudierte Glasfaser ABS-Blend) und Kunststoff (z.B. Polycarbonat, PVC) hergestellt [3.7, 3.10].

Bezüglich der Einhaltung vorgegebener Temperaturen im Gehäuse oder Schranksystem werden statische Belüftung, dynamische Belüftung und aktive Kühlung angewendet. Dementsprechende überschlägliche Berechnungen der Temperaturverhältnisse sind zumeist ausreichend [3.1, 3.6, 3.9].

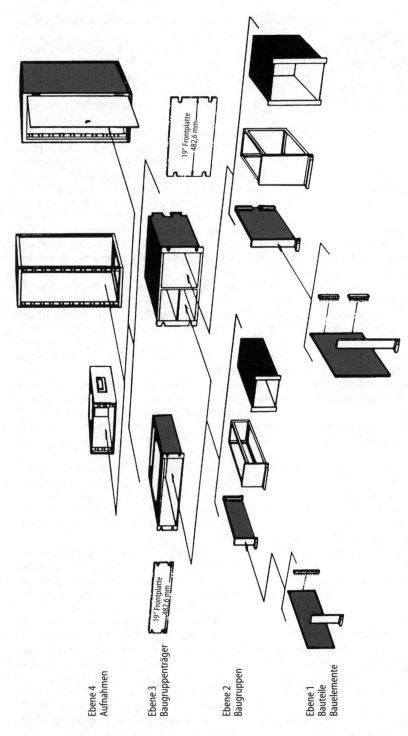

Bild 3.1. Modulare Struktur der Bauweise nach den Normen der Reihe DIN 41494 [Beiblatt 1 DIN 41494]

Ebene 4
Aufnahmen

Ebene 3
Baugruppenträger

Ebene 2
Baugruppen

Ebene 1
Bauteile
Bauelemente

19" Frontplatte
482,6 mm

19" Frontplatte
482,6 mm

Tabelle 3.1. Inhalt der Ebenen 1 bis 4 sowie Normen für den modularen Aufbau von Gehäusen und Gehäusesystemen [Beiblatt 1 DIN 41 494]

Nationale Normen		Inhalt	Korrespondierende internationale Normen
1. Ebene Bauteile, Bauelemente	Leiterplatte DIN IEC 97	Rastersysteme für gedruckte Schaltungen	IEC 97 : 1991
	Normen der Reihe DIN IEC 249 Teil 2 DIN IEC 326 Teil 3	Gedruckte Schaltungen; Grundlagen, Löcher, Nenndicken	Publikationen der Reihe IEC 249-2 IEC 326-3 : 1980
	DIN 41 494 Teil 2 DIN IEC 326 Teil 3	Leiterplattenmaße Entwurf und Anwendung von Leiterplatten	IEC 297-3 : 1984[1] IEC 326-3 : 1980
	Frontplatte der Baugruppe DIN 41 494 Teil 5 (z.Z. Entwurf)	Baugruppenträger und Bauträger	IEC 297-3 : 1984[1]
	Bauelemente DIN 41 494 Teil 8	482,6-mm-Bauweise, Bauelemente an der Frontplatte	
	Steckverbinder nach Normen der Reihe DIN 41 612	Steckverbinder für gedruckte Schaltungen; indirektes Stecken, Rastermaß 2,45 mm	IEC 603-2 : 1988
2. Ebene Baugruppen	Steckplatte DIN 41 494 Teil 5 (z.Z. Entwurf)	Baugruppenträger und Baugruppen	IEC 297-3 : 1984[1]
	Steckblock DIN 41 494 Teil 5 (z.Z. Entwurf)		
	Kassette DIN 41 494 Teil 5 (z.Z. Entwurf)		
3. Ebene Baugruppenträger	Frontplatte DIN 41 494 Teil 1	Frontplatten und Gestelle; Maße	IEC 297-1 : 1986[2]
	Baugruppenträger DIN 41 494 Teil 5 (z.Z. Entwurf)	Baugruppenträger und Baugruppen	IEC 297-3 : 1984[1]
4. Ebene Aufnahmen	Gehäuse DIN 41 494 Teil 3	Gerätestapelung ; Maße	
	Gestelle DIN 41 494 Teil 1	Frontplatten und Gestelle; Maße	IEC 297-1 : 1986[2]
	Schrank DIN 41 488 Teil 1	Teilungsmaße für Schränke; Nachrichtentechnik und Elektronik	
	DIN 41 494 Teil 7	Schrankabmessungen und Gestellreihen-teilungen der 482,6-mm-Bauweise	IEC 297-2 : 1982[3]

[1] Entspricht mit gemeinsamen CENELEC-Abänderungen dem Harmonisierungsdokument (HD) 493.3 S 1
[2] Identisch mit CENELEC-Harmonisierungsdokument (HD) 493.1 S 1
[3] Identisch mit CENELEC-Harmonisierungsdokument (HD) 493.2 S 1

3.2
Einbauorte

Neben der Beanspruchung durch Transport und Lagerung sind die Umgebungsbedingungen eines Gerätes im wesentlichen durch dessen Einbauort geprägt. Entsprechend sind für jedes Gerät die Schutzarten (s. Abschn. 3.3) auszulegen.

Die Einbauorte kann man durch folgende Gliederung klassifizieren:

– Einbau am Meßort,
– Einbau am Stellort,
– Einbau in der Zentrale.

Die beiden erstgenannten Orte sind im Feld, d.h. z.B. in der Anlage oder im Maschinenraum. Die dadurch verursachten rauhen Umgebungsbedingungen erfordern eine relativ hohe Schutzart. Manchmal liegen Meßort und Stellort nahe beieinander (z.B. Gasdruckregler in einer Unterstation für die Stadtgasversorgung). Dadurch werden besonders kompakte Konstruktionen (z.B. messender Regler ohne Hilfsenergie) ermöglicht.

In umfangreichen Automatisierungssystemen mit zahlreichen im Feld verteilten Meß- und Stellorten werden alle nicht notwendigerweise im Feld anzuordnenden Geräte in der Zentrale zusammengefaßt. Das bietet den Vorteil, alle wesentlichen Funktionen überwachen, steuern und regeln zu können (Prozeßrechner). Außerdem erfordern die Geräte in der Zentrale nur eine relativ niedrige Schutzart.

3.3
Schutzarten

3.3.1
Einteilung und Einsatzbereiche

Meß-, Steuerungs- und Regelungseinrichtungen werden nach DIN/VDE 2180 T. 3 in Betriebs- und Sicherheitseinrichtungen eingeteilt.

Betriebseinrichtungen dienen dem bestimmungsgemäßen Betrieb der Anlage. Der bestimmungsgemäße Betrieb der Anlage umfaßt insbesondere den

– Normalbetrieb,
– An- und Abfahrbetrieb,
– Probebetrieb, sowie
– Informations-, Wartungs- und Inspektionsvorgänge.

Sicherheitseinrichtungen werden in Überwachungseinrichtungen und Schutzeinrichtungen eingeteilt.

Überwachungseinrichtungen signalisieren solche Zustände der Anlage, die einer Fortführung des Betriebs aus Gründen der Sicherheit nicht entgegenstehen, jedoch erhöhte Aufmerksamkeit erfordern. Überwachungseinrichtugen sprechen an, wenn Prozeßgrößen oder Prozeßparameter Werte zwischen „Gutbereich" und „zulässigem Fehlerbereich" annehmen.

Schutzeinrichtungen verhindern vorrangig Personenschäden, Schäden an Maschinen oder Apparaten oder größere Produktionsschäden (Bild 3.2). Schutzeinrichtungen sollen danach das Überschreiten der Grenze zwischen zulässigem und unzulässigem Fehlbereich verhindern.

Da die sicherheitstechnischen Anforderungen sehr unterschiedlich sind, ergeben sich zwangsweise verschiedene Sicherheitsaufgaben für zu realisierende Schutzfunktionen mit dem Ziel, das Risiko hinsichtlich

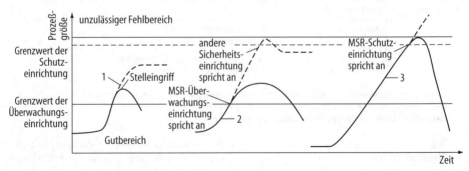

Bild 3.2. Schematische Darstellung der Wirkungsweise von Sicherheitseinrichtungen [nach VDI/VDE 2180]. *Kurvenverlauf 1*: Unzulässiger Bereich wird nicht erreicht. Überwachung mit Stelleingriff ausreichend; *Kurvenverlauf 2*: Gefahr für das Erreichen des unzulässigen Bereichs besteht. Kombination von Überwachungs- und Sicherheitseinrichtung erforderlich; *Kurvenverlauf 3*: Gefahr für das Erreichen des unzulässigen Bereichs besteht. MSR-Schutzeinrichtung erforderlich

Personenschäden stets unter dem Grenzrisiko zu halten.

Das Risiko [DIN V 19250], das mit einem bestimmten technischen Vorgang oder Zustand verbunden ist, wird zusammenfassend durch eine Wahrscheinlichkeitsaussage beschrieben, die

- die zu erwartende Häufigkeit des Eintritts eines zum Schaden führenden Ereignisses und
- das beim Ereigniseintritt zu erwartende Schadensmaß berücksichtigt.

Das *Grenzrisiko* (Bild 3.3) ist das größte noch vertretbare Risiko eines bestimmten technischen Vorganges oder Zustandes. Zumeist läßt sich das Grenzrisiko quantitativ erfassen (Bild 3.2). Es wird durch subjektive und objektive Einflüsse bestimmt und durch Maßnahmen technischer und/oder nichttechnischer Art reduziert, so daß ein Schutz vor Schäden geschaffen wird [DIN V 19250].

Schutz ist die Verringerung des Risikos durch Maßnahmen, die entweder die Eintrittshäufigkeit oder das Ausmaß des Schadens oder beides einschränkt.

Die einzelnen einzuleitenden Schutzmaßnahmen beziehen sich z.B. auf Umgebungsbedingungen (Staub und Feuchtigkeit), mechanische Beanspruchungen, elektrische und elektromagnetische Felder und den Explosionsschutz.

3.3.2
Fremdkörperschutz

Der Schutz vor Fremdkörpern (Staub) und Feuchtigkeit (Wasser) wird den verschiedenen Einsatzbedingungen entsprechend in IP-Kennziffern angegeben [DIN 4050].

Die erste Kennziffer (x = 0 ... 6) gibt den Schutz vor Fremdkörpern an, die zweite Kennziffer (y = 0 ... 8) den Schutz vor Feuchtigkeit (Tabelle 3.2).

Mit IP 68 wird z.B. ausgewiesen:
- staubdicht
- Schutz gegen Untertauchen.

Danach ist ein mit diesen Kennziffern bewertetes Gerät staubdicht und es kann auch eine bestimmte Zeit unter Wasser genutzt werden.

Die für das Eintauchen geltenden Vorschriften werden von den Geräteherstellern ausgewiesen [3.12].

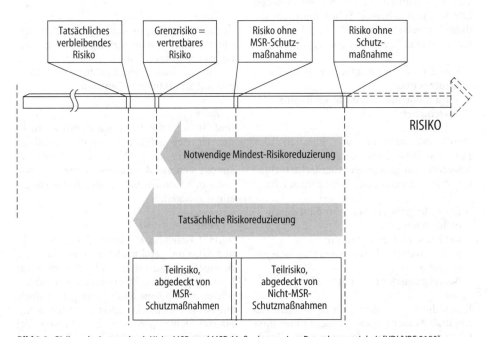

Bild 3.3. Risikoreduzierung durch Nicht-MSR- und MSR-Maßnahmen einer Betrachtungseinheit [VDI/VDE 2180]

Tabelle 3.2. Schutzarten gegen Fremdkörper und Feuchtigkeit [DIN 40050]

x = erste Ziffer für Berührung, Fremdkörperschutz	**y** = zweite Ziffer für Wasserschutz
0 = kein besonderer Schutz	0 = kein besonderer Schutz
1 = Schutz gegen Körper > 50 mm	1 = Schutz gegen senkrechtes Tropfwasser
2 = Schutz gegen Körper > 12 mm	2 = Schutz gegen schräges Tropfwasser
3 = Schutz gegen Körper > 2,5 mm	3 = Schutz gegen Sprühwasser
4 = Schutz gegen Körper > 1 mm	4 = Schutz gegen Spritzwasser
5 = Staubgeschützt	5 = Schutz gegen Strahlwasser
6 = Staubdicht	6 = Schutz gegen Überflutung+ (siehe S. 13)
	7 = Schutz gegen Eintauchen++ (siehe S. 13)
	8 = Schutz gegen Untertauchen+++ (siehe S. 13)

3.3.3
Explosionsschutz

3.3.3.1
Zoneneinteilung

Ein zündfähiges Gemisch (z.B. Gas, Staub-Luft) kann explodieren, wenn

- eine bestimmte Konzentration der einzelnen Anteile und
- die Zündenergie (Zündtemperatur) erreicht sind [VDE 0165].

Um Explosionen zu vermeiden, werden durch entsprechende Schutzmaßnahmen diese Voraussetzungen für eine Explosion unterbunden. Zur Anwendung gelangen

- Maßnahmen des primären Explosionsschutzes und
- Maßnahmen des sekundären Explosionsschutzes.

Durch Maßnahmen im Rahmen des primären Explosionsschutzes wird die Entstehung explosionsfähiger Gemische verhindert oder eingeschränkt. Dazu zählen z.B.:

- Ersatz leicht brennbarer Medien durch nichtbrennbare,
- Befüllen von Apparaten mit nichtreaktionsfähigem, (inerten) Gasen (N_2 oder CO_2),
- Begrenzung der Konzentration.

Kann durch primäre Schutzmaßnahmen das Risiko einer Explosion nicht unter dem Grenzrisiko gehalten werden, sind Maß-

nahmen des sekundären Explosionsschutzes erforderlich.

Durch Maßnahmen des sekundären Explosionsschutzes ist die Entzündung explosionsfähiger Gemische zu vermeiden. Da die Entzündung explosionsfähiger Gemische von verschiedenen Bedingungen abhängt, wird diesem Sachverhalt durch eine entsprechende Zoneneinteilung Rechnung getragen.

Durch Gase, Dämpfe oder Nebel explosionsgefährdete Bereiche werden mit einer *einstelligen Ziffer* gekennzeichnet:

Zone 0
umfaßt Bereiche, in denen gefährliche explosionsfähige Atmosphäre ständig oder langzeitig vorhanden ist. Sie erstreckt sich nur auf das Innere von Behältern und Anlagen mit zündfähigem Gemisch.

Zone 1
umfaßt Bereiche, in denen damit zu rechnen ist, daß gefährliche explosionsfähige Atmosphäre gelegentlich auftritt. Sie erstreckt sich auf die nähere Umgebung von Zone 0, z.B. auf Einfüll- oder Entleerungseinrichtungen.

Zone 2
umfaßt Bereiche, in denen damit zu rechnen ist, daß gefährliche explosionsfähige Atmosphäre nur selten und dann auch nur kurzzeitig auftritt. Sie erstreckt sich auf Bereiche, die die Zone 0 oder 1 umgeben sowie auf Bereiche um Flanschverbindungen mit Flanschdichtungen üblicher Bauart bei Rohrleitungen in geschlossenen Räumen.

Durch brennbare Stäube explosionsgefährdete Zonen werden durch *zwei Ziffern* gekennzeichnet:

Zone 10
umfaßt Bereiche, in denen gefährliche explosionsfähige Staubatmosphäre langzeitig oder häufig vorhanden ist. Sie erstreckt sich auf das Innere von Behältern, Anlagen, Apparaturen und Röhren.

Zone 11
umfaßt Bereiche, in denen damit zu rechnen ist, daß gelegentlich durch Aufwirbeln abgelagerten Staubes gefährliche explosionsfähige Atmosphäre kurzzeitig auftritt. Sie erstreckt sich auf Bereiche in der Umgebung staubenthaltender Apparaturen, wenn Staub aus Undichtigkeiten austreten kann und sich Staubablagerungen in gefahrendrohender Menge bilden können.

Zur Kennzeichnung der Zonen von medizinisch genutzten Räumen werden die *Buchstaben G* und *M* verwendet:

Zone G – umschlossene medizinische Gassysteme
umfaßt nicht unbedingt allseitig umschlossene Hohlräume, in denen dauernd oder zeitweise explosionsfähige Gemische in geringen Mengen erzeugt, geführt oder angewendet werden.

Zone M – medizinische Umgebung
umfaßt den Teil eines Raumes, in dem eine explosionsfähige Atmosphäre durch Anwendung von Analgesiemitteln oder medizinischen Hautreinigungs- oder Desinfektionsmitteln nur in geringen Mengen und nur für kurze Zeit auftreten kann.

Zur Kennzeichnung der Gemische dient die *maximale Arbeitplatzkonzentration* als MAK-Wert. Der MAK-Wert liegt z.B. für Dampf-Luft-Gemische bei 0,1 … 0,2 der unteren Explosionsgrenze.

An Hand des MAK-Wertes kann nicht auf eine Explosionsgefahr geschlossen werden.

3.3.3.2
Eigensicherheit, Zündschutzarten
Eigensicherheit elektrischer Systeme erfordert den Betrieb von Stromkreisen, in denen die freiwerdende gespeicherte Energie kleiner ist als die Zündenergie der die Stromkreise umgebenden Gas- oder Staub-Gemische. Eigensichere elektrische Betriebsmittel müssen demnach so dimensioniert sein, daß die in Induktivitäten und Kapazitäten gespeicherte Energie beim Öffnen oder Schließen eines Kreises nicht so groß wird, daß sie die sie umgebende explosionsfähige Atmosphäre zünden kann.

In eigensicheren Stromkreisen können somit an jeder Stelle zu beliebigen Zeiten Fehler entstehen, ohne daß es zur Zündung des die Stromkreise umgebenden Gas- oder Staub-Gemisches führt.

Eigensichere elektrische Systeme bestehen zumeist aus:

– eigensicheren elektrischen Betriebsmitteln und
– elektrischen Betriebsmitteln.

Die Anforderungen an die Auslegung eigensicherer elektrischer Betriebsmittel wird durch Sicherheitsfaktoren der Kategorien „ia" und „ib" festgelegt [3.3]:

Kategorie ia
Betriebsmittel der Kategorie ia sind auf Grund ihrer hohen Sicherheit grundsätzlich für den Einsatz in Zone 0 geeignet.

Sie sind eigensicher beim Auftreten von zwei unabhängigen Fehlern. Der gesamte Steuerkreis muß für diesen Einsatz behördlich bescheinigt sein (Konformitätsbescheinigung, Abschn. 3.3.3.4). Damit erfüllen in dieser Kategorie eingeordnete Betriebsmittel auch die sicherheitstechnischen Anforderungen eines Einsatzes in Zone 1 und 2.

Kategorie ib
Im Normalbetrieb und bei Auftreten eines Fehlers darf keine Zündung verursacht werden. Betriebsmittel der Kategorie ib sind für den Einsatz in Zone 1 und 2 zugelassen.

Da elektrische Systeme verschiedenen Einsatzbedingungen ausgesetzt sind, können die sie umgebenden Gas- oder Staub-Luft-Gemische unterschiedliche Mindestzündenergien und Mindestzündtemperaturen haben. Diesem Sachverhalt wird durch

Tabelle 3.3. Temperaturklassen [DIN/VDE 0165]

Temperaturklasse	Höchstzulässige Oberflächen-temperatur der Betriebsmittel	Zündtemperatur der brennbaren Stoffe
T1	450° C	> 450° C
T2	300° C	> 300° C
T3	200° C	> 200° C
T4	135° C	> 135° C
T5	100° C	> 100° C
T6	85° C	> 85° C

die Unterteilung der Zündschutzart Eigensicherheit in Explosionsgruppen Rechnung getragen [3.13].

Explosionsgruppe I

Betriebsmittel der Explosionsgruppe I dürfen in schlagwettergefährdeten Grubenbauten errichtet werden. Methan ist das repräsentative Gas für diese Explosionsgruppe.

Explosionsgruppe II

Betriebsmittel der Gruppe II dürfen in allen anderen explosionsgefährdeten Bereichen eingesetzt werden.

In Abhängigkeit von der unterschiedlichen Zündenergie der verschiedenen Gase wird die Gruppe weiter in die Explosionsgruppe II A, II B sowie II C unterteilt. Repräsentative Gase dieser Explosionsgruppen sind:

– Propan in der Gruppe II A,
– Äthylen in der Gruppe II B und
– Wasserstoff in der Gruppe II C.

Außer der Zündung einer entsprechenden Atmosphäre durch Funken, wie in den Explosionsgruppen I und II erfaßt, kann die Zündtemperatur auch durch eine erhitzte Oberfläche (Wand, Gerät) erreicht werden

Bild 3.4. Kennzeichnung für Schlagwetter- und explosionsgeschützte elektrische Betriebsmittel

und eine Explosion verursachen. Die Zündtemperatur eines brennbaren Stoffes ist die in einem Prüfgerät ermittelte niedrigste Temperatur einer erhitzten Wand, an der sich der brennende Stoff im Gemisch mit Luft gerade noch entzündet [DIN/VDE 0165].

Die maximale Oberflächentemperatur ergibt sich aus der höchsten zulässigen Umgebungstemperatur zuzüglich der z.B. in einem Gerät auftretenden maximalen Eigenerwärmung (Tabelle 3.3).

3.3.3.3
Zündschutz durch Kapselung

Mit Hilfe des Einschlusses einer möglichen Zündquelle wird eine räumliche Trennung von der explosionsfähigen Atmosphäre erreicht.

Angewendet werden:

– Ölkapselung „o" [DIN EN 50015]
– Überdruckkapselung „p" [DIN EN 50016]
– Sandkapselung „q" [DIN EN 50017]
– Druckfeste Kapselung „d"[DIN EN 50018]
– Erhöhte Sicherheit „e" [DIN EN 50019]
– Eigensicherheit „i" [DIN EN 50020].

3.3.3.4
Konformitätsbescheinigung

Geräte, die für den Einsatz in explosionsgefährdeter Atmosphäre die sicherheitstechnischen Anforderungen erfüllen, sind an gut sichtbaren Stellen besonders zu kennzeichnen (Bild 3.4).

Die für ein Gerät in Frage kommenden Einsatzbedingungen werden in der behördlich ausgestellten Konformitätsbescheinigung durch die Physikalisch-Technische Bundesanstalt fixiert (Tabelle 3.4).

Tabelle 3.4. Kennzeichnung explosionsgeschützter Betriebsmittel [3.13]. **a)** Elektrische Betriebsmittel, **b)** Konformitäts-
bescheinigungsnummer, **c)** Konformitätskennzeichen und Bezeichnung für Betriebsmittel, die EG-Richtlinien entsprechen

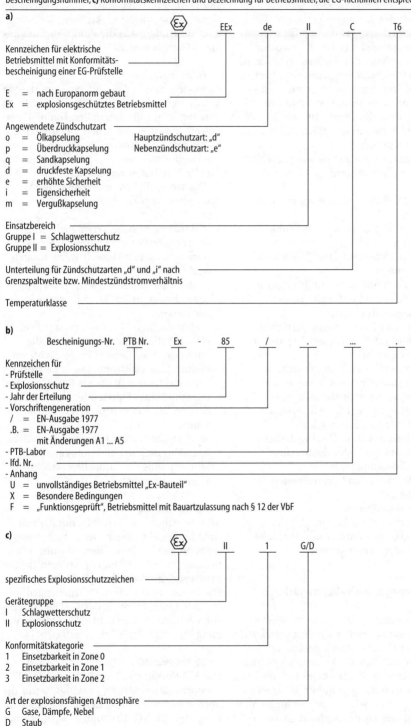

a)

<Ex>   EEx   de   II   C   T6

Kennzeichen für elektrische
Betriebsmittel mit Konformitätsbescheinigung einer EG-Prüfstelle

E = nach Europanorm gebaut
Ex = explosionsgeschütztes Betriebsmittel

Angewendete Zündschutzart
o = Ölkapselung   Hauptzündschutzart: „d"
p = Überdruckkapselung   Nebenzündschutzart: „e"
q = Sandkapselung
d = druckfeste Kapselung
e = erhöhte Sicherheit
i = Eigensicherheit
m = Vergußkapselung

Einsatzbereich
Gruppe I = Schlagwetterschutz
Gruppe II = Explosionsschutz

Unterteilung für Zündschutzarten „d" und „i" nach
Grenzspaltweite bzw. Mindestzündstromverhältnis

Temperaturklasse

b)

Bescheinigungs-Nr. PTB Nr.   Ex - 85 / . ... .

Kennzeichen für
- Prüfstelle
- Explosionsschutz
- Jahr der Erteilung
- Vorschriftengeneration
  / = EN-Ausgabe 1977
  .B. = EN-Ausgabe 1977
        mit Änderungen A1 ... A5
- PTB-Labor
- lfd. Nr.
- Anhang
  U = unvollständiges Betriebsmittel „Ex-Bauteil"
  X = Besondere Bedingungen
  F = „Funktionsgeprüft", Betriebsmittel mit Bauartzulassung nach § 12 der VbF

c)

<Ex>   II   1   G/D

spezifisches Explosionsschutzzeichen

Gerätegruppe
I   Schlagwetterschutz
II   Explosionsschutz

Konformitätskategorie
1   Einsetzbarkeit in Zone 0
2   Einsetzbarkeit in Zone 1
3   Einsetzbarkeit in Zone 2

Art der explosionsfähigen Atmosphäre
G   Gase, Dämpfe, Nebel
D   Staub

Durch die Konformitätsbescheinigung wird gleichzeitig ausgewiesen, daß das Zertifikat auch der Europanorm – EN – entspricht. Autorisierte Prüfstellen für explosionsgeschützte elektrische Betriebsmittel gibt es außerhalb der Bundesrepublik in Belgien, Dänemark England, Frankreich, Italien und Spanien. Allgemein gilt, daß Europanormen ohne jede Änderung den Status einer nationalen Norm für die angegebenen Länder annehmen, z.B. DIN EN … in der Bundesrepublik.

Die Kennzeichnung explosionsgeschützter Geräte muß enthalten:

1. Name oder Warenzeichen des Herstellers.
2. Vom Hersteller festgelegte Typenbezeichnung.
3. Daten, z.B. Nennspannung, Nennstrom, Nennleistung.
4. Symbol nach Bild 3.4, wenn für das Betriebsmittel eine Konformitätsbescheinigung ausgestellt wurde.
5. Das Zeichen EEx, wenn das Betriebsmittel den Euronormen für den Explosionsschutz entspricht.
6. Die Kurzzeichen aller angewendeten Zündschutzarten; dabei ist die Hauptschutzart an erster Stelle anzugeben.
7. Explosionsgruppe (I für Schlagwetterschutz, II für Explosionsschutz).
8. Bei Explosionsschutz die eingehaltene Temperaturklasse oder die maximale Oberflächentemperatur.
9. Zusätzlich nach den Euronormen geforderte Angaben.
10. Fertigungsnummer.
11. Angabe der Prüfstelle, Jahr der Prüfung, Bescheinigungsnummer und Hinweise auf besondere Bedingungen.

3.4
Elektromagnetische Verträglichkeit

Die elektromagnetische Verträglichkeit (EMV) ist ein spezielles *Qualitätsmerkmal* elektrischer Geräte. Durch geeignete Maßnahmen bei der Konstruktion eines elektrischen Gerätes muß gewährleistet werden, daß es einerseits gegenüber definierten elektromagnetischen Beeinflussungen aus der Umgebung so unempfindlich ist, daß

die zugesagten Eigenschaften gewährleistet sind. Andererseits darf das elektrische Gerät keine solche elektrische Störstrahlung aussenden, daß die Funktion eines anderen Gerätes beeinträchtigt wird [3.14].

EMV-Gesetz

Das deutsche EMV-Gesetz vom 09. 11. 1992 befaßt sich mit der EMV-Problemstellung und regelt die für Hersteller, Händler und Betreiber von elektrischen Geräten einzuhaltenden Vorschriften. Nach einer Übergangszeit wurde dieses Gesetz ab 01.01.1996 für alle Beteiligten verbindlich.

Die wesentlichen, in diesem Gesetz angewandten Begriffe sind:

– *Elektromagnetische Verträglichkeit* ist die Fähigkeit eines Gerätes, in der elektromagnetischen Umwelt zufriedenstellend zu arbeiten, ohne dabei selbst elektromagnetische Störungen zu verursachen, die für andere Geräte unannehmbar wären;
– *Elektromagnetische Störung* ist jede elektromagnetische Erscheinung, die die Funktion eines Gerätes beeinträchtigen könnte. Eine elektromagnetische Störung kann elektromagnetisches Rauschen, ein unerwünschtes Signal oder eine Veränderung des Ausbreitungsmediums selbst sein;
– *Störfestigkeit* ist die Fähigkeit eines Gerätes, während einer elektromagnetischen Störung ohne Funktionsbeeinträchtigung zu arbeiten.

Konformitätstest

Mittels einer EMV-Konformitätsprüfung wird festgestellt, ob ein Gerät die Schutzanforderungen einhält. Diese Konformitätsprüfung wird in einem akkreditierten Prüflabor durchgeführt [DIN EN 45 001]. Die umfangreichen Prüfanforderungen sind je nach Einsatzbereich des Gerätes in entsprechenden Normen für die Störaussendung und die Störfestigkeit festgelegt [3.15].

EG-Konformität

Die EG-Konformität wird durch eine EG-Konformitätserklärung bestätigt, wenn die normgerechte Prüfung der EMV zur Erfüllung des EMVG bestanden wird. Damit wird insoweit das CE-Kennzeichen (Konformitätszeichen) erlangt. In Zukunft dürfen nur noch Geräte mit *CE-Kennzeichen* in Verkehr gebracht werden.

Literatur

3.1 Schroff, Normenübersicht. Prospekt. D 9 CH 11/95 8/10 (39600-205). Schroff, Feldrennach-Straubenhardt

3.2 em shield, Sicherheit durch EMV: Neuheiten '92. Prospekt. 9.997.1229 5'11/92 AWI. Knürr, München

3.3 Heidenreich Gehäuse. Prospekt. Heidenreich, Straßberg (über Albstadt)

3.4 Schroff, propac – das individuelle Systemgehäuse. Prospekt. D 7.5 CH 7.7 3/95 2/15.2 (39600-067). Schroff, Feldrennach-Straubenhardt

3.5 Heidenreich varidesign Elektronik, Gehäuse Bausystem. Prospekt. Heidenreich, Straßberg (über Albstadt)

3.6 Knürr direct, Jahrbuch 96/97. 9.997.232.9 20'PA 3/96 Knürr, München

3.7 Schroff, Katalog für die Elektrotechnik 96/97. D 4/96 1/8 (39600-821). Schroff, Feldrennach-Straubenhardt.

3.8 Schroff, Schränke für die Vernetzungstechnik. Katalog. D(13.5)CH(0.5) 9/95 14/14 (39600-110). Schroff, Feldrennach-Straubenhardt

3.9 19"-Gehäusetechnik: So ordnet man Elektrik und Elektronik. Katalog, 1.9.1994. Heidenreich, Straßberg (über Albstadt)

3.10 Kunststoffgehäuse: So ordnet man Elektrik und Elektronik. Katalog, 1.1.1996. Heidenreich, Straßberg (über Albstadt)

3.11 Polke M (Hrsg.), Epple U (1994) Prozeßleittechnik. 2., völlig überarb. U. Stark erw. Aufl. Oldenbourg, München Wien. S 237–254

3.12 Elektrisches Messen mechanischer Größen: Auswahlkriterien für Druckaufnehmer. Sonderdruck MD 9302. Hottinger Baldwin, Darmstadt

3.13 Kleinert S, Krübel G (1993) Sicherheitstechnik: Elektrische Anlagen im explosionsgefährdeten Bereich. Hrsg. FB Elektrotechnik/Elektronik an der FH Mittweida

3.14 AVT Report Heft 6, April 1993. VDI/VDE-Technologiezentrum Informationstechnik, Teltow

3.15 Altmaier H (1995) EMV-Konformitätsprüfung elektrischer Geräte. Feinwerktechnik, Mikrotechnik, Meßtechnik 103, C. Hanser Verlag, München. S. 388–393

Teil C

Bauelemente für die Signalverarbeitung mit elektrischer Hilfsenergie

Einleitung

M. Seifart

Zur Informationsgewinnung, -verarbeitung und -übertragung sind häufig wiederkehrende Grundoperationen, wie Messen, Verstärken, Regeln, Rechnen, Speichern, Anzeigen, Grenzwertüberwachung, Nullpunktunterdrückung, Schwingungserzeugung, Signalformung, Sollwertvorgabe u.a., notwendig, die mit entsprechenden Funktionseinheiten realisiert werden [3.1–3.4].

In der Vergangenheit wurden für häufig wiederkehrende Grundfunktionen oft universell einsetzbare und konstruktiv abgeschlossene Baugruppen (Teileinschübe, Kassetten usw.) verwendet. Der stark zunehmende Integrationsgrad elektronischer Bauelemente führt dazu, daß immer mehr Funktionseinheiten mit einer oder mit wenigen integrierten Schaltungen (IS) realisiert werden. Die Folge ist, daß auf einer einzigen Steckkarte (Grundkarte) viele Grundfunktionen, die ggf. zum Zwecke einer schnellen Erweiterung oder Veränderung auf kleinen steckbaren Leiterplatten aufgebaut sind, untergebracht werden (Übergang zu problemorientierten Baugruppen, Steckkartensystemen). Kennzeichnend für den Einsatz elektronischer Funktionseinheiten in der Automatisierungstechnik ist, daß diese Funktionseinheiten bis auf wenige Ausnahmen mit elektronischen Bauelementen (z.B. IS) aufgebaut werden müssen, die für andere Industriezweige mit größerem Stückzahlbedarf entwickelt wurden. Spezielle Bauelemententwicklungen für die Automatisierungstechnik sind nur selten ökonomisch vertretbar. Dadurch entsteht oft zusätzlicher Aufwand, um die teilweise harten Forderungen der Automatisierungstechnik (z.B. Unempfindlichkeit gegenüber elektrischen Störsignalen) zuverlässig zu erfüllen (Abblocken, Abschirmmaßnahmen, Pegelwandlung usw.; vgl. Kap. 17).

Wie in der gesamten Elektronik, so ist auch bei elektronischen Geräten der Automatisierungstechnik der Übergang zum verstärkten Einsatz digitaler Funktionseinheiten zu erkennen. *Analoge Einheiten* können jedoch auch künftig in einer Reihe von Anwendungsfällen nicht durch *digitale Verfahren* abgelöst werden, etwa bei der Verarbeitung kleiner *Signalpegel* (natürliche Abbildungssignale). Besonders bei Anlagen der Kleinautomatisierung lassen sich mit analogen Funktionseinheiten oft einfachere und billigere Lösungen erzielen. Die Fernübertragung mit Analogsignalen benötigt häufig geringeren Aufwand als die digitale Signalübertragung. Da viele Meßgrößen (besonders bei Fließgutprozessen in der Verfahrenstechnik) als Analogsignale zur Verfügung stehen, sind in größeren Automatisierungsanlagen analoge Funktionseinheiten oft gemeinsam mit digitalen Funktionseinheiten notwendig.

Als Informationsparameter wird in elektrisch-analogen Funktionseinheiten meist die *Amplitude* einer *Gleichspannung* oder eines *Gleichstroms* verwendet. Spannungssignale lassen sich im Inneren der Einheiten leichter verarbeiten, weil sie durch Gegenkopplungsbeschaltung einfach erzeugt werden können und sich mehrere Stufen problemlos parallelschalten lassen (gemeinsames Bezugspotential). Stromsignale werden häufig zur äußeren (Meß-)Signalübertragung zwischen verschiedenen Geräten verwendet. Für spezielle Anwendungen sind auch andere elektrische Größen üblich (Bsp.: Frequenz-Analogsignal; s. Kap. 6).

Die Größe der Signalamplitude ist für die Auswirkung systemfremder oder systemeigener elektrischer Störsignale und für die Genauigkeit der Signalverarbeitung (Drifteinflüsse, Rauscheinflüsse) von großer Bedeutung. Elektrisch-analoge Einheitssignale haben so hohe Pegelwerte ($I = 0 \ldots 5, 0 \ldots 20, 4 \ldots 20$ mA; $U = 0 \ldots 5, 0 \ldots 10$ V), daß die genannten *Störeinflüsse* meist ohne besondere Zusatzmaßnahmen vernachlässigbar sind.

Bei Signalpegeln im oder unterhalb des Millivolt- bzw. Mikroamperebereichs können Störsignale häufig das Nutzsignal voll überdecken, so daß sorgfältige Abschirmmaßnahmen, Einbau von Siebgliedern,

Driftkompensation u. dgl. erforderlich werden, um die Signalverarbeitung mit der geforderten Genauigkeit zu realisieren. Es ist daher immer zweckmäßig, den Signalpegel möglichst weit am Anfang der Informationskette (z.B. unmittelbar nach dem Meßfühler) auf einen hohen Pegel anzuheben, falls nicht ökonomische oder andere Gründe dagegen sprechen.

Elektronische Funktionseinheiten können im Vergleich zu den *Zeitkonstanten* vieler zu automatisierender Prozesse (Verfahrenstechnik: einige Sekunden bis einige Minuten; elektrische Antriebsregelungen: Millisekunden bis Sekunden) als praktisch trägheitslos angesehen werden. Oft wird ihre Leistungsfähigkeit hinsichtlich Bandbreite bzw. Schaltgeschwindigkeit bei weitem nicht ausgenutzt. Gelegentlich ist es sogar zweckmäßig, das Frequenz- bzw. Zeitverhalten durch geeignete Beschaltung zu verschlechtern, um die Empfindlichkeit gegenüber elektrischen Störsignalen zu verringern.

Der *Umgebungstemperaturbereich* von Automatisierungsgeräten, die in Warten betrieben werden, ist nicht wesentlich größer als der üblicher elektronischer Geräte. Bei Funktionseinheiten in der Nähe des Meß- oder Stellorts können aber sehr harte Temperaturanforderungen auftreten (z.B. −30°C), die u.U. besondere Schaltungslösungen erforderlich machen (Vermeiden von Elkos, Berücksichtigung des erheblichen Abfalls der Stromverstärkung von Transistoren bei tiefen Temperaturen usw.)

Die *Signalverstärkung* ist die wichtigste Operation analoger Funktionseinheiten, da sie bei fast allen Einheiten direkt oder indirekt eine Rolle spielt. Die Entwicklung analoger Funktionseinheiten ist durch das weitere Vordringen integrierter Schaltkreise (IS), vor allem von integrierten Operationsverstärkern (OV), gekennzeichnet. Dadurch nimmt die Komplexität der Schaltung zu. Integrierte OV erfüllen sowohl hinsichtlich der technischen Daten als auch bezüglich Robustheit, Wartungsfreiheit und niedrigem Preis die Forderung der Automatisierungstechnik sehr gut. Der OV hat die Entwicklung der Analogtechnik generell stark beeinflußt. Vor der Existenz der IS wurden für unterschiedliche Aufgaben überwiegend spezielle Schaltungen dimensioniert und aufgebaut. Heute lassen sich die meisten analogen Funktionseinheiten in der Automatisierungstechnik unter Verwendung integrierter OV realisieren, meist durch geeignete Beschaltung mit linearen oder nichtlinearen Rückkopplungsnetzwerken. Dadurch konnten die äußerst zahlreichen Varianten von analogen Funktionseinheiten merklich reduziert werden.

Infolge des durch die Massenproduktion bedingten sehr niedrigen Preises von OV, der häufig über eine Zehnerpotenz geringer ist als der früher verwendeter "klassischer" Verstärker aus Einzelbauelementen, ist ein wesentlich großzügigerer Umgang mit Verstärkern möglich. Viele analoge Funktionen lassen sich dadurch besser und genauer realisieren (z.B. der Aufbau von PID-Reglern mit entkoppelten P-, I-, D-Funktionen; s. Kap. 1).

Die weitere Entwicklung analoger Funktionseinheiten erfolgt in Richtung

– einheitlicher Signalpegel,
– einheitlicher Stromversorgung (Betriebsspannung),
– einheitlicher konstruktiver Ausführung (je nach Zweckmäßigkeit Baustein- oder Kompaktgeräte).

Bausteinsysteme sind universell an Automatisierungsaufgaben anpaßbar; jedoch ist ihre Projektierung aufwendig (Abhilfe: vorkonfektionierte Einheiten aus mehreren Leiterplatten, z.B. Regler). Kompaktgeräte sind bei großen Stückzahlen ökonomischer und lassen sich einfacher projektieren.

Neben OV werden zunehmend weitere universell einsetzbare IS hergestellt (Spannungs- und Stromstabilisierungsbausteine, AD- und DA-Umsetzer, PLL-Schaltungen; s. Kap. 11–13), für die auch außerhalb der Automatisierungstechnik großer Bedarf besteht. Komplette Funktionseinheiten, die auf Grund technischer Probleme oder zu geringer Stückzahl nicht als IS ausgeführt werden, lassen sich in Hybridtechnik erstellen. Dazu werden gehäuselose (nackte) integrierte OV sowie ihre diskreten Beschaltungselemente auf einem Dünnschicht- oder Dickschichtsubstrat leitend verbunden, so daß eine eigene Leiterplatte für

diese Einheit sowie zahlreiche Verbin-
dungsstellen entfallen; das ermöglicht zugleich Zuverlässigkeitsverbesserungen.

Häufig benutzte Abkürzungen

AD	Analog/Digital	LSB	Least significant BIT (binary digit)
CMRR	Common mode rejection ratio		
DA	Digital/Analog	MSB	Most significant BIT (binary digit)
DIL	Dual-in-Line-Gehäuse		
DIP	Dual-in-Line-Plastikgehäuse, auch: Dual-in-Line-Package	MSI	Medium scale integration
		MSR	Messen, Steuern, Regeln
DSP	Digital Signal Processing	OPA	Operational Amplifier
F.S.	Full scale (Vollausschlag, Endwert eines Meßbereichs)	OV	Operationsverstärker
		$R_1//R_2$	Parallelschaltung von R_1 und R_2
FET	Feldeffekttransistor	TK	Temperaturkoeffizient
FSR	Full scale range (Meßbereich)	TTL	Transistor Transistor Logik
IS	Integrierte Schaltung	VCO	Voltage controlled oscillator

1 Regler

H. Beikirch

1.1
Allgemeine Eigenschaften

Die ständige technische Weiterentwicklung ermöglicht in immer umfangreicherem und genauerem Maße die breite Beeinflussung von Prozessen und technischen Geräteeigenschaften durch regelnde Eingriffe. Die Zielstellung besteht im Erreichen eines *stabilen Systemzustandes*, der keine unerwünschten Schwingungen aufweist. Ein typisches Beispiel ist die elektronische Drehzahlregelung einer Bohrmaschine. Als Störung wirkt die unterschiedliche Belastung beim Bohren. Das von der Maschine aufzubringende Drehmoment ist je nach zu bearbeitenden Werkstoff und Vorschub unterschiedlich groß und verursacht Drehzahlschwankungen, wenn nicht kontinuierlich die zugeführte elektrische Energie nachgeregelt wird. Bild 1.1 zeigt das Wirkprinzip. Die Energiezuführung wird dabei so über den Spannungsregler (Längsregler) eingestellt, daß die von der Bohrmaschinenwelle über einen Tachometer G abgenommene drehzahläquivalente Spannung U_G konstant gehalten wird. Durch einen einstellbaren Widerstand R_S erfolgt die Drehzahlsollwertvorgabe.

Die notwendigen Regler können in unterschiedlichen technischen Ausführungen hergestellt werden. Sie benutzen *elektrische, pneumatische* oder *hydraulische Hilfsenergie* und werden nach diesen Eigenschaften bezeichnet (z.B. *elektrische* bzw. *elektronische Regler*). Regler können auch in rein mechanischer Struktur ausgeführt sein (z.B. Fliehkraftregler bei Dampfmaschinen).

Da *elektronische Regler* am häufigsten eingesetzt werden und die hier angestellten Untersuchungen sich mit elektrischen bzw. elektronischen Bausteinen der Automatisierungstechnik befassen, orientieren sich die nachfolgenden Betrachtungen grundsätzlich an dieser technischen Ausführung.

Allgemein besteht die Aufgabe eines Reglers darin, eine bestimmte physikalische Größe (die *Regelgröße X*) auf einen vorgegebenen Sollwert (*Führungsgröße W*) zu bringen und dort zu halten. Der Regler muß dazu in geeigneter Weise den auftretenden *Störgrößen Z* entgegenwirken [1.1].

1.2
Verhalten linearer kontinuierlicher Regelkreise

1.2.1
Dynamisches Verhalten

Ausgehend vom Prinzip des geschlossenen Regelkreises sollen die grundsätzlichen Bestandteile und Größen vorgestellt werden. Bild 1.2 zeigt ein Übersichtsbild mit den klassischen vier Bestandteilen: *Regler, Stellglied, Regelstrecke* und *Meßglied. Regler* und *Stellglied* werden meist zur *Regeleinrichtung* zusammengefaßt [1.2].

Beschreibt man ein derartiges System in vereinfachter Blockstruktur, so lassen sich die Beziehungen der einzelnen Größen entsprechend Bild 1.3 darstellen.

Das System enthält die *Übertragungsfunktionen* zur Beschreibung des *Störverhaltens* $G_{SZ}(s)$, des *Stellverhaltens* $G_{SU}(s)$ und der Re-

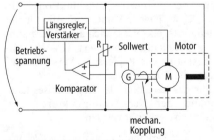

Bild 1.1. Drehzahlregelung des Elektromotors einer Bohrmaschine

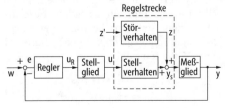

Bild 1.2 Der Regelkreis mit seinen Grundbestandteilen

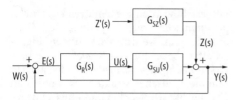

Bild 1.3 Vereinfachtes Blockschaltbild eines Regelkreises

geleinrichtung $G_R(s)$ im Bildbereich. Man wählt bei derartigen Strukturen die Beschreibung im Bildbereich, weil sich gegenüber der Beschreibung im Zeitbereich meist einfachere Berechnungswege gehen lassen.

Die *Regeleinrichtung* wird auch oft als eigentlicher "*Regler*" bezeichnet.

Für den Fall der Einwirkung einer einzigen *Störgröße* wirken auf die Regelstrecke zwei Eingangsgrößen, die *Stellgröße U* und die *Störgröße Z*. Diese beiden Eingangssignale greifen meist an unterschiedlichen Stellen der *Regelstrecke* ein. Damit wirken sie mit unterschiedlichem *Übertragungsverhalten*, dem *Stellverhalten* und *Störverhalten*, auf die *Regelgröße Y* ein.

Formuliert man das *Übertragungsverhalten* nach Bild 1.3, so ergibt sich folgender allgemeiner Zusammenhang:

$$Y(s) = \frac{G_{SZ}(s)}{1 + G_R(s)\,G_{SU}(s)}\,Z(s)$$
$$+ \frac{G_R(s)\,G_{SU}(s)}{1 + G_R(s)\,G_{SU}(s)}\,W(s)\;. \tag{1.1}$$

Bei einer sogenannten *Festwertregelung* bzw. *Störgrößenregelung* geht man von der Annahme $W(s) = 0$ aus. Es ergibt sich das Übertragungsverhalten des geschlossenen Regelkreises für *Störverhalten* mit

$$G_Z(s) = \frac{Y(s)}{Z(s)} = \frac{G_{SZ}(s)}{1 + G_R(s)\,G_{SU}(s)}\;. \tag{1.2}$$

Setzt man dagegen $Z(s) = 0$, kann das Übertragungsverhalten des geschlossenen Regelkreises als *Führungsverhalten* bezeichnet werden. Man spricht von einer *Nachlauf-* oder *Folgeregelung*. Beschrieben wird dieses Verhalten mit

$$G_W(s) = \frac{Y(s)}{W(s)} = \frac{G_R(s)\,G_{SU}(s)}{1 + G_R(s)\,G_{SU}(s)}\;. \tag{1.3}$$

Der dynamische *Regelfaktor R(s)* ist mit

$$R(s) = \frac{1}{1 + G_R(s)\,G_{SU}(s)} \tag{1.4}$$

definiert, wobei das Produkt $G_R(s)\,G_{SU}(s)$ in (1.2) und (1.3) jeweils enthalten ist und zu $G_0(s)$ zusammengefaßt wird.

Wird der Regelkreis nach Bild 1.3 unter der Bedingung $W(s)=0$ und $Z(s)=0$ an beliebiger Stelle aufgetrennt, ergibt sich ein offener Regelkreis. Betrachtet man das System an den Trennstellen entsprechend der Wirkrichtung der *Übertragungsglieder*, kann man als Eingangsgröße $x_e(t)$ und als Ausgangsgröße $x_a(t)$ definieren. Die Übertragungsfunktion des offenen Regelkreises wird damit zu

$$G_{off} = \frac{X_a(s)}{X_e(s)} = -G_R(s)\,G_{SU}(s) \tag{1.5}$$
$$= -G_0(s)\;.$$

Im praktischen Umgang hat sich, obwohl nicht ganz korrekt, der Gebrauch der Übertragungsfunktion des offenen Regelkreises mit $G_0(s)$ etabliert.

1.2.2
Stationäres Verhalten

In den meisten aller Anwendungsfälle läßt sich das Übertragungsverhalten des offenen Regelkreises durch eine *Standardübertragungsfunktion* beschreiben. Diese Übertragungsfunktion hat die Form (nach [1.2])

$$G_0(s) = \frac{K_0}{s^k} \tag{1.6}$$

$$\times \frac{1 + \beta_1 s + \beta_2 s^2 + \ldots + \beta_m s^m}{1 + \alpha_1 s + \alpha_2 s^2 + \ldots + \alpha_{n-k} s^{n-k}}\,e^{-T_t s}$$

mit $m \le n$.

Die ganzzahligen Konstanten $k = 0, 1, 2, \ldots$ kennzeichnen dabei im wesentlichen den Typ der Übertragungsfunktion. Mit $K_0 = K_R\,K_S$ ist der Verstärkungsfaktor des offenen Regelkreises, auch als *Kreisverstärkung* bezeichnet, definiert (K_R Verstärkungsfaktor des Reglers; K_S Verstärkungsfaktor der Strecke).

Für das Verhalten des Regelkreises kann anhand der Verstärkungsfaktoren beispielsweise erkannt werden:

k = 0   P-Verhalten (Proportionales Verhalten),

$k = 1$ I-Verhalten (Integrales Verhalten),
$k = 2$ I_2-Verhalten (Doppelt integrales Verhalten).

Eine Untersuchung des stationären Verhaltens des geschlossenen Regelkreises erfolgt durch Beaufschlagung der verschiedenen Typen der Übertragungsfunktion $G_0(s)$ mit verschiedenen Signalformen der Führungsgröße $w(t)$ oder der Störgröße $z(t)$ für $t \to \infty$. Dabei geht man von der Annahme aus, daß der in (1.6) auftretende Term der gebrochen rationalen Funktion nur Pole in der linken s-Halbebene besitzt.

Berechnet man die Regelabweichung mit

$$E(s) = \frac{1}{1 + G_0(s)}(W(s) - Z(s)) , \qquad (1.7)$$

existiert ein Grenzwert für die Regelabweichung $e(t)$ bei $t \to \infty$, gilt unter der Benutzung des Grenzwertsatzes der Laplace-Transformation für den stationären Endwert der Regelabweichung

$$\lim_{t \to \infty}(e)t = \lim_{s \to 0} s\, E(s) . \qquad (1.8)$$

Betrachtet man das Ausgangsverhalten einer Regelstrecke bei verschiedenen Eingangsfunktionen, wobei als Eingangsfunktionen Führungs- sowie Störgrößen gleich behandelt werden können, so lassen sich die stationären Endwerte der Regelabweichung berechnen. Die Berechnung erfolgt mit (1.7) und (1.8) für das Übertragungsverhalten des offenen Regelkreises $G_0(s)$. Als charakteristische Eingangfunktionen $x_e(t)$ wird (nach [1.2])

1. die sprungförmige Erregung (mit x_{e0} als Sprunghöhe)

$$X_e(s) = \frac{x_{e0}}{s} , \qquad (1.9)$$

2. die rampenförmige Erregung (mit x_{e1} als Anstiegsgeschwindigkeit des Eingangssignals)

$$X_e(s) = \frac{x_{e1}}{s^2} , \qquad (1.10)$$

3. die parabelförmige Erregung (mit x_{e2} als Maß für die Beschleunigung des Eingangssignalanstiegs)

$$X_e(s) = \frac{x_{e2}}{s^3} , \qquad (1.11)$$

betrachtet.

Tabelle 1.1. Bleibende Regelabweichung [1.2]

Systemtyp von $G_0(s)$	Eingangsgröße $X_e(s)$	Bleibende Regelabweichung e_∞
$k = 0$ P-Verhalten	x_{e0}/s	$[1/(1+K_0)]x_{e0}$
	x_{e1}/s^2	∞
	x_{e2}/s^3	∞
$k = 1$ I-Verhalten	x_{e0}/s	0
	x_{e1}/s^2	$(1/K_0)x_{e1}$
	x_{e2}/s^3	∞
$k = 2$ I_2-Verhalten	x_{e0}/s	0
	x_{e1}/s^2	0
	x_{e2}/s^3	$(1/K_0)x_{e2}$

Nach (1.7) gilt dann für die Regelabweichung

$$E(s) = \frac{1}{1 + G_0(s)} X_e(s) \qquad (1.12)$$

Der Unterschied zwischen Führungsverhalten und Störverhalten ist nur im Vorzeichen festzustellen, d.h. bei Führungsverhalten gilt $X_e(s) = W(s)$ und bei Störverhalten gilt $X_e(s) = -Z(s)$.

Die Ergebnisse der Berechnungen einer bleibenden Regelabweichung für verschiedene Systemtypen ($k = 0$, $k = 1$ und $k = 2$) von $G_0(s)$ bei den vorhergehend genannten unterschiedlichen Eingangsgrößen $x_e(t)$ sind in Tabelle 1.1 dargestellt.

Aus den Berechnungen geht hervor, daß die bleibende Regelabweichung e_∞ kleiner gehalten werden kann, wenn die Kreisverstärkung G_0 möglichst groß eingestellt wird. Bei der Wahl einer sehr großen Kreisverstärkung besteht aber Instabilitätsgefahr, so daß mit der Einstellung von G_0 ein Kompromiß gefunden werden muß. Andernfalls muß ein geeigneter Reglertyp ausgewählt werden.

1.3
Reglertypen

Die heute in der Industrie eingesetzten Regler sind Standardregler, die sich auf die idealisierten linearen Grundformen des P-, I- und D-Gliedes zurückführen lassen.

Ausgehend vom *Standardregler* mit PID-Verhalten, der sich in seiner Blockstruktur entsprechend Bild 1.4 darstellen läßt, sind alle weiteren Reglertypen daraus ableitbar.

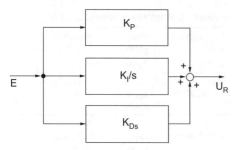

Bild 1.4. Blockschaltbild eines PID-Reglers

Die Parallelschaltung des P-, I- und D-Gliedes kennzeichnet das Zusammenwirken der *Verhaltensglieder*. Die Übertragungsfunktion des PID-Reglers wird mit

$$G_R(s) = \frac{U_R(s)}{E(s)} = K_P + \frac{K_I}{s} + K_D s \ . \qquad (1.13)$$

ermittelt. Als typische Größen sind der *Verstärkungsfaktor* K_P, die *Nachstellzeit* $T_I = K_P/K_I$ und die Vorhaltezeit bzw. Differentialzeit $T_D = K_D/K_P$ definiert. Da für diese Größen bestimmte Wertebereiche gelten, werden sie auch als *Einstellwerte* des Reglers bezeichnet. Mit diesen Einstellungen wird eine Anpassung von Regler und Strecke vorgenommen, so daß ein erwünschtes *Regelverhalten* erzielt wird.

Durch Umformung ergibt sich nach (1.13)

$$G_R(s) = K_R\left(1 + \frac{1}{T_I s} + T_D s\right) \ . \qquad (1.14)$$

Mit der Übertragung in den Zeitbereich läßt sich folgende Beschreibung der Reglerausgangsgröße vornehmen:

$$u_R(t) = K_R\, e(t) + \frac{K_R}{T_I} \int\limits_0^t e(\tau)\, d\tau \qquad (1.15)$$
$$+ K_R T_D\, \frac{de(t)}{dt} \ .$$

Wird jetzt eine sprungförmige Änderung der Eingangsgröße $e(t)$ verursacht, erhält man die Übertragungsfunktion $h(t)$ des PID-Reglers. Problematisch ist die gerätetechnische Realisierung des D-Verhaltens, da praktisch immer Verzögerungszeiten vorhanden sind. Wird nach (1.14) der D-Anteil real verändert, so gilt

$$G_R(s) = K_R\left(1 + \frac{1}{T_I s} + T_D\, \frac{s}{1 + Ts}\right) \ . \qquad (1.16)$$

Die vergleichende Darstellung der einzelnen Reglertypen mit der Realisierung einer Operationsverstärkerschaltung, der jeweiligen Übertragungsfunktion, den zugehörigen Einstellwerten und der entsprechenden *Übergangsfunktion* zeigt Tabelle 1.2.

Zusammenfassend muß bemerkt werden, daß jeder Reglertyp über bestimmte Eigenschaften verfügt, die vorteilhaft in Kombinationen eingesetzt werden können. D-Glieder sind aufgrund ihrer Funktion nicht allein als Regler verwendbar.

Besondere Eigenschaften der einzelnen Reglertypen sind:

P-Regler: großes maximales Überschwingen; große Ausregelzeit;

I-Regler: noch größeres maximales Überschwingen durch langsam einsetzendes I-Verhalten; keine bleibende Regelabweichung;

PI-Regler: maximales Überschwingen; Ausregelzeit wie P-Regler; keine bleibende Regelabweichung;

PD-Regler: schneller D-Anteil bringt geringeres Überschwingen und geringere Ausregelzeiten als P- und I-Regler; bleibende, aber geringe Regelabweichung;

PID-Regler: vereinigt Eigenschaften des PI- und PD-Reglers; maximales Überschwingen ist noch kleiner; keine bleibende Regelabweichung; Ausregelzeit größer als bei PD-Regler.

1.4
Digitale Regler

1.4.1
Prinzip

Bei digitaler Regelung erfolgt eine *Zeit-* und *Amplitudenquantisierung* der *abzutastenden* Eingangssignale. Die Ausführung der Regeleinrichtung wird von komplexen digitalen Schaltungen, beispielsweise von Prozeßrechnern oder Mikrorechnern, übernommen. Die Größe der Zeitschritte bei der Signalabtastung kann durch die Abtastzeit T_0 festgelegt werden. Diese Abtastung, die nur zu diskreten Zeitpunkten $t_1, t_2, t_3, \ldots t_n$ erfolgt, kann auch äquidistant in einer festgelegten Zeit erfolgen. Bei solcher äquidistanten Abtastung gilt dann allgemein $t_k = kT_0$.

Bild 1.5 zeigt den prinzipiellen Aufbau eines digitalen Regelkreises. Bei dieser digi-

Tabelle 1.2. Regeltypen mit Operationsverstärkerschaltungen

Reglertyp	Schaltung	Übertragungsfunktion $G_R(s) = U_R(s)/E(s)$	Einstellwerte	Übergangsfunktion $h(t)$
P	(Schaltung)	$\dfrac{R_2}{R_1}$	Verstärkung $\quad K_R = \dfrac{R_1}{R_2}$	K_R
I	(Schaltung)	$-\dfrac{1}{sR_2C_2}$	Nachstellzeit $\quad T_I = R_1C_2$	
PI	(Schaltung)	$\dfrac{R_2}{R_1}\left(1+\dfrac{1}{sR_2C_1}\right)$	Verstärkung $\quad K_R = \dfrac{R_1}{R_2}$ Nachstellzeit $\quad T_I = R_1C_2$	K_R
PD	(Schaltung)	$\dfrac{R_2}{R_1}\left(1+sR_2C_1\right)$	Verstärkung $\quad K_R = \dfrac{R_1}{R_2}$ Vorhaltezeit $\quad T_D = R_1C_1$	KR
PID	(Schaltung)	$\dfrac{R_1C_1+R_2C_2}{R_1C_2}\left(1+\dfrac{1}{R_1C_1+R_2C_2}\cdot\dfrac{1}{s}+\dfrac{R_1C_1R_2C_2\,s}{R_1C_1+R_2C_2}\right)$	Verstärkung $\quad K_s = -\dfrac{R_1C_1+R_2C_2}{R_1C_2} - \dfrac{R_1C_1}{R_1^2C_2^2}$ Nachstellzeit $\quad T_I = R_1C_1 + R_2C_2$ Vorhaltezeit $\quad T_D = \dfrac{R_1R_2C_1C_2}{R_1C_1+R_2C_2}$	K_R

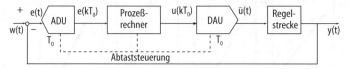

Bild 1.5 Prinzipieller Aufbau eines digitalen Regelkreises

talen Regelung, die auch als *DDC-Betrieb* (DDC – direct digital control) bezeichnet wird, setzt man den analogen Wert der Regelabweichung $e(t)$ in einen digitalen Wert $e(kT_0)$ um. Als digitaler Regler steht allgemein ein Prozeßrechner, der über bestimmte Algorithmen die Folge der *Stellsignalwerte* $u(kT_0)$ erzeugt. Der nachfolgende Digital-/Analogumsetzer formt daraus das Analogsignal $\bar{u}(t)$, das über jeweils eine Abtastperiode konstant gehalten wird.

Die Signaldarstellung erfolgt im Regelkreis diskret, d.h. durch Zahlenfolgen.

Die Abtastzeit T_0 hat einen großen Einfluß auf das dynamische Verhalten der Regelung. Die Festlegung von T_0 muß deshalb besonders gut ausgewogen werden. Die *Amplitudenquantisierung* der Signale beeinflußt in hohem Maße die Genauigkeit des gesamten Regelungssystems. Man benutzt hierzu entsprechend den technologischen Anforderungen *Analog-/Digital-* sowie *Digital-/Analogumsetzer* mit Auflösungen von 8 bis 14 bit.

Bei solchen Abtastsystemen wird in einem linearem kontinuierlichen System an der Linearität nichts geändert, soweit die Auflösung der Umsetzer hoch genug gewählt wurde (*Quantisierungsrauschen* muß nicht mehr berücksichtigt werden). Daraus resultiert die Möglichkeit der theoretischen Behandlung wie bei einem rein analogen linearen kontinuierlichem System.

1.4.2
Regler mit Mikrocomputern

In der modernen Regelungstechnik werden in zunehmendem Maße Regler auf der Basis von *Mikroprozessoren* bzw. *Mikrocontrollern* eingesetzt. Die damit erzielbaren Vorteile sind besonders in der hohen Flexibilität einstellbarer Parameter, der kurzen Reaktionszeiten und der komfortablen Bedienbarkeit zu sehen. Auch durch die Miniaturisierung elektronischer Komponenten und Schaltungen sind derartige Regler

in kleinste räumliche Strukturen implementierbar.

Für die digitale Regelung muß der konventionelle *Regelalgorithmus* den digitalen Verarbeitungsmöglichkeiten angepaßt werden. Wird der Regelalgorithmus einem Mikrorechner übertragen, gibt es verschiedene Möglichkeiten, diskrete Algorithmen zu verwenden. Bekannt sind u.a. der *PID-Algorithmus*, der *diskrete Kompensationsalgorithmus* und der *Kompensationsalgorithmus für endliche Einstellzeit*.

Der PID-Algorithmus stellt die einfachste Konvertierung aus der analogen Regelungstechnik dar. Ausgehend von dem konventionellen PID-Regler mit verzögertem D-Verhalten nach der Übertragungsfunktion

$$G_{PID}(s) = K_R \left(1 + \frac{1}{T_I s} + \frac{T_D s}{1 + Ts} \right) \qquad (1.17)$$

kann unter Benutzung verschiedener Berechnungsverfahren [1.2] die Bestimmung der *z-Übertragungsfunktion* des diskreten PID-Reglers $D_{PID}(z)$ erfolgen.

$$D_{PID}(z) = K_R \left(1 + \frac{1}{2T_I} \frac{z+1}{z-1} \right.$$
$$\left. + \frac{z-1}{z \left(1 + \dfrac{T_V}{T} \right) - \dfrac{T_V}{T}} \right) . \qquad (1.18)$$

Aus dieser Gleichung kann durch Umformung und Transformation die Stellgröße (Stellungs- oder Positionsalgorithmus) oder die Änderung der Stellgröße (Geschwindigkeitsalgorithmus) direkt berechnet werden.

Der Geschwindigkeitsalgorithmus wird in der Praxis immer bei Stellgliedern mit speicherndem Verhalten (z.B. bei Schrittmotoren) angewandt.

Wenn bei diesem quasistetigen PID-Regelalgorithmus die Abtastzeiten mindestens eine Zehnerpotenz kleiner als die dominierende Zeitkonstante des Systems ge-

Tabelle 1.3. Einstellwerte für diskrete Regler nach Takahashi [1.3]

	Reglertypen	Reglereinstellwerte		
		K_R	T_I	T_D
Methode 1	P	0,5 K_{Rkrit}	–	–
	PI	0,45 K_{Rkrit}	0,83 T_{krit}	–
	PID	0,6 K_{Rkrit}	0,5 T_{krit}	0,125 T_{krit}
Methode 2	P	$(1/K_S) \cdot (T_a/T_u)$	–	–
	PI	$(0,9/K_S) \cdot T_a(T_u+T/2)$	3,33 $(T_u+T/2)$	–
für $T/T_a \leq 1/10$	PID	$(1,2/K_S) \cdot T_a(T_u+T)$	$2[(T_u+T/2)^2/(T_u+T)]$	$(T_u+T)/2$

wählt wird, kann man unmittelbar auf die Parameter des kontinuierlichen PID-Reglers zurückgreifen. Die von TAKAHASHI [1.3] ermittelten Einstellregeln sind weit verbreitet und für diskrete Regler entwickelt worden. Tabelle 1.3 enthält Reglereinstellwerte für verschiedene Reglertypen nach Methode 1 (geschlossener Regelkreis an der Stabilitätsgrenze) und Methode 2 (anhand der gemessenen Übergangsfunktion der Regelstrecke). K_{Rkrit} beschreibt den Verstärkungsfaktor eines P-Reglers an der Stabilitätsgrenze und T_{krit} die Periodendauer der sich einstellenden Dauerschwingung. Die Zeiten T_u und T_a sind in der Übergangsfunktion der Regelstrecke $h_s(t)$ enthalten und kennzeichnen die Verzögerung vom Eingangssprung bis zum Beginn des Anstiegs (T_u), sowie die Anstiegsdauer (T_a) des Ausgangssignals. Eine präzise Schnittpunktermittlung erfolgt mit der Wendetangente.

Industrielle Regler mit Mikrocomputern unterscheiden sich vor allem an ihren Schnittstellen zum Prozeß und in den Signalverarbeitungsmöglichkeiten. So sind die Geräte nach [1.4] beispielsweise Regler mit Mikrocomputern, die sowohl für den direkten Meßfühler- als auch für Einheitssignal-anschluß vorgesehen sind. Tabelle 1.4 zeigt für die verschiedenen Gerätevarianten die Eingangsbeschaltung und die jeweils einstellbare Reglerfunktion.

Sogenannte frei konfigurierbare *Mikrorechnerregler* [1.1] stützen sich auf universelle Ein-/Ausgabeschnittstellenfunktionen (Meßumformer und Umsetzerbausteine bzw. Einsteckkarten), einen ausreichend großen Arbeits- und Programmspeichervorrat und die Generierung der für das jeweilige Projekt erforderlichen Regler- und Verarbeitungsroutinen aus einem verfügbaren Pool von Softwaremodulen.

Für den Aufgabenbereich frei programmierbarer Mikrorechnerregler lassen sich zwei Rubriken unterteilen [1]:

a) Signalverarbeitung im Sinne von Regelung, Binärsteuerung unter Einbeziehung von Vor- und Nachverarbeitungsfunktionen;

b) Leitfunktionen durch Ein- und Ausgabe von Informationen zur Mensch-Maschine-Kommunikation incl. Service-, Programmier- und Inbetriebnahmefunktionen.

Die *Leitfunktion* und *Kommunikation* wird zunehmend von verteilten Systemen über-

Tabelle 1.4. Industrielle Regler [1.4]

Option	Typ				
	Industrieregler				Prozeßregler
	Bitric P	Contric C1	Contric CM1	Digitric P	Protronic P
Meßfühler-Anschluß	×	×	×	×	
mA-Eingang	×	×	×	×	×
Zweipunktregler	×			×	×
Schrittregler	×		×	×	×
Stetige Regler	×	×	×	×	×
Dreipunkt-Positioner	×				×

nommen, so daß häufig Hardwarestrukturen nur noch über einem seriellen Anschluß kommunizieren und vernetzt werden. Diese Strukturierung betrifft besonders den prozeßnahen Automatisierungsbereich (s. Abschn. D).

Die Universalität frei konfigurierbarer Mikrorechnerregler wird durch softwaregestütztes schnelles Anpassen an neue Aufgaben und Probleme erreicht. Mehrkanalige Regelungen sind einfach durch Multiplexbetrieb möglich. Der Multiplexbetrieb bezieht sich auf das Abtasten der Eingangsgrößen und das Betreiben mehrerer parallel verlaufender Regelungen. Bei Mikrorechnern mit hoher Verarbeitungsgeschwindigkeit (hohe Taktfrequenz) macht sich der Dynamikverlust durch den Multiplexbetrieb nur gering

bemerkbar. Für exaktes Abtasten und Zuordnen von zeitlichen Zuständen ist es in der Regel notwendig, ein Echtzeitbetriebssystem oder Echtzeitkern zur Systemorganisation zu benutzen.

Literatur

1.1. Töpfer H, Kriesel W (1988) Funktionseinheiten der Automatisierung. 5. Aufl., Verlag Technik, Berlin

1.2. Czichos H (1991) Hütte – Die Grundlagen der Ingenieurwissenschaften. 29. Aufl., Springer, Berlin Heidelberg New York

1.3. Takahashi Y u.a. (1971) Parametereinstellung bei linearen DDC-Algorithmen. Regelungstechnik 19/237–244

1.4. Geräte für die Prozeßtechnik. Katalog Ausgabe 1993, Hartmann & Braun, Frankfurt/Main

2 Schaltende Regler

H. Beikirch

2.1
Begriffsbestimmung

Schaltende Regler sind nichtlineare Regler mit stetigem oder nichtstetigem nichtlinearen Übertragungsverhalten. Die Einteilung derartiger Systeme erfolgt nach mathematischer Betrachtungsweise (Beschreibung durch Differentialgleichung) oder nach typischen technischen Systemeigenschaften.

Tabelle 2.1 stellt einige ausgewählte *nichtlineare Regelkreisglieder* vor. Bei der Kennliniendarstellung ergeben sich eindeutige sowie auch doppeldeutige Interpretationen (in Tabelle 2.1; Hysteresverlauf in Diagramm 5, 6 und 7). Man unterscheidet die einzelnen Glieder nach der Kennliniensymmetrie oder -unsymmetrie an der x_e-Achse, u.a. auch nach dem Aspekt der absichtlichen oder nicht absichtlichen Nichtlinearität.

Problematisch ist bei nichtlinearen Systemen die allgemeine Behandlung. Zur *Stabilitätsanalyse* sind folgende Methoden ansetzbar [2.1, 2.2]:

– Methode der harmonischen Linearisierung,
– Methode der Phasenebene,
– zweite Methode von Ljapunow,
– Stabilitätskriterium von Popov.

Die Analyse und Synthese nichtlinearer Systeme ist im Frequenzbereich nur mit mehr oder weniger groben Näherungen möglich. Nur mit der Darstellung im Zeitbereich sind exakte Betrachtungen möglich. Bei der dazu erforderlichen Lösung von Differentialgleichungen ist die Simulation von Systemen und deren Zustände auf leistungsfähigen Computersystemen erfolgversprechend.

Tabelle 2.1. Übersicht über einige typische nichtlineare Reglerkennlinien

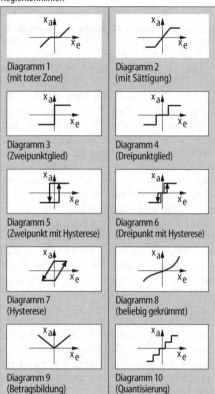

Diagramm 1 (mit toter Zone)	Diagramm 2 (mit Sättigung)
Diagramm 3 (Zweipunktglied)	Diagramm 4 (Dreipunktglied)
Diagramm 5 (Zweipunkt mit Hysterese)	Diagramm 6 (Dreipunkt mit Hysterese)
Diagramm 7 (Hysterese)	Diagramm 8 (beliebig gekrümmt)
Diagramm 9 (Betragsbildung)	Diagramm 10 (Quantisierung)

2.2
Reglertypen

Stetig arbeitende Regler können in ihrem zulässigen Arbeitsbereich jeden beliebigen Ausgangszustand annehmen. Bei nichtlinearen Reglern mit "schaltenden" Eigenschaften kann jeweils nur eine bestimmte diskrete Anzahl von Ausgangszuständen angenommen werden.

Hauptsächlich sind Reglertypen mit *Zwei-* oder *Dreipunktverhalten* bekannt. Einen entsprechenden Regelkreis zeigt Bild 2.1. Die Anzahl der Werte, die von der Reglerausgangsgröße angenommen wer-

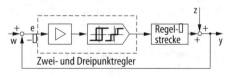

Bild 2.1. Regelkreis mit Zwei- und Dreipunktregler

den können, ist auf zwei bzw. drei bestimmte Werte (Schaltzustände) festgelegt. Wird beispielsweise der Motor eines Aufzugs angesteuert, so kann ein *Dreipunktregler* die Zustände „Aufwärts", „Abwärts" und „Halt" dazu ausgeben.

Zwei- und Dreipunktregler können aufgrund ihrer einfachen Funktion mit wenigen Schaltgliedern realisiert werden. Bekannte typische Beispiele für *Zweipunktregelungen* sind die Temperaturregelung eines Bügeleisens und die Druckregelung einer Kompressor- bzw. einer Wasserversorgungsanlage. *Dreipunktregler* werden meist zur Ansteuerung von Motoren verwendet, besonders wenn diese als Stellglieder in Regelungen eingreifen.

Das Problem einer zu hohen Schalthäufigkeit, das zum Schwingen des Systems und der Stelleinrichtung führen kann, wird dadurch umgangen, daß man diese Regler nur mit totzeitbehafteten Regelstrecken zusammenschaltet. Eine weitere Möglichkeit der Schwingunterdrückung an den Schaltgliedern besteht in der Beeinflussung des Zweipunktschaltverhaltens durch eine einstellbare Hysteresekennlinie. In Tabelle 2.1 zeigt das Diagramm 5 das Hystereseverhalten eines Zweipunktreglers und Diagramm 6 die Hystereseeinstellung beim Dreipunktregler. Aufgrund des Hystereseverhaltens ergibt sich jeweils beim Auf- und Abfahren der Kennlinie ein unterschiedlicher Verlauf, der eine Zweideutigkeit des Übertragungsverhaltens beschreibt.

Der Begriff *Relaissysteme* ist auch für Regelkreise mit Zwei- oder Dreipunktreglern gebräuchlich. Beschaltet man diese Regler zusätzlich mit *Rückführungen*, bei denen das Zeitverhalten einstellbar ist, erreicht man ein annäherndes Verhalten wie lineare Regler mit PD-, PID- oder PI-Verhalten. Bild 2.2 zeigt drei Varianten der Zwei- und Dreipunktregler mit interner Rückführung.

Näherungsweise lassen sich nachfolgende Übertragungsfunktionen für diese quasistetigen Regler formulieren.

PD-Verhalten (Zweipunktregler mit verzögerter Rückführung):

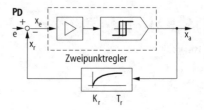

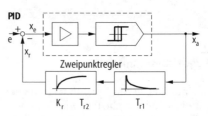

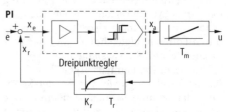

Bild 2.2 Regeltypen Zwei- und Dreipunktregler [2.1]

$$G_R(s) \approx \frac{1}{K_r}(1 - T_R s), \qquad (2.1)$$

PID-Verhalten (Zweipunktregler mit verzögert-nachgebender Rückführung):

$$G_R(s) \approx \frac{T_{r1} + T_{r2}}{K_r T_{r1}}, \qquad (2.2)$$

$$\times \left(1 + \frac{1}{(T_{r1} + T_{r2})s} + \frac{T_{r1} T_{r2}}{T_{r1} + T_{r2}}\right),$$

PI-Verhalten (Dreipunktregler mit verzögerter Rückführung und nachgeschaltetem integralem Stellglied):

$$G_R(s) \approx \frac{T_{r1}}{K_r T_m}\left(1 + \frac{1}{T_{rS}}\right). \qquad (2.3)$$

Zusammenfassend muß festgestellt werden, daß die Anwendungsbreite der Zwei- und Dreipunktregler aufgrund der einfachen Funktionsweise und Realisierbarkeit sowie der multivalenten Einsetzbarkeit auf vielen Gebieten auch im Zeitalter hochintegrierter Regelungselektronik an Bedeutung nicht verlieren wird (Bild 2.3).

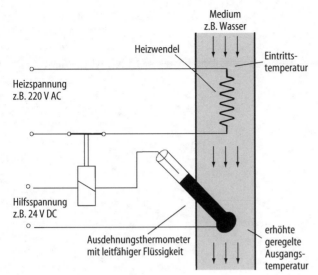

Bild 2.3. Anwendungsbeispiel Thermostat (Prinzip) [2.3]

Literatur

2.1. Czichos H (1991) Hütte – Die Grundlagen der Ingenieurwissenschaften. 29. Aufl., Springer, Berlin Heidelberg New York

2.2. Föllinger O (1991) Nichtlineare Regelungen II. 6. Aufl., Oldenbourg, München

2.3. wie [1.1]

3 Elektrische Signalverstärker

M. SEIFART

3.1
Einteilung und Anforderungen

Verstärker für die Automatisierungstechnik lassen sich nach mehreren Gesichtspunkten einteilen, wie am Beispiel elektronischer Verstärker in Tabelle 3.1 gezeigt wird. Die Auswahl hinsichtlich der Hilfsenergie wird häufig durch die benötigte Ausgangsleistung bestimmt.

Typische Forderungen an Verstärker der Automatisierungstechnik sind: hohe und stabile Verstärkung, Gleichspannungskopplung (d.h. untere Grenzfrequenz = 0), Aussteuerbarkeit in beiden Signalpolaritäten, kurze Einschwingzeit, sehr hoher Eingangswiderstand, sehr kleiner Ausgangswiderstand bei Spannungsausgang bzw. sehr hoher Ausgangswiderstand bei Stromausgang, kleine Offset- und Driftwerte, häufig hohe Gleichtaktunterdrückung. Nicht alle genannten Forderungen müssen von einem Verstärker gleichzeitig erfüllt werden. So ist beispielsweise hohe Nachweisempfindlichkeit bei der Verarbeitung von Einheitssignalen wegen der hohen Signalpegel oft von untergeordneter Bedeutung. Der Einsatz von Vierpolverstärkern (Differenzeingang) mit hoher Gleichtaktunterdrückung ist bei Gruppen- und Zentralverstärkern in Meßwerterfassungsanlagen unbedingt notwendig, weil auf den Verbindungsleitungen zwischen Meßfühler und Verstärkereingang hohe Gleichtaktstörspannungen ($\approx$ 10 V) auftreten können [3.1–3.3]. Bei unmittelbar an der Meßstelle befindlichen Einzelverstärkern und bei vielen Regelschaltungen tritt dagegen praktisch keine Gleichtaktaussteuerung auf. Die Verstärkung sehr kleiner Signale wird neben der Drift durch das Eigenrauschen der Verstärkerstufen, vor allem das der Eingangsstufe, begrenzt. Die auf den Verstärkereingang bezogenen Rauschsignale liegen in der Regel im µV- bzw. nA-Bereich (stark von der Verstärkereingangsschaltung und der Bandbreite abhängig) und können bei den meisten Anwendungen außer acht gelassen werden. Das Signal-Rausch-Verhältnis wird mit zunehmender Bandbreite kleiner. Problematisch ist bei der Verarbeitung sehr kleiner Signale das Fernhalten elektrischer Störsignale.

Von besonderer Bedeutung für die Automatisierungstechnik sind Gleichspannungsverstärker [3.4, 3.6]. Die Verstärkung von kleinen Gleichgrößen ist aber wegen der unvermeidlichen Drift wesentlich schwieriger zu realisieren als die von Wechselgrößen. Durch Temperatur-, Betriebsspannungs- und Bauelementeänderungen tritt eine Ausgangsspannungsänderung auf, auch wenn das Eingangssignal konstant bleibt.

Tabelle 3.1. Einteilung elektronischer Verstärker in der Automatisierungstechnik

Gliederungsgesichtspunkt	Hauptgruppen von Verstärkern
Signalform	stetige und unstetige (Schalt-)Verstärker
Signalleistung	Kleinsignalverstärker (Meßverstärker, Operationsverstärker), Leistungsverstärker (Leistungsstufen, Endverstärker), Grenzen fließend; andere Unterteilungsmöglichkeit: Meßverstärker/Verstärker für Einheitssignale/Leistungsstufen
Eingangs-/Ausgangssignal	Spannungsverstärker, Stromverstärker, Spannungs-Strom-Wandler, Strom-Spannungs-Wandler, Ladungsverstärker
Übertragungsfrequenzbereich	Verstärker für Gleichgrößen, Verstärker für Wechselgrößen (Niederfrequenzverstärker, Hochfrequenzverstärker, Breitbandverstärker, Selektivverstärker)
Eingangskreis	unsymmetrische (Dreipol-)Verstärker, symmetrische (Vierpol-)Verstärker (Differenzverstärker)
Ausgangskreis	Verstärker mit unsymmetrischem Ausgang (meist verwendet), Verstärker mit symmetrischem Ausgang (Differenzausgang)

3.2
Verstärkergrundtypen

Eingangs- bzw. Ausgangsgröße eines Verstärkers kann entweder eine Spannung oder ein Strom sein. Man unterscheidet danach vier Verstärkergrundtypen (Tabelle 3.6), deren zweckmäßiger Einsatz von der Impedanz der Signalquelle (Z_G) und des Lastwiderstandes (Z_L) abhängt [3.4]. Häufig benutzt man *eingeprägte* Strom- und Spannungssignale, die sich bei Verändern von Z_L bzw. Z_G nur wenig ändern. Diese Signale werden erzeugt, indem durch geeignete Gegenkopplungsbeschaltung die in Tabelle 3.6 angegebenen typischen Impedanzverhältnisse (Leerlauf- bzw. Kurzschlußbetrieb) realisiert werden.

Eine weitere Einteilung der Verstärker kann in

– Verstärker mit unsymmetrischem Eingang (Dreipolverstärker, z.B. Emitterschaltung) und
– Verstärker mit symmetrischem Eingang (Vierpolverstärker, z.B. Differenzverstärker)

erfolgen [3.4].

Verstärker mit symmetrischem Eingang haben wesentliche Anwendungsvorteile, weil Gleichtaktspannungen zwischen beiden Eingängen und Masse (theoretisch) keinen Einfluß auf die Verstärkerausgangsspannung haben. Lediglich die Spannungsdifferenz zwischen beiden Eingängen wird verstärkt.

Operationsverstärker sind fast immer Vierpolverstärker.

3.3
Einfache Verstärkerstufen mit Bipolar- und Feldeffekttransistoren

3.3.1
Bipolartransistor

Der Bipolartransistor ist ein stromgesteuertes Bauelement (stromgesteuerte Stromquelle); d.h. der Kollektorstrom wird durch den (wesentlich kleineren) Basisstrom gesteuert. Dazu ist eine Steuerleistung erforderlich, die die Signalquelle liefern muß. Bei allen stetigen Verstärkeranwendungen

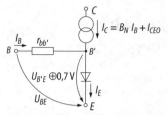

Bild 3.1. Gleichstromersatzschaltbild des Bipolartransistors im aktiven normalen Betriebsbereich (Emitterschaltung)
$I_{CEO} = I_{CBO}(B_N + 1)$; B_N Gleichstromverstärkungsfaktor in Emitterschaltung; I_{CEO} CE-Reststrom für $I_B = 0$; I_{CBO} CE-Reststrom für $I_E = 0$

liegt der Arbeitspunkt des Bipolartransistors im aktiv normalen Arbeitsbereich (EB-pn-Übergang in Durchlaßrichtung, CB-pn-Übergang in Sperrichtung). In dieser Betriebsart lassen sich die in der Schaltung auftretenden Gleichströme und -spannungen mittels des Gleichstromersatzschaltbildes (Bild 3.1) berechnen.

Die Signalströme und Signalspannungen lassen sich in guter Näherung mit dem linearen Kleinsignalersatzschaltbild (Bild 3.2) ermitteln. Bei niedrigen Signalfrequenzen können die Kapazitäten $C_{b'e}$ und $C_{b'c}$ unberücksichtigt bleiben, da der durch sie fließende Signalstrom vernachlässigbar klein ist. Häufig ist auch der Ausgangswiderstand r_{ce} vernachlässigbar, weil der externe Lastwiderstand R_L zwischen C und E meist wesentlich kleiner ist als r_{ce}. In der Bildunterschrift zu Bild 3.2 sind einige Formeln angegeben, die für die Schaltungsberechnung sehr nützlich sind [3.4]. Der Arbeitspunkt des Transistors muß beim Schaltungsentwurf so eingestellt werden, daß während der Signalaussteuerung die drei Bedingungen

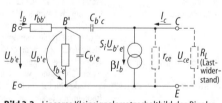

Bild 3.2. Lineares Kleinsignalersatzschaltbild des Bipolartransistors (Emitterschaltung)
$r_{b'e} \approx U_T / I_B$ Eingangswiderstand zwischen B' und E;
$U_T \approx 26$ mV; $r_{bb'} \approx 50 \dots 100\ \Omega$ Basisbahnwiderstand;
$S_i = \beta / r_{b'e} \approx I_C / U_T$ (innere) Steilheit; $S_i \underline{U}_{b'e} = \beta \underline{I}_b$;
β Kurzschlußstromverstärkungsfaktor in Emitterschaltung

– BE-pn-Übergang in Durchlaßrichtung,
– CB-pn-Übergang in Sperrichtung,
– $I_C \gg I_{CEO}$
gewährleistet sind.

3.3.2
Feldeffekttransistor (FET)
Der FET ist ein spannungsgesteuertes Bauelement (spannungsgesteuerte Stromquelle); d.h. der Drainstrom wird durch die Gate-Source-Spannung gesteuert. Bei niedrigen Signalfrequenzen (solange die Kapazitäten C_{gs} und C_{gd} vernachlässigbar sind) ist nahezu keine Steuerleistung erforderlich. Man unterscheidet vier MOSFET- und zwei SFET(Sperrschicht-FET)-Typen (Tabelle 3.2, s. nächste Seite).

Die statische Kennlinie $I_D = f(U_{GS}, U_{DS})$ des MOSFET läßt sich formelmäßig wie folgt beschreiben:

$$I_D = I_{DSS}\left(1 - \frac{U_{GS}}{U_{TO}}\right)^2$$

für

$U_{DS} \geq U_{GS} - U_{TO}$ (Abschnürbereich)

$$I_D = 2\frac{I_{DSS}}{U_{TO}}\left(U_{GS} - U_{TO} - \frac{U_{DS}}{2}\right)U_{DS}$$

für

$U_{DS} < U_{GS} - U_{TO}$ (Linearer Bereich).

Das Signalverhalten wird analog zum Bipolartransistor durch ein lineares Kleinsignalersatzschaltbild (Bild 3.3) beschrieben.

3.3.3
Schaltungen mit einem Eingang
Die bekannteste Verstärkergrundschaltung ist die Emitterschaltung (Bild 3.4a). Die

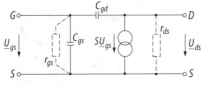

Bild 3.3. Lineares Kleinsignalersatzschaltbild des FET (Abschnürbereich)
$S \approx 0,5...3\,mA/V$ bei $I_D \approx 1\,mA$: Steilheit;
$r_{ds} \approx 10\,k\Omega...1\,M\Omega$, oft vernachlässigbar;
$r_{gs} \approx 10^{12}...10^{14}\,\Omega$, fast immer vernachlässigbar;
C_{gs}, C_{gd}: wenige pF, bei niedrigen Signalfrequenzen meist vernachlässigbar

Stromgegenkopplung durch R_E dient der Arbeitspunktstabilisierung. Ersetzt man den Bipolartransistor durch einen FET, entsteht die für hochohmige Signalquellen (z.B. > 1 MΩ) vorteilhaftere Sourceschaltung (Bild 3.4f). Der häufig verwendete Emitterfolger (Bild 3.4b) eignet sich wegen seines großen Aussteuerbereichs, der hohen Linearität, der großen Stromverstärkung und des niedrigen Ausgangswiderstands besonders für Ausgangsstufen und als einfacher Impedanzwandler mit der Spannungsverstärkung eins zur nahezu rückwirkungsfreien Kopplung von Übertragungsgliedern. Ähnliche Eigenschaften hat der Sourcefolger (Bild 3.4g).

Die Darlington-Schaltung (Bild 3.4c) läßt sich als „Ersatztransistor" mit sehr hoher Stromverstärkung ($\beta_{ges} \approx \beta_1\beta_2$) bei Verwendung zweier Bipolartransistoren auffassen. Ihr Einsatz erfolgt dort, wo eine große Stromverstärkung bzw. ein geringer Steuerstrom benötigt wird, z.B. in Leistungsstufen bei großen Lastströmen und in stabilisierten Stromversorgungsschaltungen. Das Darlington-Prinzip findet auch bei Leistungstransistoren Anwendung, z.B. Si-npn-Darlington-Transistor für automatische Zündsysteme an Verbrennungseinrichtungen: BU 921 mit $U_{CEo} = 400\,V$, $I_C \leq 10\,A$, $P_{tot} = 120\,W$.

Mit einem Bipolar- oder Feldeffekttransistor läßt sich eine einfache Stromquelle aufbauen (Bild 3.4d). Die Diode D im Bild 3.4d bewirkt eine Temperaturkompensation ($U_D \approx U_{EB}$), falls sie in engem Wärmekontakt mit dem Bipolartransistor steht. Monolithisch gut integrierbar ist die Stromspiegelschaltung (Bild 3.4e, h), die u.a. als aktiver Lastwiderstand (Zweipol mit sehr hohem differentiellem Innenwiderstand) und zur Arbeitspunkteinstellung (z.B. Einspeisen eines definierten und konstanten Emitter- bzw. Sourcestromes) breite Anwendung findet.

Der Gegentakt-CMOS-Inverter (Bild 3.4i) ist die grundlegende und meist verwendete Teilschaltung in digitalen CMOS-Schaltkreisen. Sie findet aber zunehmend auch in CMOS-Analogschaltungen, z.B. in CMOS-Operationsverstärkern, breite Anwendung.

Bei hohen Frequenzen zeigen alle Schaltungen einen Verstärkungsabfall, weil sich

Tabelle 3.2. Polaritäten und Kennlinienfelder von FET

Kanal	Typ	Symbol	Vorzeichen[a] U_{DS}	I_D	U_{GS}	U_{T0}	Übertragungs-kennlinie	Ausgangskennlinienfeld
MOSFET								
n	Verarmung (selbstleitend, depletion)		>0	>0	$\lessgtr 0$	<0		U_{DSP}, $-1V$, $U_{GS}=0$, $-2V$
n	Anreicherung (selbstsperrend, enhancement)		>0	>0	>0	>0		U_{DSP}, $U_{GS}>2U_{T0}$, $U_{GS}=2U_{T0}$, $U_{GS}\approx U_{T0}$
p	Verarmung (selbstleitend, depletion)		<0	<0	$\gtrless 0$	>0		$-U_{T0}$, $+2V$, $U_{GS}=0$, $-1V$, U_{DSP}
p	Anreicherung (selbstsperrend, enhancement)		<0	<0	<0	<0		$-U_{T0}$, $U_{GS}\approx U_{T0}$, $U_{GS}=2U_{T0}$, $U_{GS}<2U_{T0}$, U_{DSP}
SFET								
n	Verarmung (selbstleitend, depletion)		>0	>0	<0	<0 (U_p)		U_{DSP}, $U_{GS}=0$, $-2V$
p	Verarmung (selbstleitend, depletion)		<0	<0	>0	>0 (U_p)		$-U_p$, $+2V$, $U_{GS}=0$, U_{DSP}

[a] bei Verstärkerbetrieb

Bild 3.4. (Teil I) Übersicht zu Transistorgrundschaltungen

Grundschaltung	Spannungs-verstärkung $V_u = U_a / U_e$	Ein-/Ausgangswider-stand zwischen E bzw. A und Masse	Bemerkungen
a Emitterschaltung 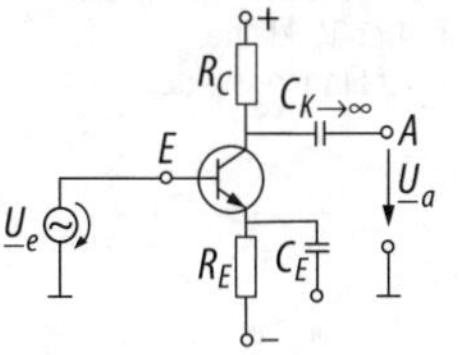	$V_u \approx -S R_C$ für $C_E \to \infty$ $V_u \approx -\dfrac{R_C}{R_E}$ für $C_E \to 0$ $S R_C \approx \dfrac{I_E R_C}{U_T}$ I_E Emitter-gleichstrom	$R_e \approx r_{be} \approx \dfrac{\beta U_T}{I_E}$ für $C_E \to \infty$ $R_e \approx \beta R_e$ für $C_E \to 0$ $R_a \approx R_C$	– hohe Spannungs- und Strom-verstärkung – rel. niedrige obere Grenzfrequenz (Millereffekt)
b Emitterfolger 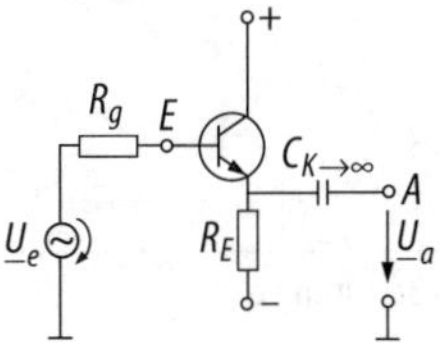	$V_u \approx 1$	$R_e \approx \beta R_E$ $R_a \approx \dfrac{R_g}{\beta} \parallel R_E$	– hoher Aussteuerbereich, hohe Linearität – hoher Eingangswiderstand – niedriger Ausgangswiderstand – gute Eignung für Leistungsstufen
c Darlingtonschaltung 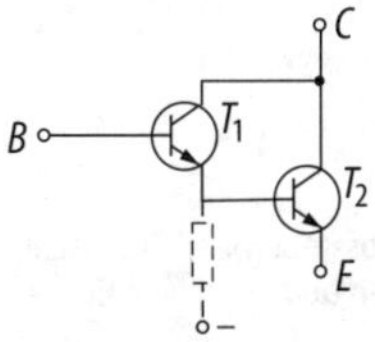	$\beta_{ges} \approx \beta_1 \beta_2$	$R_{BE} \approx r_{be1} + r_{be2}$ $R_{CE} \approx \infty$	– wirkt wie ein „Ersatztransistor" mit sehr hoher Stromverstärkung β_{ges}
d Stromquelle in Emitter-schaltung 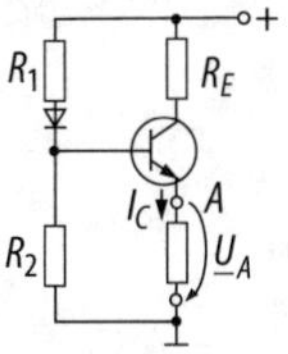	$I_C \approx \dfrac{U_{R1}}{R_E}$	$R_a \approx \infty$	– I_C ist unabhängig von U_A
e Stromspiegel 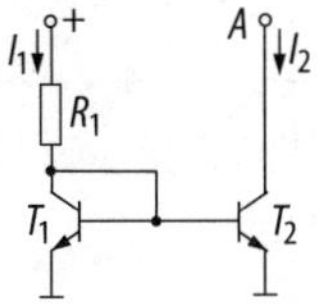	$I_2 \approx I_1 \dfrac{A_{E2}}{A_{E2}}$ A_E Fläche des Emitter-pn-Übergangs	$R_a \approx \infty$	– I_2 ist unabhängig von $U_{CE2} \equiv U_A$

Bild 3.4. (Teil II) Übersicht zu Transistorgrundschaltungen

Grundschaltung	Spannungs-verstärkung $V_u = \underline{U}_a / \underline{U}_e$	Ein-/Ausgangswider-stand zwischen E bzw. A und Masse	Bemerkungen
f Sourceschaltung 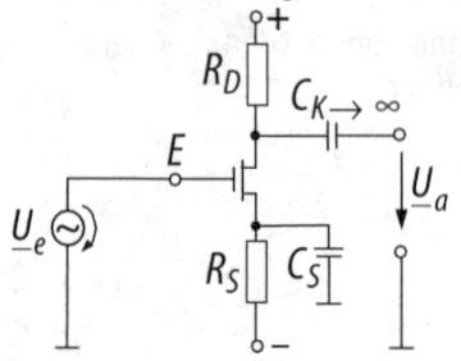	$V_u \approx -S\,R_D$ für $C_S \to \infty$ $V_u \approx -\dfrac{R_D}{R_S}$ für $C_S \to 0$	$R_e \approx 0$ $R_a \approx R_D$	– ähnliche Eigenschaften wie Schal-tung a, aber V_u kleiner – sehr hoher Eingangswiderstand
g Sourcefolger 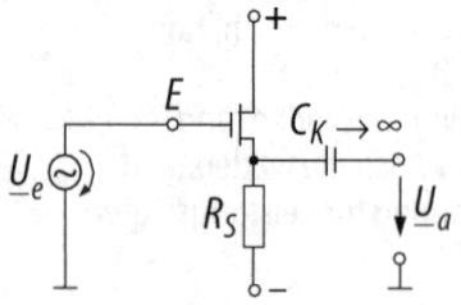	$V_u \approx 1$	$R_e \approx \infty$ $R_a \approx \dfrac{1}{S} \parallel R_S$	– ähnliche Eigenschaften wie Schal-tung b, aber R_e und R_a höher
h Stromspiegel (Stromsenke) 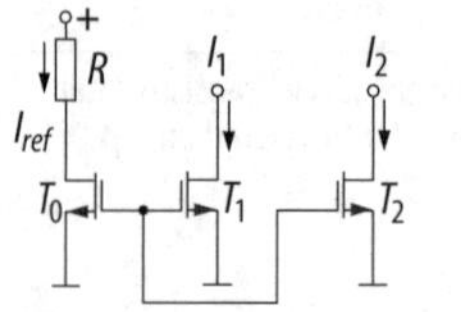	$\dfrac{I_1}{I_{ref}} \approx \dfrac{W_1/L_1}{W_0/L_0}$ $\dfrac{I_2}{I_{ref}} \approx \dfrac{W_2/L_2}{W_0/L_0}$ W Kanalbreite des MOSFET L Kanallänge des MOSFET	$R_a \approx \infty$	– ähnlich Schaltung e
i Gegentakt-CMOS-Inverter 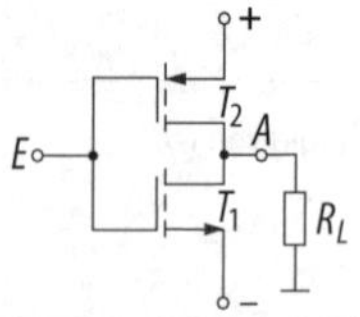	$V_u \approx -2S\,R_L$	$R_e \approx \infty$ $R_a \approx R_L \parallel r_{ds1} \parallel r_{ds2}$	– Ausgangsaussteuerbereich zwischen der positiven und negativen Betriebs-spannung
j Differenzverstärker 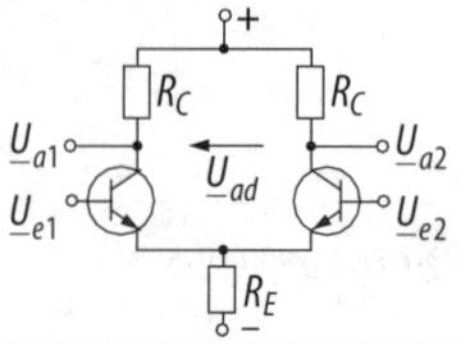	$V_{ds} = \dfrac{\underline{U}_{ad}}{\underline{U}_d} \approx \dfrac{I_E\,R_C}{U_T}$ $V_{du} = \dfrac{\underline{U}_{a2}}{\underline{U}_d} = \dfrac{V_{ds}}{2}$ $V_{gl} \approx -\dfrac{R_C}{2R_E}$ $CMRR \approx \dfrac{I_E\,R_E}{U_T}$	$r_d \approx 2r_{be} \approx \dfrac{2\beta U_T}{I_E}$ $R_a \approx R_C$ (unsym. Ausgang)	– $\underline{U}_d = \underline{U}_{e1} - \underline{U}_{e2}$ $CMRR = \left|\dfrac{V_{du}}{V_{gl}}\right|$ $U_T = \dfrac{kT}{e}$
k MOSFET-Differenzverstärker 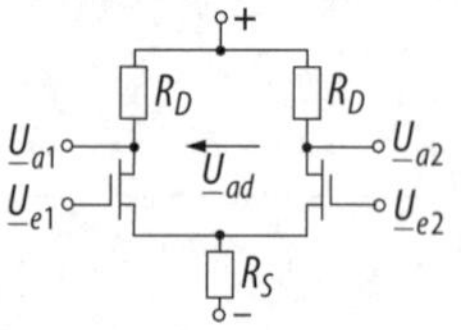	$V_{ds} = \dfrac{\underline{U}_{ad}}{\underline{U}_d} \approx S\,R_D$ $V_{du} = \dfrac{\underline{U}_{a2}}{\underline{U}_d} = \dfrac{V_{ds}}{2}$ $V_{gl} \approx -\dfrac{S\,R_D}{1+2S R_S}$ $CMRR \approx S\,R_S$	$r_d = \infty$ $R_a \approx R_D$ (unsym. Ausgang)	– $\underline{U}_d = \underline{U}_{e1} - \underline{U}_{e2}$ $CMRR = \left|\dfrac{V_{du}}{V_{gl}}\right|$

Kapazitäten und (bei sehr hohen Frequenzen) Trägheitserscheinungen im Transistor bemerkbar machen. Dieser Verstärkungsabfall läßt sich bei Beschränkung auf Frequenzen $f \ll f_T$ (Bipolartransistor, f_T Transitfrequenz) bzw. $f \lesssim 50 \dots 100$ MHz (FET) mit den linearen Kleinsignalersatzschaltbildern (Bild 3.2 bzw. Bild 3.3) berechnen [3.4].

Bei der Emitter- und Sourceschaltung verringert der „Miller-Effekt" die obere Grenzfrequenz beträchtlich. Er sagt aus, daß eine zwischen dem Ausgang und dem Eingang eines Verstärkers mit der Verstärkung V liegende Kapazität C_M (bei der Emitterschaltung: $C_{b'e}$ bei der Sourceschaltung: C_{gd}) ersetzt werden kann durch eine (viel größere) Kapazität $C_M^* = C_M \, (1-V)$ zwischen Eingang und Masse sowie durch eine Kapazität $C_M^{**} = C_M \, (V-1) \, / \, V \approx C_M$ zwischen Ausgang und Masse. Weil bei der Emitter- und Sourceschaltung $-V \gg 1$ ist, nimmt C_M^* sehr große Werte an (meist >100 pF). Die Folge der großen Kapazität C_M^* ist eine niedrige Grenzfrequenz des Eingangskreises. Dieser hier störende Effekt wird beim Integrator vorteilhaft ausgenutzt (Abschn. 1.3).

Durch Gegenkopplung läßt sich die Grenzfrequenz der Emitter- und Sourceschaltung erheblich verbessern, so daß nahezu die Größenordnung der Basis- (bzw. Gate-)Schaltung erreicht wird. Zu beachten ist, daß der Einfluß einer Parallelkapazität C_P auf die Grenzfrequenz nur durch Spannungsgegenkopplung verringert werden kann, nicht aber durch Stromgegenkopplung.

Durch Spannungssteuerung sind wesentlich höhere Grenzfrequenzen erzielbar als durch Stromsteuerung, falls die Grenzfrequenz überwiegend vom Eingangskreis bestimmt wird [3.4].

3.3.4
Differenzverstärker

Die wichtigste Grundschaltung für Anwendungen in der Automatisierungstechnik und gleichzeitig eine der meist verwendeten Grundschaltungen der modernen Elektronik ist der Differenzverstärker (Bild 3.4j). Seine große Bedeutung für die Automatisierungstechnik ist vor allem durch folgende Eigenschaften bedingt:

- Realisierung der Vergleichsstelle im Regelkreis mit gleichzeitiger Verstärkung,
- besonders gute Eignung für Gleichspannungsverstärkung,
- Unterdrückung von Gleichtaktstörsignalen gegenüber Differenzsignalen.

Differenzverstärker sind gut in integrierter Schaltungstechnik realisierbar. Sie gehören deshalb zu den meist verwendeten Schaltungen in analogen IS (Grundschaltung im Eingang von OV). Die beiden Eingangsspannungen $\underline{U}_{e1}$ und $\underline{U}_{e2}$ lassen sich in die beiden Komponenten Differenzeingangsspannung $\underline{U}_d = \underline{U}_{e1} - \underline{U}_{e2}$ und Gleichtakteingangsspannung $\underline{U}_{gl} = (\underline{U}_{e2} + \underline{U}_{e2})/2$ zerlegen. Die Differenzeingangsspannung wird relativ hoch verstärkt (etwa wie bei der Emitter- bzw. Sourceschaltung), die Gleichtakteingangsspannung dagegen nur sehr wenig.

Exakt gilt beim Differenzverstärker

$$\underline{U}_{a2} = V_{du}\underline{U}_d + V_{gl}\underline{U}_{gl} ,$$

meist ist jedoch $\underline{V}_{gl}\underline{U}_{gl}$ vernachlässigbar. Die Ausgangsspannung kann symmetrisch oder unsymmetrisch abgenommen werden. Dementsprechend ist zwischen der symmetrischen und der unsymmetrischen Differenzverstärkung V_{ds} bzw. V_{du} zu unterscheiden.

Der Hauptvorteil des Differenzverstärkers bei der Gleichspannungsverstärkung ist seine hohe *Driftunterdrückung*, die andere Schaltungen nicht aufweisen. Alle gleichsinnig und in gleicher Größe gleichzeitig auf beide Transistoren einwirkenden Drift- und Störgrößen (Temperaturdrift, Reststörme, Betriebsspannungsänderungen, Transistoränderungen) wirken wie Gleichtaktsignale und rufen nur ein sehr geringes Ausgangssignal hervor, wogegen das Differenzeingangssignal hoch verstärkt wird.

Da sich völlig symmetrische Differenzverstärker nicht realisieren lassen, wirken am Eingang unter anderem eine Offsetspannung und eine Offsetspannungsdrift (Differenzeingangsspannung). Die Offsetspannung läßt sich auf Null abgleichen; die Drift bleibt jedoch wirksam und begrenzt die maximal sinnvolle Verstärkung eines Gleichspannungsverstärkers bzw. -stromverstärkers. Die

niedrigste Drift weisen integrierte Differenzverstärker auf, weil sich die Bauelemente auf
nahezu gleicher Temperatur befinden und
weil sie in einem einheitlichen Fertigungsprozeß entstanden sind. Ursachen der Drift
sind Temperatur-, Langzeit- und Betriebsspannungsänderungen. Den Hauptanteil
rufen häufig Temperaturänderungen hervor
(Betriebsspannungen werden stabilisiert).
Die Temperaturabhängigkeit der Eingangsoffsetspannung integrierter Differenzverstärker (Eingangsstufe in OV) beträgt für

Bipolar-Transistoren $<$ wenige $\mu V/K$,
Sperrschicht-FET $\leq 10\ \mu V/K$,
MOSFET $5 \ldots >100\ \mu V/K$.

Die Temperaturdrift von Differenzverstär-
kern aus Einzelbauelementen ist bis zu
einer oder zwei Größenordnungen größer.

Die obere Grenzfrequenz von Differenz-
verstärkern stimmt bei Differenzansteue-
rung mit der der Emitter- bzw. Sourceschaltung überein.

3.3.5
Kopplung zwischen zwei Stufen
Koppelschaltungen haben die Aufgabe, das
Ausgangssignal einer Stufe möglichst
wenig gedämpft dem Eingang der nächsten
Stufe zuzuführen, wobei meist eine Potenti-
aldifferenz zu überbrücken ist.

Besonders durch das Aufkommen von IS
gewann die Gleichspannungskopplung sehr
an Bedeutung, weil Induktivitäten und
große Kondensatoren als Koppelelemente
nicht integrierbar herstellbar sind. Diese
Kopplung hat zusätzlich den vor allem für
die Automatisierungstechnik entscheidenden Vorteil, daß sich neben Wechselgrößen
auch Gleichgrößen übertragen lassen (Regelkreise müssen auch statisch arbeiten).

Einige wichtige Koppelschaltungen sind
im Bild 3.5 zusammengestellt. Der Einsatz
der optoelektronischen Kopplung ist vor
allem bei Trennstellen zwischen Peripherie
und Zentraleinheit digitaler Geräte und
Anlagen verbreitet.

Für hochgenaue lineare und stabile amplitudenanaloge Übertragung sind die
Konstanz und Stabilität der heutigen Optokoppler i.allg. nicht ausreichend (Ausweg:
Signalübertragung mittels Modulationsverfahren, z.B. für Potentialtrenner) [3.5].

In monolithischen Schaltkreisen werden
häufig hier nicht betrachtete Koppelschaltungen angewendet, die die Vorteile der monolithischen Integration umfassend nutzen.

Grundschaltungen und einfache An-
paßschaltungen lassen sich ökonomisch
vorteilhaft unter Anwendung integrierter
Transistorarrays realisieren. Sie beinhalten
z.b. vier npn-Transistoren auf einem Chip
ohne oder mit Kühlkörper.

3.4
Operationsverstärker

Schon lange vor ihrer Realisierung als integrierte Schaltungen waren OV [3.4, 3.6] die
grundlegenden Verstärkerelemente in Analogrechnern (Rechenverstärker). Die große
Bedeutung des OV in der Automatisierungstechnik ist vor allem durch zwei Eigenschaften begründet:

1. Er weist alle Vorteile des Gleichspan-
   nungsdifferenzverstärkers auf (Ver-
   gleichsglied mit anschließender Verstärkung, Gleichspannungskopplung, Unterdrückung von Gleichtakteingangsspannungen).
2. Sein Verstärkungsfaktor ist sehr groß.
   Das statische und dynamische Übertragungsverhalten von OV-Schaltungen ist
   somit weitgehend durch die Rückkopplung mittels eines Beschaltungsnetz-
   werks bestimmt.

3.4.1
Kenngrößen und Grundschaltungen
Üblicherweise haben OV einen invertierenden und einen nichtinvertierenden Eingang, benötigen zwei Betriebsspannungen
unterschiedlicher Polarität und können
eine Ausgangsspannung von beliebiger Polarität liefern (Bild 3.6). Die technischen
Daten werden wesentlich von der Eingangsschaltung bestimmt, die nach dem Diffe-
renzverstärkerprinzip aufgebaut ist. Die Eigenschaften von OV werden deshalb mit
Kenndaten beschrieben, die weitgehend
auch für Differenzverstärker zutreffen.

OV-Schaltungen lassen sich besonders
schnell überblicken und berechnen, wenn
ein „idealer OV" zugrunde gelegt wird. Das
Verhalten von Schaltungen mit realem OV

Bild 3.5 Signalkopplung bei Transistorstufen

Kopplungsart Signalfluß	Schaltung	Bedeutung für die Automatisierung
RC-Kopplung	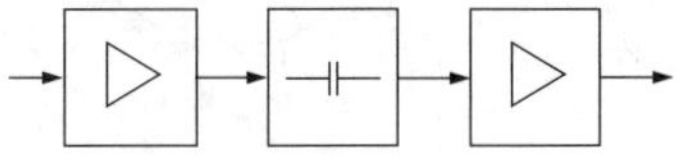	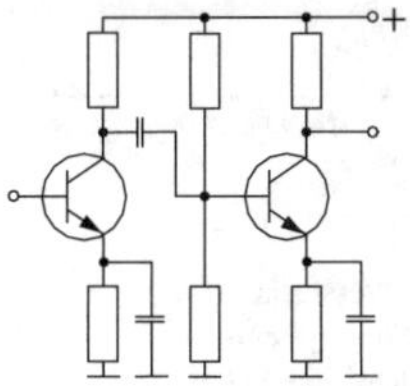 häufigste Wechsel-spannungskopplung, Bedeutung gering
Transformatorkopplung		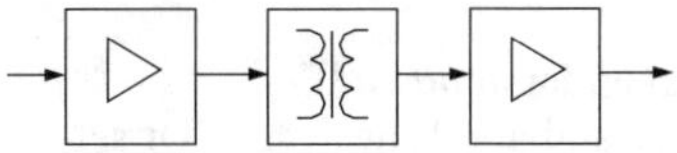 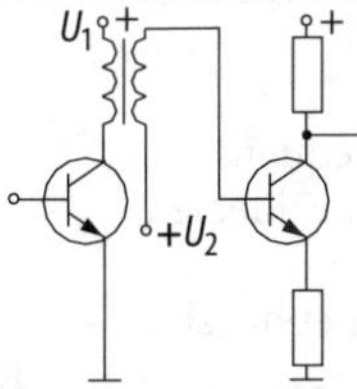 große Bedeutung für galvanische Trennung (Ex-Schutz; Vermeiden der Einkopplung von Störsignalen auf Erd-leitungen)
direkte Kopplung		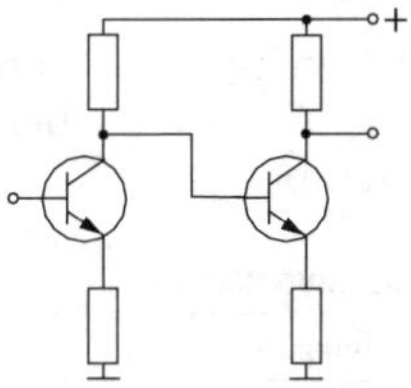 häufig in Gleichspan-nungs- und -stromver-stärkern sowie in digita-len MOS-Schaltkreisen
Widerstandskopplung	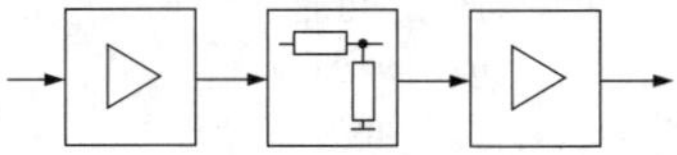	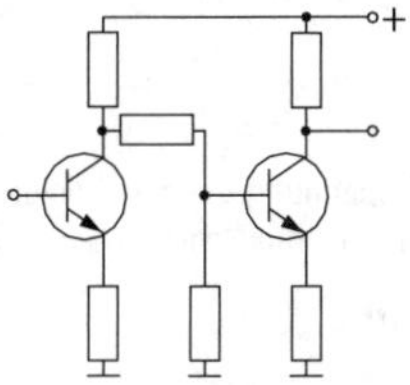 oft verwendet, beson-ders bei digitalen Schal-tungen
Z-Dioden-Kopplung	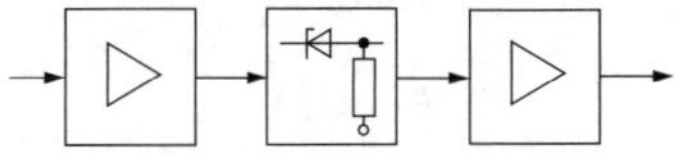	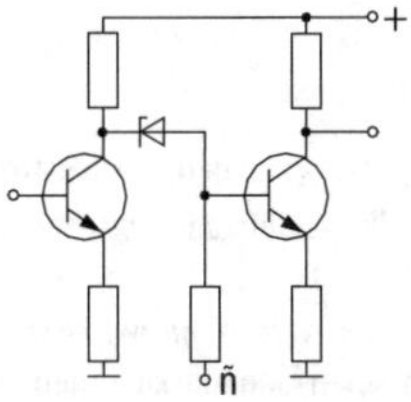 zur Pegelverschiebung ohne Signaldämpfung (Erhöhung des Störab-standes digitaler Schalt-kreise)
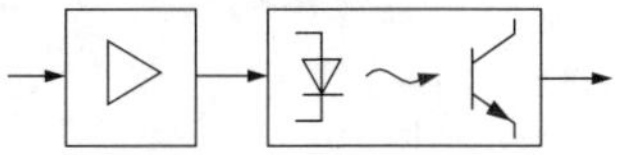 optoelektronische Kopplung	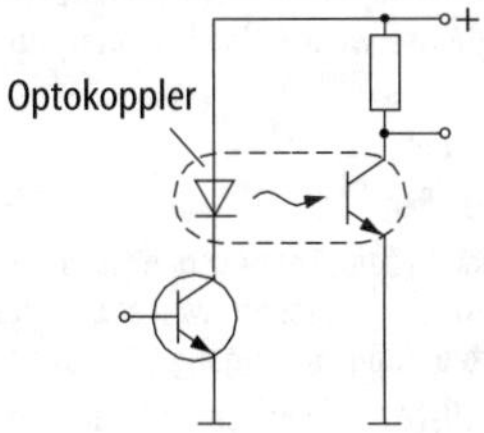 Optokoppler	große Bedeutung für Potentialtrennung in digitalen Geräten (Schnittstellen zwischen Peripherie und Zentral-einheit)

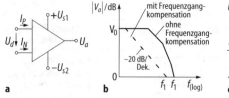

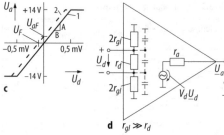

Bild 3.6. Operationsverstärker.
a Symbol, **b** Bode-Diagramm der Leerlaufverstärkung V_d
($V_d = V$ offene Verstärkung, innere Verstärkung), **c** Übertragungskennlinie, $V_o = A / B$, **d** Wechselstromersatzschaltbild (lineares Kleinsignalverhalten). Driftgrößen und Gleichtaktverstärkung nicht berücksichtigt, $V_o = V(f \to 0)$

d $r_{gl} \gg r_d$

weicht im interessierenden Frequenzbereich meist nur wenig von diesem idealen
Verhalten ab.

Ein idealer OV ist gekennzeichnet durch

– unendliche Verstärkung (innere Verstärkung),
– unendliche Gleichtaktunterdrückung
  (CMRR),
– unendlichen Eingangswiderstand,

– Ausgangswiderstand Null,
– vernachlässigbare Ruheströme, Offset-
  und Driftgrößen,
– Rauschfreiheit,
– Rückwirkungsfreiheit.

Einen Überblick über reale Eigenschaften
von Operationsverstärkern vermittelt Tabelle 3.3.

Tabelle 3.3. Kennwerte von realen Operationsverstärkern

Kennwert	Definition, Erläuterung	Typische Daten
Differenzverstärkung Leerlaufverstärkung	$V_d = V = \underline{U}_a / \underline{U}_d$	>80 dB
Gleichtaktverstärkung	$V_{gl} = \underline{U}_a / \underline{U}_{gl}$	+20 ... –10 dB
Gleichtaktunterdrückung	$CMRR = V_d / V_{gl}$	>60 ... 90 dB
Eingangsoffsetspannung (Eingangsfehlspannung)	U_F: diejenige Spannung, die zwischen die Eingangsklemmen gelegt werden muß, damit $U_a = 0$ wird	1 ... 15 mV
Temperaturdrift der Eingangsoffsetspannung	$\Delta U_F = \dfrac{\delta U_F}{\delta \vartheta} \Delta \vartheta$	(5 µV/K) $\Delta \vartheta$
Eingangsoffsetstrom (Eingangsfehlstrom)	$I_F = I_P - I_N$: die Differenz beider Eingangsströme für $U_a = 0$	50 nA ... 5 pA
Temperaturdrift des Eingangsoffsetstroms	$\Delta I_F = \dfrac{\delta I_F}{\delta \vartheta} \Delta \vartheta$	<(0,5 nA/K)$\Delta \vartheta$
Eingangsruhestrom	$I_B = \frac{1}{2}(I_P + I_N)$; I_P, I_N: Eingangsgleichströme	200 nA ... 20 pA
Differenzeingangswiderstand	r_d: differentieller Widerstand zwischen beiden Eingangsklemmen	>50 ... 150 kΩ
Gleichtakteingangswiderstand	r_{gl}: differentieller Widerstand zwischen beiden miteinander verbundenen Eingangsklemmen und Masse	>15 MΩ
Ausgangswiderstand	r_a: differentieller Widerstand zwischen der Ausgangsklemme und Masse, wenn beide Eingänge auf Masse liegen	150 Ω
3-dB-Grenzfrequenz	$\lvert V_d \rvert$ um 3 dB abgefallen	
V · B-Produkt, f_1-Frequenz	$\lvert V_d \rvert$ auf 1 abgefallen	>1 MHz
Slew-Rate (Anstiegsgeschwindigkeit der Ausgangsspannung)	S_r: max. Steigung (V/µs) der Ausgangsspannung im Bereich von 10 ... 90% des Endwertes bei Großsignalrechteckaussteuerung am Eingang (OV übersteuert)	0,5 ... 13 V/µs
BetriebsspannungsUnterdrückung	$SVR = \Delta U_F / \Delta U_S$ (ΔU_S: gleichgroße Änderung der Beträge der positiven und neagtiven Betriebsspannung)	<200 µV/V

Abhängig davon, ob ein Eingangssignal invertiert oder nichtinvertiert zum OV-Ausgang übertragen wird, unterscheidet man die beiden OV-Grundschaltungen nach Bild 3.7, die nachfolgend genauer betrachtet werden:

Idealer Operationsverstärker

In einer gegengekoppelten Verstärkerschaltung mit idealem OV ist das Potential beider OV-Eingänge immer gleich, da die Regelabweichung (Differenzeingangsspannung) des OV wegen der unendlich hohen inneren Verstärkung auf Null ausgeregelt wird. Die Verstärkung der gegengekoppelten Schaltung V'_{ideal} läßt sich deshalb unter Verwendung der Spannungsteilerregel leicht angeben (Bild 3.7).

Die Hauptunterschiede zwischen beiden Grundschaltungen sind – neben der unterschiedlichen Phasendrehung – ihr Eingangswiderstand (Z_1 beim invertierenden Verstärker, unendlich beim nichtinvertierenden Verstärker) und die beim nichtinvertierenden Verstärker auftretende merkliche Gleichtaktaussteuerung.

Nichtidealer Operationsverstärker

Der Einfluß des endlichen Verstärkungsfaktors V des OV auf die Verstärkung V' der gegengekoppelten Schaltung läßt sich aus Bild 3.7 ablesen. Weitere Einflußgrößen lassen sich mit Hilfe des Bildes 3.8 erfassen.

Bei höheren Frequenzen fällt $|V|$ häufig in einen weiten Frequenzbereich mit 20 dB/Dek. ab. Die Grenzfrequenz (3-dB-Ab-

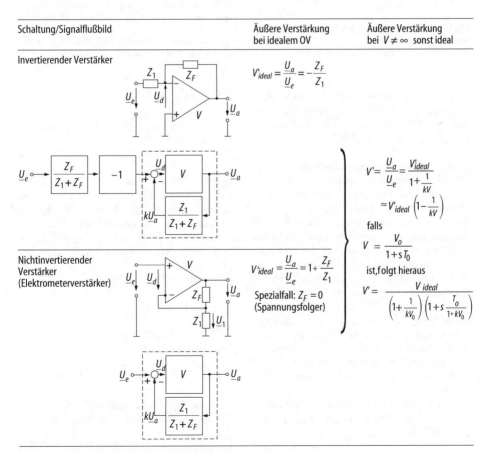

Schaltung/Signalflußbild	Äußere Verstärkung bei idealem OV	Äußere Verstärkung bei $V \neq \infty$ sonst ideal

Invertierender Verstärker

$$V'_{ideal} = \frac{\underline{U}_a}{\underline{U}_e} = -\frac{Z_F}{Z_1}$$

$$V' = \frac{\underline{U}_a}{\underline{U}_e} = \frac{V'_{ideal}}{1 + \frac{1}{kV}}$$

$$\approx V'_{ideal}\left(1 - \frac{1}{kV}\right)$$

falls

$$V = \frac{V_0}{1 + sT_0}$$

Nichtinvertierender Verstärker (Elektrometerverstärker)

$$V'_{ideal} = \frac{\underline{U}_a}{\underline{U}_e} = 1 + \frac{Z_F}{Z_1}$$

Spezialfall: $Z_F = 0$ (Spannungsfolger)

ist, folgt hieraus

$$V' = \frac{V_{ideal}}{\left(1 + \frac{1}{kV_0}\right)\left(1 + s\frac{T_0}{1 + kV_0}\right)}$$

Bild 3.7. Die beiden Grundschaltungen des Operationsverstärkers. kV Schleifenverstärkung $k = Z_1 / (Z_1 + Z_F)$

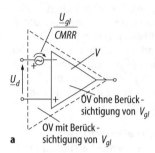

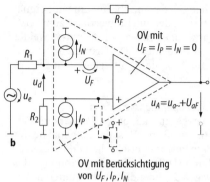

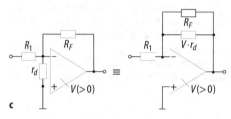

Bild 3.8. Berücksichtigung nichtidealer Eigenschaften beim Operationsverstärker
a Berücksichtigung der Gleichtaktverstärkung

b Berücksichtigung des Einflusses der Eingangsströme I_P, I_N und der Eingangsoffsetspannung U_F auf die Ausgangs-spannung in den beiden OV-Grundschaltungen
u_a Ausgangssignalspannung, U_{aF} Ausgangsoffsetspannung, $U_F = U_{FO} + \Delta U_F$, $I_P = I_{PO} + \Delta I_P$, $I_N = I_{NO} + \Delta I_N$, $U_{aF} = U_{aFO} + \Delta U_{aF}$, ΔU_F, ΔI_P und ΔI_N wirken wie Signal-größen. Sie rufen eine Ausgangsoffsetspannung ΔU_{aF} hervor, die mit Hilfe des Wechselstromersatzschaltbilds 3.6d berechnet werden kann.
c Berücksichtigung des endlichen Differenzeingangswider-stands bei der invertierenden OV-Grundschaltung

fall) wird in diesem Bereich durch reelle Gegenkopplung um $1 + kV_0$ vergrößert, wie sich mit Hilfe der im Bild 3.7 enthaltenen Gleichungen berechnen läßt.

Offsetgrößen; Eingangsruhestrom

Die wichtigsten Fehlerquellen bei der Verstärkung kleiner Gleichspannungen und -ströme sind die Offset- und Driftgrößen des OV (Nullpunktfehler; das bedeutet z.B. bei Reglern eine vorgetäuschte bleibende Regelabweichung). Auch bei Integratoren und anderen Rechenschaltungen können diese Störgrößen u.U. beträchtliche Fehler hervorrufen. Sorgfältig muß deshalb bei Schaltungen mit OV zwischen den ohne Eingangssignal vorhandenen Eingangs- und Ausgangsgleichspannungen und -strömen einerseits und den Signalgrößen (Wechselgrößen, Spannungs- und Strom-änderungen) andererseits unterschieden werden.

In der Schaltung nach Bild 3.8b entsteht als Folge der Größen U_F, I_P und I_N die Ausgangsoffsetspannung

$$U_{aF} = U_{aFo} + \Delta U_{aF}$$

$$= U_F\left(1 + \frac{R_F}{R_1}\right) + R_F\left(I_N - I_p\frac{R_2}{R_1\|R_F}\right)$$

$$(3.1)$$

(gestrichelte Widerstände nicht berücksichtigt, idealer OV mit Ausnahme von U_F, I_P und I_N zugrunde gelegt), die sich der Ausgangssignalspannung überlagert.

Um den Einfluß von I_P und I_N auf U_{aF} gering zu halten, dimensioniert man $R_2 = (R_1\|R_F)$, da $I_P \approx I_N$ ist. Aus Gl. (3.1) folgt dann mit $I_F = I_P - I_N$

$$U_{aF} = U_{aFo} + \Delta U_{aF}$$

$$= U_F\left(1 + \frac{R_F}{R_1}\right) - I_F R_F$$

$$\Delta U_{aF} = \Delta U_F\left(1 + \frac{R_F}{R_1}\right) - \Delta I_F R_F \ ;$$

U_F Eingangsoffsetspannungsdrift,
$I_F = I_P - I_N$ Eingangsoffsetstromdrift.

Die Spannung U_{aFO} läßt sich durch Offset-kompensation (gestrichelt im Bild 3.8b angedeutet) auf Null einstellen. Die Ausgangsspannung der Schaltung beträgt dann für

$V \rightarrow \infty$

$$u_A = u_a + \Delta U_{aF}$$

$$= -\frac{R_F}{R_1} u_e + \Delta U_F \left(1 + \frac{R_F}{R_1} \right) - R_F \Delta I_F \qquad (3.2)$$

$$= -\frac{R_F}{R_1} \underbrace{\left[u_e - \left(1 + \frac{R_1}{R_F} \right) (\Delta U_F - \Delta I_F (R_1 \| R_F)) \right]}_{\text{Driftanteil}}$$

Der (zeitlich veränderliche) Driftanteil in Gl. (3.2) stellt eine Fehlerspannung dar und begrenzt sowohl die Genauigkeit bei der Verstärkung kleiner Gleichgrößen als auch die maximal sinnvolle Verstärkung. Aus Gl. (3.2) folgt, daß bei hochohmigem (Gleichstrom-)Innenwiderstand der Signalquelle (in R_1 enthalten, deshalb $R_1 \| R_F$ groß) vor allem die Eingangsoffsetstromdrift ΔI_F, bei niedrigen Quellwiderständen (R_1 klein) die Eingangsoffsetspannungsdrift ΔU_F eine Ausgangsoffsetspannung hervorruft. In der Regel wird bei Verstärkern für Gleichgrößen die Ausgangsoffsetspannung durch äußeren Abgleich zum Verschwinden gebracht, wie es im Bild 3.8 angedeutet ist.

Bei reinen Wechselspannungsverstärkern kann der Offsetabgleich meist entfallen, wenn der Verstärker gleichstrommäßig stark gegengekoppelt wird (Bild 3.15, Nr. 4).

Ausgangswiderstand. Durch die starke Spannungsgegenkopplung beider OV-Grundschaltungen beträgt ihr wirksamer (differentieller) Ausgangswiderstand $\approx r_a/\text{kV}$ und ist in der Praxis vernachlässigbar (r_a Ausgangswiderstand des nicht gegengekoppelten OV).

Eingangswiderstand. Beim nichtinvertierenden Verstärker erscheint r_d infolge der Seriengegenkopplung um den Faktor (1+kV) vergrößert. Sein Eingangswiderstand $Z'_e \approx r_d (1+kV) \| 2r_{gl} \approx 2r_{gl}$ ist sehr groß (typisch $\gg 1$ MΩ). Beim invertierenden Verstärker hat r_d i.allg. keinen spürbaren Einfluß.

Hohe Frequenzen. Neben dem Verstärkungsabfall mit steigender Frequenz ist zu beachten, daß der maximale Aussteuerbereich der Ausgangsspannung oberhalb der Frequenz f_p (Grenzfrequenz für volle Aussteuerung) merklich abnimmt. Die Frequenz f_p und die maximale Spannungsanstiegsgeschwindigkeit S_r (engl.: slew-rate) der OV-Ausgangsspannung sind oft durch die gleichen Ursachen begrenzt (abhängig vom Schaltungsaufbau des OV und der Art der Frequenzgangkompensation). Es gilt dann

$$f_p = \frac{S_r}{2\pi \hat{U}_a} ;$$

$\hat{U}_a$ maximaler Ausgangsspannungshub des OV zwischen Null und Vollaussteuerung.

Mit steigender Frequenz sinkt auch die Gleichtaktunterdrückung.

Frequenzgangkompensation. Die meisten OV müssen durch äußere Beschaltung mit RC-Gliedern frequenzgangkompensiert werden, um die dynamische Stabilität des gegengekoppelten Verstärkers zu sichern. Aus den vom Hersteller angegebenen Bode-Diagrammen ist abzulesen, wie sich der Frequenzgang hierdurch verändern läßt. Dabei gibt es mehrere Möglichkeiten: Erfolgt die Anschaltung der Korrekturglieder an der Eingangsstufe des OV, tritt das Rauschen am OV-Ausgang stärker in Erscheinung; jedoch wird die Spannungsanstiegsgeschwindigkeit nur wenig verringert. Anschalten der Korrekturglieder an die Ausgangsstufe ergibt kleinere Ausgangsrauschspannung, jedoch auch wesentlich kleinere Spannungsanstiegsgeschwindigkeit. Meist wird die Kompensation auf die Ausgangs- und Eingangsseite bzw. auf Zwischenstufen aufgeteilt [3.4]. Für Spezialfälle läßt sich die Vorwärtskopplung zweier OV anwenden, mit der sehr große Bandbreiten >100 MHz und Spannungsanstiegsgeschwindigkeiten >1000 V/μs erreichbar sind.

3.4.2
Direktgekoppelte Gleichspannungsverstärker

Integrierte OV sind in der Regel aus mehreren gleichspannungsgekoppelten Verstärkerstufen in Bipolar-, BiFET- oder CMOS-Technologie aufgebaut. OV mit Bipolareingangsstufen sind bei niedrigem Signalquelleninnenwiderstand (≤ 50 kΩ) wegen ihrer kleinen Offsetspannungsdrift vorteilhaft einzusetzen. Bei hohem Quellwiderstand $\gg$50 kΩ) sind dagegen Operations-verstärker mit FET-Eingang überlegen, weil sie wesentlich kleinere Eingangsströme und erheblich geringere Offsetstromdrift aufweisen.

Meist werden an OV folgende Forderungen gestellt:

- V, CMRR, f_1, S_r, r_d, r_{gl}, Gleichtaktaussteuerbereich, maximaler Ausgangsstrom möglichst groß,
- Fehlersignale (Eingangsruhestrom, Offsetgrößen, Drift, Rauschen) möglichst klein.

Nicht alle Forderungen lassen sich gleichzeitig erfüllen. Deshalb sind je nach Anwendungsfall Kompromisse und unterschiedliche Operationsverstärkertypen erforderlich.

Interessante Möglichkeiten bieten *programmierbare OV*, bei denen sich durch Zuschalten äußerer Schaltelemente (Widerstände) die Daten des OV verändern lassen, z.B. die f_1-Frequenz (Frequenz, bei der die Verstärkung bei hohen Signalfrequenzen auf $|V| = 1$ abgefallen ist) im Verhältnis 1 : 200.

Obwohl in den letzten Jahren die technischen Daten monolithischer OV erheblich verbessert werden konnten, ist ihre Eingangsoffsetspannungs- bzw. -stromdrift nicht für alle Anwendungsfälle vernachlässigbar klein. Zur hochgenauen Verstärkung kleiner Gleichspannungen bzw. -ströme werden daher Modulations- oder driftkorrigierte Verstärker eingesetzt (Abschn. 3.4.3, 3.4.4).

Schaltungen für besondere Einsatzgebiete. Die „klassischen" Operationsverstärker sind „Spannungsverstärker" (hochohmiger Eingang, niederohmiger Ausgang). Ihre Verstärkerwirkung wird im Signalersatzschaltbild durch eine spannungsgesteuerte Spannungsquelle beschrieben.

Für bestimmte Anwendungen eignen sich andere Verstärkergrundtypen besser, z.B. der U-I- oder I-U-Wandler. Vor allem die folgenden beiden Varianten erlangten in letzter Zeit größere Bedeutung:

OTA (Operational transconductance amplifier). Die charakteristische Übertragungsfunktion eines solchen OV ist der Übertra-

gungsleitwert ($\equiv$ Steilheit) S (Ausgangskurzschlußstrom I_a/Eingangsdifferenzspannung U_d). Die Verstärkerwirkung wird im Signalersatzschaltbild durch eine spannungsgesteuerte Stromquelle beschrieben: $I_a = S U_d$. Sehr vorteilhaft ist bei diesen Typ, daß die Steilheit S und damit der Verstärkungsfaktor der Schaltung durch einen externen Strom programmierbar ist. Das ermöglicht die Realisierung von Schaltungen mit automatischer Verstärkungseinstellung, von Multiplizierern und Modulatoren.

Eine Ausgangsspannung läßt sich dadurch gewinnen, daß in Reihe zum Ausgang ein Lastwiderstand geschaltet wird und der darüber entstehende Spannungsabfall $U_a = I_a R_L = S R_L U_d$ weiterverarbeitet wird. Diese Schaltung ist sowohl mit als auch ohne Gegenkopplung sinnvoll einsetzbar.

Industrielles Beispiel: OPA 660 (Burr Brown). Dieser monolithische Schaltkreis beinhaltet einen bipolaren Breitband-Steilheitsverstärker (OTA, „Diamond-Transistor") und einen Spannungspufferverstärker in einem 8poligen Gehäuse. Der OTA kann als „idealer Transistor" aufgefaßt werden. Seine Steilheit läßt sich mit einem externen Widerstand einstellen. Einige Daten: $B = 700$ MHz, $S_r = 3000$ V/μs, Betriebsspannung ±5 V, 8poliges DIP-Gehäuse. Anwendungen: Videoeinrichtungen, Kommunikationssysteme, Hochgeschwindigkeitsdatenerfassung, ns-Pulsgeneratoren, 400 MHz-Differenzverstärker.

Stromgegenkopplungs-OV (Current-feedback OA). OVs mit Stromgegenkopplung weisen hinsichtlich ihrer Eignung für Hochgeschwindigkeitsanwendungen deutliche Vorteile gegenüber den konventionellen „klassischen" OV mit Spannungsgegenkopplung auf. Diese Vorteile beruhen letzten Endes auf dem Sachverhalt, daß Stromsignale mit höherer Geschwindigkeit verarbeitbar sind als Spannungssignale.

Die hauptsächlichen Anwendervorteile von OV mit Stromgegenkopplung sind

- Verstärkungsfaktor und Bandbreite sind weitgehend unabhängig voneinander einstellbar,
- nahezu unbegrenzte Slew-Rate ($\rightarrow$kürzere Einschwingzeit; niedrigere Intermodulationsverzerrungen und damit gute

Eignung für den Einsatz in Audio-Anwendungen).

Architektur. Sie unterscheidet sich in zwei Punkten gegenüber der Architektur konventioneller OV mit Spannungsgegenkopplung:

1. Die Eingangsstufe besteht aus einem zwischen die beiden OV-Eingänge geschalteten Spannungsfolger, der dafür sorgt, daß $\underline{U}_N$ der Spannung $\underline{U}_P$ folgt (vergleichbares Verhalten zum konventionellen gegengekoppelten OV, bei dem das Gegenkopplungswiderstandsnetzwerk bewirkt, daß $\underline{U}_N$ der Spannung $\underline{U}_P$ nachläuft). Wegen des niederohmigen Ausgangswiderstands des Spannungsfolgers fließt ein endlicher (meist sehr kleiner) Strom $\underline{I}_N$ durch die negative OV-Eingangsklemme.
2. Zusätzlich zur Eingangsstufe enthält der stromgegengekoppelte OV einen Transimpedanzverstärker (*I-U*-Wandler), der den Strom $\underline{I}_N$ verstärkt und in die Ausgangsspannung $\underline{U}_a = Z(f)\underline{I}_N$; ($Z(f)$ (Leerlauf-)Übertragungswiderstand des Verstärkers) umwandelt ($Z(f) \equiv Z_{21}$).

Industrielle Beispiele. Die hohe Leistungsfähigkeit hinsichtlich des Verhaltens bei hohen Frequenzen wird durch folgende industrielle Beispiele von OVs mit Stromgegenkopplungsarchitektur (Transimpedanz-OV) unterstrichen: AD 9615 (Analog Devices) mit den Daten B = 200 MHz, Einschwingzeit 8(13) ns auf 1(0,1)% Abweichung vom Endwert, 100 mA Ausgangsstrom, $U_F \approx 250$ μV, 3 μV/K, $I_B \approx \pm 0,5$ μA, ±20 nA/K. Dieser Typ ist besonders geeignet für den Einsatz in 14-bit-Datenerfassungssystemen mit Abtastraten bis zu 2 MHz.

AD 9617/18 (Analog Devices) mit den Daten $V \lesssim 40$ bzw. 100, Kleinsignalbandbreite 190/160 MHz, Großsignalbandbreite 150 MHz, Einschwingzeit 9 ns (auf 0,1%) bzw. 14 ns (auf 0,02%), Ausgangswiderstand bei Gleichspannung 0,07/0,08 Ω, Ausgangsstrom im 50-Ω-Lastwiderstand 60 mA. Typische Anwendungen für diese Typen: Treiber für Flash-ADU, Instrumentierungs- und Kommunikationssysteme, Videosignalverarbeitung, *I-U*-Wandlung schneller DAU-Ausgänge.

OPA 623 (Burr Brown). Dieser stromgegengekoppelte Operationsverstärker hat eine Großsignalbandbreite von 350 MHz bei einer Ausgangsspannung von 2,8 V$_{ss}$. Sein Haupteinsatzgebiet sind schnelle 75-Ω-Treiber für Datenübertragung bis 140 Mbit/s. Der Ausgangsstrom von ±70 mA reicht aus, um auch lange 75-Ω-Leitungen zu treiben. Betriebsspannung ±5 V, 8poliges DIP-Gehäuse.

OPA 2662 (Burr Brown). Dieser Schaltkreis im 16poligen DIP-Gehäuse enthält zwei spannungsgesteuerte Leistungsstromquellen (Zweifach-„Diamond-Transistor"). Jede Stromquelle/-senke liefert bzw. entnimmt am hochohmigen Kollektoranschluß bis zu ±75 mA Strom. Anwendungsbeispiel: Ansteuerung von Leistungsendstufen von Monitoren in Grafiksystemen (CR 3425 Philips) mit einer Anstiegsrate von >1500 V/μs. Durch Vorschalten des OPA 2662 vor die Leistungsendstufe CR 3425 (80 V Betriebsspannung) können bei Ansteuerung des OPA 2662 mit einem Impulsgenerator (50 Ω Innenwiderstand, $t_r = t_f = 0,7$ ns) Ausgangsimpulse von 50 V mit Anstiegs/Abfallzeiten von 2,4 ns erzeugt werden.

Überblick zu OV-Gruppen. Tabelle 3.4 vermittelt einen Überblick zum gegenwärtigen Leistungsstand monolithisch integrierter OV. Zusätzlich ist zu erkennen, wie die große Vielzahl industrieller Typen hinsichtlich ihrer Leistungsparameter und Anwendungsgebiete in Gruppen einteilbar ist.

3.4.3
Modulationsverstärker

Obwohl in den letzten Jahren die technischen Daten monolithischer Operationsverstärker erheblich verbessert werden konnten, ist ihre Eingangsoffsetspannungs- bzw. -stromdrift nicht für alle Anwendungsfälle vernachlässigbar klein. Zur hochgenauen Verstärkung kleiner Gleichspannungen und -ströme werden daher gelegentlich Modulationsverstärker eingesetzt, vor allem dann, wenn eine galvanisch getrennte Signalverstärkung gewünscht ist.

Ihr Wirkprinzip besteht darin, daß die zu verstärkende Eingangsspannung einem Modulator (Zerhacker oder Varicap) zugeführt, dort in eine rechteck- oder sinusför-

Tabelle 3.4. (Teil I) Überblick zu unterschiedlichen Gruppen von Operationsverstärkern mit typischen Leistungsparametern und industriellem Beispiel.

OV-Gruppe	Industrielles Beispiel, Auswahl markanter Parameter	Typische Anwendungsgebiete
1 OV für allgemeine Anwendungen	*LT 1097* $V \geq 117$ dB; $CMRR \geq 115$ dB $U_F < 50$ µV, < 1 µV/°C $I_B < 250$ pA; $S_r \geq 0,2$ V/µs $U_{er} \approx 16$ nV/$\sqrt{\text{Hz}}$ $U_S = $ min. ±1,2 V; $I_S < 560$ µA	– allgemeine Anwendungen ohne extreme Anforderungen
2 Präzisions-OV	*LT 1013/1014* (2/4fach-OV) $V \approx 8 \cdot 10^6$; $CMRR \approx 117$ dB $U_F \approx 50$ µV, 0,3 µV/°C; $I_F < 0,15$ nA; $I_{a\,max} = \pm20$ mA $U_{er} \approx 0,55$ µV$_{ss}$ (0,1 ... 10 Hz) $I_{er} \approx 0,07$ pA/$\sqrt{\text{Hz}}$; $PSSR > 120$ dB U_{gl}-Bereich schließt Massepotential ein U_A kann bis auf wenige mV oberhalb des Massepotentials ausgesteuert werden nur eine Betriebsspannung $U_S = +5$ V oder ±15 V $I_S = 350$ µA je Verstärker	– Instrumentierungsanwendungen – Audioanwendungen – Thermoelement-, Meßbrückenverstärker – 4- bis 20-mA-Stromtransmitter – aktive Filter – Integratoren
3 niedrige Offsetspannung	*MAX 425/426* (Auto-zero-Verstärker, kein Chopperprinzip) $U_F < 1$ µV, $< 0,01$ µV/°C $I_B < 0,005 ... 0,0002$ nA $V \cdot B = 0,35 ... 12$ MHz; $S_r > 0,6 ... 10$ V/µs $U_{er} \approx 0,3$ µV$_{ss}$; $U_S = \pm5$ V; $I_S < 1,4$ mA	– Thermoelementverstärker – Meßbrückenverstärker – hochverstärkende Summations- und Differenzverstärker

4
niedriges Rauschen
	LTC 1028CS8 (sehr niedriges Rauschen, hohe Geschwindigkeit, Präzisionsverstärker)
	$U_{er} \approx 0,9$ nV/$\sqrt{\text{Hz}}$ (1 kHz)
	    1,0 nV/$\sqrt{\text{Hz}}$ (10 Hz)
	$V \cdot B = 75$ MHz, $V = 30 \cdot 10^6$
	$U_F = 20$ µV, 0,2 µV/°C
	$I_B \approx 30$nA ; $S_r > 11$ V/µs
	$I_{er} \approx$ 4,7 pA/$\sqrt{\text{Hz}}$ (10 Hz)
	    1 pA/$\sqrt{\text{Hz}}$ (1 kHz)
		– hochverstärkende rauscharme Instrumentierungsschaltungen
		– rauscharme Audioverstärker
		– Infrarotdetektor-Verstärker
		– Hydrophonverstärker
		– Meßbrückenverstärker
		– aktive Filter

5 niedriger Eingangsruhestrom	*LT 1057/1058S* (2/4fach-OV mit SFET-Eingang) $I_B = 60$ pA bei 70 °C $U_F = 300$ µV, 5 µV/°C $U_{er} \approx 13$ nV/$\sqrt{\text{Hz}}$ (1 kHz) 26 nV/$\sqrt{\text{Hz}}$ (10 Hz) $I_{er} \approx 18$ fA/$\sqrt{\text{Hz}}$ (10 Hz, 1kHz) $V \cdot B = 5$ MHz, Einschwingzeit 1,3 µs auf 0,2% $CMRR > 98$ dB; $S_r > 13$ V/µs typ. U_S: ±15 V	– Präzisions-, Hochgeschwindigkeitsinstrumentierung – schnelle Präzisions-S/H-Schaltungen – logarithmische Verstärker – DAU-Ausgangsverstärker – Fotodiodenverstärker – U/f- und f/U-Wandler

$U_{er}(I_{er}) = $ Eingangsrauschspannung(strom); $U_S = $ Betriebsspannung; $I_S = $ Betriebsstromaufnahme;
$PSSR = $ Betriebsspannungsunterdrückung; $I_B = $ Eingangsruhestrom $(I_P + I_N)/2$

mige Wechselspannung mit proportionaler Amplitude umgewandelt, anschließend in einem Wechselspannungsverstärker driftfrei verstärkt und schließlich in einem Synchrondemodulator (phasenempfindlicher Gleichrichter) wieder polaritätsgetreu gleichgerichtet wird. Ein Generator liefert die Wechselspannung (z.B. Rechteckimpulsfolge) zum Ansteuern des Modulators und des phasenempfindlichen Gleichrichters.

Der kritischste Teil von Modulationsverstärkern ist der Modulator. Seine Eigenschaften bestimmen wesentlich die erreichbare Drift, die Empfindlichkeit, Bandbreite und die Linearität.

Modulationsverstärker haben zwar sehr geringe Drift, jedoch, bedingt durch das Modulationsprinzip, schlechte dynamische Eigenschaften (geringe Bandbreite, niedrige Slew Rate, geringe Übersteuerungsfestigkeit).

Tabelle 3.4. (Teil II) Überblick zu unterschiedlichen Gruppen von Operationsverstärkern mit typischen Leistungsparametern und industriellem Beispiel

OV-Gruppe	Industrielles Beispiel, Auswahl markanter Parameter	Typische Anwendungsgebiete

6
niedrige Leistungs-
aufnahme
	MAX 406
	$U_S = +2,4 \ldots 10$ V; $I_S \leq 1,2$ µA
	$V \cdot B = 0,01$ MHz; $S_r > 0,004 \ldots 0,02$ V/µs
	$U_F = 0,25 \ldots 0,5$ mV, $10 \ldots 20$ µV/°C
	$I_B = 0,01$ nA
		– Verstärker für Batteriebetrieb
		– Instrumentierungsschaltungen
		  mit sehr geringer Leistungsauf-
		  nahme
		– solarzellengespeiste Systeme
		– sensornahe Elektronik

7 niedrige Betriebs- spannung	*LT 1178/1179* (2/4fach-OV) $U_S = +5$ V, auch ± 15 V möglich $I_S < 17$µA je OV $V \cdot B = 85$ MHz, $S_r > 0,04$ V/µs $I_a \leq \pm 5$ mA $U_F = 30$ µV, $0,5$ µV/°C $I_F \approx 50$ pA, $I_B < 5$ nA $U_{er} < 0,9$ µV$_{ss}$ $(0,1 \ldots 10$ Hz$)$ $I_{er} < 1,5$ pA$_{ss}$ $(0,1 \ldots 10$ Hz$)$	– Satellitenschaltungen – Mikroleistungsfilter – Mikroleistungs-, Abtast- und Halte-Schaltungen

	TLV 2362 (3-Volt-OV)
	typ. $U_S = \pm 1,5 \ldots \pm 2,5$ V, $U_{S\,min} = 2$ V
	B für volle Leistung: 50 kHz
	$S_r > 4$ V/µs
	großer Ausgangsspannungshub bis 100 mV
	an positive bzw. negative Betriebsspannung
	besonders kleines Gehäuse:
	TSSOP (thin shrink small outline package)
		– tragbare Batterieradioanwen-
		  dungen
		– sensor- und prozeßnahe Elek-
		  tronik

8
hohe Bandbreite
	OPA 623 (Stromgegenkopplungs-OV)
	$B = 350$ MHz; $I_a \leq \pm 70$ mA; $U_S = \pm 5$ V
	
	EL 2038
	$V \cdot B = 1$ GHz, $S_r \geq 1000$ V/µs
	Leistungsbandbreite 16 MHz
	$U_{a\,max} = \pm 12$ V, $I_{a\,max} = \pm 50$ mA
	$r_a = 30$ Ω; $I_S = 13$ mA
	$V \approx 20\,000$, $CMRR \approx 30\,000$, $r_d > 10^4$ Ω
	$r_{gl} > 10$ MΩ; $I_B \approx 5$ µA
	$U_F = 0,5$ mV, 20 µV/°C
		– Leitungstreiber für sehr schnelle
		  Datenübertragung (140 Mbit/s)
		– Ansteuerung von Videolei-
		  stungsstufen
		– Videoverstärker
		– Modulatoren
		– Treiber für Flash-ADU
		– I/U-Wandlung schneller DAU-
		  Ausgänge

9 hohe Ausgangs- spannung	*OPA 445* $U_A = \pm 30$ V; $I_A = 15$ mA; $S_r > 10$ V/µs $U_F = 0,5$ mV; $I_B = 20$ pA	– Schaltungen mit besonders hohen Ausgangsspannungen
10 hoher Ausgangs- strom	*OPA 512* $I_A = 10$ A; $U_A = \pm 40$ V; $S_r > 4$ V/µs $U_F = 2$ mV; $I_B = 12$ nA	– Schaltungen mit besonders hohen Ausgangsströmen

$U_{er}(I_{er})$ = Eingangsrauschspannung(strom); U_S = Betriebsspannung; I_S = Betriebsstromaufnahme;
$PSSR$ = Betriebsspannungsunterdrückung; I_B = Eingangsruhestrom $(I_P + I_N)/2$

Die einfachste und bei Verstärkern mit Spannungseingang fast ausschließlich verwendete Modulationsmethode ist das „Zerhacken" der Eingangsspannung (Zerhackerverstärker = Chopperverstärker). Zur Modulation sehr kleiner Ströme eignet sich der Schwingkondensator- oder Varicap-Modulator.

Bild 3.9 zeigt das Prinzip des Modulationsverstärkers.

Mit Modulationsverstärkern läßt sich die in der Automatisierungstechnik oft gestellte Forderung nach galvanischer Trennung (Po-

tentialtrennung, z.B. für eigensichere Zentralverstärker) zwischen dem Eingangskreis (Meßkreis) und dem Verstärkerausgang erfüllen, indem der Wechselspannungsverstärker und die Ansteuerschaltung über Transformatoren angekoppelt werden (Bild 3.9b). Die Anforderungen an den Transformator zur Ankopplung des Wechselspannungsverstärkers, insbesondere hinsichtlich des Linearitäts- und Temperaturverhaltens, sind extrem hoch.

Zerhackerverstärker. Zur Verstärkung kleiner Gleichspannungen bei nicht zu

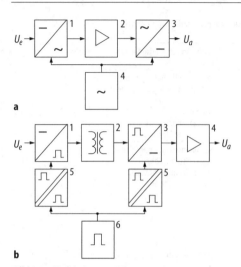

a

b

Bild 3.9. Modulationsverstärker
a *Prinzip* 1 Modulator, 2 Wechselspannungsverstärker,
3 phasenempfindlicher Gleichrichter, 4 Generator (je nach
Art des Modulators Sinus- oder Rechteckgenerator)
b *Potentialtrennung* (Prinzip des Zerhackerverstärkers)
1 Zerhacker (Modulator), 2 Trenntransformator, 3 phasenempfindlicher Gleichrichter, 4 Gleichspannungsverstärker,
5 Impulstransformator, 6 Generator

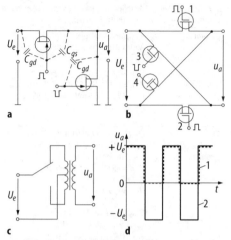

a   **b**

c   **d**

Bild 3.10. Zerhackerschaltungen. **a** Serien-Parallel-Zer-
hacker mit 2 Sperrschicht-FET; **b** Ringmodulator, die Anschlüsse 1 und 2 bzw. 3 und 4 sind miteinander verbunden;
c mechanischer Zerhacker; **d** Ausgangsspannung bei Schaltung a (Kurve 1) sowie bei b und c (Kurve 2)

großen Innenwiderständen der Signalquelle (z.B. <10 ... 100 kΩ) eignen sich Zerhackerverstärker (Chopperverstärker), die
zwei Jahrzehnte lang mit mechanischen
Schaltern, danach mit Bipolartransistoren
und dann mit FET aufgebaut wurden.

FET eignen sich besonders gut zum Zerhacken kleiner Gleichspannungen (mV-Bereich), weil im eingeschalteten Zustand
über der Schalterstrecke nahezu keine Rest-
spannung auftritt. Häufig wird der Serien-
Parallel-Zerhacker verwendet, bei dem abwechselnd ein Transistor geöffnet und der
andere gesperrt ist (Bild 3.10a). Ersetzt man
einen FET durch einen Widerstand, ergibt
sich der Serien- bzw. Parallelzerhacker .

Sehr gute Eigenschaften weist der Ring-
modulatorzerhacker auf (Bild 3.10b), da
sich infolge des symmetrischen Aufbaus
viele Störeinflüsse kompensieren (Thermospannungen, Restströme, Spannungsspitzen). Ein weiterer Vorteil ist die gegenüber Schaltung Bild 3.10a verdoppelte
Ausgangsspannung, die dadurch entsteht,
daß – ähnlich wie beim mechanischen Zerhacker mit Umschaltkontakt (Bild 3.10c) –
die Eingangsspannung U_e abwechselnd

umgepolt zum Ausgang durchgeschaltet
wird.

Fehler bei Zerhackern für kleine Signale
entstehen vor allem durch Thermospannungen im Eingangskreis und durch
Schaltspitzen. Eine Lötstelle Kupfer-Zinn
erzeugt bereits bei einer Temperaturdiffe-
renz von $\Delta\vartheta = 0{,}4$ K eine Thermospannung
von 1 µV. Schaltspitzen (Spikes) entstehen
beim Umschalten der FET am Ausgang und
Eingang der Zerhackerschaltung, weil über
die Kapazitäten C_{gd} und C_{gs} (Bild 3.10a) die
steilen Schaltflanken des Steuersignals (in
der Amplitude verringert) übertragen werden. Die Schaltspitzen rufen eine Eingangsoffsetspannung, einen Eingangsstrom und
zugehörige Driften hervor, die etwa proportional mit der Zerhackerfrequenz (Modula-
tionsfrequenz) f_c zunehmen. Um den dadurch bedingten Fehler klein zu halten,
liegt f_c meist unter 1 kHz, bei sehr hohen
Ansprüchen an kleine Offset- und Driftwerte unter 100 Hz [3.7].

Prinzip. Wir erläutern das Prinzip des
Zerhackerverstärkers anhand des Bildes
3.11. Der vom Generator mit einer periodischen Rechteckimpulsfolge ($f_c \approx 10 \dots 1000$
Hz) angesteuerte Schalter (Modulator) S_1
wandelt die Eingangsspannung u_e in eine
amplitudenmodulierte Rechteckimpulsfol-

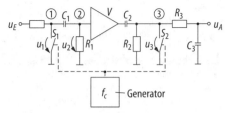

Bild 3.11. Zerhackerverstärker

ge mit ungefähr 0,5facher Amplitude um, die in einem Wechselspannungsverstärker verstärkt wird. Die Nullinie der verstärkten Ausgangsimpulse wird mittels S_2 (Synchrondemodulator, phasenempfindlicher Gleichrichter) wiederhergestellt. S_2 ist phasenstarr mit S_1 gekoppelt. Dadurch erfolgt die Gleichrichtung polaritätsgetreu.

Durch das Tiefpaßfilter ($R_3 C_3$) wird die Eingangssignalform wiederhergestellt. Die Frequenz f_c und deren Oberwellen werden ausgesiebt.

Das kritischste Element dieser Anordnung ist der Schalter S_1. Eine in ihm entstehende Offset- oder Thermospannung bzw. ein in den Punkt 1 eingekoppeltes Störsignal (das z.B. kapazitiv vom Ansteuerkreis eingekoppelt werden kann) hat ein Offsetsignal am Ausgang und damit einen Fehler zur Folge [3.7, 3.8].

Im Interesse sehr hoher Verstärkungskonstanz und -linearität werden Modulationsverstärker oft auch in einer Gegenkopplungsschleife betrieben, wenn keine galvanische Trennung zwischen Ein- und Ausgang erforderlich ist.

Die obere Grenzfrequenz (3-dB-Abfall) von Zerhackerverstärkern beträgt $<0,1\,f_c$. Oft liegt sie noch wesentlich darunter (Sicherung der dynamischen Stabilität bei Gegenkopplung). Diese Verstärker sind also relativ schmalbandig.

Zerhackerstabilisierter Verstärker (Goldbergschaltung). Diese leistungsfähige Schaltung wird eingesetzt, wenn zusätzlich zu sehr niedrigen Driftwerten eine große Bandbreite des Verstärkers gefordert ist. Das Prinzip der Schaltung beruht darauf, daß ein breitbandiger Hauptverstärker (V_2) mit seinen typischen hohen Driftwerten und ein sehr driftarmer Hilfsverstärker (V_1) so gekoppelt werden, daß sich die Verstärkerkombination durch einen „Ersatzver-

stärker" mit der Leerlaufverstärkung $V =$ $(1+V_1)V_2$ und der Eingangsoffsetspannung $U_F \approx U_{F1} + U_{F2}/V_1$ ersetzen läßt (Bild 3.12).

Unter Zugrundelegung zweier mit Ausnahme der endlichen Leerlaufverstärkung V_1 bzw. V_2 idealer Operationsverstärker und unter der Voraussetzung $V_1 \gg 1$, $V_2 \gg 1$ folgt aus Bild 3.12a (C kurzgeschlossen)

$$u_{A2} = V_1 u_{D1}$$

$$u_A = V_2(u_{A2} + u_{D1}) = (1 + V_1)V_2 u_{D1}.$$

Die Verstärkerkombination läßt sich durch einen „Ersatz-OV" mit der Leerlaufverstärkung $V = (1+V_1)V_2$ ersetzen. Die Signalverstärkung der Schaltung beträgt $u_A/u_E \approx$ $-R_2/R_1$. Bei tiefen Frequenzen wird der Hauptverstärker V_2 fast ausschließlich am nichtinvertierenden Eingang angesteuert, weil V_1 sehr groß ist. Deshalb braucht man die tiefen Signalfrequenzen dem invertierenden Eingang von V_2 nicht zuzuführen und kann diesen Eingang über ein Hochpaß-RC-Glied an den Summationspunkt S ankoppeln. Das hat den Vorteil, daß S nicht mit dem Eingangsruhestrom von V_2 belastet wird (Vermeiden einer zusätzlichen Eingangsoffsetspannung infolge des Spannungsabfalls über $R_1 \| R_2$).

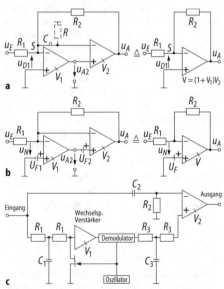

Bild 3.12. Goldberg-Schaltung (Beschaltung als invertierende OV-Grundschaltung). **a** Offsetspannung vernachlässigt; **b** Offsetspannung berücksichtigt; **c** typisches Blockschaltbild einer Realisierungsvariante (ohne Gegenkopplungsbeschaltung)

Bei hohen Frequenzen ist infolge der Schmalbandigkeit von V_1 die Spannung $u_{A2} \approx 0$, und die Ansteuerung am invertierenden Eingang von V_2 überwiegt.

Zur Berechnung des Drifteinflusses lesen wir aus Bild 3.12b folgende Beziehungen ab:

$$u_{A2} = V_1(U_{F1} - u_N)$$

$$U_A = V_2(U_{F2} + u_{A2} - u_N)$$

$$= \underbrace{(1 + V_1)V_2}_{V}$$

$$\cdot \left[\underbrace{\frac{V_1}{1 + V_1} U_{F1} + \frac{U_{F2}}{1 + V_1} - u_N}_{U_F} \right].$$

Die Verstärkerkombination läßt sich also durch einen „Ersatz-OV" mit der Verstärkung $V = (1 + V_1)V_2$ und der Eingangsoffsetspannung

$$U_F = \frac{V_1}{1 + V_1} U_{F1} + \frac{U_{F2}}{1 + V_1}$$

$$\approx U_{F1} + \frac{U_{F2}}{V_1} \qquad (3.3)$$

ersetzen. Wenn V_1 genügend groß ist ($V_1 \gg U_{F2}/U_{F1}$), wird sowohl die Offsetspannung U_{F2} als auch deren Drift unwirksam. Die Drift der Goldbergschaltung wird nur durch die Drift des Hilfsverstärkers (V_1) bestimmt (z.B. Zerhackerverstärker). Die Bandbreite bestimmt dagegen der Hauptverstärker (V_2), denn bei hohen Frequenzen ist $u_{A2} \approx 0$ und folglich $u_A \approx -V_2 u_N$ (Offsetspannung vernachlässigt).

Schwingkondensator- und Varicapmodulator. Zur Verstärkung sehr kleiner Gleichströme unterhalb des nA- bis pA-Bereichs oder sehr kleiner Ladungen sind Zerhackerverstärker infolge des zu großen Eingangsoffsetstroms in der Regel ungeeignet. Bedingt lassen sich Fotozerhacker einsetzen, weil sie den kleinsten Eingangsoffsetstrom aller Zerhackerschaltungen aufweisen. Die höchste Nachweisempfindlichkeit erreicht man jedoch nur mit Schwingkondensator- und Varicapmodulatoren (Bild 3.13). Der mechanisch angetriebene Schwingkondensator ändert seine Kapazität periodisch mit der Frequenz von einigen hundert Hertz (bis 10 kHz). Dabei entsteht über

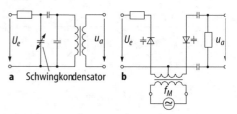

Bild 3.13. a Schwingkondensatormodulator; b Modulator mit Kapazitätsdioden (Varicapmodulator, Varaktormodulator)

seinen Klemmen eine zur Eingangsgleichspannung proportionale Wechselspannung.

Wegen seiner guten Isolationseigenschaften und der kleinen Störströme liegt die Nachweisgrenze bei $I \approx 10^{-17}$ A. Den Stromeingang des Schwingkondensatorverstärkers erhält man durch Gegenkopplungsbeschaltung (Parallelgegenkopplung).

Nachteilig bei Schwingkondensatoren sind ihr großes Volumen, die benötigte Antriebsleistung und die Nichtintegrierbarkeit. Diese Nachteile werden bei Varicapmodulatoren (Varicap: variable capacitance, Kapazitätsdiode) vermieden. Sie arbeiten auf ähnlichem Prinzip wie der Schwingkondensator, erreichen aber infolge des Diodensperrstroms nicht dessen Nachweisgrenze. Die Kapazität der beiden Dioden wird durch die Modulationsspannung mit der Frequenz $f_M \approx 0,1 \dots > 1$ MHz periodisch verändert.

3.4.4
Verstärker mit Driftkorrektur

Da sich Driftgrößen im allgemeinen zeitlich sehr langsam ändern (z.B. Minutenbereich), ist es möglich, durch kurzzeitiges Abtrennen des Verstärkereingangs von der Signalquelle eine Driftkorrektur durchzuführen. Während der Unterbrechung lädt sich ein Speicherkondensator auf eine zur Offsetspannung proportionale Spannung auf. Diese Spannung wird während der Meßphase so mit dem zu verstärkenden Signal überlagert, daß die Offsetspannung und deren Drift weitgehend eliminiert werden. Seit einigen Jahren wird dieses Prinzip in integrierten Operationsverstärkern mit extrem kleiner Drift angewendet. Im Gegensatz zu vielen Modulationsverstärkern lassen sich solche driftkorrigierten Verstärker verhältnismäßig einfach mit echtem

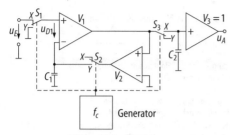

Bild 3.14. Operationsverstärker mit periodischer Nullpunktkorrektur

Differenzeingang versehen (Vierpolverstärker). Sie sind besser für den integrierten Aufbau geeignet als Zerhackerverstärker.

Bild 3.14 erläutert die Wirkungsweise an Hand einer vereinfachten Schaltung [3.4]. Alle Schalter S_1 ... S_3 schalten synchron. In Stellung X wirkt die Schaltung als Gleichspannungsverstärker mit der Verstärkung $V_1 V_3 = V_1$. Während der Korrekturphase (Stellung Y) liegt der Eingang von V_1 auf Massepotential, und C_1 lädt sich nahezu exakt auf die Eingangsoffsetspannung von V_1 auf, weil die Anordnung aus V_1 und V_2 eine sehr hohe Schleifenverstärkung aufweist, die bewirkt, daß $u_{D1} \to 0$ geht.

C_1 bildet in Verbindung mit S_2 eine Sample-and-Hold-Schaltung (s. Kap. 10), die die Korrekturspannung während der nachfolgenden Meßphase (Stellung X) speichert und auf diese Weise die Eingangsoffsetspannung der Schaltung praktisch unwirksam macht. Das verstärkte Eingangssignal wird während der Korrekturphase auf C_2 zwischengespeichert, so daß man am Ausgang der Schaltung die kurzzeitige Unterbrechung durch die Korrekturphase in erster Näherung nicht bemerkt. Auf diesem Prinzip beruht z.B. der Operationsverstärker HA 2900 (Harris).

3.4.5
Zur Auswahl von Operationsverstärkern

Verstärker werden in einer großen Vielfalt für die unterschiedlichsten Frequenz-, Amplituden- und Leistungsbereiche sowie für unterschiedliche Genauigkeitsanforderungen benötigt. Zur groben Charakterisierung eines Verstärkers werden wenige dominierende Kenngrößen verwendet, wie z.B. niedrige Drift, hohe Bandbreite, hohe Slew Rate, große Ausgangsleistung, niedri-

ges Rauschen, hoher Eingangswiderstand, billiger Typ für allgemeine Anwendungen usw. Entsprechend diesen Gesichtspunkten lassen sich Hauptklassen von Verstärkern unterscheiden. Zusätzlich gibt es Spezialverstärker, z.B. für sehr hohe Frequenzen.

Grundsätzlich prüft man stets, ob ein Verstärkerproblem mit einem integrierten OV oder einem anderen integrierten Verstärker lösbar ist. Dabei kann man meist unter mehreren Typen den geeignetsten auswählen.

Um die richtige Auswahl treffen zu können, muß man sich zunächst Klarheit darüber verschaffen, welche technischen Daten für den vorgesehenen Einsatzfall relevant und welche von untergeordneter Bedeutung sind. Dieser Prozeß ist oft mühsam, weil nicht immer vor Lösung der Aufgabe klar ist, welche Eigenschaften besonders wichtig sind. Hauptüberlegungen bei diesem Prozeß sind:

– Signalpegel, Genauigkeit der Signalverarbeitung (benötigte Schleifenverstärkung, Drift, Rauschen), Bandbreite, Ein- und Ausgangsimpedanzen, Offset- und Driftgrößen, Slew Rate, Grenzfrequenz für volle Aussteuerung, Einschwingzeit, Umgebungsbedingungen (Betriebsspannung, Umgebungstemperatur, Langzeitänderungen).
– Besonders wichtig sind die Eigenschaften der Signalquelle (Innenwiderstand, Signalgröße, Zeit- und Frequenzverhalten des Signals) und die Frage, ob Gleichtaktunterdrückung benötigt wird (d.h. echter Differenzeingang).

Hinsichtlich der verwendeten Herstellungstechnologie lassen sich die verfügbaren OV-Typen in die Gruppe Bipolar-, BiFET- und CMOS-Operationsverstärker einteilen. Bipolareingangsstufen sind bei Innenwiderständen der Signalquelle <100 kΩ vorteilhafter, FET-Eingangsstufen haben besonders kleine Eingangsströme (<25 pA bei Raumtemperatur, <1 nA bei 80 ... 100 °C) und eignen sich daher auch für hohe Signalquelleninnenwiderstände bis zu einigen 100 MΩ. Chopperstabilisierte Verstärker werden nur eingesetzt, wenn extre-

Tabelle 3.5. Vergleich typischer Eigenschaften von Operationsverstärkern unterschiedlicher Technologien

Vorteile	Nachteile
Bipolar-OV	
– niedrige und stabile Eingangsoffsetspannung bis herab zu $U_F = 10\,\mu V$, $<0,1\,\mu V/\,°C$	– hoher Eingangsruhe- und Eingangsoffsetstrom; allerdings stabiler als bei FETs
– niedriges Eingangsspannungsrauschen $U_{re} < 2\,nV/\sqrt{Hz}$	– größeres Stromrauschen
– hohe Verstärkung	– Nachteil langsamer lateraler pnp-Transistoren $(f_T \lesssim 3\,MHz)$ wird durch Komplementärbipolartechnologie (z.B. TI Excalibur-Prozeß) vermieden
	– komplementäre Prozesse benötigen etwa die doppelte Anzahl von Fertigungsschritten gegenüber den auf npn-Transistoren beschränkten Technologien
BiFET-OV (sehr verbreitet)	
– hoher Eingangswiderstand und kleiner Eingangsruhestrom	– größere und instabilere Offsetspannung
– wesentlich höhere Slew-Rate	– geringe CMRR, PSRR und Verstärkung
– verringerter Eingangsrauschstrom gegenüber Bipolartechnologie	– vergrößerte Rauschspannung
CMOS-OV	
– sehr gute Eignung für Betrieb mit nur einer Betriebsspannung	– begrenzter Betriebsspannungsbereich $(<16\ldots 18\,V)$
– Gleichtakteingangsspannungsaussteuerbereich und Ausgangsspannungshub schließen negative Betriebsspannung ein	– Eingangsoffsetspannung größer als bei Bipolar-OVs ($U_F >200\,\mu V$, typ. $2\ldots 10\,mV$) *aber:* chopperstabilisierte CMOS-OV erreichen $U_F = 1\,\mu V$
– sehr gute Eignung für Batteriebetrieb	– höhere Rauschspannung
– niedrige Betriebsspannung (bis 1,4 V) und niedriger Versorgungsstrom (bis 10 µA); spezielle OV-Familien für 3 V Betriebsspannung	
– hoher Eingangswiderstand und niedriger Eingangsruhestrom (typ. 100 fA bei 25 °C, Verdopplung je 10 °C Temperaturerhöhung)	
Chopperstabilisierte OV	
– sehr hohe Verstärkung	– zusätzliches Rauschen
– sehr kleine U_F-Drift (0,1 µV/K)	– Kreuzmodulation
– sehr kleine U_F	– Phasenprobleme
– kleiner I_B	– kleiner Betriebsspannungsbereich
– hohe CMR und SVR	– evtl. Blockierung bei Übersteuerung

me Anforderungen an niedrige Offset- und Driftwerte bestehen. Tabelle 3.5 zeigt Vor- und Nachteile von Erzeugnissen dieser drei Gruppen.

Die in letzter Zeit erzielten Verbesserungen bei der Realisierung monolithischer Operationsverstärker führten dazu, daß zunehmend OV-Typen auf den Markt kamen, die mehrere sich bisher ausschließende Eigenschaften in einem Verstärker beinhalten, z.B. kleine Eingangsoffsetspannung, kleiner Eingangsruhestrom, geringes Rauschen, hohe Bandbreite. Weiterhin wurden Präzisions-, Breitband- und Niedrigleistungs-OV entwickelt, die mit einer einzigen +5 V-Betriebsspannung auskommen.

Besondere Fortschritte konnten in den letzten Jahren bei der Realisierung schneller OV mit Bandbreiten >100 MHz erzielt werden.

3.5
Verstärkergrundtypen mit OV

Je nachdem, ob der Verstärkereingangswiderstand (bzw. -ausgangswiderstand) sehr klein oder sehr groß im Verhältnis zum Innenwiderstand der Signalquelle (bzw. Lastwiderstand) ist, lassen sich die in Tabelle 3.6 enthaltenen vier Verstärkergrundtypen unterscheiden. Fast immer dimensioniert man in der Praxis die Verstärker so, daß einer dieser Grundtypen entsteht (angenäherter Leerlauf bzw. Kurzschluß am Ein- bzw. Ausgang). Das hat den praktischen Vorteil, daß Änderungen des Innenwiderstandes der Signalquelle bzw. des Lastwiderstandes die „Über-alles"-Verstärkung zwischen der Signalquelle und der Last nicht merklich beeinflussen. Beispielsweise benötigt man zum Erzeugen eines eingeprägten Ausgangsstromes einen Verstärker mit „Stromausgang", dessen Ausgangswiderstand viel größer ist als der Lastwiderstand.

Die vier Verstärkergrundtypen lassen sich durch entsprechende Gegenkopplungsbeschaltung von OV realisieren (Tabelle 3.6).

Der Spannungsverstärker ist die bekannte nichtinvertierende OV-Grundschaltung, die einen sehr hohen Eingangswiderstand $Z_e \approx r_{gl}$ von typ. >10 ... 20 MΩ bei Bipolar- und >10 ... 100 MΩ bei FET-OVs aufweist. Wegen der Spannungsgegenkopplung ist der Ausgangswiderstand sehr klein (r_a typ. <1 Ω).

Der $U \rightarrow I$-Wandler ist identisch mit dem in der elektronischen Meßtechnik oft verwendeten „Lindeck-Rothe-Kompensator". Die Stromgegenkopplung bewirkt einen sehr hohen Ausgangswiderstand (typ. ≫ 1 MΩ).

Der $I \rightarrow U$-Wandler und der Stromverstärker eignen sich wegen ihres sehr kleinen differentiellen Eingangswiderstandes hervorragend zur Verstärkung von Signalen aus hochohmigen Signalquellen. Sie liefern eine zum Kurzschlußstrom der Signalquelle proportionale Ausgangsspannung bzw. einen Ausgangsstrom.

Zur Verstärkung sehr kleiner Ströme müssen OV mit äußerst kleinem Eingangsstrom Verwendung finden.

Weitere Verstärkeranwendungen mit OV

Ersetzt man die Stromquelle $\underline{I}_e$ des $I \rightarrow U$-Wandlers durch eine Spannungsquelle mit dem Innenwiderstand R_1, ergibt sich die weit verbreitete invertierende OV-Verstärkergrundschaltung (Bild 3.7). Da am invertierenden OV-Eingang nahezu Massepotential auftritt („virtuelle" Masse), läßt sich diese Schaltung in einfacher Weise zum Strom- bzw. Spannungssummierer erweitern (Bild 3.15, Nr. 1).

Wenn am Eingang der invertierenden bzw. nichtinvertierenden OV-Grundschaltung eine gut stabilisierte Gleichspannung anliegt, wirkt die Schaltung als Konstantspannungsquelle, deren Ausgangsspannung durch Verändern der beiden Gegenkopplungswiderstände in weiten Grenzen einstellbar ist. In entsprechender Weise läßt sich der $U \rightarrow I$-Wandler (Tabelle 3.6, Nr. 3) als einstellbare Konstantstromquelle verwenden. Nachteilig ist der „schwimmende" Lastwiderstand Z_F. Eine Konstantstromquelle mit einseitig geerdetem Lastwiderstand (R_L) wird im Bild 3.15, Nr. 2 gezeigt. Vor allem in der Meßtechnik müssen OV oft so beschaltet werden, daß Differenzgleichspannungsverstärker (Brückenverstärker, Fehlerverstärker) entstehen. Im einfachsten Fall ist das mit einer Schaltung nach Bild 3.15, Nr. 3 zu realisieren. Die Widerstandsverhältnisse müssen genau abgeglichen sein, damit die Gleichtakteingangsspannung U_{gl} kein Ausgangssignal hervorruft. Für höhere Ansprüche existieren Schaltungen mit mehreren OV (Abschn. 3.6).

OV werden auch zur reinen Wechselspannungsverstärkung, besonders im NF-Bereich, angewendet. Durch starke Gleichspannungsgegenkopplung läßt sich hierbei die Driftverstärkung wesentlich kleiner halten als die Signalverstärkung, so daß häufig der Offsetabgleich entfallen kann (Bild 3.15, Nr. 4).

3.6 Instrumentationsverstärker

Diese Verstärker sind gegengekoppelte Differenzverstärker mit hohem Eingangswiderstand und hoher Gleichtaktunterdrückung. Sie haben die Aufgabe, die von Meßfühlern gelieferten mV-Signale auf den Signalpegel nachfolgender Einheiten (z.B. AD-Umsetzer mit 0 ... 10 V) hochgenau zu verstärken und dabei Gleichtaktsignale zu eliminieren.

Gleichtaktstörungen haben die Ursache in Spannungsabfällen zwischen der „Meßerde" und der „Systemerde" (Einfluß von Erdschleifen). Die am Eingang eines Instrumentationsverstärkers auftretende Gleichtaktspannung kann durchaus 1000mal

Tabelle 3.6. (Teil I) Die vier Verstärkergrundtypen mit Operationsverstärkern

Verstärkergrundtyp Gegenkopplungsart		1 Spannungsverstärker Serien-Spannungs-Gegenkopplung	2 $I \rightarrow U$-Wandler Parallel-Spannungs-Gegenkopplung
Eingangs-/Ausgangsgröße			
Schaltbild (Innenwiderstand der Signalquelle vernachlässigt)			
Ausgangsgröße $\underline{U}_a$ bzw. $\underline{I}_a$	idealer OV	$\underline{U}_a = \underline{U}_e \left(1 + \dfrac{Z_F}{Z_1}\right)$	$\underline{U}_a = -Z_F \, \underline{I}_e$
	$V \neq \infty$, sonst ideal	$\underline{U}_a = \dfrac{\underline{U}_e}{\dfrac{1}{V} + \dfrac{Z_1}{Z_1 + Z_F}}$	$\underline{U}_a = -\underline{I}_e \dfrac{Z_F}{1 + \dfrac{1}{V}}$
Eingangs- widerstand Z_e' (zwischen 1…1')	idealer OV	∞	0
	$V \neq \infty$, $r_d \neq \infty$, $r_{gl} \neq \infty$, sonst ideal	$r_d(1 + kV) \parallel 2r_{gl}$ $\approx 2r_{gl}$	$\dfrac{Z_F}{1 + V}$ (für $r_d = r_{gl} = \infty$)
Ausgangs- widerstand Z_a' (zwischen 2…2')	idealer OV	0	0
	$V \neq \infty$, $r_a \neq \infty$, sonst ideal	$\dfrac{r_a}{1 + kV}$ (für $r_a \ll |Z_F + Z_1|$)	$\dfrac{r_a}{1 + V}$
Signalwandlung		$k = Z_1 / (Z_F + Z_1)$	

$k = Z_1 / (Z_F + Z_1)$, Z_e' Eingangswiderstand zwischen 1 und 1'; Z_a' Ausgangswiderstand zwischen 2 und 2'.
Die Stromquelle $\underline{I}_e$ der Schaltungen 2 und 4 läßt sich durch eine Spannungsquelle $\underline{U}_e$ mit dem Innenwiderstand Z_1 ersetzen; bei idealem OV gilt dann $\underline{I}_e = \underline{U}_e / Z_1$.

Tabelle 3.6. (Teil II) Die vier Verstärkergrundtypen mit Operationsverstärkern

3 $U\ I$-Wandler Serien-Strom-Gegenkopplung	4 Stromverstärker Parallel-Strom-Gegenkopplung
$U_e \longrightarrow \boxed{\begin{smallmatrix} U \\ / \\ I \end{smallmatrix}} \longrightarrow I_a$	$I_e \longrightarrow \boxed{\begin{smallmatrix} I \\ / \\ I \end{smallmatrix}} \longrightarrow I_a$

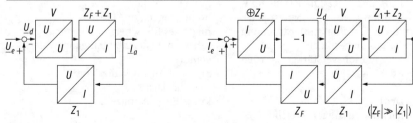

$I_a = \dfrac{U_e}{Z_1}$	$I_a = I_e\left(1+\dfrac{Z_F}{Z_1}\right)$
$I_a = \dfrac{U_e}{Z_1+\frac{Z_1+Z_F}{V}}$	$I_a = I_e\,\dfrac{Z_1\left(1+\frac{1}{V}\right)+Z_F}{Z_1\left(1+\frac{1}{V}\right)+\frac{Z_2}{V}}$
$\circ$	0
wie bei Schaltung Nr. 1	$\oplus\ \dfrac{Z_F}{1+V\frac{Z_1}{Z_1+Z_2}}$ (für $\vert Z_F\vert \ll \vert Z_1\vert$, $r_d = r_{gl} = \circ$)
$\circ$	$\circ$
$Z_1(1+V)$ (für $r_a \ll \vert Z_1\vert$)	$Z_1(1+V)$ (für $r_a \ll \vert Z_1\vert$)

Schaltung/Ausgangsspannung(strom) bei idealem OV

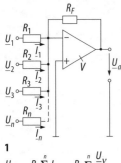

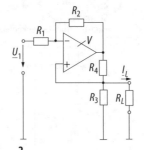

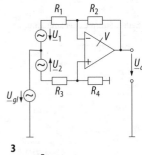

1

$$\underline{U}_a = -R_F \sum_{v=1}^{n} \underline{I}_v = -R_F \sum_{v=1}^{n} \frac{\underline{U}_v}{R_v}$$

$$\underline{U}_a = -\frac{1}{n} \sum_{v=1}^{n} \underline{U}_{-v}$$

für $R_1 = R_2 = \ldots = R_n = nR_F$

2

$$I_L = -\frac{R_2}{R_1 R_4} \underline{U}_1$$

für $R_3 = \dfrac{R_1 R_4}{R_2}$

3

$$\underline{U}_a = \frac{R_2}{R_1}\left(\underline{U}_2 - \underline{U}_1\right)$$

für $\dfrac{R_2}{R_1} = \dfrac{R_4}{R_3}$

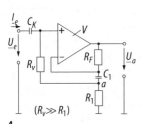

4

$$\underline{U}_a \approx \underline{U}_e \left(1 + \frac{R_F}{R_1}\right) \quad \text{für} \quad \frac{1}{\omega C_1} \ll R_1 \; ; C_K \to \infty$$

Ausgangsoffsetspannung

für $I_P = I_N = I_B$:
$$U_{aF} = U_F + I_B\left(R_F - R_v - R_1\right)$$

Eingangswiderstand $Z'_e = \dfrac{\underline{U}_e}{\underline{I}_e}$

$$Z'_e \approx \left(R_v \| r_d\right)\left(\frac{V}{V'}\right) \| 2r_{gl} \approx 2r_{gl}$$

Bild 3.15. Verstärkeranwendungen mit OV.
1 Summierverstärker (Umkehraddierer);
2 Konstantstromquelle mit geerdeter Last;
3 Differenzverstärker (Spannungssubtrahierer);
4 Wechselspannungsverstärker in Elektrometerschaltung mit Anwendung des Bootstrap-Prinzips (dynamische Vergrößerung von R_v, wechselstrommäßig liegt R_v parallel zum OV-Eingang und wird wie r_d durch die Seriengegenkopplung hochtransformiert), V Leerlaufverstärkung des OV, $V' = \underline{U}_a / \underline{U}_e$; Wechselspannungsabfall über C_k vernachlässigt

größer sein als das Nutzsignal (z.B. 10 V Gleichtaktspannung, 10 mV Nutzsignal). Deshalb muß die Gleichtaktunterdrückung meist >100 … 120 dB betragen.

An Instrumentationsverstärker werden folgende Forderungen gestellt:

- niedrige Drift,
- großer Gleichtaktaussteuerbereich,
- sehr hoher Differenzeingangswiderstand,
- sehr hohe Gleichtaktunterdrückung,
- einfache Verstärkungseinstellung,
- kleine Eingangsoffsetspannung,

- hohe Linearität,
- hohe Langzeitkonstanz,
- niedriges Rauschen,
- sehr hoher Gleichtakteingangswiderstand,
- kleiner Eingangsruhestrom,
- niedrige Driften,
- kurze Einschwingzeit.

Die aus drei OV bestehende „Standardschaltung" eines Instrumentationsverstärkers wird im Bild 3.16 gezeigt. Die Eingangsstufe ist ein Differenzverstärker mit

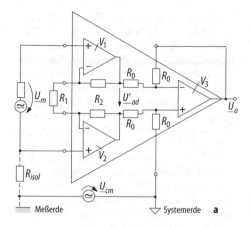

Bild 3.16. Instrumentationsverstärker. **a** „Klassische" Schaltung mit 3 OVs; **b** Elektrometersubtrahierer

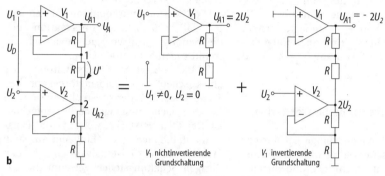

symmetrischem Eingang und symmetrischem Ausgang ($\underline{U}'_{ad}$), an den eine Differenzverstärkerschaltung nach Bild 3.15, Nr. 3 angeschaltet ist. Sie hat die Aufgabe, den Übergang zum unsymmetrischen Ausgangssignal zu vollziehen und die Gleichtaktunterdrückung zu erhöhen. Weil V_1 und V_2 in der nichtinvertierenden OV-Grundschaltung betrieben werden, hat die Schaltung einen sehr hohen Eingangswiderstand (typ. 100 MΩ). Unter der Voraussetzung eines idealen OV gilt

$$\underline{U}_a = -\underline{U}_m\left(1 + \frac{2R_2}{R_1}\right).$$

Mittels R_1 läßt sich die Verstärkung einstellen.

Industrielles Beispiel: AD 620 (Analog Devices): Preiswerter monolithischer Instrumentationsverstärker im 8poligen SOIC- oder DIP-Gehäuse; Betriebsspannung ±2,3 ... 18 V, U_F = 125 µV, 1 µV/°C; B = 120 kHz bei V = 100, 15 µs Einschwingzeit auf 0,01% bei V = 100, *CMRR* = 110 dB; sehr gut für Multiplexeranwendungen geeignet.

Programmierbarer Instrumentationsverstärker (PGA programmable gain amplifier). Besonders für den Einsatz in mehrkanaligen Datenerfassungssystemen sind verstärkungsprogrammierbare OV mit kurzer Einschwingzeit notwendig. Industrielles Beispiel: PGA 100 (MAXIM) mit den Daten 5 µs Einschwingzeit auf 0,01% Abweichung v.E., 8-Kanal-Analogmultiplexer, Verstärkungsfaktor digital programmierbar 1, 2, 4, ...,128, Verstärkungsfaktor und adressierter Eingangskanal können auf dem Chip digital gespeichert werden. $U_F \lesssim 0,05$ mV, $V \cdot B$ = 5 MHz, S_r = 14 V/µs, 220 kHz Leistungsbandbreite, 2 ms Übersteuerungserholzeit, Eingangsspannungen bis zu ±35 V überlastsicher. Typischer Einsatzbereich in 12-bit-Datenerfassungssystemen.

Elektrometersubtrahierer. Auch mit nur zwei Operationsverstärkern kann eine Differenzverstärkerschaltung mit sehr hohem Eingangswiderstand und guter Gleichtaktunterdrückung realisiert werden. Der Elektrometersubtrahierer nach Bild 3.16b besteht aus zwei in Kaskade geschalteten nichtinvertierenden OV-Grundschaltungen. Unter Voraussetzung eines linearen Arbeitsbereiches läßt sich die Ausgangsspannung mit dem Überlagerungssatz wie im Bild 3.16b gezeigt berechnen. Unter Voraussetzung idealer OV und exakt übereinstimmender Gegenkopplungswiderstände R ergibt sich

$$U_A = U'_{A1} + U''_{A1} = 2(U_1 - U_2) = 2U_D \ .$$

Gleichtakteingangsspannungen werden also in diesem hier betrachteten Idealfall nicht verstärkt. Das ist auch anschaulich leicht verständlich: Schaltet man beide Eingänge an $U_1 = U_2 = +5$ V, so tritt am Ausgang von V_2 eine Spannung von $U_{A2} = +10$ V auf. Da am intvertierenden Eingang von V_1 eine Spannung von +5 V anliegt, entsteht am Ausgang von V_1 eine Spannung von $U_{A1} = U_A = 0$ V (die Spannung $U^* = 5$ V wird invertiert).

3.7
Trennverstärker (Isolationsverstärker)

Trennverstärker haben völlige galvanische Trennung zwischen Eingangs- und Ausgangskreis. Das hat mehrere große Vorteile:

1. Sehr hohe zulässige Gleichtakteingangsspannungen (einige 100 bis einige 1000 V),
2. Sehr hohe Gleichtaktunterdrückung (>120 ... 140 dB),
3. Sehr hohe Gleichtakteingangswiderstände,
4. Berührungssicherheit (Patientenschutz; Explosionsschutz).

Haupteinsatzgebiete von Trennverstärkern sind die Verstärkung kleiner Meßsignale, die hohen Gleichtaktspannungen überlagert sind (Messung von Thermospannungen, Dehnungsmeßstreifentechnik, Ferndatenerfassung, Präzisionstelemetriesysteme, Strommessung an Hochspannungsleitungen, Verringerung der Störsignaleinkopplung durch Auftrennen von Masseschleifen) und die Patientenmeßtechnik in der Medizin.

Die galvanische Trennung zwischen Eingangs- und Ausgangskreis kann durch induktive, optoelektronische oder kapazitive Kopplung erfolgen. Bisher hatten die Transformator- und die optoelektronische Kopplung die größte Bedeutung.

Transformatorkopplung. Da auch Gleichspannungen mit hoher Genauigkeit übertragen werden müssen, wird bei Transformatorkopplung das Prinzip des Modulationsverstärkers (meist Zerhackerverstärker) angewendet. Das Modulationsverfahren, d.h. die Umwandlung der Eingangsspannung in ein zur galvanisch getrennten Übertragung besser geeignetes analoges Signal (z.B. Frequenz, Tastverhältnis, Impulsbreite) ist bei hohen Linearitäts- und Genauigkeitsforderungen auch bei optoelektronischer Übertragung unerläßlich. Dadurch ist allerdings die obere zu übertragende Signalfrequenz auf einige kHz bis zu einigen 100 kHz begrenzt.

Die Transformatorkopplung hat den Vorteil, daß zusätzlich zur Information auch die benötigte Hilfsenergie galvanisch getrennt zugeführt werden kann.

Bild 3.17a zeigt das Blockschaltbild eines „klassischen" transformatorgekoppelten Trennverstärkers, der konstruktiv als Modul in Oberflächenmontagetechnik aufgebaut ist. Der Trennverstärker weist „3-Tor"-Isolation auf, d.h., jedes Tor (Eingang; Ausgang; Stromversorgung) ist galvanisch von den übrigen Schaltungsteilen getrennt. Bei „2-Tor"-Isolation ist lediglich eine galvanische Trennung zwischen dem Eingangs- und dem Ausgangskreis vorhanden. Vorteilhaft gegenüber Trennverstärkern mit optoelektronischer Signalübertragung ist, daß beim Verstärker nach Bild 3.17a auf einen gesonderten DC/DC-Wandler zur galvanisch getrennten Betriebsspannungszuführung verzichtet werden kann. Es genügt das Betreiben mit einer +15-V-Betriebsspannung. Sie wird in eine 50-kHz-Wechselspannung umgewandelt, auf diese Weise über die Transformatorwicklungen T_2 und T_3 zum Eingangs- bzw. Ausgangskreis übertragen und dort wieder gleichgerichtet.

Einige Eigenschaften des Verstärkers nach Bild 3.17a: Max. Gleichtakteingangsspannung 3,5 kV_{ss} zwischen zwei beliebigen der drei Tore; Eingangskapazität 5 pF (bedingt $CMRR = 120$ dB bei $V = 100, f = 60$ Hz und Signalquelleninnenwiderstand 1 kΩ); Bandbreite für volle Leistung 20 kHz; zusätzlich ist sowohl am Eingangs- als auch am Ausgangstor je eine galvanisch getrennte Speisespannung von ±15 V, ≤5 mA verfügbar (Spei-

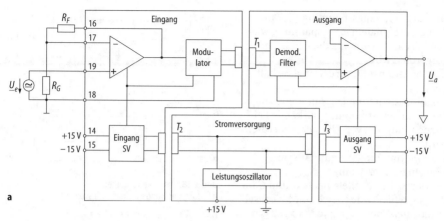

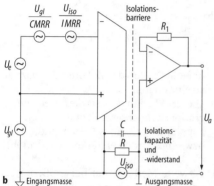

Bild 3.17. Trennverstärker (Isolationsverstärker)
a Blockschaltbild eines transformatorischen 3-Tor-Trennverstärkers (AD 210, Analog Devices)
b Zur Definition spezieller Kenngrößen

sung von Sensoren, Meßbrücken und weiteren Schaltungsgruppen); Spannungsverstärkung 1 ... 100 durch Gegenkopplungsbeschaltung des Eingangs-OVs einstellbar; Betriebsspannung +15 V, 50(80) mA.

Optoelektronische Kopplung. Ein industrielles Beispiel ist der Typ ISO 100 (Burr
Brown).

Kapazitive Kopplung. In letzter Zeit wurden preisgünstige und leistungsfähige
Trennverstärker mit kapazitiver Kopplung
entwickelt, die größere Bandbreite als
transformatorgekoppelte Trennverstärker
aufweisen. Sie beruhen auf folgendem
Wirkprinzip: Die Eingangsspannung des
Trennverstärkers wird in eine frequenz-
bzw. tastverhältnismodulierte Rechteckimpulsfolge (≈0,5 ... 1 MHz Mittenfrequenz)
umgewandelt. Diese Impulsfolge wird im
Gegentakt über zwei 1-pF-Kondensatoren
mit hoher Spannungsfestigkeit übertragen
und auf der Ausgangsseite wieder demoduliert. Wegen weitgehender Symmetrie fließt

kein Fehlstrom zwischen Eingangs- und
Ausgangskreis.

Industrielles Beispiel: ISO 122P (Burr
Brown).

Parameter von Isolationsverstärkern. Es
gibt einige typische Parameter, die das Isolationsverhalten beschreiben. Wir erläutern
sie anhand des Bildes 3.17b.

Die Ausgangsspannung des Trennverstärkers beträgt

$$U_a = V\left(U_e \pm \frac{U_{gl}}{CMRR} \pm \frac{U_{iso}}{IMRR}\right).$$

Gleichtakt- bzw. Isolationsunterdrückung
sind wie folgt definiert:

U_{gl} Spannung der Signaleingänge gegenüber der Eingangsmasse (typ. <±10 V),
U_{iso} max. Isolationsspannung zwischen
den Bezugsmassen des Ein- und Ausgangssignals,
CMRR (Gleichtaktunterdrückungsverhältnis)

Gleichtakteingangsspannung U_{gl} / in Reihe zur Signaleingangsspannung wirkende Fehlerspannung, die von U_{gl} hervorgerufen wird,

IMRR (Isolationsunterdrückungsverhältnis),

Isolationsspannung U_{iso} / in Reihe zur Signaleingangsspannung wirkende Fehlerspannung, die von U_{iso} hervorgerufen wird,

Leckstrom vom Eingang zum Ausgang (Eingangsfehlerstrom) der durch die Schaltelemente R und C im Bild 3.17b fließende Gleich- und Wechselstrom, meist bei U_{iso}= 240 V, 50 Hz; typ. Werte im µA-Bereich.

3.8
Ladungsverstärker

Ein Ladungsverstärker wandelt eine seinem Eingang zugeführte Ladung in eine proportionale Ausgangsspannungs- oder Ausgangsstromänderung um.

Die Empfindlichkeit eines solchen Verstärkers wird deshalb z.B. in V/pC angegeben.

Die Ladungsverstärkung findet u.a. Anwendung bei der Dosimetrie radioaktiver Strahlung, in der piezoelektrischen Meßtechnik (z.B. in Beschleunigungsaufnehmern), der Energiemessung, der Integration von Stromimpulsen und der Kapazitätsmessung. Die von Sensoren hervorgerufenen Ladungsänderungen entstehen meist durch Kapazitätsänderungen oder durch den Piezoeffekt.

Das übliche Verfahren zur Ladungsmessung besteht darin, die zu messende Ladung einem bekannten Kondensator zuzuführen und dessen Spannung zu messen (Bild 3.18). Wie bei der Strommessung gibt es auch hier zwei grundsätzliche Möglichkeiten:

1. Spannungsmessung: Die zu messende Ladung wird einem Integrationskondensator C_I zugeführt, dessen Spannung mit einem Elektrometerverstärker (Spannungsverstärker oder $U{\rightarrow}I$-Wandler) gemessen wird (Bild 3.18a). Meist ist in das Sensorgehäuse ein Impedanzwandler (Emitter- oder Sourcefolger) integriert,

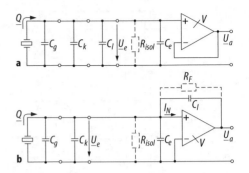

Bild 3.18. Ladungsverstärker.
a Ladungsmessung mit Spannungsverstärker

$$\underline{U}_a \approx \frac{-Q}{C_I} \quad \text{für } C_I \gg C_g + C_k + C_e$$

b „Echter" Ladungsverstärker

$$\underline{U}_a \approx \frac{-Q}{C_I} \quad \text{für } |1+V|\,C_I \gg C_g + C_k + C_e$$

um den Einfluß der Zuleitungskapazität zu eliminieren.

2. „Echter" Ladungsverstärker: Der Integrationskondensator liegt im Gegenkopplungskreis eines $U{\rightarrow}I$-Wandlers bzw. eines Stromverstärkers (Bild 3.18b).

Die zweite Methode hat bei größeren Leitungslängen zwischen dem Sensor und der ersten Verstärkerstufe wesentliche Vorteile, weil die Signalquelle im „Kurzschluß" betrieben wird, wodurch sich unvermeidliche und inkonstante Parallelkapazitäten am Eingang nicht auf den Verstärkungsfaktor der Schaltung auswirken und sich der Kondensator bei impulsförmigem Eingangsstrom im Gegensatz zur Variante 1 in den Impulspausen über den Innenwiderstand der Signalquelle nicht entlädt.

Die Ausgangsspannung hat den gleichen Wert wie bei Variante 1. Allerdings kann bei Variante 2 C_I wesentlich kleiner gewählt werden, denn wegen $|V| \gg 1$ haben veränderliche Eingangskapazitäten auch bei relativ kleinen $C_I \approx 10 \dots 100$ pF meist keinen merklichen Einfluß. Hieraus resultiert eine viel größere Empfindlichkeit der Variante b (Zahlenbeispiel: $Q = 100$ pAs, $C_I = 10$ pF${\rightarrow}\underline{U}_a \approx 10$ V). Die Ausgangsspannung hängt also nur von der Eingangsladung Q und von der Größe des Integrationskondensators C_I ab, jedoch nicht von Parallelkapazitäten im Verstärkereingangskreis, falls diese nicht extrem groß sind. Das ist ein entscheidender Vorteil!

Bei der Dimensionierung der Schaltung nach Bild 3.18b ist zu beachten, daß die Zeitkonstante $R_F C_I$ groß gewählt wird gegenüber der langsamsten Ladungsänderung $1/(2\pi f_{min})$ (f_{min} untere Grenzfrequenz der Ladungsänderung). Andererseits soll aber $R_F I_N$ klein sein gegenüber der Verstärkerausgangsspannung für Vollausschlag (Meßbereichsvollausschlag). Um den Verstärkereingang und -ausgang von gegebenenfalls auftretenden Überspannungen zu schützen (z.B. durch Kurzschluß des Sensors), kann ein Vorwiderstand vor den invertierenden OV-Eingang geschaltet werden.

Fehlereinflüsse. Bei Ladungsverstärkern treten vor allem folgende Fehlereinflüsse in Erscheinung:

- Isolationswiderstand von Kabeln u.ä.,
- Ladungsverluste durch Fehlströme (C_I, OV),
- dielektrische Absorption (Nachladungseffekte) beim Integrationskondensator; ein entladener Kondensator kann sich kurz hinterher ohne äußeren Einfluß wieder geringfügig aufladen.

Es müssen deshalb Kondensatoren und Kabel mit sehr hohem Isolationswiderstand verwendet werden; die Parallelkapazitäten im Eingangskreis müssen möglichst klein

sein (Kabel!), der OV muß sehr kleinen Eingangsruhestrom und sehr hohen Eingangswiderstand, hohe Spannungsverstärkung und niedrige Drift aufweisen.

Der Integrationskondensator C_I entlädt sich infolge seines endlichen Isolationswiderstandes R_{is} (bzw R_F) mit der Zeitkonstanten $R_{is} C_I$. Damit der hierdurch bedingte Fehler klein bleibt, muß die Meßzeit (Integrationszeit) viel kleiner sein als diese Zeitkonstante. Falls die Ladung mit einem Fehler <1% gemessen werden soll, muß die Meßzeit kleiner sein als $R_{is} C_I/100$.

Literatur

3.1 Germer H, Wefers N (1989/1990) Meßelektronik Band 1 und 2, 2. Aufl. Hüthig, Heidelberg

3.2 Regtien PPL (1992) instrumentation electronics. Prentice Hall, Hertfordshire

3.3 Strohrmann G (1992) Automatisierungstechnik Bd. I, 3. Aufl. Oldenbourg, München

3.4 Seifart M (1996) Analoge Schaltungen, 5. Aufl. Verlag Technik, Berlin

3.5 Seifart M, Barenthin K (1977) Galvanisch getrennte Übertragung von Analogsignalen mit Optokopplern. Nachrichtentechnik 27/6: 246–249

3.6 Tietze U, Schenk Ch (1993) Halbleiterschaltungstechnik, 10. Aufl. Springer, Berlin Heidelberg New York

3.7 Seifart M (1973) Spannungsspitzen bei Meßzerhackern mit Feldeffekttransistoren. Nachrichtentechnik 23/8:306–309

3.8 Trinks E (1973) Der Feldeffekttransistor als Chopper. Nachrichtentechnik 23/8:303–306

4 Elektrische Leistungsverstärker

J. Petzoldt, T. Reimann

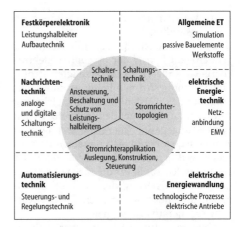

Festkörperelektronik	Allgemeine ET
Leistungshalbleiter Aufbautechnik	Simulation passive Bauelemente Werkstoffe
Nachrichten-technik analoge und digitale Schaltungs-technik	**elektrische Energie-technik** Netz-anbindung EMV
Automatisierungs-technik Steuerungs- und Regelungstechnik	**elektrische Energiewandlung** technologische Prozesse elektrische Antriebe

Schaltertechnik · Schaltungstechnik · Ansteuerung, Beschaltung und Schutz von Leistungshalbleitern · Stromrichtertopologien · Stromrichterapplikation Auslegung, Konstruktion, Steuerung

Bild 4.1. Teilgebiete und tangierende Fachdiziplinen der Leistungselektronik

4.1 Grundprinzipien der Leistungselektronik

4.1.1 Aufgaben und Einsatzgebiete der Leistungselektronik

Die Leistungselektronik befaßt sich mit der kontaktlosen, gesteuerten *Umformung* der Parameter der elektrischen Energie. Sie ist ein relativ junges, eigenständiges Fachgebiet der Elektrotechnik, das sowohl Teilgebiete der energieorientierten Elektrotechnik, der Elektronik und der Informationstechnik in sich vereint.

Wesentliche Teilgebiete der Leistungselektronik sind:

Schaltertechnik

Die Schaltertechnik ist die *bauelementenahe* Schaltungstechnik. Im Mittelpunkt steht die Konfiguration leistungselektronischer Schalter als Einheit von Leistungshalbleiter bzw. Chipkombination, Ansteuerschaltung und eventuell notwendigem äußeren Beschaltungsnetzwerk. Erst in dieser Einheit ergeben sich die spezifischen integralen Eigenschaften leistungselektronischer Schalter. Die Schaltertechnik ist eng gekoppelt mit dem Teil der Festkörperelektronik, der sich mit dem Entwurf von Leistungshalbleitern und der Modulintegration von Schaltern und ganzen Schaltungen befaßt. Analoge und digitale Schaltungstechnik, einschließlich der Hilfsstromversorgungen durchdringen in hohem Maße dieses Teilgebiet der Leistungselektronik.

Schaltungstechnik

Die Schaltungstechnik auf der Basis *hart* und *weich schaltender* leistungselektronischer Schalter beinhaltet Fragen der Schaltungstopologien, der Steuermöglichkeiten und der Eigenschaften leistungselektronischer Grundschaltungen, der Anordnung passiver Bauelemente zur Energiezwischenspeicherung sowie des gesamten statischen und dynamischen Betriebsverhaltens. Der Bezug zur allgemeinen Elektrotechnik ist vor allem über die simulative Netzwerkanalyse, die Werkstoffe der Elektrotechnik und die passiven Bauelemente (Kondensatoren, Drosseln, Transformatoren) gegeben. Durch die umfangreiche Problematik der Netzrückwirkungen von Stromrichterschaltungen bis zur Störabstrahlung ist die Schnittstelle zur elektrischen Energietechnik charakterisiert.

Stromrichterapplikation

Die Stromrichterapplikation umfaßt die Auslegung und Konstruktion des gesamten meist aus mehreren Grundschaltungen und Energiezwischenspeichern bestehenden Leistungskreises und den Entwurf sowie die hard- und softwaretechnische Umsetzung der Steuerung. Daraus resultieren die energetischen Schnittstellen zum speisenden Netz und zu den zu versorgenden Verbrauchern (elektrische Energiewandler). Tangierende Arbeitsgebiete ergeben sich einerseits zur Automatisierungstechnik und andererseits zur elektrischen Energietechnik in Richtung des speisenden Netzes und zum verbraucherseitig angeschlossenen Energiewandler.

Legt man zugrunde, daß mit steigender Tendenz *ein Drittel* der erzeugten Elektroenergie in anderen als den erzeugten Strom- und Spannungsformen benötigt und damit umgewandelt werden muß und gleichzeitig eine dem zu versorgenden technologischen Prozeß angepaßte Energiedosierung notwendig ist, so ergibt sich hieraus die wachsende *volkswirtschaftliche Bedeutung* der Leistungselektronik für die Mechanisierung und Automatisierung der Produktion und in zunehmenden Maße auch für die Nutzung regenerativer Energien.

Mit Hilfe leistungselektronischer Stellglieder im unteren und Stromrichteranlagen im oberen Leistungsbereich werden die Ausgangssignale *informationsverarbeitender* Einrichtungen (angefangen von einfachen Steuer- und Regelschaltungen über Prozeßrechner bis zu komplexen Steuersystemen) in *energetische* Stellbefehle umgesetzt.

Die Leistungselektronik ist somit das wichtigste Bindeglied zwischen einerseits der Informationselektronik, Automatisierungstechnik und andererseits den elektrischen Energiewandlern, die in technologische Prozesse eingebunden sind.

Der Einsatz leistungselektronischer Einrichtungen erstreckt sich demzufolge auf nahezu alle Bereiche der Produktion, der zentralen und dezentralen Energieversorgung und auf den Konsumgütersektor.

Hinweise auf weiterführende Fachliteratur in Übersichtsform können dem Literaturverzeichnis unter [4.1–16] entnommen werden.

4.1.2
Schalt- und Kommutierungsvorgänge in leistungselektronischen Einheiten

Eine leistungselektronische Einheit formt die Parameter der elektrischen Energie nach einer vorgegebenen Zielfunktion um. Sie ist über mindestens einen oder mehrere Steueranschlüsse mit einer Steuereinheit verbunden, die diese Zielfunktion aus Vorgabe- und Meßgrößen bestimmt (Bild 4.2).

Sie arbeitet demzufolge wie ein Leistungsverstärker, der die an den Steueranschlüssen anliegenden Signale in Ströme und Spannungen des gewünschten zeitlichen Verlaufes verstärkt. In der Vergangenheit wurde diese Verstärkerfunktion durch rotierende Umformer im oberen und von analog arbeitenden Röhren- oder Transistorverstärkern im unteren Leistungsbereich realisiert. Dieses *Analogprinzip* findet gegenwärtig aufgrund des schlechten Wirkungsgrades außer im Bereich der Nachrichten- und Informationselektronik nur noch in Sendeanlagen und in Hochspannungsröhren Anwendung.

Schaltbedingungen

Leistungshalbleiter arbeiten bis auf wenige Sonderanwendungen im *Schalterbetrieb*. Daraus resultieren grundlegende Prinzipien und Funktionsweisen, die in allen leistungselektronischen Schaltungen vorzufinden sind. Zielstellung jeder Entwicklung von Leistungshalbleitern und deren Einsatz in Schaltungen ist die Annäherung an eine möglichst verlustarme Betriebsweise. Als Grenzfall existiert der ideale Schalter, der in folgender Weise charakterisiert ist.

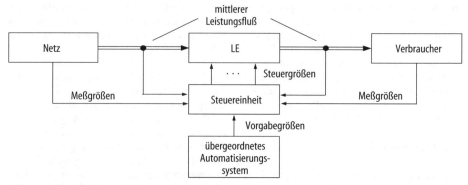

Bild 4.2. Blockschaltbild einer leistungselektronischen Einheit

Idealer Schalter

– Ein-Zustand: $u_s = 0$; $-\infty < i_s < \infty$
– Aus-Zustand: $i_s = 0$; $-\infty < u_s < \infty$
– Schaltverhalten: aktiv ein- und ausschalt-
                bar ohne Energieumsatz

Der Einsatz derartiger idealer Schalter und somit auch die Zielstellung für den Einsatz von Leistungshalbleitern unterliegt damit einschränkenden Schaltbedingungen.

Schalter in induktivitätsbehafteten Zweigen (eingeprägter Strom)

Ein Schalter in einem induktivitätsbehafteten Zweig (Bild 4.3) kann aktiv, d.h. zu jedem beliebigen Zeitpunkt einschalten. Bei unendlich kurzer Schaltzeit treten keine Verluste im Schalter auf, weil die Differenzspannung sofort über der Zweiginduktivität abfallen kann.

Bei fließendem Strom ist ein Ausschalten ohne Energieumsatz nicht möglich, da die in L gespeicherte Energie abgebaut werden muß. Der Schalter kann aus diesem Grund ohne Energieumsatz nur bei $i_s = 0$ ausschalten. Man spricht in diesem Fall von einem *passiven Ausschalten*, weil der Schaltzeitpunkt von dem Stromverlauf im Schalterzweig bestimmt ist. Ein Schalter, der ausschließlich diesen Schaltbedingungen unterliegt, wird als *Nullstromschalter* (ZCS, Zero-Current-Switch) bezeichnet.

– Ein-Zustand: $u_s = 0$; $-\infty < i_s < \infty$
– Aus-Zustand: $i_s = 0$; $-\infty < u_s < \infty$
– Schaltverhalten: aktiv ein bei $u_s > 0$
                passiv aus bei $i_s \leq 0$

Schalter zwischen kapazitätsbehafteten Punkten (eingeprägte Spannung)

Eine eingeprägte Spannung über einem Schalter (Bild 4.4) führt dazu, daß ein Ein-

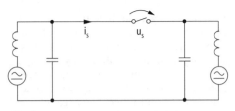

Bild 4.4. Schalter zwischen kapazitätsbehafteten Punkten

schalten nur bei $u_s = 0$ verlustfrei erfolgen kann. In diesem Fall liegt ein *passives Einschalten* vor, da der Spannungsverlauf und damit auch der Nulldurchgang durch das äußere Netzwerk bestimmt sind. Ein Ausschalten dagegen ist aktiv zu jedem beliebigen Zeitpunkt möglich. Schalter, die nach diesen Schaltbedingungen arbeiten, werden *Nullspannungsschalter* (ZVS, Zero-Voltage-Switch) genannt.

– Ein-Zustand: $u_s = 0$; $-\infty < i_s < \infty$
– Aus-Zustand: $i_s = 0$; $-\infty < u_s < \infty$
– Schaltverhalten: aktiv aus bei $i_s > 0$
                passiv ein bei $u_s \leq 0$

Kommutierungsvorgänge

Jeder Schaltvorgang führt aufgrund der Veränderung von Strom und Spannung zu einer Leistungsänderung in positiver oder negativer Richtung. Dabei treten Kommutierungsvorgänge auf, d.h. der Strom kommutiert von einem Schaltungszweig auf einen anderen bzw. ein Schaltungszweig übernimmt Spannung von einem anderen. Diese Vorgänge sollen anhand des in Bild 4.5 dargestellten Kommutierungskreises abgeleitet werden.

Anhand eines solchen Kommutierungskreises lassen sich alle Schaltvorgänge, die in leistungselektronischen Grundschaltungen ablaufen, erklären. Die eingezeichneten

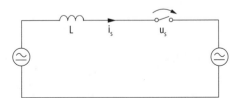

Bild 4.3. Schalter in einem induktivitätsbehafteten Zweig

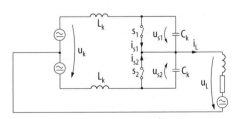

Bild 4.5. Ersatzschaltbild eines Kommutierungskreises

Kommutierungsinduktivitäten L_k und -kapazitäten C_k haben jeweils durch die Leistungshalbleiter und die geometrische Anordnung bestimmte Minimalwerte $L_{k,min}$ und $C_{k,min}$, die durch zusätzliche Beschaltungen jeweils nur vergrößert werden können. Ein Kommutierungsvorgang wird immer durch einen aktiven (d.h. durch die Steuerung vorgegebenen) Schaltvorgang eingeleitet und durch einen passiven (d.h. durch die Zustandsgrößen bestimmten) Schaltvorgang beendet.

Kapazitive Kommutierung

Betrachtet man bei positiver Kommutierungsspannung u_k und positivem Laststrom i_L die Kommutierung vom Schalterzweig 1 auf den Schalterzweig 2, so läßt sich der Vorgang nur durch aktives Ausschalten von s_1 einleiten, da die Schalterspannung u_{s2} negativ ist. Dabei nimmt der Strom i_{s1} ab, und der Laststrom fließt über die Kommutierungskapazitäten C_k weiter. Wird die negative Schalterspannung u_{s2} Null bzw.

positiv, übernimmt Schalter s_2 den Laststrom. Bei minimalen Kommutierungskapazitäten spricht man von einem *harten* Ausschalten von s_1. Eine Vergrößerung der Kapazität führt zu einer entlasteten kapazitiven Kommutierung (Bild 4.6). Man spricht dann von einem *weichen* Ausschaltvorgang. Die Spannungskommutierung oder auch kapazitive Kommutierung wird durch ein passives Einschalten von Schalter s_2 bei $u_{s2} \geq 0$ beendet.

Induktive Kommutierung

Eine Kommutierung von Schalterzweig 2 auf Schalterzweig 1 wird bei gleichen Polaritäten von u_k und i_L durch aktives Einschalten von s_1 begonnen. Ein Ausschalten von s_2 ist nicht möglich, da in diesem Fall sich beide Schalterspannungen erhöhen. Der Schalterstrom i_{s1} steigt in dem Maße an, wie der Strom i_{s2} abfällt. Bei minimaler Kommutierungsinduktivität L_k fällt während des Stromanstieges nahezu die gesamte Kommutierungsspannung über s_1 ab. Aus

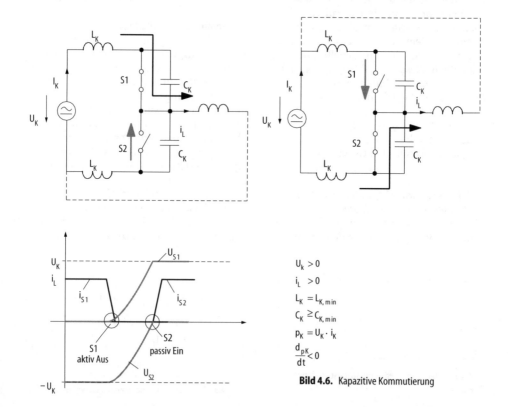

$U_k > 0$

$i_L > 0$

$L_k = L_{k,min}$

$C_k \geq C_{k,min}$

$p_k = U_k \cdot i_k$

$\dfrac{d_{p}k}{dt} < 0$

Bild 4.6. Kapazitive Kommutierung

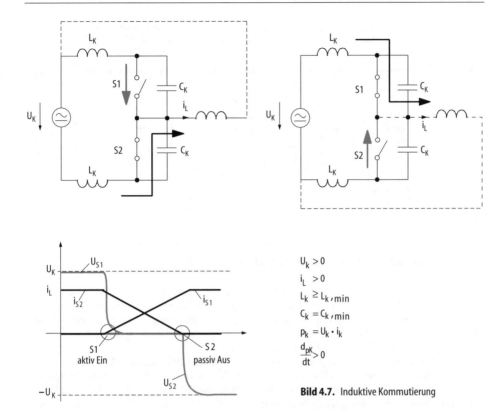

Bild 4.7. Induktive Kommutierung

diesem Grund spricht man von einem harten Einschalten von s_1. Vergrößert man L_k, geht der Vorgang in eine weiche induktive Kommutierung über (Bild 4.7). Die Stromkommutierung oder auch induktive Kommutierung endet durch das passive Ausschalten von s_2 bei $i_{s2} \leq 0$. Unabhängig von den Strom- und Spannungsrichtungen ist bei kapazitiver Kommutierung der Leistungsgradient *negativ* und bei induktiver Kommutierung *positiv*.

4.1.3
Leistungselektronische Schalter
Ein leistungselektronischer Schalter ist die Einheit aus einer Kombination von leistungselektronischen Bauelementen bzw. Leistungshalbleitern und der Ansteuerschaltung für die aktiv schaltbaren Leistungshalbleiter. Aufgrund der internen funktionalen Zusammenhänge und Wechselwirkungen können dem Schalter erst in dieser Einheit bestimmte Eigenschaften zugeordnet werden.

Bild 4.8 kennzeichnet das System des leistungselektronischen Schalters mit seinen Schnittstellen zum umgebenden elektrischen Netzwerk (in der Regel auf hohem Potential) und zum Steuersystem (Informationsverarbeitung, Hilfsstromversorgung). Die notwendigen Potentialtrennstellen sind als optische oder induktive Übertrager ausgeführt.

Die nach Schalterstrom- und -spannungsrichtung unterscheidbaren Kombinationen von Leistungshalbleitern zeigt Bild 4.9.

Die Eigenschaften eines kompletten Schalters resultieren einerseits aus dem Verhalten der Leistungshalbleiter und werden andererseits durch die Auslegung der Ansteuerschaltung gezielt eingestellt.

Betriebsweise von Leistungshalbleitern
Die Betriebsweise der Leistungshalbleiter wird durch die konkrete leistungselektronische Grundschaltung und deren Steuerregime eindeutig festgelegt. Falls den aktiven

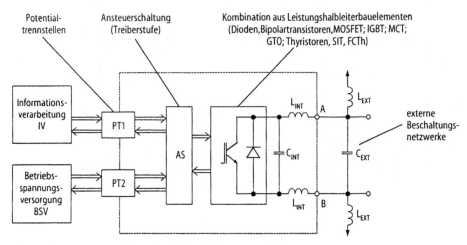

Bild 4.8. System „Leistungselektronische Schalter" (Abkürzungen s. Bild 4.22)

Schaltvorgängen ein Freiheitsgrad zugeordnet wird, existiert immer ein Zusammenhang zwischen den Freiheitsgraden eines Schalters und denen der Grundschaltung, in der die Schalter angeordnet sind. Erst in dieser Einheit als leistungselektronischer Schalter ist dessen Betriebsweise eindeutig festgelegt. Die in Bild 4.10 dargestellten Betriebsweisen leistungselektronischer Schalter beziehen sich auf den allgemeinen Ersatzkommutierungskreis (Bild 4.5).

Hartes Schalten (HS)

Der harte Einschaltvorgang ist dadurch gekennzeichnet, daß während der Stromkommutierungszeit t_k nahezu die gesamte Spannung u_k über dem stromführenden Schalter s_1 abfällt, wodurch erhebliche Verlustleistungsspitzen im Schalter auftreten. Die Kommutierungsinduktivität hat dabei ihren Minimalwert, d.h. der Stromanstieg wird durch den einschaltenden Leistungshalbleiter bestimmt. Durch den passiven Ausschaltvorgang von Schalter s_2 endet die Stromkommutierung. Die Kommutierungszeit ist annähernd identisch mit der Schaltzeit.

Während des harten Ausschaltvorganges steigt die Spannung an s_1 bei weiterfließendem Strom i_{s_1} bis über den Wert der Spannung u_k an. Erst ab diesem Zeitpunkt beginnt die Stromkommutierung durch passives Einschalten von Schalter s_2. Die Kommutierungskapazität ist dabei minimal, wodurch der Spannnungsanstieg wesentlich durch die

Eigenschaften der Leistungshalbleiter festgelegt ist. Schaltzeit und Kommutierung sind deshalb annähernd gleich, verbunden mit hohen Verlustleistungsspitzen im Schalter.

Weiches Schalten (ZCS, ZVS)

Während des weichen Einschaltvorganges eines Nullstromschalters (ZCS) fällt bei ausreichend großem L_k die Schalterspannung relativ schnell auf den Wert des Durchlaßspannungsabfalles ab, so daß während der Stromkommutierung keine bzw. geringe überhöhte Verluste in Schaltern auftreten können. Die Kommutierungsinduktivität L_k bestimmt den Stromanstieg. Die Stromkommutierung endet mit dem passiven Ausschalten von Schalter s_2. Damit erhöht sich die Kommutierungszeit t_k gegenüber der Schaltzeit t_s.

Der weiche Ausschaltvorgang eines Nullspannungsschalters (ZVS) wird durch aktives Ausschalten von s_1 eingeleitet. Der abnehmende Schalterstrom kommutiert in die Beschaltungskapazitäten C_k und leitet die Spannungskommutierung ein. C_k ist gegenüber $C_{k,min}$ größer, wodurch der Spannungsanstieg wesentlich beeinflußt wird. Durch den verzögerten Spannungsanstieg am Schalter reduziert sich die Verlustleistung.

Resonanz-Schalten (ZCRS, ZVRS)

Vom Resonanz-Einschalten spricht man, wenn ein Nullstromschalter in dem Zeitpunkt einschaltet, in dem der Strom i_L

a

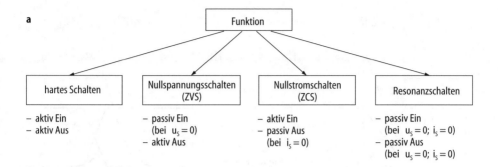

b Strom- und Spannungshauptrichtungen

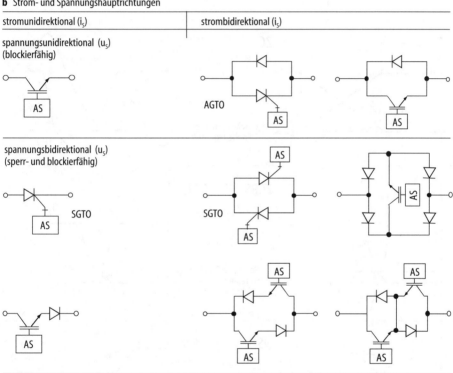

Bild 4.9. Möglichkeiten der Einteilung leistungselektronischer Schalter; **a** nach der Funktion, **b** nach Strom- und Spannungshauptrichtungen. *AS* Ansteuerschaltung, *GTO* Gate Turn Off Thyristor, *AGTO* asymmetrischer GTO, *SGTO* symmetrischer sperr- und blockierfähiger GTO

annähernd den Wert Null einnimmt. Die Schaltverluste reduzieren sich damit weiter gegenüber dem Nullstromschalter. Weil der Zeitpunkt des Stromnulldurchganges vom Schalter aus nicht aktiv bestimmt werden kann, geht ein Steuerfreiheitsgrad verloren.

Ein Resonanz-Ausschalten eines Nullspannungsschalters liegt dann vor, wenn während des Ausschaltvorganges die Kommutierungsspannung annähernd Null ist. Auch dabei sind gegenüber dem Nullspannungsschalter die Schaltverluste nochmals reduziert unter Verlust eines Steuerfreiheitsgrades.

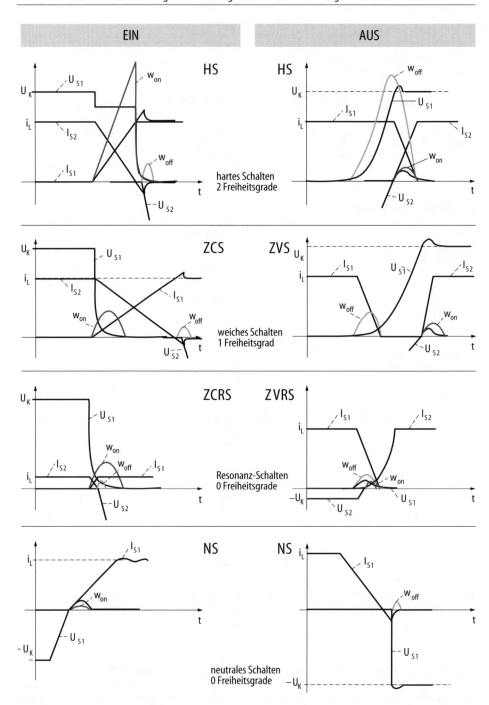

Bild 4.10. Betriebsweise von Schaltern

Neutrales Schalten (NS)

Neutrales Schalten liegt vor, wenn sowohl Kommutierungsspannung als auch Laststrom im Schaltaugenblick annähernd Null sind. Bei Einsatz von Dioden liegt dieser Fall im allgemeinen vor.

4.1.4
Leistungselektronische Grundschaltungen

Leistungselektronische Grundschaltungen sind Schalternetzwerke, die durch die zyklische Betriebsweise der enthaltenen Schalter die an den Ausgangsklemmen anliegenden Parameter der elektrischen Energie gegenüber denen an den Eingangsklemmen *umformen*. Die Eingangs- und Ausgangsklemmen werden dabei zyklisch verbunden, aufgetrennt oder kurzgeschlossen bzw. mit evtl. vorhandenen internen Energiezwischenspeichern verbunden (Bild 4.11).

Die Bezeichnung Eingangs- oder Ausgangsklemmen richtet sich nach dem über einen ausreichend großen Zeitraum gemittelten Leistungsfluß.

Interne Energiezwischenspeicher liegen vor, wenn sich mindestens einer der beiden Anschlußpunkte nicht an den äußeren Klemmen befindet. Bei reinen Schalternetzwerken stimmen bei verlustfreien Schaltvorgängen die Momentanwerte der Leistung zwischen Eingang und Ausgang überein. Enthält die Grundschaltung Energiezwischenspeicher, trifft das nur noch auf die Mittelwerte der Leistung zu.

Durch die schaltende Arbeitsweise der leistungselektronischen Bauelemente bedingt, verursacht jede leistungselektronische Grundschaltung an ihren Anschlußklemmen Leistungsschwankungen, die dem mittleren Leistungsfluß überlagert sind. Die Frequenz der Grundschwingung der überlagerten Leistungsschwankungen ist der Schaltfrequenz der Schalter proportional. Die *Periodendauer*, auf die sich der Mittelwert des Leistungsflusses bezieht, kann dabei je nach Anwendung in einem großen Bereich variieren.

Für die Bezeichnung leistungselektronischer Grundschaltungen sind bestimmte Oberbegriffe üblich, die sich nach der Grundfunktion der Schaltung richten. Danach spricht man von *Wechselrichtern*, wenn der mittlere Leistungsfluß von einem Gleichgrößensystem zu einem Wechselgrößensystem gerichtet ist, unabhängig von dem momentanen Leistungsfluß.

Bei umgekehrtem mittleren Leistungsfluß bezeichnet man die Schaltungen als *Gleichrichter* (Bild 4.12).

Für Schaltungen, die zwischen *gleichartigen* Systemen (Wechselgrößen oder Gleichgrößen) den Leistungsaustausch übernehmen, hat sich die Bezeichnung *Steller* durchgesetzt (Bild 4.13).

Tabelle 4.1 zeigt in Übersichtsform eine Zusammenstellung leistungselektronischer Grundschaltungen, deren Bezeichnungen

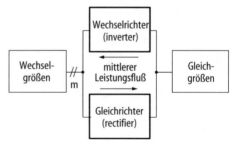

Bild 4.12. Definition der Begriffe „Wechselrichter" und „Gleichrichter"

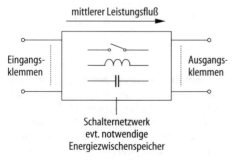

Bild 4.11. Schnittstellen einer leistungselektronischen Grundschaltung

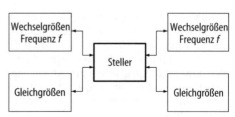

Bild 4.13. Charakterisierung des Begriffs „Steller"

Tabelle 4.1. Übersicht zu leistungselektronischen Grundschaltungen

Funktion	Eingeprägte Größen an Eingang	Ausgang	Art der Kommutierung	Häufige Bezeichnung
Gleichrichten GR	⟨Schaltsymbol⟩	⟨Schaltsymbol⟩	induktiv/kapazitiv	netzgelöschte Gleichrichter
	⟨Schaltsymbol⟩		induktiv/kapazitiv	Vierquadrantensteller gepulst
		⟨Schaltsymbol⟩	kapazitiv	Vierquadrantensteller getaktet
	⟨Schaltsymbol⟩	⟨Schaltsymbol⟩	induktiv/kapazitiv	Gleichrichter gepulst
			induktiv/kapazitiv	Gleichrichter getaktet
Wechselrichten WR	⟨Schaltsymbol⟩	⟨Schaltsymbol⟩	induktiv	netzgelöschte Wechselrichter
	⟨Schaltsymbol⟩	⟨Schaltsymbol⟩	induktiv/kapazitiv	Spannungswechselrichter gepulst
		⟨Schaltsymbol⟩	induktiv/kapazitiv	Spannungswechselrichter getaktet
	⟨Schaltsymbol⟩	⟨Schaltsymbol⟩	induktiv/kapazitiv	Stromwechselrichter gepulst
			induktiv/kapazitiv	Stromwechselrichter getaktet
Wechselstellen (Wechselspannungs- oder -stromsteller) WS	⟨Schaltsymbol⟩	⟨Schaltsymbol⟩	induktiv	Spannungssteller
	⟨Schaltsymbol⟩	⟨Schaltsymbol⟩	induktiv/kapazitiv	Matrixconverter
	⟨Schaltsymbol⟩	⟨Schaltsymbol⟩	induktiv/kapazitiv	
Gleichstellen (Pulssteller) PS	⟨Schaltsymbol⟩	⟨Schaltsymbol⟩	induktiv/kapazitiv	Tiefsetzsteller
	⟨Schaltsymbol⟩	⟨Schaltsymbol⟩	induktiv/kapazitiv	Hoch-/Tiefsetzsteller
	⟨Schaltsymbol⟩	⟨Schaltsymbol⟩	induktiv/kapazitiv	Hochsetzsteller
	⟨Schaltsymbol⟩	⟨Schaltsymbol⟩	induktiv/kapazitiv	Cukconverter

sowohl im deutschen als auch im englischen Sprachgebrauch nicht eindeutig sind. Als Unterscheidungsmerkmal sind deshalb die eingeprägten elektrischen Größen an den Ein- und Ausgangsklemmen angegeben. Damit liegt bereits fest, welche Art von Kommutierungsvorgängen in den Schaltungen ablaufen.

4.1.5
Prinzipien zur Energiezwischenspeicherung

Wie bereits erwähnt, verursacht jede leistungselektronische Grundschaltung Leistungsschwankungen, die sich auf das angeschlossene Netz oder die angeschlossenen Verbraucher störend auswirken, wenn sie nicht durch Energiezwischenspeicher kompensiert bzw. gedämpft werden.

Die Speicherung elektrischer Energie kann nur im Magnetfeld (Drosseln), im elektrischen Feld (Kondensatoren) oder im elektromagnetischen Feld (Schwingkreisen) erfolgen. Daraus resultieren nachfolgend angegebene Prinzipien zur Energiezwischenspeicherung.

Reiheninduktivität

Eine Induktivität in einem Schaltungszweig glättet den Zweigstrom durch wechselnde Energieaufnahme bzw. -abgabe (Bild 4.14). Der Zweigstrom ist dabei eingeprägt.

Reiheninduktivitäten werden zur Stromglättung in die Anschlußzweige von Grundschaltungen geschaltet, oder sie werden als Stromzwischenkreise zur Energiezwischenspeicherung eingesetzt.

Parallelkapazität

Parallelkapazitäten glätten die Spannung zwischen den beiden Anschlußpunkten und prägen sie gleichzeitig dort ein (Bild 4.15).

Sie sind unbedingt dort vorzusehen, wo innerhalb einer Schaltung eingeprägte Spannungen für die Funktionsweise der leistungselektronischen Schalter Voraussetzung sind und/oder Spannungszwischenkreise zur Energiezwischenspeicherung eingesetzt werden.

Bild 4.14. Reiheninduktivität

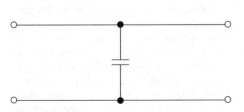

Bild 4.15. Parallelkapazität

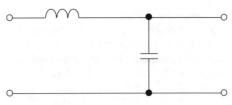

Bild 4.16. Filterkreis

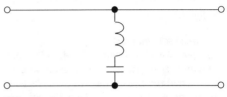

Bild 4.17. Saugkreis

Filterkreis

Der Filterkreis prägt in dem induktivitätsbehafteten Anschlußzweig einen Strom ein, während an den Anschlußklemmen des Kondensators eine eingeprägte Spannung vorherrscht (Bild 4.16).

Saugkreis

Durch den Saugkreis fließt ein Wechselstrom, dessen Amplitude durch die Differenz zwischen Erregerfrequenz und Resonanzfrequenz des Schwingkreises bestimmt ist (Bild 4.17).

Für die Resonanzfrequenz stellt der Saugkreis nahezu einen Kurzschluß dar, d.h. Ströme dieser Frequenz werden abgeleitet.

Sperrkreis

Die Resonanzfrequenz des Sperrkreises bestimmt die Frequenz, für den der Sperrkreis einen hohen Widerstand aufweist (Bild 4.18). Ströme dieser Frequenz werden somit nahezu unterdrückt.

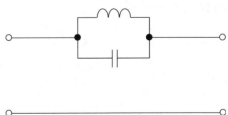

Bild 4.18. Sperrkreis

Reihenschwingkreis

Ein Reihenschwingkreis als Energiezwischenspeicher prägt einen Wechselstrom mit einer Frequenz in der Größenordnung der Resonanzfrequenz ein (Bild 4.19).

Die an den Anschlußklemmen anzuschließenden Grundschaltungen müssen ebenfalls mit annähernd Resonanzfrequenz arbeiten. Sie regen den Schwingkreis an und steuern dessen Energieaufnahme und -abgabe.

Parallelschwingkreis

An den Anschlußklemmen des Parallelschwingkreises liegt eine mit annähernd Resonanzfrequenz eingeprägte Wechselspannung an (Bild 4.20). Den Energieaustausch mit dem Schwingkreis steuern die angeschlossenen Schaltungen.

4.1.6
Leistungselektronische Stellglieder, Stromrichteranlagen

Leistungselektronische Stellglieder oder Stromrichteranlagen (Bild 4.21) haben in der Mehrzahl aller Anwendungsfälle eine gemeinsame Grundstruktur. Es existiert immer mindestens ein speisendes Netz als Energielieferant und ein Energiewandler, der einen bestimmten technologischen Prozeß mit der Energieform versorgt, die er in der erforderlichen Menge benötigt. Der über einen genügend großen Zeitraum gemittelte Energiefluß ist dabei immer vom Netz zum Energiewandler gerichtet. Abweichend davon können anstelle des Energiewandlers auch weitere elektrische Netze als Verbraucher und Erzeuger angeschlossen sein (z.B. Notstromaggregate, Blindleistungsstromrichter, Hochspannungs-Gleichstrom-Übertragungen (HGÜ), regenerative Energiequellen).

Zwischen dem speisenden Netz und dem Energiewandler befindet sich die leistungselektronische Gesamtschaltung, die aus einzelnen leistungselektronischen Grundschaltungen oder Stromrichtern und zwischengeschalteten Energiespeichern besteht. Der Umfang der Gesamtschaltung richtet sich nach den an das Stellglied gerichteten Forderungen und den gewünschten Eigenschaften. In der einfachsten Ausführung existiert z.B. nur eine einzige Grundschaltung. Jede Grundschaltung ist mit einer informationsverarbeitenden Einrichtung (hier als Ansteuerautomat bezeichnet) verbunden, die für die leistungselektronischen Schalter die Ein- und Aus-Befehle sowohl aus bestimmten Istwerten der Grundschaltung als auch aus Vorgabewerten des übergeordneten Steuersystems ableitet. Ein Stromversorgungssystem, das die benötigten potentialfreien Versorgungsspannungen innerhalb des Stellgliedes bereitstellt, ist Bestandteil des Stellgliedes.

In umfangreichen Varianten existieren netzseitige und verbraucherseitige Schaltungskomplexe, die für Netz und Verbraucher die gewünschten Ströme und Spannungen bereitstellen. Ein interner Schaltungskomplex kann zur Anpassung unterschiedlicher Spannungsebenen notwendig sein. Er steuert gleichzeitig den Leistungsfluß eines eventuell vorhandenen zentralen Energiezwischenspeichers.

4.2
Bauelemente der Leistungselektronik

4.2.1
Einteilung leistungselektronischer Bauelemente

Leistungselektronische Bauelemente sind die Grundbestandteile leistungselektronischer Funktionseinheiten. Das Bild 4.22 zeigt einen Vorschlag zur Einteilung der Bauelemente nach ihren elementaren Funktionen.

Leistungshalbleiter bilden den Kern leistungselektronischer Schalter und können

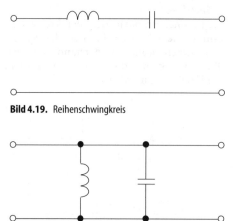

Bild 4.19. Reihenschwingkreis

Bild 4.20. Parallelschwingkreis

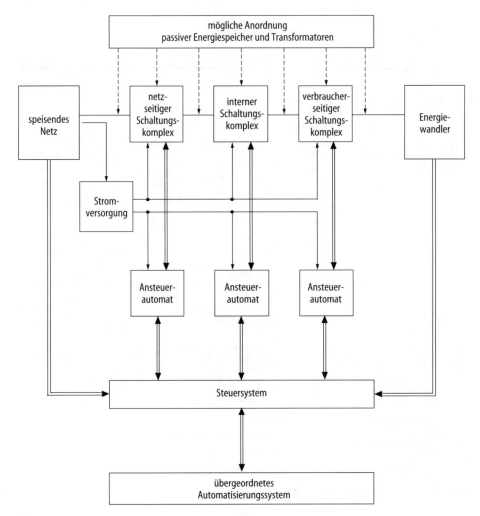

Bild 4.21. Grundaufbau eines leistungselektronischen Stellgliedes

allgemein in Dioden, Transistoren und Thyristoren unterteilt werden. Eine ausführlichere Beschreibung dieser Bauelementegruppe erfolgt im Abschn. 4.2.2.

Die Aufgabe passiver *Energiespeicher* besteht in der Zwischenspeicherung elektrischer Energie im magnetischen (Drosseln) oder elektrostatischen (Kondensatoren) Feld. Passive Energiespeicher werden in Zwischenkreisumrichtern sowie für die Strom- und Spannungseinprägung an Stromrichtereingangs- und -ausgangsklemmen benötigt (vgl. Abschn. 4.1.5).

Die Realisierung von Spannungs- und Stromtransformationen bei gleichzeitiger Potentialtrennung übernehmen *induktive Übertrager* (Ein- oder Mehrwicklungstransformatoren). Die vorgenommene Unterteilung dieser Bauelemente basiert auf den verwendeten Kernmaterialien. Während Eisenkernübertrager im Bereich niedriger Frequenzen (...50 Hz...) zum Einsatz kommen, werden bei Frequenzen im Kilo- und Megahertzbereich ausschließlich Kerne aus Ferriten und amorphen Metallen verwendet.

Eine weitere Gruppe beinhaltet die *Schutz- und Beschaltungselemente*. Die Aufgaben von damit realisierten Schutz- und Beschaltungsnetzwerken sind das Einhalten zulässi-

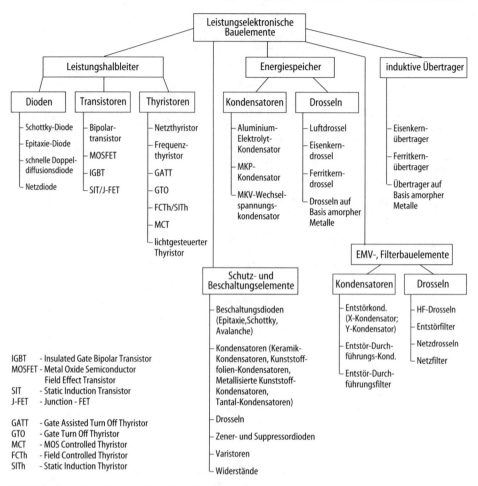

Bild 4.22. Übersicht zu leistungselektronischen Bauelementen

ger Strom- und Spannungssteilheiten (Kondensatoren, Drosseln), die Vermeidung von Überspannungen- (Zener- und Suppressordioden, Varistoren) und -strömen sowie die Realisierung entlasteter bzw. weicher Schaltvorgänge leistungselektronischer Schalter.

EMV- und Filterbauelemente: Schnelle Schaltvorgänge leistungselektronischer Bauelemente generieren hochfrequente Spannungen und Ströme, die sich sowohl leitungsgebunden ausbreiten können als auch elektromagnetische Störabstrahlungen verursachen. Durch den Einsatz von *EMV-Filternetzwerken* muß gewährleistet werden, daß die Beeinflussung der unmittelbaren Stromrichterumgebung durch *leitungsge-*

bundene (9 kHz – 30 MHz) und *abgestrahlte* elektromagnetische Störung innerhalb vom Gesetzgeber vorgeschriebener Grenzen liegt (DIN, VDE, IEC).

Bedingt durch Stromrichtersteuer- bzw. -funktionsprinzipien können an den Stromrichteranschlußklemmen stark *nichtsinusförmige* (oberwellenbehaftete) Ströme und Spannungen auftreten. Auch in diesem Fall müssen durch geeignete Filternetzwerke die geforderten Bedingungen an den Netz- und Verbraucheranschlußpunkten des Stromrichters erfüllt werden.

Leistungselektronische Geräte kommen heute in einer Vielzahl technischer Anwendungen zum Einsatz. Beispiele dafür sind allgemeine Stromversorgungen, USV-Anlagen, technologische Stromversorgungen (z.B. Schweißtechnik, Galvanik, induktive Erwärmung, Hochspannungserzeugung), Stromrichter für die Traktionstechnik, Industrie- und Servoantriebe und Blindleistungs- und Oberschwingungskompensationsanlagen (Active Power Filter).

Eine pauschale Zuordnung leistungselektronischer Bauelemente zu den genannten Anwendungen kann nicht vorgenommen werden. Vielmehr hängt die Auswahl von elektrotechnischen (Strom, Spannung, Frequenz, Leistung, Wirkungsgrad, Schaltungstopologie usw.) sowie zusätzlichen übergeordneten Parametern wie Zuverlässigkeit, Kosten, Baugröße u.a. ab.

4.2.2
Leistungshalbleiter

Die Grundlagen der signalverstärkenden Halbleiter-Bauelemente sind in Abschn. C 3.3 beschrieben.

4.2.2.1
Leistungsdioden

Mit der ständigen Weiter- und Neuentwicklung schneller aktiv schaltbarer Leistungshalbleiter werden gleichzeitig erhöhte Anforderungen an die dynamischen Eigenschaften von Leistungsdioden gestellt, da der Einsatz als Freilaufdiode für induktive Lasten in hart schaltenden Stromrichtern oder als schnelle Gleichrichterdiode das Hauptanwendungsfeld darstellt.

Im Gegensatz dazu werden bei der Gleichrichtung von 50 Hz-Wechselgrößen (Netz) wesentlich geringere dynamische Anforderungen an eine Diode gestellt. Von daher haben sich im wesentlichen vier Grundarten von Dioden in der Praxis durchgesetzt: Die Schottky-Diode, die Epitaxie- und Doppeldiffusionsdiode sowie die Netzdiode.

Das Bild 4.23 stellt die unterschiedlichen Bauelemente gegenüber.

Schottky-Dioden zeichnen sich vor allem sowohl durch geringe Durchlaßverluste als auch eine sehr gute Schaltdynamik aus und sind daher für hohe Schaltfrequenzen geeignet. Allerdings ist ihr vorteilhaftes Einsatzspektrum auf Sperrspannungsbereiche bis etwa 200 V begrenzt.

Epitaxie-Dioden und Doppeldiffusionsdioden haben als schnelle Freilauf- und Gleichrichterdioden das Einsatzgebiet mit Sperrspannungen oberhalb 200 V erschlossen. Netzdioden kommen ausschließlich bei 50 Hz-Vorgängen zum Einsatz.

4.2.2.2
Leistungstransistoren

Die in der leistungselektronischen Schaltungstechnik am häufigsten eingesetzten Transistoren sind der Bipolartransistor (BJT, NPN-Typ), der Metal-Oxide-Semiconductor-Field-Effect-Transistor (MOSFET, N-Kanal-Anreicherungstyp) und der Insulated-Gate-Bipolar-Transistor (IGBT).

Der *Bipolartransistor* (Bild 4.24) hat sich als Leistungsschaltelement in der Leistungselektronik seit Beginn der 80er Jahre etabliert. Mit ihm wurde ein Wandel in der leistungselektronischen Schaltungstechnik hin zu Schaltungstopologien auf der Basis aktiv abschaltbarer Bauelemente eingeleitet.

Es sind sowohl diskrete Einzeltransistoren als auch Einfach-, Zweifach- und Dreifach-Darlingtonanordnungen (high-β) in unterschiedlichen Modulkonfigurationen verfügbar.

Bipolartransistoren werden in Stromrichtern von 1 kVA bis 100 kVA im harten Schaltbetrieb bei Frequenzen von ca. 3–5 kHz eingesetzt.

Die *Vorteile* des BJT liegen in den geringen Durchlaßverlusten und der Möglichkeit der Beeinflussung der dynamischen und statischen Parameter über die Ansteuerung, die jedoch sehr aufwendig ist. Neben der klassischen Emitter-Fingerstruktur wurde die zellulare Struktur und die wesentlich feiner gegliederte Ringemitterstruktur entwickelt, um zum einen ein schnelleres Schalten des BJT und zum anderen eine Erweiterung des *sicheren Arbeitsbereiches* zu erzielen.

Mit der Entwicklung des *Leistungs-MOSFETs* (Bild 4.24) Ende der 70er Jahre wurde ein entscheidender Schritt in Richtung hoher Schaltfrequenzen getan.

Heute sind auf dem Markt MOSFETs mit Nennströmen von einigen 100 mA bis einigen 100 A und Blockierspannungen von einigen 10 V bis ca. 1000 V in diskreter Form

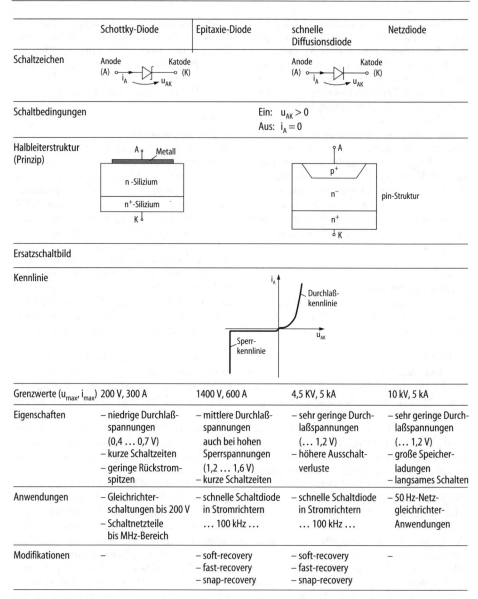

	Schottky-Diode	Epitaxie-Diode	schnelle Diffusionsdiode	Netzdiode
Schaltzeichen	Anode (A) ⊸ ▷│ ⊸ Katode (K), i_A, u_{AK}		Anode (A) ⊸ ▷│ ⊸ Katode (K), i_A, u_{AK}	
Schaltbedingungen		Ein: $u_{AK} > 0$ Aus: $i_A = 0$		
Halbleiterstruktur (Prinzip)	A — Metall, n-Silizium, n⁺-Silizium, K		A, p⁺, n⁻, n⁺, K — pin-Struktur	
Ersatzschaltbild				
Kennlinie		i_A, Durchlaß-kennlinie, u_{AK}, Sperr-kennlinie		
Grenzwerte (u_{max}, i_{max})	200 V, 300 A	1400 V, 600 A	4,5 KV, 5 kA	10 kV, 5 kA
Eigenschaften	– niedrige Durchlaß-spannungen (0,4 … 0,7 V) – kurze Schaltzeiten – geringe Rückstrom-spitzen	– mittlere Durchlaß-spannungen auch bei hohen Sperrspannungen (1,2 … 1,6 V) – kurze Schaltzeiten	– sehr geringe Durch-laßspannungen (… 1,2 V) – höhere Ausschalt-verluste	– sehr geringe Durch-laßspannungen (… 1,2 V) – große Speicher-ladungen – langsames Schalten
Anwendungen	– Gleichrichter-schaltungen bis 200 V – Schaltnetzteile bis MHz-Bereich	– schnelle Schaltdiode in Stromrichtern … 100 kHz …	– schnelle Schaltdiode in Stromrichtern … 100 kHz …	– 50 Hz-Netz-gleichrichter-Anwendungen
Modifikationen	–	– soft-recovery – fast-recovery – snap-recovery	– soft-recovery – fast-recovery – snap-recovery	–

Bild 4.23. Leistungsdioden

und verschiedenen Modulkonfigurationen verfügbar.

Seit einiger Zeit sind darüber hinaus MOSFETs mit integrierten Schutzfunktionen (TEMPFET, PROFET usw.) bekannt. Die maximalen Schaltfrequenzen liegen bei Nennschaltleistungen von einigen 10 VA im MHz-Bereich (Kleinsignal-MOSFET). Bei größeren Schaltleistungen, die 50–100 kVA erreichen können, sind Schaltfrequenzen bis in den 100 kHz-Bereich realistisch (Leistungs-MOSFET). Für mittlere und hohe Schaltleistungen hat sich ausschließlich der *vertikale* N-Kanal-Anreicherungstyp (I_D fließt in vertikaler Richtung) durchgesetzt. *Vorteile* des MOSFETs sind seine kurzen und gezielt steuerbaren Schaltzeiten und geringen Schaltverluste, die einfache An-

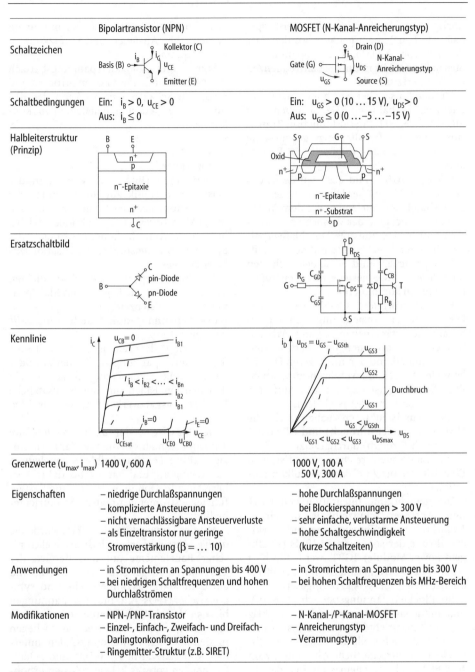

	Bipolartransistor (NPN)	MOSFET (N-Kanal-Anreicherungstyp)
Schaltzeichen	Basis (B), Kollektor (C), i_B, i_C, u_{CE}, Emitter (E)	Gate (G), Drain (D), i_D, u_{DS}, N-Kanal-Anreicherungstyp, u_{GS}, Source (S)
Schaltbedingungen	Ein: $i_B > 0$, $u_{CE} > 0$ Aus: $i_B \le 0$	Ein: $u_{GS} > 0$ (10 ... 15 V), $u_{DS} > 0$ Aus: $u_{GS} \le 0$ (0 ...−5 ...−15 V)
Halbleiterstruktur (Prinzip)	B E, n^+, p, n^--Epitaxie, n^+, C	S G S, Oxid, n^+, p, p, n^+, n^--Epitaxie, n^+-Substrat, D
Ersatzschaltbild	B, C, E, pin-Diode, pn-Diode	D, R_{DS}, R_G, C_{GD}, G, C_{DS}, D, C_{GS}, C_{CB}, R_B, T, S
Kennlinie	i_C, $u_{CB}=0$, i_{B1}, $i_B < i_{B2} < ... < i_{Bn}$, i_{B2}, i_{B1}, $i_B=0$, $i_E=0$, u_{CE}, u_{CEsat}, u_{CE0}, u_{CB0}	i_D, $u_{DS} = u_{GS} − u_{GSth}$, u_{GS3}, u_{GS2}, Durchbruch, u_{GS1}, $u_{GS} < u_{GSth}$, u_{DS}, $u_{GS1} < u_{GS2} < u_{GS3}$, u_{DSmax}
Grenzwerte (u_{max}, i_{max})	1400 V, 600 A	1000 V, 100 A 50 V, 300 A

Eigenschaften	– niedrige Durchlaßspannungen
	– komplizierte Ansteuerung
	– nicht vernachlässigbare Ansteuerverluste
	– als Einzeltransistor nur geringe
	  Stromverstärkung ($\beta = ... 10$)
		– hohe Durchlaßspannungen
		  bei Blockierspannungen > 300 V
		– sehr einfache, verlustarme Ansteuerung
		– hohe Schaltgeschwindigkeit
		  (kurze Schaltzeiten)

Anwendungen	– in Stromrichtern an Spannungen bis 400 V – bei niedrigen Schaltfrequenzen und hohen Durchlaßströmen	– in Stromrichtern an Spannungen bis 300 V – bei hohen Schaltfrequenzen bis MHz-Bereich
Modifikationen	– NPN-/PNP-Transistor – Einzel-, Einfach-, Zweifach- und Dreifach- Darlingtonkonfiguration – Ringemitter-Struktur (z.B. SIRET)	– N-Kanal-/P-Kanal-MOSFET – Anreicherungstyp – Verarmungstyp

Bild 4.24. Bipolartransistor und MOSFET

steuerbarkeit (geringe Ansteuerverluste, niedrige Treiberkosten), die Avalanche-Festigkeit und die relativ problemlose Parallelschaltbarkeit. Der *Hauptnachteil* be-

steht in den hohen Durchlaßverlusten (unipolar) bei Blockierspannungen oberhalb 300 V. Aus technischer Sicht kann im Blockierspannungsbereich bis 200 V gegen-

wärtig kein konkurrierendes Leistungshalbleiterbauelement genannt werden. Der
Einsatz von MOSFETs an Spannungen
oberhalb 600 V ist nur bei Schaltfrequenzen
ab 20–30 kHz sinnvoll.

Für den Einsatz bei sehr hohen Schaltfrequenzen oberhalb 100 kHz ist neben dem
MOSFET der SIT (Static Induction Transistor) geeignet, der allerdings gegenwärtig
nur in Japan zum industriellen Einsatz
kommt.

Mit dem *IGBT* (Bild 4.25) wurde in der
zweiten Hälfte der 80er Jahre ein neues Leistungshalbleiterbauelement auf dem Markt
eingeführt, bei dem der Versuch unternom-
men wurde, das günstige Durchlaßverhalten bipolarer Bauelemente mit den vorteil-
haften Ansteuer- und Schalteigenschaften
unipolarer, MOS-gesteuerter Leistungshalbleiter zu kombinieren.

Die *Hauptvorteile* des IGBTs liegen in der
leistungsarmen Ansteuerung, den kurzen
Schaltzeiten, dem weiten sicheren Arbeitsbereich, der Robustheit im Überlast- und
Kurzschlußfall und den niedrigeren Durch-
laßwiderständen im Vergleich zum MOS-
FET. *Nachteilig* ist dagegen das Auftreten
des Tailstromes beim Ausschalten.

Als Grundstrukturen haben sich die
NPT- (non-punch-through) und PT-Struk-
tur (punch-through) durchgesetzt.

Die Bauformen reichen von diskreten
Einzel-IGBTs bis zu 6-Pack-Modulkonfigu-
rationen.

Die gemeinsame Integration von IGBT
und Ansteuer-/Schutzeinheit in einem
Modul führte zur Entwicklung und Markt-
einführung der sogenannten IPMs (Intelligent Power Module). IGBTs werden in hart
schaltenden Stromrichtern im Schaltfre-
quenzbereich von 5–15 kHz eingesetzt.

Im Blockierspannungsbereich ab 600 V
und mittleren Schaltfrequenzen (...10 kHz
...) bei Stromrichterleistungen bis in den
100 kVA-Bereich stellt der IGBT eine technische und wirtschaftliche Alternative zum
MOSFET und vor allem zum BJT dar. In
diesem Anwendungsfeld ist der IGBT zum
dominierenden Leistungshalbleiterbauelement geworden.

Mit dem MOSFET und dem IGBT stehen
dem Anwender im Blockierspannungsbereich von 50–1700/3300 V robuste leistungs-

elektronische Transistorschalter mit einem
einheitlichen Ansteuer- und Schutzkonzept
zur Verfügung.

Nur im Blockierspannungsbereich
<400 V verbunden mit hohen Strömen und
niedrigen Schaltfrequenzen kann der BJT
mit MOS-gesteuerten Bauelementen kon-
kurrieren.

4.2.2.3
Thyristoren

Thyristoren (Bild 4.26) werden in der
Leistungselektronik zur Realisierung sehr
hoher Stromrichterleistungen bis in den
10–50 MVA-Bereich (z.B. Traktionsantriebe,
industrielle Antriebe hoher Leistung, HGÜ-
Systeme, Blindleistungskompensationsan-
lagen) eingesetzt.

Die Tragfähigkeit hoher Stromdichten
sowie die sehr niedrigen Durchlaßspan-
nungen bei gleichzeitig hohen Sperr- und
Blockierspannungen sind die *Hauptvorteile*
von Thyristoren.

Nachteilig dagegen ist, daß kritische
Strom- und Spannungssteilheiten am Bauelement eingehalten werden müssen, was in
den meisten Fällen nur durch zusätzliche
Beschaltungsnetzwerke realisiert werden
kann.

Der klassische, nur *aktiv einschaltbare
Thyristor* stand bis in die 70er-Jahre als ein-
ziges aktive Leistungshalbleiterbauelement
zur Verfügung und hat die bis dahin vor-
herrschende Dominanz netz- und lastge-
führter, stromeingeprägter Stromrichter
bedingt.

Mit der Entwicklung des *GTOs* wurde die
aktive Abschaltbarkeit leistungselektronischer Bauelemente auf den Bereich der
Thyristoren ausgeweitet. Gegenwärtig sind
auf dem Markt asymmetrische und symmetrische GTOs mit Blockierspannungen
bis 4,5 kV und abschaltbaren Strömen bis 4
kA verfügbar. Die Schaltfrequenzen liegen
in den meisten Anwendungsfällen unterhalb von 1 kHz. Mit HF-GTOs sind Schaltfrequenzen von 3–5 kHz auf Kosten erhöhter Durchlaßverluste möglich. Ein *Nachteil*
des GTOs ist der erhebliche Ansteueraufwand.

Die Bemühungen um die Beseitigung
dieses Nachteiles führten in der jüngsten
Vergangenheit zur Entwicklung einer Reihe

IGBT	
Punch Through (PT) - IGBT	Non Punch Through (NPT) - IGBT

Schaltzeichen	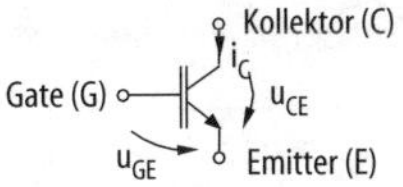

Schaltbedingungen

Ein: $u_{GE} > 0$ (12 ... 15 V), $u_{CE} > 0$
Aus: $u_{GE} \leq 0$ (0 ... −5 ... −15 V)

Halbleiterstruktur (Prinzip)

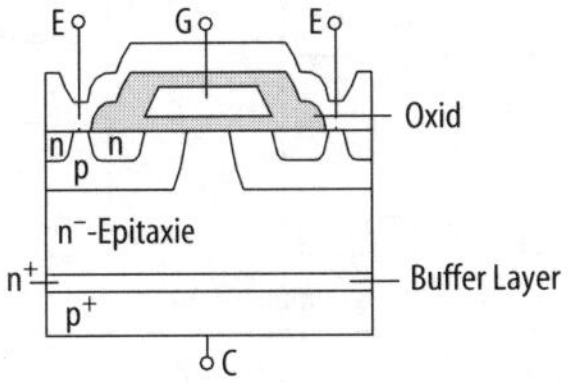

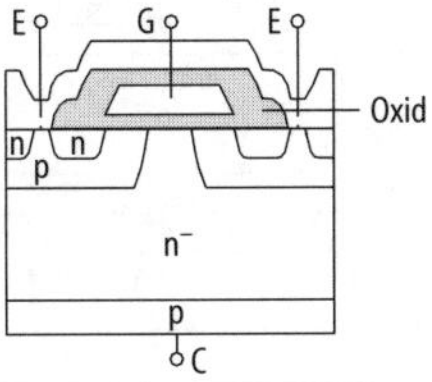

Ersatzschaltbild

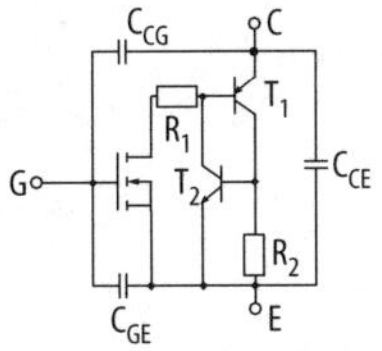

Kennlinie

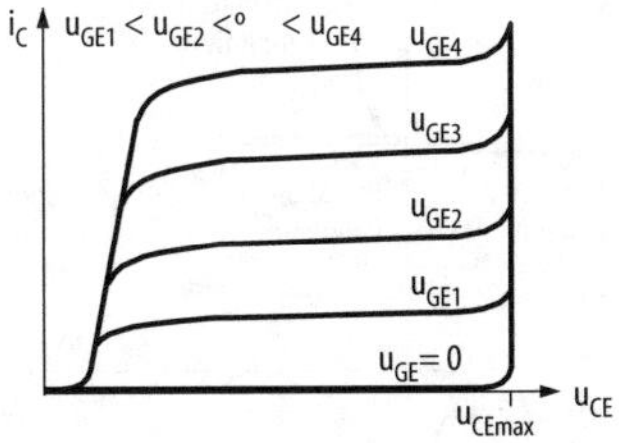

Grenzwerte (u_{max}, i_{max}) 1200 V, 600 A	3300 V, 1200 A

Eigenschaften	– hoher Tailstrom beim Ausschalten	– flacher und langer Tailstrom (… 10 µs)
	– kurze Tailstromzeiten (...1µs)	– sehr gute Temperaturstabilität
	– starke Temperaturabhängigkeit aller Parameter	– gute Eignung für hohe Blockierspannungen
	– kurze Schaltzeiten	– kurze Schaltzeiten
	– sehr einfache, verlustarme Ansteuerung	– sehr einfache, verlustarme Ansteuerung
	– gute bis sehr gute Kurzschlußfestigkeit	– gute bis sehr gute Kurzschlußfestigkeit
	– hohe Robustheit und Zuverlässigkeit	– hohe Robustheit und Zuverlässigkeit

Anwendungen	– Stromrichter im Leistungsbereich bis 1 MVA	– Stromrichter im Leistungsbereich bis 1 MVA
	– bei Schaltfrequenzen (hartes Schalten) bis ca. 15 kHz	– bei Schaltfrequenzen (hartes Schalten) bis ca. 15 kHz

Modifikationen	– P-Kanal-Typ (nur Laborrealisierung)	– P-Kanal-Typ (nur Laborrealisierung)
	– low-u_{CESat}-Typ	
	– high-speed-Typ	

Bild 4.25. Insulated Gate Bipolar Transistor (IGBT)

	Thyristor	GTO	P-MCT
Schaltzeichen	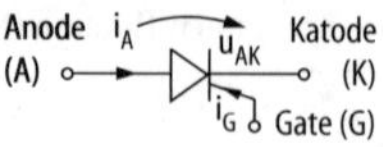 Anode i_A u_{AK} Katode (A) (K) i_G Gate (G)	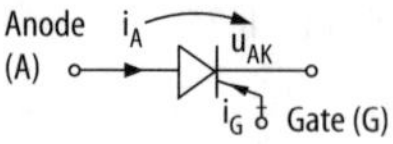 Anode i_A u_{AK} (A) i_G Gate (G)	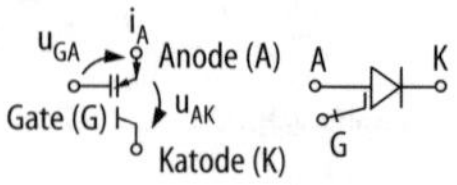 u_{GA} i_A Anode (A) A K Gate (G) u_{AK} Katode (K) G
Schaltbedingungen	Ein: $i_G > 0$, $u_{AK} > 0$ Aus: $i_A < i_H$ (i_H = Haltestrom)	Ein: $i_G > 0$, $u_{AK} > 0$ Aus: $i_G \leq 0$	Ein: $u_{GA} \leq -7\,V$, $u_{AK} > 0$ Aus: $u_{GA} \geq +18\,V$
Halbleiterstruktur (Prinzip)	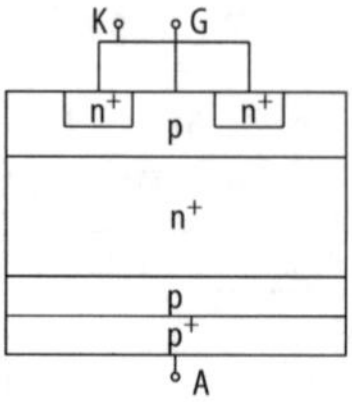	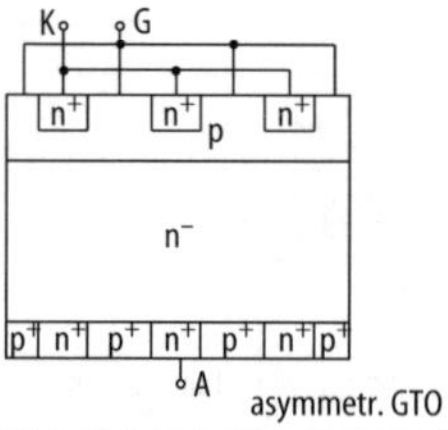 asymmetr. GTO	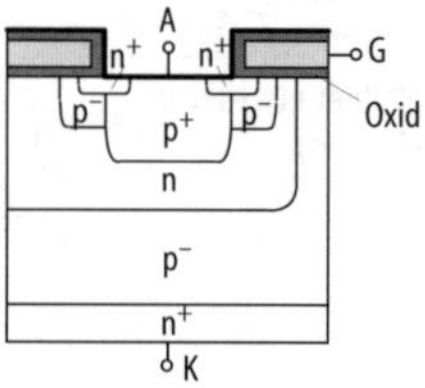
Ersatzschaltbild	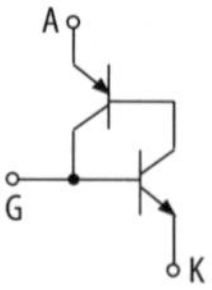	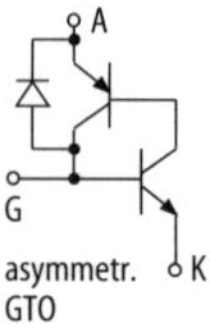 asymmetr. GTO	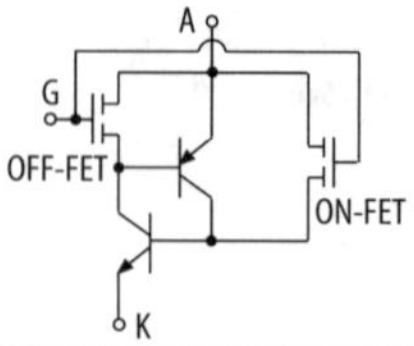
Kennlinie	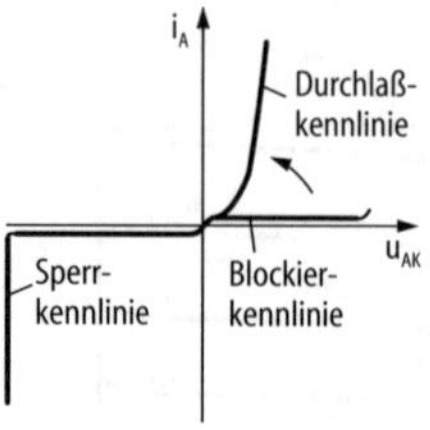	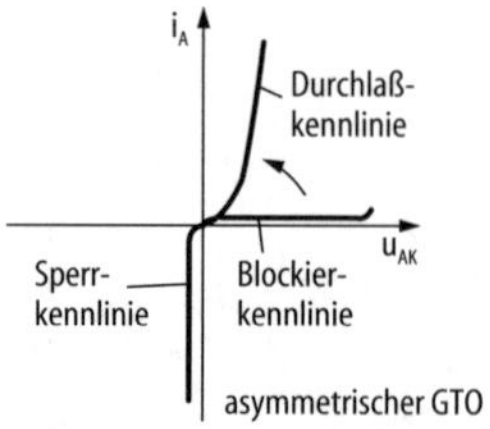 asymmetrischer GTO	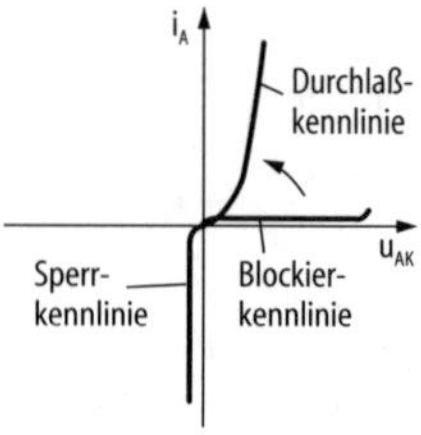
Grenzwerte (u_{max}, i_{max})	10 kV, 5 kA	4,5 kV, 4 kA	3 KV, 300 A (Labor)
Eigenschaften	– Beschaltung notwendig – nur aktiv einschaltbar – niedrige Flußspannungen – Ansteuerung relativ einfach	– Beschaltung notwendig – aktiv ein- und ausschaltbar – niedrige Flußspannungen – hoher Ansteueraufwand – hohe Ansteuerverluste	– Beschaltung notwendig – aktiv ein- und ausschaltbar – geringe Flußspannungen – sehr einfache und leistungsarme Ansteuerung
Anwendungen	– netzgelöschter Stromrichter – bei hohen Spannungen und Leistungen	– Stromrichter hoher Leistung – Traktionsstromrichter – HGÜ-Anlagen	– Stromrichter an hohen Spannungen im mittleren und oberen Leistungsbereich
Modifikationen	– Netzthyristor – Frequenzthyristor – symmetrischer und asymmetrischer Thyristor – rückwärts leitfähiger Thyristor – Gate-Assisted-Turn-Off-Thyr. – TRIAC	– symmetrischer GTO – asymmetrischer GTO – rückwärtsleitender GTO – Frequenz-GTO – HD-GTO	– P-MCT – N-MCT – symmetrische und asymmetrische Realisierung möglich

Bild 4.26. Thyristoren

von MOS-gesteuerten Thyristorstrukturen, die bei hohen Spannungen das vorteilhafte Durchlaßverhalten klassischer Thyristoren und GTOs mit der einfachen und leistungsarmen MOS-Ansteuerung in sich vereinen. Ein erstes Ergebnis dieser Entwicklung ist der *MOS Gated Thyristor*. Diese Struktur kann über ein MOS-Gate aktiv und sehr schnell eingeschaltet werden. Das Ausschalten erfolgt passiv wie bei einem konventionellen Thyristor. Ein breiter industrieller Einsatz erfolgte nicht. Eine weitere Klasse MOS-gesteuerter Thyristorstrukturen bilden die unter der Bezeichnung *FCTh* (Field Controlled Thyristor) bekannten Bauelemente, die in den 80er Jahren vor allem in Japan entwickelt wurden. Allerdings haben diese Bauelemente das Labor- und Teststadium noch nicht überschritten.

Gegenwärtiger Hauptentwicklungsgegenstand auf dem Gebiet der feldgesteuerten Thyristoren ist der MCT (MOS Controlled Thyristor), dem das umfangreichste zukünftige Entwicklungspotential bei Hochspannungsbauelementen eingeräumt wird. Besonders in Bezug auf den Ansteueraufwand und der du/dt- bzw. di/dt-Empfindlichkeit kann der MCT als Alternative zum GTO weiterentwickelt werden.

Gegenwärtig sind auf dem Markt ausschließlich P-MCTs in diskreter Bauform verfügbar ($600\,V/75\,A$, $1000\,V/65\,A$, $600\,V/35\,A$).

Mit der Weiterentwicklung des MCTs besteht die Chance, ausgehend vom Leistungs-MOSFET und IGBT ein leistungselektronisches Schalterkonzept mit einem einheitlichen Ansteuerprinzip im Blockierspannungsbereich von einigen $10\,V$ bis einigen $1000\,V$ zu realisieren.

4.2.2.4
Entwicklungstrends
Einen Vergleich der wichtigsten Leistungshalbleiterbauelemente auf der Basis des gegenwärtigen Standes der Technik zeigt das Bild 4.27.

Im Bereich der leistungselektronischen Halbleiterbauelemente ist in den nächsten Jahren mit folgenden Entwicklungsschwerpunkten zu rechnen:

– Verbesserung der Eigenschaften MOS-gesteuerter Thyristorstrukturen,

– Erweiterung des Spannungsbereiches von IGBTs, GTOs und schnellen Dioden,
– Integration (Hybridisierung) von Steuerungs-, Schutz- und Treiberfunktionen in kundenspezifischen Schaltkreisen,
– weitere Integration von Bauelementegrundfunktionen und zusätzlichen Schutz- und Diagnosefunktionen zu "intelligenten Bauelementen",
– Erprobung neuartiger Materialien wie GaAs und SiC unter leistungselektronischen Gesichtspunkten,
– Verbesserung der Modultechnik.

4.3
Leistungselektronische Schaltungstechnik

4.3.1
Vorbemerkung
Eine geschlossene Darstellung der leistungselektronischen Schaltungstechnik existiert gegenwärtig nicht. Die äußerst umfangreiche Vielfalt an existierenden Schaltungen und Wirkprinzipien macht für die nachfolgende Behandlung der Schaltungstechnik eine Beschränkung auf die gegenwärtig am häufigsten eingesetzten Schaltungen notwendig. Es werden aus diesem Grund innerhalb der Hauptfunktionen der Grundschaltungen – Gleichrichten, Wechselrichten, Wechselstellen und Gleichstellen – (vgl. Abschn. 4.1.4) jeweils nur die wichtigsten Schaltungen vorgestellt. Grundsätzlich kann jede der aufgezeigten Schaltungen durch zusätzlichen Beschaltungsaufwand von der hartschaltenden bis zur resonanten Betriebsweise der Schalter modifiziert werden, ohne daß sich die Hauptfunktion ändert. Um dem beabsichtigten Übersichtscharakter der Ausführungen gerecht zu werden, wird nachfolgend auf die Behandlung der Schaltungstechnik bis hin zur Resonanztechnik verzichtet.

4.3.2
Pulsstellerschaltungen
4.3.2.1
Kommutierung
In Pulsstellerschaltungen, die mit 2 Freiheitsgraden ausgestattet sind, arbeiten immer zwei Schalter alternierend. Ein aktiv ein- und ausschaltbarer Leistungshalbleiter

Kriterium	Bauelement												
	BJT	MOSFET	SIT/J-FET	PT-IGBT	NPT-IGBT	Thyristor	GTO	MCT	FCTh/SITh	Schottky-Diode	Epitaxie-Diode	schnelle Diffusions-diode	Netzdiode
Schaltzeichen	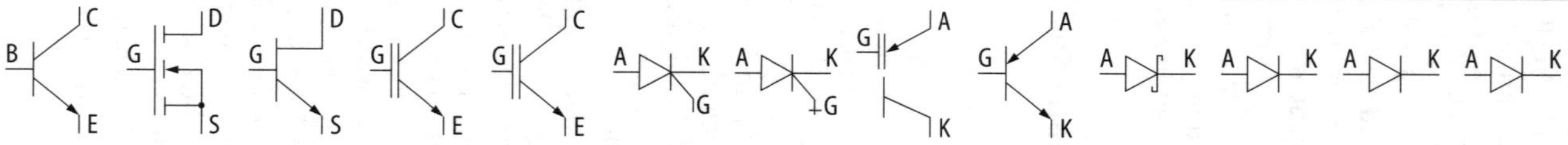												
u_{max}, i_{max} [1]	1,4 kV 600 A	1 kV, 100 A 50 V, 300 A	1,4 kV 100 A	1,2 kV 600 A	3,3 kV 1200 A	10 kV 5 kA	4,5 kV 4 kA	3 kV 300 A	3,5 kV 600 A	200 V 300 A	1,4 kV 600 A	4,5 kV 5 kA	10 kV 5 kA
Stromführung	bipolar	unipolar	unipolar	bipolar	bipolar	bipolar	bipolar	bipolar	bipolar	unipolar	bipolar	bipolar	bipolar
Steuergröße	i	u	u	u	u	i	i	u	u	–	–	–	–
Ansteueraufwand	hoch	sehr gering	gering	sehr gering	sehr gering	gering	sehr hoch	gering	hoch	–	–	–	–
Ansteuerverluste	hoch	sehr gering	sehr gering	sehr gering	sehr gering	hoch	sehr hoch	sehr gering	gering	–	–	–	–
Durchlaßverhalten	gut	schlecht	schlecht	gut	gut	sehr gut	sehr gut	sehr gut	sehr gut	schlecht	gut	sehr gut	sehr gut
Schaltgeschwindigkeit	mittel	sehr hoch	sehr hoch	hoch	hoch	gering	gering	hoch	hoch	sehr hoch	hoch	hoch	gering
Stromdichte (A/cm³)	30 … 50	10 … 20	10 … 20	… 50 …	… 50 …	100 … 200	100 … 200	… 1000	… 200 …	50 … 100	100 … 200	100 … 200	100 … 200
du/dt-Begrenzung (Beschaltung)	nein	nein	nein	nein	nein	ja	ja	ja	nein	nein	nein	nein	nein
di/dt-Begrenzung (Beschaltung)	nein	nein	nein	nein	nein	ja	ja	ja	nein	nein	nein	nein	nein
f_{max} (kHz) hart	1 … 5	… 100	… 300	… 15	… 20	… 1	… 1	1 … 3	1 … 10	–	–	–	–

[1] am Markt verfügbar oder in Entwicklung

Bild 4.27. Vergleich von Leistungshalbleitern

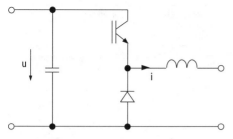

Bild 4.28. Ersatzkommutierungskreis

wechselt sich in der Stromführung mit einer neutral schaltenden Diode ab.

Der Ersatzkommutierungskreis hat deshalb die Gestalt nach Bild 4.28, die gleichzeitig identisch ist mit der einfachsten Pulsstellerschaltung – dem Tiefsetzsteller im Einquadrantenbetrieb. Eine durch einen Kondensator eingeprägte Gleichspannung u wirkt als Kommutierungsspannung. In den gemeinsamen Anschlußknoten von Transistor und Diode fließt ein eingeprägter Strom i.

Während der zyklischen Betriebsweise wechseln sich induktive und kapazitive Kommutierungsvorgänge ab. Falls keine zusätzlichen Beschaltungsnetzwerke für Transistor oder Diode vorgesehen sind, laufen ständig harte Ein- und Ausschaltvorgänge des Transistors ab.

4.3.2.2
Steuerprinzip
Prinzipiell arbeiten alle Pulsstellerschaltungen nach einem Verfahren der *Pulsbreitenmodulation*. Ein bekanntes Verfahren verdeutlicht Bild 4.29.

Ein sägezahnförmiges Vergleichssignal wird mit einer Steuergröße v_{ref} verglichen. Das Ansteuersignal des aktiv ein- und aus-

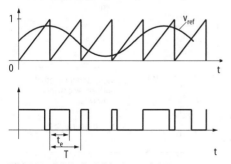

Bild 4.29. Prinzip der Pulsbreitenmodulation

schaltbaren Transistors wird beispielsweise so gewonnen, daß der Transistor im Einzustand verbleibt, solange die Steuergröße v_{ref} größer als das Vergleichssignal ist. Unabhängig von einer analogen oder digitalen Realisierung bestimmt das Vergleichssignal die Pulsfrequenz des Transistors und die Steuergröße das Tastverhältnis, d.h. die Einzeit t_e des Transistors bezogen auf die Periodendauer T der Pulsfrequenz. Steuerfreiheitsgrade der Schaltung sind demzufolge die Pulsfrequenz und das Tastverhältnis.

4.3.2.3
Mittelpunktschaltungen *(Bild 4.30)*

4.3.2.4
Brückenschaltungen *(Bild 4.31)*

4.3.3
Wechselspannungssteller

4.3.3.1
Kommutierung
In den Schaltungsvarianten der Wechselspannungssteller, bei denen eingangs- und ausgangsseitig eingeprägte Wechselströme vorliegen, findet im eigentlichen Sinn keine Kommutierung statt. Nach einem induktiven Einschaltvorgang beginnt der Schalterstrom in einer Richtung zu fließen, um anschließend aufgrund der Wechselspannungen wieder den Wert Null zu erreichen. Nach einem passiven Ausschaltvorgang ist der Schalter wieder sperr- und blockierfähig. Im gesteuerten Betrieb arbeitet der Steller im Lückbereich des Stromes mit einem Steuerfreiheitsgrad.

Der Ersatzkommutierungskreis hat in den Schaltungsvarianten mit eingangs- oder ausgangsseitig eingeprägter Wechselspannung die Struktur nach Bild 4.32.

Aufgrund der beiden aktiv ein- und ausschaltbaren Schalter kann die eingeprägte Wechselspannung im Pulsverfahren auf den induktiven Schaltungszweig durchgeschaltet werden. Dabei wechseln sich ständig induktive und kapazitive Kommutierungsvorgänge ab.

4.3.3.2
Steuerprinzip
Die Erläuterung der Steuerverfahren beziehen sich jeweils auf die einphasige

Bezeichnung	Schaltung	statisches Übertragungsverhalten (Mittelwertmodell)	Bemerkung
Tiefsetzsteller buck converter step down converter	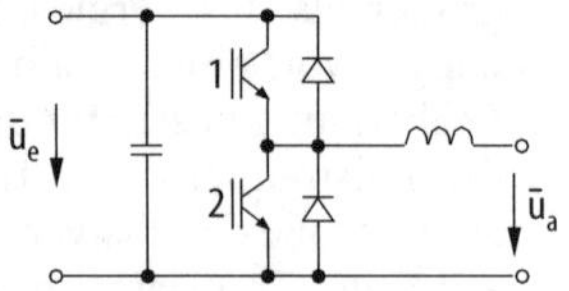	$\bar{u}_a = \bar{u}_e \cdot V$ $V = \dfrac{t_{e1}}{T}$	– Ein- und Zweiquadrantenbetrieb $0 \le \bar{u}_a \le \bar{u}_e$
Hochsetzsteller boost converter step up converter	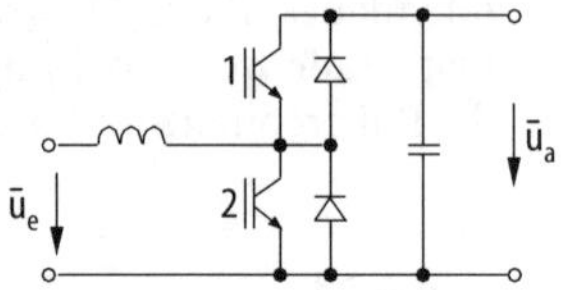	$\bar{u}_a = \bar{u}_e \cdot \dfrac{1}{1-V}$ $V = \dfrac{t_{e2}}{T}$	– Ein- und Zweiquadrantenbetrieb $0 \le \bar{u}_e \le \bar{u}_a$
Hoch-/Tiefsetzsteller buck/boost converter	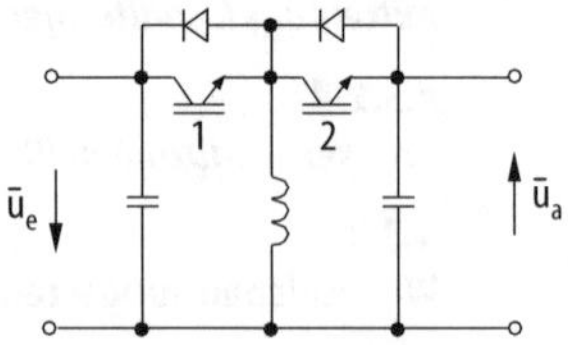	$\bar{u}_a = \bar{u}_e \cdot \dfrac{1}{1-V}$ $V = \dfrac{t_{e1}}{T}$	– Ein- und Zweiquadrantenbetrieb $\bar{u}_e \ge 0$
CuK-Converter	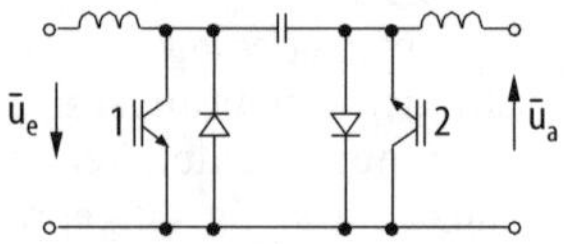	$\bar{u}_a = \bar{u}_e \cdot \dfrac{1}{1-V}$ $V = \dfrac{t_{e1}}{T}$	– Ein- und Zweiquadrantenbetrieb $\bar{u}_e \ge 0$
Halbbrückenschaltung (symmetrisch)	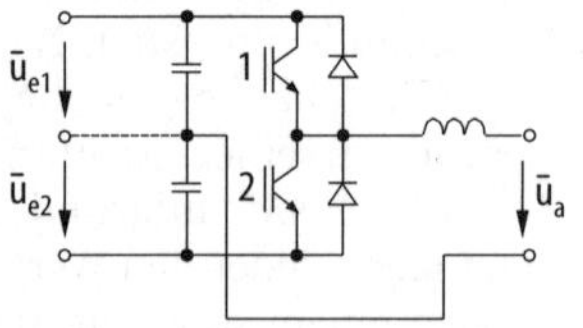	$\bar{u}_a = \bar{u}_{e1} \cdot V - \bar{u}_{e2}(1-V)$ $V = \dfrac{t_{e1}}{T}$	– Vierquadrantenbetrieb – auch als Wechselrichter einsetzbar $\bar{u}_a \ge 0$ oder $\bar{u}_a \le 0$

Bild 4.30. Mittelpunktschaltungen

Bezeichnung	Schaltung	statisches Übertragungsverhalten (Mittelwertmodell)	Bemerkung
Halbbrückenschaltung (asymmetrisch)	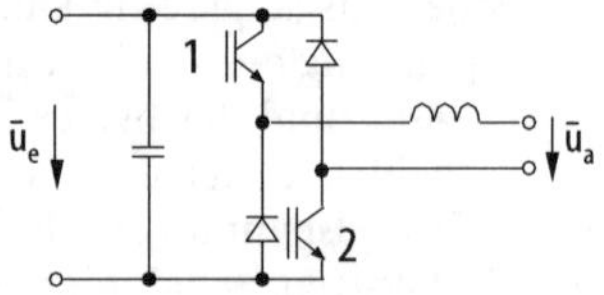	$\bar{u}_a = \bar{u}_e (V_1 + V_2 - 1)$ $V_1 = \dfrac{t_{e1}}{T}$ $V_2 = \dfrac{t_{e2}}{T}$	– Ein- und Zweiquadrantenbetrieb
Brückenschaltung	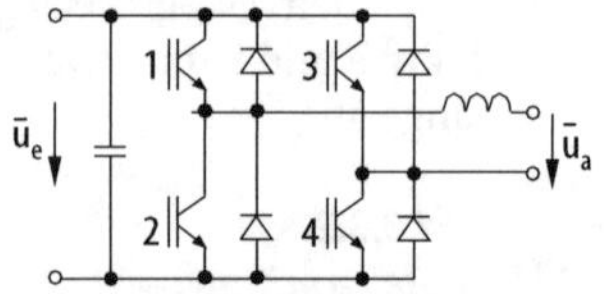	$\bar{u}_a = \bar{u}_e (V_1 - V_2)$ $V_1 = \dfrac{t_{e1}}{T}$ $V_2 = \dfrac{t_{e3}}{T}$	– Vierquadrantenbetrieb – auch als Wechselrichter einsetzbar $u_a \le 0$ oder $u_a \ge 0$

Bild 4.31. Brückenschaltungen

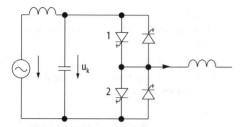

Bild 4.32. Ersatzkommutierungskreis bei eingeprägter Wechselspannung

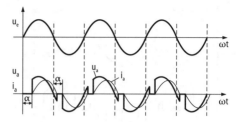

Bild 4.34. Prinzip der Phasenanschnittsteuerung

Schaltungsanordnung. Die ersten beiden Verfahren finden bei beidseitig eingeprägten Wechselströmen Verwendung. Die weiteren Verfahren können nur realisiert werden, falls durch eine eingeprägte Spannung sowohl induktive als auch kapazitive Kommutierungen ablaufen können.

Schwingungspaketsteuerung

Bei diesem Steuerverfahren werden von der Netzspannung immer eine bestimmte Anzahl von Perioden durch den Schalter auf den Ausgang durchgeschaltet.

Bild 4.33 verdeutlicht den Zusammenhang zwischen Eingangs- und Ausgangsspannung für den Fall, daß jeweils zwei Perioden durchgeschaltet werden und zwei Perioden gesperrt werden. Die sperr- und blockierfähigen Schalter benötigen eine Ansteuerschaltung, die nach einem Steuersignal zur Einschaltbereitschaft erst im Zeitpunkt eines Spannungsnulldurchganges den Schalter leitend steuert.

Phasenanschnitt

Die Phasenanschnittsteuerung benötigt ein netzspannungssynchrones Steuersignal, von dem aus der Schaltereinschaltzeitpunkt nach einem Spannungsnulldurchgang mit einer einstellbaren Verzögerungszeit in jeder Halbwelle eingeleitet wird.

Diese Verzögerungszeit ist die Steuergröße der Schaltung. Sie wird meist über die Kreisfrequenz in einen Zeitwinkel umgerechnet und dann als Zündwinkel α bezeichnet. Wie Bild 4.34 zeigt, liegt der Steuerbereich dieses Zündwinkels zwischen maximal 180° und minimal bei einem Winkel φ, der bei ständig eingeschaltetem Schalter dem Phasenwinkel zwischen Spannung und Strom entspricht.

Phasenan- und -abschnittsteuerung

Diese Art der Steuerung setzt einen *Freilaufkreis* für den eingeprägten Strom voraus.

Aus dem netzsynchronen Steuersignal werden symmetrisch zur Sinusspannung ein Phasenanschnittwinkel α und ein Phasenabschnittwinkel β gewonnen: $\beta = 180 - \alpha$ (Bild 4.35). Bezogen auf den Kommutierungskreis wechselt der Strom im Zündzeitpunkt $\omega t = \alpha$ von Schalter 2 auf Schalter 1 und im Zeitpunkt $\omega t = \beta$ wieder zurück auf Schalter 2. Bei einer unsymmetrischen Steuerung kann in gewissen Gren-

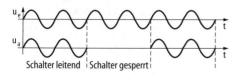

Bild 4.33. Prinzip der Schwingungspaketsteuerung

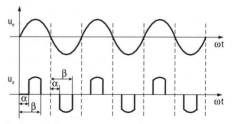

Bild 4.35. Prinzip der Phasenan- und -abschnittsteuerung

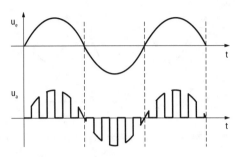

Bild 4.36. Prinzip der Pulsung

zen der Phasenwinkel zwischen Eingangsspannung und -strom beeinflußt werden.

Pulsverfahren
Finden abwechselnd mehrere induktive und kapazitive Kommutierungsvorgänge während einer Netzspannungshalbperiode statt, spricht man von Pulsverfahren. Bezogen auf eine einphasige Mittelpunktschaltung ergeben sich die in Bild 4.36 dargestellten Spannungsverläufe. Aufgrund der vom Verhältnis zwischen Netz- und Pulsfrequenz bestimmten Anzahl von Freiheitsgraden lassen sich durch ausgewählte Pulsverfahren sowohl die Grundschwingung als auch mehrere Oberschwingungen des Stromes gezielt beeinflussen.

4.3.3.3
Wechselspannungssteller mit eingeprägten Strömen (Bild 4.37)

4.3.3.4
Wechselspannungssteller mit eingeprägten Spannungen (Bild 4.38)

4.3.4
Netzgelöschte Wechsel- und Gleichrichter

4.3.4.1
Kommutierung
Netzgelöschte Gleich- und Wechselrichter lassen sich auf den Ersatzkommutierungskreis nach Bild 4.39 zurückführen.

Die Netzspannung wirkt über die an den Eingangsklemmen der Stromrichter wirksamen Impedanzen als Kommutierungsspannung u_k. Es finden grundsätzlich induktive Kommutierungen statt, d.h. die Leistungshalbleiter werden als Nullstromschalter mit Netzfrequenz betrieben.

4.3.4.2
Steuerprinzip
Die Steuerung erfolgt grundsätzlich mit einem Freiheitsgrad nach dem Prinzip der Phasenanschnittsteuerung. Aus einem zur Netzspannung synchronem Steuersignal wird für jeden Schalter der natürliche Zündzeitpunkt abgeleitet. Falls alle Schalter zu diesem Zeitpunkt leitend gesteuert werden, liegt ein ungesteuerter Betrieb der Schaltung wie bei reinen Diodenschaltungen vor. Gesteuerter Betrieb ergibt sich, wenn der tatsächliche Zündzeitpunkt ge-

Bezeichnung	Schaltung	statisches Über-tragungsverhalten	Bemerkung
Wechselspannungssteller (einphasig)		$u_{aeff} = f(\alpha, \varphi, u_{eeff})$	– nichtlineare lastabhängige Steuerkennlinie
		$f_e = f_a$	
Drehstromsteller (dreiphasig)		$u_{aeff} = f(\alpha, \varphi, u_{eeff})$	– nichtlineare lastabhängige Steuerkennlinie – Sternpunkte offen und verbunden
		$f_e = f_a$	

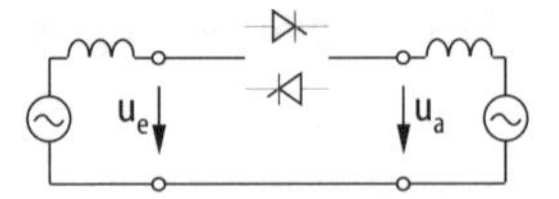

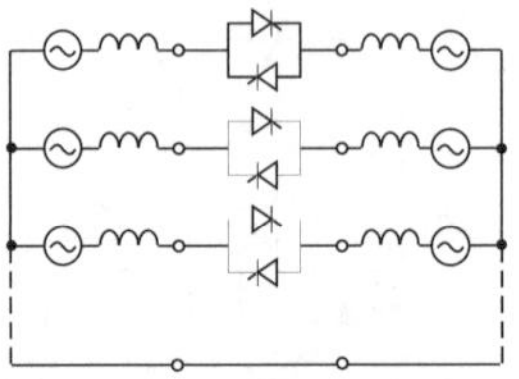

Bild 4.37. Wechselspannungssteller mit eingeprägten Strömen

Bezeichnung	Schaltung	statisches Übertragungsverhalten	Bemerkung
pulsfähiger Wechselspannungssteller (einphasig)	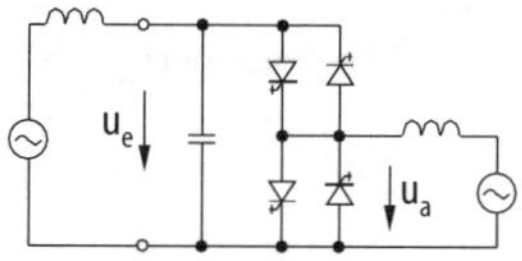	$u_a = f(v, u_e)$	– Übertragungsverhalten abhängig vom Pulsverfahren $$f_a \leq f_e$$
pulsfähiger Wechselspannungssteller Matrixconverter (dreiphasig)	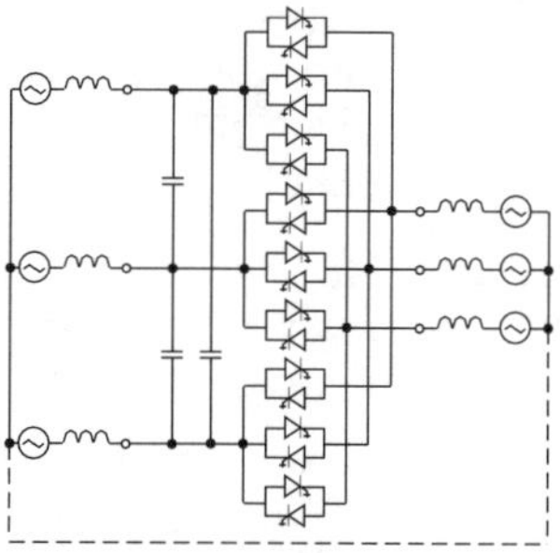	$u_a = f(v, u_e)$ $v =$ Steuergröße	– Übertragungsverhalten abhängig vom Pulsverfahren $$f_a \leq f_e$$

Bild 4.38. Wechselspannungssteller mit eingeprägten Spannungen

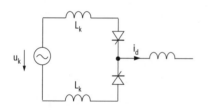

Bild 4.39. Kommutierungskreis

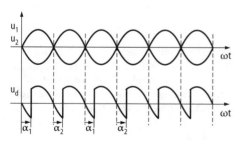

Bild 4.40. Steuerung einer Zweipuls-Mittelpunkt-schaltung

genüber dem natürlichen Zündzeitpunkt um eine bestimmte einstellbare Zeitdifferenz Δt verzögert wird. Die Steuergröße der Schaltungen ist die als Zündwinkel α in

einen Zeitwinkel umgerechnete Verzögerungszeit Δt. Der theoretisch mögliche Zündwinkelbereich liegt zwischen $\alpha = 0$ bei Vollaussteuerung und $\alpha = 180°$. Bild 4.40 zeigt das Steuerprinzip am Beispiel der Zweipuls-Mittelpunktschaltung.

4.3.4.3
Mittelpunktschaltungen (Bild 4.41)
4.3.4.4
Brückenschaltungen (Bild 4.42)

4.3.5
Spannungswechselrichter und -gleichrichter

4.3.5.1
Kommutierung
Es ist grundsätzlich der gleiche Kommutierungskreis wirksam wie in Pulsstellerschaltungen. Die Gleichspannung des Spannungszwischenkreises wirkt als Kommutierungsspannung u_K (Bild 4.43).

Im Unterschied zu den Pulsstellern fließt jedoch ein eingeprägter Wechselstrom i_L. Die deshalb verursachte Leistungsumpolung erlaubt in getakteter Betriebsweise fortlaufend entweder nur induktive oder nur kapazitive Kommutierungsvorgänge zu realisieren. Dabei kann der aktive Schalter als Nullstromschalter oder als Nullspannungsschal-

Bezeichnung	Schaltung	statisches Über- tragungsverhalten (Mittelwertmodell)	Bemerkung
Zweipuls- Mittelpunktschaltung	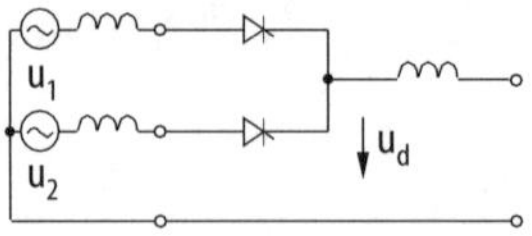	$\bar{u}_d = \bar{u}_{d0} \cos \alpha$ $\bar{u}_{d0} = \dfrac{2\,\hat{u}}{\pi}$	$u_1 = \hat{u} \sin \vartheta$ $u_2 = \hat{u} \sin (\vartheta - \pi)$ —
Dreipuls- Mittelpunktschaltung	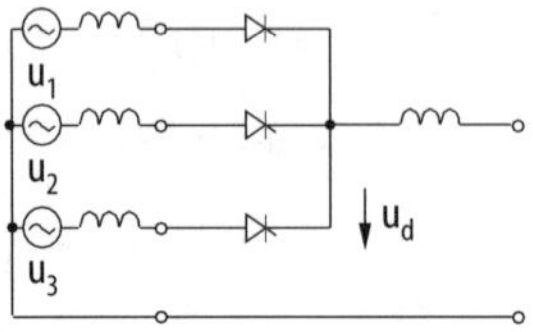	$\bar{u}_d = \bar{u}_{d0} \cos \alpha$ $\bar{u}_{d0} = \dfrac{3\sqrt{3}\,\hat{u}}{2\pi}$	$u_1 = \hat{u} \sin \vartheta$ $u_2 = \hat{u} \sin (\vartheta - \dfrac{2\pi}{3})$ $u_3 = \hat{u} \sin (\vartheta - \dfrac{4\pi}{3})$

Bild 4.41. Mittelpunktschaltungen

Bezeichnung	Schaltung	statisches Über- tragungsverhalten	Bemerkung
Zweipuls- Brückenschaltung	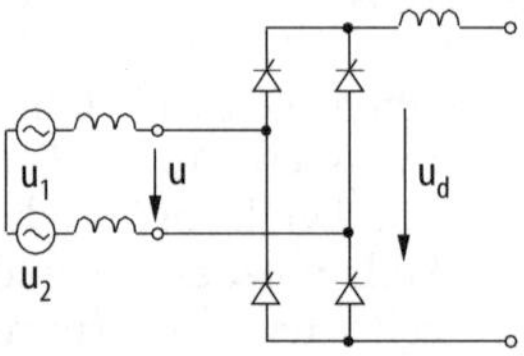	$\bar{u}_d = \bar{u}_{d0} \cos \alpha$ $\bar{u}_{d0} = \dfrac{4\,\hat{u}}{\pi}$	$u_1 = \hat{u} \sin \vartheta$ $u_2 = \hat{u} \sin (\vartheta - \pi)$ $u = u_1 - u_2$
Sechspuls- Brückenschaltung	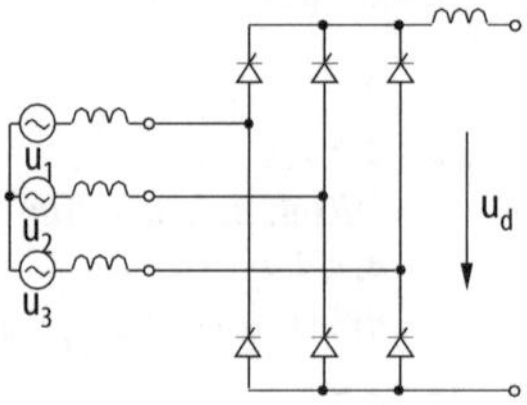	$\bar{u}_d = \bar{u}_{d0} \cos \alpha$ $\bar{u}_{d0} = \dfrac{3\sqrt{3}\,\hat{u}}{\pi}$	$u_1 = \hat{u} \sin \vartheta$ $u_2 = \hat{u} \sin (\vartheta - \dfrac{2\pi}{3})$ $u_3 = \hat{u} \sin (\vartheta - \dfrac{4\pi}{3})$

Bild 4.42. Brückenschaltungen

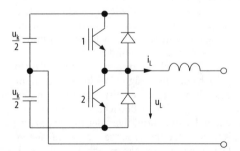

Bild 4.43. Ersatzkommutierungskreis

ter jeweils nur einem Steuerfreiheitsgrad betrieben werden. Im Pulsbetrieb wechseln sich induktive und kapazitive Kommutierungsvorgänge ab, und die Schalter arbeiten mit zwei Steuerfreiheitsgraden.

4.3.5.2
Steuerprinzip

Getakteter Betrieb – induktiv
Mit Hilfe eines zur Stromgrundschwingung synchronen Signals wird ein Zündwinkel α als Steuergröße gewonnen (Bild 4.44). Zu Beginn der positiven Stromhalbwelle ist die Diode von Schalter 2 leitend,

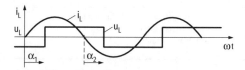

Bild 4.44. Phasenanschnittsteuerung

so daß im Zündzeitpunkt $\omega t = \alpha_1$ der Transistor 1 aktiv einschaltet. In der negativen Stromhalbwelle schaltet Transistor 2 induktiv ein. Daraus resultiert eine Phasenanschnittsteuerung.

Getakteter Betrieb – kapazitiv
Bei dieser Betriebsweise schaltet in der positiven Stromhalbwelle der leitende Transistor 1 nach dem Winkel β_1 im Sinne einer Phasenabschnittsteuerung aktiv aus. Entsprechend reagiert Transistor 2 in der negativen Halbwelle (Bild 4.45).

Pulsbetrieb – alternierend induktiv und kapazitiv
Im Pulsbetrieb existieren vielfältige Möglichkeiten der Pulsbreitenmodulation. Bild 4.46 zeigt das häufig verwendete *Unterschwingungsverfahren*. Aus der Überlagerung des Referenzsignals v_{ref} mit einem Sägezahnsignal folgen die Umschaltzeitpunk-

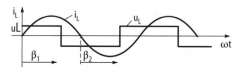

Bild 4.45. Phasenabschnittssteuerung

te von Schalter 1 und Schalter 2 und damit der Zeitverlauf der Spannung u_L.

4.3.5.3
Mittelpunktschaltungen (Bild 4.47)

4.3.5.4
Brückenschaltungen (Bild 4.48)

4.3.6
Stromwechselrichter und -gleichrichter

4.3.6.1
Kommutierung
Dieser Kommutierungskreis entsteht durch das Abstützen der Wechselspannungsanschlüsse mit Kapazitäten. Er ermöglicht durch die eingeprägte Kommutierungsspannung u_K sowohl kapazitive als auch induktive Kommutierungsvorgänge (Bild 4.49). Arbeiten die Schalter mit Netzfrequenz, können die Schalter mit nur einem Freiheitsgrad entweder als Nullspannungsschalter nur kapazitiv oder als Nullstromschalter nur induktiv schalten. Bei reinem Pulsbetrieb mit hohen Schaltfrequenzen wechseln sich ständig induktive und kapazitive Kommutierungsvorgänge ab. Die dann aktiv ein- und ausschaltbaren Schalter arbeiten mit zwei Steuerfreiheitsgraden.

4.3.6.2
Steuerung

Getakteter Betrieb – induktiv
Die Phasenanschnittsteuerung ist prinzipiell identisch mit der Steuerung netzgelöschter Wechsel- und Gleichrichter. Bild 4.50 verdeutlicht das Steuerprinzip am Beispiel der Ersatzschaltung nach Bild 4.49.

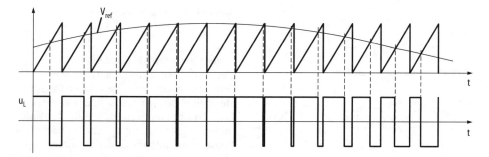

Bild 4.46. Pulsbreitenmodulation

Bezeichnung	Schaltung	statisches Über-tragungsverhalten (Grundschwingungs-modell)	Bemerkung
Mittelpunktschaltung (einphasig)	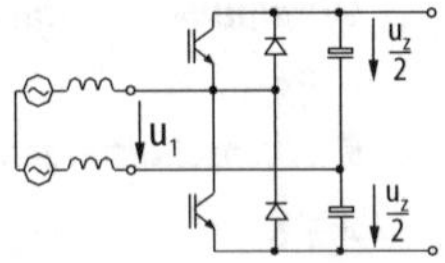	$u_1 = \dfrac{u_z}{2} V$ $V_{(1)} = \hat{V}_{ref} \sin \vartheta$	– weitere Steuerverfahren möglich
Mittelpunktschaltung (dreiphasig)	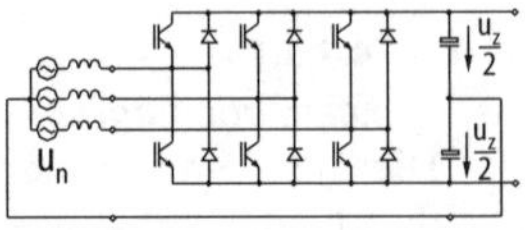	$u_n = \dfrac{u_z}{2} V_n$ $V_{1(1)} = \hat{V}_{ref} \sin \vartheta$ $V_{2(1)} = \hat{V}_{ref} \sin (\vartheta - \dfrac{2\pi}{3})$ $V_{3(1)} = \hat{V}_{ref} \sin (\vartheta - \dfrac{4\pi}{3})$	– weitere Steuerverfahren möglich

Bild 4.47. Mittelpunktschaltungen

Bezeichnung	Schaltung	statisches Über-tragungsverhalten (Grundschwingungs-modell)	Bemerkung
Brückenschaltung (einphasig)	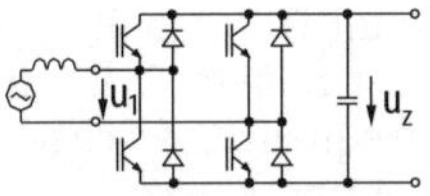	$u_1 = u_z V$ $V_{(1)} = \hat{V}_{ref} \sin \vartheta$	– weitere Steuerverfahren möglich
Brückenschaltung (dreiphasig)	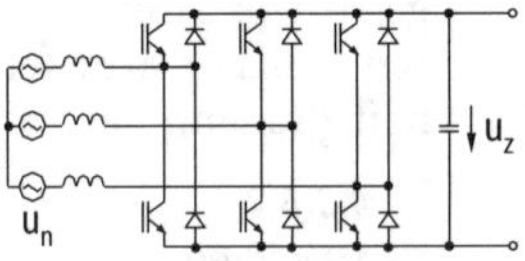	$u_n = u_z V_n$ $V_{1(1)} = \dfrac{1}{2}\hat{V}_{ref} \sin \vartheta$ $V_{2(1)} = \dfrac{1}{2}\hat{V}_{ref} \sin (\vartheta - \dfrac{2\pi}{3})$ $V_{3(1)} = \dfrac{1}{2}\hat{V}_{ref} \sin (\vartheta - \dfrac{4\pi}{3})$	– weitere Steuerverfahren möglich

Bild 4.48. Brückenschaltungen

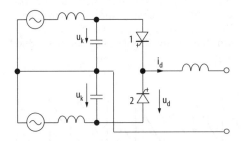

Bild 4.49. Ersatzkommutierungskreis

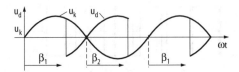

Bild 4.51. Phasenabschnittsteuerung

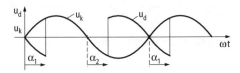

Bild 4.50. Phasenanschnittsteuerung

Getakteter Betrieb – kapazitiv

Bei nur kapazitiver Betriebsweise der Schalter ergibt sich eine Phasenabschnitt-steuerung, deren Prinzip Bild 4.51 verdeutlicht. In der positiven Halbwelle der Kommutierungsspannung u_k schaltet nach dem Phasenabschnittwinkel der Schalter 1 kapazitiv aus. In der negativen Halbwelle schaltet Schalter 2 aktiv aus.

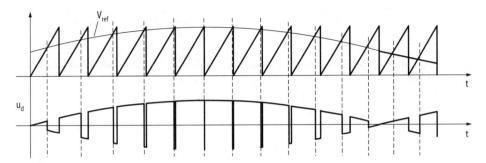

Bild 4.52. Unterschwingungsverfahren

Bezeichnung	Schaltung	statisches Über- tragungsverhalten (Grundschwingungs- modell)	Bemerkung
Mittelpunktschaltung (einphasig)	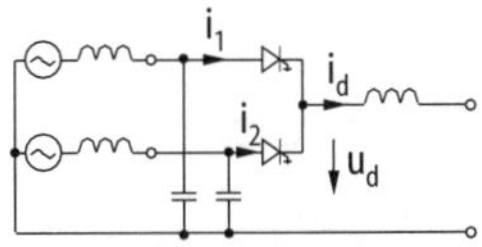	$i_1 = i_d V_1$ $i_2 = i_d V_2$ $V_{1(1)} = \frac{1}{2} + \hat{V}_{ref}\sin\vartheta$ $V_{2(1)} = \frac{1}{2} + \hat{V}_{ref}\sin(\vartheta - \pi)$	– Gleichanteil im Strom i_1 und i_2
Mittelpunktschaltung (dreiphasig)	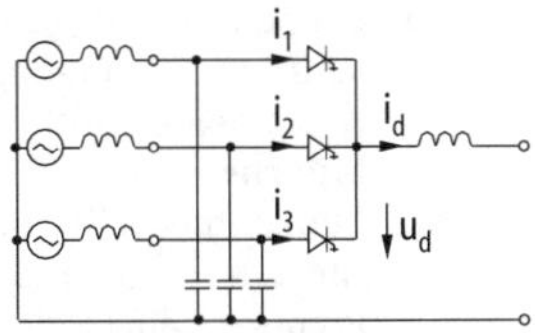	$i_n = i_d V_n$ $V_{1(1)} = \frac{1}{2} + \hat{V}_{ref}\sin\vartheta$ $V_{2(1)} = \frac{1}{2} + \hat{V}_{ref}\sin(\vartheta - \frac{2\pi}{3})$ $V_{3(1)} = \frac{1}{2} + \hat{V}_{ref}\sin(\vartheta - \frac{4\pi}{3})$	– Gleichanteil in den Strömen i_n

Bild 4.53. Mittelpunktschaltungen

Pulsbetrieb – alternierend induktiv und kapazitiv

Bild 4.52 verdeutlicht diese Betriebsweise am Beispiel des Unterschwingungsverfahrens. Die Überlagerung eines Referenzsignales des Stromes V_{ref} (entspr. i_{ref}) mit einem Sägezahnsignal liefert die Umschaltzeitpunkte zwischen beiden Schaltern. Der Gleichstrom i_d wird dabei in einen netzspannungssynchronen Wechselstrom transformiert. Die Größe i_{ref} ist der Grundschwingung dieses Stromes proportional und in Bild 4.52 phasengleich zur Spannung u_k.

4.3.6.3
Mittelpunktschaltungen (Bild 4.53)

4.3.6.4
Brückenschaltungen (Bild 4.54)

4.3.7
Zwischenkreisumrichter

In einem Zwischenkreisumrichter sind ein n-phasiger netzseitiger und ein m-phasiger lastseitiger Stromrichter über einen Zwischenkreis (Energiespeicher) miteinander verbunden (Bild 4.55). Der Energiezwischenspeicher kann dabei durch alle im Abschn. 4.1.5 aufgezeigten Varianten realisiert werden. Da an den Ein- und Ausgangsklemmen der Einzelstromrichter so-

Bezeichnung	Schaltung	statisches Über- tragungsverhalten (Grundschwingungs- modell)	Bemerkung
Brückenschaltung (einphasig)	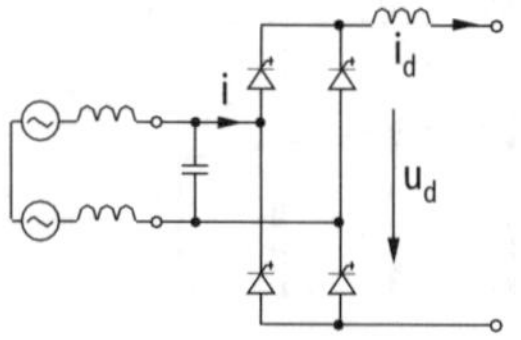	$i = i_d\, V$ $V = \hat{V}_{ref}\, \sin\vartheta$	
Brückenschaltung (dreiphasig)	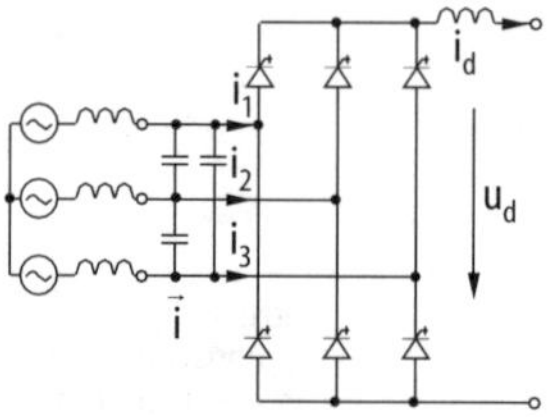	$\vec{i} = i_d\, \vec{V}$	– Raumvektormodulatic

Bild 4.54. Brückenschaltungen

wohl eingeprägte Gleich- oder Wechsel-ströme als auch Gleich- oder Wechselspan-nungen auftreten können, kommen prinzi-piell alle im Abschn. 4.3 abgeleiteten Topo-logien in Frage.

Gegenwärtig dominieren innerhalb der Automatisierungstechnik Umrichter mit Spannungszwischenkreisen. Vor allem für *elektrische Stellantriebe* (Kap. I 1) werden verbraucherseitig entsprechend der einge-setzten Motortypen Pulssteller oder Wech-selrichterschaltungen an der Zwischen-kreisspannung betrieben. Netzseitig erfolgt die Gleichrichtung aus Kostengründen über ungesteuerte Diodenbrücken. Vom Verbraucher rückgespeiste Energie muß in diesem Fall über Widerstände und Brems-chopper in Wärme umgewandelt werden. Zur Verbesserung der Netzrückwirkungen ist perspektivisch verstärkt der Einsatz von pulsfähigen Gleichrichtern zu erwarten, die bei annähernd sinusförmigen Netzströmen auch Energie in das Netz *zurückspeisen* können.

Werden andere, von der Netzspannung abweichende, Spannungsebenen der Zwi-schenkreisspannungen benötigt, sind ent-weder 50 Hz-Transformatoren oder poten-tialtrennende DC/DC-Wandler notwendig (vgl. Kap. L 1).

Literatur

4.1 Bradley DA (1994) Power Electronics, 2. Aufl. Chapman and Hall, London

4.2 Lappe R, u.a. (1994) Handbuch Leistungse-lektronik: Grundlagen, Stromversorgung, Antriebe, 5. Aufl. Verlag Technik, Berlin München

4.3 Muhammed HR (1993) Power Electronics-Circuits, Devices and Applications, 2. Aufl. Prentice Hall, Englewood Cliffs, New Jersey

4.4 Mazda FF (1993) Power Electronics Hand-book:Components, Circuits and Applicati-ons, 2. Aufl. Butterworths, London

4.5 Segnier G, Labrique F (1993) Power Electro-nic Converters: DC-AC Conversion, Sprin-ger, Berlin Heidelberg New York

4.6 Bausiere R, Labrique F, Seguier G (1993) Power Electronic Converters: DC-DC Con-version, Springer, Berlin Heidelberg New York

4.7 Baliga BJ (1992) Modern Power Devices, Krieger Publishing, Malabar

4.8 Williams BW (1992) Power Electronics: De-vices, Drivers, Applications and Passive Components, 2. Aufl. Macmillan, Basingsto-ke

4.9 Michel M (1992) Leistungselektronik, Sprin-ger, Berlin Heidelberg New York

4.10 Lappe R, Conrad H, Kronberg M (1991) Lei-stungselektronik, 2. Aufl. Verlag Technik, Berlin München

4.11 Heumann K (1991) Grundlagen der Lei-stungselektronik, 5. Aufl. Teubner, Stuttgart

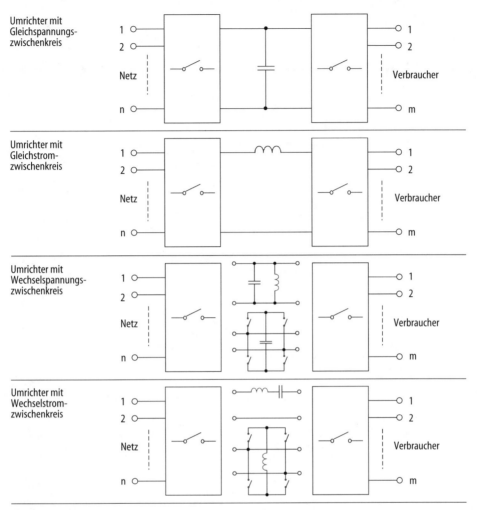

Bild 4.55. Zwischenkreisumrichter

4.12 Meyer M (1990) Leistungselektronik: Einführung, Grundlagen, Überblick, Springer, Berlin Heidelberg New York

4.13 Mohan N, Undeland TM, Robbins WP (1989) Power Electronics: Converters, Applications and Design, John Wiley & Sons, New York

4.14 Griffith DC (1989) Uninterruptible Power Supplies: Power Conditioners for Critical Equipment, Dekker, New York

4.15 Zach F (1988) Leistungselektronik: Bauelemente, Leistungskreise, Steuerungskreise, Beeinflussungen, 2. Aufl. Springer, Berlin Heidelberg New York

4.16.Sze SM (1981) Physics of Semiconductor Devices, 2. Aufl. John Wiley & Sons, New York

5 Analogschalter und Multiplexer

M. SEIFART

5.1 Analogschalter

Ein Analogschalter soll ein Analogsignal (Spannung oder Strom) in Abhängigkeit von einem äußeren Steuersignal möglichst amplituden- oder formgetreu übertragen bzw. sperren (Bild 5.1). Das Schalten von Analogsignalen mit hoher Geschwindigkeit und Genauigkeit ist wesentlich schwieriger zu realisieren als das Schalten digitaler Signale. Besondere Schwierigkeiten bereitet das schnelle und genaue Schalten kleiner Gleichspannungen und -ströme (mV-Bereich bzw. μA-Bereich und darunter) infolge der Fehlereinflüsse durch Offset- und Driftgrößen sowie Thermospannungen.

Fehler entstehen vor allem durch folgende Schalterkenngrößen:

1. Offsetspannung
2. Durchlaßwiderstand
3. Sperrstrom (Reststrom)
4. Kapazitäten.

Feldeffekttransistoren eignen sich aus mehreren Gründen besonders gut als Analogschalter:

1. nahezu völlige Isolation zwischen Steuerelektrode (G) und Schaltstrecke (d.h. dem analogen Signalpfad)
2. FET können sowohl positive als auch negative Spannungen schalten
3. keine Offsetspannung im eingeschalteten Zustand (Schalten sehr kleiner Spannungen möglich)
4. sehr kleine Steuerleistung erforderlich
5. großes Schaltverhältnis (r_{off}/r_{on}).

Sehr unangenehm machen sich die Transistorkapazitäten C_{gd}, C_{gs} und C_{ds} bemerkbar. Sie haben folgende Auswirkungen:

1. *Spannungsspitzen*. Bei steilen Flanken der Steuerspannung am Gate werden über die Kapazitäten C_{gd} und C_{gs} Spannungsspitzen auf den Ausgang bzw. Eingang des Schalters eingekoppelt. Besonders kritisch sind die auf den Ausgang gekoppelten Spannungsspitzen, da sie

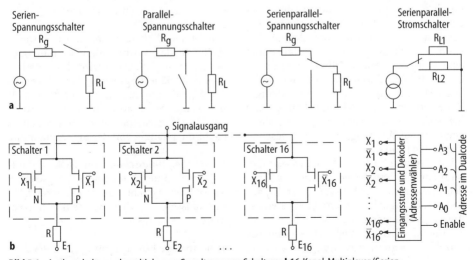

Bild 5.1. Analogschalter und -multiplexer. **a** Grundtypen von Schaltern; **b** 16-Kanal-Multiplexer (Serien-Spannungsschalter); Signaleingänge, Signalausgang, X_1 ($\bar{X}_1$) = +15V (−15V) bzw. −15V (+15V), entsprechend $X_2 \ldots X_{16}$

weiterverarbeitet werden und u.U. das Nutzsignal erheblich beeinflussen können. Je steiler die Flanken der Steuerspannung sind, um so größer ist die Amplitude der Spannungsspitzen [3.7, 3.8].2. *Endliche Flankensteilheit.* Die Eingangskapazität am Gate bewirkt, daß die Gatespannung nicht beliebig schnell ansteigen bzw. abfallen kann. Um den FET schnell umzuschalten, ist ein niedriger Innenwiderstand der Steuersignalquelle erforderlich.

3. *Übersprechen.* Die Impedanz des gesperrten FET wird mit wachsender Frequenz kleiner, d.h., sein Sperrverhalten wird schlechter. In der Regel ist aber C_{ds} sehr klein ($C_{ds} < 0,1 \dots 1$ pF typisch, falls das Substrat wechselstrommäßig geerdet ist).

Das Produkt $r_{on}C_{gd}$ ist ein Gütemaß für FET hinsichtlich der Anwendung als Schalter und Zerhacker. Es soll möglichst klein sein.

5.2
Multiplexer für analoge Signale

Ein Analogmultiplexer schaltet N Eingangssignale (Eingangsleitungen) zeitlich nacheinander (im Zeitmultiplexbetrieb) auf eine Ausgangsleitung. Am Ausgang erscheinen die Abtastwerte der verschiedenen Eingangssignale zeitlich gestaffelt. Die Funktion eines Multiplexers kann mit der eines elektromechanischen Schrittschaltwerkes verglichen werden. Die Anwahl einer bestimmten Eingangsleitung erfolgt durch eine digitale Adresse, üblicherweise im Dualkode, d.h. durch ein digitales Kodewort. Mit einer 4-bit-Adresse (vierstelliges Kodewort im 1-2-4-8-Kode) können auf diese Weise $2^4 = 16$ Eingänge zeitlich nacheinander auf die Ausgangsleitung geschaltet werden (Bild 5.1b).

Ein Demultiplexer führt die inverse Operation aus. Er hat nur einen Eingang. Zeitlich nacheinander auf diesem Eingang ankommende Signale werden auf eine von N Ausgangsleitungen geschaltet.

Durch den Zeitmultiplexbetrieb kann die Anzahl der Signalverarbeitungskanäle bzw. der Verbindungsleitungen eines Systems erheblich reduziert werden. Ein typisches Beispiel sind Datenerfassungssysteme in der Meßtechnik. Dem Eingang eines Multiplexers werden die Meßwerte von N Meßstellen zugeführt, die nacheinander über eine einzige Leitung zu einem Prozeßrechner oder zu anderen Verarbeitungseinheiten geleitet werden.

An einen Multiplexer für Analogsignale werden meist wesentlich härtere Forderungen gestellt als an Multiplexer für digitale Signale, weil die Analogsignale möglichst formgetreu übertragen werden müssen (besonders in der Meßtechnik!). Eine gewisse Verformung der digitalen Signale bedeutet dagegen keinen Informationsverlust.

Als Schalter werden CMOS-Schalter verwendet. In integrierter Ausführung haben sie Durchlaßwiderstände von $r_{on} \approx 500 \ \Omega$ (typisch) und Sperrwiderstände von der Größenordnung 50 MΩ. Mit wachsender positiver Eingangsspannung wird der p-Kanal-FET weiter aufgesteuert. Entsprechendes gilt für negative Eingangssignale und den n-Kanal-FET. Unabhängig von der Eingangssignalspannung bleibt der gesamte EIN-Widerstand des Schalters nahezu konstant.

Das Substrat beider FET muß so vorgespannt werden, daß die Drain- bzw. Source-Substrat-Diode nicht in Durchlaßrichtung geraten kann. Bei gesperrtem Schalter wird deshalb zweckmäßigerweise das Substrat des n-Kanal-FET mit −10 ... −15 V verbunden und das des p-Kanal-FET mit +10 ... +15 V (Signalspannungsbereich −10 V $\leq U_E$ $\leq$ +10 V).

Bei eingeschaltetem Schalter ist es zweckmäßig, beide Substratanschlüsse miteinander zu verbinden. Dann wird das Substratpotential näherungsweise dem Potential der Signalspannung nachgeführt, und es tritt keine „Substratmodulation" auf, d.h., der Durchlaßwiderstand r_{on} des Schalters bleibt unabhängig von der Signalspannung nahezu konstant.

Überspannungsschutz. Alle HCMOS-Multiplexer/Demultiplexer und Analogschalter haben Eingangsschutzdioden an ihren E/A-Anschlüssen, die den Baustein schützen, wenn

a) die analoge E/A-Spannung entweder den positiven oder den negativen Versorgungsspannungsgrenzwert überschreitet oder

b)eine elektrostatische Entladung an den Analoganschlüssen auftritt. Für länger dauernde Überlastung muß zusätzlich ein Strombegrenzungswiderstand vor jeden Eingang und Ausgang geschaltet werden.

Industrielle Beispiele. HI-506/509 A (Burr Brown): CMOS-Multiplexer, Analogsignalbereich ±15 V, $r_{on} \approx 1,2$ kΩ (typ.), Einschwingzeit auf 0,01% <3,5 μs, Besonderheit: hohe Durchsatzraten erlauben Transfergenauigkeiten entsprechend 0,01% bei Abtastraten bis 200 kHz, Überspannungsschutz bis zu ±70 V_{ss}. Auch digitale Eingänge sind geschützt bis zu 4 V oberhalb jeder Betriebsspannung, P_v typ. 7,5 mW; LM 604 (National Semiconductor): Multiplex-OV, enthält im Eingang 4 Instrumentationsverstärker, die über einen Analogmultiplexer auf einen Ausgangsverstärker geschaltet werden.

Weitere Typen: CMOS-Video-Multiplexer MAX 310/311 (Maxim): Signalfrequenzen bis zum Videobereich, extrem hohe Isolation zwischen Ein- und Ausgang eines gesperrten Schalters: –66 dB bei 5 MHz, Eingangsspannungsbereich +12 V... –15 V bei Betriebsspannung ±15 V, Betriebsspannungsbereich ±4,5 ... ±16,5 V, bidirektionaler Betrieb möglich, am Ausgang ist ein 75-Ω-Lastwiderstand anschließbar.

6 Spannungs-Frequenz-Wandler (U/f, f/U)

M. Seifart

U/f-Wandler liefern als Ausgangssignal in der Regel eine Rechteckimpulsfolge, deren Folgefrequenz f_a proportional zur Amplitude (exakt: zum arithmetischen Mittelwert während einer Periodendauer $1/f_a$ des Ausgangssignals) des jeweils anliegenden Eingangssignals (U oder I) ist. Sie haben mehrere vorteilhafte Eigenschaften: einfache Realisierbarkeit hochgenauer U/f-Wandler, das Ausgangssignal läßt sich einfach und ohne Genauigkeitsverlust galvanisch trennen, über große Entfernungen übertragen, an Mikroprozessoren/Mikrocontroller ankoppeln (CTC, Zähleingänge); zeitliche Integration des Eingangssignals bedingt weitgehende Unempfindlichkeit gegenüber Störimpulsen und ermöglicht ohne Zusatzaufwand Zeitsummation mehrerer Meßwerte (z.B. Energieverbrauchsmessung, Ladungsmessung). Mit U/f-Wandlern sind sehr einfach hochauflösende AD-Umsetzer realisierbar. Die Impulsrate des Ausgangssignals („Frequenz" f_a) muß lediglich mittels Zähler/Zeitgeber ermittelt werden (Prinzip der Frequenzmessung), s. Abschn. 11.4.3.

Viele industrielle U/f-Wandlertypen (meist monolithische IS) lassen sich wahlweise als U/f- oder als f/U-Wandler einsetzen.

Die meisten Schaltungsrealisierungen von Präzisions-U/f-Wandlern beinhalten einen Integrator (Miller-Integrator), der mit einer zeitlichen Ladungsänderung aufgeladen wird, die proportional zum jeweiligen Eingangssignal ist. Immer wenn die Ladungsmenge des Integrators einen Komparatorschwellwert (entspricht einer bestimmten Ausgangsspannung des Integrators) erreicht, wird der Integrator entladen, und die Aufladung beginnt erneut.

Der typische Frequenzbereich der Ausgangsimpulsrate von U/f-Wandlern liegt je nach Ausführungsform, Genauigkeit und Aufwand zwischen 0 ... 10/100 kHz (VFC 62 bzw. 320) und 0 ... 4 MHz (VFC 110).

6.1
Wirkungsweise einer hochlinearen U/f-Wandlerschaltung

Als typisches Beispiel betrachten wir den monolithischen Schaltkreis VFC 320 (Burr Brown) [6.1]. Er zeichnet sich durch sehr hohe Linearität (Nichtlinearität <±0,005% bei 10 kHz F. S., <±0,1% bei 1 MHz F.S.) entsprechend einer Auflösung von 12 ... 14 Bit und durch einen hohen Dynamikbereich von 6 Dekaden aus. Die Ausgangsimpulsfolge ist TTL/CMOS-kompatibel.

Die wesentlichen Funktionsgruppen sind ein Eingangsverstärker V_1, zwei Komparatoren K_A bzw. K_B, ein RS-Flipflop FF (K_A, K_B und FF bilden einen Univibrator), zwei geschaltete Stromsenken I_A bzw. I_B und eine Ausgangsstufe mit offenem Kollektor (T_1), s. Bild 6.1 a.

Der Eingangsverstärker bildet mit den externen Elementen R_1 und C_2 einen Integrator. Dessen Ausgangsspannung $u_{A\,int}$ verläuft dreieck- bzw. sägezahnförmig (Bild 6.1 b). Während t_1 fließt der Eingangsstrom $i_1 = u_1/R_1$ durch den Integrationskondensator C_2, und $u_{A\,int}$ fällt mit der Steigung

$$\frac{du_{A\,int}}{dt} = -\frac{u_1}{R_1 C_2} < 0 .$$

Wenn $u_{A\,int} = 0$ erreicht ist, wechselt der K_A-Ausgang von L auf H, FF wird gesetzt, und I_A sowie I_B werden eingeschaltet (Beginn der Rückintegrationsphase t_2). Von diesem Zeitpunkt an fließt ein entgegengesetzt gerichteter Kondensatorstrom $i_{C2} = i_1 - I_A$, der ein Ansteigen von $u_{A\,int}$ mit der (positiven) Steigung

$$\frac{du_{A\,int}}{dt} = \frac{i_1 - I_A}{C_2} > 0$$

zur Folge hat. Am Ende des Intervalls t_2 werden die Stromsenken I_A, I_B abgeschaltet, und der Vorgang wiederholt sich.

Da sich im Mittel die Ladung des Integrationskondensators nicht ändern kann, muß Ladungsgleichgewicht (Charge balancing) zwischen zu- und abfließender Ladung herrschen, und es gilt

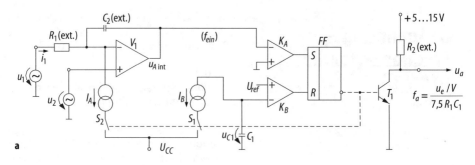

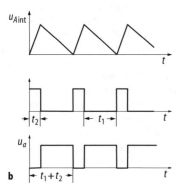

Bild 6.1. Präzisions-U/f-Wandler VFC 320 (Burr Brown)
a Blockschaltbild; **b** Zeitverlauf

$$\bar{i}_1(t_1 + t_2) = I_A t_2 \ .$$

Mit $f_a = 1/(t_1 + t_2)$ und $\bar{i}_1 = \bar{u}_1 / R_1$

ergibt sich

$$f_a = \frac{\bar{u}_1}{I_A R_1 t_2} \tag{6.1}$$

u_1 bzw. $\bar{i}_1$ = arithmetischer Mittelwert während $t_1 + t_2$.

Während t_2 wird der externe Kondensator C_1 mit dem konstanten Strom I_B von Null bis zur Referenzspannung U_{ref} = −7,5 V entladen. Daher gilt mit $Q = I_B t_2 = C_1 \cdot 7{,}5$ V

$$t_2 = \frac{C_1 \cdot 7{,}5 \ V}{I_B} \ .$$

Einsetzen von (6.2) in (6.1) liefert mit $I_A = I_B$ die Übertragungsfunktion (Übertragungskennlinie) des U/f-Wandlers zu

$$f_a = \frac{\bar{u}_1}{R_1 C_1 \cdot 7{,}5 \ V} \ .$$

Der Integrationskondensator C_2 hat also keinen Einfluß auf die Übertragungsfunktion, da er in beiden Phasen wirksam ist. Der Einfluß von C_1 kann in einer speziellen Schaltungsvariante (taktgesteuerter, synchroner U/f-Wandler) eliminiert werden.

Der U/f-Wandler VFC 320 ist wahlweise mit positiven oder negativen Eingangsspannungen bzw. -strömen im Differenzbetrieb ansteuerbar. Über einen gesonderten Eingang f_{ein} (Bild 6.1a) läßt er sich mit einer Impulsfolge ansteuern und arbeitet dann als f/U-Wandler mit der Ausgangsspannung $u_{A \ int}$ (u_1 und u_2 kurzgeschlossen, Verbindung zwischen $u_{A \ int}$ und f_{ein} aufgetrennt). Jeder Eingangsimpuls löst einen Univibratorimpuls der Breite $t_2 = C_1 \cdot 7{,}5$ V/I_B aus, der vom Integrator integriert wird.

6.2
Taktgesteuerter U/f-Wandler

U/f-Wandler lassen sich schaltungstechnisch auch „synchron", d.h. taktgesteuert, realisieren. Ihr Vorteil besteht u.a. darin, daß die kritische Abhängigkeit der Übertragungskennlinie von C_1 (und damit von der Verweilzeit des Univibrators) eliminiert wird. Als Beispiel zeigt Bild 6.2 das Blockschaltbild des Charge-balancing-U/f-Wandlers VFC 100 (Burr Brown) mit $f_{aus} \leq 2$ MHz [6.1]. Die Wirkungsweise entspricht weitge-

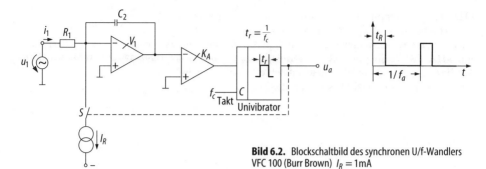

Bild 6.2. Blockschaltbild des synchronen U/f-Wandlers VFC 100 (Burr Brown) $I_R = 1\text{mA}$

hend der vorstehend beim Typ VFC 320 beschriebenen. Abweichend ist das Erzeugen der Verweilzeit des Univibrators:

Der Univibrator wird so realisiert, daß seine Verweilzeit der Taktperiodendauer entspricht: $t_R = 1/f_c$.

Auf dem Integrationskondensator besteht im Mittel Ladungsgleichgewicht: $\bar{i}_1 = \bar{i}_R$. Daraus folgt

$$\frac{\bar{i}_1}{f_a} = I_R t_R = \frac{I_R}{f_c}\,.$$

Mit $i_1 = u_1/R_1$ ergibt sich die Übertragungsfunktion

$$f_a = \frac{\bar{i}_1}{I_R} f_c = \frac{\bar{u}_1}{I_R R_1} f_c$$

f_c = Taktfrequenz.

Diese Übertragungsfunktion beinhaltet eine einfache Multiplikationsmöglichkeit. Falls f_c proportional einer gewünschten Variablen X gewählt wird, ist die Ausgangsfrequenz f_a proportional zum Produkt aus dem Eingangssignal $\bar{u}_1$ und der Variablen X.

6.3
Typische Anwendungen

Typische Anwendungsgebiete von U/f- bzw. f/U-Wandlern sind hochauflösende AD-Umsetzer, Digitalanzeigen, FM-Modulatoren/Demodulatoren für Sensorsignale, Präzisionslangzeitintegratoren, Drehzahlmesser. Bild 6.3 zeigt einige Anwendungen.

Industrielle Beispiele: VFC 320: $f_{aus} \leq 1$ MHz, Linearitätsfehler $\leq \pm 0{,}002$ bei $f_{aus} = 10$

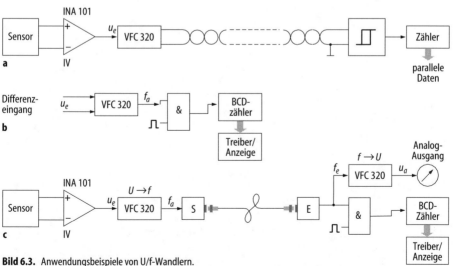

Bild 6.3. Anwendungsbeispiele von U/f-Wandlern.
a einfache AD-Umsetzung mit störarmer Binärsignalübertragung über verdrillte (lange) Zweidrahtleitung;
b einfache Digitalanzeige; **c** Sensorsignalerfassung, Lichtleiterübertragung und analog/digitale Anzeige des Sensorsignals

kHz, TK $<\pm 20$ ppm/°C; VFC 101: f_{aus} <2 MHz (taktgesteuert), $u_1 = 0 \ldots +10$ V, -5 V $\ldots$ $+5$ V u.a., Linearitätsfehler $<\pm 0{,}02$ bei $f_{aus} =$ 100 kHz, TK $<\pm 40$ ppm/°C; VFC 110: f_{aus} ≤ 4 MHz, $u_1 = 0 \ldots 10$ V, Linearitätsfehler $<\pm 0{,}05$ bei $f_{aus} = 1$ MHz, TK $<\pm 50$ ppm/°C.

Literatur

6.1 Burr Brown integrated circuits data book. vol. 33 d,e. (1992, 1994) Burr Brown Corp., Tucson, AZ

7 Funktionsgruppen für analoge Rechenfunktionen. Oszillatoren

M. Seifart

7.1
Multiplizierer, Quadrierer, Dividierer, Radizierer

Zahlreiche Schaltungsmöglichkeiten gibt es für nichtlineare Rechenschaltungen. Die erreichbaren Fehlerklassen betragen 0,1 bis einige Prozent. Besondere Bedeutung haben Multiplizierer. Es entstanden zahlreiche Prinzipien, die je nach geforderter Genauigkeit, Bandbreite und vertretbarem Aufwand ausgewählt werden.

Rein elektronisch arbeiten Hall-Multiplikatoren (Gesamtfehler <0,5%). Zunehmende Bedeutung erlangen Schaltungen, bei denen die Rechenoperation durch die nichtlinearen Kennlinien von Halbleiterdioden und Transistoren realisiert wird. Sie haben nicht immer hohe Genauigkeit, jedoch wesentlich größere Bandbreite und sind in Form von IS sehr ökonomisch realisierbar.

Analog zu Verstärkerschaltungen für kleine Gleichgrößen lassen sich Multiplizierer- und Dividiererschaltungen in

a) direkt arbeitende (ohne Modulationsverfahren) und

b) Modulationsmultiplizierer bzw. -dividierer

einteilen. Je nachdem, ob nur eine oder ob beide Polaritäten der zwei zu multiplizierenden Eingangsspannungen verarbeitet werden, unterscheidet man Einquadranten-, Zweiquadranten- und Vierquadrantenmultiplizierer bzw. -dividierer.

Bild 7.1 zeigt einige Beispiele moderner elektronischer Verfahren. Schaltung a) erläutert das Prinzip eines Einquadrantenmultiplizierers ($u_1 > 0$, $u_2 > 0$; Fehler 1 … 5%). Durch Subtrahieren der logarithmier-

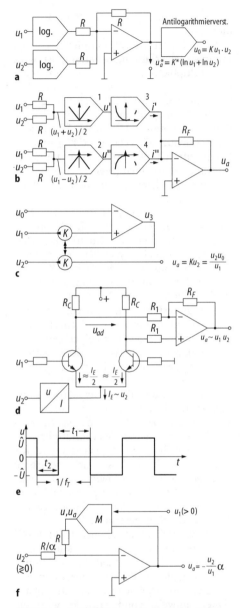

Bild 7.1. Analogmultiplizierer und -dividierer mit OV **a** logarithmischer Multiplizierer; **b** Viertelquadratmultiplizierer (Parabelmultiplizierer) $u' = |u_1 + u_2|^2$, $u'' = |u_1 - u_2|^2$, $i' = Ku'^2$, $i'' = -Ku''^2$, $u_a = -KR_F u_1 u_2$ Die Betragsbildung (Blöcke 1,2) kann entfallen, falls Zweiquadrantenquadrierer verwendet werden (gestrichelt in den Blöcken 3 und 4); **c** Multiplizierer bzw. Dividierer mit gesteuerten Koeffizientengliedern; **d** Multiplizierer mit variabler Steilheit; **e** Timedivision-Multiplizierer; **f** Dividierschaltung unter Verwendung eines Multiplizierers (M)

ten Spannungen u_1 und u_2 entsteht ein Dividierer.

Beim Viertelquadratmultiplizierer (sog. Zweiparabelverfahren, Schaltung b) wird die Multiplikation gemäß der Beziehung $u_1u_2 = \frac{1}{4}[(u_1 + u_2)^2 - (u_1 - u_2)^2]$ auf Addition, Subtraktion und Quadrieren zurückgeführt. Zum Quadrieren sind Diodenfunktionsgeneratoren (Bild 14.1, Nr. 5) geeignet.

Die Genauigkeit (Fehler $\approx 0,1\%$) und die Bandbreite (einige Kilohertz) sind gut, der Aufwand relativ hoch (mehrere beschaltete OV für Quadrierer, zur Betragsbildung usw.; Bild 7.1b).

Multiplizierer mit gesteuerten Koeffizientengliedern (mit isolierenden Kopplern; Bild 7.1c) enthalten zwei Koeffizientenglieder mit möglichst gleichen Kennlinien, deren Ausgangsspannung Ku_1 bzw. Ku_2 proportional zur Eingangsspannung ist (kontaktlose Potentiometer). Die Größe des Übertragungsfaktors K wird von der Ausgangsspannung eines OV gesteuert. Diese stellt sich im Sinne eines Folgeregelkreises so ein, daß $Ku_1 = u_0$ wird. Die Ausgangsspannung der Schaltung beträgt deshalb $u_a = Ku_2 = u_2u_0/u_1$. Je nachdem, ob u_0 und u_2 oder $u_0(u_2)$ und u_1 als Eingangsgrößen verwendet werden, wirkt die Schaltung als Multiplizierer bzw. Dividierer. Das Arbeitsprinzip entspricht dem Servomultiplizierer, der hier vollelektronisch realisiert wird. Als Koeffizientenglieder lassen sich steuerbare Widerstände (FET, Fotowiderstände usw.) einsetzen. Bei Verwendung von FET (z.B. Doppel-FET) wird der Drain-Source-Widerstand durch u_3 gesteuert.

Die wahrscheinlich einfachste Multiplikationstechnik verwendet der Multiplizierer mit variabler Steilheit, der allerdings zwei völlig gleiche Bipolartransistoren voraussetzt und erhebliche Temperaturabhängigkeit aufweist (Bild 7.1d). Es wird die exponentielle I_E-U_{BE}-Kennlinie der Bipolartransistoren ausgenutzt. Die Differenzausgangsspannung des Differenzverstärkers ergibt sich aus Bild 3.4j zu $u_{ad} \approx (S/2)R_Cu_1 \approx (I_E/2U_T)\,R_Cu_1$.

Weil der Emitterstrom des Differenzverstärkers von u_2 gesteuert wird ($I_E \sim u_2$), gilt $u_{ad} \sim u_1u_2$.

Eine Weiterentwicklung mit verbesserten Eigenschaften ist der Stromverhältnismul-

tiplizierer, der ebenfalls die exponentielle Abhängigkeit des Transistor-pn-Übergangs ausnutzt. Die Schaltung eignet sich besonders für den Aufbau als IS. Aber auch bei der Realisierung mit sorgfältig ausgesuchten diskreten Transistoren beträgt der Fehler $\approx 1\%$.

Als Beispiel für ein Modulationsverfahren erläutert Bild 7.1e das Prinzip des Timedivision-Verfahrens, mit dem sich zwei Spannungen u_1 und u_2 multiplizieren lassen. Man erzeugt eine Rechteckspannung von konstanter Frequenz f, deren Amplitude $\widehat{U} \sim u_1$ und deren Zeitdifferenz $(t_1 - t_2) \sim u_2$ ist. In einem Tiefpaßfilter wird der arithmetische Mittelwert der Rechteckspannung gebildet. Er beträgt $\bar{u} \sim f\,u_1u_2$. Die Proportionalität $(t_1-t_2) \sim u_2$ kann mit einem Impulsbreitenmodulator erreicht werden, der sich unter Verwendung eines Generators für Dreieckimpulse und eines Analogkomparators aufbauen läßt. Bei hohen Forderungen an Genauigkeit und Bandbreite steigt der Aufwand beträchtlich. Die Bandbreite wird durch die Grenzfrequenz des Tiefpasses bestimmt, die wesentlich kleiner sein muß als f. Schaltet man eine Multiplizierschaltung in den Gegenkopplungskreis eines OV, so ergibt sich ein Analogdividierer (Bild 7.1f). Da sich die Ausgangsspannung u_a des OV immer so einstellt, daß seine Differenzeingangsspannung verschwindet, gilt $\alpha u_2 = -u_1u_a$. Verbindet man beide Eingänge der Multiplizierschaltung mit dem OV-Ausgang, erhält man einen Radizierer. Hauptanwendungen bei der Automatisierung, für die es auch Serienerzeugnisse gibt, bilden Radizierer und Durchflußkorrekturrechner ($\sqrt{ab/c}$) zur Kennlinienkorrektur bei der Durchflußmessung mit Blenden oder Düsen.

Für sehr hohe Genauigkeitsansprüche müssen digital arbeitende Rechenschaltungen eingesetzt werden. Mikroprozessoren sind hier echte Ergänzungen oder Alternativen für analoge Rechenfunktionseinheiten.

7.2
Generatoren für Sinusschwingungen

In der Automatisierungstechnik werden *Oszillatorschaltungen* für sinusförmige Schwingungen vor allem für die folgenden Einsatzgebiete benötigt:

- Zeitbasis: 1 ... 10 MHz,
- frequenzanaloge Signale: 0 ... 10 kHz (auch >1 MHz),
- Trägerfrequenz (Frequenzmultiplex-Fernübertragung): kHz bis MHz,
- Aussetzoszillatoren in Initiatoren: 0,2 ... 1 MHz,
- Frequenz- und Phasenmodulation: kHz bis MHz.

Die Frequenzkonstanz von Oszillatoren für sinusförmige Schwingungen ist in der Regel wesentlich besser als die von Impulsgeneratoren, weil die Schwingungsfrequenz von Impulsgeneratoren meist von der relativ inkonstanten Umschaltschwelle der Transistorstufen abhängt.

Zur Aufrechterhaltung stabiler Schwingungen muß die Rückkopplungsbedingung $\underline{G}_v \underline{G}_r = -1$ erfüllt sein ($\underline{G}_v \underline{G}_r$ Schleifenverstärkung), aus der sich der notwendige Betrag $|\underline{G}_v \underline{G}_r| = 1$ und die erforderliche Phasendrehung $\varphi_v + \varphi_r = 180°$ der Schleifenverstärkung ableiten.

Die Frequenzselektivität einer Oszillatorschaltung zur Erzeugung von Sinusschwingungen wird meist durch einen Schwingkreis oder ein frequenzabhängiges Rückkopplungsnetzwerk bewirkt. Die Bedingung $G_v G_r = -1$ ist in der Regel nur für eine Frequenz erfüllt. Weil sich Schwingungen mit *konstanter Amplitude* lediglich einstellen, wenn diese Bedingung genau eingehalten wird, ist in jedem harmonischen Oszillator ein nichtlineares Glied oder eine Regelschaltung erforderlich, die dafür sorgen, daß sich der erforderliche Wert der Verstärkung genau einstellt.

Sinusgeneratoren für hohe Frequenzen sind meist als LC-Oszillatoren aufgebaut, von denen der Meißner-Oszillator eine der am längsten bekannten Schaltungen ist (Bild 7.2a).

Die Rückkopplung erfolgt hierbei durch einen Übertrager, der gleichzeitig die notwendige Phasendrehung bewirkt (als Aussetzoszillator für induktive Initiatoren angewendet). Ein Kondensator lädt sich infolge Spitzengleichrichtung durch die Gate-Source-Diode des SFET auf eine Gleichspannung auf, wodurch sich der Arbeitspunkt verschiebt. Hierdurch verringert sich die Verstärkung der Stufe gerade so weit, daß die Rückkopplungsbedingung genau eingehalten wird. Weitere, oft verwendete LC-Oszillatorschaltungen sind die kapazitive und die induktive Dreipunktschaltung (Bild 7.2b, c).

Die Frequenzinkonstanz von LC-Oszillatoren beträgt üblicherweise $\Delta f/f_0 \approx 10^{-2}...10^{-3}$. Für sehr hohe Anforderungen an Frequenzgenauigkeit und -konstanz müssen Quarzoszillatoren eingesetzt werden. Je nach Aufwand (u.U. Einbau in einen Thermostaten) sind Werte $\Delta f/f_0 \approx 10^{-6}...10^{-10}$ erreichbar.

Bild 7.2d zeigt als Beispiel einen Quarzoszillator mit einem CMOS-Inverter, der als invertierende Verstärkerstufe wirkt. Die Schaltung wirkt als kapazitive Dreipunktschaltung analog zu Bild 7.2b. Der Quarz

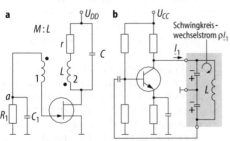
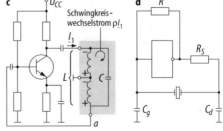

Bild 7.2. LC-Oszillatorschaltungen, Quarzoszillator. **a** Meißneroszillator mit FET und automatischer Gatevorspannungserzeugung; **b** kapazitive Dreipunktschaltung (Emitterschaltung); **c** induktive Dreipunktschaltung (Emitterschaltung); **d** Quarzoszillator mit CMOS-Inverter (kapazitive Dreipunktschaltung)

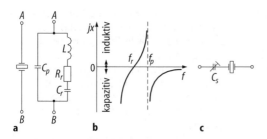

Bild 7.3. Schwingquarz. **a** Ersatzschaltbild; **b** Frequenzabhängigkeit des Scheinwiderstandes zwischen A und B; **c** Abgleich der Resonanz-frequenz durch äußere Kapazität $C_s \gg C_r$.
Typische Werte: $L = 1{,}4$ Vs / A, $C_r = 0{,}009$ pF, $C_p = 1{,}5$ pF, $R_r = 86\,\Omega$, $Q = 1{,}2 \cdot 10^5$, $f_{res} = 1{,}4$ MHz, typische Abmessungen: $30 \times 4 \times 1{,}5$ mm ;
Typische Werte eines 4 - MHz - Quarzes:
$L = 100$ mVs / A, $C_r = 0{,}015$ pF, $C_p = 5$ pF, $R_r = 100\,\Omega$, $Q = 25000$, $f_{res} = 4$ MHz

wirkt als Induktivität, d.h. es erregt sich in der Schaltung eine Schwingfrequenz, die geringfügig unterhalb der Parallelreso-nanzfrequenz des Quarzes liegt. In diesem Frequenzbereich verhält sich der Quarz wie eine Induktivität (Bild 7.3).

Quarzoszillatoren sind industriell, z.B. in SMD-Technik, mit typischen Schwingfre-quenzen bis 60 MHz und Instabilitäten von ±100 ppm und darunter verfügbar.

Mittlere und niedrige Frequenzen wer-den in der Automatisierungstechnik häufi-ger benötigt als hohe Frequenzen. Deshalb haben RC-Generatoren große Bedeutung, da sie keine Spulen benötigen und für die-sen Frequenzbereich gut geeignet sind. Die Schwingfrequenz f_0 wird durch die fre-quenzabhängige Phasenverschiebung der RC-Netzwerke bestimmt. Die beiden be-kanntesten Schaltungen sind der Phasen-schiebergenerator und der Wien-Robinson-Generator. Zur Amplitudenstabilisierung muß entweder ein Begrenzer in den Gegen-kopplungskreis geschaltet werden oder ein steuerbarer Widerstand, der die Verstär-kung in Abhängigkeit von der Signalaus-gangsspannung regelt (Bild 7.4).

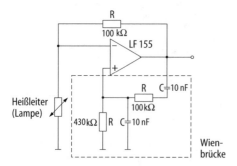

Bild 7.4. Beispiel eines dimensionierten Wienbrücken-Oszillators mit einfacher Amplitudenstabilisierung. Schwingfrequenz: $f_0 = 1/2 \ pRC$

Für sehr niedrige Frequenzen ($f < 1$ Hz) eignen sich die bisher beschriebenen Oszil-latorschaltungen praktisch nicht. Die Schwingungen werden in diesem Frequenz-bereich besser synthetisch erzeugt. Eine Möglichkeit hierfür besteht darin, Dreieck-schwingungen zu erzeugen (in diesem Fre-quenzbereich mit Integratorschaltungen gut realisierbar) und diese so zu verformen, daß am Ausgang ein (nahezu) sinusförmi-ges Signal entsteht. Eine zweite Möglichkeit ist der Integrationsoszillator. Er modelliert die Schwingungsdifferentialgleichung und läßt sich z.B. aus drei OV in Verbindung mit RC-Gliedern aufbauen [3.4, 3.6].

7.3
Phasenregelkreis (PLL)

Der Phasenregelkreis (Phase-locked-loop, PLL) ist ein spezielles Rückkopplungs- bzw. Servosystem, in dem das Fehlersignal nicht durch einen Spannungs- oder Stromver-gleich, sondern durch einen Phasenver-gleich erhalten wird. Wesentlicher Bestand-teil ist ein als Spannungsfrequenzwandler arbeitender spannungsgesteuerter Oszilla-tor (VCO, voltage controlled oscillator), dessen Schwingfrequenz durch eine Steuer-spannung (Fehlersignal u_f) verändert wer-den kann (Bild 7.5).

Der Phasenregelkreis bewirkt eine Ausre-gelung kleiner Frequenzunterschiede zwi-schen dem Eingangs- und dem Vergleichs-signal, d.h. er führt die Frequenz eines Ver-gleichssignals (f'_a) der Frequenz des Ein-gangssignals (f_e) nach. Die Frequenz des Vergleichssignals ist entweder direkt die Ausgangsfrequenz oder sie steht in defi-niertem Verhältnis zu ihr ($f'_a = f_a/N$).

Die PPL-Schaltung im Bild 7.5 wirkt wie folgt: Ohne Eingangssignal ist das Fehler-

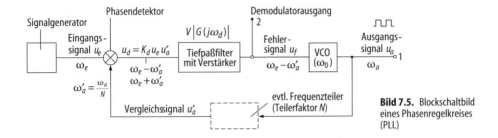

Bild 7.5. Blockschaltbild eines Phasenregelkreises (PLL)

signal $u_f = 0$. Nach Zuführen eines Eingangssignals (f_e) vergleicht der Phasendetektor Phase und Frequenz des Eingangssignals mit dem Vergleichssignal. Bei Nichtübereinstimmung liefert der Phasendetektor die Ausgangsspannung u_d, die Frequenzkomponenten mit $f_e - f'_a$ und $f_e + f'_a$ enthält. Die Differenzfrequenz $f_e - f'_a$ dient als Regelsignal zur Steuerung der VCO-Schwingfrequenz. Diese wird so weit verändert, daß $f_e - f'_a$ gegen Null geht. Im „eingerasteten" Zustand ist $f'_a = f_e$, d.h. $f_a = N f_e$ (N = Teilerfaktor des Frequenzteilers).

Solange f_e und f'_a weit auseinanderliegen, entsteht keine Fehlerspannung u_f am VCO-Eingang, da sowohl $f_e + f'_a$ als auch $f_e - f'_a$ außerhalb des Durchlaßbereiches des Tiefpaßfilters liegen. Der VCO schwingt mit seiner Freilauffrequenz f_0. Nähern sich f_e und f'_a, gelangt $f_e - f'_a$ in den Durchlaßbereich des Tiefpaßfilters, und der PLL „rastet ein", d.h. die VCO-Schwingfrequenz wird so weit verändert, daß $f_e - f'_a \to 0$ wird. Die größte Frequenzdifferenz $|f_e - f_0|$, die unterschritten werden muß, damit der PLL einrastet, heißt „Fangbereich". Der „Haltebereich $2\Delta f_L$", d.h. der Frequenzbereich $f_0 \pm \Delta f_L$, in dem der eingerastete PLL der Eingangsfrequenz f_e folgen kann, ist stets größer als der Fangbereich.

PLL-Schaltungen sind als monolithische Schaltkreise verfügbar, z.B. die Typen 74 LS 297 (TTL, Low Power Schottky, Texas Instr.)

mit $f_0 \leq 50$ MHz und LM 565 mit $f_0 \leq 500$ kHz.

Typische PLL-Anwendungen sind FM-Demodulatoren, digitale Frequenzmodulation (FSK = frequency shift keying) und vor allem die Frequenzsynthese (Bild 7.6), die es ermöglicht, aus einer hochgenauen und hochkonstanten Referenzfrequenz zahlreiche diskrete Frequenzen mit gleicher Genauigkeit und Konstanz abzuleiten (Beispiel: PLL-Frequenzsynthese bei Rundfunkempfängern zur Sendereinstellung).

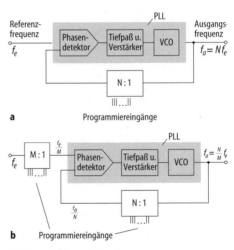

Bild 7.6. Programmierbare Frequenzsynthese. a ganzzahlige Vervielfachung; b Vervielfachung mit gebrochenen Zahlen

8 Digital-Resolver- und Resolver-Digital-Umsetzer

H. Beikirch

8.1 Resolverwirkprinzip

Resolver sind induktive Signalgebersysteme. Sie können als *Drehmelder* mit zweisträngiger Ständerwicklung bezeichnet werden und sind allgemein in die Gruppe der *Transformatorgeber* einzuordnen. Man nutzt bei derartigen Systemen die Änderung des Koppelfaktors zwischen den Wicklungen aus.

Resolver werden zur *Positionier-* und *Folgeregelung* verwendet. Sie werden als Weg- und Winkelgeber zur Sollwert-Istwert-Differenzbildung eingesetzt. Neben den zwei festen Ständerwicklungen, die meist im Winkel von 90° zueinander angeordnet sind, gehört zum Resolver eine bewegliche Wicklung. Der *Winkelsollwert* α_s wird den beiden festen Ständerwicklungen a und b in Form der Wechselspannungen (nach [8.1])

$$u_a = \hat{u} \cos\alpha_s \sin\omega t \qquad (8.1)$$

und

$$u_b = \hat{u} \sin\alpha_s \sin\omega t \qquad (8.2)$$

über einen geeigneten Digital-/Analogumsetzer zugeführt. Durch die Anordnung der Wicklungen zueinander wird in der Läuferwicklung die Spannung

$$u_F = k\,\hat{u} \cos(\alpha_s - \alpha_i)\sin\omega t \qquad (8.3)$$

induziert (α_i Winkelistwert). Die induzierte Spannung ist der Regelabweichung proportional. Der Kopplungsfaktor zwischen Ständer und Läufer wird durch k beschrieben.

Durch eine phasenrichtige Gleichrichtung kann die induzierte Spannung über einen geeigneten Regelkreis ausgeregelt werden.

Bild 8.1 zeigt das Schaltbild eines Resolvers und den zugehörigen Verlauf der *Läuferspannung* u_F.

Die äußere Beschaltung des Resolvers kann beispielsweise als transformatorischer *Wegaufnehmer* nach Bild 8.2 erfolgen. Das Prinzipschaltbild (nach [8.2]) zeigt die einzelnen Funktionsstufen Generator, Teiler, Tiefpaß und Phasenschieber zur Erzeugung der Ständerspannungen u_1 und u_2. Die Ständerspannung wird über Impulsformer, Triggerung und Gatter als Weginformation ausgegeben. Das Funktionsprinzip beruht darauf, daß man eine hohe Hilfsfrequenz (z.B. 5 MHz), die einem Ausgangstor zugeführt wird, um einige Zehnerpotenzen teilt (z.B. auf 2,5 kHz) und damit die Ständerwicklung 1 speist. Bei 90°-Anordnung der beiden Ständerspulen wird an Ständerwicklung 2 die gleiche Frequenz um 90° phasenverschoben angelegt ($\hat{u}_1 = \hat{u}_2$). Bei einer Auslenkung der beweglichen Spule 3 um den Winkel α wird von dieser eine phasenverschobene Spannung u_3 abgegeben, die über Trigger das nachfolgende Tor je-

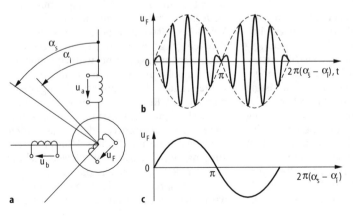

Bild 8.1. a Resolverschaltbild, **b** Verlauf der Läuferspannung und **c** phasenrichtige, gleichgerichtete und geglättete Läuferspannung [8.1]
(α_s Sollwert, α_i Istwert)

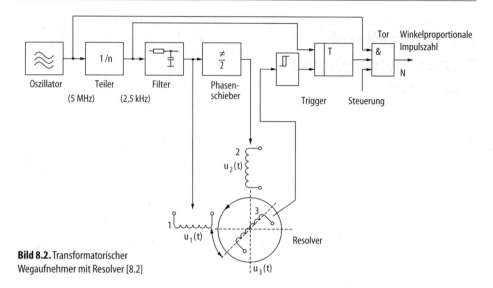

Bild 8.2. Transformatorischer
Wegaufnehmer mit Resolver [8.2]

weils für eine dem Phasenwinkel entsprechende Zeit öffnet. So kann für einen Drehwinkel von 0–180° eine lineare Torung von Impulsen der Generatorfrequenz (5 MHz) erfolgen. Die zyklische Zählung der Ausgangsimpulse entspricht dem Digitalwert des Drehwinkels α. Dieses Verfahren ist besonders für sehr hohe Auflösungen geeignet.

Beispielsweise können bei einer Hilfsfrequenz von 5 MHz und entsprechend präziser mechanischer Anordnung 0–5000 Impulse einem Winkelbereich von 0–180° zugeordnet werden.

8.2
Resolver-Digital-Umsetzer

Die Nutzung des Resolvers wird mit entsprechenden Umsetzerschaltkreisen für die Implementierung in elektronischen Regelungssystemen effektiv realisierbar. Diese Bausteine sind auf die Resolverfunktion abgestimmt und können so mit hoher Auflösung in einem einzigen monolithischen oder hybriden Bauelement die gesamte Steuerung und Signalumformung übernehmen. Das Funktionsprinzip beruht darauf, daß man die Resolverrotorwicklung mit einer Referenzwechselspannung speist. Die Referenzwechselspannung und die beiden Signale der Statorwicklungen werden im Schaltkreis verarbeitet. Ausgangsseitig steht die Winkelinformation digital kodiert in verschiedenen Bitbreiten zur Ausgabe bereit.

Resolver-Digital-Umsetzer werden in großer Vielfalt industriell angeboten. Allein wird derzeitig beispielsweise von der Fa. Analog Devices ein Spektrum von 12 verschiedenen integrierten bzw. hybriden Bausteinen zur Verfügung gestellt. In diesem Spektrum sind Auflösungen von 10 bis 16 bit sowie ein- oder zweikanalige Ausführungen enthalten.

Bild 8.3 zeigt das Blockschaltbild des Umsetzers AD2S46 mit seinen internen Funktionsblöcken sowie das Prinzip der äußeren Beschaltung.

Ein interner Reglkreis, der aus Multiplizierer, Verstärker, phasenempfindlichem Detektor, Integrator, VCO (spannungsgesteuerter Oszillator) und einem gelatchten Vor-/Rückwärtszähler besteht, erzeugt aus den eingangsseitig angelegten Resolverwechselspannungen eine winkelproportionale Impulszahl in Form eines binären Zählerstandes. Die Ständerwicklungsspannungen des Resolvers werden nach einer Verstärkung und Anpassung dem Multiplizierer zugeführt und von dem anliegenden Zählerstand beeinflußt. Das Multipliziererausgangssignal wird vom Phasendetektor mit der Referenzwechselspannung verglichen. Entsprechend der Phasendifferenz wird über den Integrator der VCO angesteu-

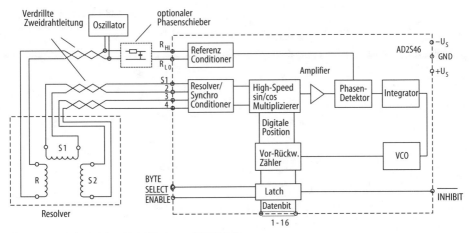

Bild 8.3. Prinzip des Resolver-Digital-Umsetzers AD2S46 [8.3]

ert. Die daraus resultierende Zähler-standsänderung (digitale Position) geht wiederum in die Multiplikation mit den Resolverspannungen ein.

Besonders ist zu beachten, daß die Verbindungsleitungen zu den Resolverwicklungen symmetrisch und störungsfest (verdrillte Zweidrahtleitung) verlegt werden, um auch nur geringfügige Phasenveränderungen der Signale zu verhindern. Ebenfalls ist in bekannter Weise die Betriebsspannung von ±15 V abzublocken. Der digitale Ausgangssignalanschluß ist für die Steuerung mittels Mikroprozessor vorbereitet. Der Baustein ist deshalb auch in derartige Systeme leicht integrierbar.

Anwendungsbereiche von Resolver-Digital-Umsetzern sind beispielsweise Ultraschallsysteme, CNC-Maschinensteuerungen, Servo-Steuerungssysteme, Antennensteuerungen, Radarsysteme und Kreiselsteuerungen.

8.3
Digital-Resolver-Umsetzer

Digital-Resolver-Umsetzer werden mit digitalen Eingangssignalen gesteuert. Die digitalen Eingangssignale werden meist parallel (z.B. 14–16 bit) angelegt und stellen jeweils einen Faktor für den Sinus- und den Cosinusmultiplizierer ein. An die beiden Multiplizierer wird als zweiter Faktor eine

Referenzwechselspannung, die eine variable Frequenz von beispielsweise von 10 kHz bis hinunter zu 0 Hz (Gleichspannung) haben kann, angelegt. Mit den von den beiden Multiplizierern erzeugten und verstärkten Ausgangssignalen können 2 Resolverwicklungen angesteuert werden. An der dritten Resolverwicklung kann so die eingestellte Phaseninformation abgenommen werden.

Für die hochauflösende Signalkonvertierung mit Digital-Resolver-Umsetzern stehen einige industrielle integrierte bzw. Hybridbausteine zur Verfügung. Unter anderem bietet Analog Devices [8.3] die Bausteine DRC1746 und AD2S66 für 16 bit Auflösung sowie DRC1745 und AD2S65 für 14 bit Auflösung an.

Über ein internes transparentes Latch werden die zwei Multiplizierer digital parallel angesteuert. Die Multiplikation erfolgt jeweils mit der Wechselspannung, die der externe Oszillator an den Eingängen A_{HI} und A_{LO} bereitstellt. Die Ausgangswechselspannungen der Multiplizierer werden verstärkt und liegen an den Ausgängen SIN und COS zur Ansteuerung der Resolverwicklungen an.

Die Anwendung dieser Bausteine ist vorzugsweise bei Radar- und Navigationssystemen, Flugzeuginstrumenten, Simulationssystemen, Koordinatenkonvertierung und Tiefstfrequenzoszillatoren zu finden.

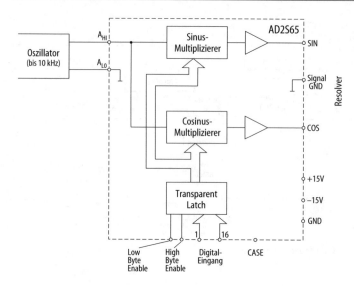

Bild 8.4. Prinzip des Digital-Resolver-Umsetzers AD2S65 [8.3]

Literatur

8.1 Junge H-D, Müller G (1994) Lexikon Elektrotechnik. VCH Verlag, Weinheim
8.2 Töpfer H, Kriesel W (1988) Funktionseinheiten der Automatisierung. 5. Aufl., Verlag Technik, Berlin

8.3 Data Converter Reference Manual, Vol. 1. (1992) Analog Devices Inc., Norwood, Mass. (USA)

9 Modulatoren und Demodulatoren

M. SEIFART

Modulation ist das Aufprägen einer Signalgröße (Information) auf eine Trägergröße (Zeitfunktion, z.B. höherfrequente Sinus- oder Rechteckschwingung). In Abhängigkeit davon, welcher Parameter des Trägers durch die Signalgröße verändert (gesteuert) wird, ist zwischen AM (Amplitudenmodulation), FM (Frequenzmodulation) und PM (Phasenmodulation) zu unterscheiden. Darüber hinaus gibt es weitere Modulationsarten.

Modulationsarten [9.1–9.5]

Sowohl der Träger als auch das modulierende Signal können a) zeitkontinuierliche oder b) zeitdiskrete Funktionen sein. Es lassen sich daher folgende vier Modulationsarten unterscheiden:

1. Zeitkontinuierlicher Träger (sinusförmiger Träger)
   a) wertkontinuierliches modulierendes Signal
      Beispiele: AM, FM, PM
   b) wertdiskretes modulierendes Signal
      Beispiele: ASK (amplitude shift keying = Amplitudenumtastung), FSK (frequency shift keying = Frequenzumtastung), PSK (phase shift keying = Phasenumtastung)
2. Zeitdiskreter Träger (Pulsfolge als Träger)
   a) wertkontinuierliches modulierendes Signal
      Beispiele: PAM (Pulsamplitudenmodulation), PFM (Pulsfrequenzmodulation), PPM (Pulsphasenmodulation), PDM (Pulsdauermodulation), Puls-Tastverhältnismodulation
   b) wertdiskretes modulierendes Signal
      Beispiele: quantisierte PAM/PFM/PPM/PDM; digitale Modulationsverfahren, z.B. PCM (Pulskodemodulation), Deltamodulation.

Mit Hilfe der Modulation ist es möglich, niederfrequente Signale in einen wesentlich höheren Frequenzbereich zu transponieren, der sich für die Informationsübertragung (z.B. drahtlos) besser eignet. Am Ende der Übertragungsstrecke muß eine Demodulation vorgenommen werden, um das ursprüngliche niederfrequente Signal zu rekonstruieren.

Die Trägergröße und das modulierende Signal werden im Modulator multiplikativ verknüpft. Schaltungstechnisch und hinsichtlich des Wirkprinzips kann diese Multiplikation auf unterschiedliche Weise erfolgen:

1. Durch Multiplizierstufen (multiplikative Modulatoren); realisierbar mittels aktiver Bauelemente oder Schaltungen mit zwei unabhängig wirkenden Steuereingängen (Mischröhre, Dual-Gate-FET, Steilheitsmultiplizierer),
2. über nichtlineare Elemente, an dessen Eingang sowohl die Träger- als auch die Signalfrequenz zugeführt wird (additive Modulatoren),
3. über gesteuerte Schaltelemente, z. B. Dioden,
4. durch logische Verknüpfungen,
5. durch Rückführen in andere Modulationsarten als Zwischenschritt.

Viele Modulator-/Demodulatorschaltungen sind für funktechnische Anwendungen bzw. sehr hohe Frequenzen konzipiert. Nachfolgend beschränken wir uns auf typische Schaltungen und Prinzipien für den Einsatz in der Meß- und Automatisierungstechnik. Weitergehende Ausführungen findet man u.a. in [9.1–9.3].

9.1 Modulatoren

9.1.1 Wertkontinuierliches Modulationssignal

AM. Var. 1 (multiplikative Modulation): Multipliziert man, z.B. mittels eines integrierten Vierquadrant-Multiplizierers (s. Abschn. 7.1) zwei Sinusschwingungen mit den unterschiedlichen Frequenzen f_S (Signalfrequenz) und f_T (Trägerfrequenz), so entsteht eine Ausgangsspannung, die die beiden Frequenzkomponenten $f_T + f_S$ und $f_T - f_S$ (Seitenbänder) enthält (AM-Rundfunk).

Var. 2 (additive Modulation): Werden zwei nichtlineare Elemente in einer symmetrischen Differenzanordnung so zusammengeschaltet, daß das eine mit der Differenz und das andere mit der Summe von f_T und f_S erregt wird, tritt im Ausgangssignal u.a. das Produkt aus f_S und f_T auf, d.h. es entstehen die gleichen Seitenbänder wie bei Var. 1. Auf diesem Wirkprinzip beruht der weitverbreitete Gegentaktmodulator mit Dioden. Die Trägeramplitude schaltet beide Dioden periodisch in den Sperr- und Durchlaßzustand (Bild 9.1a, b). Ein weiteres Beispiel ist der Ringmodulator, der im Prinzip ein Doppelgegentaktmodulator ist (Bild 9.1c, d), s.a. Abschn. 3.4.3.

Die gleiche Funktion wie der Ringmodulator führt auch ein gesteuerter Polaritätsumkehrer aus: Die Rechteckträgerfrequenz schaltet abwechselnd den Schalter S ein und aus. Bei geschlossenem Schalter invertiert

die Schaltung: $u_A = -u_E$. Bei geöffnetem Schalter wirkt sie als Spannungsfolger: $u_A = u_E$ (Bild 9.2).

FM. Die meisten Modulatoren enthalten LC-Oszillatoren, deren Frequenz ($>0,1 \dots 1$ MHz) durch die modulierende Größe über eine Kapazitätsdiode oder eine Reaktanzschaltung gesteuert wird. Beispiele solcher Oszillatoren sind Dreipunktoszillatoren, VCOs und astabile Multivibratoren. Die größte Linearität und einen sehr großen Dynamikbereich haben Spannungs- und Stromfrequenzwandler. Ihre Übertragungskennlinie f (U_{Steuer}) geht nahezu exakt durch Null. Sie eignen sich für niedrige und mittlere Frequenzen ($<1 \dots 5$ MHz).

PM. Bei höheren Frequenzen wird ein auf f_T abgestimmter Selektivverstärker verwendet, dessen Resonanzfrequenz (und damit seine Phasendrehung) durch eine Kapazitätsdiode oder Reaktanzschaltung in Abhängigkeit von der modulierenden Signalfrequenz gesteuert wird.

PAM. Die Amplitude einer Rechteckimpulsfolge wird proportional zur Amplitude des modulierenden Signals gesteuert. Eine

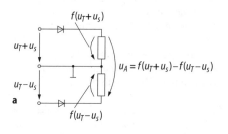

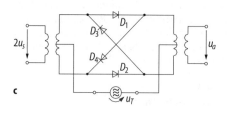

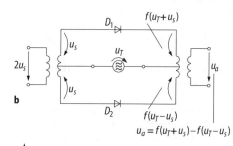

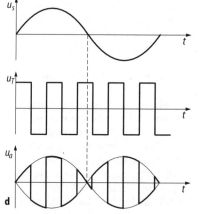

Bild 9.1. Schaltungen zur Amplitudenmodulation.
a Prinzip; **b** Schaltung des Gegentaktmodulators;
c Ringmodulator; **d** Wirkungsweise des Ringmodulators
als Multiplizierer

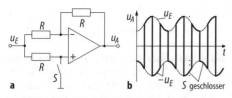

Bild 9.2. Gesteuerter Polaritätsumkehrer als Modulator.
a Schaltung; **b** Zeitverlauf von u_A

Abtast- und Halteschaltung hält den jeweiligen Amplitudenwert bis zum nächsten Abtastimpuls konstant.

PDM. Diese Modulationsart hat den Vorteil, daß die Übertragung nicht linear erfolgen muß und die Demodulation sehr einfach durch Mittelwertbildung (Tiefpaß) erfolgen kann. Ein Schaltungsbeispiel mit einem Komparator und einem Dreieckgenerator zeigt Bild 9.3. Genau betrachtet ist diese Schaltung ein Tastverhältnismodulator, denn es gilt [3.4] $t_1/t_2 = (U_P - u_1)/(U_P + u_1)$ und $t_1/T_{per} = t_1/(t_1 + t_2)$.

Eine weitere Schaltung zur $U(I)$/Tastverhältniswandlung ist der im Charge-balancing-ADU enthaltene $U(I)/f$-Wandler (s. Abschn. 11.4.3.).

9.1.2
Wertdiskretes Modulationssignal

ASK: Die Trägeramplitude wird ein-/ausgeschaltet

FSK: Die Modulation erfolgt z.B. mit einer PLL-Schaltung (VCO)

PCM: Der Träger ist pulsförmig. Er wird mit einem diskontinuierlichen kodierten Impulssignal moduliert (serielle digitale Datenübertragung).

9.2
Demodulatoren

AM. Die Demodulation kann durch Gleichrichten oder Multiplizieren erfolgen. Bei genügend großer Amplitude der modulierten Schwingung läßt sich die lineare Gleichrichterschaltung verwenden. Noch einfacher und in Rundfunkempfängern häufig verwendet ist der Spitzengleichrichter. Die Kondensatorspannung u_C folgt bei geeigneter Dimensionierung der RC-Zeitkonstante [3.4] in guter Näherung dem zeitlichen Verlauf der Signalspannung u_S („Hüllkurve" im Bild 9.4)

Eine weitere Möglichkeit ist der Synchrondemodulator (Synchrongleichrichter, phasenempfindlicher Gleichrichter). Führt man dem einen Eingang eines Multiplizierers die amplitudenmodulierte Schwingung und dem anderen Eingang die Trägerschwingung zu, so erhält man eine Ausgangsspannung, die das demodulierte Signal enthält.

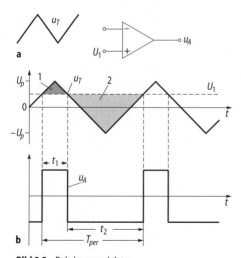

Bild 9.3. Pulsdauermodulator.
a Prinzip; **b** Zeitverlauf der Ein- und Ausgangsspannungen u_T (Träger), U_1 (Signal)

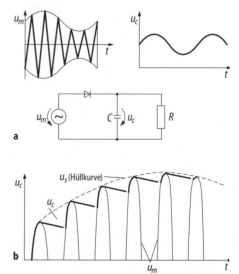

Bild 9.4. Spitzengleichrichter als AM-Demodulator.
a Schaltung; **b** Zeitverlauf

FM. Var. 1: Die FM-Schwingung wird z.B. an der Flanke eines Resonanzkreises in eine AM-Schwingung umgewandelt, die anschließend demoduliert wird (Ratiodetektor in Rundfunkempfängern). Var. 2: Bessere Eigenschaften erhält man bei der Demodulation mittels f/U-Wandler oder PLL (Linearität). Var. 3: Eine PLL-Schaltung läßt sich zur FM-Demodulation einsetzen, indem sie so dimensioniert wird, daß die Freilauffrequenz des VCO annähernd mit der Trägerfrequenz des FM-Signals übereinstimmt. Die VCO-Frequenz folgt der frequenzmodulierten Eingangsschwingung. Dabei stellt die Fehlerspannung u_f die demodulierte NF-Schwingung dar.

Die Linearität des Demodulators wird von der Linearität des VCO bestimmt.

PDM. Das modulierende Signal läßt sich durch einfache Mittelwertbildung der modulierten Rechteckpulsfolge zurückgewinnen.

FSK. Bei diesem weit verbreiteten Modulationsverfahren erfolgt die Demodulation mittels einer PLL-Schaltung (s. Abschn. 7.3). Sie wird so dimensioniert, daß die Freilauffrequenz des VCO in der Mitte der beiden für die 0/1-Signaldarstellung benutzten Frequenzen liegt. Die Fehlerspannung u_f des PLL-Regelkreises stellt das demodulierte Binärsignal dar. Bei der hohen Frequenz ist u_f groß, bei der niedrigen Frequenz ist u_f Null oder negativ.

Literatur

9.1 Fink DG, Christiansen D (Hrsg.) (1989) Elektronics Engineers' Handbook, 3. Aufl. Mc Graw-Hill, New York

9.2 Zinke O (1993) Hochfrequenztechnik. Springer, Berlin Heidelberg New York

9.3 Herter E, Lörcher W (1992) Nachrichtentechnik, 6. Aufl. Hanser, München Wien

9.4 Junge H-D, Möschwitzer A (1993) Lexikon Elektronik. VCH, Weinheim

9.5 Sautter D, Weinerth H (1993) Lexikon Elektronik und Mikroelektronik, 2. Aufl. VDI Verlag, Düsseldorf

10 Sample-and-Hold-Verstärker

M. Seifart

Sample-and-Hold-Verstärker (Abtast- und Halteschaltungen) sind Analogwertspeicher mit begrenzter Speicherzeit. Sie haben die Aufgabe, aus einem analogen Signal zu einer beliebigen Zeit den Momentanwert herauszugreifen (abzutasten, engl. sample) und bis zu einem anderen vorgegebenen Zeitpunkt zu halten (speichern). Typische Anwendungen sind Analog-Digital- und Digital-Analog-Umsetzer (z.B. in schnellen Datenerfassungssystemen), analoge Verzögerungsglieder und die Pulsamplitudenmodulationstechnik.

Das Prinzip zeigt Bild 10.1. Während der Abtastperiode (Sample- bzw. Track-Betriebsart) schließt der Schalter S, und C lädt sich näherungsweise auf den am Ende der Abtastperiode vorhandenen Analogwert U_E auf. Wenn ein HOLD-Befehl (H-Pegel) am Steuereingang U_{st} auftritt, speichert die S/H-Schaltung die auf dem Speicherkondensator befindliche Spannung bis zum nächsten Sample- bzw. Track-Befehl. Falls die Schaltung überwiegend mit geschlossenem Schalter betrieben wird, spricht man von einer Track-and-hold-Schaltung. Die Steuereingänge sind üblicherweise für TTL-Pegel ausgelegt. Praktisch werden die Schaltungen mit Operationsverstärkern und mit FET-Schaltern realisiert.

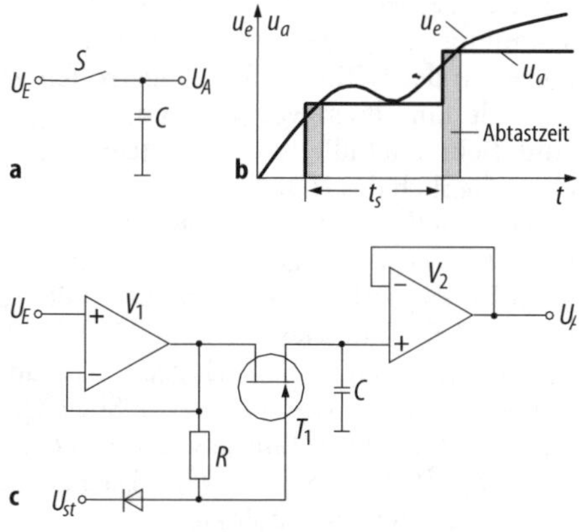

Als Speicherkondensatoren müssen hochwertige Typen mit hohem Isolationswiderstand eingesetzt werden. Sie dürfen keine Nachladungserscheinungen aufweisen. Günstig sind Kondensatoren mit Polykarbonat-, Polyäthylen- oder Teflondielektrikum.

Falls sich C mit dem konstanten Strom I_{ent} (Eingangsruhestrom des OV und Sperrstrom durch den Schalter) entlädt, ändert sich seine Spannung während der Haltezeit t_s um $\Delta U = I_{ent} t_s / C$. Bei $I_{ent} = 10$ μA und $C = 10$ μF entlädt sich der Speicherkondensator während der Haltezeit um etwa 1 mV/s. Die zulässige Haltezeit hängt von der erforderlichen Genauigkeit der gespeicherten Spannung ab. Typische Werte: Sekunden bis Minuten.

Mit Vergrößerung von C wächst die Einschwingzeit und damit die erforderliche Abtastzeit.

Ein zusätzlicher Offsetfehler entsteht durch Schaltspitzen (Spikes) beim Schalten des FET infolge der Kapazität C_{gs} und evtl. C_{gd} [3.8]. Besonders beim Sperren des Schalters (Übergang von Abtasten auf Halten) ruft die über seine GS- (bzw. GD-)Strecke auf den Haltekondensator injizierte Ladung eine Spannungsänderung $\Delta U_A = \Delta Q / C$ hervor (Pedestal-Fehler). Sie läßt sich durch genügend große Speicherkapazität C meist klein halten, allerdings wächst dadurch die Einschwingzeit. Eine weitere Möglichkeit zur Reduzierung des entsprechenden Fehlers besteht in der Verwendung von Differenzschaltungen.

Als Schalter werden fast ausschließlich FET eingesetzt.

Bild 10.1. Abtast- und Halteschaltungen.
a Prinzip; **b** Erläuterung des Abtastvorgangs; **c** Schaltung mit getrennter Gegenkopplung

$$U_A = \begin{cases} U_E & \text{für } U_{st} > U_{E\,max} \\ \text{const} & \text{für } U_{st} < U_{E\,min} + U_p \end{cases}$$

U_p Schwellspannung von T_1

Einige Kenngrößen (Bild 10.2):

Einstellzeit (aquisition time). Zeitintervall zwischen der Flanke des Steuersignals

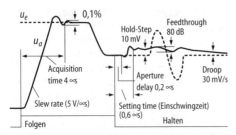

Bild 10.2. Zur Erläuterung der Kenndaten von Sample- (Track-) and Hold-Schaltungen. Zahlenwerte typisch für LF 398 (mehrere Hersteller) mit einem Haltekondensator von 1 nF

SAMPLE (Beginn der Sample-Phase) und dem Zeitpunkt, zu dem die Ausgangsspannung U_A bis auf eine Abweichung von ±0,01% oder 0,1% eingeschwungen ist; wird in der Regel bei maximaler Eingangsspannung angegeben. Der kritischste Fall liegt vor, wenn sich die Eingangsspannung zwischen zwei aufeinanderfolgenden Abtastungen über den gesamten Eingangsspannungsbereich ändert.

Aperturzeit t_A (auch aperture delay genannt). Zeitintervall zwischen dem Anlegen eines HOLD-Befehls und dem völligen Öffnen des Schalters.

Apertur-Jitter Δt_A. Der Schwankungsbereich der Aperturzeit. Er bestimmt letzten Endes die maximale Eingangssignalfrequenz bzw. Anstiegsgeschwindigkeit, die für eine vorgegebene Genauigkeit verarbeitet werden kann, da der Übernahmezeitpunkt um Δt_A unsicher ist.

Haltedrift (droop rate). Die zeitliche Änderung der Ausgangsspannung während der HOLD-Phase (2 µV/ms ... 1 mV/ms).

Abtastrate (sample rate). Maximale Frequenz, mit der ein kompletter Abtast- und Haltevorgang bei vorgegebener Genauigkeit der Signalübertragung ablaufen kann.

Anstiegsrate (slew rate) S_r. Maximale Änderungsrate, die die Ausgangsspannung während der Track-(Sample-)Phase realisieren kann.

Einschwingzeit (settling time track mode). Zeitintervall zwischen dem Anlegen eines Track-Befehls und dem Einschwingen der Ausgangsspannung bis auf definierte Abweichung vom Endwert.

Track-to-Hold-Settling: Zeitintervall zwischen dem HOLD-Befehl und dem Einschwingen der Ausgangsspannung bis auf ein definiertes Fehlerband (z.B. ±0,01%).

Durchgriff (feedthrough). Derjenige Betrag des analogen Eingangssignals, der zum Analogausgang während der Hold-Phase gekoppelt wird; steigt mit zunehmender Eingangssignalfrequenz. Trotz des gesperrten Schalters kann z.B. über dessen Kapazität in der Speicherstellung ein geringer Teil der Eingangsspannung in den Ausgangskreis gelangen (proportional zur Eingangssignalfrequenz, umgekehrt proportional zu C wegen $\Delta U_A = \Delta U_E C_{DS}/C$). Das kann bei Multiplexbetrieb störend sein und u.U. erforderlich machen, daß der nächste „Kanal" erst an die Abtast- und Halteschaltung angeschlossen wird, nachdem das vorhergehende Signal verarbeitet ist.

Pedestal (hold pedestal, hold step ΔU_A). Unerwünschter Ausgangsspannungssprung, der beim Umschalten in die Hold-Phase infolge von Ladungseinkopplung während des Schaltvorgangs auftritt; auch Sample- bzw. Track-Hold-Offset genannt.

Gesamter Offset (in der HOLD-Phase). Differenz zwischen der analogen Eingangsspannung und der Ausgangsspannung, nachdem der HOLD-Befehl eingetroffen ist und alle Einschwingvorgänge abgeklungen sind. Beinhaltet alle internen Offsetgrößen einschließlich des HOLD-Pedestal.

Industrielle Beispiele: LF 198/298/398 (allgemeine Anwendungen, Einschwingzeit 4 µs auf 0,1%); NE 5080 (Signetics) (höhere Genauigkeit und Geschwindigkeit als LF 398, 12 ... 14 bit, Einschwingzeit 1 µs auf 0,01%); AD 781 (Analog Devices): Speicherkondensator intern, Einschwingzeit 0,6 µs, Genauigkeit 12 bit, S_r = 60 V/µs, Dachabfall 10 mV/ms, BiMOS-Technologie.

11 Analog-Digital-Umsetzer

M. Seifart

Zur digitalen Verarbeitung und Weiterverarbeitung von Analogsignalen muß das Analogsignal, ggf. nach Verstärkung und analoger Vorverarbeitung (z.B. Konditionierung von Sensorsignalen und Umwandlung in Spannungssignale), zunächst digitalisiert werden. Die dazu erforderlichen AD-Umsetzer (ADU) sind heute meist als integrierte Schaltkreise in zahlreichen Ausführungen auf dem Markt. Spezielle Ausführungen sind mit einem Analogmultiplexer und/oder einer Sample and Hold-Schaltung kombiniert. Es gibt auch Einchipmikrorechner mit auf dem Chip integriertem 8- oder 10-Bit ADU.

Die überwiegende Anzahl elektrischer ADU ist für die Umsetzung einer Spannung ausgelegt. Solche ADU werden nachfolgend behandelt [3.4, 3.6, 11.1–11.5]. Umsetzer für geometrische Größen findet man im Abschnitt 8.2.

11.1 Umsetzverfahren

Hauptschritte bei der Umsetzung. Die Umsetzung analoger in digitale Signale erfolgt in der Regel in der Weise, daß das analoge Eingangssignal zu bestimmten diskreten Zeitpunkten abgetastet wird und diese Abtastwerte vom ADU in ein proportionales digitales Signal (Zahl) umgesetzt werden. Bei der Umsetzung laufen zeitlich nacheinander oder teilweise gleichzeitig folgende drei Vorgänge ab:

1. Zeitliche Abtastung des analogen Eingangssignals (Zeitquantisierung)
2. Quantisierung der Signalamplitude (der max. Quantisierungsfehler beträgt $\pm U_{E\,lsb}$)
3. Kodierung (Verschlüsselung) des ermittelten Amplitudenwertes.

Durch die Abtastung und die Quantisierung entsteht ein Informationsverlust. Dieser Fehler läßt sich durch eine genügend hohe Abtastrate sowie durch hinreichend kleine Quantisierungsschritte klein halten. Das führt jedoch u.U. zu harten Forderungen hinsichtlich der ADU-Auflösung und seiner Umsetzzeit. Beispielsweise eignen sich ADU mit Umsetzzeiten von mehreren 10 µs bei vertretbaren Fehlern nur zur Umsetzung von Eingangssignalen mit einer Bandbreite von wenigen kHz.

Kennlinie des ADU. Ein ADU setzt eine analoge Eingangsgröße (meist Eingangsspannung u_E) in eine diskrete Zahl z um, die angibt, wievielmal die elementare Quantisierungseinheit $U_{E\,LSB}$ (das ist die dem LSB des ADU-Ausgangswortes entsprechende ADU-Eingangsspannung) in der analogen Eingangsgröße enthalten ist:

$$u_E = z U_{E\,LSB} \, . \tag{11.1}$$

Das digitale Ausgangswort z des ADU ist eine kodierte Darstellung des Verhältnisses $u_E/U_{E\,LSB}$. Bei einem n-Bit-ADU gilt [3.4]

$$U_{E\,LSB} = \frac{FSR}{2^n} \tag{11.2}$$

FSR = nomineller Eingangssignalbereich (hier: Eingangsspannungsbereich) des ADU, z.B. 10 V bei $u_E = 0\ldots+10$ V, 20 V bei $u_E = -10$ V$\ldots+10$ V.

Ein n-Bit-ADU mit Dualausgang z kann 2^n unterschiedliche Werte unterscheiden und ausgeben. Bei unipolarer Eingangsspannung gilt die Zuordnung $u_E = 0 \mathrel{\hat=} z = 0$. Die maximale Ausgangszahl beträgt

$$z_{\max} = 2^n - 1 \, . \tag{11.3}$$

Aus (11.3) folgt mit (11.1) und (11.2)

$$u_{E\max} = z_{\max} U_{E\,LSB} = \left(2^n - 1\right)\frac{FSR}{2^n} \tag{11.4}$$
$$= \left(1 - 2^{-n}\right) FSR \, .$$

Die der maximalen Ausgangszahl $z_{\max}$ entsprechende Eingangsspannung $u_{E\,\max}$ ist also um $U_{E\,LSB}$ kleiner als der nominelle Bereichsendwert FSR (Bild 11.1).

Klassifizierung. Die zahlreichen Schaltungsvarianten von ADU lassen sich nach verschiedenen Gesichtspunkten klassifizieren, z.B.

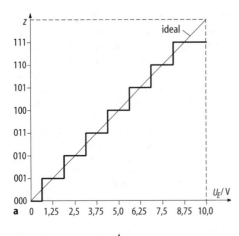

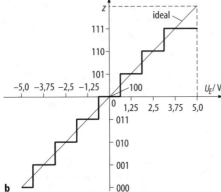

Bild 11.1. Kennlinie eines 3-bit-ADU.
a Unipolarbetrieb; **b** Bipolarbetrieb mit offsetbinärem
Ausgangscode $FSR = 10\,V$, $U_{E\,LSB} = 1,25\,V$.
Bemerkung: Der ADU kann auch so abgeglichen
werden, da die Treppenkurve um 0,625 V nach rechts
verschoben ist

- ADU mit Rückkopplung und reine Vor-
  wärtstypen (ohne Rückkopplung)
- direkte (direkter Spannungsvergleich)
  und indirekte ADU (Frequenz oder Zeit
  als Zwischenabbildgröße)
- Momentanwert- und integrierende ADU
- Einteilung nach der Anzahl der Normale
  und der Rechenschritte beim Umsetzvorgang.

Die letztgenannte Klassifizierung ist besonders aussagekräftig (Tabelle 11.1). Sie erfaßt
ausschließlich den Vorgang der Umsetzung
und ist unabhängig von schaltungstechnischen Varianten. Die erforderliche Anzahl
von Vergleichs- und Zähloperationen, d.h.

die Anzahl der Rechenschritte, die benötigt
wird, um die Übereinstimmung zwischen
dem analogen Eingangssignal und dem
Vergleichsnormal herzustellen, und die Anzahl der Normale stehen im umgekehrten
Verhältnis zueinander.

Die am meisten verwendeten Wirkprinzipien sind das Parallelverfahren, das Wägeverfahren (Sukzessiv-Approximationsverfahren, Stufenumsetzer) und Zählverfahren
mit analoger Zwischenspeicherung (Tabelle
11.1). Das Parallelverfahren ("Video-ADU")
wird nur angewendet, wenn extrem hohe
Abtastraten benötigt werden. Mehrkanalige
Analogwerterfassungseinheiten für Mikrorechner mit Analogmultiplexer verwenden
aus Gründen der kurzen Umsetzzeit meist
ADU nach dem Sukzessiv-Approximationsverfahren.

Falls jedoch auf hohe Umsetzraten kein
Wert gelegt werden muß, z.B. beim prozeßnahen Einsatz, ist ein integrierender ADU
(z.B. Zweiflanken- oder Charge-balancing-
Verfahren) deutlich überlegen, da eine
hohe Störunterdrückung erzielt wird. Das
Verhalten eines ADU gegenüber Störspannungen ist eine für den praktischen Einsatz
in der Automatisierungstechnik wichtige
Eigenschaft. Der Momentanwertumsetzer
gibt den im Augenblick des Vergleichs vorhandenen Amplitudenwert der Eingangsgröße aus, ist also empfindlich gegenüber
Störspannungen. Integrierende Umsetzer
sind in der Lage, bei geeignet gewählter Integrationszeit periodische Störgrößen
(und auch Impulsgrößen) zu unterdrücken. Beträgt die Integrationszeit 20 ms
oder ein Vielfaches davon, so werden die
häufig auftretenden 50-Hz-Störungen
einschließlich der Oberwellen nahezu völlig unterdrückt.

Ratiometrische Umsetzung. Viele ADU
ermöglichen das Anschalten einer externen
Referenzspannungsquelle. Falls diese Spannung in einem großen Spannungsbereich
schwanken darf, ohne daß die Funktion des
ADU beeinträchtigt wird, läßt sich die "ratiometrische Umsetzung" nach Bild 11.2
realisieren. Das digitale Ausgangssignal ist
hierbei unabhängig von der Referenzspannung (Anwendungsbeispiel: Messung an
Meßbrücken, digitale Anzeige von Poten-
tiometerstellungen).

Tabelle 11.1. Die wichtigsten AD-Umsetzverfahren mit Angabe der Anzahl der Rechenschritte und der benötigten Normale für einen Umsetzvorgang (bezogen auf einen n-Bit-ADU)

Verfahren	Schritte	Normale	besondere Merkmale
Parallelverfahren (Video-ADU) Momentan-wertverfahren	1	2^n-1	– sehr schnell (Umsetzraten >50 bis 300 MHz) – sehr aufwendig (255 Komparatoren für 8-bit-ADU)
Sukzessiv-Approximations-verfahren, Wägeverfahren	n	n	– relativ kurze Umsetzzeit (typ. 5 … 20 µs) – mittlere bis hohe Genauigkeit – Sample-and-Hold-Schaltung erforderlich – Arbeitsweise wie Waage mit dual gestuften Gewichten (8 Schritte und 8 dual gestufte Normale bei 8-bit-ADU)
Zählverfahren, integrierende Verfahren mit analoger Zwischen-umsetzung	2^n-1	1	– sehr einfach – sehr genau – lange Umsetzzeit (typ. >1 ms) – Mittelwertbildung des Eingangssignals (Störunterdrückung) – Eingangssignal wird in einem Integrator (Säge-zahngenerator) in ein proportionales Zeitintervall bzw. in eine Frequenz umgewandelt, danach: Digitalisierung durch Auszählen

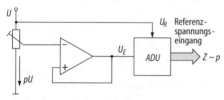

Bild 11.2. Ratiometrische AD-Umsetzung

11.2 Parallelverfahren

Der parallele ADU ermöglicht vom Wirkprinzip her die kürzesten Umsetzzeiten. Seine Wirkungsweise beruht darauf, daß (im Fall eines n-Bit-ADU) die analoge Eingangsspannung in einem einzigen Schritt mit 2^n-1 unterschiedlichen Referenzspannungen (Normalen) verglichen wird und daß festgestellt wird, welches dieser 2^n-1 Normale mit der Eingangsspannung annähernd gleich ist. Die "Nummer" dieses Normals wird in kodierter Form (z.B. im Dualkode) als digitales Ausgangswort des ADU ausgegeben (Bild 11.3). Der Aufwand für ADU nach diesem Verfahren ist sehr hoch; denn für einen 8-Bit-Umsetzer werden $2^8-1 = 255$ Komparatoren benötigt. Große Probleme stellt auch die geforderte Genauigkeit der Komparatorschwelle dar. Solche „Video-ADU" werden daher nur für Auflösungen <8 … 10 Bit bei Umsetzraten

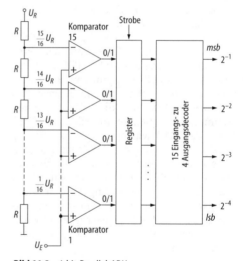

Bild 11.3. 4-bit-Parallel-ADU

bis 300 bzw. 100 MHz und <6 … 8 Bit bei Umsetzraten bis 500 MHz hergestellt. Ihr Einsatz erfolgt in Digitaloszilloskopen sowie für schnelle Signalverarbeitungsaufgaben mit Signalprozessoren, z.B. zur Sprachverarbeitung und -erkennung, Hochgeschwindigkeitsabtastung bei der Bildverarbeitung, Datenanalyse, für Transientenrekorder, für stochastische Meßtechnik usw. Zu dieser Gruppe von Umsetzern gehören auch Abarten des Parallelverfahrens, z.B. das

2-Stufen-Parallelverfahren, bei dem zur Auflösungserhöhung zwei parallele ADU in Kaskade Verwendung finden. Die Umsetzung erfolgt dabei in zwei Schritten [2.2].

11.3
Wägeverfahren (sukzessive Approximation)

Charakteristisch für dieses Verfahren ist, daß die Stufen, in denen die Kompensationsspannung (Ausgangsspannung eines DA-Umsetzers) verändert wird, unterschiedlich groß sind, d.h. unterschiedliches „Gewicht" haben. Die Stufung entspricht dem verwendeten Kode; Quantisierung und Kodierung erfolgen hier in einem einzigen Prozeß, da der Kode durch die Stufen festgelegt ist. Der Vergleich zwischen Eingangs- und Vergleichsspannung erfolgt zeitlich nacheinander Bit für Bit unter Verwendung eines DA-Umsetzers in einer Kompensationsschaltung nach Bild 11.4.

Die Umsetzung läuft wie folgt ab: Nach dem Startsignal werden von der Programmsteuerung das MSB (MSB most significant bit: höchstes signifikantes Bit) des DA-Umsetzers auf 1 und alle übrigen Bits auf 0 gesetzt, so daß die DAU-Ausgangsspannung $U_R/2$ beträgt. Im Fall $U_E < (U_R/2)$ wird das MSB wieder nullgesetzt; für $U_E > (U_R/2)$ verbleibt das MSB auf 1-Signal. Anschließend daran werden in gleicher Weise alle übrigen Bits verarbeitet. Das nach beendeter Umsetzung an den DAU-Eingängen anliegende Bitmuster (das zusätzlich in das Pufferregister geladen wird) stellt den Digitalwert der Eingangsspannung U_E dar.

Die geringe erforderliche Schrittzahl beim Stufenumsetzer (acht Schritte bei 8-Bit-Auflösung) ermöglicht eine Umsetzzeit im Bereich von einer Mikrosekunde bis zu etwa 50 µs (abhängig von der DAU- und Komparatoreinschwingzeit).

Während der Umsetzzeit muß die analoge Eingangsspannung bis auf $\pm 1/2$ LSB vom Eingangsspannungsbereich konstant gehalten werden. Hierzu ist meist das Vorschalten einer Abtast- und Halteschaltung erforderlich [11.4].

Der Trend bei digitaler Meßwerterfassung geht dahin, die Umformung des analogen Meßwerts in diskrete oder frequenzanaloge Signale innerhalb der Meßkette möglichst weit in Richtung zum Aufnehmer (Fühler) zu verschieben. Die Preisentwicklung bei hochintegrierten Schaltungen – einschließlich des Mikroprozessors und der Koppelelemente zum Prozeß – verstärkt den Trend zur dezentralisierten Meßwerterfassung und (Vor-)Verarbeitung. In zunehmendem Umfang erfolgt die dezentrale Aufbereitung von Meßwerten (Umsetzung, Korrektur, Verknüpfung mehrerer Meßwerte, Mittelwertbildung u.a.) durch Mikrorechner, von denen aus verdichtete Meßwerte in diskreter Form z.B. zum zentralen Rechner übertragen werden.

Die Übertragung kodierter Signale ist gegenüber industrietypischen Störungen sehr empfindlich, so daß für diese Anwendung zusätzliche Maßnahmen zur Datensicherung notwendig sind, z.B. fehlererkennende Kodeprüfungen nach dem CRC-Verfahren (vgl. Abschn. 5.2.1.).

11.4
Zählverfahren

ADU nach dem Zählverfahren existieren in zahlreichen Varianten und Ausführungsformen. Am verbreitetsten sind Nachlaufumsetzer und Sägezahnumsetzer.

11.4.1
Nachlauf-AD-Umsetzer
Er stellt einen Regelkreis dar, dessen Rückwärtszweig einen von einem Vorwärts-Rückwärts-Zähler gesteuerten DA-Umsetzer enthält (Bild 11.5). Die Eingangsspannung U_E wird in einem Komparator mit der

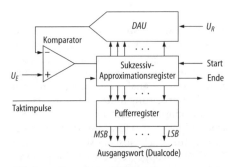

Bild 11.4. ADU nach dem Wägeverfahren

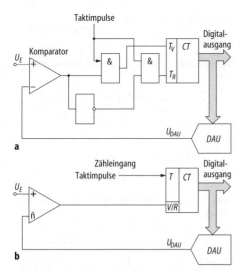

Bild 11.5. Nachlauf-AD-Umsetzer. **a** mit getrennten Vorwärts- und Rückwärtseingängen; **b** mit Zählrichtungssteuerung

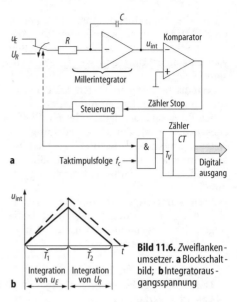

Bild 11.6. Zweiflankenumsetzer. **a** Blockschaltbild; **b** Integratorausgangsspannung

Ausgangsspannung des DA-Umsetzers verglichen. Für $U_E > U_{DAU}$ wird der Zähler in Vorwärtsrichtung, für $U_E < U_{DAU}$ in Rückwärtsrichtung gesteuert. Auf diese Weise läuft die DAU-Ausgangsspannung in LSB-Stufen ständig der Eingangsspannung nach (LSB least significant bit: letztes, niedrigwertiges signifikantes Bit). Es steht ständig ein zu U_E proportionales digitales Ausgangssignal zur Verfügung. Bei kleinen U_E-Änderungen ist die Einschwingzeit (=Umsetzzeit) klein (μs-Bereich). Springt jedoch U_E plötzlich zwischen Null und Vollausschlag, so tritt eine Einschwingzeit von NT_c auf (N Zählerstand bei voller Eingangsspannung, T_c Taktperiodendauer).

11.4.2
Zweiflankenverfahren (Dual-slope)
Das Zweiflankenverfahren (Doppelintegrationsverfahren) gehört zu den meist verwendeten AD-Umsetzverfahren und ist überall dort anwendbar, wo keine kurze Umsetzzeit gefordert wird (z.B. in vielen Digitalvoltmetern, Multimetern, digitalen Schalttafelinstrumenten). Einer der Vorteile ist die durch das integrierende Verfahren bedingte Störunterdrückung.

Die Umsetzung erfolgt in zwei aufeinanderfolgenden Phasen (Bild 11.6). In der er-

sten Phase (T_1) wird die Eingangsspannung u_E einem Miller-Integrator zugeführt. Anschließend wird anstelle von u_E eine Referenzspannung U_R von entgegengesetzter Polarität so lange an den Integrator geschaltet, bis der Integrationskondensator wieder auf den Anfangswert entladen ist. Die Entladezeit T_2 wird mittels der Taktfrequenz f_c gemessen. Die Dauer der ersten Phase T_1 ist dadurch vorgegeben, daß der Zähler während T_1 genau einmal vollgezählt wird: $T_1 = N_1/f_c$ (N_1 max. Zählkapazität des Zählers). Da während der zweiten Phase die gleichen Werte R, C, f_c wirksam sind wie während T_1, gilt $T_2/T_1 = \overline{u}_E/U_R$ ($\overline{u}_E$ arithmetischer Mittelwert von u_E während T_1). Der Zähler wird zu Beginn der zweiten Phase nullgestellt. Sein Zählerstand N_2 am Ende der zweiten Phase ist streng proportional zum arithmetischen Mittelwert der Eingangsspannung $\overline{u}_E$ (gemittelt über die erste Phase).

Es gilt [3.4]:

$$N_2 = T_c f_c \pm 1 = T_1 f_c \frac{\overline{u}_e}{U_R} \pm 1$$

$$= N_1 \frac{\overline{u}_e}{U_R} \pm 1$$

(11.5)

N1 = max. Zählkapazität des Zählers.

Weder die Integratorzeitkonstante RC noch die Taktfrequenz f_c beeinflussen die AD-Umsetzerkennlinie, solange diese Größen während einer Umsetzphase $T_1 + T_2$ konstant bleiben.

Periodische Störspannungen, z.B. Brummspannungen, werden eliminiert, wenn T_1 gleich ihrer Periodendauer oder ein Vielfaches n davon ist. Zur Unterdrückung des Netzbrummens (50 bzw. 100 Hz) als häufigste Störquelle wird $T_1 = n/50$ s gewählt, so daß bei $T_1 = T_2$ maximal 25 Umsetzungen/s möglich sind.

Auch kurzzeitige Störimpulse verursachen nur einen geringen Meßfehler, da sie wegen des integrierenden Verhaltens über T_1 „eingeglättet" werden.

11.4.3
Ladungsausgleichsverfahren (Charge-balancing-Verfahren)

Bereits im Abschn. 6 ist ausgeführt, daß mit Spannungs-Frequenz-Wandlern in einfacher Weise hochauflösende AD-Umsetzer realisiert werden können. Besonders günstige Eigenschaften (mit dem Zweiflankenverfahren vergleichbare Daten bei geringerem Aufwand) weist das Ladungsausgleichsverfahren auf. Zusätzlich zum $U(I)/f$-Wandler sind lediglich digitale Standardbausteine (Frequenzteiler, Zähler) erforderlich.

Bild 11.7 zeigt ein Beispiel. Am Frequenzteilerausgang tritt eine Mäanderschwingung (Rechteckfolge) mit der Periodendauer NT_c auf ($T_c = 1/f_c$). Das Zählergebnis beträgt

$$z = \bar{f}_a \Delta t \pm 1 = \frac{N\bar{i}_e}{2I_R} \pm 1 \qquad (11.6)$$

mit

$$|\bar{i}_e| = |\bar{u}_e| / R .$$

Ein Beispiel für die schaltungstechnische Realisierung des im Bild 11.8 benötigten U/f-Wandlers zeigt Bild 11.7. Diese Schaltung arbeitet wie folgt: Der Integrationskondensator C wird durch den Eingangsstrom $i_e \approx u_e/R$ aufgeladen. Nachdem die Integratorausgangsspannung die Ansprechschwelle des D-Eingangs von D-Flipflop (Komparatorschwelle) erreicht hat, wird, beginnend mit dem darauffolgenden Takt-

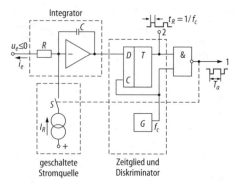

Bild 11.7. $U(I)/f$-Wandler nach dem Charge-balancing Prinzip

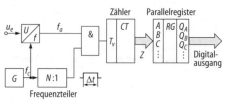

Bild 11.8. ADU mit synchronem U/f-Wandler nach Bild 11.7

impuls, in den Integratoreingang eine definierte Rücksetzladung $Q_R = I_R t_R$ eingespeist. Dadurch fällt die Integratorausgangsspannung unter die Ansprechschwelle des D-Flipflops (falls $I_R > 2i_{e\,max}$ ist), und beim nächsten Taktimpuls wird die Einspeisung der Rücksetzladung beendet ($t_R = 1/f_c$). Im Mittel herrscht Ladungsgleichgewicht (charge balancing) zwischen der von der Eingangsgröße aufgebrachten Ladung Q_e und der Rücksetzladung Q_R.

Der mittlere Ladestrom $\bar{i}_e$, der den Integrationskondensator C auflädt, wird integriert und mit der aus einer Referenzquelle stammenden Rücksetzladung Q_R verglichen.

Aus der Gleichsetzung von $Q_R = Q_e$ folgt mit $Q_e = \bar{i}_e T_a$ und $Q_R = I_R t_r$ unter Berücksichtigung von $t_R = 1/f_c$ und $T_a = 1/f_a$ die Wandlerkennlinie

$$\frac{T_c}{T_a} = \frac{\bar{f}_a}{f_c} = \frac{\bar{i}_e}{I_R} ; \qquad (11.7)$$

$\bar{i}_e$ arithmetischer Mittelwert des Eingangsstroms während T_a.

Anwendungsvorteile dieser ADU sind vor allem

- exakte Integration der Eingangsgröße
- Umsetzung sehr kleiner Eingangsströme möglich (bis Picoampere)
- großer Dynamikbereich des Eingangsstroms umsetzbar
- Auflösung durch Wahl der Umsetzzeit in weiten Grenzen wählbar.

Maximale Eingangssignalfrequenz von ADU. Zwei Sachverhalte sind entscheidend für die maximale Eingangssignalfrequenz, die einem ADU-Eingang zugeführt werden darf:

1. Die Forderung des Abtasttheorems nach mindestens zweifacher Abtastung der höchsten im Eingangssignal enthaltenen Frequenzkomponente (Nyquist-Theorem) und
2. die Forderung nach konstanter Eingangsspannung während der Umsetzzeit bei einigen wichtigen ADU-Prinzipien (z.B. Sukzessiv-Approximation).

Konstante Eingangsspannung des ADU. Bei ADU nach dem Sukzessiv-Approximationsverfahren darf sich die Eingangsspannung während der Umsetzzeit t_U nicht mehr als $\pm^{1}/_{2}$ LSB ändern (Abschn. 11.3). Aus dieser Bedingung läßt sich die maximal zulässige obere Grenzfrequenz f_o des Eingangssignals wie folgt berechnen: Die maximale Steilheit eines Sinussignals tritt beim Nulldurchgang auf und beträgt $du/dt = 2\pi f\widehat{U}$ ($\widehat{U}$ Amplitude der Sinusspannung). Daher gilt für die obere Grenzfrequenz des ADU-Eingangssignals

$$f_0 = \frac{(du\,/\,dt)_{\max}}{2\pi\widehat{U}} \approx \frac{\Delta U_{\max}}{2\pi t_u \widehat{U}}, \qquad (11.8)$$

wobei $\Delta U_{\max}$ der $^{1}/_{2}$-LSB-Wert ist.

Zahlenbeispiel: Ein 12-Bit-ADU mit $\widehat{U} = 10$ V FS (Vollausschlag) und mit $t_U = 25$ µs ist nur in der Lage, analoge Eingangssignale mit einer maximalen oberen Grenzfrequenz von $f_o \approx 1{,}55$ Hz umzusetzen, denn es ist $\Delta U_{\max} = 2{,}44$ mV.

Durch Vorschalten einer Sample-and-hold-Schaltung vor den ADU-Eingang läßt sich die maximal zulässige obere Grenzfrequenz des ADU-Eingangssignals erheblich vergrößern, weil die ADU-Eingangsspan-

nung während t_U konstant gehalten wird. Die Grenze ist in diesem Falle durch die Unsicherheit des Abtastzeitpunktes (Aperturunsicherheit der Sample-and-hold-Schaltung) gegeben. Die Aperturunsicherheit (aperture jitter, aperture uncertainty time) muß anstelle der Umsetzzeit t_U in (11.8) eingesetzt werden. Falls diese Unsicherheit 25 ns beträgt, ergibt sich im o.g. Zahlenbeispiel eine 1000fach höhere obere Grenzfrequenz des analogen Eingangssignals von $f_o \approx 1{,}55$ kHz. Bei integrierenden ADUs muß die hier genannte Forderung nicht gestellt werden, da sie den arithmetischen Mittelwert des Eingangssignals umsetzen.

Abtastfrequenz (Nyquist-Kriterium). Bei der digitalen Verarbeitung analoger Signale muß das analoge Eingangssignal gemäß dem *„Abtasttheorem"* mit einer Frequenz f_c abgetastet werden, die mehr als das Doppelte der im Analogsignal enthaltenen höchsten Frequenzkomponente beträgt. Falls das Analogsignal diese Bedingung nicht erfüllt, kann durch Überlappung von Frequenzanteilen ein „Aliasing"-Fehler (Schwebung) auftreten.

Zur Vermeidung von „Aliasing"-Fehlern wird die Bandbreite des Eingangssignals häufig durch ein geeignetes Tiefpaßfilter (Antialiasing-Filter, z.B. Butterworth-Typ) begrenzt (s. Kap. 15). Falls der „Aliasing"-Fehler kleiner als $^{1}/_{2}$ LSB bleiben soll, wird bei 12 Bit Auflösung ein Butterworthfilter 5.(10.) Ordnung benötigt, und das Eingangssignal muß mit der 11(5) fachen Filtergrenzfrequenz abgetastet werden [11.4]. Hieraus folgt, daß das Abtasttheorem allein noch keine hinreichende Bedingung für die erforderliche Abtastrate (Abtastfrequenz) f_c ist. Es muß ein Kompromiß zwischen den Forderungen des Abtasttheorems und der Grenzfrequenz des evtl. erforderlichen Tiefpaßfilters getroffen werden.

11.5
Delta-Sigma-AD-Umsetzer.
Oversampling

Mit steigendem Integrationsgrad monolithischer Schaltkreise ist es zunehmend ökonomischer, hochpräzise Analogfunktionen durch Methoden der digitalen Signalverar-

beitung zu ersetzen. Besonders große Bedeutung erlangte in diesem Zusammenhang
in den letzten Jahren das Prinzip der Überabtastung (Oversampling) für die Realisierung hochauflösender AD- und DA-Umsetzer in VLSI-Technik. Ein markantes Beispiel
für diesen Trend stellt der Delta-Sigma-AD-
Umsetzer dar. Bei ihm wird das Prinzip der
Überabtastung (Abtastung des Eingangssignals mit 100- ... 1000facher Nyquistrate)
mit anschließender Filterung und Rausch-
verringerung kombiniert [11.6, 11.7].

Grundprinzip. Der klassische Delta-
Sigma-ADU wandelt das analoge Eingangssignal zunächst in einem Delta-Sigma-Puls-
dichtemodulator in eine hochfrequente serielle Bitfolge mit (üblicherweise) 1 bit
Auflösung um (allgemeiner: in eine hochfrequente Folge von grob quantisierten Ab-
tastwerten). Durch digitale Tiefpaßfilterung wird dieses Modulatorausgangssignal
in hochauflösende Parallelworte mit wesentlich geringerer Abtastrate umgewandelt. Die Energie des Quantisierungsrau-
schens wird durch die Überabtastung
gleichmäßig auf ein breites Frequenzband 0
... $0.5f_c$ (f_c Abtastfrequenz des Eingangssignals) verteilt. Der in das (viel schmalere)
Signalband fallende Anteil dieses Rau-
schens wird durch eine oder mehrere Inte-
grationen (die als Tiefpaßfilterung wirken)
und zusätzliche Filterung stark reduziert.

Insgesamt lassen sich folgende Vorteile
dieses Umsetzverfahrens nennen: Kein Antialiasing-Filter erforderlich; keine Sample-
and-hold-Schaltung nötig; prinzipbedingt
linear; keine differentielle Nichtlinearität;
unbegrenzte Linearität; Signal-Rausch-Verhältnis unabhängig vom Eingangssignalpegel; niedrige Kosten; ADU-Auflösung kann
so groß gewählt werden, daß bei der Sensorsignalerfassung der Sensor und nicht
die Elektronik auflösungs- und genauig-
keitsbegrenzend wirkt; optimales Wirkprinzip für DSP-Applikationen.

Im Unterschied gegenüber anderen integrierenden ADU ist der Delta-Sigma-ADU
ein kontinuierlich arbeitendes System, d.h.,
es erfolgt in der Regel zwischen den einzelnen Umsetzungen keine Rücksetzung des
Modulators. Die vorausgegangenen Umsetz-
ergebnisse werden mit in das aktuelle Um-
setzergebnis einbezogen.

Für die Modulatorstufe können Schaltungen 2. Ordnung (Crystal CS 5317, 16 Bit), 3.
Ordnung (Motorola 56 ADC mit Abtastrate
von 6,4 MHz = der 64fachen Ausgangswort-
rate des ADU) oder 4. Ordnung (Crystal CS
5326) eingesetzt werden.

Haupteinsatzgebiet ist die Digitalisierung
von Audiosignalen (Sprache, Musik). Seine
Vorzüge für diesen Einsatzbereich sind sehr
hohe Auflösung, hohe Umsetzrate und ko-
stengünstige Realisierung in VLSI-Technik.
Typische mit monolithischen Schaltkreisen erreichbare Werte sind 16 Bit Auflösung, 84 ... 96 dB Signal-Rausch-Abstand
und eine Bandbreite des Eingangssignals
von 20 kHz (CMOS, $f_c \approx 5 ... 15$ MHz).

Der Delta-Sigma-ADU enthält zwei
Hauptbaugruppen: einen Delta-Sigma-Mo-
dulator und ein digitales Filter.

Die grundsätzliche Funktion dieses Über-
abtastungs-ADU läßt sich wie folgt charak-
terisieren: zunächst wird eine AD-Umsetzung mit niedriger Auflösung (z.B. 1 bit)
ausgeführt. Anschließend wird das Quantisierungsrauschen mit analoger und digitaler Filterung stark reduziert.

Ein vereinfachtes Modell des Modulators
1. Ordnung zeigt Bild 11.9. Die Signal- und
Rauschübertragungsfunktionen dieses Systems sind im Bild 11.9. angegeben. Sie ver-
deutlichen die Hauptfunktion des Modulators: Das Signal wird tiefpaß-gefiltert, und
das Rauschen wird hochpaß-gefiltert. Als
Wirkung der Schleifenverstärkung verschiebt sich das Rauschen in ein höheres
Frequenzband. Die digitalen Filterstufen
haben zwei Aufgaben: 1. Rauschfilterung
und 2. Dezimation, d.h. Transformieren
eines hochfrequenten 1-Bit-Datenstroms in
einen 16-Bit-Datenstrom mit wesentlich
niedrigerer Wiederholungsrate. Dezimie-
rung (Dezimation) ist sowohl eine Mitte-
lungsfunktion als auch eine Wortratenre-
duktion, die gleichzeitig erfolgt.

Delta-Sigma-ADU wurden in den letzten
Jahren besonders intensiv weiterentwickelt.
Die bereits erzielte Leistungsfähigkeit wird
am Beispiel des Typs AD7710 (Analog Devices) deutlich. Dieser ungewöhnlich hochauflösende 21-Bit-Zweikanal-ADU gehört
zur zweiten Generation von Delta-Sigma-
Umsetzern und ermöglicht den direkten
Anschluß von Meßaufnehmern (Dehnungs-

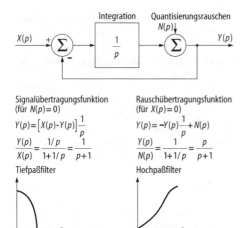

Bild 11.9. Vereinfachtes Modell eines Delta-Sigma-Modulators erster Ordnung [11.7] ($p = s = \delta + jw$)

meßstreifen, Thermoelemente, Widerstandsthermometer). Die Verstärkung des auf dem Chip integrierten Verstärkers ist zwischen 1 und 128 programmierbar. Dadurch lassen sich Vollausschlagbereiche zwischen 0 … ±20 mV und 0 … ±2,5 V einstellen. Sowohl der Signal- als auch der Referenzeingang sind als Differenzeingänge mit hoher Gleichtaktunterdrückung (>100 dB von Gleichspannung bis zu einigen kHz) und hohem Gleichtaktaussteuerbereich zwischen der positiven (+5 … 10 V) und der negativen (0 … –5 V) Betriebsspannung ausgeführt. Die Referenzspannung ist intern oder extern wählbar. Im ADU ist ein programmierbares Digitalfilter enthalten, mit dem der Anwender die Grenzen des Durchlaßbereiches (zwischen 2,62 und 262 Hz) und die Dämpfung außerhalb des Durchlaßbereiches optimieren kann. Die effektive Auflösung beträgt bis zu 22 Bit und die Leistungsaufnahme 40 … 50 mW (50 … 100 μW bei Power-down-Betrieb). Umfangreiche Selbstkalibrierung, die z.T. im Hintergrund abläuft, verringert erheblich Verstärkungs- und Offsetfehler sowie zeit- und temperaturabhängige Drifteffekte. Er ist wahlweise mit einer +5 … 10 V- oder mit einer ±5-V-Betriebsspannung betreibbar. Haupteinsatzbereich sind Waagen und Temperaturmeßanordnungen. Weitere Daten: Abtastfrequenz des analogen Eingangssignals: 20 kHz … 160 kHz je nach

programmiertem Verstärkungsfaktor. Eingangsruhestrom <10 pA, zulässiger Innenwiderstand der Signalquelle <10 kΩ.

Der ähnliche Typ AD7711 ist für den Anschluß von Widerstandsthermometern ausgelegt. Er enthält u.a. die Stromquellen zur Speisung der Widerstandssensoren. Bezüglich detaillierterer Ausführungen zu diesem Umsetzverfahren wird auf die Literatur verwiesen [3.4, 11.3–11.7].

11.6
Anwendungsgesichtspunkte

Vergleich und Auswahlkriterien. Industriell wird eine große Anzahl unterschiedlicher ADU-Typen und -Varianten in Form monolithischer und hybrider Schaltkreise produziert. Wegen der unterschiedlichen Anwenderforderungen unterteilen die Hersteller ihre Produkte in Hauptgruppen, z.B. in ADU für

– allgemeine Anwendungen,
– hohe Auflösung,
– kurze Umsetzzeit,
– extrem kurze Umsetzzeit (Video-ADU),
– niedrige Verlustleistung.

Die Auswahl eines ADU hängt in erster Linie vom Anwendungsfall ab. Wesentliche Gesichtspunkte sind Geschwindigkeit, Genauigkeit (Auflösung), Preis, Form des Interfaces zum Anschluß der digitalen Einheiten (meist Mikroprozessor, Mikrocontroller). Die benötigte Geschwindigkeit (Umsetzzeit) bestimmt, welches der drei hauptsächlichen ADU-Verfahren das zweckmäßigste ist (Parallel-, Sukzessiv-Approximations-, Zählverfahren). Die Dynamik des Eingangssignals in Verbindung mit dem verwendeten Umsetzverfahren ist häufig auch das Kriterium, ob eine Sample-and-hold-Schaltung vor den ADU-Eingang geschaltet werden muß.

Die meist verwendeten Umsetzprinzipien (95% aller Anwendungen) sind das Wägeverfahren und Integrationsverfahren.

Die Unterscheidung zwischen beiden Verfahren ist vor allem durch die Umsetzzeit gegeben. Falls es nicht auf kurze Umsetzzeit ankommt (langsam veränderliches Eingangssignal), sind integrierende Umsetzer (z.B. Zweiflanken-ADU oder ADU mit Ladungsmengenkompensation) zu bevorzugen. Sie sind billig, benötigen keine Abtast- und Halteschaltung, wirken als Tiefpaßfilter (s. Kap. 15), und das HF-Rauschen sowie Störspitzen werden „eingeglättet", d.h. weitgehend unwirksam. Außerdem besteht hier die Möglichkeit, periodische Störsignale völlig auszusieben, indem die Umsetzzeit (bzw. beim Zweiflanken-ADU die Zeitdauer der ersten Umsetzphase) zu einem Vielfachen der Periodendauer des Störsignals gewählt wird. Auf diese Weise lassen sich insbesondere aus dem Netz stammende Störsignale weitgehend unterdrücken.

Darüber hinaus eignen sich solche ADU auch zur Umsetzung kleiner Eingangsspannungen (100 mV-Bereich).

ADU nach dem Wägeverfahren sind überlegen, wenn es auf kurze Umsetzzeit bei mittlerer und hoher Auflösung ankommt. Ein Beispiel sind Datenerfassungsanlagen, bei denen eine Vielzahl analoger Meßwerte mit hoher Abtastrate (z.B. 10 kHz) periodisch abgefragt und digitalisiert werden muß.

Diese Umsetzer haben sich zum Standard bei mittelschnellen und schnellen ADU herausgebildet.

Industrielle Beispiele: AD9060 (Analog Devices): Bipolartechnik, Parallelverfahren, 10 Bit, 75 MSPS (Millionen Umsetzungen/s), $U_E = -1{,}75$ V... +1,75 V, 68 pol. Gehäuse;

MAX 120 (Maxim): BiCMOS, Wägeverfahren, 12 bit, Umsetzzeit 1,6 µs, $U_E = -5$ V... +5 V, 24-pol. Gehäuse; MAX 155: CMOS, 8-Kanal-Sampling-ADU 8(9) bit, Umsetzzeit 3,6 µs/Kanal, 28-pol. Gehäuse; MAX 138 (LCD-Treiber) und MAX 139 (LED-Treiber): CMOS; Zweiflankenverfahren, $3^1/_2$ digit, 2,5 Umsetzungen/s, direkte Ansteuerung einer LCD (LED)-Anzeige, $U_E = -5$ V... +5 V, Differenzeingang, 5 V Betriebsspannung, 200 µA Stromaufnahme, 40-pol. Gehäuse.

Literatur

11.1 Philippow E (1988) Taschenbuch Elektrotechnik, Band 3/I u. II, 3. Aufl. Verlag Technik, Berlin

11.2 Carr JJ (1988) Data acquisition and control. Division of TAB Books Inc., Blue Ridge Summit

11.3 Crystal Semiconductor audio databook (1994) Crystal Semiconductor Corporation, Austin, TX

11.4 Mercer D, Grant D (1984) 8-bit a-d converter mates transducers with µPs. Elektronic Design 1

11.5 Swager AW (1989) High Resolution A/D Converters. EDN, 3.8.1989, S 103–105

11.6 Goodenough F (1988) Grab distributed sensor data with 16-bit delta-sigma ADCs. Electronic Design, 14.4.1988, S 49–55

11.7 Schliffenbacher J (1979) Deltamodulation – ein Verfahren zur digitalen Verarbeitung von Analogsignalen. Elektronik 21:81–83

12 Digital-Analog-Umsetzer

M. Seifart

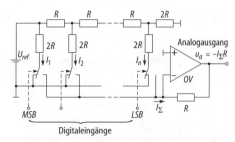

Bild 12.1. DA-Umsetzer (integriertes R/2R-Kettenleiter-netzwerk in Stromschalterbetriebsart)

Zur Weiterverarbeitung digitaler Signale, z.B.

- für analoge Anzeige mittels Zeigerinstrumenten,
- für analoge Registrierung (Trendüberwachung),
- in Analogrechnern,
- mittels stetig arbeitender Regler

ist eine Digital-Analog-Umsetzung erforderlich. Da die vorgenommene Quantisierung grundsätzlich nicht mehr rückgängig gemacht werden kann, bleibt die Ausgangsgröße (Gleichspannung oder -strom) gestuft in den elementaren Schritten der Quantisierungseinheit.

Digital-Analog-Umsetzer (DAU) liefern daher nur ein quasianaloges Ausgangssignal. Bei hinreichend kleiner Quantisierungseinheit (1/1000 des Meßbereichs) ist die Stufung jedoch durch MSR-Geräte nicht mehr aufzulösen, so daß man von einem analogen Signal sprechen kann.

Hinsichtlich des Wirkprinzips ist zwischen den meist verwendeten direkten und indirekten DA-Umsetzern zu unterscheiden.

Direkte (parallele) DAU. Das „klassische" bei monolithischen und Hybridschaltkreisen meist verwendete Verfahren beruht darauf, daß entsprechend dem digitalen Eingangswort mit Hilfe eines Widerstandsnetzwerks (R/2R-Kettenleiternetzwerk; s. Bild 12.1) oder mit Stromquellen dual gestufte Ströme erzeugt und von einer Summationsschaltung summiert werden.

In der Regel ist das Eingangswort bei unipolarem (bipolarem) DAU-Ausgangssignal eine Dualzahl (Offsetbinär- oder Zweierkomplementzahl).

Die zur Funktion eines DAU erforderliche Referenzquelle ist in der Regel im Schaltkreis integriert. Bei sog. „multiplizierenden" Typen ist eine externe Referenzspannung anschaltbar, die sich in einem weiten Bereich verändern läßt (digital einstellbares Dämpfungsglied). CMOS-DAU sind vierquadrantmultiplizierend, d.h., sie verarbeiten sowohl positive als auch negative Eingangs- und Referenzspannungen.

In neuerer Zeit werden zunehmend SC-(Switched-capacitor-)Netzwerke als Ersatz des klassischen Widerstandsnetzwerks verwendet. Sie führen zu höheren Integrationsdichten und zu besseren Ausbeuten bei monolithischen Schaltkreisen.

Bei *hochauflösenden DAU* müssen sehr hohe Anforderungen an die Genauigkeit und Konstanz der Widerstandsnetzwerke gestellt werden. Beim Prinzip der „MSB-Segmentierung"sind größere Widerstandstoleranzen zulässig. Die höchstwertigen Bitstellen werden von den übrigen getrennt (segmentiert) und mittels gleicher Widerstände dekodiert. Die Dekodierung der restlichen Bitstellen erfolgt in klassischer Weise. Zum Schluß erfolgt die Addition der beiden Analogsignale.

Indirekte DAU. Das digitale Eingangssignal wird zunächst in ein Zwischensignal (z.B. pulsbreiten- oder pulsratenmoduliert) umgewandelt, aus dem anschließend das quasi-analoge Ausgangssignal erzeugt wird. Am Beispiel der Pulsbreitenmodulation wird anhand Bild 12.2 das Verfahren erläutert. Mit der Schaltung im Bild 12.2a wird aus der dualen Eingangszahl ein proportionales pulsbreitenmoduliertes (exakt: tastverhältnismoduliertes) Signal erzeugt. Ein an den Ausgang des Modulators angeschaltetes Tiefpaßfilter erzeugt aus dem pulsbreitenmodulierten Signal das quasianalo-

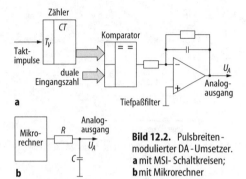

Bild 12.2. Pulsbreiten-modulierter DA-Umsetzer.
a mit MSI-Schaltkreisen;
b mit Mikrorechner

ge DAU-Ausgangssignal. Bedingt durch das Tiefpaßfilter ist die Einschwingzeit des Verfahrens sehr groß (ms-Bereich).

Mikroprozessorkompatibilität. An Mikroprozessoren direkt anschließbare DAU enthalten zusätzliche Pufferregister und Steuerschaltungen (Schreib-, Chipauswahl, Datenaktivierungssteuerung). Falls die Wort-

breite des DAU größer ist als die vom Mikrorechnerdatenbus (so daß die Daten in Form mehrerer Bytes zeitlich nacheinander in den DAU eingegeben werden müssen), ist doppelte Pufferung erforderlich. Erst nachdem das gesamte Datenwort in den DAU geladen ist, wird das DAU-Register beschrieben, und am Ausgang erscheint das aktuelle quasianaloge Ausgangssignal.

Industrielle Beispiele: MAX 514 (Maxim): multiplizierender 4fach-CMOS-DAU, 12 bit Auflösung, 0,25 µs Einschwingzeit, 4 getrennte serielle Dateneingänge, +5 V Betriebsspannung, Leistungsaufnahme <10 mW, 24-pol. Gehäuse; ADV 101: 8-bit-Dreifach-Video-DAU mit 80 MHz Umsetzrate für Farbgrafik, Bildverarbeitung u.a., 5 V Betriebsspannung, Leistungsaufnahme <400 mW, 40-pol. Gehäuse; Variante ADV 7150/52 mit 170 MHz Pipelinearbeitsweise.

13 Referenz-spannungsquellen

M. SEIFART

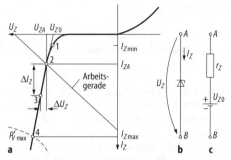

Bild 13.1. Z-Diode, **a** statische Kennlinie; **b** Symbol; **c** vereinfachte Ersatzschaltung für den Z-Bereich ($I_{Z\,min} < I_Z < I_{Z\,max}$)

Referenzspannungs- und -stromquellen dienen als elektrische Sollwerteinsteller. Bei geringen Anforderungen und kleinen Ausgangsleistungen (typisch <1 W) sind einfache Z-Dioden-Schaltungen geeignet. In den meisten Fällen werden jedoch elektronische Regelschaltungen eingesetzt. Mit ihnen lassen sich sehr hohe Konstanz, große Ausgangsleistungen, in weitem Bereich einstellbare Ausgangsgrößen und Lastunabhängigkeit erzielen.

Alle Schaltungen enthalten als Referenzspannungsquelle Z-Dioden oder Referenzelemente (TK <0,0005%/K erreichbar).

Bei Konstantspannungs- und -stromquellen interessieren vor allem folgende Größen: Ausgangsspannungs- und -strombereich, maximale Ausgangsleistung, Stabilität der Ausgangsspannung, Innenwiderstand, TK, Restwelligkeit am Ausgang, Kurzschlußfestigkeit, Abmessungen, Temperaturbereich, Preis.

13.1 Referenzspannungserzeugung mit Z-Dioden

Bild 13.1 zeigt die statische Kennlinie sowie das Ersatzschaltbild einer Z-Diode. Bei kleinen *Zenerspannungen* (U_Z < etwa 6 V)

überwiegt der Zener- oder Feldeffekt (TK <0), bei größeren Zenerspannungen herrscht der Lawinen- bzw. Avalanche-Effekt vor (TK >0). In der Umgebung von $U_Z \approx 5,5 \ldots 5,8$ V haben sowohl der Temperaturkoeffizient als auch der „Zenerwiderstand" r_Z ein Minimum.

Für besonders hohe Ansprüche an einen niedrigen TK sind Referenzelemente (Kombination aus Si-Dioden und einer Z-Diode mit entgegengesetztem TK) mit einem TK von typisch $10^{-5} \ldots 10^{-4}$/K verfügbar.

Eine einfache Z-Dioden-Stabilisierungsschaltung zeigt Bild 13.2. Zur Berechnung der Ausgangsspannungsänderung $\Delta U_A \equiv \Delta U_Z$ bei einer auftretenden Änderung der Eingangsspannung ΔU_E müssen alle Gleichspannungsquellen im Netzwerk (U_E, U_{ZO}) nullgesetzt werden. Damit ergibt sich Bild 13.2c. Aus dieser Ersatzschaltung läßt sich der Stabilisierungsfaktor (relative Eingangsspannungsschwankung/relative Ausgangsspannungsschwankung) berechnen zu [3.4]

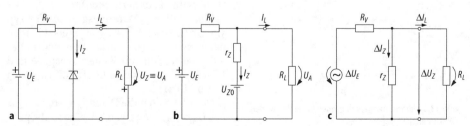

Bild 13.2. Einfache Z-Diodenstabilisierung. **a** Schaltung; **b** Ersatzschaltung für den Z-Bereich ($I_{Z\,min} < I_Z < I_{Z\,max}$); **c** Ersatzschaltung zur Berechnung von Spannungs- und Stromänderungen

$$S = \frac{\dfrac{\partial U_E}{U_E}}{\dfrac{\partial U_A}{U_A}} = \left(1 + \frac{R_V}{r_Z}\right) \frac{U_{ZO}}{U_E} \ .$$

Damit der Arbeitspunkt im steilen Teil der Z-Diodenkennlinie liegt, darf der Vorwiderstand RV den Minimalwert ($U_{E\,max}$ − U_Z)/($I_{L\,min}$ + $I_{Z\,max}$) nicht unterschreiten und den Maximalwert ($U_{E\,min}$ − U_Z)/($I_{L\,max}$ + $I_{Z\,min}$) nicht überschreiten [3.4].

13.2 Stabilisierungsschaltungen mit Regelung

Für höhere Ansprüche an die Genauigkeit, Konstanz und Ausgangsleistung werden geregelte Stabilisierungseinheiten verwendet. Hierbei wird ein Stellglied (Leistungstransistor) durch eine Stellgröße (Spannung, Strom) beeinflußt, die aus der Differenz zwischen Istwert (definierter Bruchteil der Ausgangsspannung bzw. des Ausgangsstroms) und Sollwert (Referenzspannung) abgeleitet wird. Man nennt dieses Prinzip Rückwärtsregelung.

Sehr einfach läßt sich dieses Prinzip mit OV realisieren. Sowohl die invertierende als auch die nichtinvertierende OV-Grundschaltung lassen sich als Konstantspannungsquelle einsetzen. Man braucht als Eingangsspannung der Verstärkerschaltung lediglich eine konstante Referenzspannung zu verwenden (Bild 13.3). Die maximal einstellbare Ausgangsspannung ist durch den Ausgangsaussteuerbereich des OV be-

grenzt. Die minimale Ausgangsspannung ($R_2 \to 0$) beträgt U_Z (a) bzw. Null (b).

Monolithisch integrierte Spannungsreglerfamilien 7800/7900 und 317/337. Diese Typen sind sehr verbreitet und bieten eine einfache Möglichkeit zur Erzeugung einer positiven bzw. negativen stabilisierten Spannung mit Ausgangsströmen bis zur Größenordnung 1 A. Sie sind gegen Übertemperatur und Kurzschluß geschützt. Der Unterschied zwischen beiden Familien wird aus Bild 13.4 deutlich. Die Serie 7800 (4 Anschlüsse) verwendet eine massebezogene Referenzspannung von ca. 5 V. Sie ermöglicht eine mittels R_1 und R_2 einstellbare Ausgangsspannung im Bereich von 5 ... 24 V bei einem Ausgangsstrom $\leq$1 A. Über R_1 tritt in guter Näherung der Spannungsabfall U_{ref} auf. Für negative Ausgangsspannungen gibt es den komplementären Typ 7900.

Bei der Serie 317 ist die Referenzspannung kleiner (U_{ref} = 1,25 V) und nicht auf Masse bezogen. Der Spannungsabfall über R_2 stellt sich infolge der Gegenkopplung so ein, daß er gleich U_{ref} ist (Bild 13.4b). Daher gilt für die Ausgangsspannung U_A = (1+R_1/R_2)U_{ref}. Dieses Bauelement benötigt nur drei Anschlüsse. Für negative Ausgangsspannungen eignet sich der Komplementärtyp 337.

Weil der negative Betriebsspannungsanschluß des OV mit dem Schaltungsausgang verbunden ist, läßt sich die Serie 317 auch zum Konstanthalten von Spannungen einsetzen, die größer als die zulässige OV-Betriebsspannung sind. Es muß lediglich die Spannungsdifferenz U_E − U_A kleiner sein als die für den IC zulässigen Spannungen (Vorsicht bei Ausgangskurzschluß!). Der Ausgang darf nicht im Leerlauf betrieben werden, weil der Versorgungsstrom des OV über die Ausgangsklemme zur Masse fließt (Unterschied zur Serie 7800).

Einen höheren Wirkungsgrad als der Typ 317 gewährleistet der Schaltkreis LT 1086 der Firma LTC ($\eta \approx$ 50 ... 80% gegenüber 40 ... 60% beim 317). Weitere Beispiele sind LT 1083, LT 1005 (<1 A), LT 1117, LT 350 A (<3 A) und LT 1185.

Der LT 1185 hat die Daten I_A= 5 mA ... 3 A bei U_A = 2,5 ... 25 V, 0,8 V Dropout-Spannungsabfall, $r_{on} \approx$ 0,25 Ω, Ruhestrom $\approx$ 2,5 mA, genau einstellbare Ausgangsstrom-

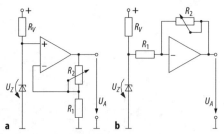

Bild 13.3. Präzisionsspannungsquellen mit den beiden OV-Grundschaltungen.
a nichtinvertierende Schaltung $U_a = U_Z[1 + (R_2 / R_1)]$;
b invertierende Schaltung $U_a = -(R_2 / R_1)U_Z$

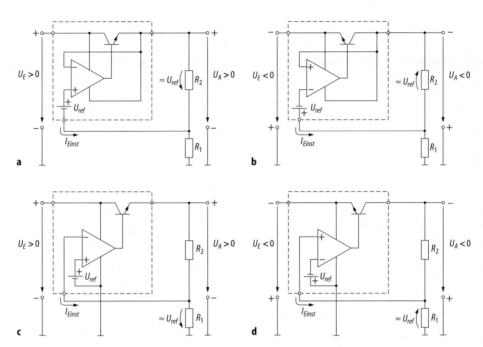

Bild13.4. Prinzipschaltungen der monolithischen Spannungsreglerfamilien 7800 (7900) und 317 (337)

a Serie 317, $U_{ref} \approx 1,25$ V, $U_A = U_{ref}\left(1+\dfrac{R_1}{R_2}\right)$ für $I_{Einst} = 0$ **c** Serie 7800, $U_{ref} \approx 5$ V, $U_A = U_{ref}\left(1+\dfrac{R_1}{R_2}\right)$

b Serie 337, $U_{ref} \approx 1,25$ V, $U_A = -U_{ref}\left(1+\dfrac{R_1}{R_2}\right)$ für $I_{Einst} = 0$ **d** Serie 7900, $U_{ref} \approx 5$ V, $-U_A = U_{ref}\left(1+\dfrac{R_1}{R_2}\right)$

begrenzung, 5-poliges TO-3- oder TO-220-Gehäuse. Der zulässige Eingangsspannungsbereich des LT 1185 für $U_A = 5$ V, $I_A \leq 3$ A beträgt 6 ... 16 V.

Referenzstromquellen. Bild 13.5 zeigt, wie geregelte Konstantstromquellen realisier-

bar sind. Der Ausgangsstrom I_L wird über den OV so geregelt, daß der von ihm erzeugte Spannungsabfall $I_L R_E$ bzw. $I_L R_S$ gleich U_{ref} wird.

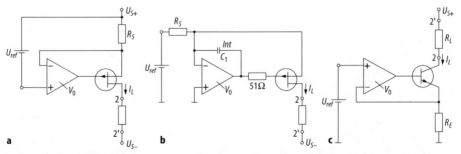

Bild 13.5. Unipolare Stromquellen mit Transistoren und OV. **a** nichtinvertierende Schaltung mit p-Kanal-SFET, $I_L \approx U_{ref}/R_S$; **b** invertierende Schaltung mit p-Kanal-SFET, $I_L \approx U_{ref}/R$, C_1 sichert die dynamische Stabilität;

c nichtinvertierende Schaltung mit npn-Transistor, $I_L = A_N I_E + I_{CBO} \approx A_N U_{ref} / R_E = [B_N / (B_N + 1)](U_{ref} / R_E)$.
Hinweis zu a – c: Anstelle von SFET können auch MOSFET oder Bipolartransistoren eingesetzt werden (und umgekehrt)

14 Nichtlineare Funktionseinheiten

M. Seifart

beitung infolge der begrenzten Verarbeitungsgeschwindigkeit von Digitalrechnern auf niedrige und mittlere Signalfrequenzen beschränkt ist, werden nichtlineare Analogschaltungen vor allem bei hohen Signalfrequenzen und bei sehr preisgünstigen Lösungen bevorzugt.

14.1 Verstärker, Begrenzer, Betragsbildner, Gleichrichter, analoge Torschaltungen

Die Entwicklung auf dem Gebiet der nichtlinearen Signalverarbeitung ist durch eine starke Zunahme digitaler Methoden gekennzeichnet. Da die digitale Signalverar-

Unter Ausnutzung der exponentiellen U-I-Kennlinie von Halbleiterdioden lassen sich logarithmische Verstärker realisieren. Die einfache Schaltung nach Bild 14.1a ist je-

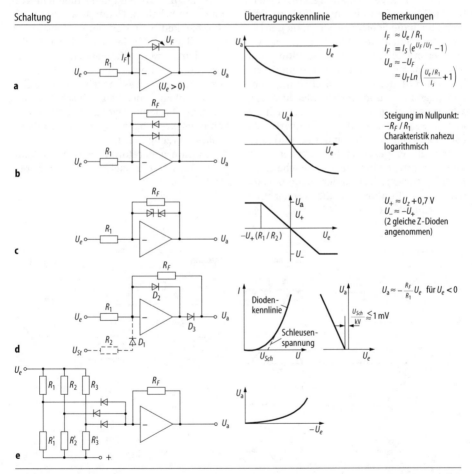

Schaltung	Übertragungskennlinie	Bemerkungen
a		$I_F \approx U_e / R_1$ $I_F = I_S \left(e^{U_F / U_T} - 1\right)$ $U_a \approx -U_F$ $\approx U_T \ln\left(\frac{U_e / R_1}{I_s} + 1\right)$
b		Steigung im Nullpunkt: $-R_F / R_1$ Charakteristik nahezu logarithmisch
c		$U_+ \approx U_Z + 0{,}7\,\text{V}$ $U_- \approx -U_+$ (2 gleiche Z-Dioden angenommen)
d		$U_a \approx -\frac{R_F}{R_1} U_e$ für $U_e < 0$ $\frac{U_{Sch}}{kV} \lessapprox 1\,\text{mV}$
e		

Bild 14.1. Einige nichtlineare Verstärkerschaltungen mit OV. **a** logarithmischer Verstärker; **b** nahezu logarithmischer Verstärker mit symmetrischer Kennlinie; **c** Begrenzer; **d** Erzeugung einer Knickkennlinie (Einweggleichrichter); **e** Diodenfunktionsgenerator (Prinzip)

doch stark temperaturabhängig, so daß Kompensationsmaßnahmen notwendig sind. Der Dynamikbereich (Verhältnis der größten zur kleinsten verarbeitbaren Signalamplitude U_e) wird durch den Eingangsruhestrom, die Offsetspannung und das Rauschen des OV auf wenige Dekaden begrenzt.

Zwei antiparallelgeschaltete Dioden bewirken eine symmetrische Kennlinie (Bild 14.1b).

Durch Einschalten von Z-Dioden in den Gegenkopplungskreis läßt sich eine Begrenzerkennlinie herstellen (Bild 14.3c).

Vielfältige Anwendungen finden Knickkennlinien nach Bild 14.1d. Weil die Dioden D_2 und D_3 im Gegenkopplungskreis liegen, werden ihre Kennlinienrundungen und damit auch die Schleusenspannung der Dioden (bei Siliziumdioden $\approx$ 0,5 ... 0,7 V), bezogen auf den Eingang der Schaltung, um den Faktor kV (Schleifenverstärkung) verkleinert. Mit dieser Grundschaltung können Begrenzer- und lineare Gleichrichterschaltungen aufgebaut werden, die auch bei kleinen Signalen (mV-Bereich) gut arbeiten (Bild 14.2). Durch Zufügen der im Bild 14.1d gestrichelt eingezeichneten Elemente D_1 und R_2 entsteht eine lineare Torschaltung. Für $U_{St} \lesssim$ 0 sperrt D_1, und der Steuereingang hat keinen Einfluß auf die Verstärkung U_a/U_e. Falls aber $(U_{St}-U_{D1})/ R_2 > (-U_e/ R_1)$ ist

(U_{D1} Durchlaßspannung von D_1), beträgt die Ausgangsspannung $U_a \approx$ 0, d.h., die Eingangsspannung wird nicht zum Ausgang übertragen.

14.2
Funktionsgeneratoren

Zur Nachbildung oder Korrektur nichtlinearer Funktionen sind Funktionsgeneratoren geeignet, die als funktionsbildendes Element vorgespannte Dioden verwenden. Die nichtlineare Kennlinie wird dabei durch einen Polygonzug angenähert (Bild 14.1e). Die Spannungsteiler am Eingang (R_1, R'_1, ; R_2, R'_2 ; R_3, R'_3) werden so dimensioniert, daß die Dioden unterschiedliche Vorspannung erhalten. Dadurch werden sie in Abhängigkeit von der Eingangsspannung $U_e <$ 0 leitend. Mit jeder zusätzlich in den leitenden Zustand gelangenden Diode wird der zum Summationspunkt fließende Strom größer, und es entsteht die angegebene Knickkennlinie. Das Einschalten des gleichen Diodennetzwerks in den Gegenkopplungskreis bewirkt, daß die Umkehrfunktion erzeugt wird.

Funktionsgeneratoren werden als komplette Bausteine in vielen Varianten hergestellt.

Schaltung	Ausgang

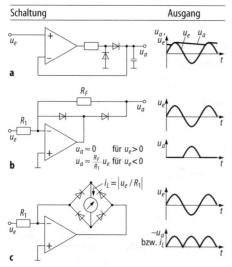

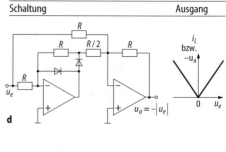

Bild 14.2. Gleichrichterschaltungen mit OV. **a** Spitzengleichrichter; **b** Einweggleichrichter; **c** und **d** Zweiweggleichrichter (Kurvenverläufe gelten für beide Schaltungen)

14.3
Grenzwertmelder (Komparatoren), Extremwertauswahl, Totzone

Zum Vergleich zweier Analogsignale eignen sich Komparatorschaltungen ohne Rückkopplung (Bild 14.3) und rückgekoppelte hysteresebehaftete Schaltungen (Schmitt-Trigger, Abschn. 17.3.1). Bei rückgekoppelten

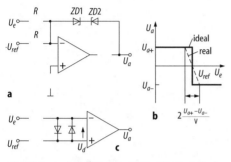

a

c

Bild 14.3. Analogkomparatoren (Schwellwertschalter) ohne Hysterese. **a** Ansteuerung an einem OV-Eingang (exakter Komparator); **b** Kennlinie zu a: $U_{a+} \approx [U_{Z1}]+0,7\,\text{V}$, $-U_{a-} \approx [U_{Z2}]+0,7\,\text{V}$, U_{Z1}, U_{Z2} Zener-Spannung von $ZD1$ bzw. $ZD2$; **c** Ansteuerung an beiden OV-Eingängen, $U_a = 0$ für $U_d = -U_{a1}\,/\,CMRR$

Schaltungen läßt sich durch die mit dem Rückkopplungsfaktor k einstellbare Hysterese (Zweipunktregler, Abschn. 2.) undefiniertes Hin- und Herkippen („Flattern") vermeiden, das infolge überlagerter Störsignale bei den Schaltungen nach Bild 14.3 auftreten kann, falls während einer längeren Zeitspanne $U_e \approx U_{ref}$ ist. Komparatorschaltungen werden mit OV, häufiger mit speziellen integrierten Analogkomparatorbausteinen (größere Bandbreite, d.h. schnelleres Ansprechen, jedoch kleinere Verstärkung als OV) aufgebaut.

Mit Hilfe einer Schaltung zur Extremwertauswahl (Bild 14.4) wird von mehreren anliegenden Eingangsspannungen der maximale (bzw. minimale, falls alle Dioden umgepolt werden) Wert zum Ausgang übertragen, weil nur die Diode mit der größten Eingangsspannung leitet.

Eine geknickte Kennlinie mit einstellbarer Totzone läßt sich nach Bild 14.4b erzeugen. Mittels der beiden Potentiometer sind die Knickspannungen U_{K1} und U_{K2} nach Bild 14.4c unabhängig voneinander einstellbar.

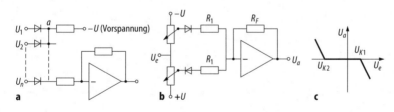

a

b

c

Bild 14.4. Extremwertauswahl **a** und Totzone **b**; **c** Kennlinie zu b

15 Filter

M. SEIFART

15.1
Übersicht

Bei der Signalübertragung und -verarbeitung (z.B. zur Bandbegrenzung, Selektion, Kanaltrennung, Unterdrückung von Frequenzbereichen) besteht häufig die Aufgabe, bestimmte Frequenzkomponenten oder -bereiche eines Signals zu dämpfen oder bevorzugt zu übertragen. Zu diesem Zweck werden Filter benötigt [3.4, 3.6, 9.1, 15.1– 15.7].

Historische Entwicklung. Die „klassische" Filterrealisierung erfolgte mit passiven RLC-Schaltungen. Auch heute haben sie noch Verbreitung, obwohl sie zunehmend durch modernere Konzeptionen (aktive Filter, SC-Filter, Quarzresonatorfilter, digitale Filter) abgelöst werden bzw. wurden.

Da Induktivitäten nicht monolithisch integrierbar sind, wurden zeitlich parallel mit den Integrationstechniken Filterschaltungen entwickelt, die ohne Induktivitäten auskommen. Induktivitäten lassen sich durch aktive Bauelemente ersetzen. Dieses Prinzip wird seit den 60er Jahren bei den aktiven RC-Filtern angewendet. Sie bestehen aus Widerständen, Kapazitäten und Operationsverstärkern und wurden in den 60er und 70er Jahren intensiv untersucht. Da sie jedoch nicht monolithisch integrierbar sind (lediglich in Dünn- und Dickschichttechnik) und eine größere Parameterempfindlichkeit als LC-Filter aufweisen, konzentriert sich die Entwicklung seit etwa 10 Jahren zunehmend auf solche Filterprinzipien, die mit der VLSI-Technik kompatibel und in dieser Technologie herstellbar sind.

Historisch gesehen, läßt sich die schaltungstechnische und technologische Entwicklung der Filterschaltungen stark vereinfacht in die folgenden drei Etappen unterteilen:

1. Etappe: (bis $\approx$ 1950 ... 1960): Reaktanzfilter (RLC) in Einzelelementetechnik („klassische" Filter),
2. Etappe: (ab $\approx$ 1960 ... 1970): Aktive RC-Filter (R, C, OV) in Einzelelemente- und Dünnschicht-/Dickschichttechnik),
3. Etappe: (ab $\approx$ 1980): Monolithische Filter (C, Schalter, OV) in den drei Gruppen a) CCD-, b) SC- und c) digitale Filter.

Es gibt eine Vielzahl unterschiedlicher Filterprinzipien und -technologien, denn der für Filterschaltungen interessierende Signalfrequenzbereich umfaßt mehr als 12 Dekaden (0,1 ... 10^{12} Hz) und läßt sich keinesfalls mit einem einzigen Filterprinzip abdecken.

Klassen von Filtern. Die Vielzahl der Filtervarianten und -prinzipien läßt sich nach unterschiedlichen Merkmalen klassifizieren (Tabelle 15.1, Bild 15.1). Die wichtigsten Unterscheidungsmerkmale sind:

1. Nach der Art des im Filter verarbeiteten Signals
   - *Analoge Filter.* Die im Filter verarbeiteten Signale sind amplituden- und zeitkontinuierlich (Beispiel: RLC-Filter, aktive RC-Filter).
   - *Analoge Abtastfilter* (Sampled-data filter). Die im Filter verarbeiteten Signale sind amplitudenkontinuierlich und zeitdiskret. Die abgetasteten Signalwerte werden in Form von „Ladungspaketen" verarbeitet (Beispiel: SC-Filter).
   - *Digitale Filter.* Die im Filter verarbeiteten Signale (digitale Worte) sind amplituden- und zeitdiskret. Die Filteroperationen führt ein Signalprozessor oder Mikrorechner in Form einer zeitlichen Folge einfacher arithmetischer Operationen aus (Multiplikation, Addition, Speicherung). Das analoge Eingangssignal wird mit einem AD-Umsetzer in eine Folge von Digitalwerten umgesetzt. Falls ein analoges Ausgangssignal gewünscht wird, muß ein DA-Umsetzer an den Filterausgang angeschaltet werden.
2. Bezüglich der schaltungstechnischen Realisierung
   - *Reaktanzfilter* (passive RLC-Filter)
   - *Aktive RC-Filter*
   - *Monolithische Filter* (integrierte Filter):

Tabelle 15.1. Übersicht zu den Klassen von Filtern

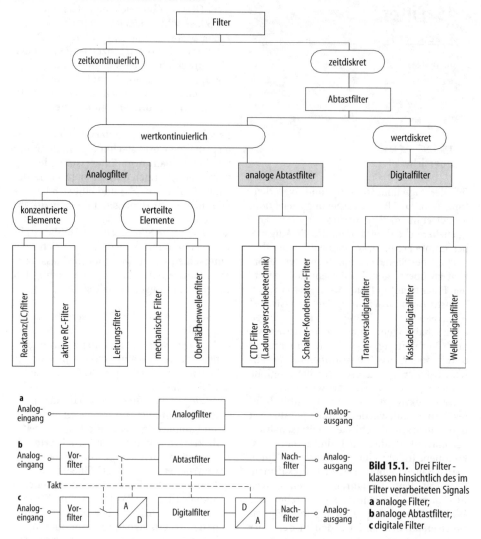

Bild 15.1. Drei Filter-klassen hinsichtlich des im Filter verarbeiteten Signals
a analoge Filter;
b analoge Abtastfilter;
c digitale Filter

a) CCD-Filter
b) SC-Filter
c) digitale Filter
Eine monolithische Ausführung ist für SC-, CCD/CTD-, Keramik-, Quarz- und Digitalfilter möglich.

3. Bezüglich des Frequenzbereiches und des Frequenzintervalls
Siehe hierzu Bild 15.2. Hinsichtlich des be-einflußten Frequenzbandes unterscheidet man Tiefpaß-, Hochpaß-, Bandpaß- und Allpaßfilter sowie Bandsperren.

4. Bezüglich der Form der Übertragungs-funktion und Impulsantwort
– *Rekursive Filter.* Sie besitzen eine zeitlich unbegrenzte Impulsantwort
– *Nichtrekursive Filter* (Transversalfilter, FIR-(Finite impulse response) Filter). Sie besitzen eine zeitlich begrenzte Im-pulsantwort. Die Filterausgangsspan-nung u_A kann durch Mehrfachverzöge-rung von u_E, Gewichtung und Summati-on erzeugt werden.

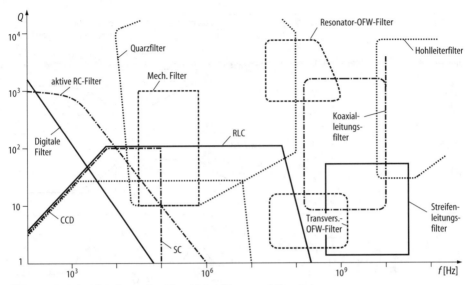

Bild 15.2. Typische Arbeitsfrequenzbereiche wichtiger Filterarten. *Q* Filtergüte

15.2
Kontinuierliche Analogfilter

15.2.1
Passive RLC-Filter

Im HF-Bereich werden Filter häufig mit passiven RLC-Schaltungen aufgebaut. Bei niedrigen Frequenzen werden Induktivitäten zu groß, und ihre elektrische Güte verschlechtert sich. Daher sind im Frequenzbereich unterhalb von 0,1 bis zu einigen MHz RC-Filter, meist in Form von aktiven Filtern, SC-Filter und digitale Filter verbreitet.

Bild 15.3 gibt einen Überblick zu einfachen passiven RC-Filternetzwerken.

15.2.2
Aktive RC-Filter

Aktive Filter verzichten auf Spulen und verwenden ausschließlich RC-Glieder und Operationsverstärker. Filter *1. Ordnung* enthalten ein RC-Glied, Filter *2. Ordnung* enthalten zwei RC-Glieder usw. Durch Kettenschaltung mehrerer Einzelfilter entstehen Filter höherer Ordnung. Damit wächst die Flankensteilheit, d.h. der Übergang vom Durchlaß- in den Sperrbereich wird steiler (Annäherung an eine Rechteckkurve).

Da in aktiven Filtern die RC-Glieder mit Verstärkerelementen kombiniert sind, werden die Flankensteilheit und die Selekti-

vität gegenüber passiven Filtern wesentlich erhöht.

Realisierung von Tiefpaß- und Hochpaß-filtern. Für die schaltungstechnische Realisierung aktiver Filter gibt es mehrere Möglichkeiten. Die verbreitetsten Schaltungsstrukturen sind die Einfach- und Mehrfachgegenkopplung sowie die Einfachmitkopplung. Alle haben bei entsprechender Dimensionierung gleiches Frequenzverhalten. Die Toleranzen der RC-Elemente müssen in der Regel kleiner sein als etwa 1%. Es können aber auch Normwerte für die Widerstände und Kondensatoren verwendet und das Filter mit einem Potentiometer abgeglichen werden, wie in den Bildern 15.4 und 15.5 gezeigt ist.

Aktive Filter erster und zweiter Ordnung lassen sich mit einem einzigen Operationsverstärker realisieren. Filter höherer Ordnung entstehen durch Reihenschaltung von Filtern erster und zweiter Ordnung. Alle hier besprochenen Filter müssen möglichst niederohmig angesteuert werden.

Besonders günstig sind Filter mit Einfachmitkopplung. Sie kommen mit geringem Schaltungsaufwand aus und lassen sich bezüglich Grenzfrequenz und Filtertyp leicht abgleichen. Durch interne Gegenkopplung muß die Verstärkung auf einen definierten Wert eingestellt werden, damit

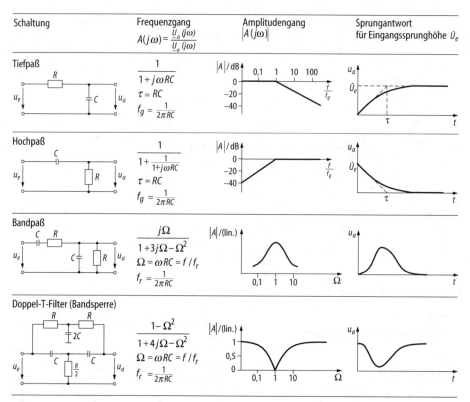

Bild 15.3. Überblick zu einfachen passiven RC-Filternetzwerken

die Schaltung dynamisch nicht instabil wird. Bild 15.4 zeigt als Beispiel ein Tiefpaß- und ein Hochpaßfilter.

Die Übertragungsfunktion $V(P) = \underline{U}_a / \underline{U}_e$ (oft auch mit $H(P)$ oder $A(P)$ bezeichnet)

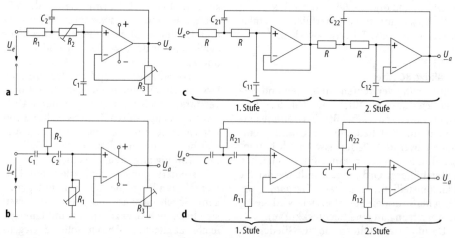

Bild 15.4. Aktiver Tiefpaß und Hochpaß mit Einfachmitkopplung. **a** Tiefpaß; **b** Hochpaß; **c** Tiefpaß (4. Ordnung); **d** Hochpaß (4. Ordnung)

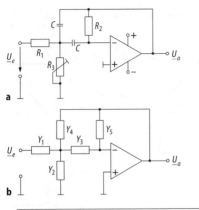

c	Filtercharakteristik	Y_1	Y_2	Y_3	Y_4	Y_5
	Tiefpaß	R	C	R	R	C
	Hochpaß	C	R	C	C	R
	Bandpaß	R	R	C	C	R

Bild 15.5. Aktives Filter mit Mehrfachgegenkopplung
a Aktives Filter; **b** allgemeine Struktur, die zugehörige Übertragungsfunktion lautet:

$$\underline{U}_a/\underline{U}_e = \frac{-Y_1 Y_3}{Y_5(Y_1 + Y_2 + Y_3 + Y_4) + Y_3 Y_4}$$

c zur Realisierung der allgemeinen Struktur von Bild 15.5b für unterschiedliche Filtercharakteristiken

aller Tiefpaßfilter läßt sich durch die Beziehung

$$V_{(P)} = \frac{V_0}{\prod\limits_i \left(1 + a_i P + b_i P^2\right)}$$

$$= \frac{V_0}{\left(1 + a_1 P + b_1 P^2\right)\left(1 + a_2 P + b_2 P^2\right)\ldots} \quad (15.1)$$

und die aller Hochpaßfilter durch

$$V_{(P)} = \frac{V_\infty}{\prod\limits_i \left[1 + (a_i / P) + \left(b_i / P^2\right)\right]} \quad (15.2)$$

darstellen. Die Abkürzungen bedeuten $P = p/\omega_g$, p = Laplace-Operator, $\omega_g = 2\pi f g$, f_g = 3dB-Grenzfrequenz des Filters, $V_o = |V|_{f\to 0}$, $V_\infty = |V|_{f\to\infty}$.

Die Koeffizienten a_i, b_i werden berechnet bzw. aus Tafeln entnommen, wobei sich für die unterschiedlichen Filtertypen (kritische Dämpfung, Butterworth, Tschebyscheff, Bessel u.a.) jeweils andere Werte ergeben [3.6].

Die allgemeine Übertragungsfunktion aktiver Filter lautet [3.6]

$$V_{(P)} = \frac{d_0 + d_1 P + d_2 P^2 + \ldots}{c_0 + c_1 P + c_2 P^2 + \ldots}. \quad (15.3)$$

Aus ihr gehen die Gln. (15.1) und (15.2) jeweils als Spezialfall hervor.

Bild 15.6 gibt einen Überblick zu häufig verwendeten Typen aktiver Filter. Weitere Einzelheiten zur Wirkungsweise und zur Dimensionierung findet man in der umfangreichen Literatur [15.1–15.5].

Trend. Zunehmend werden programmierbare Filter auf einem Chip hergestellt. Der Anwender kann Grenzfrequenzen (z.B. 5 … 13 MHz), Pole und Nullstellen in weitem Bereich (z.B. 0,1 … 4 MHz) extern einstellen. Zu erwarten sind zukünftig programmierbare und kundenspezifische Filter im Signalfrequenzbereich 0 … 100 MHz [15.5].

15.2.3
Filter mit verteilten Elementen
15.2.3.1
Mechanische Filter

Wegen ihrer hohen Gütewerte (20 000 … 100 000 gegenüber 200 … 500 bei elektrischen Schwingkreisen), des niedrigen TK (10^{-6}… 10^{-7}/K gegenüber 10^{-4} … 10^{-5}/K bei elektrischen Schwingkreisen), der geringen Abmessungen und des günstigen Preises sind mechanische Filter weit verbreitet.

Am Filterein- und -ausgang befindet sich ein elektromechanischer Energiewandler zur Wandlung von Strom-Spannungs-Schwankungen in Kraft-Schnelle-Änderungen und umgekehrt (Bild 15.7). Mechanische Filter enthalten frequenzselektive mechanische Einzelelemente, die mechanisch (höchstens teilweise elektrisch) miteinander verkoppelt bzw. verbunden sind [15.7].

Neben mechanischen Filtern gibt es auch mechanisch schwingende Einzelelemente (z.B. Schwingquarz, Keramikschwinger, Keramik-Metall-Verbundschwinger), die hier nicht betrachtet werden. Folgende drei Hauptgruppen von mechanischen Filtern lassen sich unterscheiden:

1. Metallresonatorfilter
   a) mit piezoelektrischem Wandler,
   b) mit magnetostriktivem Wandler (von Spule umgebener Ferrit wird zu Kom-

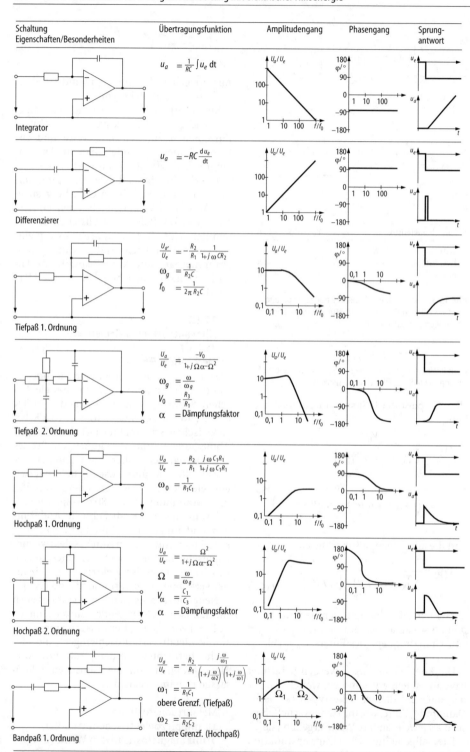

Schaltung Eigenschaften/Besonderheiten	Übertragungsfunktion	Amplitudengang	Phasengang	Sprung-antwort
Integrator	$u_a = \frac{1}{RC} \int u_e \, dt$			
Differenzierer	$u_a = -RC \frac{du_e}{dt}$			
Tiefpaß 1. Ordnung	$\frac{U_a}{U_e} = -\frac{R_2}{R_1} \frac{1}{1 + j\omega CR_2}$ $\omega_g = \frac{1}{R_2 C}$ $f_0 = \frac{1}{2\pi R_2 C}$			
Tiefpaß 2. Ordnung	$\frac{U_a}{U_e} = \frac{-V_0}{1 + j\Omega\alpha - \Omega^2}$ $\omega_g = \frac{\omega}{\omega_g}$ $V_0 = \frac{R_3}{R_1}$ $\alpha = $ Dämpfungsfaktor			
Hochpaß 1. Ordnung	$\frac{U_a}{U_e} = -\frac{R_2}{R_1} \frac{j\omega C_1 R_1}{1 + j\omega C_1 R_1}$ $\omega_0 = \frac{1}{R_1 C_1}$			
Hochpaß 2. Ordnung	$\frac{U_a}{U_e} = \frac{\Omega^2}{1 + j\Omega\alpha - \Omega^2}$ $\Omega = \frac{\omega}{\omega_g}$ $V_\alpha = \frac{C_1}{C_3}$ $\alpha = $ Dämpfungsfaktor			
Bandpaß 1. Ordnung	$\frac{U_a}{U_e} = -\frac{R_2}{R_1} \frac{j\frac{\omega}{\omega_1}}{\left(1 + j\frac{\omega}{\omega_2}\right)\left(1 + j\frac{\omega}{\omega_1}\right)}$ $\omega_1 = \frac{1}{R_1 C_1}$ obere Grenzf. (Tiefpaß) $\omega_2 = \frac{1}{R_2 C_2}$ untere Grenzf. (Hochpaß)			

Bild 15.6. Zusammenstellung dynamisch beschalteter Operationsverstärker [15.5]

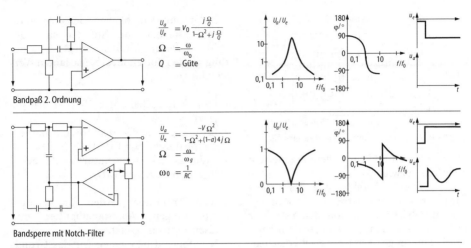

Bandpaß 2. Ordnung

$$\frac{U_a}{U_e} = V_0 \frac{j\frac{\Omega}{Q}}{1-\Omega^2 + j\frac{\Omega}{Q}}$$

$$\Omega = \frac{\omega}{\omega_0}$$

$$Q = \text{Güte}$$

Bandsperre mit Notch-Filter

$$\frac{U_a}{U_e} = \frac{-V\Omega^2}{1-\Omega^2 + (1-a)4j\Omega}$$

$$\Omega = \frac{\omega}{\omega_g}$$

$$\omega_0 = \frac{1}{RC}$$

Bild 15.6 (Fortsetzung)

Bild 15.7. Prinzip des mechanischen Filters

pressionsschwingungen angeregt, $f \approx$ 100 ... 800 kHz);

Gütewerte: 20 000 ... 50 000; Anwendungen: ZF-Filter in der Funktechnik, Kanal-, Träger- und Signalfilter in der Trägerfrequenztechnik.

2. Keramischer Filter
Typisches Massenerzeugnis für die Konsumgüterelektronik (Rundfunk- und Fernsehton-ZF-Filter)
3. Monolithische Filter
   a) Volumenwellenfilter (monolithische Quarz- und Keramikfilter)
   b) akustische Oberflächenwellenfilter (AOW-Filter).

Die Gruppen 1 und 2 bilden Bauelemente mit einzelnen volumenschwingenden Resonatoren, die über verschiedenartige Koppelelemente miteinander verkoppelt werden. Bei Gruppe 3 wird die Herstellungstechnologie der Mikroelektronik (Fotolithografie) angewendet. Man nennt sie daher auch frequenzselektive Bauelemente der Mikroakustik.

Volumenwellenfilter. Elektrisch verhalten sich solche monolithischen Filter wie ge-

koppelte Schwingkreise. Ein piezoelektrisches Substrat enthält paarweise aufgedampfte metallische Elektroden, die über eine Koppelstrecke verkoppelte Resonanzgebiete bilden.

Akustische Oberflächenwellenfilter. Oberflächenwellen treten nicht nur auf Flüssigkeiten, sondern auch auf elastischen Oberflächen von Festkörpern auf. Vergleichbar mit Schallwellen erfolgt eine Signalausbreitung durch Teilchenschwingungen im Ausbreitungsmedium. Die Ausbreitungsgeschwindigkeit beträgt einige km/s. Sie ist 10^5fach geringer als die von elektromagnetischen Wellen. Die Folge sind kleinere Strukturabmessungen für frequenzselektive Anordnungen.

Für die Anregung einer Oberflächenwelle auf einem Festkörper wird der piezoelektrische Effekt ausgenutzt. Das elektrische Eingangssignal wird in einem auf dem piezoelektrischen Substrat (meist LiNbO3) befindlichen Eingangswandler in eine Oberflächenwelle (Eindringtiefe $\approx 3\lambda$) umgewandelt. Ein definierter Anteil dieser Oberflächenwelle wird in einem auf dem gleichen Substrat befindlichen Ausgangswandler in ein elektrisches Ausgangssignal rückgewandelt. Eine Filterwirkung kommt dadurch zustande, daß sich an einem bestimmten Ort des Substrats die von mehreren „Sendern" ausgehenden Signalkomponenten infolge unterschiedlicher Laufzeiten zwischen Sender und Empfänger für bestimmte Frequen-

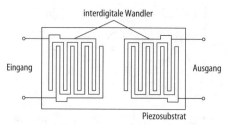

Bild 15.8. Grundaufbau eines Oberflächenwellenfilters

zen überlagern und für andere Frequenzen schwächen bzw. auslöschen.

Die Frequenzcharakteristik des Filters wird durch die geometrische Struktur bestimmt. Üblich ist die Interdigitalstruktur (Bild 15.8). Jeder Finger dieser Struktur kann als linienförmiger Sender für Oberflächenwellen aufgefaßt werden. Bei äquidistanten linienförmigen Fingern entsteht ein Filterspektrum mit periodischen Durchlaßbereichen. Die Interdigitalstruktur ermöglicht Oberflächenwellenfilter nach dem Transversalprinzip ähnlich zur CTD-Technik (Abschn. 15.3.1). Die spezielle Filtercharakteristik wird durch den Fingerabstand, die Fingeranzahl, die Fingerlänge und die gegenseitige Fingerüberlappung bestimmt. Die geometrischen Abmessungen von AOW-Filtern liegen in der Größenordnung von Millimetern (≈ 1 mm ... 1 µm im Frequenzbereich zwischen 3 MHz und 3 GHz). Sie werden mit der kostengünstigen Technologie der Mikroelektronik hergestellt und sind für den Großeinsatz geeignet (Unterhaltungselektronik, z.B. Bild-ZF-Filter, professionelle Nachrichtentechnik).

Industrielles Beispiel: Monolithisches Kristallfilter Modell 4051, 4. Ordnung, 21,4 MHz, Bandbreite: ±7,5 kHz bei 3 dB Dämpfung mit ±25 kHz bei 35 dB Dämpfung, Sperrdämpfung >70 dB, Welligkeit <1 dB, Keramikgehäuse 11,3×11,3×1,5 mm (Piezo Technology, USA).

15.3
Analoge Abtastfilter

15.3.1
Ladungsverschiebeelemente (Charge-Transfer Devices)

Diese Elemente ermöglichen durch die Anwendung von Eimerkettenschaltungen oder ladungsgekoppelten Strukturen monolithisch integrierte Abtastanalogfilter, die

recht gut mit den üblichen MOS-Technologien herstellbar sind. Auf der Basis des Prinzips der angezapften Verzögerungsleitung finden folgende drei Varianten Verwendung:

1. Eimerkettenschaltungen (Bucket-Brigade Devices = BBD),
2. Ladungsgekoppelte Strukturen (Charge-Coupled Devices = CCD),
3. Ladungsinjektionsstrukturen (Charge-Injection Devices = CID).

Solche Strukturen werden für Verzögerungsleitungen, Abtastanalogfilter und Bildsensoren eingesetzt.

Nachfolgend betrachten wir das Grundprinzip eines in MOS-Technologie realisierbaren CCD-Transversalfilters.

Grundelemente jeder CCD-Struktur sind MOS-Kondensatoren. Die Information wird bei den hier betrachteten analogen CCD-Abtastfiltern in Form von amplitudenanalogen Ladungspaketen auf diesen MOS-Kondensatoren (unter den MOS-Elektroden) gespeichert. Durch das Anlegen gegeneinander zeitlich verschobener Taktimpulse wird die Ladung entlang der Kette von Kondensator zu Kondensator weiter transportiert. Die Verarmungsgebiete müssen sich hierbei stückweise überlappen. Daher sind Abstände von wenigen µm erforderlich.

15.3.2
SC-Filter (Switched Capacitor)

Diese Filter bestehen aus Elementen, die sich besonders gut für die monolithische MOS-Herstellungstechnologie eignen: aus Schaltern, Kondensatoren und Verstärkern. Sie lassen sich leicht mit anderen integrierten Funktionselementen (Logikschaltungen, Komparatoren, Gleichrichtern usw.) kombinieren. Ein weiterer Vorteil ist ihr niedriger Leistungsverbrauch von 0,1 ... 1 mW je Filterpol.

Die Übertragungsfunktion von SC-Filtern hängt nur von Kapazitätsverhältnissen und von der Taktfrequenz ab, nicht jedoch von den Absolutwerten der Kondensatoren. Temperatur- und Alterungseinflüsse wirken sich auf alle Kapazitäten im Chip nahezu gleich aus. Typische Eigenschaften der

Bauelemente von SC-Filtern sind: $C = 1$ bis 100 pF; $\Delta C/C < 0,1 \ldots 0,05\%$ bezogen auf Kapazitätsverhältnisse; TK $\approx$ 25 ppm/K; Spannungskoeffizient $\approx$ –20 ppm/V; Schalter: Durchlaßwiderstand <2 kΩ, Chipfläche $\approx 10^{-4}$ mm². Zum Vergleich monolithische Widerstände: $\Delta R/R \approx 2\%$, TK $\approx$ 1500 ppm/K, Spannungskoeffizient $\approx$ –200 ppm/V.

SC-Filter lassen sich aufwandsarm mit speziell für diese Anwendung entwickelten Schaltkreisen realisieren. Beispiel: Der Schaltkreis RF 5621 (5622) (Reticon) enthält zwei (vier) Filter zweiter Ordnung mit Tief-/Hoch-/Bandpaßeingang. Zur Realisierung des gewünschten Filterverhaltens sind lediglich externe Widerstände erforderlich.

Trend. SC-Filter werden in naher Zukunft für den Signalfrequenzbereich um 100 kHz einsetzbar sein.

Prinzip. Das Grundelement von SC-Filtern stellt die geschaltete Kapazität dar. Sie läßt sich unter bestimmten Betriebsbedingungen als Widerstand R betrachten, wie folgende Überlegung zeigt (Bild 15.9). Der Schalter S schaltet während jeder Taktperiodendauer T die Kapazität C einmal an den Eingang und einmal an den Ausgang. Dabei entstehen auf dem Kondensator jeweils Ladungsänderungen $\Delta Q = C\,(u_E - u_A)$, die einen mittleren Strom

$$\bar{i} = \frac{\Delta Q}{T} = \frac{C\left(u_E - u_A\right)}{T}$$

vom Eingang zum Ausgang zur Folge haben.

Solange die Abtastrate (Taktfrequenz) $1/T$ viel größer ist als die maximale Signalfrequenz der Eingangsspannung $u_E(t)$, wirkt der geschaltete Kondensator im Bild 15.9a wie ein Widerstand (Bild 15.9b):

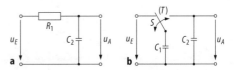

Bild 15.10. Realisierung eines Tiefpaßfilters erster Ordnung. **a** passives RC-Filter; **b** äquivalente Realisierung mit SC-Filter für Signalfrequenzen $\ll 1/T$

$$R = \frac{T}{C}.$$

In MOS-Technik wird der Schalter mit Hilfe zweier MOSFET realisiert, die von zwei zeitlich verschobenen sich nicht überlappenden Taktimpulsfolgen angesteuert werden (Bild 15.9c und d).

Beispiel: Filter erster Ordnung. Unter Verwendung des SC-Elements von Bild 15.9a läßt sich ein Tiefpaßfilter erster Ordnung realisieren, indem beim bekannten Tiefpaß-RC-Filter erster Ordnung der Widerstand durch eine geschaltete Kapazität ersetzt wird (Bild 15.10). Die Zeitkonstante dieses Tiefpaß-SC-Filters beträgt unter Voraussetzung genügend hoher Abtastrate mit $R_1 = T/C_1$

$$\tau = \frac{C_2}{C_1} T. \tag{15.4}$$

Aus (15.4) folgen zwei allgemeingültige Eigenschaften von SC-Filtern:

1. Zeitkonstanten sind proportional zu Kapazitätsverhältnissen und
2. Zeitkonstanten sind umgekehrt proportional zur Taktfrequenz.

In praktischen Filteranordnungen werden die SC-Elemente mit Verstärkern kombiniert. Dadurch sind günstige Eigenschaften erzielbar. Ein häufig verwendetes Grundelement ist der Integrator (Bild 15.11).

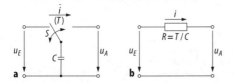

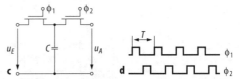

Bild 15.9. Grundelement von SC-Filtern. **a** Schaltung, die bei genügend hoher Abtastrate (Signalfrequenzen $\ll 1/T$) äquivalent zu Schaltung **b** ist.

c Realisierung der Schaltung mit MOSFET; **d** Zeitverlauf der Ansteuerspannungen der beiden MOSFETs von Bild *c*, bei $\phi_{1,2} = H$ ist der jeweilige MOSFET eingeschaltet

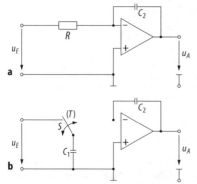

Bild 15.11. Integrator. **a** „klassische" Realisierung mit RC-Glied; **b** äquivalente Realisierung als SC-Filter (SC-Integrator)

15.4
Digitale Filter

Die gravierende Kostenreduktion bei der Herstellung digitaler integrierter Schaltkreise hat dazu geführt, daß in den letzten Jahren Signalverarbeitungsfunktionen, die bisher ausschließlich mit der Analogtechnik realisiert wurden – darunter auch die Realisierung von Filtern – in zunehmendem Maße mit digitalen Signalprozessoren und Mikrorechnern digital realisiert werden. Markante Vorteile der digitalen Lösungen sind hierbei u.a. die Realisierbarkeit in VLSI-Technik, ihre Programmierbarkeit, nahezu beliebige Präzision (nur von der Wortbreite und von der eingangs- bzw. ausgangsseitigen Auflösung abhängig) und die Unabhängigkeit gegenüber Temperatur-, Alterungs- und Betriebsspannungseinflüssen (kein „Weglaufen" der kritischen Bauelemente und -parameter.).

Prinzip. Das Eingangssignal eines digitalen Filters ist eine Zahlenfolge (Bild 15.12). Die Filterwirkung wird im Digitalfil-

ter mittels eines Rechenprozesses realisiert. Der ausnutzbare Frequenzbereich des Eingangssignals ist auf $0 \leq f \leq \frac{1}{2}T$ begrenzt (T = Abtastperiodendauer). Daher ist der Tiefpaß vor dem Abtast- und Halteglied im Bild 15.12 von großer Bedeutung. Er muß gewährleisten, daß am Eingang des Abtast- und Halteglieds keine Frequenzkomponenten $f \geq \frac{1}{2}T$ auftreten, um Aliasing-Effekte zu verhindern. Andererseits soll er alle Eingangssignalfrequenzen $0 \leq f \leq f_{\max}$ möglichst ungedämpft durchlassen. Um nicht zu harte Forderungen an den Frequenzgang des Filters stellen zu müssen, darf der Abstand zwischen $f_{\max}$ und $\frac{1}{2}T$ nicht zu klein sein, d.h. $\frac{1}{2}T$ muß möglichst große Werte annehmen (Überabtastung = Oversampling anwenden).

Schaltungsrealisierung. Die schaltungstechnische Realisierung digitaler Filter erfolgt wie bei den Analogfiltern am einfachsten dadurch, daß Blöcke erster und zweiter Ordung kaskadiert werden. Der Filterentwurf besteht dann lediglich aus dem Entwurf von Filterstufen erster und zweiter Ordnung. Die gewünschte Übertragungsfunktion wird in das Produkt mehrerer Teilübertragungsfunktionen erster und zweiter Ordnung zerlegt. Die Übertragungsfunktion einer digitalen Filterstufe 2. Ordnung lautet (z-Bereich) [3.6]

$$G_{(z)} = \frac{\alpha_0 + \alpha_1 z^{-1} + \alpha_2 z^{-2}}{1 + \beta_1 z^{-1} + \beta_2 z^{-2}}. \qquad (15.5)$$

Die Dimenionierung eines digitalen Filters kann z.B. erfolgen, indem man zunächst die kontinuierliche Übertragungsfunktion $V(P)$ der gewünschten Filtercharakteristik (s. Abschn. 15.2.2.) berechnet und daraus, z.B. mittels der bilinearen Transformation, die digitale Übertragungsfunktion $G(z)$ ermit-

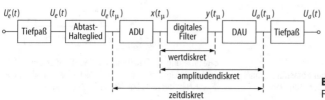

Bild 15.12. Einsatz eines digitalen Filters in einer analogen Umgebung

telt [3.6]. Bei dieser Transformation ergeben sich die benötigten Filterkoeffizienten $\alpha_0, \alpha_1, \alpha_2, \beta_1, \beta_2$.

Die Übertragungsfunktion Gl. (15.5) kann mit unterschiedlichen Schaltungsstrukturen realisiert werden [3.6]. Wir beschränken uns nachfolgend auf die häufig eingesetzten FIR-Filter.

FIR(Finite-Impulse-Response)-Filter. Sie beinhalten keine Rückkopplung vom Ausgang zu vorherigen Stufen. Alle Koeffizienten β_1, β_2 ... sind Null. Das Ausgangssignal ist die gewichtete Summe des Eingangssignals und seiner Verzögerungen (die Multiplikation im z-Bereich mit z^{-1} entspricht im Zeitbereich einer Verzögerung um eine Abtastperiodendauer T). Die Impulsantwort dieser Filter umfaßt $N + 1$ Werte, d.h. $N + 1$ Periodendauern der Abtastfrequenz (N = Filterordnung). Ein großer Vorteil dieser Filter ist die konstante, frequenzunabhängige Gruppenlaufzeit („lineare Phase"). Bild 15.13 zeigt die beiden möglichen Schaltungsstrukturen von FIR-Filtern [3.6].

Realisierung von FIR-Filtern. Die Differenzgleichung von FIR-Filtern (Zeitbereich) lautet

$$y_N = \alpha_0 x(t_N) + \alpha_1 x(t_{N-1}) + \dots$$

$$= \sum_{k=0}^{N} \alpha_k x(t_N - k) \; .$$

Schaltungstechnisch muß also die mit den Koeffizienten $\alpha_0, \alpha_1, \dots$ gewichtete Summe der N letzten Eingangswerte berechnet werden. Diese Operation kann parallel in einem Schritt oder seriell in N Schritten ausgeführt werden. Tabelle 15.2 zeigt den Hardwareaufwand, Speicherbedarf und die Rechenzeit für eine Basisoperation (Multiplikation und Addition).

Zur parallelen Verarbeitung sind VLSI-Schaltkreise mit Abtastfrequenzen von 0,5 ... 40 MHz verfügbar, die das Schaltungsprinzip von Bild 15.13a realisieren. Die Koeffizienten werden meist nach dem Anschalten des Chips eingelesen (Konfigurierung) und sind während des Betriebs veränderbar (adaptive Filter).

Die serielle Verarbeitung erfolgt meist mit digitalen Signalprozessoren, die die benötigte Multiplikation und Addition in einem einzigen Maschinenzyklus von 25 ... 150 ns ausführen. Es gibt spezielle FIR-Prozessoren, z.B. DSP 56200 (Motorola) mit entsprechender Hardware, so daß die Anwenderprogrammierung weitgehend entfallen kann. Das Blockschaltbild eines seriell arbeitenden FIR-Filters mit dem „Filter-Control Chip" Im 29C128 (Intersil) zeigt Bild 15.14.

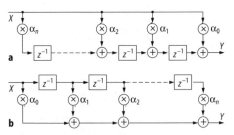

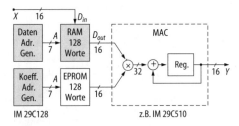

Bild 15.13. FIR-Filter. **a** mit verteilten Summierern; **b** mit einem globalen Summierer am Ausgang

Bild 15.14. Seriell arbeitendes FIR-Filter mit dem „Filter-Control-Chip" IM 29C128 (grau) von Intersil. *MAC* Multiplizier-Addier-Einheit

Tabelle 15.2. Aufwandsabschätzung für FIR-Filter $n$ter Ordnung bei paralleler bzw. serieller Verarbeitung

Verarbeitung	Multiplizierer	Summierer	Rechenzeit	Speicher
parallel	$n + 1$	n	1 Takt	$2n + 1$
seriell	1	1	$n + 1$ Takt	$2n + 1$

Literatur

15.1 Dorf RC (Hrsg.) (1993) The Electrical Engineering Handbook. CRC Press, Boca Raton

15.2 Philippow E (1987) Taschenbuch Elektrotechnik, Bd. 2. Grundlagen der Informationstechnik, 3. Aufl. Verlag Technik, Berlin

15.3 Best R (1987) Handbuch der analogen und digitalen Filterungstechnik, 2. Aufl. AT-Verlag, Stuttgart

15.4 Lacroix A (1988) Digitale Filter, 3. Aufl. Oldenbourg, München

15.5 Hering E, Bressler K, Gutekunst J (1992) Elektronik für Ingenieure. VDI-Verlag, Düsseldorf

15.6 Goodenough F (1990) Voltage Tunable Linear Filters Move onto a Chip. Electronic Design 38/3:43–54

15.7 Hälsig Ch (1980) Mechanische frequenzselektive Bauelemente. radio fernsehen elektronik 29/2:71–74 und 3:160–162

16 Pneumatisch-elektrische Umformer

H. Beikirch

16.1 Einführung

Allgemein werden *Signalumformer* nach der Art der Ein- und Ausgangssignale sowie nach der Form der Konvertierung eingeteilt. Man unterscheidet danach als mögliche Eingangs- und Ausgangssignalformen *elektrische, pneumatische, hydraulische* und *mechanische* Signalumformer. Die Art der Umformung wird durch den zeitlichen Signalverlauf der Ein- und Ausgangsgrößen (analog oder diskret) und die Übertragungsfunktion (linear oder nichtlinear) bestimmt. Bild 16.1 zeigt die möglichen Signalein- und Ausgangsformen sowie den Weg und das Prinzip der Signalumformung. Es wird dabei nur angedeutet, daß eine große Vielfalt der Konvertierungsmöglichkeiten besteht. Zur Anpassung und Verarbeitung analoger und digitaler Signalformen sind u.a. Verstärker sowie Analog-/Digital- und Digital-/Analog-umsetzer notwendig.

In weiteren Darlegungen soll hier die Beziehung pneumatischer und elektrischer Signale zueinander mit ausgewählten Umformerkonzepten betrachtet werden.

Elektrisch-pneumatische Umformer (*EP-Umformer*) sind Systeme, die elektrische Signale in pneumatische Signale umformen. Bei entgegengesetzter Signalflußrichtung spricht man von *pneumatisch-elektrischen Umformern* (*PE-Umformer*), die pneumatische in elektrische Signale konvertieren.

Für den Umformungsprozeß muß dem Umformer eine dem jeweiligen Signalbereich entsprechende Hilfsenergie zur Verfügung gestellt werden. Das bedeutet, daß in jedem Fall mindestens eine elektrische oder eine pneumatische *Hilfsenergieversorgung* benötigt wird.

Im Normalfall erfolgt die Umformung der Signale auf der Basis von *Einheitssignalen*. Das betrifft sowohl den elektrischen als auch den pneumatischen Signalbereich. Je nach Wirkungsgrad des Umsetzers muß ein über dem Einheitssignalbereich liegender höherer Hilfsenergie-Signalpegel eingespeist werden. Beispielsweise wird für einen Signalumformer mit pneumatischem Ausgangssignalbereich von 0,4 … 2 bar eine Hilfsenergie von 2,4 ± 0,1 bar verlangt [16.1].

16.2 Umformer für analoge Signale

16.2.1 Elektrisch-pneumatische Umformer

Diese Umformer liegen mit ihrem *Eingangssignalbereich* fast ausschließlich bei

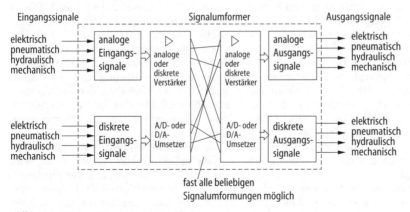

Bild 16.1 Prinzip und Varianten der Signalformung

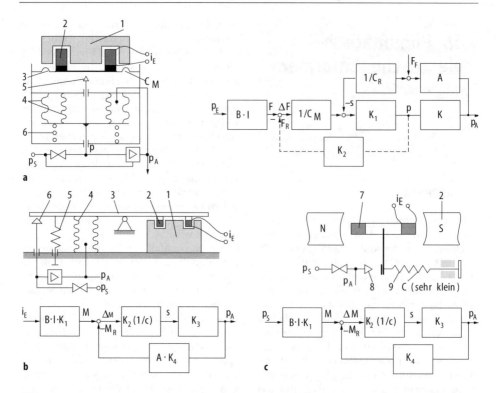

Bild 16.2. Elektrisch-pneumatische Umformer. [16.3] F Kraft der Tauchspule, C Federkonstante, C_M Federkonstante der Mer bran, C_R Federkonstante der Wellrohre, K_1 Übertragungsfaktor Düse-Prallplatte, K_2 Koeffizient für Strahlkraft, F_F Federkraft. **a** Wegvergleich. *1* Topfmagnet, *2* Spule, *3* Membran, *4* Wellrohre, *5* Düse, *6* Nullpunktfeder. **b** Momentenkompensation. *1* Topfmagnet, *2* Spule, *3* Wippe, *4* Wellrohre, *5* Nullpunktfeder, *6* Düse. **c** Ausschlagverfahren. *2* Magnet, *7* Drehspule, *8* Düse, *9* Nullpunktfeder

Stromsignalen im Bereich von 0 bis 20 mA. Während bei Eingangsströmen von über 5 mA Wirkprinzipien der *Kraft- und Momentenkompensation* dominieren, wählt man bei kleineren Eingangsströmen aus konstruktiven Gründen den *Wegvergleich*. Bild 16.2 zeigt einige technische Ausführungen dieser Wirkprinzipien. Die Darstellung der Prinzipien *a* Wegvergleich, *b* Drehmomentvergleich und *c* Ausschlagverfahren mit Rückwirkung über Strahlkraft sind als technische Anordnung und als Blockschaltbild ausgeführt. Prinzipien des Drehmomentenvergleichs (Momentenkompensation) dominieren derzeitig in technischen Ausführungen.

a) Wegvergleich. Die Magnetspule (Bild 16.2a) wird über i_E gesteuert und damit die Membran *3* bewegt. Die sich bewegende Membran steuert die Düse *5* und damit den Ausgangsdruck p_A. Durch die Wirkung von p_A auf die Differenzfläche der Wellrohre *4* werden diese ausgelenkt und auch Düse *5* wird soweit bewegt, bis ein Weggleichgewicht erreicht ist (Abschn. E 1.3). Das Gleichgewicht entspricht der Beziehung $p_A = k i_E$. Das zugehörige Blockschaltbild zeigt die Rückwirkung der Strahlkraft gestrichelt. Gut beherrschbar ist die statische Genauigkeit des Umformers. Dynamisch können Probleme durch Schwingneigung auftreten.

b) Momentenkompensation. Über eine große Hebelübersetzung (Bild 16.2b) wird die Kraft der Tauchspule *2* der pneumatischen Kompensationskraft gegenübergestellt. Die Kraft der Tauchspule ist klein gegenüber der pneumatischen Kraft (Hebelübersetzung etwa 10 : 1). Eine Vergrößerung der Tauchspulenkraft ist im wesentlichen nur durch Erhöhung der Windungszahl (Kraft ~ Amperewindungen) erreichbar und technisch begrenzt (Spulenmasse).

c) Ausschlagverfahren. Der Eingangsstrom i_E fließt durch die Spule 7 und erzeugt ein Drehmoment. Dieses Drehmoment erzeugt gegen die Federkraft der Feder 9 und der Strahlkraft eine Wegauslenkung. Über das dabei wirksame Düse-Prallplatte-Prinzip stellt sich ein dem Eingangsstrom proportionaler Ausgangsdruck p_A ein. Die mit einem derartigen System erreichbare Genauigkeit ist geringer als bei dem Prinzip nach a) oder b).

Industrielle Signalumformer, wie beispielsweise der Signalumformer TEIP 2 ([16.1], Hartmann&Braun), erreichen Genauigkeiten von ±0,2% bei linear steigender oder fallender Kennlinie. Die technischen Ausführungen dieses Umformers sind sowohl für Feld- als auch für Wartenmontage vorgesehen. Die Signalbereiche für Ein- und Ausgang sind in Tabelle 16.1 enthalten. Auch bei vergleichbaren Geräten anderer Hersteller liegen diese in ähnlichen Bereichen.

16.2.2
Pneumatisch-elektrische Umformer

Im allgemeinen arbeiten pneumatisch-elektrische Umformer nach dem Prinzip des *Ausschlag- oder Kompensationsverfahrens.*

Für einfache Signalumformungen zur elektrischen Messung nichtelektrischer Größen werden vorzugsweise *Ausschlagverfahren* benutzt. Diese Verfahren lassen sich in vielfältiger Form mit einfachen mechanischen Mitteln und mit wenig Aufwand realisieren, einige Prinzipien sind aber im Bereich der Genauigkeit und Reproduzierbarkeit eingeschränkt.

Ein einfaches Beispiel zum Ausschlagverfahren ist eine mit *Dehnmeßstreifen* (DMS) versehene Biegefeder, die von einer Membran ausgelenkt werden kann. Wirkt eine Änderung des Eingangsdrucksignals p_E auf die Membran, erzeugen die sich biegenden Dehnmeßstreifen in einem angeschlossenen Stromkreis eine Änderung des Ausgangssignals i_A. Man kann durch Brückenschaltungen der Dehnmeßstreifen und geeignete Temperaturkompensation Genauigkeit, Linearität und Reproduzierbarkeit erheblich verbessern. Das zeigen beispielsweise die industriell verfügbaren Signalumformer PI 25 ([16.4], Fa. Eckhard), die als Geräte für Feld- und Wartenmontage gebaut werden. Bild 16.3 zeigt das Blockschaltbild eines solchen Signalumformers.

Der Eingangsdruck p_E bewegt über eine Membran *A* den Biegebalken *B*, auf dem eine Brückenschaltung von Metall-Dünnfilm-Dehnmeßstreifen *C* aufgebracht ist. Über die Kodierbrücken *E* wird die Brückenschaltung an den abgleichbaren Meßverstärker *H* (Nullpunkt und Endwert mit Potentiometer *G* und *F* einstellbar) angeschlossen. Der Ausgangstreibertransistor *I* liefert das Ausgangsstrom- oder -spannungssignal (Auswahl mittels Kodierbrücke *E*), das auch an den Prüfbuchsen *K* für Testzwecke anliegt. Zur Energieversorgung kann Gleich- oder Wechselspannung (24 V) an das potentialgetrennt ausgeführte Transverternetzteil *L* angelegt werden. Die zwei im Gerät enthaltenen Kanäle sind vollkommen gleich aufgebaut und werden aus der gleichen Speisequelle potentialgetrennt versorgt (Versorgungteil *M*). Bei dieser Geräteausführung sind Eingangssignale für

Tabelle 16.1. Ein- und Ausgangssignalbereiche der Signalumformer TEIP 2 [16.1]

Eingangssignalbereich (mA) bei Re ⊕ 130 Ω (Re ⊕ 130 Ω bei Ex)	0 ... 20	4 ... 20	0 ... 10	10 ... 20	4 ... 12	12 ... 20
	E/A-Signalbereichszuordnung wählbar					
Ausgangssignalbereich Druckluft	0,2 ... 1 bar	3 ... 15 psi		0,4 ... 2 bar		6 ... 30 psi
Energieversorgung Druckluft	1,4 ±0,1 bar	20 ±1,5 psi		2,4 ±0,1 bar		36 ±1,5 psi

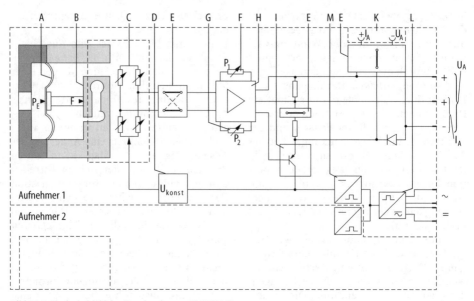

Bild 16.3 Blockschaltbild des Signalumformers Pl 25 [16.4]

die Bereiche 0,2 ... 1 bar, 3 ... 15 psi oder 20 ... 100 kPa wählbar und für die Ausgangssignale die Bereiche 0/4 ... 20 mA bzw. 0 ... 10 V mit steigender oder fallender Kennlinie einstellbar. Der Linearitätsfehler wird vom Hersteller mit ≤0,1% angegeben. Dazu muß noch der Temperatureinfluß von ≤0,1%/10 K addiert werden. Das Zeitverhalten wird durch die Sprungantwort angege-

ben. Sie liegt durch das elektromechanische System bedingt bei $\tau=0{,}5$ s.

Derzeitig sind auch *Kompensationsverfahren* in breiter Anwendung. Wie auch bei Ausschlagverfahren hängt die ausgangsseitige Struktur der Umsetzer stark von der Signalanpassung (Verstärkung, Einheitssignalpegel) und der Form der Signalverarbeitung („intelligente" Umformer) ab.

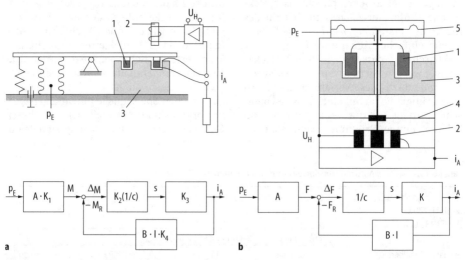

Bild 16.4. Pneumatisch-elektrische Umformer [16.3.]
a und **b** C - Gesamtfederkonstante, A - Wirksame Fläche,
1 - Tauchspule, 2 - Abgriffsystem, 3 - Magnet,
4 - Führungsmembran, 5 - Meßmembran

Dem Prinzip des Kompensationsverfahrens entsprechen die Darstellungen a) und b) im Bild 16.4. Hier sind zum Teil die umgekehrten Wirkrichtungen der Darstellungen des Bildes 16.2 zu erkennen.

Funktionsweise der Darstellungen im Bild 16.4:

a) Drehmomentvergleich. Eine Eingangsdruckänderung p_E bewegt die Wippe. Aus dieser Bewegungsänderung, der die Kraft der Tauchspule *1* entgegenwirkt, erfolgt die Veränderung einer Induktivität (Spule 2, mechanisch fest gelagert), die dann als Ausgangsinformation ausgewertet werden muß. Solche Änderungen können bei Ferritkernbewegung Oszillatoren verstimmen oder auch kapazitiv aufgenommen werden (z.B. Änderung des Plattenabstands).

b) Kraftvergleich. Eine Änderung der Eingangsgröße p_E bewirkt eine relative Lageänderung des mechanisch gekoppelten Systems (Tauchspule, Meß- und Führungsmembran, Abgriffsystem). Die Kraft der Tauchspule *1* wirkt kompensierend zum Eingangsdruck. Die Ausgangsgröße i_A stellt sich nach der Größe der Wegänderung ein und ist dem Eingangsdruck p_E im Arbeitsbereich proportional. Der Aussteuerbereich ist durch die direkte Kompensation ohne Hebelübersetzung stark von der Anpassung an die Kompensationskraft der Tauchspule abhängig.

16.3
Umformer für diskrete Signale

16.3.1
Elektrisch-pneumatische Umformer

Die Umformung elektrischer in pneumatische Signale kann bei diskreten Eingangssignalen in vielfältiger Form durch Nutzung magnetischer Kräfte erfolgen. Wahlweise sind auch Zwischenabbildgrößen gebräuchlich. Als Zwischenabbildgröße kann beispielsweise die Temperatur benutzt werden. Die Bilder 16.5 und 16.6 zeigen zwei Varianten elektrisch-pneumatischer Umformer.

Im Bild 16.5 wird über den Anker eines kleinen Hubmagneten M die pneumatische Vorsteuerung eines pneumatischen Relais beaufschlagt. Das pneumatische Relais bewirkt gleichzeitig eine Mengenverstärkung (Abschn. E 2.2).

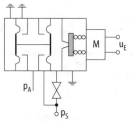

Bild 16.5. Elektrisch-pneumatischer Umformer mit pneumatischem Relais [16.3]

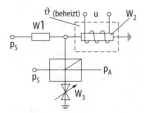

Bild 16.6. Elektrisch-pneumatischer Umformer mit Druckteiler [16.3.]

Über das Zwischenabbildsignal Temperatur wird der Umformer nach Bild 16.6 gesteuert. Bei einem Umformer mit pneumatischem Druckteiler W_1 und W_2 (pneumatische Widerstände, Abschnitt E 1.2) wird der Widerstand W_2 als Meßwiderstand benutzt und von der angelegten Eingangsspannung u beheizt. Die Erwärmung des Meßwiderstandes verändert das Druckverhältnis und es gelingt so, den Kaskadendruck zur Umschaltung eines monostabilen Wandstrahlelementes (Abschnitt E 1.7) zu nutzen. Der Schaltpunkt ist durch Regulierung mit W_3 in Grenzen einstellbar.

16.3.2
Pneumatisch-elektrische Umformer

Eine Realisierung pneumatisch-elektrischer Umformer ist für die diskrete Signalbereitstellung einfach, wenn über eine vom Eingangsdruck steuerbare Membran Mikroschalter, Springkontakte oder kontaktlose Initiatoren betätigt werden.

Interessant sind auch Lösungswege, die beispielsweise das Aufheizen und Abkühlen von Thermistoren zur Darstellung diskreter Zustände nutzen. Bild 16.7 zeigt eine interessante Lösung (nach [16.3]), die im Ausgangsstromkreis einen Thermistor betreibt.

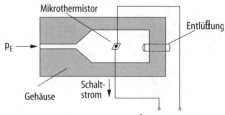

Bild 16.7. Pneumatisch-elektrischer Umformer [16.3.]

Der Thermistor kann beispielsweise ein *Mikrothermistor* (Durchmesser ca. 1 mm) mit einer sehr geringen Wärmekapazität sein, der sich im Ausgangsstromkreis durch seine eigene Verlustleistung auf etwa 200 °C aufheizt. Wird nun das Eingangssignal p_E angelegt, so bläst diese Druckluft den Thermistor an und kühlt ihn schlagartig ab, so daß sein Widerstand stark ansteigt.

Mit dem erläuterten Prinzip sind Ansprechzeiten von 1 ms und Frequenzen von 250 Hz max. erreichbar.

16.4
Entwicklungstrend

Besonders beim vorhergehenden Abschnitt ist leicht erkennbar, daß künftig Prinzipien und technische Lösungen von Umformern besonders im Bereich der *Mikrosysteme* liegen werden. Schon derzeitig sind umfangreiche Vorhaben in Entwicklung, die komplette mechanische, pneumatische/hydraulische (fluidische) und elektrische Funktionselemente in Mikrosystemen integrieren. Der hohe technologische Stand der Halbleiterindustrie und die vielfältigen Möglichkeiten der *Mikromechanik* erlauben es beispielsweise Membrane, Biegebalken, Relais, Mikromotoren u.a. in monolithischer Technik in einem einzigen Chip zu integrieren. Unter der besonderen Berücksichtigung dieser Mikrodimensionen ist bei den vorgestellten Umformerprinzipien eine größere Systemdynamik erreichbar. Durch Kompensationsmethoden sind Temperatur, Drift und andere Störeinflüsse gut beherrschbar.

Literatur

16.1 Geräte für die Prozeßtechnik. Katalog Ausg. 1993, Hartmann & Braun, Frankfurt/ Main,

16.2 Korn U, Wilfert H-H (1982) Mehrgrößenregelungen. 1. Aufl., Verlag Technik, Berlin

16.3 Töpfer H, Kriesel W (1988) Funktionseinheiten der Automatisierung. 5. Aufl., Verlag Technik, Berlin

16.4 Pneumatisch-elektrische Signalumformer 19" PI 25. ECKHARD AG, Stuttgart, Typenblatt und Betriebsanleitung, Ausgabe 6.88

17 Digitale Grundschaltungen

M. Seifart

17.1
Schaltungsintegration

Digitale Systeme arbeiten fast immer mit einem Binäralphabet (0,1-Signal.) Diese Signale lassen sich technisch besonders leicht realisieren, weil die aktiven Bauelemente im Schalterbetrieb arbeiten und nur zwei Zustände unterschieden werden müssen. Hieraus erwachsen auch besondere Vorteile für die Herstellung hochintegrierter Schaltungen (LSI, VLSI), so daß hohe Integrationsgrade bei digitalen IS besser beherrschbar sind als bei analogen IS. Folglich wird auch eine höhere Ausbeute im mikroelektronischen Herstellungsprozeß erzielt, so daß es heute möglich ist, sehr komplexe digitale IS (z.B. mit mehr als 10^7 Transistoren auf einem einzigen Chip) zu einem Preis herzustellen, der mehrere Zehnerpotenzen unter dem entsprechender Funktionseinheiten in diskreter Technik liegt. Dadurch finden digitale Funktionseinheiten auch in der Automatisierungstechnik immer breiteren Einsatz. Der niedrige Preis digitaler (Standard-)IS ergibt sich aus dem großen Stückzahlbedarf der Hauptanwender (Rechentechnik/EDV, Nachrichtentechnik u.a., jährlich mehr als 10^5 bis 10^6 IS eines Typs). Hieraus folgt jedoch die Notwendigkeit, auch Funktionseinheiten der Automatisierungstechnik mit universell einsetzbaren Standardtypen zu realisieren. Darüberhinaus wird der Einsatz von anwenderspezifischen Schaltkreisen (ASIC, vor allem Standardzellen und Gate Arrays) sowie von programmier- und löschbaren Logikschaltkreisen eine größere Rolle spielen, da sie in Zukunft bei immer kleinerem Stückzahlbedarf ökonomisch vertretbar sind.

Bezüglich des Integrationsgrades von integrierten Schaltungen (IS) werden häufig folgende Stufen unterschieden:

SSI (small scale integration)3 bis 30 logische Gatter(typ. 10^2 Bauelemente)
MSI (medium scale integration)30 bis 300 logische Gatter(typ. 10^2 bis 10^3 Bauelemente)
LSI (large scale integration)
300 bis 3000 logische Gatter(typ. 10^3 Bauelemente)
VLSI (very large scale integration)
>3000 logische Gatter(typ. 10^4 bis 10^5 Bauelemente)
ULSI (ultra large scale intergration)
>100 000 logische Gatter(typ. >10^6 Bauelemente).

Digitale Systeme werden mit drei Gruppen von Schaltungen und deren Kombination realisiert [3.1, 3.4, 3.6, 9.1, 9.4, 9.5, 11.1, 15.1, 17.1–17.3]:

– mit kombinatorischen (speicherfreien) Schaltungen (Kombinationsschaltungen)
– mit sequentiellen (Speicher-)Schaltungen (Folgeschaltungen), die neben der Speicherung und Zeitverzögerung digitaler Signale auch die Impulserzeugung ermöglichen
– mit Sonderschaltungen zur Anpassung von Eingangs- und Ausgangssignalen, Pegelumsetzung, Leistungsverstärkung u.ä.

Tabelle 17.1 gibt eine Übersicht zur Signal- und Informationsdarstellung sowie zu den Verknüpfungsprinzipien und zur Systemarbeitsweise digitaler Schaltungen.

Früher wurden Kippschaltungen wegen des geringen Bauelementeaufwands asynchron (ungetaktet) betrieben (z.B. Binäruntersetzer, Zähldekaden). Heute ist bei IS die synchrone (getaktete) Arbeitsweise weit verbreitet. Die Funktionseinheiten haben einen Takteingang, der dafür sorgt, daß die Information nur beim Anlegen eines Taktimpulses weitergeleitet wird. Durch den Taktbetrieb wird die Störsicherheit digitaler Funktionseinheiten wesentlich erhöht. Für den Einsatz in der Automatisierungstechnik ist das ein entscheidender Vorteil; denn Störsignale, die zeitlich nicht in die Taktimpulsbreite fallen, können keine Fehlschaltungen hervorrufen. Ein weiterer Vorteil der getakteten Arbeitsweise besteht darin, daß sich der logische Ablauf besser

Tabelle 17.1. Verknüpfungs- und Arbeitsprinzipien digitaler Schaltungen

Verknüpfungsprinzip der Schaltungen	Signaldarstellung	Informations- darstellung, -übertragung	Systemarbeitsweise
Kombinatorisch (Kombinationsschaltung)	statisch (Gleichschaltung)	parallel	ungetaktet (asynchron)
Sequentiell (Folgeschaltung)	dynamisch (Impulsflanke)	seriell	getaktet (synchron)

überblicken und beherrschen läßt. Beispielsweise können bei ungetakteten Schaltungen infolge von Laufzeitunterschieden zwischen verschiedenen Elementen der Schaltung Fehlfunktionen entstehen (Hasards). Durch Taktbetrieb werden diese Laufzeitunterschiede unwirksam, da das Umschalten der Stufen synchronisiert erfolgt.

Beim konstruktiven Aufbau ist zu beachten, daß Taktleitungen auch selbst Ausgangspunkt von Störsignalen sind (Taktimpulse mit ihren steilen Flanken; Abhilfe: zweckmäßige Leitungsführung, evtl. Abschirmen).

Hinsichtlich des Informationsparameters lassen sich Schaltsysteme in statische und dynamische Systeme einteilen. In den heute meist verwendeten statischen Systemen werden alle Signale zu jedem Zeitpunkt des Beharrungsintervalls eindeutig durch einen konstanten Wert des Informationsparameters dargestellt und sind über diesen auch auswertbar.

Schaltzeichen, Normen. Zu den genormten Darstellungen von Schaltzeichen der digitalen Baugruppen und zu Gehäuseformen wird auf die Literatur verwiesen (u.a. [15.5]). Im vorliegenden Abschnitt werden aus didaktischen Gründen überwiegend vereinfachte Schaltzeichen benutzt, die sich jedoch nur unwesentlich von den Normdarstellungen unterscheiden.

17.2 Schaltkreisfamilien

17.2.1 Überblick

Im Laufe der Entwicklung bildeten sich verschiedene Schaltungskonzepte für den inneren Aufbau digitaler Grundschaltungen heraus (Schaltkreisfamilien). Die Bausteine einer Familie haben annähernd gleiche Grundeigenschaften (Signalpegel, Geschwindigkeit, maximale Taktfrequenz, Störabstand, Leistungsaufnahme u.a.), jedoch unterschiedliche Logikfunktionen. Tabelle 17.2 gibt einen Überblick zu den wichtigsten Schaltkreisfamilien. Die CMOS-Technik spielt bei digitalen Schaltungen seit Jahren eine dominierende Rolle, u.a. wegen ihres geringen Leistungsverbrauchs und relativ hohen Störabstands, der vor allem beim prozeßnahen Einsatz in der Meß- und Automatisierungstechnik von großer Wichtigkeit ist.

Zusätzlich zu den in Tabelle 17.2 aufgeführten TTL- und CMOS-Schaltkreisfamilien wurden in den vergangenen Jahren die BiCMOS-Reihen BCT („normale" BiCMOS) und ABT (advanced BiCMOS) entwickelt. Sie vereinen die Vorteile der CMOS- mit denen der Bipolartechnik (sehr niedriger Leistungsverbrauch, sehr hohe Taktfrequenzen, hohe Ausgangstreiberfähigkeit), allerdings bei höheren Herstellungskosten, weil Fertigungsschritte der CMOS-Technik mit denen der Bipolartechnik kombiniert werden. Typische Funktionen von BiCMOS-Schaltkreisen sind schnelle Bustreiber.

Negator. Das Grundelement zum Aufbau digitaler Transistorschaltungen ist der Negator. Sein statisches Verhalten wird durch die Übertragungskennlinie beschrieben.

Bild 17.1 zeigt diese Kennlinie am Beispiel eines Negators in Bipolartechnik (Emitterschaltung).

Ein großer Störabstand S_L, S_H ist erwünscht, damit Betriebsspannungstoleranzen, eingekoppelte Störimpulse usw. keine falsche Signalauslösung bewirken.

Die beiden Ausgangspegel (exakter: Ausgangspegelbereiche) des Negators (Transistor gesperrt bzw. eingeschaltet) und ande-

Tabelle 17.2. Technische Daten von Schaltkreisfamilien

	t_D/Gatter	Togglefrequenz	Verlustl./ Gatter	Betriebsspannung	$I_{A\,max}$
	ns	MHz	mW	V	mA
TTL	10	35	10	5	16
LS-TTL	8 … 9	45	2	5	8
ALS-TTL	4	70	1,2	5	8
S-TTL	4(3)	75	20	5	20
AS-TTL	1,5	200	10	5	48
FAST	3	100	4	5	20
CMOS (z.B. HEF4000B)	15 (15 V) 40 (5 V)	36 (15 V) 12 (5 V)	(0,3 … 3) µW/kHz	3 … 15	0,45 … 3
HC	8	50	0,5 µW/kHz	2 … 6	4
HCT	8	50	0,5 µW/kHz	4,5 … 5,5	4
AC/ACT	3	125	0,8 µW/kHz	2 … 6/4,5 … 5,5	24
ECL	1(0,6)	500	20 … 60	−5,2	

t_D Verzögerungszeit; Togglefrequenz: max Taktfrequenz, mit der ein Flipflop umgeschaltet werden kann; $I_{A\,max}$ Ausgangsstrom bei L-Pegel am Ausgang (in der Regel höher als bei Ausgangs-H-Pegel)

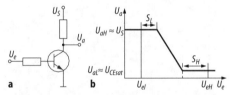

Bild 17.1. Negator. **a** Schaltung mit Bipolartransistor (Emitterschaltung); **b** Vereinfachte statische Übertragungskennlinie; S_H, S_L statischer H- bzw. L-Störabstand

rer Logikschaltungen werden wie folgt bezeichnet:

- H-(High-)Pegel: Werte näher bei +∞,
- L-(Low-)Pegel: Werte näher bei −∞.

Diese Pegel ordnet man den Binärsignalen 0 bzw. 1 zu, wobei es zwei Möglichkeiten gibt:

- positive Logik H = 1, L = 0,
- negative Logik H = 0, L = 1.

Jede logische Stufe benötigt einen bestimmten statischen Eingangsstrom I_e und darf am Ausgang nur mit einem maximalen Laststrom $I_{a\,max}$ belastet werden, weil andernfalls die Ausgangsspannung nicht mehr in den vereinbarten Pegelbereichen liegt. Zur Beschreibung der Zusammen-

schaltbedingungen werden Lastfaktoren eingeführt:

- Eingangslastfaktor $F_{Le} = I_e / I'_e$ (fan-in),
- Ausgangslastfaktor $F_{La} = I_{a\,max} / I'_e$ (fan-out).

Der Bezugswert I'_e ist meist der kleinste Eingangsstrom innerhalb einer Schaltkreisfamilie. Der Ausgangslastfaktor gibt an, wieviel Stufen (Gatter) mit dem Eingangsstrom I'_e gleichzeitig an den Ausgang einer Stufe geschaltet werden dürfen. In der Regel ist $F_{La} \geq 10$. Zusätzlich muß die kapazitive Belastung der Stufe berücksichtigt werden. Mit zunehmender kapazitiver Last verlängern sich die Schaltflanken, wodurch die maximale Schaltfrequenz sinkt. So ist z.B. die maximal zulässige Ausgangsbelastung von MOS-Schaltkreisen praktisch nur durch die kapazitive Last bestimmt, weil der statische Eingangsstrom I_e vernachlässigbar klein ist (pA-Bereich).

17.2.2
TTL-Schaltkreise
Die TTL-Schaltkreisfamilie (Transistor-Transistor-Logik) war international die erste weit ausgebaute Familie und wird von zahlreichen Herstellern produziert. Die Typen sind in der Regel elektrisch und konstruktiv austauschbar.

TLL-Schaltkreise werden für normale und erweiterte Arbeitstemperaturbereiche hergestellt, z.B.

Reihe	$\vartheta/°C$
TTL (alle Reihen)	
SN 54	−55 ... +125
SN 74	0 ... + 70
SN 84	−25 ... + 85

Reihe	$\vartheta/°C$
CMOS	
HEF4000B	−40 ... +85
54 HC, AC	−55 ... +125
74 HC, AC, HCT, ACT	−40 ... +85

Das immer wiederkehrende TTL-Grundgatter bestimmt die wesentlichen Eigenschaften der ganzen Baureihe. Es wird in verschiedenen Ausführungen eingesetzt, die sich infolge unterschiedlicher Schaltungsdimensionierung hinsichtlich der Schaltzeiten und des Leistungsverbrauchs unterscheiden. Die folgenden TTL-Schaltkreisreihen sind am verbreitetsten (s.a. Tabelle 17.2):

TTL (Standard-TTL, ab 1963; wurde in den letzten Jahren durch die LS-TTL und weitere Neuentwicklungen verdrängt),
LS-TTL (Low-power-Schottky-TTL, ab 1971),
ALS-TTL (Advanced Low-power-Schottky-TTL, ab 1980),
S-TTL (Schottky-TTL, ab 1969; wurde durch ALS-TTL verdrängt),
AS-TTL (Advanced Schottky-TTL, ab 1982),
FAST (Fairchild-Advanced-Schottky-TTL, ab 1979).

TTL-Schaltungen des gleichen Typs, aber verschiedener Baureihen (z.B. 7400, 74LS00, 74 ALS00) sind pin- und funktionskompatibel [17.2].

Bild 17.2 zeigt zwei Schaltungsbeispiele von TTL-Gattern.

Die UND-Verknüpfung am Eingang des Standard-TTL-Gatters erfolgt durch einen technologisch vorteilhaft herstellbaren Multiemittertransistor, der in Gattern mit ≤8 Eingängen Verwendung findet. Der Ausgang von TTL-Schaltkreisen kann in der Regel bei H-Pegel wegen des durch den

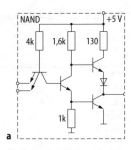
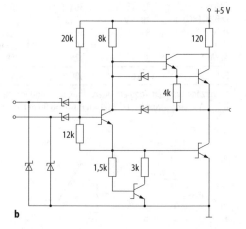

Bild 17.2. Schaltung von TTL-Gattern.
a Standard-TTL-NAND-Gatter; **b** LS-TTL-NAND-Gatter

Ausgangsstrom am Kollektorvorwiderstand der Endstufe auftretenden Spannungsabfalls weniger stark belastet werden als bei L-Pegel am Ausgang.

Die höhere Leistungsfähigkeit der LS- und S-TTL-Schaltungen beruht auf der teilweisen Verwendung von Schottky-Transistoren. Eine integrierte Schottky-Diode (kleine Durchlaßspannung 0,4 V, sehr kurze Sperrerholzeit) zwischen Kollektor und Basis verhindert, daß der Transistor in den Übersteuerungsbereich gelangt, wodurch die Speicherzeit wegfällt und kürzere Schaltzeiten auftreten. Dadurch kann die Schaltung hochohmiger und damit leistungsärmer dimensioniert werden.

Die neueren „Schottky"-Familien AS, ALS, F sind dielektrisch isoliert und haben daher kleinere Schaltkapazitäten als die früher entwickelten sperrschichtisolierten Reihen. Das bringt den Vorteil einer deutlich kleineren Verzögerungszeit.

In der Regel ist ausgangsseitiges Parallelschalten mehrerer Gatter nicht erlaubt, da die Endstufe überlastet wird und/oder undefinierte Signalpegel auftreten könnten. Bei Gattern mit offenem Kollektor (o.C.-Ausgang) ist das ausgangsseitige Parallelschalten erlaubt. Der Kollektorwiderstand des Ausgangstransistors wird extern angeschaltet. Allerdings ist die Verzögerungszeit solcher Gatter wesentlich vergrößert. Durch das Parallelschalten mehrerer Ausgänge entsteht eine logische UND- bzw. ODER-Verknüpfung (Wired-logic) [17.2, 17.3].

In vielen Anwendungen, vor allem beim Anschluß an Bussysteme, werden Schaltkreise mit Dreizustandsausgang (Tri-State) eingesetzt. Ihr Ausgang läßt sich durch einen zusätzlichen Steuereingang in den hochohmigen Zustand schalten, in dem beide Ausgangstransistoren der Endstufe gesperrt sind. Dadurch wirkt der Schaltkreis ausgangsseitig von der Last (z.B. Bus) „abgetrennt".

17.2.3
CMOS-Schaltkreise

Die Hauptvorteile der CMOS (Komplementär-MOS)-Schaltkreise sind sehr niedrige Verlustleistung bei geringen Schaltfrequenzen (<einige MHz), großer Ausgangsspannungshub ($\approx$ Betriebsspannung U_s), großer Betriebsspannungsbereich und hoher statischer Störabstand ($\approx 0{,}45\ U_s$).

Wegen dieser Vorteile sind sie die wichtigsten Schaltkreisfamilien der Digitaltechnik, insbesondere der hoch- und höchstintegrierten Schaltkreise. Zunehmend werden auch kombiniert digital/analoge Schaltungen in CMOS-Technik realisiert (z.B. ADU, DAU).

Der CMOS-Negator ist mit zwei komplementären MOSFETs (nMOS, pMOS) aufgebaut (Bild 17.3). Beide Transistoren übernehmen abwechselnd die Rolle des aktiven und des Lastelements. Bei $U_e = 0$ sperrt T1 und leitet T2; bei $U_e \approx U_s$ leitet T1 und sperrt T2. Ein merklicher Leistungsverbrauch tritt nur während des Umschaltens auf (Umladung der Lastkapazitäten und kurzer Stromimpuls beim Umschalten). Im Ruhezustand verbraucht ein CMOS-Gatter nur wenige Nanowatt Leistung (durch Leckströme bedingt). CMOS-Schaltungen sind bei größerer kapazitiver Last wesentlich schneller als Einkanal-MOS-Schaltungen, weil die Lastkapazität sowohl beim Auf- als

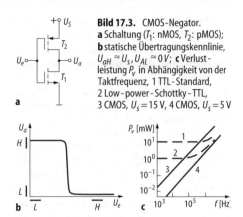

Bild 17.3. CMOS-Negator.
a Schaltung (T_1: nMOS, T_2: pMOS);
b statische Übertragungskennlinie,
$U_{aH} \approx U_s$, $U_{AL} \approx 0\,V$; **c** Verlustleistung P_v in Abhängigkeit von der Taktfrequenz, 1 TTL-Standard, 2 Low-power-Schottky-TTL, 3 CMOS, $U_s = 15\,V$, 4 CMOS, $U_s = 5\,V$

auch beim Entladen mit relativ großem Strom umgeladen wird.

Der CMOS-Negator hat eine steilere Übertragungscharakteristik als z.B. der TTL-Negator. Dadurch und durch den weiten Betriebsspannungsbereich (3 ... 15 V bei der Reihe HEF 4000 B) läßt sich ein wesentlich größerer statischer Störabstand (z.B. 5 ... 6 V) als bei TTL-Schaltungen realisieren. Die Schaltung eines CMOS-NAND-Gatters ist im Bild 17.4 dargestellt.

Die hohe Störsicherheit, die einfache Betriebsspannungsversorgung (unstabilisiert, sehr geringer Leistungsbedarf, Betriebsspannung von TTL-Systemen oder von OV verwendbar) und die geringe Leistungsaufnahme bei niedrigen Schaltfrequenzen sind beim Einsatz in der Automatisierungstechnik erhebliche Vorteile gegenüber TTL-Schaltungen.

Bei CMOS-Schaltkreisen ist zwischen der in den 70er Jahren verbreiteten „klassischen" CMOS-Schaltkreisreihe mit Metall-Gate (z.B. CD 4000 B und HEF 4000 B) mit einem Betriebsspannungsbereich von 3 ... 15 V und den Anfang der 80er Jahre entwickel-

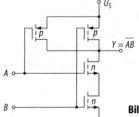

Bild 17.4. CMOS-NAND Gatter mit 2 Eingängen

ten Hochgeschwindigkeitsreihen HC/ HCT mit Betriebsspannungsbereichen von 2 ... 6 V bzw. 5 V ±10% zu unterscheiden. Die Hochgeschwindigkeitsreihen verwenden Silicon-Gate-Technologie (kleinere Kapazitäten) und erreichen die Geschwindigkeit der LS-TTL-Familie bei z.T. erheblich niedrigerem Leistungsverbrauch (Ruheleistung ≈ 0). Das hat dazu geführt, daß in vielen Einsatzfällen TTL-Schaltkreise durch Hochgeschwindigkeits-CMOS-Typen abgelöst wurden. Die HCT-Reihe ist voll TTL-kompatibel einschließlich der Pinkompatibilität. Die HC-Reihe ist pinkompatibel. HC-Schaltkreise eignen sich sehr gut für batteriebetriebene Schaltungen, da sie bis herab zu 2 V Betriebsspannung funktionsfähig sind.

Weiterentwicklungen der HC/HCT-Reihe mit noch höherer Leistungsfähigkeit sind die Reihen AC/ACT(Advanced-CMOS-Logikfamilie) und FACT (Fairchild-Advanced-CMOS-Technologie), die etwa ab 1986 entwickelt wurden. Die ACT- und FACT-Reihe sind voll TTL-kompatibel. Diese AC/ACT-Reihen werden viele TTL- und HC/HCT-Schaltkreise zukünftig ablösen.

Das Potential offener CMOS-Eingänge ist undefiniert. Daher müssen sie (ggf. über einen Widerstand) mit Masse bzw. der Betriebsspannung verbunden werden. Die Eingänge von CMOS-Schaltkreisen sind im Schaltkreis durch Dioden geschützt.

Dynamische Schaltungen. In dynamischen MOS-Schaltungen wird die kurzzeitige Ladungsspeicherung in Leitungs- und Gate-Kanal-Kapazitäten von MOSFET (typ. ≈ 0,05 ... 0,5 pF) ausgenutzt. Die gespeicherte Information wird mittels FET-Schaltern, die zu verschiedenen Zeiten betätigt werden (Taktsysteme), „durchgeschaltet". Infolge des hohen MOSFET-Eingangswiderstands entladen sich die Kapazitäten nur langsam (1 ... 100 ms). Sie müssen in Zeitabständen, die gegenüber der Entladezeitkonstanten kurz sind, wieder nachgeladen werden. Das erfolgt durch Taktsteuerung mit Taktfrequenzen >10 kHz.

Durch die dynamische Schaltungstechnik lassen sich integrierte Digitalschaltungen, z.B. Schieberegister, einfach und mit wenig Elementen realisieren. Dadurch läßt sich die Packungsdichte der IS merklich erhöhen. Zusätzlich ergibt sich eine wesentli-

che Senkung des Leistungsverbrauchs. Dynamische Schaltungen haben vor allem für hochintegrierte Schaltungen Bedeutung.

17.2.4
Interfaceschaltungen. Störeinflüsse

Interfaceschaltungen haben die Aufgabe,

– Schaltungen verschiedener Schaltungsfamilien untereinander zu koppeln
– Logikschaltungen größeren Lasten oder höheren Pegeln anzupassen.

In bestimmten Fällen sind Logikschaltungen unterschiedlicher Schaltungsfamilien nicht kompatibel, so daß Schaltungen zur Pegelanpassung, Pegelverschiebung und Veränderung des Signalhubs (Differenz zwischen H- und L-Pegel) erforderlich sind.

Eine Vergrößerung des Signalhubs kann zweckmäßig sein, wenn Signale bei sehr hohen Störpegeln (elektrische Anlagen, Motoren usw.) oder stark unterschiedlichen Erdpotentialen übertragen werden müssen (Bild 17.5a).

Durch Zuschalten eines „Miller-Kondensators" C_M lassen sich die Schaltflanken des Senders so verlängern, daß Übersprechen auf andere Signalleitungen und Leitungsreflexionen weitgehend unwirksam bleiben (Flankendauer gegenüber Laufzeit auf der Leitung groß). Zusätzlich ergibt sich eine erhebliche Vergrößerung der dynamischen Störsicherheit durch Einfügen eines Tiefpasses. Der nachgeschaltete *Schmitt-Trigger* (Abschn. 17.3.1) besorgt die notwendige Flankenversteilerung zum Ansteuern nachfolgender Stufen.

Eine Leitung zum Übertragen von Impulsen kann als „elektrisch kurz" betrachtet werden, d.h. sie wirkt nahezu als reine Kapazität, solange ihre Laufzeit kleiner ist als die halbe kürzeste Impulsflanke der zu übertragenden Impulse.

Bei den Reihen 74 HC, 74 LS können Leitungslängen bis zu ca. 50 cm als elektrisch kurz betrachtet werden (isolierter Schaltdraht, Laufzeit 4,5 ns/cm). Als „elektrisch lang" (d.h. die Leitung wirkt wie ihr ohmscher Wellenwiderstand) muß eine Leitung betrachtet werden, wenn ihre Signallaufzeit größer als die halbe kürzeste Impulsflanke ist. In diesem Falle können durch Fehlanpas-

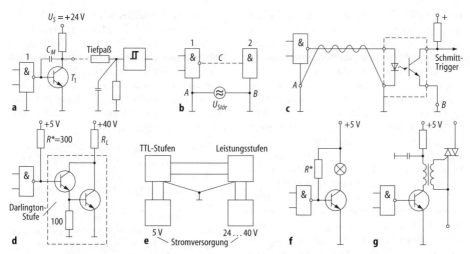

Bild 17.5. Interfaceschaltungen. **a** Signalübertragung mit erhöhtem Pegel; **b** unterschiedliche Erdpotentiale; **c** optoelektronische Kopplung; **d** große Lastströme; **e** zweckmäßige Erdung bei Kopplung mit Leistungsstufen; **f** Ansteuerung einer Glühlampe; **g** galvanisch getrennte Ansteuerung eines Triac

sung Reflexionen am Leitungsanfang und -ende ein störendes Überschwingen hervorrufen, das länger dauert als die Impulsflanke. Elektrisch lange Leitungen müssen einen definierten Wellenwiderstand aufweisen (z.B. verdrillte Zweidrahtleitung oder nahe an Masse geführter Einzelleiter [17.1–17.3]).

Neben dem Übersprechen auf andere Signalleitungen und Reflexionen auf den Verbindungsleitungen sind Stromstöße in Speisespannungs- und Erdleitungen eine weitere Störquelle.

Besonders störend können sich auf Erdleitungen fließende Ströme auswirken. Falls die Störspannung zwischen A und B im Bild 17.5b sehr groß ist, kann Gatter 2 geschaltet werden; denn die Störspannung zwischen A und B wirkt (bei niederohmigem Gatterausgangswiderstand zwischen A und C) gleichzeitig als Eingangssignal zwischen C und B. In besonders schwierigen Fällen hilft die optoelektronische Kopplung (Bild 17.5c), die vor allem an Eingangs-Ausgangs-Schnittstellen der Geräte und Anlagen große Vorteile bietet, da sich unterschiedliche Erdpotentiale und Störspannungen auf den Erdleitungen (zwischen A und B) praktisch nicht störend auswirken. Bei TTL- und CMOS-Schaltkreisen tritt beim Umschalten der Endstufe eine Stromspitze zwischen dem Betriebsspannungs- und Massean-

schluß von 3 … 10 mA und einigen ns Dauer auf. Damit als Folge keine unzulässigen Störspannungen auf der Betriebsspannungs- und Masseleitung auftreten, werden in unmittelbarer Schaltkreisnähe induktionsarme *Stützkondensatoren* von 10 … 100 nF für in der Regel jeweils mehrere Schaltkreise angebracht, die die von der Stromspitze benötigte Ladung liefern.

Zur Kopplung einer Last an den Ausgang eines Gatters, die den zulässigen Ausgangslastfaktor des Gatters überschreitet, genügt häufig das Zwischenschalten einer Emitterschaltung oder eines Emitterfolgers. Bei großen Lastströmen sind *Darlington-Schaltungen* sehr gut geeignet (Bild 17.5d), weil der Ausgangsstrom ungefähr um den Faktor $\beta \approx \beta_1\beta_2$ (typ. $\approx$ 500) größer ist als der den Gatterausgang belastende Steuerstrom (Basisstrom) am Eingang. Durch Einfügen eines zusätzlichen Widerstands (R^*) läßt sich der zur Ansteuerung der Endstufe verfügbare Strom soweit erhöhen, daß mit einem TTL-Grundgatter (z.B. SN 7400) ein Ausgangsstrom bis 5 A geschaltet werden kann, falls $\beta \geq 500$ ist.

Damit die großen Laststromimpulse keine unzulässigen Störspannungen hervorrufen, die sich den Signalspannungen überlagern können, ist häufig eine getrennte Stromversorgung für den Lastkreis zweckmäßig (Bild 17.5e), wobei hohe Betriebsspannungen (unstabilisiert) günstig sind, da sie kleinere Lastströme und dadurch ein billigeres Netzteil und kleinere Leiterquerschnitte ermöglichen.

Kleinere Lasten können direkt oder über einen Transistor angeschlossen werden (Bild 17.5f). Dabei ist zu beachten, daß der zulässige Ausgangsstrom von TTL-Gattern wesentlich größer ist, wenn der Gatterausgang L-Pegel führt. Die Last schaltet man deshalb nicht gegen Masse, sondern zwischen Gatterausgang und die Betriebsspannung.

Thyristoren und Triacs für hohe Ströme werden über Impulstransformatoren angesteuert (Bild 17.5g), falls gleichzeitig eine Potentialtrennung erwünscht ist. Es gibt auch spezielle IS zur Ansteuerung. Auch die Zündung durch Lichtimpulse (Fotothyristoren) ist eine galvanisch getrennte Ansteuerung.

17.2.5
Störempfindlichkeit

Elektronische Funktionseinheiten sind wesentlich empfindlicher gegenüber elektrischen Störsignalen als beispielsweise Relaissteuerungen (EMV, siehe Kap. A 3.4).

Vor allem in Eingangs- und Ausgangseinheiten von Automatisierungsgeräten, in die systemfremde Störimpulse besonders leicht eindringen können, ist deshalb oft Zusatzaufwand erforderlich, um Fehlfunktionen der elektronischen Funktionseinheiten zu vermeiden.

Gerade der Übergang von der diskreten (konventionellen) Schaltungstechnik zu den modernen integrierten digitalen Schaltungen hat das Problem der Störempfindlichkeit verschärft. Störsignale wirken sich um so mehr aus, je kleiner die Signalleistungspegel sowie die Verzögerungs- und Schaltzeiten der elektronischen Funktionseinheiten sind. Digitale Funktionseinheiten in der Automatisierungstechnik sollten deshalb „so langsam wie möglich und so schnell wie nötig" sein.

Übliche integrierte Digitalschaltungen haben aber Schaltgeschwindigkeiten, die mehrere Zehnerpotenzen größer sind als die früher mit Einzelbauelementen aufgebauten digitalen Steuerungen der Automatisierungstechnik. Auch die Signalpegel (<5 V bei TTL) sind oft kleiner als bei Schaltungen aus Einzelelementen (12 ... 24 V). Das hat zur Folge, daß die Störsicherheit dieser IS in der Automatisierungstechnik nicht immer ausreicht. Die Forderung nach digitalen Schaltkreisen mit erhöhter Störsicherheit läßt sich auf zwei unterschiedlichen Wegen lösen, wobei die Erhöhung der Störsicherheit mit verringerter Arbeitsgeschwindigkeit einhergeht.

1. Zusatzmaßnahmen zur Erhöhung der Störsicherheit handelsüblicher IS (TTL, MOS) auf das in Automatisierungseinrichtungen notwendige Maß (Einfügen von „Miller-Kondensatoren", s. Bild 17.5a, RC-Filterung von Störsignalen, optoelektronische Signalkopplung, Signalübertragung mit erhöhten Signalpegeln u.ä.) Hierdurch geht der Vorteil des Einsatzes von IS z.T. verloren (Zusatzaufwand, Volumen, Arbeitsgeschwindigkeit wird bewußt stark reduziert).

2. Entwicklung spezieller IS mit extremer Störsicherheit, die für den Einsatz in der Automatisierungstechnik besonders geeignet sind (hohe Betriebsspannung und Signalpegel, langsame Flankenanstiegszeiten und -abfallzeiten, dynamische Schaltverzögerung durch RC-Glieder u.ä.).

Schaltungen mit extremer Störsicherheit sind infolge ihrer niedrigen Arbeitsgeschwindigkeit besonders für langsame Steueraufgaben und für Eingabe-Ausgabe-Einheiten einsetzbar. Deshalb ist oft in Abhängigkeit von der Arbeitsgeschwindigkeit der Einsatz unterschiedlicher Schaltkreisfamilien oder Baugruppen zweckmäßig.

In der Regel stehen keine IS mit extremer Störsicherheit zur Verfügung, so daß auf handelsübliche Schaltkreise (z.B. CMOS-Schaltkreise mit 12 ... 15 V Betriebsspannung) – ggf. mit den genannten Zusatzmaßnahmen – zurückgegriffen werden muß.

17.3
Kippschaltungen

Zum Aufbau sequentieller Schaltungen benötigt man *Speicherschaltungen*, die in der Lage sind, eine Information statisch oder dynamisch zu speichern. Sie können

1. als rückgekoppelte Kippschaltungen oder

2. nach dem Prinzip der dynamischen MOS-Technik realisiert werden.

Nachfolgend werden Schaltungen der ersten Gruppe behandelt. Die zweite Gruppe ist für hochintegrierte Schaltungen (z.B. dynamische Speicher) von Interesse.

17.3.1
Schmitt-Trigger

Schmitt-Trigger sind Schwellwertschalter mit Hysterese (Zweipunktglieder), die beim Über- bzw. Unterschreiten bestimmter Eingangsschwellspannungen umkippen und H- bzw. L-Pegel am Ausgang annehmen. Hauptanwendungen in der Automatisierungstechnik sind

- Einsatz als Schwellwertschalter (z.B. Grenzwertüberwachung analoger Signale, Unterdrückung kleiner Störsignale in digitalen Systemen),
- Signalregenerierung und Impulsformung (Flankenregenerierung binärer Signale, Erzeugung von Rechteckimpulsen aus Sinusspannungen oder anderen Analogsignalen),

- Einsatz in Mehrpunktgliedern zum Aufbau unstetiger elektronischer Regler.

Die schaltungstechnische Realisierung erfolgt in Form rückgekoppelter (Gleichspannungs-)Verstärker (positive Rückkopplung). Die zur Schwingungserzeugung notwendige hohe Schleifenverstärkung $kV \geq 1$ (bei Kippschaltungen $kV >> 1$) ist nur während des Umkippvorgangs wirksam. In den beiden statisch stabilen Betriebszuständen wird der Verstärker übersteuert, und es gilt $V = 0$. Infolge der Gleichspannungskopplung kippt die Schaltung auch bei beliebig langsamer Änderung der Eingangsspannung. Je nach den Forderungen an die Genauigkeit und die Konstanz der Triggerschwellen bzw. an die Flankensteilheit des Ausgangsspannungssprungs werden unterschiedliche Verstärkerelemente eingesetzt. Die Schaltschwellen und die Größe der Hysterese lassen sich durch Verändern des Rückkopplungsfaktors und durch eventuelle Zusatzspannungen häufig in einem weiten Bereich einstellen (Beispiel: Schaltung (Mitte) im Bild 17.6).

Bei der früher weitverbreiteten Schaltung aus Einzelbauelementen (Bild 17.6, oben)

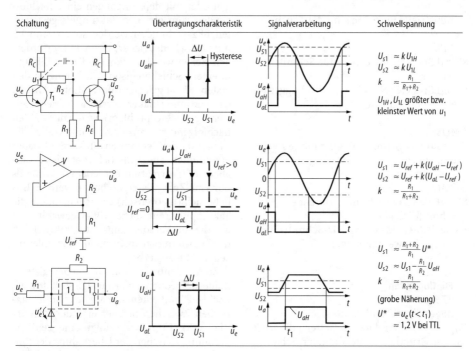

Schaltung	Übertragungscharakteristik	Signalverarbeitung	Schwellspannung
			$U_{S1} \approx k U_{1H}$ $U_{S2} \approx k U_{1L}$ $k \approx \frac{R_1}{R_1+R_2}$ U_{1H}, U_{1L} größter bzw. kleinster Wert von u_1
			$U_{S1} \approx U_{ref} + k(U_{aH}-U_{ref})$ $U_{S2} \approx U_{ref} + k(U_{aL}-U_{ref})$ $k \approx \frac{R_1}{R_1+R_2}$
			$U_{S1} \approx \frac{R_1+R_2}{R_1} U^*$ $U_{S2} \approx U_{S1} - \frac{R_1}{R_2} U_{aH}$ $k \approx \frac{R_1}{R_1+R_2}$ (grobe Näherung) $U^* = u_e(t<t_1)$ $\approx 1,2$ V bei TTL

Bild 17.6. Schmitt-Trigger-Schaltungen

erfolgt die Rückkopplung über den gemeinsamen Emitterwiderstand R_E. Der Innenwiderstand des Signalgenerators darf nicht zu groß sein (abhängig vom Eingangswiderstand von T1), da sonst die Rückkopplung sehr klein wird und die Schaltung u.U. nicht mehr kippt.

Sehr genaue Schaltschwellen erhält man bei dem Verwenden von Operationsverstärkern (bzw. integrierten Analogkomparatoren); vgl. Bild 17.6, Mitte. Die Konstanz der Schwellen wird hauptsächlich durch die Drift, die Flankensteilheit der Ausgangsspannung durch die Slew-Rate (Abschn. 3.4.1.) des Operationsverstärkers bzw. Komparators bestimmt.

Eine einfache Möglichkeit ist der Aufbau mit zwei logischen Gattern (Bild 17.6, unten). Die Schaltschwelle ist stark temperaturabhängig, die Flankensteilheit bei Verwendung von TTL-Gattern jedoch sehr gut (Flankendauer z.B. <20 ... 40 ns). Diese Schaltung eignet sich vor allem als Impulsformer.

Wegen ihrer vielfältigen Einsatzmöglichkeiten sind Schmitt-Trigger Bestandteil aller Schaltkreisfamilien.

Industrielle Beispiele sind die Typen

LSTTL:
SN 74LS14 sechs invertierende Schmitt-
    Trigger
SN 74LS132 vier NAND-Schmitt-Trigger mit
    je zwei Eingängen

CMOS:
CD 4093 vier Schmitt-Trigger mit je zwei
    Eingängen

HC/AC:
SN 74HC/AC 14 sechs invertierende
    Schmitt-Trigger
SN 74HC/AC 132 vier NAND-Schmitt-Trig-
    ger mit je zwei Eingängen

17.3.2
Flipflopstufen
17.3.2.1
Allgemeiner Überblick
Flipflops (FF) sind neben Gattern die wichtigsten Grundelemente digitaler Schaltungen. Sie sind die Grundbausteine von Spei-

chern, Zählern, Schieberegistern und Frequenzteilern. Ihre wesentliche Eigenschaft ist, daß sie ein Bit beliebig lange speichern können und daß der Speicherinhalt ständig als Ausgangspegel zur Verfügung steht.

Ein FF läßt sich in der einfachsten Ausführung aus zwei NAND- oder NOR-Gattern aufbauen (RS-FF im Bild 17.9). Legt man an den Setzeingang S bzw. an den Rücksetzeingang R dieses „Grund-FF" eine logische 1, so kippt der FF in die Lage $Q = 1$ bzw. $\overline{Q} = 1$. Der Zustand $R = S = 1$ ist nicht zulässig. Das schränkt die Anwendbarkeit ein. Deshalb wurden Flipfloptypen entwickelt, die diesen Nachteil nicht aufweisen (JK-FF, Bild 17.9). Häufig sind Flipflops erforderlich, die nur zu bestimmten Zeitpunkten die an den Eingängen anliegenden logischen Signale übernehmen. Dieses Verhalten läßt sich durch Vorschalten weiterer Gatter realisieren (Takteingang C, Bild 17.9). Die an den Vorbereitungseingängen liegenden Logiksignale werden in den Flipflop übernommen, solange $C = 1$ ist (Auffang-FF). Bei $C = 0$ speichert der Flipflop den vorhergehenden Zustand.

Wenn die FF-Ausgänge mit seinen Eingängen oder mit den Eingängen eines nachfolgenden vom gleichen Taktimpuls gesteuerten FF2 verbunden werden sollen, sind FF mit Zwischenspeicher (Zähl-FF) erforderlich. Bei Verwendung von D-FF nach Bild 17.9 in einem Schieberegister würde eine an den ersten FF angelegte Information während der Taktimpulsdauer durch das Schieberegister rasen (Raceproblem), weil jeder FF den nachfolgenden ansteuert, und alle FF während der gesamten Taktimpulsdauer empfindlich sind. Im Schieberegister darf aber die Information bei jedem Taktimpuls nur eine Zelle weitergeschoben werden. Das ließe sich (theoretisch) erreichen, indem die Taktimpulsbreite nicht größer gewählt wird als die FF-Verzögerungszeit. Praktisch ist das jedoch infolge unvermeidlicher Toleranzen nicht realisierbar.

Zum Aufbau von Schieberegistern, Zählern, Frequenzteilern u. dgl. sind deshalb „Zähl-FF" mit einem dynamischen oder statischen Zwischenspeicher erforderlich (z.B. Bild 17.8). In ihnen erfolgt eine zeitliche Trennung zwischen der Übernahme der Eingangsinformation und dem Umschalten der

FF-Ausgänge. Die neu zugeführte Eingangs-information wird so lange zwischengespei-chert, bis die vorher im FF gespeicherte In-formation ausgegeben wurde.

17.3.2.2
Systematik der Flipflopstufen

Die Möglichkeiten der integrierten Schal-tungstechnik und die unterschiedlichen Anforderungen an das logische Verhalten sowie an die Art der Ansteuerung führten zur Entwicklung zahlreicher Flipfloptypen.

Es ist zweckmäßig, die FF-Stufen nach zwei Gesichtspunkten zu unterscheiden:

– nach der Wirkungsweise des Taktes
– nach der logischen Abhängigkeit zwi-schen Ausgangs- und Eingangssignalen.

Unterschiede hinsichtlich der Wirkungs-weise des Taktes (Bild 17.7)
Eingänge. Man unterscheidet

– asynchron wirkende Direkteingänge ($\overline{R}_A$, $\overline{S}_A$ im Bild 17.9), die unmittelbar auf den Flipflopausgang wirken,
– Takteingänge (C), die keine verknüpfen-de, sondern nur auslösende Funktion haben,

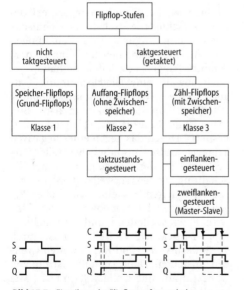

Bild 17.7. Einteilung der Flipflopstufen nach der Wirkungsweise des Taktes, aktive (auslösende) Taktflanke durch Pfeil gekennzeichnet

– Vorbereitungseingänge (*R, S, J, K, D* im Bild 17.9), an denen die logischen Ein-gangssignale bereitgestellt werden, die beim nächsten Taktimpuls in den FF übernommen werden sollen.

Taktsteuerung. Beim taktzustandsgesteuer-ten FF wird die an den Vorbereitungsein-gängen liegende Information während der gesamten Dauer des Taktimpulses in den FF übernommen. Signaländerungen an den Vorbereitungseingängen wirken sich prak-tisch sofort am Flipflopausgang aus. Wegen dieser Eigenschaft sind diese Stufen nicht zum Aufbau von Frequenzteilern, Zählern usw. geeignet (Abschn. 17.4).

Bei Einflankensteuerung (flankengetrig-gerte FF) wird diejenige Eingangsinforma-tion in den FF übernommen, die unmittel-bar vor der auslösenden (aktiven) Taktflan-ke an den Vorbereitungseingängen liegt. Während der Zeit zwischen zwei aktiven Taktflanken ist der FF gegenüber Signalän-derungen bzw. Störsignalen an den Vorbe-reitungseingängen unempfindlich. Diese FF enthalten meist einen dynamischen Zwi-schenspeicher und sind einfacher aufge-baut als die nachstehend beschriebenen Master-Slave-FF. Allerdings werden hohe Anforderungen an die Steilheit der Takt-flanken gestellt.

Zweiflankensteuerung liegt in der Regel beim Master-Slave-Flipflop vor. Diese Flip-flops enthalten einen statischen Zwischen-speicher (Master) und einen Hauptspeicher (Slave); vgl. Bild 17.8. Solange $C = 1$ ist, über-nimmt der Zwischenspeicher die Eingangs-information, und der Hauptspeicher ist ab-getrennt. Wenn $C = 0$ wird, übernimmt der Slave die im Master zwischengespeicherte Information, und der Master wird von den Eingängen getrennt. Eine Signaländerung (Nutz- oder Störsignal) an den Vorberei-tungseingängen während des Taktimpulses erscheint also zeitverzögert am Flipflopaus-gang. Hinsichtlich der Empfindlichkeit ge-genüber Störsignalen ist deshalb die Zwei-flankensteuerung etwas ungünstiger als die Einflankensteuerung.

Der höhere Aufwand von Master-Slave-Flipflops spielt bei IS eine untergeordnete Rolle. Vorteilhaft gegenüber einflankenge-triggerten FF sind die weniger scharfen

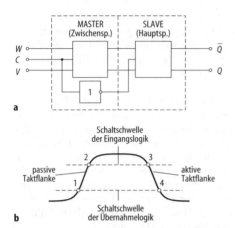

a

b

Bild 17.8. Master-Slave-Flipflop. **a** prinzipieller Aufbau; **b** Wirkungsweise der Taktsteuerung (Zweiflankensteuerung) 1 Sperren des Slave (Abtrennen vom Master), 2 Übernahme der Eingangsinformation (V,W) in den Master, 3 Trennen der Eingangsinformationen (V,W), 4 Übernahme der im Master zwischengespeicherten Information in den Slave

Forderungen an die Steilheit der Taktflanken. Theoretisch können die Flanken wegen der reinen Gleichspannungskopplung beliebig flach sein. Bei TTL-FF fordert man aus schaltungstechnischen Gründen eine Flankendauer <100 ns.

Unterschied hinsichtlich des logischen Verhaltens (Bild 17.9)

Die unterschiedliche Wirkungsweise der FF-Stufen hinsichtlich des logischen Verhaltens ist aus ihren Schaltbelegungstabellen bzw. aus den Logikgleichungen zu erkennen.

Nicht alle Flipfloptypen lassen sich in sämtlichen drei Klassen realisieren. Zum Beispiel sind Flipflops mit Rückführungen vom Ausgang zum Eingang nur als Zähl-FF (Klasse 3) stabil. Taktgesteuerte Flipflops haben meist zusätzlich zu den Vorbereitungseingängen direkt wirkende (asynchrone) Eingänge, mit denen der Flipflop unabhängig vom Taktsignal auf einen gewünschten Zustand einstellbar ist.

Beispiele industrieller Flipflopschaltkreise:

LSTTL:
SN74LS112A zwei JK-FF, maximale Taktfrequenz 45 MHz

CMOS:
CD4013B zwei Master-Slave-D-FF, maximaleTaktfrequenz (typ.) 12/25/36 MHz bei UDD = 5/10/15 V
CD4044 vier RS-FF (Latch), Register

HC/AC:
SN74HC/AC/ACT112 zwei JK-FF, maximale Taktfrequenz 50 MHz (HC)
SN74HC/HCT/AC/ACT 373 acht RS-FF (Latch), Register

17.3.3
Univibratoren (Monoflops)

Univibratoren sind Kippschaltungen, die nach Anlegen eines Triggerimpulses infolge starker Rückkopplung sprungförmig aus ihrem stabilen Ruhestand in einen zeitlich begrenzten (metastabilen) Verweilzustand kippen und nach Ablauf der Verweilzeit (einige zehn Nanosekunden bis >100 s) wieder in den Ruhestand zurückkippen.

Ihre Hauptanwendungen sind

– Realisierung von Zeitverzögerungen,
– Erzeugung von Rechteckimpulsen einstellbarer Impulsbreite,
– dynamische Speicherung von Binärsignalen.

Ähnlich wie bei Schmitt-Triggern existieren verschiedene schaltungstechnische Realisierungsmöglichkeiten. Schaltungen mit Einzelbauelementen sind vom FF bzw. Schmitt-Trigger abgeleitet, enthalten jedoch sowohl eine Gleichspannungs- als auch eine Wechselspannungskopplung (RC-Glied). In der Schaltung nach Bild 17.10a ist im Ruhezustand T_2 leitend und T_1 gesperrt. Durch das Legen eines negativen Triggerimpulses mit möglichst steiler Vorderflanke an den Eingang (u_e) kippt die Schaltung in den Verweilzustand (T_2 gesperrt, T_1 leitend). Wenn sich C über R_{B2} soweit umgeladen hat, daß $u_{BE} \approx 0{,}5$ V ist, wird T_2 wieder leitend, und die Schaltung kippt zurück. Die Verweilzeit T ist durch Verändern von C und R_{B2} in weiten Grenzen einstellbar. Da R_{B2} den Basisstrom von T_2 bestimmt, muß i. allg. $R_{B2} <0{,}1 \dots 1$ MΩ gewählt werden.

Große Verweilzeiten lassen sich besser mit aus FET aufgebauten Univibratoren er-

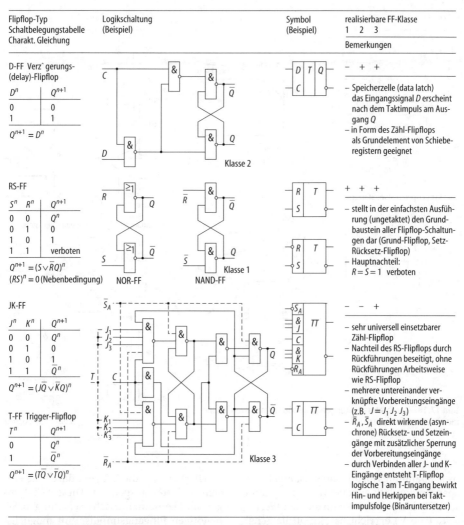

D-FF Verz゙gerungs-(delay)-Flipflop

D^n	Q^{n+1}
0	0
1	1

$Q^{n+1} = D^n$

Klasse 2

Symbol: D T Q / C

realisierbare FF-Klasse 1 2 3: − + +

– Speicherzelle (data latch) das Eingangssignal D erscheint nach dem Taktimpuls am Ausgang Q
– in Form des Zähl-Flipflops als Grundelement von Schieberegistern geeignet

RS-FF

S^n	R^n	Q^{n+1}
0	0	Q^n
0	1	0
1	0	1
1	1	verboten

$Q^{n+1} = (S \vee \bar{R}Q)^n$
$(RS)^n = 0$ (Nebenbedingung)   NOR-FF

Klasse 1   NAND-FF

Symbol: R T / S ; R T / S

realisierbare FF-Klasse: + + +

– stellt in der einfachsten Ausführung (ungetaktet) den Grundbaustein aller Flipflop-Schaltungen dar (Grund-Flipflop, Setz-Rücksetz-Flipflop)
– Hauptnachteil: $R = S = 1$ verboten

JK-FF

J^n	K^n	Q^{n+1}
0	0	Q^n
0	1	0
1	0	1
1	1	$\bar{Q}^n$

$Q^{n+1} = (J\bar{Q} \vee \bar{K}Q)^n$

Klasse 3

Symbol: S_A & J C & K R_A TT ; T TT / C

realisierbare FF-Klasse: − − +

– sehr universell einsetzbarer Zähl-Flipflop
– Nachteil des RS-Flipflops durch Rückführungen beseitigt, ohne Rückführungen Arbeitsweise wie RS-Flipflop
– mehrere untereinander verknüpfte Vorbereitungseingänge (z.B. $J = J_1 J_2 J_3$)
– R_A, S_A direkt wirkende (asynchrone) Rücksetz- und Setzeingänge mit zusätzlicher Sperrung der Vorbereitungseingänge
– durch Verbinden aller J- und K-Eingänge entsteht T-Flipflop logische 1 am T-Eingang bewirkt Hin- und Herkippen bei Taktimpulsfolge (Binäruntersetzer)

T-FF Trigger-Flipflop

T^n	Q^{n+1}
0	Q^n
1	$\bar{Q}^n$

$Q^{n+1} = (T\bar{Q} \vee \bar{T}Q)^n$

Bild 17.9. Häufige Flipfloptypen (Einteilung nach logischem Verhalten)

Beispiel zur Wirkungsklasse: RS-Flipflop
+ realisierbar, − nicht realisierbar

zeugen. Infolge des sehr kleinen Gatestroms der FET kann R_{B_2} hochohmiger sein.

Unmittelbar nach dem Ende der Verweilzeit kann die Schaltung nicht sofort gekippt werden, weil sich C über R_{C_1} erst wieder aufladen muß. Nach Ablauf der „Erholzeit" ist der Ruhezustand wieder hergestellt. Während der Erholzeit ist oft eine Triggerung möglich; jedoch wird eine größere Triggerimpulsamplitude benötigt, und die Verweilzeit ändert sich.

Mit Operationsverstärkern bzw. Analogkomparatoren lassen sich Univibrator-schaltungen realisieren, deren Verweilzeit infolge der hohen inneren Verstärkung und der geringen Drift des OV überwiegend durch die äußeren Beschaltungselemente sowie durch relativ gut konstant zu haltende Spannungen bestimmt ist (Bild 17.10b).

Wenn das Potential des invertierenden OV-Eingangs durch Anlegen eines Triggerimpulses u_e kurzzeitig negativer als U_{ref} wird, springt die Ausgangsspannung auf U_{aH}, und an den nichtinvertierenden OV-Eingang wird analog zur Schmitt-Trigger-Schaltung mit OV (Bild 17.6, Mitte) ein posi-

Aufbau aus Einzelbauelementen

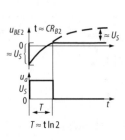

Aufbau mit einfachen Gattern

Aufbau mit Operationsverstärkern

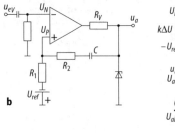

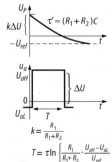

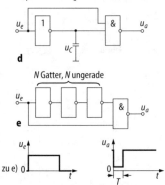

Impulsverkürzung mit einfachen Gattern

$k = \dfrac{R_1}{R_1+R_2}$

$T = \tau \ln \left\{ \dfrac{R_1}{R_1+R_2} \cdot \dfrac{U_{aH}-U_{aL}}{U_{ref}} \right\}$

Bild 17.10. Univibratorschaltungen (**a** bis **b**) und Impulsverkürzung mit einfachen Gattern (**d** und **e**)

$T = N t_D$ t_D Laufzeit eines Gatters

tiver Spannungssprung rückgekoppelt. Die Spannung u_P fällt exponentiell ab (dynamische Rückkopplung). Wenn sie den Wert $u_P \approx u_N$ ($\approx$ 0 V) erreicht hat, kippt die Schaltung wieder zurück.

Mit TTL-Gattern aufgebaute Univibratorschaltungen (Bild 17.10c) eignen sich, bedingt durch die kurzen Verzögerungszeiten und den relativ niederohmigen Gattereingang und -ausgang, besonders für kurze Verweilzeiten ohne Ansprüche an Genauigkeit (Inkonstanz der Schwellspannungen und des Eingangsstroms der Gatter). Lange Verweilzeiten lassen sich wegen des hochohmigen Eingangs mit MOS-Gattern erzeugen (<100 s).

Auch zur Herstellung sehr kurzer Impulse im ns-bis-µs-Bereich und als einfache Differenzierschaltung lassen sich Gatterschaltungen gut verwenden (Bild 17.10d und

e). Hierbei wird die Laufzeit durch die einzelnen Gatter ausgenutzt. Diese Schaltungen sind kombinatorische Schaltungen. Sie benötigen Eingangsimpulse mit möglichst steilen Flanken. Wesentlich bessere und stabilere Eigenschaften als die aus einfachen Gattern aufgebauten Schaltungen haben integrierte Univibratorschaltungen, da ihre Schaltungsauslegung großzügiger erfolgen kann (viele Transistoren, Kompensation von Temperatur- und Betriebsspannungseinflüssen). Sie werden in zwei Varianten hergestellt:

Variante 1. Die Verweilzeit bleibt konstant, wenn ein neuer Triggerimpuls eintrifft, bevor die Schaltung in den Ruhezustand zurückgekippt ist.

Variante 2. Ein Triggerimpuls löst stets einen Ausgangsimpuls aus, auch wenn die Schaltung noch nicht wieder in ihre Ruhelage zurückgekippt ist, d.h., die Verweilzeit verlängert sich, wenn zwischendurch Triggerimpulse eintreffen (wiedertriggerbare Univibratoren).

Beispiele industrieller Univibratorschaltkreise (s.a. Abschn. 17.3.4., LM 555, 556):

LSTTL:
SN74LS123 zwei wiedertriggerbare Univibratoren

CMOS:
CD4538B zwei wiedertriggerbare Präzisionsunivibratoren

HC/AC:
74HC221 zwei Univibratoren mit Schmitt-Trigger-Eingang

17.3.4
Multivibratoren

Der Einsatz astabiler Multivibratoren erfolgt zum Erzeugen von Impulsfolgen, z.B. in Taktimpulsgeneratoren. Sie haben keinen Ruhezustand, sondern kippen abwechselnd von einem in den anderen dynamischen Zustand. Der „klassische" Aufbau ist die Kreuzkopplung zweier Transistoren, die sich abwechselnd selbst ein- und ausschalten (Bild 17.11a). Das Tastverhältnis des Multivibrators läßt sich in weiten Grenzen verändern, indem die Schaltung unsymmetrisch ausgelegt wird.

Multivibratoren lassen sich auch mit Schmitt-Triggern aufbauen.

Die Schaltung nach Bild 17.11b arbeitet wie folgt: Bei $u_a = U_{aH}$ wird C über R aufgela-

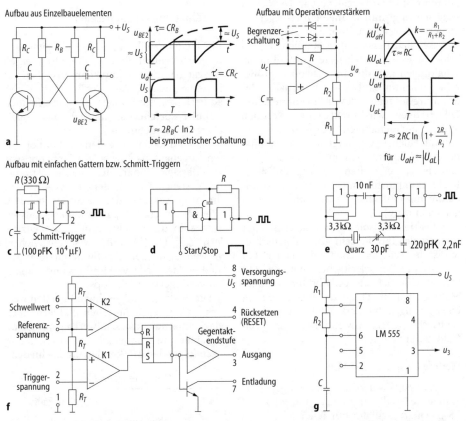

Bild 17.11. Multivibratorschaltungen. **a** aus Einzelbauelementen; **b** mit Operationsverstärker bzw. Komparator; **c** mit Schmitt-Triggern; **d** Start-Stop-Oszillator; **e** Quarzoszillator mit TTL-Standard-Gattern

$[f = 0,1 \ldots 5(20)\,\text{MHz}, \Delta f / f \approx 10^{-5}]$; **f** Blockschaltbild des integrierten Multivibrator-/Univibratorschaltkreises LM 555; **g** Beschaltungsmöglichkeit des Schaltkreises LM 555 als astabiler Multivibrator, $f = 1,44/(R_1 + 2R_2)C$

den, bis die obere Schaltschwelle kU_{aH} des Schmitt-Triggers erreicht ist. Durch das Kippen des Schmitt-Triggers springt die Ausgangsspannung auf $u_a = U_{aL}$, und C wird bis zur unteren Schaltschwelle kU_{aL} entladen. Der Schmitt-Trigger kippt zurück, und der Vorgang wiederholt sich. Durch die im Bild 17.11b angedeutete Begrenzungsschaltung lassen sich die Spannung U_{aH} und U_{aL} sehr genau einstellen. Die Schaltung eignet sich für niedrige bis mittlere Frequenzen (z.B. f <100 kHz). Die Flankensteilheit wird wesentlich durch die Slew-Rate des OV bestimmt (Abschn. 3. 4. 1.).

Höhere Impulsfolgefrequenzen ($f \approx 0,1 \ldots$ 10 MHz) können erzeugt werden, wenn integrierte Schmitt-Trigger (z.B. TTL-Schaltkreise) Verwendung finden (Bild 17.11c).

Mit wenig Aufwand sind Start-Stop-Oszillatoren (Bild 17.11d) realisierbar. Die Schaltung schwingt nur, solange ein H-Pegel am Steuereingang (Start/Stop) anliegt.

Wesentlich bessere und stabilere Eigenschaften weisen integrierte Multivibratorschaltungen auf, die mit erheblich größerem Schaltungsaufwand innerhalb des Schaltkreises realisiert werden können. Ihre Folgefrequenz wird praktisch nur von den außen angeschalteten Kapazitäten bestimmt. Höchste Genauigkeit und Stabilität der Folgefrequenz sind nur mit Quarzoszillatoren zu erreichen. Quarzstabilisierte Rechteckimpulsfolgen lassen sich unter anderem mit einfachen Grundgattern erzeugen (Bild 17.11e).

Industrielle Beispiele: Ein weitverbreiteter industrieller Typ mit sehr guten Eigenschaften ist der Zeitgeberschaltkreis (Timer) LM 555 bzw. der Doppelzeitgeberschaltkreis LM 556. Er läßt sich als Univibrator, astabiler Multivibrator im Frequenzbereich <0,1 Hz bis zu einigen hundert Kilohertz und für zahlreiche weitere Anwendungen einsetzen (Bild 17.11f und g).

Weitere Beispiele (LSTTL):

LS 625 … 627 Zwei VCOs (spannungsgesteuerte Oszillatoren), 12 … 100 MHz
LS 321 Quarzoszillator mit Teiler

Sperrschwinger. Monostabile und astabile Kippschaltungen lassen sich auch mit einem einzigen Transistor aufbauen, wenn zur Pha-

sendrehung ein Transformator verwendet wird. Die Schaltungen ähneln dem Meißner-Oszillator (Abschn. 7.2). Infolge sehr starker Rückkopplung erzeugen sie Kippschwingungen. Sie lassen sich in den drei Transistorgrundschaltungen aufbauen und wirken je nach gewähltem Arbeitspunkt als monostabile oder astabile Schaltung.

Allgemein ist ihre Bedeutung gering, weil Transformatoren in der modernen Elektronik vermieden werden (Preis, Masse, Größe). In der Automatisierungstechnik werden sie als „Aussetzoszillator" bei induktiven Initiatoren eingesetzt.

Vorteile bieten sie auch bei der Erzeugung hoher Impulsspannungen, deren Amplitude wesentlich über der üblicher Transistorschaltungen liegt.

17.4
Zähler und Frequenzteiler

Ein Frequenzteiler (Untersetzer) gibt nach N eintreffenden Eingangsimpulsen einen Ausgangsimpuls ab und kehrt anschließend in seine Ausgangslage zurück. Ein Zähler addiert bzw. subtrahiert die eintreffenden Impulse, speichert sie und gibt das gespeicherte Zählergebnis aus.

Zähler und Teiler werden aus Flipflopstufen aufgebaut, da eine solche Stufe ein sehr zuverlässiger Binärteiler ist. Zur Anzeige des gespeicherten Zählergebnisses werden die Ausgangspegel der FF-Stufen benutzt. Wie im Abschn. 17.3.2.1 erläutert, müssen zum Aufbau von Zählern und Frequenzteilern Zähl-FF (FF mit Zwischenspeicher) verwendet werden. Häufig benutzte Typen sind JK-Master-Slave-Flipflops und einflankengetriggerte D-Flipflops.

Für niedrige Zählgeschwindigkeiten werden neben elektronischen Zählern auch elektromechanische Zählwerke eingesetzt.

Zähler und Frequenzteiler werden häufig nach folgenden Merkmalen unterschieden:

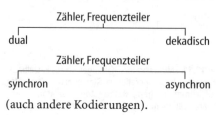

Zähler, Frequenzteiler
dual   dekadisch

Zähler, Frequenzteiler
synchron   asynchron

(auch andere Kodierungen).

Asynchrone Schaltungen benötigen weniger Verknüpfungsaufwand und damit weniger Gatter und Verknüpfungsleitungen. Nachteilig ist für manche Anwendungen, z.B. wenn Steuerfunktionen während des Zählvorgangs ausgelöst werden sollen oder bei Rückführungen zwischen Ausgang und Eingang, daß sich die Verzögerungszeiten mehrerer hintereinandergeschalteter Stufen addieren (z.T. Beschränkung der maximalen Zählfrequenz).

Synchrone Schaltungen erlauben häufig höhere Zählgeschwindigkeiten und sind unempfindlicher gegenüber Störungen, weil sie nur während der Taktimpulsbreite auf Eingangssignale reagieren.

17.4.1
Zähler
Die einfachsten Zähler sind Dualzähler (Binärzähler), s. Bild 17.12a, b. Den einzelnen Flipflops sind die Wertigkeiten 1, 2, 4,

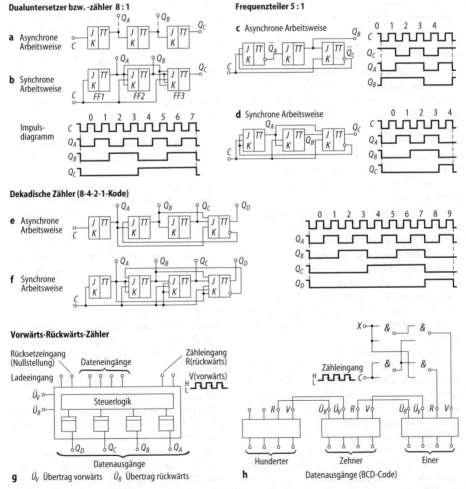

Bild 17.12. Frequenzteiler- und Zählschaltungen, realisierbar z.B. mit JK-Flipflops; Zähleingang: C
a, b Dualuntersetzer bzw. -zähler 8:1; **c,d** Frequenzteiler 5:1; **e,f** dekadische Zähler (8-4-2-1-Kode); **g** Informationsein- und -ausgabe bei Vorwärts-Rückwärts-Zählbausteinen; HIL-Flanke am Ladeeingang bewirkt Übernahme der Information in die FFs; industrielle Beispiele: CMOS-Schaltweise HEF 40192 B (Zähldekade), HEF 40193 B (Dualzähler); **h** dekadischer Vorwärts-Rückwärts-Zähler mit Zählrichtungssteuerung (X = L vorwärts, X = H rückwärts)

8, ... entsprechend der darzustellenden Dualzahl zugeordnet (Dualkode). Die Zählkapazität eines Dualzählers aus N Flipflops beträgt 2^N-1 Impulse. Beim 2^Nten Impuls ist die Nullstellung wieder erreicht. Häufig will man nicht dual, sondern dezimal zählen und anzeigen. Dazu wird für jede Dezimalstelle eine Zähldekade benötigt (Modulo-10-Zähler). Um mit möglichst wenig Flipflopstufen auszukommen, werden die Zahlen 0 bis 9 im BCD-Kode (binär kodierte Dezimalzahl) dargestellt. Am weitesten verbreitet ist der 8-4-2-1-Kode (natürlicher BCD-Kode). Die Zähldekaden werden aus vier Flipflops aufgebaut (4-Bit-Zähler; Bilder 17.12e und f). Da hiermit jedoch 16 Zustände darstellbar sind, werden die sechs nicht benötigten Zustände durch Rückführungen (Nullsetzen der Zähldekade beim Eintreffen des zehnten Eingangsimpulses) übersprungen. Die Verwendung anderer BCD-Kodes (durch geeignete Wahl der Rückführungen realisierbar) kann eine Schaltungsvereinfachung ergeben. Sie erschwert aber die Zusammenschaltung mit anderen digitalen Einheiten, die fast immer im 8-4-2-1-Kode arbeiten.

Bei synchronen Zählern und Frequenzteilern werden alle Takteingänge der FF parallel angesteuert (Bilder 17.12b und d). Um zu erreichen, daß nur die gewünschten FF kippen, erfolgt eine Blockierung der übrigen durch Vorbereitungseingänge. Das erfordert jedoch viele Zwischenverbindungen und FF mit mehreren untereinander verknüpften Vorbereitungseingängen.

Zähldekaden lassen sich auch mit Schieberegistern aufbauen (Ringzähler, Johnson-Zähler; diese Zähler arbeiten synchron). Sie benötigen jedoch zehn bzw. fünf FF-Stufen und werden deshalb selten für reine Zählzwecke angewendet. Ihr Vorteil ist die einfachere Dekodierbarkeit, die z.B. zur Anzeige des Zählinhalts erforderlich ist (Ringzähler arbeiten im 1-aus-10-Kode; der Johnson-Kode ist einfach in diesen Kode umwandelbar).

Das Zusammenschalten der Zähldekaden mehrstelliger dekadischer Zähler erfolgt häufig asynchron, indem der beim Übertrag von 9 nach 0 entstehende Ausgangsimpuls der Zähldekade als Ansteuersignal für die nächste Zähldekade benutzt wird. Die Kopplung kann aber auch synchron erfolgen [17.2].

Oft sind in der Automatisierungstechnik Vorwärts-Rückwärts-Zähler erwünscht, die ebenfalls synchron oder asynchron aufgebaut werden können.

Wenn die Zählrichtung eines asynchronen Dualzählers umgeschaltet werden soll, müssen anstelle der Q-Ausgänge die $\overline{Q}$-Ausgänge mit dem Triggereingang des nachfolgenden FF verbunden werden. Das wird über zusätzliche Gatter zwischen den FF-Stufen realisiert. In ähnlicher Weise arbeiten auch andere Vorwärts-Rückwärts-Zählschaltungen [17.2].

Praktisch sind heute Vorwärts-Rückwärts-Zähldekaden als IS aufgebaut, die meist synchron arbeiten. Hinsichtlich der Ansteuerung lassen sich zwei Varianten unterscheiden:

1. Zählbausteine mit je einem getrennten Vorwärts- und Rückwärtseingang (Bild 17.12g)
2. Zählbausteine mit einem gemeinsamen Vorwärts-Rückwärts-Eingang. Die Zählrichtung läßt sich durch Anlegen eines Vorzeichensignals umschalten. Um Fehlzählungen zu vermeiden, werden die Flipflopeingänge während des Umschaltens durch einen „Enable"-Eingang blockiert.

Zählbausteine der ersten Gruppe können mittels zusätzlicher Gatter so erweitert werden, daß sie über einen gemeinsamen Vorwärts-Rückwärts-Eingang ansteuerbar sind (Bild 17.12h).

Vorwahl bei Zählern. Sehr häufig soll ein Zähler beim Erreichen eines bestimmten Zählergebnisses ein Steuersignal abgeben, z.B. bei Dosiervorgängen. Eine einfache Lösungsmöglichkeit besteht darin, die BCD-Ausgänge der einzelnen Zähldekaden über Schalter so mit den Eingängen eines NAND-Gatters zu verbinden, daß an dessen Ausgang genau dann ein Signal auftritt, wenn der Zähler die vorgewählte Zahl erreicht hat. Stellt man unmittelbar mit diesem Signal oder durch den nächsten Taktimpuls den Zähler auf Null, so arbeitet die

Anordnung als programmierter Frequenzteiler.

Voreinstellung von Zählern. In bestimmten Anwendungen soll ein Zähler seine Zählung nicht bei Null, sondern bei einer voreinstellbaren Zahl beginnen. Zur Voreinstellung müssen die FF der Zähldekaden so gesetzt werden, daß bei Beginn der Zählung die voreingestellte Zahl gespeichert ist. Zu diesem Zweck haben die Zähldekaden von voreinstellbaren Zählern Dateneingänge (Bild 17.12g), an die die gewünschte voreinzustellende Zahl im BCD-Kode angelegt wird.

Industrielle Beispiele. Besonders in MOS-Schaltkreisen sind oft umfangreiche Hilfsfunktionen mit integriert (statische Zwischenspeicher, Dekodiernetzwerke, Steuerschaltungen) sowie mehrere Zähldekaden in einem Schaltkreis (LSI) zusammengefaßt.

Ein typisches Beispiel ist der 4-Dekaden-CMOS-Vorwärts-Rückwärtszähler ICM 7217/27 (Intersil) im 28-poligen DIL-Gehäuse. Über den gesamten 4-Dekaden-Bereich ist er durch einen BCD-Eingang oder durch vier Vorwahldekadenschalter (Kodierschalter) beliebig voreinstellbar. Er steuert die 7-Segment-Anzeige im Multiplexbetrieb direkt an. Der Zähleingang hat Schmitt-Trigger-Charakteristik (Unabhängigkeit von der Eingangsimpulsform). Zusätzlich ermöglicht er mehrere Steuerfunktionen. Er enthält u.a. ein voreinstellbares Register, dessen Inhalt kontinuierlich mit dem Zählerinhalt verglichen wird. Bei Gleichheit beider Inhalte und beim Zählergebnis Null wird je ein Steuersignal abgegeben.

Mit ECL-Schaltungen sind Zählfrequenzen bis zum GHz-Bereich realisierbar, die jedoch für die Automatisierungstechnik praktisch uninteressant sind. Wegen der hohen Störsicherheit haben sich hier CMOS-Schaltungen stärker durchgesetzt. Elektromechanische Zähler behalten für einfache und langsame Zähl- und Steueraufgaben (Kleinautomatisierung) dort Bedeutung, wo ihre Vorteile gegenüber elektronischen Zähleinheiten (Unempfindlichkeit gegenüber elektrischen Störspannungen, einfachere Stromversorgung, niedrige Preise) das rechtfertigen.

Einfache Zählerschaltkreise:

LSTTL:

74LS193 (dual) / 74LS192 (dezimal) synchroner Vorwärts-Rückwärts-Zähler mit vier Master-Slave-FF und zwei getrennten Zähleingängen; Stromaufnahme 34 mA; 25 MHz

74LS93 / 74LS90 4-Bit-Zähler; Stromaufnahme $\leq$15 mA; Zählfrequenz $\leq$32 MHz; 093: dual, 090: dezimal

CMOS:

HEF4520B zwei synchrone 4-Bit-Dualzähler; maximale Zählfrequenz typ. 6/15/21 MHz bei $U_{DD} = 5/10/15$ V

HEF4029B zwei synchrone Vorwärts-Rückwärts-Dezimal/Dual-Zähler; maximale Zählfrequenz typ. 8/25/35 MHz bei $U_{DD} = 5/10/15$ V

HC/AC:

74HC4020 14-stufiger Binärzähler; typ. 60 MHz

74HC590 8-Bit-Binärzähler mit Ausgangsregister

17.4.2
Frequenzteiler

Die einfachste Frequenzteilerschaltung (asynchroner Binäruntersetzer, Dualuntersetzer 2^N:1; Bild 17.12 a) entsteht durch Hintereinanderschalten (Kettenschaltung) von N Zähl-FF, die für Triggerarbeitsweise geeignet sind, z.B. von T-, JK- oder D-FF (T-FF mit $T = 1$, JK-FF mit $J = K = 1$, D-FF mit $D = \overline{Q}$).

Kleinere Teilerverhältnisse lassen sich durch Rückführungen realisieren (teilsynchrone Ansteuerung; Bild 17.12b). Hierdurch werden einige der 2^N möglichen Zustände übersprungen. Frequenzteiler- und Zählerbausteine werden in zahlreichen Varianten als IS (meist MSI-Schaltkreise) hergestellt. Durch Verbinden äußerer Anschlüsse sind unterschiedliche Teilerverhältnisse einstellbar. Oft läßt sich durch Anlegen eines logischen Steuersignals (Vorzeichensignal) auch die Zählrichtung verändern (Vorwärts-Rückwärts-Zähler).

Zum Aufbau von Frequenzteilern mit beliebigen Teilerverhältnissen gibt es folgende Möglichkeiten:

1. Rückführungen zwischen den FF (bei kleinen Teilerverhältnissen),
2. Zerlegen des gewünschten Teilungsfaktors in mehrere Faktoren und Hintereinanderschalten von Teilern, die diese Faktoren realisieren (Gesamtteilungsfaktor = Produkt der Einzelfaktoren),
3. Verwenden eines Teilers oder Zählers (auch mehrere Dekaden), der nach Erreichen des gewünschten Teilerverhältnisses sofort oder beim nächsten Taktimpuls nullgestellt wird (programmierbarer Teiler).

Das gewünschte Teilerverhältnis läßt sich z.B. durch einen Ziffernschalter (Vorwahlschalter) einstellen. Der Vergleich mit dem Zählinhalt des Teilers bzw. Zählers erfolgt durch einen digitalen Komparator (Abschn. 17.7). Dieses Verfahren ist besonders bei großen Teilungsfaktoren zweckmäßig.

4. Verwenden eines Teilers oder Zählers, der auf das gewünschte Teilerverhältnis voreingestellt wird, rückwärts bis Null zählt und danach wieder auf die voreingestellte Zahl springt (programmierbarer Teiler),
5. Aufbau aus Schieberegistern (Ringzähler, Johnson-Zähler).

17.5
Dekodierer

Dekodiernetzwerke sind kombinatorische Schaltungen (Festwertspeicher), die die Aufgabe haben, Wörter aus verschiedenen Kodes ineinander umzuwandeln. Sie benötigen die Eingangsinformation in paralleler Form und geben die Ausgangsinformation gleichfalls parallel aus. Soll ein serielles Kodewort dekodiert werden, so ist in der Regel nunächst eine Serien-Parallel-Wandlung erforderlich (Schieberegister).

Dekodierschaltungen wurden früher mit Widerstands- und Diodennetzwerken aufgebaut. Heute verwendet man Gatterkombinationen und spezielle IS. Auch ROM sind geeignet. Wenn die Dekodierschaltung in einen Steuerkreis einbezogen ist, muß beachtet werden, daß zwischen dem Anlegen der Eingangsinformation an den Dekodiereingängen und dem Erscheinen der Ausgangsinformation eine Verzögerungszeit

von u.U. mehreren Gatterlaufzeiten liegt. Beim Wechsel des Eingangssignals können auch Störspannungsspitzen am Ausgang auftreten. Sie lassen sich durch einen Steuereingang (enable), mit dem die Ausgänge abgeschaltet werden, unterdrücken, solange sich die Eingangsinformation ändert.

Industrielle Beispiele:

LSTTL:
LS7442 BCD-zu-Dezimal-Dekoder
LS74138 3-zu-8-Leitungsdekoder
LS247 ... 249 BCD-zu-7-Segment-Dekoder

CMOS:
CD4028B BCD-zu-1-aus-10-Dekoder
HEF4511 Hexadezimal-zu-7-Segment-Dekoder mit Eingangszwischenspeicher zur direkten Ansteuerung von 7-Segment-LED

HC/AC:
HC7442 BCD-zu-Dezimal-Dekoder
HC/HCT/AC/ACT74138 3-zu-8-Leitungsdekoder

17.6
Multiplexer

Ähnlich wie Dekodierer sind Multiplexer (Datenwähler) aufgebaut (Bild 17.13). Den Eingängen des Dekoders entsprechen hier die Adresseneingänge. Durch Anwählen einer Adresse (meist im Dualkode) wird jeweils einer von N Dateneingängen zur Ausgangsleitung (negiert) durchgeschaltet. Der Datenweg zwischen Eingang und Ausgang läßt sich durch einen „Strobe"-Eingang (enable) mittels einer Torschaltung unterbrechen. Die Anzahl der Dateneingänge kann durch direktes oder indirektes ausgangsseitiges Parallelschalten mehrerer Multiplexer erweitert werden. Durch Verbinden der Adresseneingänge des Multiplexers mit den Parallelausgängen eines Binärzählers (Adressenzähler) entsteht ein Multiplexer zur sequentiellen Datenabfrage. Er wirkt wie ein elektromechanischer Schrittschalter, der zeitlich nacheinander je einen Eingang zum Ausgang durchschaltet. Diese Schaltung läßt sich auch zur Parallel-Seri-

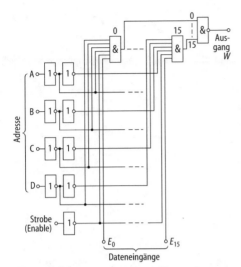

Bild 17.13. Multiplexer zur sequentiellen Datenabfrage

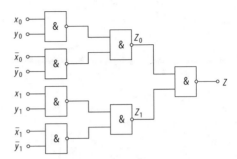

Bild 17.14. Digitaler Komparator zur Prüfung auf Gleichheit zweier Dualzahlen von je 2 Bit $(x_1, x_0$ bzw. $y_1, y_0)$

en-Umsetzung verwenden. Ein paralleles Wort (= N bit) an den Dateneingängen erscheint auf der Ausgangsleitung als serielles Wort, wenn der Adressenzähler durch eine Taktimpulsfolge angesteuert wird.

Industrielle Beispiele:

LSTTL:
74153, 74353 Zweifach-4-Eingangs-Multiplexer
74151 1-aus-8-Demultiplexer/Dekoder

HC/AC:
HC/AC/ACT74153 Zweifach-4-Eingangs-Multiplexer
HC/HCT/AC/ACT74151 8-zu-1-Leitungs-Multiplexer

17.7 Digitale Komparatoren

Häufig besteht die Aufgabe, zwei Zahlen miteinander zu vergleichen. Diese Aufgabe läßt sich mit kombinatorischen Schaltungen lösen. Bild 17.14 zeigt, wie zwei Dualzahlen von je 2 Bit auf Gleichheit geprüft werden können. Nur wenn beide Zahlen in allen Bits übereinstimmen, erscheint ein Ausgangssignal 1.

Um festzustellen, welche von zwei zu vergleichenden Zahlen größer ist, sucht man bei mehrstelligen Dualzahlen die höchste ungleiche Stelle. Die beiden zu dieser Stelle gehörenden Signale der zu vergleichenden Zahlen werden einem einfachen UND-Gatter zugeführt.

Industrielle Beispiele: CMOS-4-Bit-Größenkomparator CD4585B; 8-Bit-Komparator ALS/F 74520, AC/ACT 74520.

Zur Überwachung der Datenübertragung werden Paritätsgeneratoren verwendet, die nach ähnlichem Prinzip arbeiten wie die beschriebenen Komparatoren. Diese IS bilden das Paritätsbit eines digitalen Wortes. Es wird geprüft, ob die Summe der Eingangs-H-Signale gerade oder ungerade ist.

Industrielle Beispiele: CMOS-12-Bit-Paritätsprüfer CD4531B; 9-Bit-Paritätsprüfer/Generator LS/S/ALS/F/AS 74280, HC/AC, ACT 74280.

Literatur

17.1 Kammerer J et al. (1992) Elektronik III, Baugruppen der Mikroelektronik, 7. Aufl. HPI-Fachbuchreihe Elektronik/Mikroelektronik. Pflaum Verlag, München

17.2 Kühn E (1993) Handbuch TTL- und CMOS-Schaltungen, 4. Aufl. Hüthig, Heidelberg

17.3 Seifart M, Beikirch H (1998) Digitale Schaltungen, 5. Aufl. Verlag Technik, Berlin

Teil D

Bus-Systeme

1 Überblick und Wirkprinzipien

W. KRIESEL, D. TELSCHOW

1.1
Einteilung und Grundstrukturen

In den Systemen der Meß- und Automatisierungstechnik hat sich in den zurückliegenden Jahren ein gravierender Strukturwandel vollzogen. Neben dem Einsatz von Bildschirmen und Tastaturen führte vor allen Dingen die dezentrale Anordnung einer Vielzahl von Mikrorechnern und Einchip-Mikrocontrollern zu einer enormen Ausweitung der digitalen Übertragung von Informationsströmen im Echtzeitbetrieb. Hierfür erfolgt aus Kostengründen überwiegend eine Mehrfachnutzung der Leitungen nach dem Sammelleitungsprinzip über *Bussysteme*.

Derartige Bussysteme bilden also zunehmend die standardisierte Schnittstelle zwischen den einzelnen Baueinheiten. In diesem Sinne sind Bussysteme also eine besondere Ausprägung für ein *Interface*, das ganz allgemein die Gesamtheit aller vereinheitlichter Bedingungen zur Sicherstellung des Zusammenwirkens und der Austauschbarkeit (Zusammenschaltbarkeit) von Teilen eines Systems beschreibt. Diese Bedingungen umfassen insbesondere den Funktionsumfang, den Signalträger und die Konstruktion an der jeweiligen Schnittstelle, an der die Kopplung der Baueinheiten erfolgen soll.

Diese neuartige Bus-Kommunikationstechnik ist zur Informationsübertragung sowohl innerhalb einzelner Ebenen (Einebenen-Strukturen) als auch zwischen mehreren Ebenen von Meß- und Automatisierungssystemen (Mehrebenen-Strukturen) durchgängig eingeführt, beginnend bei übergeordneten Ebenen zur Koordinierung von dezentralen Mikroprozeßrechnern bis hin zur untersten Sensor/Aktuator-Ebene [1.1, 1.2].

Hierzu vermittelt Bild 1.1 einen Überblick zu Strukturprinzipien, wobei deutlich wird, daß die ursprüngliche Punkt-zu-Punkt-Übertragung (einkanalig oder sternförmig) in Form aktiv gekoppelter Teilnehmer ihre Bedeutung auch für busähnliche Prinzipien weiterbehält und insbesondere bei der Übertragung mit Lichtwellenleitern angewendet wird. Aktive Kopplung bedeutet hierbei, daß die Leitungsverbindung zwischen zwei Teilnehmern jeweils durch aktive Bauelemente (Verstärker, Wandler) unterbrochen ist und ausschließlich nur von diesen beiden Teilnehmern genutzt wird (keine Mehrfachnutzung, kein Sammelleitungsprinzip).

Mit Bild 1.2 wird eine Einteilung für Bussysteme im engeren Sinne vorgenommen, wie sie in der rechten Spalte von Bild 1.1 dargestellt sind. Angemerkt sei, daß die Mehrfachnutzung von Leitungen (Sammelleitungs- oder Busprinzip) auch für die Übertragung von Analogsignalen nutzbar ist, d.h. ein Bus ist seinem Wesen nach ein verteilter Multiplexer (MUX).

Für die stark differierenden Anforderungen bei der Übertragung digitaler Informationen in den unterschiedlichen Ebenen und Anwenderbranchen ist eine breite, schwer überschaubare Palette von Bussystemen entstanden. Somit existieren nahezu für alle Prinzipien nach Bild 1.1 und 1.2 zugleich auch Industrielösungen, deren typische Lösungsprinzipien nachfolgend behandelt werden.

1.2
Buszugriffsverfahren

Das Busprinzip mit seiner Mehrfachnutzung von Leitungen (vgl. Bild 1.1) setzt stets voraus, daß während einer Übertragung nur ein einziger Sender wirksam ist und an einen oder mehrere Empfänger sendet. Sobald zwei oder mehrere Sender gleichzeitig auf die Busleitung senden, tritt eine Kollision und somit eine Verfälschung der übertragenen Information ein. Aufgabe des Buszugriffsverfahrens ist es also, den Buszugriff durch mehrere Teilnehmer (Sender) so zu steuern, daß am Ende eine *kollisionsfreie Übertragung* stattfindet.

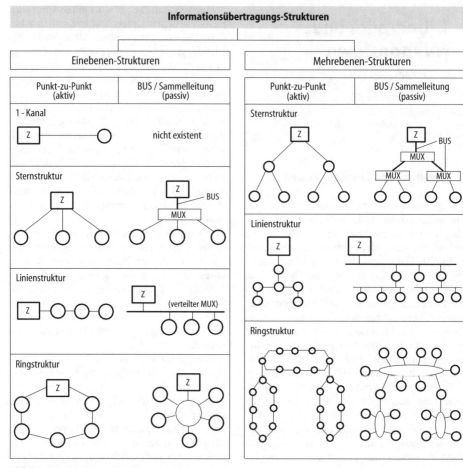

Bild 1.1. Grundstrukturen der Informationsübertragung

1.2.1
Zufälliger Buszugriff:
CSMA, CSMA/CD, CSMA/CA

Die einfachste Art der Zugriffssteuerung ist das CSMA-Verfahren (*Carrier Sense Multiple Access*), wie es im Prinzip vom Telefon her bekannt ist. Ein sendewilliger Teilnehmer stellt zunächst fest, ob die gemeinsame Busleitung frei ist (Carrier Sense), und er sendet, falls diese nicht belegt ist. Wird dagegen die Busleitung bereits durch einen anderen Sender benutzt, dann wartet der sendewillige Teilnehmer und versucht zu einem späteren Zeitpunkt erneut, seine Informationen zu übertragen (Multiple Access).

Dieses Buszugriffsverfahren heißt zufällig, weil einerseits jeder sendewillige Teil-

nehmer zu einem beliebigen, nicht im voraus bestimmbaren Zeitpunkt auf den Bus zugreifen kann und andererseits nicht sichergestellt ist, daß er innerhalb einer bestimmten Zeit tatsächlich das Senderecht erhält und kollisionsfrei übertragen kann. Somit ist ein zufälliges Buszugriffsverfahren im Prinzip auch nicht echtzeitfähig und daher für Meß- und Automatisierungsaufgaben nur unter bestimmten Bedingungen einsetzbar, z.B. für zeitunkritische Übertragungen auf höheren Ebenen oder bei sehr geringer zeitlicher Busbelastung unterhalb von 10%.

Die zeitliche Übertragungeffizienz beim CSMA-Verfahren läßt sich verbessern, wenn jeder Sender seine gesendeten Datensignale auf der Busleitung ständig selbst

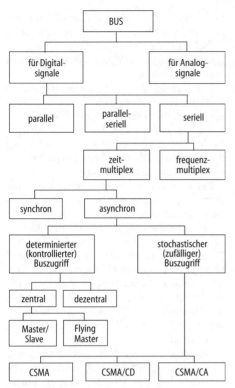

Bild 1.2. Einteilung von Bussystemen

der Teilnehmer mit der höheren Adresse unterbricht seinen Sendewunsch, um ihn später zu wiederholen.

1.2.2
Kontrollierter Buszugriff: Master-Slave, Token-Passing

Beim Master-Slave-Verfahren stellt eine zentrale, aktive Bussteuereinheit (Master) die Verbindung zu jeweils einem der am Bus befindlichen passiven Teilnehmer (Slave) her. Dieser aufgerufene Slave antwortet unmittelbar auf den Datenaufruf des Masters und legt hierzu seine Slaveantwort auf den Bus. In der Regel stellt der Master die Verbindung zu den einzelnen Slaves zeitlich nacheinander und in zyklischer Reihenfolge her: Polling-Verfahren. Somit aktualisiert der Master z.B. sein Abbild des zu steuernden Prozesses in Form von abgetasteten Meß- und Stellsignalen laufend.

Das Master-Slave-Prinzip (Polling) garantiert eine bestimmte Abtastzeit für die einzelnen Teilnehmer und ist durch diesen determinierten Buszugriff zugleich echtzeitfähig. Darüber hinaus ist die Busanschaltung der Slaves relativ einfach und kostengünstig realisierbar, weil die benötigte Bussteuerung überwiegend im Master konzentriert ist. Dies hat allerdings zur Folge, daß bei höheren Zuverlässigkeitsanforderungen entspechende Sicherungsmaßnahmen erforderlich sind, z.B. doppelte Anordnungen (Redundanzen). Der Master seinerseits sollte die Slaves hinsichtlich korrekter Funktion überwachen, defekte Slaves aus seiner Polliste entfernen und solange nicht mehr abfragen, bis sie wieder funktionsfähig sind.

Beim Buszugriff nach dem Token-Passing-Verfahren sind alle Busteilnehmer völlig gleichberechtigt (kein zentraler Master), so daß jeder die Kommunikationssteuerung übernehmen kann, sofern er über ein spezielles Zeichen (Token) verfügt, das nur einmal im System vorhanden ist. Nach Abschluß seiner Datenübertragung reicht der Teilnehmer das Token an den nächsten Teilnehmer weiter, der somit das Senderecht erhält (Prinzip Staffelstab). Dabei wird die Zeit des Token-Besitzes begrenzt, so daß auch dieses Verfahren echtzeitfähig ist. Der Ausfall eines Teilnehmers führt hier in der

kontrolliert und somit eine mögliche Kollision schnell erkennt: *Collision Detection* (CSMA/CD); im Kollisionsfall wird die Sendung bei beiden Teilnehmern abgebrochen und nach zufälligen Zeitintervallenen neu versucht.

Das CSMA/CA-Verfahren dagegen arbeitet mit Kollisionsverhinderung (*Collision Avoidence*), indem Prioritäten für die einzelnen Teilnehmer vergeben werden, so daß sich der Teilnehmer mit der niedrigsten Priorität automatisch zurückzieht, also seine Übertragung abbricht zugunsten des höherpriorisierten Teilnehmers. Diese Prozedur kann z.B. dadurch erfolgen, daß jeder Sender am Anfang seines Sendetelegramms die eigene Adresse sendet (sog. Identifier). Ordnet man der logischen Null den low-Pegel zu und ist dieser dominant gegenüber dem high-Pegel (d.h. ein low-Pegel zieht alle gesendeten high-Pegel der anderen Teilnehmer auf low), so dominiert der Teilnehmer mit der niedrigsten Adresse, und

Regel nicht zum Systemausfall, aber es sind Vorkehrungen in der Steuerung zu treffen, so daß sowohl Tokenverlust als auch Mehrfach-Token automatisch überwacht und kompensiert werden.

1.3
Datensicherung/Fehlererkennung

Digitale Informationsübertragungen können durch Störungen verschiedener Art verfälscht werden (vgl. Abschn. A 3.5), z.B. durch induktive oder kapazitive Einstreuungen, Potentialdifferenzen zwischen Sende- und Empfangsort, Drift von Triggerschwellen u.ä. Derartige Störungen können zur Invertierung von einzelnen Bits führen und somit die zu übertragende Information verändern. Diese Störeinflüsse lassen sich von zwei Seiten bekämpfen:

– Fernhalten von Störeinflüssen, z.B. durch abgeschirmte Kabel bzw. Lichtwellenleiter, potentialfreie Übertragung, worst-case-Dimensionierung von Bauelementen u.ä.,
– Überwachung der übertragenen Telegramme zwecks Fehlererkennung und ggf. automatische Einleitung von Gegenmaßnahmen (z.B. Wiederholung) bzw. Fehlermeldung.

Für die Überwachung, Fehlererkennung und Fehlerbehandlung sind folgende Kenngrößen maßgebend:
Die *Bitfehlerrate p* definiert ein Maß für die Störempfindlichkeit des Übertragungskanals:

$$p = \frac{\text{Anzahl der gesendeten Bits}}{\text{Gesamtzahl der gesendeten Bits}} .$$

Für industrielle Bussysteme sollte die Bitfehlerrate möglichst unter $p = 10^{-3}$ liegen.
Die *Restfehlerrate R* beschreibt den Anteil der unerkannten Fehler, die nach Anwendung einer Fehlererkennungstechnik noch verbleiben:

$$R = \frac{\text{Anzahl der unerkannt fehlerhaften Bits}}{\text{Gesamtzahl der gesendeten Bits}} .$$

Die Restfehlerrate ist ein Maß für die Datenintegrität (Unversehrtheit der Daten). Je nach Integritätsklasse sollte bei einer Bit-

fehlerrate von 10^{-3} die zulässige Restfehlerrate kleiner als 10^{-4}, 10^{-6} bzw. 10^{-12} sein, wobei industrielle Bussysteme eine hohe Integritätsklasse (kleine Restfehlerrate) aufweisen sollen.

Die *Hamming-Distanz d* bzw. HD ist ein Maß für die Störfestigkeit eines Codes. Ist *e* die kleinste Anzahl der sicher erkennbaren Fehler, so gilt $d = e+1$. Ist z.B. ein einziger Fehler sicher erkennbar ($e = 1$), so beträgt die Hamming-Distanz $d = 2$ (Beispiel: Codesicherung durch Paritätsbit).

Bei industriellen Bussystemen wird eine Hamming-Distanz von $d = 4$ bzw. 6 gefordert, vgl. Abschn. 3.2.6.

Bei schnellen Bussystemen mit kurzen Telegrammen (typisch Sensor-Aktuator-Busse) wird die Störfestigkeit weitgehend über Sinnfälligkeitsprüfungen der codierten Signale erreicht; diese werden jedoch in der Hamming-Distanz nicht erfaßt, so daß die Hamming-Distanz hier ihre Relevanz verliert, z.B. beim ASI-System [1.2], vgl. Abschn. 3.2.4.

Wichtige Strategien der *Fehlererkennung* sind Paritätsprüfung und CRC-Test. Die hiernach bei der Übertragung in einem Bussystem erkannten Fehler werden korrigiert, z.B. automatisch durch Wiederholung der Übertragung oder durch Fehlermeldung mit Eingriff durch den Menschen. Dabei verbleiben unerkannte Restfehler, deren Umfang von der verwendeten Erkennungstrategie abhängt und durch die Restfehlerrate beschrieben wird.

Bei der *Paritätsprüfung* (Parity Check) wird von dem zu prüfenden Telegrammteil die Quersumme gebildet und festgestellt, ob diese gerade oder ungerade ist. Wurde für Sender und Empfänger am Bus z.B. eine gerade Quersumme festgelegt, so wird der Telegrammteil durch das Paritätsbit entsprechend mit 0 oder 1 ergänzt, so daß die Quersumme aus Telegramm plus Parität gerade wird:

$1 1 0 1 0 0 1 1 + P = 1$,
Quersumme $= 6$, Parität gerade.

Wird in diesem Telegramm genau ein Bit verfälscht, so wird die Quersumme 5 oder 7, ist somit nicht mehr gerade, und der Fehler wird erkannt. Ein Doppelfehler verändert die Quersumme wieder in eine gerade Zahl, und daher bleibt er folglich mit dieser Paritätsstrategie unerkannt. Ein Dreifach-fehler wiederum wird erkannt usw. Als Hamming-Distanz ergibt sich also für die Paritätsprüfung:

wegen $e = 1$ somit $d = 2$.

Eine Lokalisierung des Fehlerbits innerhalb des Telegramms wird dadurch möglich, daß zusätzlich zur oben beschriebenen *Längsparität* auch noch die *Querparität* für mehrere nacheinander gesendete Telegramme im Sinne der Zeilen und Spalten einer Matrix überprüft wird.

Der *CRC-Test* (Cyclic Redundancy Check) faßt das zu prüfende Telegramm als Binär-Zahl B auf, die auf der Sendeseite durch eine andere feste Zahl (sog. Generatorpolynom G) dividiert wird:

$$\frac{B}{G} = Q + \frac{R}{G} \quad \text{bzw.} \quad B = Q \cdot G + R.$$

Der ganze Quotient Q wird verworfen, aber der verbleibende Rest R wird an das Telegramm angefügt und der gesamte Codevektor $B+R$ auf dem Bus übertragen. Der Empfänger subtrahiert zunächst den doppelten Rest: $(B+R) - 2R = B - R = Q \cdot G$. Eine Division dieses Terms auf der Empfängerseite $(B-R)/G = Q$ muß bei korrekter Übertragung ohne Rest ($R = 0$) aufgehen. Der CRC-Test erlaubt je nach Telegrammlänge und gewähltem Generatorpolynom, eine Hamming-Distanz von $d = 4$ bzw. $d = 6$ zu erzielen. Für die Abwicklung der beschriebenen Testoperation existieren spezielle Schaltkreise. Da die anzuhängenden CRC-Prüfzeichen (Rest R) das Telegramm z.B. um 8 Bit (1 Byte) verlängern, lohnt sich die CRC-Strategie nur bei relativ langen Bustelegrammen mit einer größeren Anzahl Bytes (z.B. geeignet bei universellen Feldbussen wie PROFIBUS nach Abschn. 3.2.1, dagegen ungeeignet für Sensor-Aktuator-Busse, vgl. Abschn. 3.2.4).

1.4.
Elektrische Schnittstellen als Übertragungsstandards

Die überwiegende Anzahl der Übertragungssysteme wird mit Leitungen aus Kupfer realisiert, daneben werden Varianten mit Lichtwellenleitern benutzt. Für die elektrischen Schnittstellen der Teilnehmer zur Leitung existieren internationale Standards (RS 232, RS 422, RS 485, 20 mA-Stromschleife, Centronics), für die zugleich entsprechende Schaltkreise am Markt verfügbar sind. Daneben gibt es auch firmenspezifische Schnittstellen, teilweise ebenfalls als Schaltkreise realisiert, vgl. Abschn. 3.2.4.

Die US-amerikanische Schnittstelle RS 232C (Recommanded Standard) ist ausschließlich für Punkt-zu-Punkt-Verbindungen geeignet (vgl. Bild 1.1) und ist weltweit verbreitet zum Anschluß von Endgeräten (Mouse) und Übertragungseinrichtungen (Modem) im Umfeld von Personalcomputern/Industrie-PC, SPS u.ä. Die RS 232C stimmt weitgehend mit der internationalen Norm (CCITT V24; EIA 232) und der deutschen Norm (DIN 66 020) überein. Für diese erdunsymmetrische Schnittstelle sind als Logikpegel definiert:

Logisch 0: $+3V < U < +15V$
Logisch 1: $-15V < U < -3V$.

Die realisierbare Leitungslänge hängt von der gewählten Übertragungsrate ab, wobei folgende Richtwerte gelten:

Übertragungsrate	*Leitungslänge*
1,2 kBaud (kbit/s)	900 m
19,2 kBaud (kbit/s)	50 m .

Zur Erhöhung der Datensicherheit bei der Übertragung kann ein Quittungsbetrieb (Handshake) gewählt werden, wofür die entsprechenden Melde- und Steuerleitungen neben Sende- und Empfangsleitungen existieren (insgesamt 7 Leitungen).

Ebenfalls für Punkt-zu-Punkt-Verbindungen ist die Schnittstelle RS 422 standardisiert, aber erdsymmetrisch, so daß die logischen Zustände durch eine Differenzspannung zwischen den Leitungen dargestellt werden (entsprechende Normen: CCITT V11; EIA 422; DIN 66 259). Die elektrischen Spezifikationen sowie Leitungslängen und Übertragungsraten stimmen mit nachfolgend beschriebener RS 485 überein.

Die RS 485-Schnittstelle ist im Unterschied zur RS 422 für Mehrpunktverbindungen geeignet, somit direkt für das Busprinzip nutzbar und folglich in den meisten industriellen Bussystemen angewendet

(entsprechende Normen: EIA 485; ISO 8482).
Ein Sender kann also in der Regel durch die
Parallelschaltung von bis zu 32 Teilnehmern
sowie ggf. den Abschlußwiderstand belastet
werden, so daß für Sender und Empfänger
unterschiedliche Pegel des erdsymmetri-
schen Signals festgelegt sind:

$$\textit{Sender}$$

Logisch 0:	$+1{,}5\mathrm{V} \le \mathrm{U} \le +5\mathrm{V}$
Logisch 1:	$-5\mathrm{V} \le \mathrm{U} \le -1{,}5\mathrm{V}$

$$\textit{Empfänger}$$

Logisch 0:	$\mathrm{U} > +0{,}2\mathrm{V}\ (+0{,}3\mathrm{V})$
Logisch 1:	$\mathrm{U} < -0{,}2\ \mathrm{V}\ (-0{,}3\mathrm{V})$.

Die Leitungslänge in Abhängigkeit von der
Übertragungsrate ist in Bild 1.3 vergleichend dargestellt. Beispiele für Busanschal-
tungen sind im Abschn. 3.2.1 und 3.2.3. angegeben (Bild 3.3 und 3.7).

In der Meß- und Automatisierungstechnik wird wegen der generell hohen Störsicherheit von Stromsignalen (z.B. analoges
0(4) ... 20 mA-Signal) auch gern die digitale 20 mA-Stromschleife benutzt, um Punkt-
zu-Punkt-Verbindungen zu realisieren, z.B.
Parameterübergaben an back-up-Regler.
Folgende Pegel sind definiert:

Logisch 0:	$0\mathrm{mA} \le \mathrm{I} \le\ 3\mathrm{mA}$
Logisch 1:	$14\mathrm{mA} \le \mathrm{I} \le 20\mathrm{mA}$.

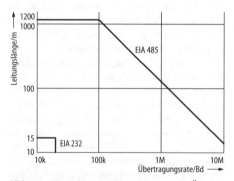

Bild 1.3. Leitungslänge in Abhängigkeit von der Übertragungsrate für die Norm-Schnittstellen EIA 232 (Punkt-
zu-Punkt) und EIA 485 (Mehrpunkt/Bus)

Als Leitungslängen werden maximal 1000
m empfohlen, wobei die Übertragungsrate
maximal 9,6 kbit/s beträgt.

Leitungsarten: Für die meisten Feldbusse
mit RS 485-Schnittstelle verwendet man abgeschirmte, verdrillte Kupferleitungspaare
(shielded twisted pair), bei kürzeren Entfernungen auch ungeschirmte, verdrillte
Kupferleitungspaare (unshielded twisted
pair) bzw. auch ungeschirmte, unverdrillte
Leitungen. Hierbei liegen die Übertragungsraten in der Größenordnung von
100 kbit/s (stets kleiner als 1 Mbit/s).

Bei höheren Anforderungen an die Stör-
sicherheit in Verbindung mit höheren
Übertragungsraten (1 ... 10 Mbit/s) werden
Koaxialkabel bevorzugt (Buszugriff über
Token bzw. CSMA/CD).

Die parallele „Centronics"-Schnittstelle
wird meistens an Personalcomputern zum
Anschluß von Druckern verwendet. Bereits
in den 70er Jahren hat Centronics als
Druckerhersteller einen definierten Schnitt-
stellenstandard hierfür etabliert.

Diese Schnittstelle benutzt zur Datenübertragung 18 parallele Leitungen, welche
sich in 8 Daten- und zusätzliche Steuerleitungen sowie die Masse aufteilen. Ein Teil
dieser Steuerleitungen wird für Handsha-
ke-Funktionen, vgl. Abschn. 3.2.2, benutzt,
weitere tragen Informationen, z.B. über den
Papiervorrat am Drucker, die Funktionsbe-
reitschaft des Druckers sowie dessen Steuerung. Eine Realisierung dieser Centronics-
Schnittstelle ist z.B. mit Hilfe des Portbau-
stein-Schaltkreises 8255 möglich.

Zur Erhöhung der Störsicherheit sind die
18 Signalleitungen jeweils paarweise mit
einer Masseleitung verdrillt. Standardisiert
für den elektromechanischen Anschluß ist
daher ein 36poliger Stecker.

Literatur

1.1 Schnell G (Hrsg) (1996) Bussysteme in der
     Automatisierungstechnik. 2. Aufl. Vieweg,
     Braunschweig Wiesbaden
1.2 Kriesel W, Madelung OW (Hrsg) (1994) ASI –
     Das Aktuator-Sensor-Interface für die Auto-
     mation. Hanser, München Wien

2 Parallele Busse

W. KRIESEL, D. TELSCHOW

2.1
IEC-Bus

Dieses Bussystem gestattet die problemlose Integration von Meß- und Prüfgeräten in ein automatisches Meß- und Prüfsystem unter Kontrolle (Steuerung) eines Rechners, insbesondere eines PC [2.1].

Mit der Verabschiedung der Publikation 625-1, „Standard Interface System for programable measuring equipment" durch die Internationale Elektrotechnische Kommission (IEC) steht damit eine genormte Schnittstelle zur Verfügung, basierend auf einem bereits 1965 von der Firma Hewlett-Packard entwickelten Interface-Bussystem.

Im Laufe der Zeit haben sich für Implementierungen dieser Norm unterschiedliche, firmeneigene Namen, wie IEEE-Bus, GPIB, HP-IB, eingebürgert.

Für die Zusammenschaltung zu einem arbeitsfähigen System müssen drei grundlegende Funktionselemente vorhanden sein:

- ein Sprecher (Talker), z.B. Voltmeter, Zähler,
- ein Hörer (Listener), z.B. programmierbarer Signalgenerator und
- eine Steuereinheit (Controller), z.B. Personalcomputer.

Diese drei Grundfunktionen können in einem Gerät implementiert sein, zur Übertragung von Daten ist aber mindestens ein zweites erforderlich, das senden oder empfangen kann. Die einzelnen Geräte müssen aber nicht jeweils mit allen Funktionen ausgerüstet sein, z.B. nur mit Hören oder Sprechen.

Der IEC-Bus besteht aus 16 Leitungen: 8 dienen der Übertragung von Daten (Daten-

Bus), 3 sind zur Steuerung des Datentransfers (Handshake-Bus) und 5 sind für Kontrollzwecke (Management-Bus) vorhanden. Die bitparallele, byteserielle Übertragung der Daten auf den Datenleitungen erfolgt gewöhnlich unter Nutzung des 7-Bit-ASCII-Codes (American Standard Code for Information Interchange) mit Hilfe eines 3-Leiter-Handshake-Verfahrens. Damit ist eine asynchrone Kommunikation über einen großen Bereich von Übertragungsraten möglich.

Bild 2.1 zeigt schematisch ein IEC-Bussytem mit 4 Geräten.

Die 8 Datenleitungen werden mit DIO 0 … DIO 7 gekennzeichnet, wobei das niederwertigste Bit der Datenleitung DIO 0 zuge-

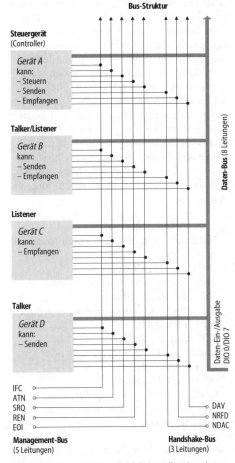

Bild 2.1. IEC-Bus-Struktur und Schnittstellen-Grundfunktionen

ordnet ist. Jedes auf dem Daten-Bus über-
mittelte Nachrichtenbyte wird durch die
Schnittstellen-Signalleitungen (Handshake-
Bus)

- DAV (Data Valid)
  Daten gültig,
- NRFD (Not Ready For Data)
  nicht bereit für Datenübernahme,
- NDAC (No Data Accepted)
  keine Daten empfangen

mit Hilfe des Handshake-Prozesses übertragen, da IEC-Geräte unterschiedliche Da-
tenübernahme- und -verarbeitungszeiten
aufweisen können. Dabei bestimmt das
langsamste Gerät die Geschwindigkeit der
Datenübertragung. Durch dieses Verfahren
wird also sichergestellt, daß schnelle Geräte
sowohl mit schnellen als auch mit langsamen kommunizieren können. Am Datenaustausch können nur Geräte teilnehmen,
die vorher durch eine entsprechende Adressierung dazu ermächtigt wurden. Damit
können zwei schnelle Geräte auch Daten
untereinander austauschen, ohne von
einem langsamen dritten gebremst zu werden, indem das langsame Gerät aus der
Adressierung herausgenommen wird.

Die Signale des Management-Busses dienen zur Kontrolle des Informationsflusses
auf dem Daten-Bus und haben folgende
Aufgaben:

- ATN (Attention)
  Daten sind Schnittstellen- oder Geräte-
  nachrichten,
- IFC (Interface Clear)
  Zurücksetzen in Grundeinstellung,
- REN (Remote Enable)
  Einstellung der angeschlossenen Geräte
  für Fernsteuerbetrieb,
- EOI (End or Identity)
  Ende einer Datenübertragung oder
  Indentifizierung von Geräten,
- SRQ (Service Request)
  Gerät fordert Bedienung durch das Steu-
  ergerät und Unterbrechung der laufen-
  den Ereignisse.

Bei der Nachrichtenübertragung unterscheidet man grundsätzlich zwischen zwei Arten
von Nachrichten:

- Schnittstellennachrichten, Kommandos
  oder Befehle, welche zur Steuerung und
  Einstellung der angeschlossenen Geräte
  dienen, und
- Gerätenachrichten oder Daten, welche
  vom Schnittstellensystem nicht verarbeitet werden, wie z.B. Meßwerte, Ergebnisse und Statusinformationen.

In einem IEC-Bus-System beträgt die maximale Gesamtlänge der Bus-Kabel 20 m und
zwischen den Geräten 2 m. Hierbei kann eine
Übertragungsrate von bis zu 500 kbyte/s
(4 Mbit/s) bzw. bei eingeschränkter Kabellän-
ge max. 1 Mbyte/s (8 Mbit/s) erreicht werden.
Es können bis zu 15 Geräte angeschlossen
sein. Sollten diese Kabellängen nicht ausrei-
chen, stehen zusätzlich *Extender* für Entfernungen bis zu 1000 m zur Verfügung.

2.2
VMEbus

Der VMEbus (Versa Module Europe) benutzt als Basis den 16/32-bit-VERSAbus, der
von Motorola bereits 1979 entwickelt
wurde.

Beide Bussysteme unterstützen speziell
die Busstrukturen des Mikroprozessors MC
68000 und sind damit optimale Bussysteme
für viele Mikroprozessor-Anwendungen. Der
bevorzugte Einsatz dieses parallelen Bussystems erfolgt als Rückwandbus für Funktionseinheiten (Kassetten), insbesondere zur
Meßwerterfassung und -verarbeitung.

Durch folgende Leistungsmerkmale zeichnet sich der VMEbus aus:

- Unterstützung von Mikroprozessor-Ar-
  chitekturen bis zu 32-bit Wortbreite,
- Unterstützung von Mikroprozessor-Sy-
  stemen,
- Datendurchsatz bis zu 20 Mbyte/s
  (160 Mbit/s) bzw. 40 Mbyte/s (320
  Mbit/s) bei Blocktransfer BLT nach Revi-
  sion C und bis zu 160 Mbyte (1280
  Mbit/s) nach Revision D),
- vollständig asynchrones, multiplexfreies
  Busprotokoll, d.h. getrennte Adreß- und
  Datenleitungen,
- prioritätsgesteuerte Busbelegung über
  Prioritätsebenen und zusätzlichen Daisy-
  Chain,

- Unterstützung von zentraler oder verteilter Interruptverarbeitung in 7 Prioritätsebenen und Daisy-Chain,
- serieller „Inter-Intelligence-Bus" zur Erhöhung der Systemsicherheit in Multiprozessorsystemen,
- zusätzliche Informationen über Adreßmodifier-Leitungen zur flexiblen Systemkonfigurierung,
- Unterstützung von Datenblock-Transfers und
- zusätzliche Meldeleitungen (Bus-, System-, Spannungsfehler).

Als 24-bit-Adreß- und 16-bit-Datenbus ist der VMEbus auf Einfach-Europakarten (100 mm × 160 mm) implementierbar, für den vollen 32 bit-Adreß- und Datenbereich wird eine Doppel-Europakarte (233 mm × 160 mm) benötigt. Alle VMEbus-Signale werden über einen bzw. zwei 96polige DIN-Stecker geführt.

Der VMEbus gliedert sich in fünf unabhängige Teilsysteme (Bild 2.2):

Der *Daten-Transfer-Bus* enthält alle Daten- und Adreßleitungen sowie die dazu notwendigen Steuerleitungen.

Hinsichtlich der Adreßverwaltung verfügt der VMEbus über ein äußerst leistungsfähiges und flexibles Konzept. Dazu dienen 6 Adreß-Modifier-Leitungen, die dem Zeitverhalten der Adreßleitungen folgen und zusätzliche Informationen über die anliegende Adresse liefern. Über insgesamt 64 verschiedene Adreßinformationen werden z.B. folgende Anwendungsfälle abgedeckt:

- Festlegung von 3 Adreßbereichen: Extended (32-bit-Bereich), Standard (24-bit-Bereich), Short (16-bit-Bereich),
- Privilegierter Speicherzugriff zur Erhöhung der Systemsicherheit: Supervisor- und Non-Privileged-Modus,
- Aufteilung des Speichers in Daten- und Programmbereich,
- Unterscheidung zwischen Zugriff auf Speicher oder Ein-/Ausgabe-Einheit,
- Festlegung von ganzen Datenübertragungszyklen.

Der *Arbitrations-Bus* dient zur Steuerung eines Multi-Master-Systems.

In einem Multiprozessor-System können mehrere Master (Multi-Master) auf den Daten-Transfer-Bus zugreifen. Die notwen-

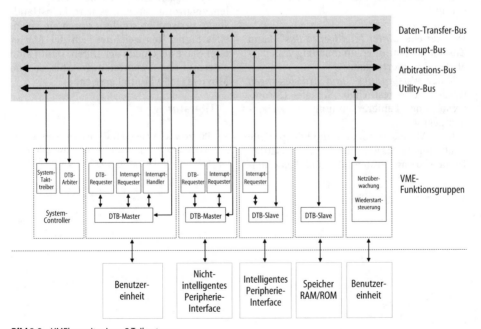

Bild 2.2. VMEbus mit seinen 5 Teilsystemen

dige Koordination wird hierfür von einem Arbiter vorgenommen. Jeder Master kann über sog. Bus-Request-Leitungen den Bus anfordern. Der Arbiter koordiniert den Buszugriff dann bzgl. der Priorität der Master. Zusätzlich wird mit Hilfe der Daisy-Chain-Technik eine weitere Prioritätsebene eingebaut, d.h. der dem Arbiter am nächsten befindliche Master hat die höchste Priorität. Jede der 4 Bus-Request-Leitungen hat eine eigene Daisy-Chain. Damit können beliebig viele Master auf dem VMEbus zusammenarbeiten (echter Multi-Master-Bus).

Der *Interruptbus* gestattet die Behandlung von Unterbrechungsanforderungen.

Der VMEbus erlaubt eine prioritätsgesteuerte Interruptverarbeitung über Interruptvektoren. Eine typische Verarbeitung läuft in 3 Phasen ab:

1. Interruptanforderung über 7 Interrupt-Request-Leitungen: Auch hier kommt die Daisy-Chain-Technik zur Anwendung, womit die Anzahl der Interruptanforderer nicht begrenzt wird.
2. Interrupterkennung: Dies geschieht über die Bus-Arbitrationslogik.
3. Abarbeitung der Interrupt-Service-Routine.

Der serielle *„Inter-Intelligence-Bus"* kann Zusatzinformationen unabhängig vom parallelen Bus übertragen.

Unter *Versorgungs- und Hilfsleitungen* werden alle restlichen Signale (Stromversorgung, Fehlererkennung, 3) zusammengefaßt.

Der VMEbus verfügt damit über spezielle unabhängige Signale für Synchronisation, Initialisierung, Systemtakt und Fehlerdia-gnose. Diese stellen einen wesentlichen Beitrag zur Gesamtleistungsfähigkeit des Bussytems dar.

Es sind z.B.:

- Systemtakt, vom Prozessortakt unabhängiges 16 MHz Taktsignal ohne feste Phasenlage, z.B. für Zähl- und Synchronisationsfunktionen,
- System-Reset (SYS RESET),
- System-Test-Leitungen (SYS FAIL) zur Meldung eines Systemfehlers,
- AC FAIL zur Meldung eines Spannungseinbruchs im System.

Mit der Notwendigkeit der Erhöhung des Datendurchsatzes z.B. bei Bildverarbeitungseinheiten wurde der VMEbus in der Revision D auf 64-bit-Breite erweitert. Hinzu kamen 2 Block-Transfer-Zyklen MBLT (Multiplexed Block Transfer) und SSBLT (Source Synchronous Block Transfer).

Beim MBLT wird der 32-bit-Adreßbus als 64-bit-Erweiterung beim Blocktransfer für Daten genutzt, d.h. Adressen und Daten werden multiplex betrieben. Hiermit sind beim Blocktransfer sehr hohe Datenraten bis zu 80 Mbyte/s (640 Mbit/s) möglich.

Beim SSBLT wird der Blocktransfer quellensynchronisiert, d.h. es wird kein Handshake verwendet, sondern durch ein spezielles Signal kennzeichnet sich der Master oder Slave als Quelle der Daten. Damit sind extrem hohe Datenraten von bis zu 160 Mbyte/s (1280 Mbit/s) erreichbar.

Literatur

2.1 Piotrowski A (1987) IEC-Bus; Die Funktionsweise des IEC-Bus und seine Anwendung in Geräten und Systemen. Franzis, München

3 Serielle Busse

W. KRIESEL, D. TELSCHOW

3.1
Mehrebenenstrukturen der industriellen Kommunikation

Bei der Einteilung industrieller Kommunikationssysteme im Abschn. 1.1 wurde bereits darauf hingewiesen, daß diese Systeme sich in die Mehrebenenstruktur von Meß- und Automatisierungssystemen einfügen, vgl. hierzu Bild 1.1. Entsprechend unterscheiden sich die Anforderungen auf jeder dieser Ebenen hinsichtlich der zu übertragenden Datenmenge, der erforderlichen Antwortzeit bei der Abfrage für die einzelnen Steuerungsaufgaben jeder Ebene (Datenresponsezeit) sowie hinsichtlich der Abfragehäufigkeit für die Einhaltung der Echtzeitbedingungen einer Steuerung bzw. des Mensch-Maschine-Interface (Abtastzeit). Hierbei steigen die Anforderungen an die zu übertragende Datenmenge von der prozeßnahen Vor-Ort-Ebene in Richtung auf die Management-Ebene, während dagegen die Zeitforderungen abnehmen (Tabelle 3.1).

Der ursprüngliche Ansatz der Industrie, wonach für jede Ebene spezielle sowie firmenspezifische Lösungen bereitgestellt wurden, die ihrerseits nicht kompatibel waren, hat sich auf dem Markt als nicht zu-

kunftssicher erwiesen. Vielmehr hat sich aus langjährigen Erfahrungen von Anwendung und Normung eine typische Struktur mit drei Hauptebenen herausgebildet, die relativ selbständig und somit auch getrennt funktionsfähig sind (Bild 3.1):

- Feldbereich: FAN (Field Area Network),
- Prozeßleit-/Zellbereich: LAN (Local Area Network),
- Betriebsleit-/Fabrikbereich: WAN (Wide Area Network), gewissermaßen als Rückgrat (Backbone) des Gesamtsystems.

Die Busse dieser Ebenen sind auch weitgehend genormt, wobei die *internationale Normung* eines Feldbusses mehrfach verschoben wurde und bisher nicht gelungen ist. Zwischen den Bussen bestehen im Einzelfall auch Kopplungsmöglichkeiten über spezielle Gateways.

Der Ebenenaufbau für Kommunikationssyteme nach Bild 3.1 darf nicht verwechselt werden mit dem ISO/OSI 7-Schichten-Referenzmodell, das seinerseits einen Rahmen für den Aufbau innerhalb eines jeden einzelnen Bussystems umfaßt [3.1, 3.2].

Nachfolgende Darstellungen beziehen sich ausschließlich auf die Feldbusebene, wie sie für den Bereich der prozeßnahen Meß-, Steuerungs- und Regelungstechnik kennzeichnend ist. Dieser Bereich ist hinsichtlich der Leistungseigenschaften sowie des erforderlichen Aufwandes nochmals in zwei bis drei Ebenen zu unterteilen, die je nach Anwendungsfall optional nutzbar sind, vgl. Bild 3.1.

Tabelle 3.1. Anforderungen an Kommunikationssysteme

Kommunikations-ebene	Daten-menge	Daten-responsezeit	Abtast-zeit
Management	Mbyte	Stunden/Tag	Tag/Schicht
Prozeß-/Fertigungs-leitung	kbyte	Sekunden	Stunden/Tag
Prozeßführung	byte	100 ms	Sekunden
Vor Ort: Steuerung/Regelung	bit	Milli-sekunden	Milli-sekunden

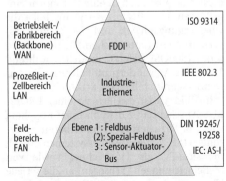

Bild 3.1. Typischer Ebenenaufbau der industriellen Kommunikation. [1] Fibre Distributed Data Interface, [2] mittlere Leistungsklasse

Bild 3.2. Spezifische Anforderungsbereiche für Feldbusse

3.2
Feldbusse

Im Bild 3.2 sind Anforderungsklassen angegeben, wie sie spezifisch für Feldbusse sind.
Innerhalb dieses Feldbereiches besteht wiederum eine Ebenenstruktur in Richtung
auf den Sensor-Aktuator-Bereich, wobei
auch diese leistungsgestuften Ebenen jeweils wahlweise für die einzelnen Anwendungsfälle eingesetzt werden. Typische Vertreter für diese Ebenen sind nachfolgend
dargestellt.

3.2.1
PROFIBUS
Innerhalb des Feldbereiches wird die lei-
stungsfähigste und zugleich aufwendigste
Ebene durch die PROFIBUS-Norm charakterisiert [3.3]. Nach dieser Norm sind zahlreiche Implementierungen durch unterschiedliche Hersteller erfolgt [3.4, 3.5], und
diese Norm ist auch in eine Euronorm ein-
geflossen. Die DIN 19245 legt im Teil 1 die
Übertragungsphysik und die Buszugriffsverfahren fest (entsprechend Schicht 1 und
2 des ISO/OSI-Referenzmodells), während
Teil 2 das Anwenderprotokoll und die Anwenderschnittstelle fixiert (Schicht 7).

Im Bild 3.3 ist das Prinzip einer PROFI-
BUS-Anschaltung zur wahlweisen Kopplung
von z.B. Speicherprogrammierbaren Steue-
rungen (SPS), Mikrorechnersystemen (MRS),
Industrie-PC als Hostrechner sowie von
Meßeinrichtungen (Sensoren) an die serielle
Übertragung dargestellt. Hierbei wird für
diesen Linienbus nach Bild 1.1 ein hybrides
Zugriffsverfahren realisiert (Bild 3.4):

– Token-Passing-Prinzip (1) zwischen
mehreren aktiven Teilnehmern, die als
Master berechtigt sind, einen Busverkehr
zu starten, z.B. SPS, PC (Multi-Mastersy-
stem). Das Senderecht wird hierbei im
Sinne eines logischen Ringes vom ersten
Master M1 zum letzten Master M5 und
von diesem wieder zum ersten Master M1
weitergegeben.
– Master-Slave-Prinzip (2) zwischen einem
aktiven Teilnehmer (Master M) und den
passiven Teilnehmern, die selbst keinen
Busverkehr starten können, z.B. Sensoren
(Slaves S).

Ein Vergleich mit Abschn. 1.2.2 macht deutlich, daß es sich in beiden Fällen um einen
kontrollierten Buszugriff handelt, der die
erforderliche Echtzeitfähigkeit herstellt.

Die als Schicht 7 definierte Anwender-
schnittstelle des PROFIBUS mit der Bezeichnung FMS (Fieldbus Message Specification) umfaßt sowohl Anwenderdienste
(wie z.B. Lesen oder Schreiben) als auch
Verwaltungsdienste, vgl. hierzu Tabelle 3.2.

Das universelle Multi-Master-Konzept
des PROFIBUS ist relativ aufwendig in seiner Steuerung, damit zugleich relativ langsam sowie in der Anwendung nicht ganz
einfach. Daher wurde für schnelle und zyklische Datenübertragung eine einfachere
Variante mit nur einem Master und folglich
nur mit Master-Slave-Zugriff unter der Bezeichnung PROFIBUS-DP (Dezentrale Peripherie) als Teil 3 der DIN 19245 geschaffen,
vgl. Tabelle 3.3. Im Teil 4 dieser Norm ist der
PROFIBUS-PA für die Prozeßautomatisie-

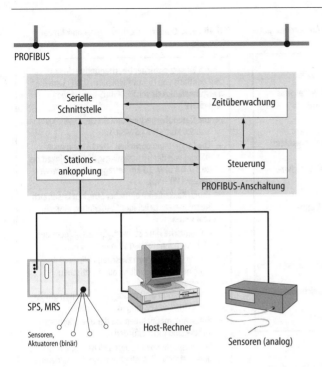

Bild 3.3. PROFIBUS-Anschaltungen verschiedener Meß- und Automatisierungsgeräte

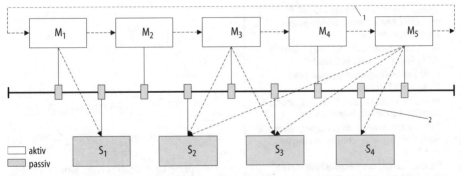

Bild 3.4. Hybrides Zugriffsverfahren bei PROFIBUS ; 1 Token-Passing-Prinzip, 2 Master-Slave-Prinzip M MASTER, S SLAVE

rung in explosionsgefährdeten Bereichen spezifiziert. Diese Variante gestattet zugleich auch eine Hilfsenergieversorgung der Busteilnehmer über das Buskabel (vgl. Tabelle 3.3 sowie Abschn. 3.2.5).

Eine weitere Option für den PROFIBUS besteht im Einsatz von *Lichtwellenleitern* (LWL). Dabei können alle Implementierungen, die der PROFIBUS-Norm entsprechen, rückwirkungsfrei mit optischen Übertragungsstrecken oder Netzen gekoppelt werden. Die erweiterten Eigenschaften sind in

Tabelle 3.4 zusammengefaßt. Der LWL-Einsatz wird vorwiegend über aktive Kopplung nach dem Punkt-zu-Punkt-Prinzip realisiert, d.h. die Linienstruktur mit passiver Buskopplung gemäß Bild 3.4 muß hierbei verlassen werden, vgl. auch Bild 1.1.

3.2.2
INTERBUS-S
Dem INTERBUS-S liegt gleichermaßen eine DIN-Norm zugrunde [3.6], aber dieses System unterscheidet sich strukturell grundle-

Tabelle 3.2. Übersicht zu Diensten der Anwenderschnittstelle FMS des PROFIBUS

Anwenderdienste:

- *Variable Access*
  Lesen und Schreiben von im Objektverzeichnis definierten Variablen eines Feldgerätes
- *Program Invocation*
  Zusammenstellung von Domains zu einem Programm und Steuerung des Programmablaufs
- *Domain Management*
  Laden logisch zusammenhängender Speicherbereiche (Domains)
- *Event Management*
  Dienste zur anwendergesteuerten Alarmbearbeitung

Verwaltungsdienste:

- *VFD Support*
  Dienste für Informationen über das Gerät
- *Objektverzeichnis Management*
  Lesen und Schreiben des Objektverzeichnisses
- *Context Management*
  Verbindungsaufbau, -abbau, -abbruch

Tabelle 3.3. Eigenschaften des PROFIBUS-DP und des PROFIBUS-PA

- Schnelle, zyklische Kommunikation mit Feldgeräten für Anwendungen mit sehr kurzen Systemreaktionszeiten
- Direkt aufsetzend auf die PROFIBUS-Norm DIN 19245 Teil 1 (Physikalische Schicht 1)
- Erhöhung der Datenübertragungsrate auf 1,5 Mbit/s (12 Mbit/s)
- Vereinfachter Zugang zur FDL-Schicht (Schicht 2) über Direct-Data-Link-Mapper (DDLM)
- Zugeschnitten für die Prozeßautomatisierung mit großer Leitungslänge (2km) bei reduzierter Datenrate
- Explosionsschutz durch Eigensicherheit ohne Reduzierung der Leitungslänge
- Signalübertragung und Fernspeisung der Teilnehmer über eine verdrillte Zweidrahtleitung (geschirmt/ungeschirmt)
- Linien- und Baumstruktur möglich

Tabelle 3.4. Optische Übertragungstechnik für den PROFIBUS

Durch Einsatz optischer Übertragungstechnik auf der Basis von Lichtwellenleitern (LWL) wird die Leistungsfähigkeit von PROFIBUS beträchtlich erweitert:

- Die Datenübertragung umfaßt Geschwindigkeiten von 9,6 kbit/s bis 1,5 Mbit/s.
- Die Länge einer optischen Strecke kann unabhängig von der Übertragungsgeschwindigkeit bis zu 1,7 km bzw. 3,1 km betragen (je nach verwendetem LWL-Typ).
- Durch Kaskadieren optischer Strecken lassen sich Netze nahezu beliebiger Ausdehnung einfach realisieren.
- Das optische Netz ist unempfindlich gegenüber elektro-magnetischen Störungen, d.h.:
  - kein Übersprechen zwischen LWL
  - keine Störeinkopplung aus elektrischen Leitungen
  - keine Störbeeinflussung beim Schalten großer elektrischer Leistungen.
- Blitzschutzmaßnahmen auf der Übertragungsstrecke sind nicht erforderlich.
- Erdungsprobleme existieren nicht: keine Ausgleichsströme, Potentialtrennung der Teilnehmer.

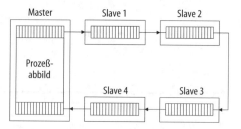

Bild 3.5. Strukturprinzip des INTERBUS-S-Systems

gend vom PROFIBUS, indem hier eine Ringstruktur mit aktiver Punkt-zu-Punkt-Übertragung benutzt wird, vgl. Bild 1.1.

Aus Bild 3.5 geht hervor, daß an einen zentralen Master die n Slaves (Teilnehmer-Geräte) angeschlossen sind. Die Funktion basiert auf einem räumlich verteilten, rückgekoppelten Schieberegister, wobei der Master während eines Zyklus ein entsprechend langes Telegramm mit allen Ausgangsdaten durch alle Slaves (Teilnehmer) schiebt und dann stoppt. Die Slaves lesen diese Ausgangsdaten aus ihrem Schieberegister, und sie haben zuvor bereits ihre Eingangsdaten in das eigene Schieberegister geschrieben. Damit schiebt der Master diese Eingangsdaten in seinen eigenen Speicherbereich und erhält somit ein aktuelles Prozeßabbild schon im selben Zyklus [3.7].

Ein solches System arbeitet also mit einem quasiparallelen Zugriff und ist somit prinzipbedingt schneller als Systeme nach dem seriell ablaufenden Polling-Verfahren. Durch die Ringstruktur in Verbindung mit dem Summenprotokoll aller Ausgangs- bzw. Eingangsdaten entfällt ein spezielles Adressierungsverfahren, vielmehr bestimmt nur der Einbauort im Ring indirekt die Adresse, so daß die Slaves relativ einfach ohne Einstellung einer Teilnehmeradresse zu installieren sind.

Die elektrische aktive Kopplung der Teilnehmer gestattet innerhalb dieser, auch alternative Signalwege zu schalten und somit aufgetretene Fehler zu umgehen (Fehlerisolierung, Selbstheilung als Formen von Fehlertoleranz).

3.2.3
CAN

CAN (Controller Area Network) wurde von den Firmen Bosch und Intel für eine störsichere Vernetzung im Kraftfahrzeug unter Verwendung einer Linienstruktur entwickelt. Aufgrund der hohen Übertragungsraten bei hoher Störsicherheit finden CAN-Netze inzwischen auch in industriellen Bereichen der unteren Feldebene ihre Anwendung [3.8, 3.9].

Die meisten Bussysteme verwenden bei der Adressierung in der Regel durch Hard- oder Softwaremaßnahmen veränderbare Adressen der Busteilnehmer. Im Gegensatz dazu benutzt CAN eine objektorientierte Adressierung, d.h. Nachrichtentelegramme mit den Daten wie Meßwerte, Stellwerte, Zustandsinformationen usw. erhalten einen Namen (Identifier), vgl. Bild 3.6.

Als Zugriffsverfahren verwendet CAN ein modifiziertes CSMA-Verfahren, wie es aus Abschn. 1.2.1 bekannt ist. Dabei ist jede Station gleichberechtigt, d.h. wenn der Bus nicht durch ein gerade laufendes Tele-

gramm belegt ist, darf jeder Teilnehmer auf ihn spontan zugreifen. CAN gestattet hierbei durch eine prioritätengesteuerte Arbitration, im Kollisionsfall ohne Zeitverlust eines der beteiligten Telegramme zu übertragen (CSMA/CA). Voraussetzung dazu ist das Dominant-Rezessiv-Verhalten des verwendeten Übertragungssytems, welches beim Senden zweier unterschiedlicher logischer Pegel durch mehrere Sender einen Zustand – den dominanten – durchsetzt (dominant ist der Bitzustand „0" mit dem Low-Pegel). Als Beispiel sendet Teilnehmer 1 das Telegramm „1010 ..." und Teilnehmer 2 „1011 ...". Hierbei erkennt Teilnehmer 2 bereits nach dem 4. Bit „0" vom Teilnehmer 1, daß sein 4. Bit „1" bereits dominant „0" überschrieben wurde und bricht damit seine weitere Übertragung ab. Der Teilnehmer 1 hat damit das Senderecht auf dem Bus und sendet ohne Zeitverlust weiter. Dieses von Teilnehmer 1 ausgesendete Telegramm wird von allen Busteilnehmern empfangen, worauf sie den darin enthaltenen Identifier mit einer Liste von Nachrichtenobjekten, welche als zum Empfang gekennzeichnet sind, vergleichen. Nur bei den Teilnehmern, wo der Identifier aus der Liste der Nachrichtenobjekte mit dem empfangenen Telegramm übereinstimmt, wird die Information aus dem Datenfeld des Telegramms ausgewertet. Damit gestattet das Verfahren effektiv Multicast- und Broadcast-Verbindungen.

CAN integriert ein hochentwickeltes Verfahren zur Fehlererkennung, das aus zwei Stufen besteht:

– Jedes Datentelegramm muß noch zum Zeitpunkt des Aussendens durch mindestens eine empfangende Station (Teilneh-

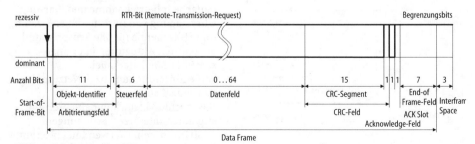

Bild 3.6. Telegrammaufbau CAN

mer) bestätigt werden. Dazu enthält der Datenrahmen ein Quittungsbit. Hierdurch kann aber nicht garantiert werden, daß alle Teilnehmer die Nachricht korrekt empfangen haben (Bestätigung durch einen Empfänger ausreichend).

– Die Überprüfung der übermittelten Telegramme auf Fehlerfreiheit erfolgt durch Auswertung einer 15 Bit breiten CRC-Summe, womit eine Hamming-Distanz $d = 6$ ermöglicht wird (vgl. Abschn. 1.3).

Bei der Übertragungstechnik auf der Busleitung schreibt CAN außer diesem dominant-rezessiven Verhalten keine spezielle Realisierung vor und überläßt diese dem Nutzer. Orientiert wird bei der Buskopplung aber auf eine modifizierte RS485-Schnittstelle, vgl. Bild 3.7.

Zum Aufbau eines CAN-Teilnehmers existiert ein Controller-Chip 82526 von Intel. Dieser kann wie übliche Peripheriebausteine an Microcontroller angeschaltet werden. Als Schnittstelle zum Anwender enthält er

einen Dualport-RAM. Weiterhin bietet Philips den Chip 82C20000 sowie den 87C592 an, einen zur 8051-Microcontroller-Familie kompatiblen Prozessor mit integriertem 82C200. Auch NEC, Siemens, Motorola, Bosch u.a. verfügen über weitere Bausteine.

Durch CAN wird entsprechend dem ISO/OSI-Referenzmodell im wesentlichen nur die Schicht 2 spezifiziert, für die Schicht 7 existieren vereinzelt firmenspezifizierte Definitionen. Für eine internationele Normung im Kfz-Bereich wurde CAN bei der ISO vorgeschlagen. Darüber hinaus wurde CAN in serienmäßig hergestellte, kleine Prozeßleitsysteme einbezogen (Hartmann & Braun).

3.2.4
AS-Interface

AS-Interface (Aktuator-Sensor-Interface) stellt ein serielles Übertragungssystem der untersten Feldebene in der Automatisierungshierarchie gemäß Bild 3.1 dar. AS-Interface gestattet, binäre Sensoren und Aktuatoren über ein sog. Sensor/Aktuator-Bussystem mit Steuerungen zu verbinden. Damit kann die konventionelle, sternförmige Verkabelung von Sensoren und Aktuatoren kostengünstiger (geringerer Kabelaufwand, Installationskosten) ersetzt werden, vgl. Bild 3.8a. Beim AS-Interface besteht die Möglichkeit, entweder konventionelle Sensoren und Aktuatoren extern anzuschließen, oder in diese den ASI-Busanschluß direkt zu integrieren, vgl. Bild 3.8b [3.10].

Aufgrund des niedrigen Preisniveaus binärer Sensoren und Aktuatoren ist AS-Interface für diesen Einsatzbereich speziell entworfen und optimiert worden.

Konkret für AS-Interface als komplette Systemlösung bedeutet dies vor allem:

– einfache Projektierung und Installation,
– einfache Inbetriebnahme und Wartung,
– Übertragung von Informationen (Daten) und Hilfsenergie für alle Sensoren und die meisten Aktuatoren über ungeschirmte Zweileiterkabel,
– keine Einschränkung bzgl. Netztopologien (Linie, Baum),
– Busanschluß klein, kompakt, preisgünstig durch integrierte Schaltungen (ASIC), d.h. keine Verwendung bekannter Übertragungsstandards wie RS 485.

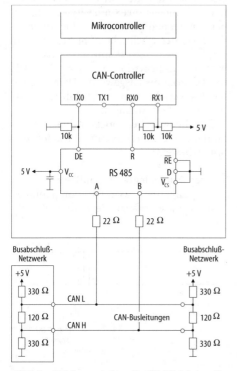

Bild 3.7. CAN-Busanschaltung über RS 485-Schnittstelle

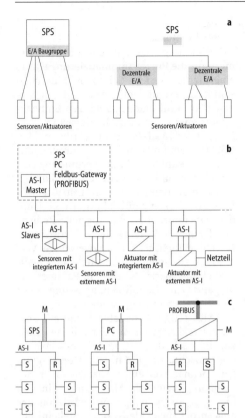

Bild 3.8. Kommunikation im Sensor-Aktuator-Bereich; **a** konventionelle Lösung, **b** AS-Interface, **c** Struktur des A-S-I-Systems, M Master, S Slave, R Repeater

Die Hauptkomponenten sind der Slave-Chip (Firma AMS) als Koppelelement zwischen Sensoren/Aktuatoren und dem Bus ohne weiteren Prozessor und daher ohne Software, ein Master (Chips von AMS) als Koppelelement zwischen dem Bus und einem Host (SPS, Industrie-PC), der selbständig den Datenverkehr abwickelt, und eine modular aufgebaute Elektromechanik

mit vereinfachter, neuartiger Verbindungstechnik (Durchdringungs- bzw. Schneid-Klemm-Technik) zum Anschluß der Komponenten und zum Aufbau des Netzes.

Als Buszugriffsverfahren wurde durch die Forderung nach definierten, sehr kurzen Reaktionszeiten (kleiner 5 ms) ein Master-Slave-Verfahren mit zyklischem Polling verwendet (vgl. Abschn. 1.2.2), d.h. der Master sendet ein Telegramm an eine bestimmte Slaveadresse und dieser antwortet sofort hierauf, bevor der Master die anderen Slaves der Reihe nach zyklisch anspricht. Eine Nachricht besteht nach Bild 3.9 aus einem Masteraufruf, der Masterpause, der Slaveantwort sowie einer Slavepause.

Im Fall einer kurzzeitigen Störung auf dem Bus kann der Master einzelne Telegramme, auf die er keine gültige Antwort empfangen hat, sofort wiederholen. Damit ist bei einer Bruttoübertragungsrate von 167 kbit/s eine Nettodatenrate von 53,3 kbit/s einschließlich aller notwendigen Pausen möglich. Diese hohen Werte wurden erreicht, weil nur 9 verschieden definierte Busaufrufe vorliegen.

Der Master als zentrales Element steuert aber nicht nur den Informationsaustausch mit den Slaves, sondern überwacht auch die gesamte Busfunktion.

In einer Initialisierungsphase nach dem Einschalten erkennt der Master die Konfiguration des angeschlossenen Busses mit seinen Slaves und vergleicht diese mit der gespeicherten Soll-Konfiguration. Im folgenden Normalbetrieb werden mit allen Slaves zyklisch Daten ausgetauscht, fehlerhafte Telegramme identifiziert und wiederholt. Als Busfunktionen werden die Anwesenheit der Slaves, die Konfiguration des Busses und die Stromversorgung überwacht. Sogar der Austausch einzelner de-

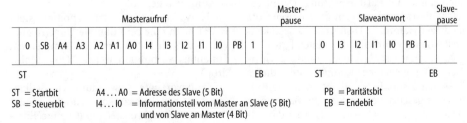

			Masteraufruf										Master-pause		Slaveantwort						Slave-pause
0	SB	A4	A3	A2	A1	A0	I4	I3	I2	I1	I0	PB	1		0	I3	I2	I1	I0	PB	1
ST													EB	ST							EB

ST = Startbit
SB = Steuerbit
A4 ... A0 = Adresse des Slave (5 Bit)
I4 ... I0 = Informationsteil vom Master an Slave (5 Bit) und von Slave an Master (4 Bit)
PB = Paritätsbit
EB = Endebit

Bild 3.9. Struktur einer Nachricht des AS-Interface

fekter Slaves erfolgt ohne zusätzliche Inbetriebnahmeaufgaben für den Betreiber durch automatische Adressierung.

Bei der Spezifikation der Funktionalität wurde auf eine größtmögliche Einfachheit geachtet, um damit Masterimplementierungen für einfache SPS, Industrie-PC oder Gateways zu anderen Bussystemen (z.B. PROFIBUS) zu ermöglichen.

Als geeignetes Modulationsverfahren zur Informationsübertragung über den Bus wird eine Alternierende-Puls-Modulation (APM) verwendet. Dabei wird die Sende-Bitfolge zunächst in eine Bitfolge umcodiert, die bei jeder Änderung des Sendesignals eine Phasenumtastung (Manchester-Code) vornimmt. Daraus wird ein Sendestrom generiert, der in Verbindung mit einer im System vorhandenen Induktivität (im ASI-Netzteil integriert) durch Differentiation den gewünschten Signalspannungsverlauf auf dem Bus (Zweidraht-Leitung) erzeugt. Dieses Nachrichtensignal, welches der Hilfsenergie überlagert wird, ist somit gleichstromfrei. Durch näherungsweise Formung der Spannungspulse als $\sin^2$-Pulse wird eine niedrige Grenzfrequenz und damit zugleich eine geringe Störabstrahlung erreicht.

Die Datensicherung erfolgt wegen der sehr kurzen Nachrichtentelegramme gemäß Abschn. 1.3 nach einem anderen Prinzip, als es bei den meisten bekannten Bussystemen üblich ist. Eine Sicherung mit der Hamming-Distanz $d = 4$ würde wegen der kurzen Telegramme die Nettodatenrate drastisch senken. Beim AS-Interface wird stattdessen in der physikalischen Schicht 1 des ISO/OSI-Referenzmodells ein hoher Sicherungsaufwand betrieben, wie z.B. durch Mehrfachabtastung des Signalverlaufs, Auswertung der Signalform, Kontrolle des Wechsels von positiven und negativen Signalpulsen und schließlich auch durch die Paritätsprüfung. Damit erreicht dieses Datensicherungsverfahren trotz niedriger Hamming-Distanz $d = 2$ sehr kleine Restfehlerwahrscheinlichkeiten [3.10].

AS-Interface ist als offener Standard konzipiert. Die einzelnen Komponenten dieses Bussystems sind in Spezifikationen und Profilen festgeschrieben, welche die Basis eines IEC- und CENELEC-Normentwurfes darstellen. Die ASI-Chips sind am Markt verfügbar.

3.2.5
HART-Protokoll

In Verbindung mit intelligenten Meßumformern für die Prozeßautomatisierung wurde eine digitale, serielle Schnittstelle de facto standardisiert und offengelegt, deren Signale dem traditionellen analogen Einheitsstromsignal 4 … 20 mA überlagert werden. Dieses sog. HART-Protokoll wurde, von den USA (Rosemount) auch nach Europa kommend, als Punkt-zu-Punkt-Verbindung entsprechend Bild 1.1 zwischen Meßumformern und Leiteinrichtungen (Leitsystemen, Industrie-PC) eingeführt [3.11]. Dies erlaubt dem Operator, über eine spezielle Bedienoberfläche in Window-Technik (Mensch-Maschine-Interface), eine zweiseitige Verbindung zur intelligenten Meß- oder Stelleinrichtung herzustellen: z.B. Parameterübergabe zur Kennlinienanpassung oder Fernabfrage von Diagnosedaten.

HART (High Adressable Remote Transducer) realisiert einen kontrollierten Buszugriff nach dem Master-Slave-Verfahren (vgl. Abschn. 1.2.2), d.h. jede Übertragung geht primär von einer Anzeige- oder Bedienkomponente als Master aus. Ein von hier gesendetes Telegramm wird von der angesprochenen Meß- oder Stelleinrichtung interpretiert und beantwortet. Es ist auch möglich, im Sinne eines Multimaster-Systems, gleichzeitig mehrere Anzeige- und Bedienkomponenten anzuschließen, z.B. Leitsystem, Industrie-PC, Handterminal.

Der Hauptvorteil des HART-Protokolls liegt in der gleichzeitigen Übertragbarkeit des traditionellen Analogsignals 4 … 20 mA und des überlagerten digitalen Signals auf derselben Leitung. Hieraus folgt zwangsläufig, daß diese Variante von HART an die bestehenden Punkt-zu-Punkt-Verbindungen der Analogtechnik gebunden ist, weil keine Unterbrechung der analogen Übertragung erfolgen soll.

Als zweite Variante der Topologie sieht HART auch eine rein digitale Übertragung vor, so daß die beteiligten Geräte mit einem Linienbus verbunden werden (sog. Multidrop).

Die bevorzugte Anwendung zu Bedienzwecken bei langsamen technologischen Prozessen (Verfahrenstechnik/Chemie, Energietechnik) erlaubt eine entsprechend

Tabelle 3.5. Übersicht zu industriellen Feldbussystemen

	Länge/Datenrate	Teilnehmer-zahl	Zugangs-steuerung	Telegrammlänge	elektrische Schnittstelle	Übertragungs-medium
PROFIBUS	200 m / 500 kbit/s 1200 m/90 kbit/s 1900 m/31kbit/s	122 max. 32 Master	Token passing für aktive Teilnehmer, Polling für passive Teilnehmer	max. 255 byte	RS 485	twisted pair, Lichtwellen-leiter (LWL)
INTERBUS-S	12 km (80 km bei LWL) / 300 kbit/s	256	Polling, aktiver Ring	nach Teil-nehmerzahl max. 520 byte	RS 485	twisted pair, LWL
CAN	40 m / 1 Mbit/s 1200 m / 33 kbit/s	2032	Multi-Master, Arbitration	8 byte	nicht festgelegt	nicht festgelegt
AS-Interface	100 m / 166 kbit/s	124	Polling	1 … 2 byte	Master – speziell, Slave – on-Chip	2adrig unge-schirmt für Daten und Energie
HART	1,5 bis 3(5) km / 1,2 kbit/s	15	Frequenz-umtastung FSK	24 byte	HART-Chip, Modem	twisted pair, geschirmt
Bitbus	30 m / 2,4 Mbit/s 1200 m / 62,5 kbit/s	250	Polling	durch Puffer-größe bestimmt	RS 485	twisted pair
DIN-Meßbus	500 m / 1 Mbit/s	32	Polling	128 byte	RS 485	doppelte twisted pair

langsame Übertragung: Übertragungsrate 1200 bit/s, woraus sich je nach gewählter Telegrammlänge (Daten bis 24 byte) eine Zykluszeit von etwa 500 ms pro Feldgerät ergibt.

Als Übertragungsverfahren wird die Frequenzumtastung FSK (Frequency Shift Keying) benutzt. Hiernach wird der Bitinformation „0" ein Sinussignal mit der Frequenz 2200 Hz und der „1" ein solches mit 1200 Hz zugeordnet und dem analogen Stromsignal überlagert.

Zur Realisierung des HART-Protokolls in entsprechenden Modems werden am Markt mehrere HART-Chips angeboten. Für den Anschluß an Leiteinrichtungen und PC stehen Umsetzer zwischen HART und der RS232-Schnittstelle zur Verfügung (vgl. Abschn. 1.4).

3.2.6
Übersicht zu industriellen Feldbussystemen
In Tabelle 3.5 sind vergleichend einige Parameter relevanter, im industriellen Einsatz befindlicher Feldbussysteme zusammengestellt. Aus ihren wesentlichen Unterschieden, wie u.a. Länge, Datenrate, Telegrammlänge, Teilnehmerzahl und dem daraus ab-

leitbaren Echtzeitverhalten, sowie weiteren topologischen Gesichtspunkten, begründen sich die verschiedenen Anwendungsbereiche in der Praxis [3.12].

Literatur

3.1 Schnell G (Hrsg) (1996) Bussysteme in der Automatisierungstechnik. 2. Aufl. Vieweg, Braunschweig Wiesbaden

3.2 Beuerle H-P, Bach-Bezenar G (1991) Kommunikation in der Automatisierungstechnik. Siemens AG, Berlin München

3.3 DIN 19245 (1990) PROFIBUS – Process Field Bus. Beuth, Berlin

3.4 Bender K (Hrsg) (1992) PROFIBUS – Der Feldbus für die Automation. 2. Aufl. Hanser, München Wien

3.5 Borst W (1992) Der Feldbus in der Maschinen- und Anlagentechnik. Die Anwendung der Feldbus-Norm bei Entwicklung und Einsatz von Meß- und Stellgeräten. Franzis, München

3.6 DIN 19258 (1994) INTERBUS-S, Sensor-Aktornetzwerk für industrielle Steuerungssysteme. Beuth, Berlin

3.7 Baginski A, Müller M (1994) INTERBUS-S: Grundlagen und Praxis. Hüthig, Heidelberg

3.8. Etschberger K (Hrsg) (1994) Controller area network: CAN; Grundlagen, Protokolle, Bausteine, Anwendungen. Hanser, München Wien

3.9 Lawrenz W (Hrsg) (1994) CAN Controller Area Network – Grundlagen und Praxis. Hüthig, Heidelberg

3.10 Kriesel W, Madelung OW (Hrsg) (1994) ASI – Das Aktuator-Sensor-Interface für die Automation. Hanser, München Wien

3.11 Müller W (1992) Das HART-Feld-Kommunikations-Protokoll. Automatisierungstechn. Praxis, 34/9:518–529

3.12 Kriesel W (1995) Vergleich verschiedener Feldbussysteme. In: Forst H-J Bussysteme für die Prozeßleittechnik. VDE-Verlag, Berlin Offenbach

Teil E

Bauelemente für die Signalverarbeitung mit pneumatischer Hilfsenergie

1 Grundelemente der Pneumatik

H. Töpfer, P. Besch

1.1
Überblick

Bauelemente und Geräte der Pneumatik lassen sich im wesentlichen aus den in Bild 1.1 zusammengestellten Grundelementen aufbauen [1.1, 1.2]. Diese Übersicht zeigt die Aufgaben, Funktionsprinzipien und typischen Anwendungen in Zusammenschaltungen.

Strömungswiderstände (Abschn. 1.2) können in Analogie zur Elektrotechnik zunächst wie ohmsche Widerstände betrachtet werden. Sie finden in Form fester oder verstellbarer Widerstände Anwendung. Ihr Einsatz erfolgt vor allem in *Druckteilerschaltungen* (Abschn. 1.3), deren Aufgabe die Steuerung eines Ausgangsdruckes ist. Hierbei wird über einen Festwiderstand ein durchflußabhängiger Druckabfall erzeugt, der mit Hilfe eines veränderbaren Widerstandes einstellbar ist.

Volumenelemente (Abschn. 1.4) werden beim Aufbau von Verzögerungsgliedern benötigt, sie dienen in Kopplung mit Widerständen zur Dämpfung von dynamischen Vorgängen oder in Rückkopplungsschaltungen zur Veränderung des Zeitverhaltens. In Analogie zur Elektrotechnik stellen sie die Kapazitäten dar.

Elastische Elemente (Abschn. 1.5) werden durch die auf sie wirkenden Drücke ausgelenkt und können durch Veränderung von Durchflußquerschnitten Widerstandsschaltungen ansteuern oder Stellbewegungen erzeugen.

Pneumatische Leitungen (Abschn. 1.6) dienen zur Signalübertragung. In Analogie zur Elektrotechnik können sie als Ersatzschaltung von Widerständen, Kapazitäten und Induktivitäten dargestellt werden. Die Induktivität ist in der Pneumatik kein „selbständiges Element", ihre Wirkung läßt

sich jedoch am Beispiel der pneumatischen Leitung am deutlichsten erkennen.

Strahlelemente (oft auch als „Fluidics", „dynamische Elemente" oder „Elemente ohne bewegte Bauteile" bezeichnet) (Abschn.1.7) sind Elemente, bei denen das Verhalten von Fluidstrahlen, deren Wechselwirkung untereinander oder mit umgebenden Begrenzungen (Wänden) gezielt genutzt wird. Sie wurden zuerst für die Verarbeitung diskreter Signale eingesetzt, werden zunehmend jedoch auch für die analoge Signalverarbeitung genutzt.

1.2
Strömungswiderstände

1.2.1
Einzelwiderstände

Strömungswiderstände werden in Anlehnung an die Elektrotechnik durch die Kennlinie $\dot m = f(\Delta P)$ beschrieben (Bild 1.2).

Als charakteristische Größe wird der Widerstand W oder der Leitwert G gewählt. In der Analogie entspricht der Massenstrom dem elektrischen Strom und der Druck der elektrischen Spannung. Die Kennlinie ist jedoch bedingt durch strömungstechnische und thermodynamische Effekte der Energieumwandlung meist nichtlinear. Der dynamische Widerstand wird in der Umgebung des Arbeitspunktes A durch den Differentialquotienten

$$W_d = \left(\frac{\partial \Delta P}{\partial \dot m} \right)_A \tag{1.1}$$

beschrieben. Der Kehrwert kann in Analogie zur Elektrotechnik als Leitwert

$$G_d = \left(\frac{\partial \dot m}{\partial \Delta P} \right)_A = \frac{1}{W_d} \tag{1.2}$$

bezeichnet werden.

Die Kennlinienverläufe werden von der Höhe des Druckabfalls über dem Widerstand, vom Typ und den Abmessungen des Widerstands (Kapillare, Blende) sowie der Strömungsform (laminar, turbulent) bestimmt. Die Strömungsform ist von der Reynolds-Zahl Re abhängig, die als Verhältnis von Trägheitskraft und Zähigkeitskraft aus der Strömungsgeschwindigkeit w, dem gleichwertigen hydraulischen Durchmesser

Grundelement/ Baugruppe	Aufgaben	Ausführungsformen	Typ. Anwendungen
Strömungswiderstände Kapillaren Blenden Kegeldrosseln (Kegel/Kegel) (Kegel/Blende) Düse/Kugel Düse/Prallplatte	als feste oder steuerbare Widerstände zur - Beeinflussung von Strömungen - Erzeugung von Druck-abfällen - Steuerung von Drücken durch Widerstands-schaltungen - Verwendung in Widerstands-Speicher-Systemen		
Elastische Elemente Membranen (Metall, Elaste) Wellrohre Rohrfedern (Bourdonrohr) Kapselfedern	Umformung der Drücke (Kräfte) in Wege bzw. Winkel Erzeugung und Ver-gleich von Kräften Ansteuerung von Wider-standsschaltungen		
Speicherelemente mit festen Volumina (starr) veränderlichen Volumina (elastisch)	Speicherung pot. Energie Aufbau von Verzögerungs-gliedern bei Kopplung mit Widerständen		
Leitungen Kombination von Widerstand, Spei-cher u. Induktivität Werkstoff: Metall (selten), Plast (üblich)	Übertragung analoger/ diskreter Signale Realisierung von Widerstand, Speicher, Induktivität		rund bei verlegten Leitun-gen (Metall oder Plast) rechteckig bei integrierten Schaltungen
Strahlelemente Nutzung des Verhaltens von freier bzw. Wand-strömung, d.h. aero-dynamischer Effekte Strahldüse (SD) Fangdüse (FD) Kombination mit Steuerfahne (SF) und Steuerdüsen (StD)	Durch Beeinflussung von Luftstrahlen - Steuerung von Drücken und Mengen - Realisierung von analogem oder diskretem Verhalten		als: Analogelemente Schaltelemente Abtastelemente (Sensoren) Stellglieder

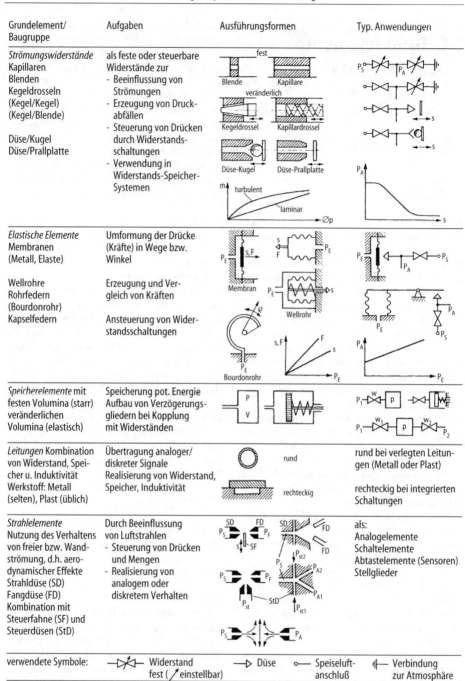

verwendete Symbole: —▷◁— Widerstand fest (∕ einstellbar)   —▷ Düse   o— Speiseluft-anschluß   ⊣⊢ Verbindung zur Atmosphäre

Bild 1.1. Grundelemente und Baugruppen pneumatischer Geräte

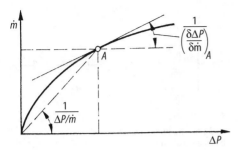

Bild 1.2. Durchflußkennlinie

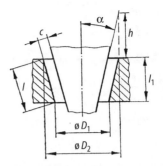

Bild 1.4. Kegeldrossel

$d_{hy} = 4A/U$ und der kinematischen Viskosität v berechnet werden kann.

$$Re = \frac{w d_{hy}}{v}. \tag{1.3}$$

Der Umschlag von laminarer zu turbulenter Strömung erfolgt in Rohren mit $l/d \gg 1$ bei $Re_U \geq 2320$.

In der Kapillare ist vorwiegend eine laminare Strömung vorhanden ($Re < 2320$), der Druckabfall wird vor allem durch Reibung hervorgerufen. Die Dichteänderung ergibt sich durch die Druckänderung bei konstanter Temperatur (*isotherme Zustandsänderung*).

In der Blende oder Düse treten Drosselverluste durch turbulente Strömung (Re >2320) auf. Die Dichte ändert sich auf Grund einer *polytropen Zustandsänderung*, die mit einer Temperaturänderung des Arbeitsmediums verbunden ist.

Daraus ergeben sich die im Bild 1.3 dargestellten Kennlinienformen.

Da sich die Dichte des Arbeitsmediums mit dem Druck ändert, ist im Gegensatz zu elektrischen Widerständen, bei denen der Strom nur von der Spannungsdifferenz, nicht aber vom Spannungsniveau bestimmt wird, der Massenstrom vom Druckniveau abhängig.

Bei der Kegeldrossel (Bild 1.4) ist der freie Strömungsquerschnitt einstellbar. Wird der Druckabfall erhöht, kann damit der Massenstrom verringert werden.

Bild 1.5 zeigt experimentell bestimmte Kennlinien pneumatischer Widerstände, aus denen entnommen werden kann, daß die Kennlinie der Kapillare bei größer werdendem l/d linear wird, daß bei Blenden gekrümmte Kennlinien typisch sind und daß bei der Kegeldrossel der Verlauf von der Dimensionierung abhängt. Die genannten drei Widerstandstypen dominieren in der Anwendung.

1.2.2
Widerstände in Schaltungen
Für die hier zu betrachtenden Schaltungen gilt nach Bild 1.6 bei linearisierten Widerständen:

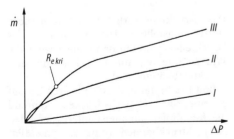

Bild 1.3. Typische Kennlinienformen. *I* Kapillare (Reibungseinfluß, Strömung laminar), *II* Blende (Drosselverluste, Strömung turbulent), *III* Kapillare (Reibungseinfluß, bis $R_{e\,kri}$ laminar, dann turbulent)

Parallelschaltung
$$\Delta P_{ges} = \Delta P_1 = \Delta P_2 \; ;$$

$$\dot{m}_{ges} = \dot{m}_1 + \dot{m}_2$$

$$\frac{\dot{m}_{ges}}{\Delta P_{ges}} = \frac{\dot{m}_1 + \dot{m}_2}{\Delta P_{ges}} \qquad \text{oder} \tag{1.4}$$

$$\frac{1}{W_{ges}} = \frac{1}{W_1} + \frac{1}{W_2}$$

Reihenschaltung

$$\Delta P_{ges} = \Delta P_1 + \Delta P_2 \; ;$$

$$\dot{m}_{ges} = \dot{m}_1 = \dot{m}_2$$

$$\frac{\Delta P_{ges}}{\dot{m}_{ges}} = \frac{\Delta P_2}{\dot{m}_1} + \frac{\Delta P_2}{\dot{m}_2} \qquad \text{oder} \qquad (1.5)$$

$$W_{ges} = W_1 + W_2 \, .$$

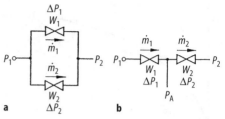

Bild 1.6. Strömungswiderstände. **a** Parallelschaltung, **b** Reihenschaltung

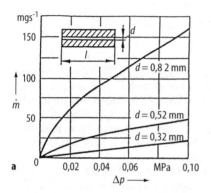

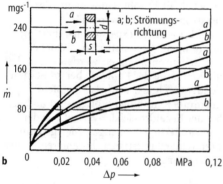

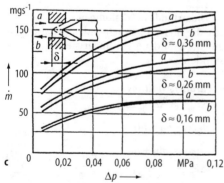

Bild 1.5. Durchflußkennlinie typischer Widerstände. **a** Kapillare, $l = 50$ mm, **b** Blende, **c** Kegeldrossel, Kegelwinkel 21,5°

Die Druckteilerschaltung stellt die häufigste Anwendung der Reihenschaltung dar, sie ist das Analogon zum elektrischen Spannungsteiler. Die Druckteilerschaltung wird meist bei konstantem Druck P_1 am Eingang, $P_2 = P_0$ (Atmosphärendruck) als Gegendruck und stets mit geringer Last (Durchfluß) betrieben.

Für die Anwendung interessiert der Druck $P_A = f(P_1, P_2, W_1, W_2)$, er folgt aus dem Ansatz der Reihenschaltung (1.5) zu

$$\frac{P_A - P_2}{P_1 - P_2} = \frac{W_2}{W_1 + W_2} \, . \qquad (1.6)$$

Beziehen wir den Druck auf das meist vorhandene Bezugspotential (Atmosphärendruck P_0) – wobei mit kleinen Buchstaben Überdrücke bezeichnet werden sollen –, so folgt mit $p_1 = P_1 - P_0$, $p_2 = P_2 - P_0$, hier also $p_2 = 0$ aus (1.6)

$$\frac{p_A}{p_1} = \frac{W_2}{W_1 + W_2}$$

und daraus schließlich

$$p_A = p_1 \frac{1}{1 + \dfrac{W_1}{W_2}} \, . \qquad (1.7)$$

Das Druckteilerverhätnis ist also über W_1/W_2 einstellbar. Die Kennlinien des Druckteilers sind nur dann linear, wenn die Widerstände W_1 und W_2 konstant und druckunabhängig sind.

Bild 1.7a bestätigt diesen linearen Verlauf bei niedrigen Betriebsdrücken, während die Kennlinien im meist interessierenden Normaldruckbereich (0,02 ... 0,1 MPa) (Bild 1.7b) davon abweichen. Da die nichtlinearen Kennlinien in vielen Anwendungsfällen der Schaltungen stören, wird der Druckteiler oft nur für kleine Änderungen

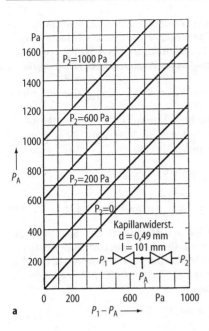

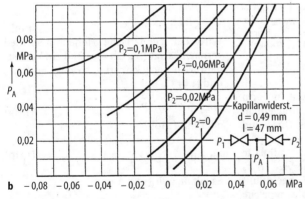

Bild 1.7. Druckteilerkennlinien.
a Niederdruckbeich, **b** Normaldruckbereich

ΔP annähernd linear betrieben und mit einem Druckverstärker (V ≈ 20) gekoppelt, um so das gewünschte Ausgangssignal über den gesamten Normaldruckbereich zu erhalten, dabei erfolgt durch den Verstärker gleichzeitig eine Leistungsverstärkung.

1.3
Druckteilerschaltungen

Die Widerstände W_1 oder/und W_2 des Druckteilers werden bei den hier zu behandelnden „Steuerelementen" nicht von Hand, sondern durch Lage- oder Winkeländerungen verstellt. Diese Verstellung erfolgt

z.B. durch Druck-Weg-Wandler oder Kraft-Weg-Wandler. Es handelt sich somit um Elemente, deren Eingang eine Lage- oder Wegänderung s und deren Ausgang eine Druckänderung ΔP ist. Diese Baugruppen bilden mit den Druck-Weg-Wandlern auf Grund der universell nutzbaren Funktion und ihres einfachen Aufbaus ein wesentliches Grundelement pneumatischer Baugruppen und Geräte.

1.3.1
System Düse-Prallplatte

Entsprechend Bild 1.8 besteht diese Baugruppe aus dem als Vordrossel bezeichne-

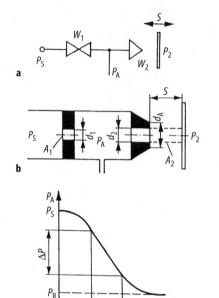

Bild 1.8. System Düse-Prallplatte. **a** Prinzip, **b** Aufbau und Abmessungen, **c** Kennlinienverlauf. Übliche Werte: $\Delta p = 0,02 \ldots 0,1$ MPa, $P_R < 0,02$ MPa, $d_1 = 0,2 \ldots 1$ mm, $d_2 = 0,5 \ldots 2$ mm, $\Delta S = d_2/8$, $d_A \approx d_2 + (0,2 \ldots 0,4$ mm$)$

ten Festwiderstand W_1, der meist in Form einer Blende ausgeführt wird, und einem Widerstand W_2, bestehend aus Düse und Prallplatte.

Durch die Lageänderung der Prallplatte wird der Ausströmquerschnitt $A_2 = d_2\pi s$ (Zylindermantelfläche), d.h. W_2 beeinflußt und dadurch p_2 gesteuert. Die typische Form der Kennlinie $P_A = f(s)$ und das Verhalten des Systems sind wie folgt charakterisierbar.

– Düse geschlossen, $s = 0$ bedeutet $W_2 = \infty$, dafür ergibt sich $P_A = P_{max} = P_S$.
– Düse völlig offen, d.h. $s = \infty$ bedeutet $W_2 = W_{Düse} \neq 0$, es ergibt sich $P_{min} = P_{rest} = P_0$. Hierin liegt übrigens ein Grund für die Wahl eines Einheitssignals mit lebendem Nullpunkt (engl. life zero) von 0,02 MPa im Normaldruckbereich.
– Zwischen $s = 0$ und $s = \infty$ ist der Verlauf der Kennlinie nichtlinear. Das System ist spätestens dann ausgesteuert, wenn der Abströmquerschnitt $A_2 = d_2\pi s$ gleich

dem Düsenquerschnitt $A_1 = d_2^2\pi/4$ ist. Also wegen $d_2^2\pi/4 = d_2\pi s$ wird $s_{max} = d_2/4$. Der real nutzbare Bereich liegt etwa bei 50% dieses Wertes, also bei $s_{real} \approx d_2/8$.

Rechnerische Beschreibung der Kennlinie $P_A = f(s)$.

Die Berechnung [1.3] geht von der *Kontinuitätsgleichung* (1.8) und der *Bernoulli-Gleichung* (1.9) aus.

$$\dot{m} = \varrho A \overline{w} = \text{const.} \tag{1.8}$$

$$P_{ges} = \varrho \, \frac{\overline{w}^2}{2} + p + \varrho g h = \text{const} \tag{1.9}$$

$\overline{w}$ ist der Mittelwert der Strömungsgeschwindigkeit im durchströmten Kanal.

Bei Änderungen der Dichte ist darüber hinaus die *Zustandsgleichung* zu berücksichtigen

$$PV = mRT \tag{1.10a}$$

bzw.

$$P = \varrho RT . \tag{1.10b}$$

Wird der geodätische Höhenunterschied vernachlässigt ($\varrho \, g \, \Delta h = 0$) und ein Verlustbeiwert μ berücksichtigt, so folgt aus (1.8) und (1.9)

$$\dot{m} = \mu A \sqrt{2\varrho \, \Delta P} . \tag{1.11a}$$

oder mit (1.10b)

$$\dot{m} = \mu A \sqrt{\frac{2}{RT} P_2(P_1 - P_2)} . \tag{1.11b}$$

Es gilt $\dot{m}_1 = \dot{m}_2$ (1.8). Aus

$$\mu_1 A_1 \sqrt{2\varrho(P_S - P_A)} = \mu_2 A_2 \sqrt{2\varrho(P_A - P_2)}$$

folgt mit konstanter Dichte ϱ und $\mu_1 = \mu_2$

$$\frac{A_2}{A_1} = \sqrt{\frac{P_S - P_A}{P_A - P_2}} = \sqrt{\frac{p_S - p_A}{p_A}}$$

$$= \sqrt{\frac{p_S}{p_A} - 1} . \tag{1.12}$$

Hierbei wurde $P_2 = P_0$ angenommen. Überdrücke werden mit kleinen Buchstaben bezeichnet, $p = P - P_0$.

Nach Bild 1.8 ist

$$A_1 = \frac{d_1^2 \pi}{4} ; \quad A_2 = d_2 s\pi ,$$

damit wird

$$\frac{4d_2s}{d_1^2} = \sqrt{\frac{p_S}{p_A} - 1} \, ,$$

nach p_A aufgelöst ergibt sich

$$p_A(s) = p_S \frac{1}{1 + \left(\dfrac{4d_2}{d_1^2}\right)^2 s^2} \, . \tag{1.13}$$

Die Übereinstimmung von Rechnung und Experiment wird verbessert, wenn entsprechend (1.11b) die Dichteänderung berücksichtigt wird. Nach der Zustandsgleichung (1.10) setzen wir $\rho_i = P_i/RT$ und erhalten bei Berücksichtigung des Wertes ρ vor der Drossel, d.h. $\rho = \rho_i$.

$$\frac{A_2}{A_1} = \sqrt{\frac{P_S(P_S - P_A)}{P_A(P_A - P_2)}} \, . \tag{1.14}$$

Mit $\rho = \rho_{i+1}$ (nach der Drossel)

$$\frac{A_2}{A_1} = \sqrt{\frac{P_A(P_S - P_A)}{P_2(P_A - P_2)}} \, . \tag{1.15}$$

Bild 1.9a zeigt die Verläufe, die nach (1.12), (1.14) und (1.15) berechnet wurden. Die Ergebnisse zeigen anschaulich, daß die Verstärkung (Neigung der Kennlinien) im Anwendungsbereich ausreichend gut über-

einstimmt. Weitere Untersuchungen haben bestätigt, daß die Anwendung von (1.15) besser mit experimentellen Ergebnissen übereinstimmt und deshalb zur Anwendung empfohlen wird. Den Vergleich Rechnung-Experiment für (1.15) zeigt Bild 1.9b.

1.3.2
System Düse-Prallplatte mit Ejektorwirkung

Erfolgt der Aufbau wie im Bild 1.10 skizziert, so verläuft die Kennlinie $P_A = f(s)$ über größere Bereiche näherungsweise linear und erreicht auch $P_A = P_0$.

Wichtig für die Erzielung dieses Verhaltens ist, daß der Druck P_A dort entnommen wird, wo das Gas eine große Strömungsgeschwindigkeit erreicht. Das ist in der Nähe des Ausgangs der Vordrossel der Fall, weil dort der entnommene statische Steuerdruck P_A stets kleiner als der statische Druck unmittelbar vor der Prallplatte ist. Dadurch treten bei großen Abständen der Prallplatte Drücke $P_A < P_0$ auf. Durch Anwendung der Kontinuitätsgleichung, der Bernoulli-Gleichung und des Impulssatzes ergibt sich folgender Zusammenhang, wenn das Element gegen P_0 arbeitet:

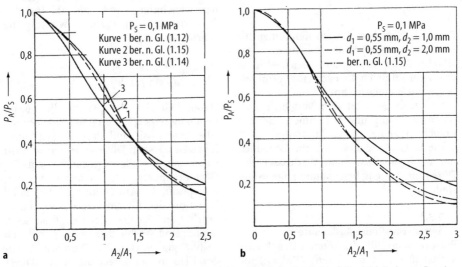

Bild 1.9. Kennlinien des System Düse-Prallplatte. **a** Vergleich rechnerischer Ergebnisse, **b** Vergleich Rechnung-Experiment

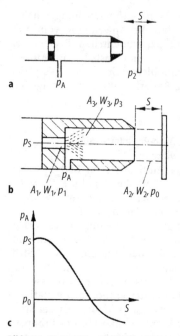

Bild 1.10. System Düse-Prallplatte mit Ejektorwirkung.
a Prinzip, **b** Aufbau und Abmessungen, **c** Kennlinienverlauf.
Übliche Werte: $\Delta p = 0,02 \ldots 0,1$ MPa, $d_1 = 0,2 \ldots 1$ mm, $d_2 = 0,5 \ldots 2$ mm, $d_3 \approx d_2, \Delta S \approx d_2/8$

$$\frac{A_1}{A_2} = \frac{1}{\sqrt{2\dfrac{A_1}{A_3} - \left(\dfrac{A_1}{A_3}\right)^2 + \dfrac{p_A}{p_s - p_A}}} . \qquad (1.16)$$

Die nach (1.16) berechneten Kennlinien für verschiedene Querschnittsverhältnisse A_1/A_3 sind im Bild 1.11a skizziert. Gleichzeitig ist dort zum Vergleich die nach (1.12) ermittelte Kennlinie eingezeichnet.

Bild 1.11b gestattet den Vergleich zwischen Rechnung und Experiment, der die Brauchbarkeit der Gl. (1.16) bestätigt.

Die Anwendung dieser Systeme ist jedoch nur dann möglich, wenn Vordrossel und Düse räumlich eng beieinander angeordnet sind.

1.3.3
System Einlaßdüse-Auslaßdüse

Entsprechend Bild 1.12 können Druckteiler aufgebaut werden, deren Widerstände gleichzeitig und gegensinnig verändert werden. Die skizzierte Kennlinie läßt er-

kennen, daß durch Verstellung des Parameters Düsenabstand a die Steilheit der Kennlinie relativ einfach verändert werden kann.

Zur Berechnung von $P_A = f(a,s)$ benutzen wir (1.15), setzen nach Bild 1.12 $A_1 = d_1\pi s$, $A_2 = d_2\pi(a - s)$ und erhalten damit

$$s = \frac{a}{1 + \dfrac{d_1}{d_2} \sqrt{\dfrac{P_A(P_s - P_A)}{P_2(P_A - P_2)}}} . \qquad (1.17)$$

Im Bild 1.13 ist das grundsätzliche Verhalten dieses Systems dargestellt. Daraus läßt sich auch ablesen, daß der Abstand bis zu etwa $a < 0,3d$ (d kleinster Durchmesser) veränderbar ist, ohne daß die Kennlinien ihren grundsätzlichen Verlauf ändern. Die Rechnung bietet hier nur eine grobe Näherung für den Kennlinienverlauf im Hinblick auf die Verstärkung (Steilheit). Die Verstärkung läßt sich durch Variation von a etwa bis zu 1:10 verändern.

1.3.4
System Düse-Kugel

Im Vergleich zum Typ Düse-Prallplatte treten hier, wie Bild 1.14 zeigt, neben der Lageänderung s der Kugel und dem Vordrosseldurchmesser d_1, auch der Öffnungswinkel γ der Düse und vor allem der Kugeldurchmesser d_K als Parameter auf, die den Verlauf der Kennlinie beeinflussen.

Das läßt sich an der in [1.4] angegebenen Gleichung zeigen. Die Abhängigkeit $P_A = f(s; d_1; d_K; \gamma; P_S)$ wird wie folgt beschrieben:

$$P_A = \frac{d_1^2 P_S}{2d_K \sin\gamma} \cdot \frac{1}{s} \cdot \frac{\Psi_1}{\Psi_2} . \qquad (1.18)$$

Daran läßt sich der prinzipielle Zusammenhang zeigen; umfangreiche experimentelle Ergebnisse sind dazu in [1.4] angeführt. Das System Düse-Kugel hat im Prinzip keine Vorteile gegenüber dem Typ Düse-Prallplatte. Interessant ist allerdings für spezifische Anwendungen, daß durch Variation des Kugeldurchmessers die Linearität und Steilheit der Kennlinie beeinflußbar sind. Nachteilig können sich die Lageabhängigkeit (Kugellage) und die Gefahr des Klebens der Kugel durch abgelagerte Schmutzteilchen in der kegeligen Düse auswirken.

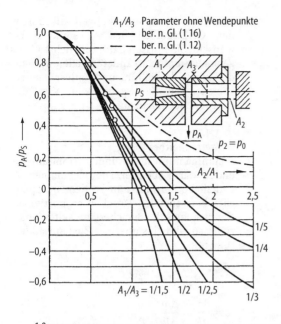

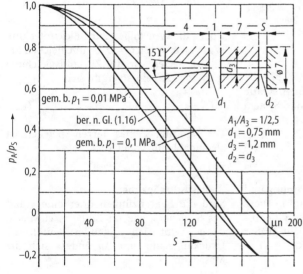

Bild 1.11. Kennlinien des Systems Düse-Prallplatte mit Ejektorwirkung. **a** rechnerische Ergebnisse, **b** Vergleich Rechnung-Experiment

1.3.5
Bemerkungen

Die im Abschn. 1.3 vorgestellten Baugruppen arbeiten nach dem Grundprinzip des Druckteilers. Ihre Kennlinien zeigen, daß es sich um Elemente mit Analogverhalten handelt. Ihr Einsatz erfolgt in der Pneumatik – vor allem auch für die Informationsgewinnung – in einer so großen Vielfalt, daß hier auf eine Behandlung spezieller Anwendungen, die sich auf die vorgestellten Prinzipien zurückführen lassen, verzichtet werden soll. In den Abschn. 2.2.1, 2.4.2, 3.2 und in [1.5] sind dazu detaillierte Angaben zu finden. Vorab sei bemerkt, daß diese Elemente in modifizierter Form auch als Schaltelemente eine breite Anwendung gefunden haben: s. Kap. 3.

Bei der Berechnung müssen u.U. die z.B. durch den statischen und dynamischen

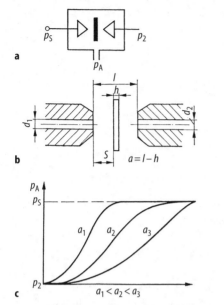

Bild 1.12. System Einlaßdüse – Auslaßdüse. **a** Prinzip, **b** Aufbau und Abmessungen, **c** Kennlinienverlauf. Übliche Werte: $\Delta p = 0,02 \ldots 0,1$ MPa, $d_{1,2} = 0,5 \ldots 2$ mm, $a < 0,3$ d, Änderung der Steilheit durch a bis 1 : 10

Druck auf die Prallplatte wirkenden Kräfte F berücksichtigt werden. Für das System entsprechend Bild 1.8 ist nach [1.5]

$$\frac{dF}{dP_A} = C_1 \approx 1,1\, \frac{d_2^2\,\pi}{4} \; ; \tag{1.19}$$

die Abweichungen zwischen Rechnung und Experiment betragen etwa ±10%. Diese Gleichung gilt allerdings nur, wenn die Abmessungen des Düsenrandes nicht größer werden als im Bild 1.8 skizziert ist.

1.4
Volumenelemente

Pneumatische Elemente, wie Wellrohre, Leitungen usw. enthalten Volumina, die entweder unabhängig vom Druck sind oder sich mit dem Druck auf Grund der Elastizität dieser Elemente ändern. Diese Volumina bilden Speicher, die die Eigenschaft haben, daß sie bei Füllung mit kompressiblen Medien potentielle Energie speichern können. In bestimmten Fällen

sind diese Speicherwirkungen, die durch den Geräteaufbau bedingt sind, unerwünscht. Sie müssen dann möglichst klein gehalten werden. In anderen Fällen werden die Effekte der Füllung und Entleerung der Speicher bewußt ausgenutzt, um Verzögerungsglieder aufzubauen.

1.4.1
Starre Speicher

Volumina mit festen Wänden (Hohlräume) bilden starre Speicher. Die im Volumen V enthaltene Luftmasse m ist dem im Speicher herrschenden Druck P proportional. Nennt man S die Speicherfähigkeit (Kapazität), so gilt bei isothermer Zustandsänderung mit

$$\frac{dm}{dt} = S\frac{dP}{dt} \qquad \text{bzw.}$$

$$S = \frac{dm}{dP} = \frac{\Delta m}{\Delta P} = \frac{m}{P}\,. \tag{1.20}$$

Über die Analogie zur Elektrotechnik kämen wir wegen $C = Q/U$ zum gleichen Ergebnis. Setzen wir die Zustandsgleichung (1.10) in (1.20) ein, so ergibt sich

$$S = \frac{V}{RT}\,. \tag{1.21}$$

Die Kapazität S eines starren Speichers ist also unabhänig vom Druck.

1.4.2
Elastischer Speicher

Sind die Begrenzungen oder eine Wand des Speichers, wie im Bild 1.15 elastisch, dann ergibt sich folgendes: Durch die Druckänderung um Δp ändert sich die Masse um

$$\Delta m = \frac{V}{RT}\,\Delta p\!\left(1 + \frac{V_{ela}}{V}\,\frac{P}{\Delta p}\right)\,. \tag{1.22}$$

Mit $V_{ela} = K\,\Delta p$ als federelastischer Eigenschaft des Speichers wird

$$S_{ela} = \frac{\Delta m}{\Delta p} = \frac{V}{RT}\!\left(1 + \frac{KP}{V}\right)$$

$$= S\!\left(1 + \frac{KP}{V}\right)\,. \tag{1.23}$$

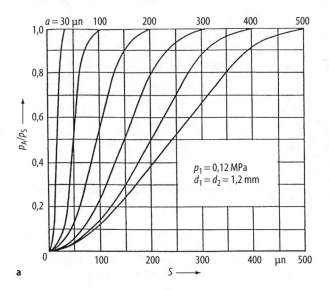

a

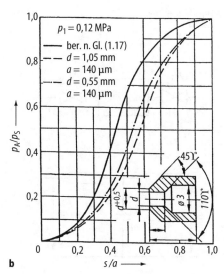

b

Bild 1.13. Kennlinien des Systems Einlaßdüse – Auslaßdüse. **a** mit a als Parameter (gerechnet), **b** Vergleich Rechnung – Experiment

Die Kapazität S_{ela} ist also vom absoluten Druck P und den federelastischen Eigenschaften K des Speichers abhängig.

1.4.3
Widerstand-Speicher-Kombinationen

Die pneumatischen RC-Glieder bestehen aus Widerstands- und Speicherelement. Sie werden zur Bildung von Zeitverzögerungen und Zeitfunktionen beim Aufbau von Regeleinrichtungen, Kompensations-

und Korrekturgliedern eingesetzt. Die elektrische Analogie ist im Bild 1.16 dargestellt.

In Reihe liegende Kapazitäten, wie bei elektrischen Schaltungen üblich, sind möglich, werden aber selten angewendet.

Das Zeitverhalten des Kammerdruckes p der RC-Kombination nach Bild 1.16 kann unter Verwendung von (1.20) berechnet werden. Aus

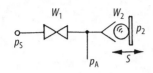

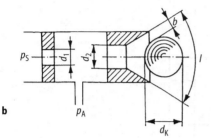

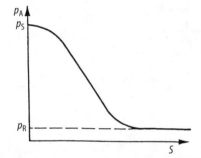

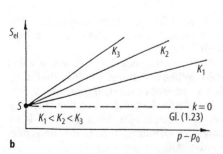

Bild 1.14. System Düse – Kugel. **a** Prinzip, **b** Aufbau und Abmessungen, **c** Kennlinienverlauf. Übliche Werte: $\Delta p = 0{,}02 \dots 0{,}1$ MPa, $P_R < 0{,}02$ MPa, $d_1 = 0{,}1 \dots 1$ mm, $d_2 = 1 \dots 4$ mm, $d_K = 4 \dots 15$ mm, $\gamma = 60 \dots 150°$

$$S\frac{dp}{dt} = \dot{m}_1 - \dot{m}_2 = \frac{p_S - p}{W_1} - \frac{p - p_2}{W_2}$$

folgt

$$SW_1 \frac{1}{1+\dfrac{W_1}{W_2}}\frac{dp}{dt} + p \tag{1.24}$$

$$= \frac{p_s}{1+\dfrac{W_1}{W_2}} + \frac{p_2}{1+\dfrac{W_2}{W_1}} \; .$$

Beim Abströmen gegen den Außendruck p_2 wird

$$SW_2 \frac{dp}{dt} + p = p_2 \; . \tag{1.24a}$$

Im Fall des Einströmens bei abgeschlossener Kammer wird mit $W_2 = \infty$.

$$SW_1 \frac{dp}{dt} + p = p_s \; . \tag{1.24b}$$

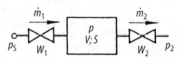

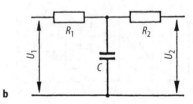

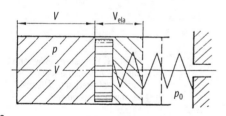

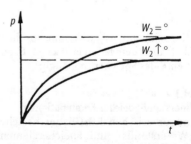

Bild 1.16. Pneumatisches Zeitglied. **a** Prinzip, $W_2 = °$ geschlossene Kammer, $W_2 \uparrow °$ durchströmte Kammer, **b** Ersatzschaltbild, **c** Sprungantwort

Bild 1.15. Elastischer Speicher. **a** Prinzip, **b** Kennlinie

Für $dp/dt = 0$ und $p_2 = 0$ als Atmosphärendruck erhalten wir dann aus (1.24) die Gleichung für das stationäre Verhalten des Druckteilers, nämlich

$$p = p_S \frac{1}{1+\dfrac{W_1}{W_2}} . \qquad (1.25)$$

In (1.24) stellt $SW_1 = T_1$ die Zeitkonstante dar, ihre Bestimmung erfolgt mit Hilfe der in den Abschnitten 1.2 und 1.4.1 angegebenen Gleichungen für die Massenströme $\dot{m}$ und die Kapazitäten S. Die Lösung von (1.24b) ergibt für das

Einströmen

$$p(t) = (p_S - p_0)\left(1 - e^{-t/T_1}\right) + p_0 , \quad (1.26a)$$

Ausströmen

$$p(t) = (p_0 - p_2)\, e^{-t/T_1} + p_2 , \qquad (1.26b)$$

wobei p_0 der Druck im Speicher bei $t = 0$, p_s der Speisedruck und p_2 der Druck, gegen den der Speicher entleert wird, ist.

Diese Lösungen gelten allerdings nur für lineare und druckunabhängige Widerstände, also bei kleinen Druckabfällen, mit Kapillaren als Widerstände, bei isothermer Zustandsänderung usw., d.h. bei $W_1 = \text{const}$. Genauere Untersuchungen wurden z.B. in [1.6, 1.7] durchgeführt. Die hier angegebenen Lösungen genügen jedoch häufig zur Abschätzung des Zeitverhaltens von Verzögerungsgliedern. Bei genauerer Untersuchung ergibt sich weiter, daß die Zeitkonstanten für Ein- und Ausströmung unterschiedlich sind, danach gilt $T_{Einstr} < T_{Ausstr}$.

Diese Abweichungen sind auf die nicht erfüllte Annahme einer konstanten Dichte zurückzuführen. Nach [1.8] gilt

$$\dot{m} = \frac{K}{2RT}(p_S + p)(p_S - p)$$
$$= \frac{K}{2RT}\left(p_S^2 - p^2\right) .$$

Damit ergibt sich jetzt mit $S(dp/dt) = (K/2RT)\,(p_S^2 - p_2)$, eine nichtlineare Differentialgleichung, die genauere Aussagen liefert, deren Lösung hier aber nicht weiter untersucht werden soll.

Zur Genauigkeit der durchgeführten Abschätzung des Verhaltens von Verzögerungsgliedern ist zu bemerken, daß sich die Temperaturfehler von Widerstand und Speicher gegensinnig ändern und der resultierende Temperaturfehler damit bei etwa +3%/10 K liegt.

Zeitglieder mit elastischem Speicher gehorchen unter Beachtung der Dichteänderung wie die Glieder mit starrem Speicher ebenfalls nichtlinearen Differentialgleichungen, deren Lösung kompliziert ist. Rechnen wir weiter mit Näherungen, so treten nach [1.9] Abweichungen für die Zeitkonstante ($T_{63\%}$-Zeit) auf, die im durchaus vertretbaren Bereich <10% liegen. Wir berechnen T_1 nach $T_1 = S_g W_1$. Für S_g benutzen wir dabei nach [1.9] die elastische Kapazität nach (1.23)

$$S_g = S_{ela} = \frac{V}{RT}\left(1 + \frac{V_{ela}}{V}\frac{P}{P - P_0}\right) . \qquad (1.27)$$

1.5
Elastische Elemente

Elastische Elemente dienen entsprechend Bild 1.17 zur Druck-Weg-Wandlung oder zur Druck-Kraft-Wandlung. Die Wandlung erfolgt stets über Membranen, Wellrohre oder Rohrfedern (Bourdonfedern). Sie finden sowohl in Meß- und Stelleinrichtungen als auch in Verstärkern Anwendung.

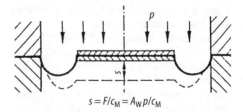

Bild 1.17. Elastische Elemente. **a** Druck-Weg-Wandler, **b** Druck-Kraft-Wandler

Bei der Druck-Weg-Wandlung werden die elastischen Elemente durch den Druck im elastischen Bereich deformiert, weil der auf die wirksame Fläche A_W des Elements wirkende Druck P bzw. die Druckdifferenz ΔP eine Kraft $F = \Delta P\, A_W$ erzeugt. Die entstehende Auslenkung s, d.h. die Deformation geht so weit, bis nach Bild 1.17 die elastischen Kräfte der Druckkraft das Gleichgewicht halten, wir können dafür mit c_M als Federsteifigkeit schreiben: $F = \Delta PA_W = c_M s$. Daraus folgt

$$s = \frac{A_W}{c_M}\,\Delta P\,. \tag{1.28}$$

Die Forderung nach linearer Druck-Weg-Wandlung bedeutet, daß A_W und c_M unabhängig von ΔP konstant sein müssen.

Bei der Druck-Kraft-Wandlung wird i.allg. die gleiche Art von Elementen verwendet. Hier kommt es darauf an, den auf das Wellrohr oder die Membran von außen wirkenden Kompensationskräften F_K (Bild 1.17) durch die Kraft $F = \Delta PA_W$ das Gleichgewicht zu halten, wodurch $\Delta P \sim F_K$ wird. Allgemein läßt sich schreiben

$$F_K = \Delta PA_W - c_M s\,. \tag{1.29}$$

Proportionalität zwischen F_K und P wird nur bei $A_W = $ const und $c_M s \approx 0$ erreicht, d.h. die Federsteifigkeit c_M der elastischen Elemente und die Auslenkung s müssen sehr klein gehalten werden.

Die Güte der elastischen Elemente ist also davon abhängig, wie gut es gelingt, ihre wirksamen Flächen A_W und die Federsteifigkeit c_M konstant zu halten, oder das Produkt $c_M s$ gegen Null gehen zu lassen, ohne die Festigkeit und Zuverlässigkeit der Elemente zu gefährden.

Elastische Elemente haben entscheidenden Einfluß auf die Genauigkeit sowie das Langzeit- und Temperaturverhalten pneumatischer Bauelemente, Geräte und Anlagen. Die Auslegung, Produktion und Montage bedarf deshalb großer Erfahrungen. Sowohl die geometrischen und Materialdaten, aber auch die Einflüsse der Produktion und nicht zuletzt der Montage haben Auswirkungen auf das Gesamtverhalten, was ihre Berechnung kompliziert und unsicher macht. Deshalb stützt man sich meist auf experimentelle Erfahrungen.

1.5.1
Membranen

Metallmembranen dominieren als elastische Elemente bei Meßeinrichtungen. Sie sind durch eine ausgeprägte Eigensteifigkeit c_M gekennzeichnet und werden deshalb als elastische Membranen bezeichnet. Der Kennlinienverlauf $s = f(p)$ wird durch die Formgebung beeinflußt, die einfachste Ausführung ist die Flachmembran (ohne Sicken), komplizierter ist die gewellte Membran (mit Sicken).

Bild 1.18 zeigt als Beispiel typische Kennlinien von flachen bzw. gewellten Membranen. Übliche Membranlegierungen sind Tombak und nichtrostende Stähle.

Nichtmetallische Membranen dominieren in Reglern und Stelleinrichtungen. Die verschiedenen Membranformen zeigt Bild 1.19.

Die *Schlappmembran* hat eine geringe Rückstellkraft, d.h. kleines c_M. Sie ist zweiseitig belastbar. Unsicherheiten ergeben sich bei $\Delta p \approx 0$.

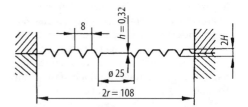

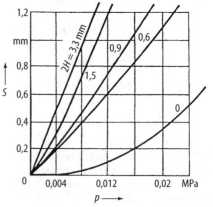

Bild 1.18. Metallmembran. Daten und Kennlinien (Beispiel): *h* Materialdicke, *2r* Durchmesser, *2H* Tiefe der Wellung, *S* Durchbiegung, *E* Elastizitätsmodul

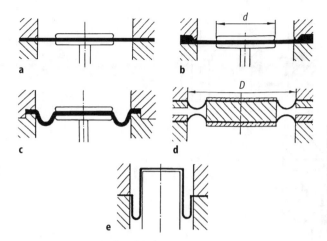

Bild 1.19. Nichtmetallmembranen. **a** Schlappmembran, **b** gespannte Membran, **c** vorgeformte Membran **d** Doppelmembran, **e** Rollmembran. Übliche Werte: $D \approx 20 \ldots 100$ mm, $(D-d) > 6 \cdot$ Membrandicke, $c_M = 1 \ldots 10$ N/mm, Änderung der wirksamen Fläche: $\Delta A_W/A_W \approx 1 \ldots 10\,\%$, bei Rollmembranen Null.

Bei der *gespannten Membran* ist die Rückstellkraft etwas größer. Sie ist zweiseitig belastbar. Auch hier ergeben sich Unsicherheiten bei $\Delta p \approx 0$.

Die *vorgeformte Membran* hat geringe Rückstellkräfte. Die Membranfläche A_M weist eine höhere Konstanz auf. Sie ist nur einseitig belastbar, kann aber höher belastet werden, damit sind größere Hübe möglich.

Doppelmembranen bestehen aus zwei vorgeformten Membranen, sie sind zweiseitig belastbar und haben eine höhere Steifigkeit. Hier ergibt sich bei $\Delta p \approx 0$ eine definierte Lage.

Rollmembranen werden für Druck-Weg-Wandler verwendet. Sie lassen größere Hübe zu, die Steifigkeit ist gering, die Membranfläche bleibt konstant.

Für die Betrachtung der Auslegung und der Eigenschaften von Membranen ist die vorgeformte Membran repräsentativ. Die schlappen und eingespannten Membranen nehmen bei Druckbelastung die gleiche Form an, da sich dann bei der schlappen

Membran ebenfalls eine Sicke ausbildet. Die wirksame Fläche errechnet sich mit den Abmessungen nach Bild 1.19 zu

$$A_W = \frac{\pi}{12}\left(D^2 + Dd + d^2\right). \tag{1.30}$$

Die hierbei auftretenden Fehler übersteigen nicht 2,5 %.

Nach Bild 1.20 gilt auch

$$A_W = \frac{d_M^2 \pi}{4}. \tag{1.31}$$

Der wirksame Durchmesser d_M ist von a, l und s abhängig. Untersuchungen über den Einfluß der Sickenform [1.1] zeigen, daß bei einer Halbkreisform der Sicke nur kleine Änderungen der wirksamen Membranfläche auftreten. Die günstigste Auslegung finden wir in dieser Hinsicht in der Rollmembran, hier bleibt d_M und damit A_W über den gesamten Hub konstant.

Bei schlappen bzw. gespannten Membranen ändert sich l mit dem Druck bis die Halbkreisform erreicht ist, und somit wird

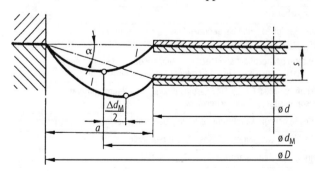

Bild 1.20. Vorgeformte Membran, Einzelheiten, l Bogenlänge

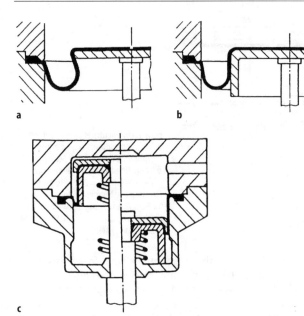

Bild 1.21. Einzelheiten zur konstruktiven Gestaltung. **a** Membran im Einbauzustand unter Last, **b** Abstützung der Sicke durch Topfform der Membranauflage, **c** Rollmembran (beide Endlagen)

auch die Änderung der wirksamen Membranfläche immer kleiner.

Die biegesteifen Zentren werden je nach Anforderung ausgebildet. Um unkontrollierte Verformungen der Membran (Bild 1.21a) zu vermeiden, kann die Sicke u.U. abgestützt werden (Bild 1.21b), ähnlich, wie das bei Rollmembranen der Fall ist (Bild 1.21c).

Die Festlegung der Membranwerkstoffe erfolgt entsprechend den mechanischen, thermischen und chemischen Beanspruchungen. Zwei Typen von Membranen werden hergestellt, und zwar aus Kautschuk oder aus Kautschuk mit zusätzlicher Gewebeverstärkung. Die Gewebeverstärkung erfolgt je nach Beaufschlagung und wird als Gewebeeinlage oder -auflage ausgeführt.

Die folgenden Materialangaben stellen typische Beispiele dar (nach Prospekten von Membranherstellern) (Tabelle 1.1).

1.5.2
Metallfaltenbälge (Wellrohre)

Das Wellrohr kann grundsätzlich wie eine Membran eingesetzt werden und erfüllt in gleicher Weise die Aufgaben der Druck-Weg- oder Druck-Kraft-Wandlung. Der Aufbau ist unmittelbar aus Bild 1.22 zu ersehen.

Eine Stirnseite des Wellrohrs ist meist geschlossen, die offene Stirnseite dient dem Anschluß an die Druck- bzw. Signalleitung.

Tabelle 1.1. Nichtmetallische Membranwerkstoffe

Werkstoff	Eigenschaften
Polyester	gute Festigkeit schon bei geringen Gewebedichten, in Luft bis 140Ⲩ C
Aliphatische Polyamide	bessere Bindung zwischen Gummi und Gewebe (wichtig bei hochbeanspruchten Membranen: höhere Lebensdauer) bei 100Ⲩ C noch 70% Festigkeit gegenüber Raumtemperatur
Aromatische Polyamide	in Luft bei 180Ⲩ C noch 50% Festigkeit gegenüber Raumtemperatur, besonders für Heißwasser geeignet
Chlor-Butadien-Kautschuk	günstig bei Luft, kälteflexibel, alterungsbeständig, bei Mineralöl ungünstig
Acrylnitril-Butadien-Kautschuk	günstig für Luft, Mineralöl, Wasser, kältebeständig
Silikon-Kautschuk	sehr großer Temperaturbereich: -65 ... +200Ⲩ C

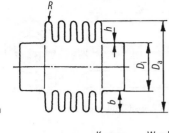

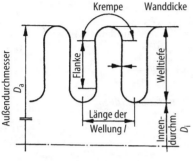

Bild 1.22. Metallfaltenbalg. **a** Aufbau, **b** Geometrie.
Übliche Werte: D_a = 15 ... 200 mm, h = 0,5 ... 1 mm (ein-
und mehrwandig), zul. Außendruck $p_a \approx$ ...3 MPa, max.
Hub je Welle = 0,1 ... 2 mm, Federhärte je Welle c_{1W} =
12 ... 2000 N/mm

Die im Bild 1.22 angegebenen Daten zeigen,
daß die Belange der Normaldruckpneuma-
tik sowohl von den Abmessungen als auch
von den elastischen Eigenschaften erfüllt
werden. Wellrohre werden aus Tombak,
nichtrostendem Stahl (V2A oder V4A) oder
auch aus Plastmaterialien hergestellt.

Abschätzung wichtiger Kenngrößen
Für die Eigenschaften und das Verhalten
von Wellrohren sind folgende Kenngrößen
von Bedeutung: Federkonstante c_W, wirksame Fläche A_W, zulässiger Hub s_{zul}, Druckfestigkeit P_f, Anzahl der Wandungen n,
Streckgrenze σ_F. Die Abschätzungen erfolgen nach [1.10].
Federkonstante c_W. Die für eine Län-
genänderung s in Achsenrichtung aufzubringende Kraft F kann experimentell ermittelt werden und ergibt $c_W = F/s$. Rechnerisch erhält man, bezogen auf eine Welle,

$$c_{1W} = a_1 \frac{\pi E D_a h^3 n}{b^3} . \qquad (1.32)$$

a_1 ist ein von der Fertigung abhängiger Faktor, er wird experimentell ermittelt. E ist der

Elastizitätsmodul. Wie (1.32) zeigt, wirken
sich Schwankungen von h und b wegen der
3. Potenz stark aus. Deshalb kann c_W bis zu
30% vom berechneten Wert abweichen.
Zulässiger Hub s_{zul}. Der zulässige Hub
wird so festgelegt, daß bei einer Belastung
und darauffolgender Entlastung das Wellrohr mit einem Fehler von <1% in seine
Ausgangslage zurückkehrt. Für den zulässigen Hub einer Welle gilt

$$s_{1zul} = a_2 \frac{b^2 \sigma_F}{En} . \qquad (1.33)$$

a_2 ist ein Fertigungsfaktor, σ_F die Streckgrenze des Wellrohrmaterials. Der zulässige
Hub bezieht sich auf eine axiale Längung
des Wellrohrs.
Beim Einsatz eines Wellrohrs sollen etwa
60% des zulässigen Hubes nicht überschritten werden.
Wird der Balg mit Innendruck beaufschlagt, so ist die Balglänge wegen der Gefahr des Ausknickens höchstens gleich der
des Außendurchmessers zu wählen.
Druckfestigkeit P_f. Bei Außenbelastung
des Wellrohrs ist die zulässige Druckbelastung

$$P_f = a_3 \frac{\sigma_F h^2 n}{b^2} \qquad (1.34)$$

a_3 ist wiederum ein Fertigungsfaktor.

Wirksame Fläche A_W. Ihre Ermittlung erfolgt nach der Beziehung

$$A_W = \frac{\pi}{16} (D_a + D_i)^2 \qquad (1.35)$$

Bei der Auslenkung eines Wellrohrs kann
die Änderung der wirksamen Fläche in Abhängigkeit vom Innendruck in ungünstigen
Fällen bis zu einem Prozent betragen.
Mittlere erreichbare Lastwechselzahl. Bei
Einhaltung der vorgeschriebenen Bela-
stungsgrenzen läßt sich die erreichbare
Lastwechselzahl in Abhängigkeit von s/s_{zul}
mit P/P_f als Parameter darstellen, Bild 1.23.
Aus den dargestellten experimentellen
Ergebnissen folgt deutlich, daß eine geringere als die zulässige Belastung hinsichtlich
der Auslenkungen und der Drücke zu einer
deutlichen Steigerung der Lebensdauer
führt. Auf eine Behandlung von Bourdonfedern soll hier verzichtet werden.

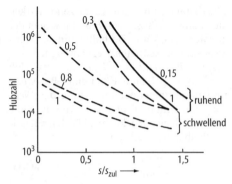

Bild 1.23. Lebensdauer (erreichbare Hubzahl) von Metallfaltenbälgen. Parameter P/P_f

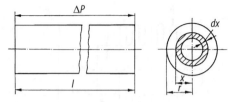

Bild 1.24. Leitungselement

1.6
Pneumatische Leitungen

1.6.1
Ermittlung der Leitungsparameter

Aus der Sicht der Elektroanalogie können Drosselstellen als Widerstände, Volumenelemente als Kapazitäten bezeichnet werden. Bei der Strömung in pneumatischen Leitungen kann sich die Massenträgheit des Mediums als Strömungswiderstand bemerkbar machen, eine Eigenschaft, die der Induktivität analog ist. Dieser Effekt tritt merklich vor allem bei größerer Dichte des Strömungsmediums und ausschließlich bei dynamischen Vorgängen auf.

Bei der bisherigen Betrachtung wurden diese Einflüsse vernachlässigt. Zur Analyse der Wirkung soll hier die Leitung als Element mit konzentrierten Parametern betrachtet werden, die damit zu gewinnenden Aussagen genügen zur Abschätzung des dynamischen Verhaltens. Genauere Untersuchungen enthalten [1.11, 1.12].

Die bestimmenden Parameter für das Verhalten sind der Leitungswiderstand, die Kapazität und die Induktivität sowie die durch die endliche Schallgeschwindigkeit bedingte Totzeit.

Sie lassen sich wie folgt angeben:

Leitungswiderstand W_L.
Bei stationärer Strömung gilt $d\dot{m} = \overline{w}\varrho dA$, bei laminarer Strömung nach Bild 1.24 $dA = 2\pi x\, dx$ und $\overline{w} = (\Delta p / l\eta)(r^2 - x^2)/4$, damit wird

$$\dot{m} = \frac{\Delta p\, A^2 \varrho}{8 l\, \eta\pi} \quad \text{und mit} \quad W = \frac{\Delta t}{\dot{m}} \qquad (1.36)$$

$$W_L = \frac{8\pi\eta}{\varrho}\frac{l}{A^2}.$$

Leitungskapazität S_L

$$S_L = \frac{Al}{RT}. \qquad (1.37)$$

Leitungsinduktivität I_L.
Aus der einer Bewegung entgegenwirkenden Trägheitskraft ermitteln wir mit

$$F = \Delta p A = m\frac{dw}{dt}. \qquad (1.38)$$

Wir erhalten aus

$$\frac{d\dot{m}}{dt} = \varrho A\frac{dw}{dt}\ ;\ \ \frac{dw}{dt} = \frac{d\dot{m}}{dt}\frac{1}{\varrho A}\ :$$

mit $m = \varrho Al$ wird aus (1.38)

$$\Delta p A = \frac{\varrho Al}{\varrho A}\frac{d\dot{m}}{dt}\ ;$$

daraus folgt

$$\Delta p = \frac{l}{A}\frac{d\dot{m}}{dt}\ ;\ \ \text{das ergibt}\ \ I_L = \frac{l}{A}\ (1.39a)$$

Die Induktivität I_L ist eine Proportionalitätskonstante, die Aussagen über den zur Beschleunigung einer Masse erforderlichen Druckabfall macht. Die gewonnene Beziehung zur Beschreibung der Induktivität einer Leitung ist analog der aus der Elektrotechnik bekannten Beziehung

$$\Delta p = I_L\frac{d\dot{m}}{dt}\ ;\ \ U_L = \frac{di}{dt}. \qquad (1.39b)$$

Totzeit (Laufzeit) T_t.
Die maximale Geschwindigkeit, mit der sich kleine Druckänderungen ausbreiten, ist die Schallgeschwindigkeit a. Die Zeit, die

eine Druckänderung zum Durchlaufen der Leitungslänge l benötigt, beträgt damit

$$T_t = \frac{l}{a},$$

(1.40)

wobei für isotherme Zustandsänderungen

$$a = \sqrt{\frac{dp}{d\varrho}} = \sqrt{RT}$$

gilt. Damit kann man schreiben

$$T_t = \frac{1}{\sqrt{RT}}.$$

(1.41)

T_t folgt auch aus

$$S_L I_L = \frac{Al}{RT}\frac{l}{A} = \frac{l^2}{RT} = T_t^2,$$

(1.42)

daraus folgt

$$T_t = \sqrt{S_L I_L}.$$

1.6.2
Übertragung analoger Signale

Nach Bild 1.25 beschreiben wir die Leitung näherungsweise durch die soeben ermittelten Parameter. Die Beschreibung gilt in guter Näherung dann, wenn sich Druck und Massenstrom linear mit der Leitungslänge ändern. Für das Übertragungsverhalten ergibt sich auf Grund experimenteller Erfahrungen entsprechend Bild 1.26 eine

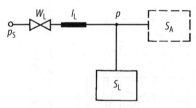

Bild 1.25. Pneumatische Leitung (Modell mit konzentrierten Parametern)

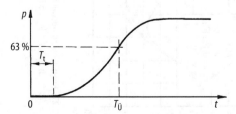

Bild 1.26. Sprungantwort einer pneumatischen Leitung

Übertragungsfunktion 2. Ordnung mit Totzeit. Es gilt

$$G(p) = \frac{e^{-pT_t}}{T_1 T_2 p^2 + T_1 p + 1}.$$

(1.43)

Die Zeitkonstanten T_1, T_2 sowie die Totzeit T_t lassen sich aus W_L, S_L und I_L ermitteln:

$$T_1 = W_L S_L = \frac{32}{RT}\frac{\eta}{\varrho}\frac{l^2}{d^2},$$

(1.44)

$$T_2 = \frac{I_L}{W_L} = \frac{\varrho}{32\eta}d^2,$$

(1.45)

$$T_t = \sqrt{S_L I_L} = \frac{1}{\sqrt{RT}} = \frac{1}{a}.$$

(1.41/1.42)

Vereinfachungsmöglichkeiten ergeben sich bei Annäherung der Sprungantwort durch ein Verzögerungsglied 1. Ordnung mit Ersatztotzeit $T_{tE} = T_t + \sqrt{T_1 T_2}$.

Der zeitliche Druckverlauf $p(t)$ ergibt sich dann

$$\frac{p(t)}{\Delta P_{Ein}} = \begin{cases} 1 - e^{-\frac{t - T_{tE}}{T_1(0,5+r)}} & \text{für } t \geq T_{tE} \\ 0 & \text{für } t \leq T_{tE} \end{cases}$$

(1.46)

Mit S_A als die Leitung belastendes Volumen gilt $r = S_A/S_L$, bei $V_A = \infty$ liegt die Leitung an Atmosphäre. Um einen Einblick über die Einflüsse von T_1, T_2 und T_t auf das Übertragungsverhalten zu gewinnen, betrachten wir den Dämpfungsgrad D, der sich nach [1.10] wie folgt beschreiben läßt:

$$D = \frac{16\eta}{a\varrho}\frac{l}{d^2}.$$

(1.47)

Am Beispiel einer Leitung vom Durchmesser $d = 2$ mm soll der Einfluß demonstriert werden (Tabelle 1.2):

Hieraus kann man erkennen, daß bei den Dämpfungsgraden der Leitung

$D > 100$ nur die Zeitkonstante T_1, d.h. die Verzögerung durch Widerstand und Kapazität, bei
$10 < D < 100$ die Zeitkonstante T_1 und die Totzeit T_t und bei
$D < 10$ T_1, T_2 und T_t zu berücksichtigen sind.

Tabelle 1.2. Zeitkonstanten und Dämpfungsgrad pneumatischer Leitungen in Abhängigkeit von der Leitungslänge

l in m	600	60	6	0,6	0,06
l/d	$3 \cdot 10^5$	$3 \cdot 10^4$	$3 \cdot 10^3$	$3 \cdot 10^2$	$3 \cdot 10^1$
T_1 in s	$5,3 \cdot 10^2$	$5,3$	$5,3 \cdot 10^{-2}$	$5,3 \cdot 10^{-4}$	$5,3 \cdot 10^{-6}$
T_2 in s	$8 \cdot 10^{-3}$	$8 \cdot 10^{-3}$	$8 \cdot 10^{-3}$	$8 \cdot 10^{-3}$	$8 \cdot 10^{-3}$
T_t in s	$2,1$	$2,1 \cdot 10^{-1}$	$2,1 \cdot 10^{-2}$	$2,1 \cdot 10^{-3}$	$2,1 \cdot 10^{-4}$
D	128	12,8	1,28	0,128	0,0128

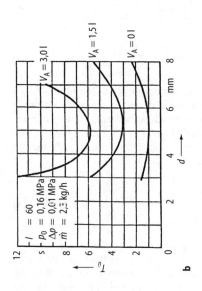

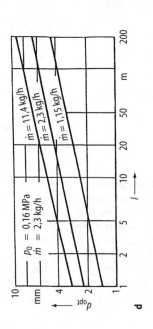

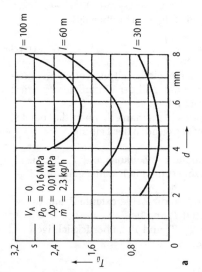

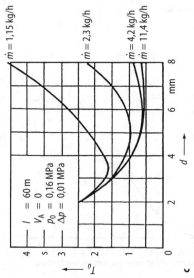

Bild 1.27. Kennlinien zur Auswahl günstiger Leitungen bei der analogen Signalübertragung (experimentelle Ergebnisse), p_0 statischer Druck in der Leitung.
a $T_{\ddot{u}} = f(d, l)$, **b** $T_{\ddot{u}} = f(d, V_a)$, **c** $T_{\ddot{u}} = f(d, \dot{m})$, **d** $d_{opt} = f(l, \dot{m})$

Hinweise zur Auslegung der Leitung
Zunächst sei bemerkt, daß auf Grund der Gefahr der Reflexion an Unstetigkeitsstellen der Leitung, wie Abzweigungen usw., eine Anpassung mit dem Wellenwiderstand wie im elektrischen Fall erforderlich ist. Nach [1.11, 1.12] erfolgt diese Anpassung mit einem Verzögerungsglied als Wellenwiderstand.

Im praktischen Fall des Einsatzes von Leitungen interessiert vor allem eine Dimensionierung im Hinblick auf eine schnelle Signalübertragung. Die Signalübertragungszeit wird entsprechend Bild 1.26 an Hand der Zeit $T_{\ddot{u}}$ abgeschätzt.

Die zur Ermittlung der Abhängigkeit der Zeit $T_{\ddot{u}}$ von den Leitungsparametern durchgeführten Experimente erbrachten die im Bild 1.27 angegebenen Ergebnisse, sie lassen die wichtigsten Anhaltspunkte für eine Auswahl der „zeitoptimalen" Leitung ablesen. Weitere und genauere Informationen sind u.a. in [1.11, 1.12] zu finden.

1.6.3
Übertragung diskreter Signale
Durch die Entwicklung von Schaltelementen zur Informationserfassung und -verarbeitung wird auch die Übertragung diskreter Signale für die Anwendung in der Pneumatik notwendig. Die Übertragungssysteme sind nach [1.11–1.13] durch die Verwendung zugeschnittener Impulsgeber (IG) und Impulsempfänger (IE) nach Bild 1.28 für früher nicht übliche Frequenzbereiche und Leitungslängen geeignet.

Der Impulsempfänger nach Bild 1.28b ist so ausgelegt, daß die am Ende der Leitung stark gedämpften Impulse differenziert und verstärkt werden und über einen Impulsformer IF ihre endgültige Regeneration erfahren. Die Übertragung ist bis zur Ansprechschwelle des Impulsempfängers, die über dem Störpegel liegen muß, gewährleistet. Die Übertragung von pulsbreiten -modulierten Signalen wird hier nicht besprochen, wir beschränken uns auf die Betrachtung der Übertragung von frequenten Signalen. Sind die Eingangssignale periodisch, dann erreichen wir, abhängig von der Luftleistung des Impulsgebers, die im Bild 1.29 skizzierten Verläufe, die aus experimentellen Ergebnissen abgeleitet wurden [1.13, 1.14].

Bei der Übertragung nichtperiodischer Impulsfolgen treten Schwierigkeiten bezüglich der Entlüftung und Belüftung der Leitung auf, da bei völlig entleerter Leitung

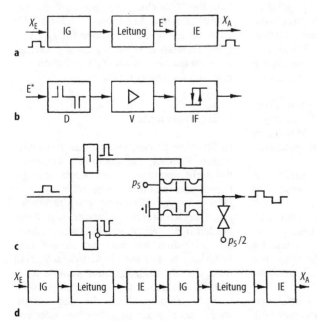

Bild 1.28. Pneumatische Impulsübertragung. **a** Prinzip der Übertragung, **b** Prinzip des Empfängers, **c** Prinzip des Gebers für nichtperiodische Impulse, **d** Prinzip der Übertragung mit Zwischenverstärkung

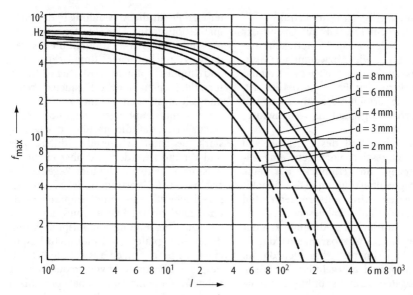

Bild 1.29. Übertragbare Frequenz in Abhängigkeit von *d* und *l* der Leitung bei periodischen Signalen (experimentelle Ergebnisse)

keine optimale und bei – auf den Enddruck – gefüllter Leitung gar keine Übertragung möglich wäre. Deshalb wurde in [1.15] der im Bild 1.28c skizzierte Impulsgeber vorgeschlagen, der diese Schwierigkeiten beseitigt. Bei seiner Verwendung ist stets ein mittlerer Leitungsdruck von 0,5 p_S gewährleistet. Bei der Übertragung nichtperiodischer Impulse werden mit dem Übertragungssystem nach Bild 1.28a und dem skizzierten Geber etwa 60% der im Bild 1.29 angegebenen Werte erreicht. Weitere Angaben hierzu sind in [1.15] zu finden.

Sind sehr große Entfernungen zu überbrücken – was in Sonderfällen auftreten kann –, so müßten nach Bild 1.28d mehrere Übertragungssysteme in Reihe geschaltet werden.

Arbeitet man generell ohne zusätzliche Empfänger und Geber, dann werden bei Verwendung üblicher Schaltelemente, z.B. dem Doppelmembranrelais (Abschn. 3.2), Werte erreicht, die wesentlich niedriger liegen. So ergeben sich bei $d = 4$ mm und $l = 100$ m nur noch $f \approx 0{,}24$ Hz, das sind etwa $^1/_{50}$ der maximal erreichbaren Ergebnisse [1.12, 1.15].

In [1.16] wurde ein einfacher erfolgversprechender passiver Impulsformer PIF

nach Bild 1.30 vorgeschlagen. Dieser PIF wird eingangsseitig von einem Normaldrucksignal (0,1 MPa) beaufschlagt und liefert am Ausgang ein Niederdrucksignal (0,001 MPa). Als Empfänger ist am Leitungsende ein Niederdruck-Normaldruck-Wandler (Abschn. 2.2) vorzusehen. Die damit erzielten Ergebnisse sind im Bild 1.30b angegeben, die Angaben für f_{max} und t_s informieren über die maximal übertragbare Frequenz und die Zeit zwischen Impulseingabe und -ausgabe.

1.7
Strahlelemente

In Strahlelementen, auch dynamische Elemente, Fluidics, pneumonische Elemente, fluidische Elemente ohne bewegte Teile genannt, werden durch eine oder mehrere Düsen mit kreisförmigem oder rechteckigem Querschnitt Freistrahlen erzeugt. Diese breiten sich in einem von Wänden begrenzten Wirkraum aus und treffen auf eine Fangdüse, in welcher ein Druck aufgebaut wird, der als Ausgangssignal genutzt wird. Die Steuerung erfolgt durch einen oder mehrere Steuerstrahlen, die den Hauptstrahl entweder zur Fangdüse hin- oder von

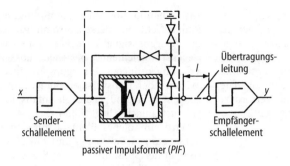

a passiver Impulsformer (*PIF*)

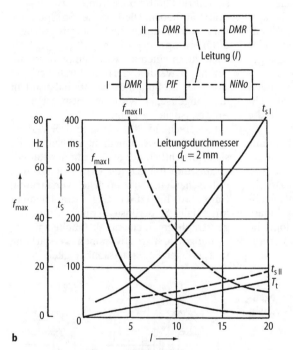

b

Bild 1.30. Passiver Impulsformer.
a Aufbau, **b** Kennlinie (experimentelle
Ergebnisse) *DMR* Doppelmembranrelais, *NiNo* Niederdruck/Normaldruck-
wandler

dieser ablenken, oder sie stören den Strahl derart, daß dieser geschwächt wird.

Ausgenutzt werden dabei folgende Effekte:

- die Strahlablenkung,
- die Strahlstörung durch gegeneinander gerichtetes Auftreffen von Freistrahlen,
- der Strömungsumschlag (laminar-turbulent),
- der Wandhafteffekt (Coanda-Effekt),
- der Dralleffekt einer Wirbelströmung.

Damit werden unterschieden: Strahlablenkelemente, Gegenstrahlelemente, Turbulenzelemente, Wandstrahlelemente und Wirbelkammerelemente.

Im Gegensatz zu den statischen Elementen werden Strahlelemente im Betriebszustand stets von Luft durchströmt, sie haben also einen ständigen Luftverbrauch. Die genannten Effekte der Strömungstechnik, die hierbei genutzt werden, sind bereits seit längerer Zeit bekannt, sie wurden von Prandtl (1904), Coanda (1938) u.a. beschrieben. Wegen des ständigen Luftverbrauchs arbeiten Strahlelemente meist bei niedrigem Druckpegel (0,1 bis 10 kPa). Durch das Fehlen bewegter Bauteile ist ihr Verschleißverhalten – bei sauberer Betriebsluft – wesentlich günstiger. Kennzeichen sind eine sehr kleine Baugröße, die Eignung zur Schaltungsintegration, die Möglichkeit einer einfachen Herstellung durch Spritzen, Ätzen u.ä. Ihre Nachteile sind die im Vergleich zu den statischen Elementen relativ geringe Ausgangsleistung und die durch gegenseitige Beeinflussung auftretenden Probleme beim Zusammenschalten der Elemente. Die Kombination solcher Elemente erfordert also Vorkenntnisse und Erfahrungen.

1.7.1
Strahlablenkelemente

Das Wirkprinzip von Strahlablenkelementen, auch Impulsverstärker oder Freistrahlelemente genannt, besteht in der Ablenkung eines Hauptstrahls durch einen oder mehrere Steuerstrahlen. Sie sind vorrangig symmetrisch und planar aufgebaut. Gegenüber einer Versorgungsdüse befinden sich zwei Fangdüsen (Bild 1.31a). Senkrecht dazu sind die Steuerdüsen angeordnet, die die Strahlablenkung bewirken.

Durch vektorielle Addition der Fluidimpulsströme der beteiligten Freistrahlen ergeben sich die Richtung und der Impuls des abgelenkten Hauptstrahls, der zum Druckaufbau in den Fangdüsen führt. Strahlablenkelemente finden hauptsächlich als binäre Elemente (Schaltelemente) für logische Funktionen Anwendung (s. Abschn. 3.3).

1.7.2
Gegenstrahlelemente

In Gegenstrahlelementen stoßen zwei gegeneinander gerichtete turbulente Freistrahlen zusammen und bilden am Stoßpunkt einen Radialstrahl, aus dessen Strömungsenergie das Ausgangssignal zurückgewonnen wird. Gegenstrahlelemente bestehen aus zwei axial angeordneten Versorgungsdüsen, einer axialen oder transversalen Steuerdüse und aus einer Fangdüse, die gleichfalls in der Hauptstrahlachse liegt (Bild 1.32a).

Wird ein solches Element mit den zwei Versorgungsdrücken p_{V1} und p_{V2} gespeist, so liegt der Stoßpunkt an der Stelle, an der sich ihre Fluidimpulsströme bzw. Strahlkräfte aufheben. Die Lage des Stoßpunktes kann sowohl durch die Versorgungsdruckdifferenz $\Delta p_V = p_{V1} - p_{V2}$ (Bild 1.32b) als auch durch einen zusätzlichen Steuerstrahl verändert werden. Gelangt durch Verlagerung des Stoßpunktes der Radialstrahl in die Fangdüse, so wird ein entsprechender Ausgangsdruck erzeugt.

Entsprechend Bild 1.33 sind drei Varianten von Gegenstrahlelementen bekannt, die sich hinsichtlich der Steuerung des Radialstrahls und folglich der Druckverstärkung unterscheiden. Die höchste Verstärkung (max. 200) besitzt das Gegenstrahlelement mit axialer Steuerdüse. Kennwerte von Gegenstrahlelementen enthält Tabelle 1.3.

Infolge ihrer relativ hohen Verstärkung und geringen Belastungsabhängigkeit eignen

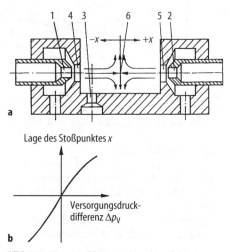

a

Lage des Stoßpunktes x

Versorgungsdruckdifferenz Δp_V

b

Bild 1.32. Gegenstrahlelement (Impaktmodulator). **a** Prinzipieller Aufbau, *1* und *2* Versorgungsdüsen, *3* transversale Steuerdüse, *4* axiale Steuerdüse, *5* Fangdüse, *6* Stoßpunkt, **b** Lage des Stoßpunktes *x* in Abhängigkeit von der Versorgungsdruckdifferenz Δp_V

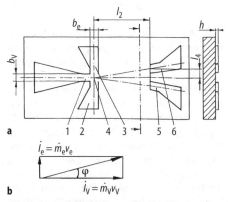

Bild 1.31. Planares Strahlablenkelement. **a** Prinzipieller Aufbau in Stegbauweise, *1* Versorgungsdüse, *2* und *3* Steuerdüsen, *4* Wirkraum, *5* und *6* Fangdüsen, **b** Fluidimpulsströme in vektorieller Darstellung

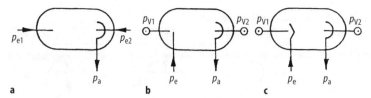

Bild 1.33. Varianten von Gegenstrahlelementen. **a** summierender Impaktmodulator (SIM) ohne Steuerdüsen, **b** transversaler Impaktmodulator (TIM) mit transversaler Steuerdüse, **c** direkter Impaktmodulator (DIM) mit axialer Steuerdüse

sich Gegenstrahlelemente zum Aufbau von Verstärkern, Vergleichern und Komparatoren für pneumatische Meß- und Regelgeräte.

1.7.3
Turbulenzelemente

In Turbulenzelementen wird der Umschlag von laminarer zur turbulenten Strömung eines Freistrahls ausgenutzt. Turbulenzelemente bestehen aus einem langen Versorgungskanal, einer dazu fluchtend angeordneten Fangdüse und aus einer (oder aus mehreren) quer zur Hauptstrahlachse liegenden Steuerdüse(n) (Bild 1.34).

Die Ausbildung von Turbulenz in dem ursprünglich laminaren Hauptstrahl erfolgt durch die querströmenden Steuerstrahlen oder in Sonderfällen durch Ultraschall.

Typische Kennwerte von Turbulenzelementen sind in Tabelle 1.3 enthalten. Turbulenzelemente werden als Verstärkerelemente (Abschn. 2.2.2) (maximale Druck-

verstärkung 10), logische NOR-Elemente (Abschn. 3.3) (maximale Belastungszahl bzw. fan out 4) und in Sonderfällen als Wandlerelemente (z.B. in Ultraschallsensoren) verwendet.

1.7.4
Wandstrahlelemente

In Wandstrahlelementen wird der Wandhafteffekt (Coanda-Effekt) von begrenzten Freistrahlen ausgenutzt. Wandstrahlelemente besitzen eine Versorgungsdüse, meist mehrere dazu senkrecht angeordnete Steuerdüsen, zwei von der Hauptstrahlachse versetzte Haftwände in Form eines Diffusors und zwei Fangdüsen (Bild 1.35a). Tritt aus der Versorgungsdüse ein Freistrahl (vorrangig turbulent) aus, so wird dieser durch den entstehenden Unterdruck (Un-

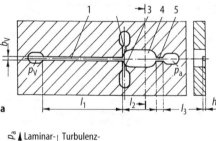

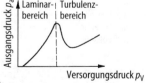

Bild 1.34. Planares Turbulenzelement. **a** Prinzipieller Aufbau, *1* Versorgungskanal, *2* und *3* Steuerdüsen, *4* Entlüftungsraum, *5* Fangdüse, **b** Versorgungskennlinie

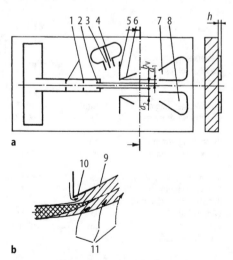

Bild 1.35. Planares monostabiles Wandstrahlelement. **a** Prinzipieller Aufbau in Stegbauweise, *1* Vordrosseln, *2* Versorgungsdüse, *3* und *4* Steuerdüsen, *5* Leitflächen, *6* Diffusor, *7* und *8* Fangdüsen, **b** Strahlhaftung, *9* turbulenter Freistrahl, *10* Unterdruckblase, *11* angesaugtes Fluid

Tabelle 1.3. Kennwerte und Eigenschaften von Strahlelementen

Kenngröße	Einheit	Turbulenzelement	Strahlablenkelement	Wandstrahlelement
Symbol				
Steuerkennlinie bei Leerlauf (L) und Belastung (B)				
Düsenabmessung d, b, h	mm	0,2...1	0,5...1	0,2...100
Versorgungsdruck p_v	kPa	0,5...20	1...200	1...100
Versorgungsstrom $\dot{V}_v$	cm³/s	10...20	5...50	10...50
Druckrückgewinn p_a/p_v	%	″60	50...70	40...65
Stromrückgewinn $\dot{V}_a/\dot{V}_v$	%	″10	30...80	nicht bekannt
Druckverstärkung V_p	1	″10	5...20	–
Belastungszahl (fan out)	Stück	″4	–	″6
Widerstände R	kPa · s/cm³	0,1...1	0,1...1	0,1...1
Verzögerungszeit	ms	1...6	1	0,5...2
Grenzfrequenz f_g	Hz	″200	″1000	″500

	Einheit	Wirbelkammerelement	Gegenstrahlelement
Symbol			
Steuerkennlinie bei Leerlauf (L) und Belastung (B)			
Düsenabmessung d, b, h	mm	10...50	0,4...1
Versorgungsdruck p_v	kPa	60...700	2...140
Versorgungsstrom $\dot{V}_v$	cm³/s	″10³	nicht bekannt
Druckrückgewinn p_a/p_v	%	″96	″60
Stromrückgewinn $\dot{V}_a/\dot{V}_v$	%	nicht bekannt	nicht bekannt
Druckverstärkung V_p	1	″10	20...200
Belastungszahl (fan out)	Stück	–	–
Widerstände R	kPa · s/cm³	nicht bekannt	nicht bekannt
Verzögerungszeit	ms	nicht bekannt	nicht bekannt
Grenzfrequenz f_g	Hz	″50	nicht bekannt

terdruckblase) zur Wand abgelenkt und haftet schließlich an dieser (Bild 1.35b).

Die Entstehung des Unterdruckes ist durch das aerodynamische Paradoxon einer Strömung zu erklären. Der Unterdruck ent-steht dadurch, daß auf Grund der Scher-spannung zwischen Strahl und Umge-bungsfluid der Freistrahl versucht, Fluid-partikel aus seiner Umgebung anzusaugen, was dann aber an der Begrenzungswand verhindert wird. Die Wandhaftung ist aber nur unter bestimmten Bedingungen stabil, z.B. bei relativ hoher Strahlgeschwindigkeit (hohe Reynolds-Zahl) und geringer Versetzung a_1 der Wand (Bild 1.35a). Bei ungleicher Versetzung ($a_2 > a_1$) haftet der Freistrahl stets an der geringer versetzten Wand (monostabiles Verhalten). Die Umschaltung des Freistrahls von der einen an die andere Wand erfolgt durch Steuerstrahlen, die die Unterdruckblase auffüllen und so die Unterdruckwirkung aufheben. Wandstrahlelemente (auch Haftstrahlelemente oder Coanda-Elemente genannt) weisen ein Schaltverhalten auf und werden als Logikelemente (Abschn. 3.3) und als Umschaltventile ohne mechanisch bewegte Teile für große Fluidströme (z.B. im Wasserbau, in der Klima- und Verfahrenstechnik) verwendet. Typische Kennwerte von Wandstrahlelementen enthält Tabelle 1.3.

1.7.5
Wirbelkammerelemente
In Wirbelkammerelementen (auch Vortex-Elemente genannt) wird der Dralleffekt einer Wirbelströmung ausgenutzt. Diese Elemente enthalten z.B. eine Wirbelkammer, einen dazu radial angeordneten Versorgungskanal, einen tangential angeordneten Steuerkanal und einen axial angeordneten Ausgangskanal (Bild 1.36a).

Das vom Versorgungskanal durch die Wirbelkammer zum Ausgangskanal fließende Fluid wird durch die Steuerströmung in Rotation versetzt, wobei die tangentiale Strömungsgeschwindigkeit in der Wirbelkammer den im Bild 1.36b gezeigten radialen Verlauf hat. Durch die Wirbelbildung wird die Durchflußzahl und damit auch der Durchfluß verringert, so daß hiermit eine Steuerung des Stromes möglich wird. Wegen dieser Besonderheit werden Wirbelkammerelemente vor allem als fluidische Drosseln, Dioden und Ventile ohne mechanisch bewegte Teile verwendet (Bild 1.37). Sie werden auch als Stellelemente mit relativ großen Abmessungen und zur Steuerung großer Volumenströme eingesetzt. Zu beachten ist, daß der Steuerdruck größer als der Versorgungsdruck sein muß ($p_e > p_v$).

In Sonderfällen finden Wirbelkammerelemente auch Anwendung zum Aufbau von Verstärkern und Sensoren, bei denen eine Fangdüse zur Rückgewinnung des Ausgangsdruckes p_a im Ausgangskanal liegt (Bild 1.37d). Einige Kennwerte von Wirbelkammerelementen sind in Tabelle 1.3 enthalten.

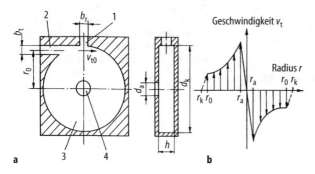

Bild 1.36. Wirbelkammerelement. **a** Prinzipieller Aufbau, 1 Versorgungskanal, 2 Steuerkanal, 3 Wirbelkammer, 4 Ausgangskanal, **b** Geschwindigkeitsverteilung in der Wirbelkammer

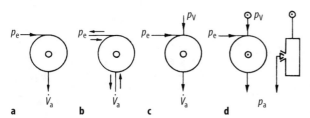

Bild 1.37. Varianten von Wirbelkammerelementen. **a** Drossel, **b** Diode, **c** Ventil, **d** Verstärker

Zur Bewertung von Wirbelkammerelementen dienen folgende Kennzahlen:

Steuerdruckverhältnis
(*engl.*: control pressure ratio)

$$CPR = \frac{p_e(\dot{V}_V = 0)}{p_V} \qquad (1.48)$$

Volumenstromverhältnis
(*engl.*: turn down ratio)

$$TDR = \frac{\dot{V}_V}{\dot{V}_e(\dot{V}_V = 0)} \qquad (1.49)$$

Leistungsverhältnis
(*engl.*: index of performance)

$$IP = \frac{TDR}{CPR} = \frac{p_V \dot{V}_V}{p_e \dot{V}_e(\dot{V}_V = 0)} \qquad (1.50)$$

Typische Werte dieser Kennzahlen liegen bei $CPR \geq 1{,}015$, $TDR \leq 14$ und $IP \leq 14$.

Literatur

1.1 Töpfer H, Kriesel W (1988) Funktionseinheiten der Automatisierungstechnik, 5. Aufl. Verlag Technik, Berlin

1.2 Töpfer H, Schwarz A (1988) Wissensspeicher Fluidtechnik. Hydraulische und pneumatische Antriebs- und Steuerungstechnik. Fachbuchverlag, Leipzig

1.3 Töpfer H, Schrepel D (1965) Berechnung und experimentelle Untersuchung eines verbesserten Systems Düse-Prallplatte. msr 8/2:44–48

1.4 Töpfer H, Siwoff F (1962) Verhalten des Systems Düse-Kugel als Steuereinheit. msr 5/8:369–374

1.5 Winkler R, Kramer K (1960) Näherungsweise Berechnung von Düse-Prallplatten-Systemen. Regelungstechnik 8/12:439–446

1.6 Liesegang R (1968) Zum Übertragungsverhalten von pneumatischen Drossel-Speicher-Gliedern. Regelungstechnik 16/4:150–157

1.7 Töpfer H (1959) Zeitkonstanten von pneumatischen Widerstands-Speichergliedern. Monatsberichte der Deutschen Akademie der Wissenschaften, Berlin Bd. 1, 451–458

1.8 Ehrlich H, Kriesel W (1966) Berechnung und experimentelle Untersuchung einstellbarer Drosseln vom Typ Kegel-Kegel und Kegel-Zylinder. msr 9/1:21–29

1.9 Töpfer H (1964) Über die Verringerung des Einflusses atmosphärischer Druckschwankungen auf das Verhalten von Geräten der Niederdruckpneumatik. msr 7/9: 304–309

1.10 Nothdurft H (1957) Eigenschaften von Metallbälgen. Regelungstechnik 5/10:334–338

1.11 Töpfer H, Rockstroh M (1964) Verhalten und Dimensionierung pneumatischer Übertragungsleitungen. msr 7/11:373–380

1.12 Rockstroh M (1970) Beitrag zur pneumatischen Signalübertragung in Systemen mit langen Übertragungsleitungen. Dissertation, TU Dresden

1.13 Töpfer H, Rockstroh M (1967) Impulsübertragung in pneumatischen Leitungen. msr 10/6:219–222

1.14 Schrepel D, Schwarz A, Rockstroh M (1972) Improved Fluidic Pulse Transmission System. 5. Cranfield-Fluidic-Conference, Paper G1, Uppsala 1972

1.15 Schrepel D (1972) Beitrag zur pneumatischen digitalen Informationsübertragung. Dissertation, TU Dresden

1.16 Schwarz A (1974) Möglichkeiten und Tendenzen der digitalen pneumatischen Informationsverarbeitung. Akademie der Wissenschaften der DDR, ZKI-Informationen 2, 12–18

2 Analoge pneumatische Signalverarbeitung

H. TÖPFER, P. BESCH

2.1 Arbeitsverfahren

Durch Kombination der im Kapitel 1 beschriebenen Grundelemente lassen sich eine Vielzahl von Baueinheiten und Geräten aufbauen [1.1, 1.2, 2.1–2.6]. Die hier und im Kapitel 3 verfolgte Darstellung aller relevanten Grundprinzipien pneumatischer Baueinheiten erlaubt den Verzicht auf eine breit angelegte Beschreibung konkreter Geräteausführungen. Mit einer Zerlegung in die hier erläuterten Prinzipien kann die Funktionsweise praktisch jedes industriellen pneumatischen Gerätes ohne Schwierigkeiten verständlich gemacht werden.

Nach dem Aufbau und damit nach der inneren Struktur der Signalübertragung kann zwischen dem Ausschlagverfahren und dem Kompensationsverfahren unterschieden werden (Bild 2.1).

- Baueinheiten oder Geräte, die als offene Kette in Reihenschaltung aufgebaut sind, arbeiten nach dem *Ausschlagverfahren*. Ihr Kennzeichen ist, daß sie primär keine Rückführungen enthalten.
- Baueinheiten oder Geräte, die Rückführungen (Gegenkopplungen) enthalten, arbeiten nach dem *Kompensationsverfahren*. Ihr Kennzeichen ist der Vergleich des rückgeführten Ausgangssignals mit dem Eingangssignal in einer Kreisschaltung.

2.1.1 Ausschlagverfahren

Der Aufbau dieser Baugruppen und Geräte als offene Kette bedingt, daß die Eingangsgrößen E durch in Reihe geschaltete Übertragungsglieder Ausgangsgrößen A erzeugen, wobei entweder eine Signalwandlung, eine Änderung des Signalpegels oder eine

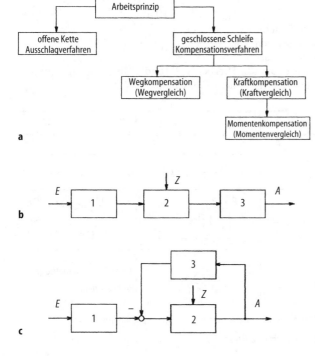

Bild 2.1. Arbeitsprinzipien analoger Baugruppen und Geräte. **a** Übersicht, **b** Struktur des Ausschlagverfahrens, **c** Struktur des Kompensationsverfahrens

Leistungsverstärkung erfolgt. Die Bezeichnung Ausschlagverfahren basiert heute nicht mehr darauf, daß meßbare Weg- oder Winkelausschläge vorhanden sind, obwohl dieser Bezug in der Meßtechnik ursprünglich vorhanden war.

Die Übertragungsfunktion der Reihenschaltung (Bild 2.1b) lautet

$$F(p) = F_1(p) \cdot F_2(p) \cdot F_3(p). \qquad (2.1)$$

Die nach diesem Arbeitsprinzip aufgebauten Baugruppen und Geräte haben folgende Eigenschaften:

- Störungen Z, die sich einschließlich Alterung und Verschmutzung auf das Übertragungsverhalten auswirken, können am Ausgang voll wirksam werden.
- Die erreichbare Genauigkeit ist dadurch unter den oft harten Einsatzbedingungen in der Meß- und Automatisierungstechnik eingeschränkt.
- Höhere Forderungen in der Anwendung sind damit nur durch einen hohen Aufwand bei der Herstellung und im Betrieb zu erfüllen.
- Vorteile sind der meist einfache Aufbau und die höhere Geschwindigkeit der Signalübertragung.

Zu den typischen Vertretern von Baueinheiten, die nach dem Ausschlagverfahren arbeiten, zählen z.B. einfache Widerstandsschaltungen, bei denen der lineare bzw. quadratische Zusammenhang von Durchfluß und Druckdifferenz bei Laminar-, bzw. Turbulenzwiderständen ausgenutzt wird. Das gelingt, wenn man im dafür geeigneten Druckbereich (Niederdruckbereich 0 bis 1 kPa) arbeitet und so die im Bild 2.2 skizzierten Funktionen realisieren kann. Obwohl diese Verfahren zur Ausführung solcher Operationen wie Multiplikation, Mittelwertbildung, Quadrieren, Radizieren usw. geeignet sind, werden sie praktisch meist in Kombination mit Kompensationsverfahren genutzt. Auch pneumatische Operationsverstärker ohne bewegte Bauteile sind meist nach dem Kompensationsprinzip aufgebaut.

2.1.2
Kompensationsverfahren

Dieses Arbeitsprinzip beruht auf der Rückführung des Ausgangssignals auf den Eingang. Hierbei wird durch eine Signalwandlung oder Verstärkung ein Ausgangssignal erzeugt, das die gewünschte Funktion erfüllt.

Die Übertragungsfunktion der Kreisschaltung (Bild 2.1c) lautet

$$F(p) = F_1(p) \frac{F_2(p)}{1 + F_2(p) \cdot F_3(p)}$$

$$= \frac{F_1(p)}{\dfrac{1}{F_2(p)} + F_3(p)}. \qquad (2.2)$$

Hierbei ist $F_2(p)$ die Übertragungsfunktion des unbeschalteten Verstärkers und $F_3(p)$

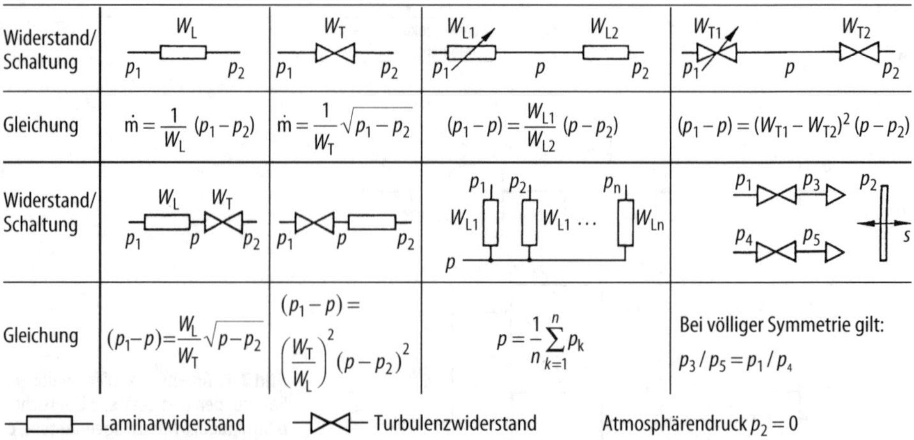

Widerstand/ Schaltung	W_L $p_1 \quad\quad p_2$	W_T $p_1 \quad\quad p_2$	W_{L1} $\quad\quad W_{L2}$ $p_1 \quad\quad p \quad\quad p_2$	W_{T1} $\quad\quad W_{T2}$ $p_1 \quad\quad p \quad\quad p_2$
Gleichung	$\dot{m} = \dfrac{1}{W_L}(p_1 - p_2)$	$\dot{m} = \dfrac{1}{W_T}\sqrt{p_1 - p_2}$	$(p_1 - p) = \dfrac{W_{L1}}{W_{L2}}(p - p_2)$	$(p_1 - p) = (W_{T1} - W_{T2})^2(p - p_2)$
Widerstand/ Schaltung	$W_L \quad W_T$ $p_1 \quad p \quad p_2$	$W_T \quad W_L$ $p_1 \quad p \quad p_2$	$p_1 \quad p_2 \quad\quad p_n$ $W_{L1} \ \| \ W_{L1} \cdots W_{Ln}$ p	$\dfrac{p_1 \ \rhd\lhd \ p_3}{p_4 \ \rhd\lhd \ p_5} \ p_2 \vert s$
Gleichung	$(p_1 - p) = \dfrac{W_L}{W_T}\sqrt{p - p_2}$	$(p_1 - p) =$ $\left(\dfrac{W_T}{W_L}\right)^2 (p - p_2)^2$	$p = \dfrac{1}{n}\sum\limits_{k=1}^{n} p_k$	Bei völliger Symmetrie gilt: $p_3/p_5 = p_1/p_4$

—▭— Laminarwiderstand   —▷◁— Turbulenzwiderstand   Atmosphärendruck $p_2 = 0$

Bild 2.2. Widerstandsschaltungen nach dem Ausschlagverfahren

die Übertragungsfunktion der Rückführung. Werden Verstärker mit hohen Verstärkungsfaktoren verwendet, so haben Veränderungen des Verhaltens von F_2 (z.B. Schwankungen des Speisedruckes, Änderungen der Düsenquerschnitte durch Verschmutzung) wenig Einfluß auf das Verhalten der Kreisschaltung - und zwar um so weniger, je größer der Übertragungsfaktor K_2 des Verstärkers ist. Das Verhalten der Schaltung wird dann wesentlich vom Verhalten der Rückführung F_3 bestimmt. Durch die Verwendung passiver Bauglieder, deren Verhalten sich praktisch nicht ändert, ist das Übertragungsverhalten der Kreisschaltung weitgehend invariant und damit gut reproduzierbar.

Die nach diesem Arbeitsprinzip aufgebauten Baugruppen und Geräte haben folgende Eigenschaften:

- Am Vorwärtszweig auftretende Störungen Z werden in ihrer Auswirkung auf den Ausgang weitgehend kompensiert.
- Es können mit vertretbaren Forderungen an Fertigung und Wartung relativ hohe Genauigkeiten erreicht werden.

- Der Aufbau ist zwar aufwendiger, jedoch kann durch die Wahl der Rückführung auch das Zeitverhalten mit einfachen Mitteln beeinflußt werden.

Der Vergleich zeigt, daß jedes Verfahren seine Berechtigung hat und die Auswahl vor allem von den jeweiligen Einsatzbedingungen und Genauigkeitsforderungen abhängt. Daneben wird die Entscheidung auch von den Kosten beeinflußt.

Da in der Pneumatik die Eingangsgröße meist als Weg, als Kraft oder als Drehmoment vorliegt, wird auch das rückgeführte Signal in die entsprechende physikalische Größe gewandelt. So kann man zwischen Wegvergleich (Wegkompensation), Kraftvergleich (Kraftkompensation) und Momentenvergleich (Momentenkompensation) unterscheiden.

Typische Beispiele dafür zeigt Bild 2.3.

Wegkompensation (Bild 2.3a). Das in einen Druck p_2 zu wandelnde Eingangssignal p_1 wird durch ein Wellrohr in einen Weg s_1 umgeformt. Bei Veränderung von s_1 wird der Hebel H um A gedreht, es ergibt sich

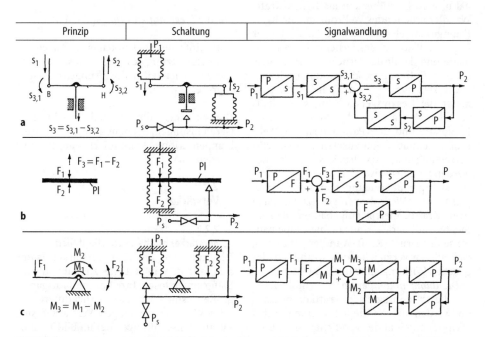

Bild 2.3. Kompensationsverfahren/Vergleichsverfahren. **a** Wegvergleich, **b** Kraftkompensation, **c** Momentenkompensation

eine Lageänderung am Ausgang s_3 um s_{31}. Dieser Weg verändert über das System Düse-Prallplatte den Druck p_2, damit wird s_3 um s_{32} in entgegengesetzter Richtung verstellt, also H um B gedreht. Der Hebel ändert seine Lage so lange, bis bei $s_3 = s_{31} - s_{32}$ Gleichgewicht herrscht, also $p_2 = k\,p_1$ erfüllt ist. Die Wellrohre arbeiten hier als Druck-Weg-Wandler.

Die durch den Strahl hervorgerufene Kraft wird bei dieser Betrachtung vernachlässigt. Die Verstärkung k hängt vom Übersetzungsverhältnis am Hebel H, der Steilheit bzw. Verstärkung des Systems Düse-Prallplatte, sowie von den Eigenschaften des „Rückführ- bzw. Kompensationswellrohrs" und des Eingangswellrohrs ab. Das Prinzip des Wegvergleichs wird meist dann angewendet, wenn die Eingangsgröße bereits als Weg vorliegt oder wenn gleichzeitig eine Anzeige oder Registrierung durch Zeigergeräte gefordert wird. Als Druck-Weg-Wandler kommen Membranen, Wellrohre oder für den Eingang p_1 auch Bourdonfedern zum Einsatz.

Kraftkompensation (Bild 2.3b). Das in einen Druck p_2 zu wandelnde Eingangssignal p_1 wird hier über ein als Druck-Kraft-Wandler arbeitendes Wellrohr in eine Kraft F_1 umgewandelt. Das hat eine Änderung der Lage der Platte Pl des Systems Düse-Prallplatte und damit des Druckes p_2 zur Folge, bis $F_1 = F_2$ bzw. $p_2 = kp_1$ ist, d.h. Gleichgewicht zwischen F_1 und F_2 herrscht. Hier hängt die Gesamtverstärkung k ebenfalls von der Verstärkung des Systems Düse-Prallplatte und den Parametern der Wellrohre, nicht aber von zusätzlichen Hebelübersetzungen ab. Als Druck-Kraft-Wandler werden vorzugsweise Membranen – sie lassen sich gut übereinander anordnen (stapeln) – oder Wellrohre eingesetzt. Die nach dem Kraftvergleich aufgebauten Bauelemente und Geräte sind an die Stapelbauweise der Druck-Kraft-Wandler gebunden, weil alle zu vergleichenden Kräfte auf der gleichen Wirkungslinie liegen müssen.

Drehmomentkompensation (Bild 2.3c). Bei dieser modifizierten Kraftkompensation werden die Kräfte über einen Hebel (Wippe) miteinander verglichen, so daß sie nicht auf der gleichen Wirkungslinie liegen müssen. Die Verstärkung und die Genauig-

keit können über das Verhältnis der Hebelarme gezielt beeinflußt werden, wodurch die zusätzlichen Fehler, die durch die Lagerung der Wippe entstehen, wieder reduziert werden können. Als Druck-Kraft-Wandler werden vornehmlich Wellrohre verwendet. Die Geräte nach dem Momentenvergleich sind somit an die Wippenbauweise gebunden.

Ein Vergleich zwischen Weg-, bzw. Kraft- und Momentenkompensation ergibt einige wichtige Aspekte.

Für die *Kraft-* und *Momenten-Kompensation* sprechen

– die kleinen Wege der elastischen Elemente, daher die hohe Lebensdauer,
– geringe Änderungen der wirksamen Flächen und geringe störende elastische Kräfte,
– die Reduzierung der Reibungsquellen (Gelenke) und des Verschleißes, daher höhere Lebensdauer sowie geringe Wartung,
– die erreichbare hohe Genauigkeit,
– der übersichtliche und servicefreundliche Aufbau der Geräte.

Für die *Wegkompensation* sprechen

– die einfache Möglichkeit einer Anzeige durch Nutzung des Wegsignals,
– die Möglichkeit rückwirkungsfreier Abgriffe.

Die Nutzung aller Vorteile ergibt auch Gerätelösungen, bei denen Kraft- und Wegkompensation kombiniert angewendet werden.

2.2
Verstärker

2.2.1
Verstärker mit bewegten Bauteilen

Die Aufgaben analoger Verstärker lassen sich mit den in Tabelle 2.1 aufgeführten Baugruppen lösen. Ihre Ein- und Ausgangsgrößen sind Drücke, Druckdifferenzen oder Wege. Die analogen Verstärker sind Zusammenschaltungen der im Bild 2.2 skizzierten Widerstandsnetzwerke mit Wippen- oder Stapelgliedern nach Bild 2.4. In diesen

Tabelle 2.1. Überblick zu den Aufgaben analoger Baugruppen

Aufgabe	Eingang	Ausgang	Operation, Verhalten	Typische Bauweise	Typische Anwendung	Beispiel Bild Nr.
Vergleich (Soll-Ist-Mischstelle)	P_{E1} P_{E2}	P_A	Subtraktion Addition	Stapelprinzip Wippenprinzip	Regler Grenzwertglied	2.4
Verstärkung Druck/Menge	P_E $\varnothing\, P_E$	P_A $(\dot{m}_A)$	$P_A = k_1 P_E$	Stapelprinzip Wippenprinzip	Regler Recheneinrichtung Handeinstellung	2.6 2.7
Rückführung Korrekturglied (Dynamik)	$P_E\,(P_A)$	P_R	$P_R = k_2 P_E$ $T_1 P_R + P_R = k_3 P_E$	Druckteiler Drossel-Speicher Mit-, Gegenkopplung	Regler Recheneinrichtung	2.5
Rechenein-richtungen (allgemein)	P_{E1} P_{E2}	P_A	Addition/Subtraktion Multiplikation/Division Radizierung/Potenzie-rung	Wippenprinzip Widerstands-schaltungen	Mittelwertbildung Radizierung von Wirkdrücken Berechnung von Regelgrößen	2.10 2.11
Analogwert-speicherung	P_{E1}	$P_A\,(P_{E1})$	1:1-Abbildung des Eingangs und Halten über längere Zeit	Stapelbauweise aktiv/passiv	Halteglieder	2.12
Druck-Weg-Wandlung	P_E $\varnothing\, P_E$	$s;\ \varphi_A$	$s = k_4 P_E$	Weg über Stellzylinder oder Rollmembran	Anzeiger, Schreiber A/D-Umsetzer	2.13

Wippen- oder Stapelgliedern erfolgt primär die Operation Vergleichen.

Durch Reihen-, Parallel- oder Rückführschaltung der im Bild 2.5 angegebenen Korrekturglieder mit den skizzierten Baueinheiten zum Vergleichen wird das Zeitverhalten der Stapel- oder Wippenglieder bestimmt. Die in den Korrekturnetzwerken verwendeten Widerstände sind fest oder veränderlich. Werden sie als Einstellwiderstände für T_n, T_V bzw. K_P (s. Abschn. 2.4) eingesetzt, so ist eine relativ hohe Einstellgenauigkeit notwendig.

Für die zur Dämpfung oder in Rückführungen erforderlichen RC-Glieder sind Volumenelemente (Abschn. 1.4) bereits mit einer einfachen Kegel-Kegel-Drossel kombiniert, bei Feineinstellungen kann der oben beschriebene Einstellwiderstand zusätzlich eingesetzt werden.

Bild 2.6 gibt einen Überblick über die pneumatischen Verstärker. Der Druckverstärker Typ a) mit $K = 1$ wird lediglich als Trennverstärker eingesetzt. Die Trennverstärker müssen sehr genau arbeiten. Der Typ b) erlaubt dagegen relativ große Verstärkungen, ist allerdings für höhere Genauigkeiten (Fehler<2%) nicht geeignet, die Gegenkopplung erfolgt hier über die Strahlkraft der Düse. Eine für hohe Genau-

igkeiten geeignete Ausführung in Wippenbauweise, bei der die Verstärkung über das Hebelverhältnis l_R/l_E oder/und über das Druckteilerverhältnis k eingestellt werden kann, ist mit Typ c) skizziert.

Reine Leistungsverstärkung liegt bei den Modellen nach Bild 2.6d vor. Ist $p_E > p_A$, dann wird hier der untere Kegelsitz – großer Querschnitt – geöffnet, p_S beeinflußt direkt den Ausgang p_A, der Verstärker fördert dabei größere Luftmengen.

Bei $p_E < p_A$ wird dagegen die Doppelmembran angehoben, der obere Sitz geöffnet, und der Ausgang ist so lange mit der Atmosphäre verbunden, d.h. der Verstärker bläst die Luft in die Atmosphäre ab, bis $p_E = p_A$ ist.

Eine einfache kombinierte Druck- und Leistungsverstärkung zeigt Typ f), der wie d) aufgebaut ist, bei dem jedoch die Rückführung des Ausgangsdruckes über eine kleinere Fläche $A_2 < A_1$ erfolgt, wodurch $p_E > p_A$ wird.

Ein Verstärker vom Typ g) ist im Bild 2.7 dargestellt. Die durch p_E erzeugte Kraft drückt den Faltenbalg (2) gegen die einstellbare Nullpunktfeder (1) auf die Steuerkugel (4). Diese bildet mit dem durchbohrten beweglichen Steuerkolbenauslaß und der dort quergebohrten Vordrossel (3) – sie

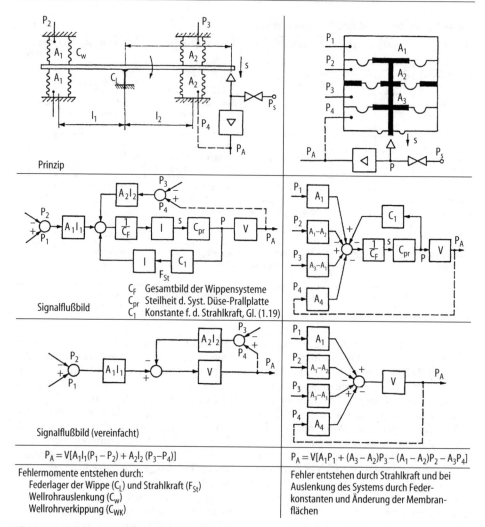

Bild 2.4. Grundformen des Kraft- und Momentenvergleichs

wird über p_S gespeist – ein System Düse-Kugel und erzeugt so den Ausgangsdruck p_A.

Im stationären Zustand gilt

$$p_A = p_E \frac{A_W}{A_{st}} - \frac{F_0}{A_{st}} \qquad (2.3)$$

F_0 Kraft der Nullpunktfeder
A_{st} Steuerkolbenfläche.

Steigt p_E, so wächst im Aussteuerbereich p_A entsprechend der statischen Verstärkung bis

maximal $p_A \approx p_S$. Ändert sich p_E jedoch darüber hinaus, so wird die Luft nicht mehr allein über die Vordrossel geliefert, sondern der Steuerkolben (5) wird jetzt ausgelenkt, und der Ausgang wird durch die Alternativsteuerung über einen relativ großen Öffnungsquerschnitt direkt mit dem Speisedruck oder der Atmosphäre verbunden. Dann fördert der Verstärker größere Luftmengen, wie sie für die schnelle Auffüllung der Volumen von Stellantrieben oder langen Leitungen erforderlich sind. Fällt p_E ab, dann wird das Wellrohr durch die Null-

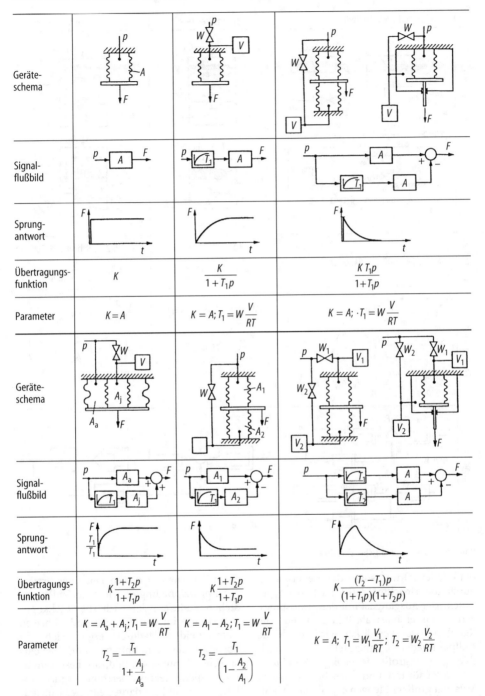

Bild 2.5. Korrekturglieder

Typ	Druck-Verstärker	Leistungs-Verstärker	Druck-Mengen-Verstärker
Prinzip	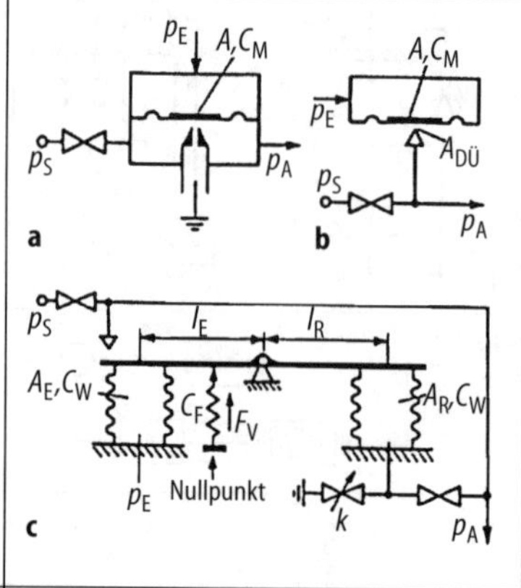 a, b, c	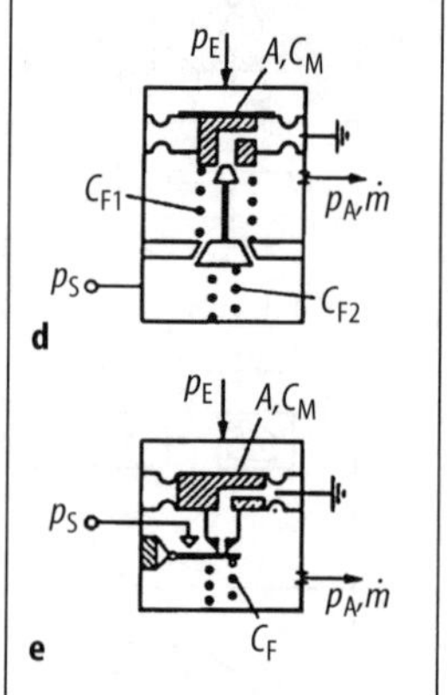 d, e	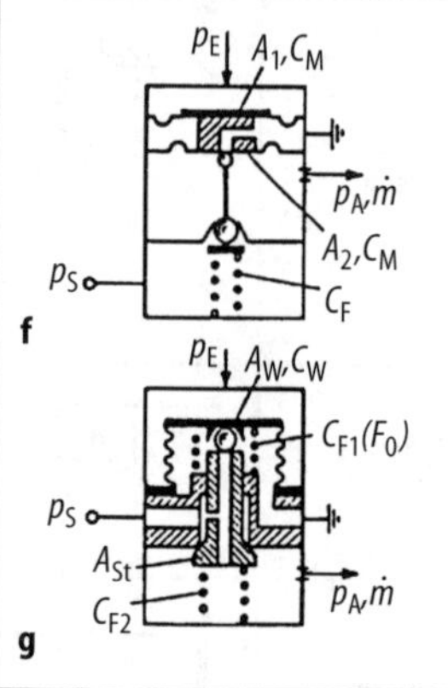 f, g
Verstärkung	$K=1;\ K<1000;\ K=f(k)$ einstellbar	$K \oplus 1$ $$\dot m_{max} \approx 25\ldots50\ \frac{l}{min}$$	$K \oplus 2 \ldots 5;$ bzw. $K \oplus 20$ $$\dot m_{max} \approx 25\ldots50\ \frac{l}{min}$$
Fehlereinfluß	$$\Delta\!\left(\frac{p_A}{p_E}\right) = f(A_W; C_M);$$ $$\Delta\!\left(\frac{p_A}{p_E}\right) = f\!\left(\frac{A_{D\ddot u}}{A}; C_M; F_{Str.}\right)$$ $$\Delta\!\left(\frac{p_A}{p_E}\right) = f\!\left(\frac{l_R}{l_E}; \frac{A_R}{A_E}; F_V; C_W; k; F_{Str.}\right)$$	$$\Delta\!\left(\frac{p_A}{p_E}\right) = f(A; C_M; C_{F1})$$ $$\Delta\!\left(\frac{p_A}{p_E}\right) = f(A; C_M)$$	$$\Delta\!\left(\frac{p_A}{p_E}\right) = f\!\left(C_M; \frac{A_2}{A_1}\right)$$ $$\Delta\!\left(\frac{p_A}{p_E}\right) = f\!\left(\frac{A_W}{A_{St}}; C_W; C_{F1}\right)$$
Signalbild	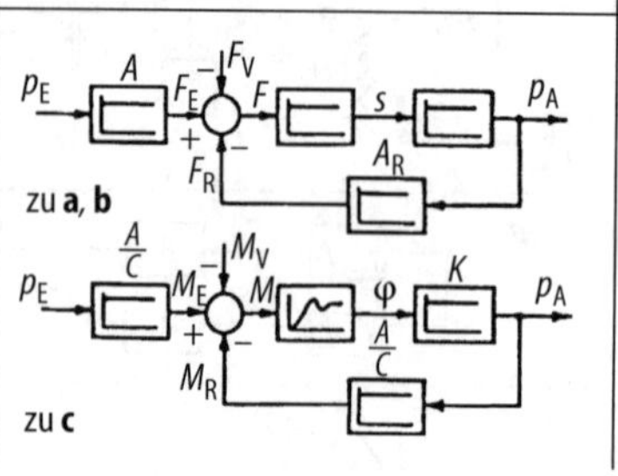 zu **a**, **b**; zu **c**	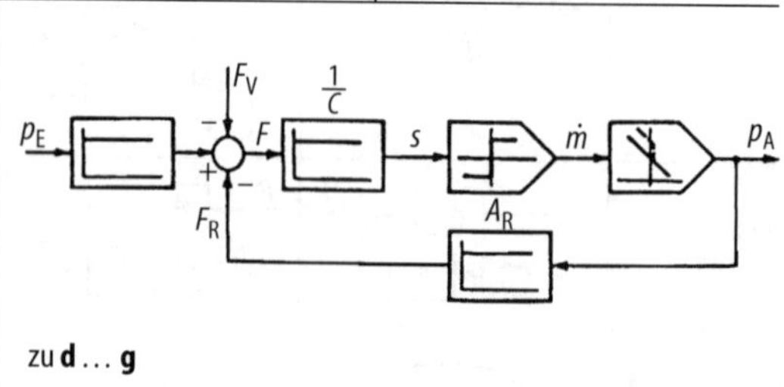 zu **d … g**	

Bild 2.6. Typen pneumatischer Verstärker

punktfeder (1) und somit der Steuerkolben durch die Druckfeder (9) nach oben gedrückt, der Ausgang ist mit der Atmosphäre verbunden, er bläst ab, Bild 2.7b zeigt die Kennlinie. Der Verstärker wird durch die Nullpunktfeder so eingestellt, daß er nach Bild 2.7c eine große Menge $\dot m_{zu}$ erst bei $p_E >$ 0,09 MPa fördert und auch bei $p_E <$ 0,03 MPa erst größere Mengen $\dot m_{ab}$ abblasen läßt. Es wäre durchaus möglich, die skizzierten Kennlinien steiler auszulegen, allerdings hätte das beim Einsatz des Verstärkers, z.B. in einem Regler, Konsequenzen für dessen Stabilität. Die bei diesen Leistungsverstärkern prinzipbedingten Umsteuerfehler entstehen dadurch, daß sich die Rückkopplungskräfte im Fall Fördern und Abblasen unterscheiden, dadurch ergibt sich ein Sprung in der Kennlinie $p_A = f(\dot m)$. Das entsprechende Signalflußbild, das diese Kennlinie als nichtlineares Übertragungsglied enthält, ist im Bild 2.6 dargestellt. Der Umsteuerfehler kann allerdings durch ein künstliches Leck in Form einer angepaßten Abströmdrossel beseitigt werden, wenn dafür der zusätzliche Luftverbrauch in Kauf

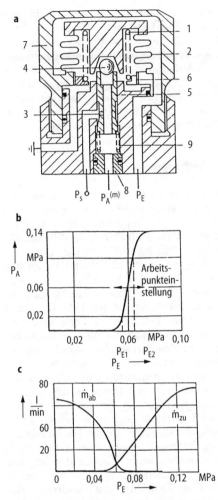

Bild 2.7. Druck-Leistungsverstärker. **a** konstruktiver Aufbau: *1* Nullpunktfeder, *2* Wellrohr, *3* Vordrossel, *4* Steuerkugel, *5* Steuerkolben, *6* Einstellring, *7* Kappe (Feineinstellung), *8* Verschluß, *9* Druckfeder, **b** stationäre Kennlinie, **c** Luftleistungskennlinie

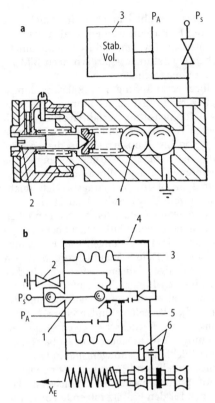

Bild 2.8. Druckgeber. **a** Stützdruckgeber: *1* Kugeln, *2* Einstellschraube, *3* Stabilisierungsvolumen, **b** Druckgeber: *1* Alternativsteuerung, *2* Drossel, *3* Meßbalg, *4* Federband, *5* Wippe, *6* Anschläge $P_A = 0,02...0,1$ MPa

genommen wird. Die Hilfsdruckabhängigkeit dieses Verstärkers beträgt im Arbeitspunkt bei 0,06 MPa etwa 0,1%, bei Abweichungen von $p_S = 0,14$ MPa ±10%.

Für einfache Aufgaben, wie die Einstellung des Arbeitspunktes von Reglern, werden sogenannte Stützdruckgeber einfachster Konstruktion nach Bild 2.8a angewendet. Über den Eingangsweg wird eine Feder vorgespannt, sie bestimmt den Ausgangsdruck p_A. Die Ferneinstellung der Stelldrücke oder Fixierung der Sollwerte

erfordert dagegen höhere Präzision und erfolgt mit einem Druckgeber nach Bild 2.8b. Das Eingangssignal ist ein Weg x_E, er wird über eine Feder in ein Moment der federgelagerten Wippe (5) umgeformt und mit dem über das Wellrohr (3) und die Alternativsteuerung erzeugten Gegenmoment verglichen. Das über die zusätzliche Drossel (2) erzeugte ständige Leck vermeidet die bereits beschriebenen Umsteuersprünge.

2.2.2
Verstärker ohne bewegte Bauteile
Zu den Arbeitsprinzipien analoger pneumatischer Verstärker gehören auch solche, die im Gegensatz zu den bisher besprochenen Fällen vornehmlich Grundelemente ohne bewegte Teile nutzen. Der Aufbau dieser Bauelemente und Geräte erfolgt mit

analogen Strahlelementen. In Anlehnung an die Elektronik werden Strahlablenkelemente (Abschn. 1.7.1, Bild 1.31) zu pneumatischen Operationsverstärkern nach Bild 2.9 zusammengeschaltet.

Ihre Verknüpfung mit Rückkopplungsnetzwerken führt zu Schaltungen, die nach dem Kompensationsverfahren arbeiten. Mit diesen Verstärkern sind Verstärkungen von $K \approx 500$ bis 4000 erreichbar, die Verstärkung ist vom Speisedruck abhängig, die Kennlinien sind gut linear, das Ausgangssignal bleibt im Sättigungsbereich unabhängig vom Eingangsdruck konstant.

Komplette Gerätesysteme oder Baureihen sind in dieser Form bisher nicht bekannt geworden. Die Anwendungen sind bisher nur für spezielle Fälle bekannt geworden. Wegen der günstigen Eigenschaften fluidischer Rückführschaltungen, wie einfacher Aufbau, kleines Bauvolumen, gutes statisches und dynamisches Verhalten, sind breitere Anwendungen für Rechenschaltungen, Regeleinrichtungen usw. möglich. Zum Aufbau fluidischer Rückführschaltungen sind in [2.7–2.11] einige grundlegende Angaben zu finden.

An pneumatische Operationsverstärker werden für den Einsatz folgende Forderungen gestellt: hohe Verstärkung, großer Eingangswiderstand R_{Ci}, kleiner Ausgangswiderstand R_o, geringe Phasendrehung, große Grenzfrequenz, geringe Drift (Alterung, Temperatur, Speisedruck), geringes Rauschen, großer Arbeitsbereich, große Ausgangsleistung, kleine Speiseleistung.

Die Vorteile fluidischer analoger Verstärker ohne bewegte Bauteile liegen im kleineren Bauvolumen, dem geringeren Leistungsbedarf, der höheren Grenzfrequenz, der höheren Ansprechempfindlichkeit, der

größeren Lebensdauer und geringeren Empfindlichkeit gegen Temperatur- und Lageänderungen und gegen Vibration. Gewisse Probleme bereitet vom Aufwand, falls erforderlich, die Signalanpassung des Pegels und der Ausgangsleistung (Verstärkung), die nach wie vor in konventioneller Technik erfolgt, ähnlich ist die Lage für die Aufgaben der Parameterverstellung.

2.3
Rechengeräte

Rechenoperationen lassen sich sowohl mit dem Stapel- als auch mit dem Wippenprinzip realisieren. Das Stapelprinzip eignet sich vorzugsweise für die Addition, die Mittelwertbildung und die Multiplikation mit einem konstanten Faktor, einfache Beispiele zeigt Bild 2.10. Die Benutzung des im Bild 2.10d angegebenen gesteuerten Druckteilers zur Multiplikation setzt Linearität der Widerstände und völlige Symmetrie voraus. Diese Voraussetzungen lassen sich nur im Niederdruckbereich erfüllen, dort wurden solche Funktionseinheiten auch mit Erfolg eingesetzt.

Beim Wippenprinzip läßt sich über das Produkt Kraft mal Hebelarm der Momentenvergleich günstig ausnutzen, dazu sollen zwei Funktionseinheiten als repräsentative Beispiele betrachtet werden. Die im Bild 2.11 dargestellten Funktionseinheiten sind durch eine entsprechende Belegung der Eingänge für die Rechenoperationen Multiplikation, Division, Radizieren und Quadrieren einsetzbar. Diese Funktionseinheiten arbeiten durchweg im Normaldruckbereich. Weitere Lösungen, wie pneumomechanische Fliehkraftintegratoren und Einrichtungen zur Extremwertauswahl sind in [2.12] beschrieben.

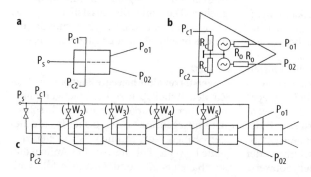

Bild 2.9. Pneumatischer Operationsverstärker. **a** Schaltsymbol des Strahlablenkverstärkers, **b** Schaltung des Operationsverstärkers, **c** Reihenschaltung mehrerer Operationsverstärker

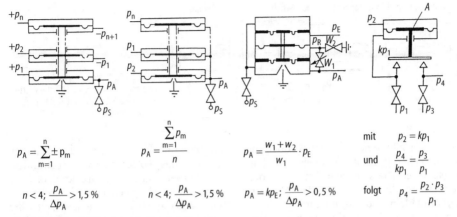

Bild 2.10. Rechenglieder nach dem Stapelprinzip

Dieser Überblick möge genügen, um die Leistungsfähigkeit der Pneumatik zur Realisierung von Rechenoperationen zu erläutern. Funktionen wie Integration und Differentiation werden durch Rückkopplungsschaltungen realisiert.

Müssen bei Rechenoperationen, zum Aufbau von Tastsystemen oder für Leitgeräte Analogwerte gespeichert werden, dann bedient man sich des sog. Analogwertspeichers. Er besteht nach Bild 2.12 aus einem Absperrglied und einem 1 : 1-Verstärker. Durch ein Signal (Einspeicher- oder Tastsig-

nal) p_T wird der Eingangsdruck p_E eingespeichert, der Wert sei p_Z, er bildet den Eingang des 1 : 1-Verstärkers, dessen Ausgang p_A sei. Ideales Verhalten ergäbe $p_E = p_Z = p_A$. Unvermeidbare Fehler bei der Einspeicherung, Undichtheiten des Absperrelements und Fehler des 1 : 1-Verstärkers bedingen einen Fehler des Analogwertspeichers. Durch Zuschalten von p_q können – wenn erforderlich – der Schaltpunkt und damit der Einspeicherzeitpunkt beeinflußt werden. In [2.13] sind dazu nähere Untersuchungen angestellt.

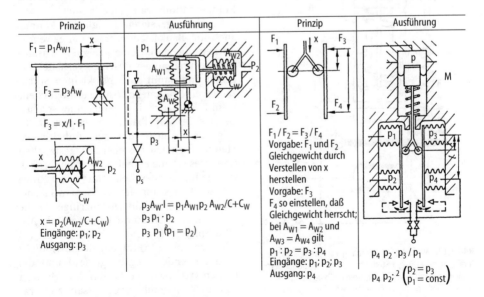

Bild 2.11. Rechenglieder nach dem Wippenprinzip

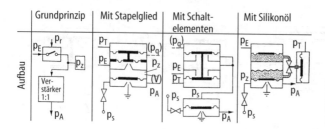

| Grundprinzip | Mit Stapelglied | Mit Schalt-elementen | Mit Silikonöl |

Bild 2.12. Analogwertspeicherung (Normaldruckbereich). Übliche Werte: Fehler <0,5%, Haltezeit T_H ″10 min, Umspeicherzeit T_U ″0,01...0,2 s

Bild 2.12 gibt einen Überblick über die Möglichkeiten des Aufbaus solcher Analogwertspeicher. Die statischen Fehler werden klein, wenn die Schaltwege der Absperrmembran klein sind, das Volumen V, in dem p_Z gespeichert wird, groß und der 1 : 1-Verstärker genau ist. Große Volumina V erhöhen zwar die erreichbare Haltezeit T_H, verschlechtern aber die Dynamik, ein Kompromiß ist stets erforderlich. Sind größere Haltezeiten T_H >10 min erforderlich, so werden Lösungen angewendet, die nach dem Prinzip des Folgeregelkreises arbeiten. Das zu speichernde Signal p_E wird dann in einen Weg umgewandelt, über diesen Weg wird ein Druckteiler verstellt oder die Vorspan-

nung einer Feder verändert und p_E so in den Sollwert des Folgesystems umgewandelt. Der Sollwert (Lage des Druckteilers oder Vorspannung einer Feder) wird durch Anlegen von p_T arretiert, die Speicherzeit wäre somit unbegrenzt. Detaillierte Darstellungen und nähere Angaben enthält [2.13].

Für Zwecke der Anzeige, wie in Bild 2.13 angenommen, der Verschiebung von Kodelinealen (A/D-Wandlung) usw. werden Druck-Weg-Wandler für größere Wege – oft als Weggeber bezeichnet – benötigt. Sie nutzen den Kraft- bzw. Momentenvergleich, wobei nach Bild 2.13 Eingangsdruckänderungen p_E bzw. Δp_E in einen Druck p_R gewandelt werden. Dadurch wird ein Stellmotor gegen eine Feder um den Weg s ausgelenkt und über Bänder in eine Drehbewegung φ_A einer Welle umgeformt. Der über ein Band zurückgeführte Weg wird über die Meßfeder in eine an der Wippe angreifende Kompensationskraft umgewandelt.

Die hier gezeigten Bauglieder können auch in Baukastensystemen angewendet werden, die durch eine geeignete Zusammenstellung ein gewünschtes Verhalten ergeben und damit auch bei kleinen Stückzahlen eine rationelle Lösung ermöglichen.

Im Bild 2.14 ist ein Beispiel eines solchen Gerätes in Stapelbauweise dargestellt. Es zeigt den Aufbau des aus einheitlichen Membranschalen bestehenden gestapelten Gehäuses (1), die einheitlichen Membranen (2), die biegesteifen Zentren (3), und Ringe (4) zur Bemessung der wirksamen Fläche, die Bolzen (5) und die Distanzringe (6), die die Membran zusammenspannen, die Abschlußplatten (7), die auch die Düsen (8) oder Schrauben (9) tragen, die zur Abdichtung dienenden Rundringe (10) und die Platten (11) sowie die Bolzen und Muttern (12) zur Verschraubung des gesamten Gerätes.

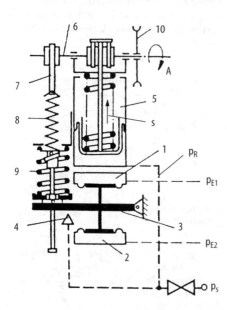

Bild 2.13. Weggeber. *1, 2* Eingangskammern, *3* Wippe (Prallplatte), *4* Düse, *5* Stellantrieb, *6* Welle mit Bändern, *7* Rückführband, *8* Meßfeder, *9* einstellbare Nullpunktfeder, *10* Seilscheibe für Zeigerantrieb, Hub S_{max} = 22 mm, p_E = 0,02...0,1 MPa

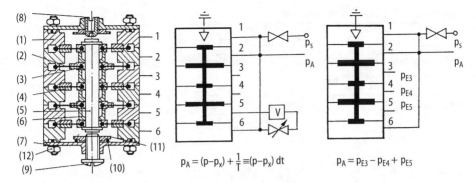

Bild 2.14. Aus Baukastenelementen zusammengesetztes Gerät

2.4
Pneumatische Regeleinrichtungen

2.4.1
Arbeitsweise

Mit den in den Abschn. 2.2 und 2.3 beschriebenen Verstärkern und Rechengliedern können Regeleinrichtungen aufgebaut werden.

Hierbei sind folgende Funktionen zu erfüllen:

– Erfassen der Regelgröße als Weg-, Kraft- oder Druckeingangsgröße,
– Vergleich mit der Führungsgröße, die als Weg, Kraft oder Druck der Regelgröße entgegengeschaltet wird,
– Berechnung der Reglerausgangsgröße mit dem gewünschten statischen und dynamischen Verhalten (Regelalgorithmus),
– Leistungsverstärkung der Reglerausgangsgröße,
– gegebenenfalls Anzeige von Regelgröße, Sollwert und Stellgröße, Einstellung der Reglerparameter, Hand-/Automatik-Umschaltung (Funktionen des Leitgerätes).

Die Struktur pneumatischer Regeleinrichtungen zeigt Bild 2.15.

Überwiegend werden Bauglieder mit bewegten Bauteilen verwendet, aus denen pneumatische Einheitsregler aufgebaut werden (Abschn. 2.4.2).

Daneben sind auch pneumatische Regler auf der Basis fluidischer Operationsverstärker entwickelt worden (Abschn. 2.4.3), deren Anwendung jedoch bisher auf Spezialfälle beschränkt geblieben ist.

2.4.2
Regler mit bewegten Bauteilen

Pneumatische Einheitsregler haben folgende allgemeinen Merkmale [2.2, 2.6]:

– Ein- und Ausgangssignale im Einheitssignalbereich (0,2…1,0 bar),
– Aufbau in Kreisstruktur,
– wählbarer Regelalgorithmus; üblich sind Regler mit P-, PI- und PID-Verhalten,
– Ausgangssignal wird über Druckleistungsverstärker erzeugt,
– Vorzeichenwechsel des Ausgangssignals ist möglich.

Die Gesamtfunktion wird durch Zusammenschaltung von Baugruppen zu Kompaktgeräten oder in Modulbauweise als Bausteingeräte erreicht.

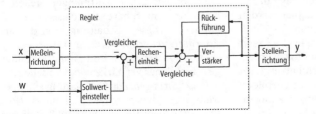

Bild 2.15. Struktur einer pneumatischen Regeleinrichtung

Vergleichsart   Wirkprinzip   Struktur

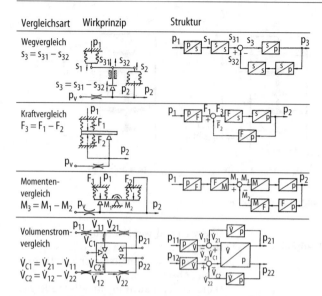

Bild 2.16. Pneumatische Vergleichs-einheiten

Der Aufbau pneumatischer Einheitsregler erfolgt nach dem Kompensationsverfahren (Kreisstruktur) entweder in Stapelbauweise oder in Wippenbauweise.

Vergleichseinheit. Hauptfunktionsteil ist dabei die Vergleichseinheit als Mischstelle zur Addition oder Subtraktion von Signalen. Hierbei werden bei Geräten nach der Stapelbauweise Membranen eingesetzt, der Vergleich erfolgt als Kraftvergleich. Bei den Geräten in Wippenbauweise wirken die Eingangsdrücke meist auf Metallfaltenbälge und der Vergleich erfolgt als Drehmomentvergleich. Bild 2.16 zeigt das Wirkprinzip und die Struktur von Vergleichseinheiten. Vergleichsglieder werden sowohl für die Bildung der Regelabweichung durch Vergleich von Regelgröße und Führungsgröße verwendet als auch am Eingang von Verstärkern zur Aufschaltung des Rückführsignals auf das Eingangssignal. Der Abgriff des Vergleichsgliedes erfolgt meist durch Weg-Druck-Wandler, z.B. bei der Ansteuerung eines Düse-Prallplatten-Systems.

Recheneinheit. Auf der Grundlage der in Abschn. 2.3 dargestellten Prinzipien werden Bauglieder als Bestandteil von Regeleinrichtungen verwendet. Tabelle 2.2 zeigt Schaltungen, die dabei eingesetzt werden. Durch Kraft- oder Drehmomentvergleich werden Summen oder Differenzen gebildet. Mit Hilfe von Hebelübersetzungen kann ein Signal mit einem konstanten Faktor multi-pliziert werden. Durch ein veränderliches Hebelverhältnis läßt sich ein Einstellbereich von etwa 1 : 10 realisieren. Auf diese Weise kann bei P-Reglern der Übertragungsfaktor K_P eingestellt werden.

Verstärker. Zur Druckverstärkung werden meist Düse-Prallplatten-Systeme verwendet. Sie zeichnen sich durch geringen Luftverbrauch und gut reproduzierbares Übertragungsverhalten aus. Wird ein Eingangssignal mit niedrigem Druck oder kleinem Differenzdruck (z.B. im Bereich 20 … 100 Pa) verwendet, so kann durch Gestaltung des Druck-Weg-Wandlers (Membranfläche) und großes Übersetzungsverhältnis des Hebels zur Ansteuerung der Prallplatte der Normaldruckbereich 0,02 … 0,1 MPa (0,2…1,0 bar) ausgesteuert werden. Es sind also bei unbeschaltetem Verstärker (ohne Rückführung) Übertragungsfaktoren von $K_V \approx 10^3$ und mehr realisierbar. Zur Leistungsverstärkung wird der Ausgang über ein Doppelsitzventil direkt mit dem Vordruck bzw. mit der Atmosphäre verbunden, so daß große Luftmengen geliefert bzw. zur Atmosphäre abgeblasen werden können. Diese Schaltung wird als *Alternativsteuerung* bezeichnet.

Funktionsschemata und Signalflußbilder gebräuchlicher Verstärker zeigt Tabelle 2.3.

Rückführungen. Zur Realisierung eines gewünschten dynamischen Verhaltens (PI-, PD-, PID-Algorithmen) werden Zeitglieder

Tabelle 2.2. Pneumatische Recheneinheiten

Aufgabe	Funktionsschema	Funktioneller Zusammenhang	Wesentliche Kennwerte Anschlußbelegung	Anwendung/Bemerkung
Addition Subtraktion		Allgemeine Beziehung $$P_a = \sum_{n=1}^{i} P_{e(2n-1)} - \sum_{n=1}^{k} P_{e2n}$$	üblich i, k " 3; Membrandurchmesser 20 mm " D " 60 mm	Summierglied; Mischstelle
		I. $P_a = P_{e1} + P_{e3} - P_{e2}$ II. $P_a = \dfrac{P_{e1} + P_{e2}}{2}$	Anschluß 0 1 2 3 I. Belegung P_a P_{e1} P_{e2} P_{e3} II. Belegung P_{e1} P_a P_{e3} P_{e2}	I. Summierglied II. Mittelwertbildung
Multiplikation mit konstantem Faktor		$P_a = K P_e$ mit $K = \dfrac{R_1 + R_2}{R_1}$	$K \geq 1$	Druckteilerschaltungen für K_P-Einstellung bei Reglern; Grundschaltung für Bewertungsbausteine
		$P_a = K P_e$ mit $K = \dfrac{l/2 - x}{l/2 + x}$	theoretisch: $K = 0$ bis $°$ Fehlerangaben für Reproduzierunsicherheit und Hysterese nur für definierten Bereich angebbar, z.B. für $K = 0{,}2 \ldots 1{,}5$	mechanische K_P-Bereichseinstellung bei P-Regler; Verhältnisglied in Rechengeräten

Tabelle 2.2. Fortsetzung

Aufgabe	Funktionsschema	Funktioneller Zusammenhang	Wesentliche Kennwerte Anschlußbelegung	Anwendung/Bemerkung
(noch) Multiplikation mit konstantem Faktor		$P_a = KP_e$ mit $K = \dfrac{A_1}{A_2}\dfrac{a}{l_1}\left(\dfrac{l_1-x}{b+x}\right)$ für $A_1 = A_2$ gilt	übliche Einstellbereiche $K_{min} : K_{max} = 1:10$	Anwendung bei Meßumformern zur Einstellung des Meßbereiches
Multiplikation mit variablem Faktor – veränderliches Hebelverhältnis		allgemein $P_a = K_{Pe1Pe2}$ $P_a = K_{MPe1Pe2}$ Multiplikation $P_a = K_D\dfrac{P_{e1}}{P_{e2}}$ Division $P_a = K_R\sqrt{P_e}$ Radizieren Hubcharakteristik des Stellantriebes S $x = \dfrac{2c}{c+1}$ x normierter Hub zwischen 0 und 1 c normiertes Eingangssignal ($c=0$ für $P=20$ kPa, $c=1$ für $P=100$ kPa)	Anschluß 1 2 3 Düse-Prallplatte: Mult. P_a P_{e1} P_{e2} I; Div. P_{e1} P_a P_{e2} II; Rad. P_e P_a P_a II; gilt für $A_1 = A_2$	Anwendung in pneumatischen Rechengeräten

Tabelle 2.2. Fortsetzung

Aufgabe	Funktionsschema	Funktioneller Zusammenhang	Wesentliche Kennwerte Anschlußbelegung				Anwendung/Bemerkung
			Anschluß	1	2	3	
Multiplikation mit variablem Faktor – veränderliche Federkonstante		$p_a = K_M p_{e1} p_{e2}$ $p_a = K_D \dfrac{p_{e1}}{p_{e2}}$ $p_a = K_R \sqrt{p_e}$	Mult. Div. Rad.	p_a p_{e1} p_e	p_{e1} p_a p_a	p_{e2} p_a p_a	Anwendung in pneumatischen Rechengeräten

als Rückführungen verwendet. Tabelle 2.4 zeigt eine Auswahl von Zeitgliedern und Kreisschaltungen mit einer verzögerten bzw. nachgebenden Rückführung. Die zugehörigen Übergangsfunktionen und Übertragungsfunktionen sind angegeben.

Reglerschaltungen. Ausgewählte Reglerschaltungen sind in Tabelle 2.5 dargestellt. Hier wird das Wippenprinzip zum Drehmomentenvergleich genutzt. Eine weitere Möglichkeit ist die Kreuzbalgwaage, mit der ein Wegvergleich stattfindet. Praktisch ausgeführte Regler nach diesem Prinzip werden als *Kreuzbalgregler* bezeichnet.

Für die Beurteilung einer Reglerschaltung sind weiter von Bedeutung:

- die Verkopplung der Reglerparameter,
- die Erfüllung von Zusatzfunktionen (z.B. Störgrößenaufschaltung),
- die Beherrschung verschiedener Betriebsarten (Strukturumschaltung).

Die Entkopplung der Einstellparameter in den in Tabelle 2.5 aufgeführten Reglerschaltungen wird u.a. erreicht durch die Bildung des D-Verhaltens im Meßzweig bzw. durch mechanische Einstellung der Reglerverstärkung. Die vollständige Verschaltung eines Reglers zeigt am Beispiel einer Kraftwaage mit 6 Wellrohren (Bild 2.17) Möglichkeiten zur Realisierung von Zusatzfunktionen und zur Beherrschung verschiedener Betriebsarten im Zusammenwirken mit einem Leitgerät. Bei P- und PI-Schaltungen können die verbleibenden Wellrohre für die Aufschaltung von Zusatzgeräten genutzt werden.

Häufigste Anwendungsfälle sind:

- Differentiale Aufschaltung einer Störgröße (DZ-Aufschaltung) (Bild 2.17),
- Erweiterung des Einstellbereiches der Reglerverstärkung durch zusätzliche Aufschaltung des Ausgangssignals auf eines der beiden Wellrohre.

Das Hand-Automatik-Umschaltglied dient zur:

- Verbindung des Ausgangssignals y_R des Reglers mit der Stelleinrichtung (3) bei Automatikbetrieb (gezeichnete Schaltstellung im Bild 2.17),

Tabelle 2.3. Pneumatische Verstärker

Verstärkerart	Funktionsschema	Signalflußbild	Wesentliche Kennwerte	Anwendung/Bemerkung
Druckverstärker			$K = 1$ $\dot{V} \approx 5...10\ \text{dm}^3/\text{min}$ (je nach Vordrossel) $K = f\left(\dfrac{A}{A_{D\ddot{u}}}\right)$ üblich $K < 1000$	1 : 1 Trennverstärker in Reglerschaltungen Verzögerungsglieder vernachlässigt
Leistungsverstärker			$K = 1$ $\dot{V}_{max}$ bis 50 dm³/min (je nach Steuerquerschnitt) $\Delta\left(\dfrac{P_a}{P_e}\right) = f(A, c_M, A_W)$	Verstärker zur Erhöhung der Signalübertragungsgeschwindigkeit Verzögerungsglieder vernachlässigt
Druck-Leistungsverstärker			$K \approx \dfrac{A_1}{A_2}$ $K = 3...20$ $\dot{V}_{max}$ bis 50 dm³/min	unterschiedliche wirksame Fläche für P_e und P_a unterschiedliche wirksame Membrandurchmesser
			$K \approx \dfrac{A_1}{A_2}$ $K \approx 20$ $\dot{V}_{max}$ bis 50 dm³/min	Differenzanordnung von Faltenbälgen Faltenbalg und Kugelsitz

Tabelle 2.4. Pneumatische Zeitglieder

Aufgabe	Funktionsschema	Signalflußbild	Übergangsfunktion/Übertragungsfunktion	Wesentliche Kennwerte	Bemerkungen
Pneumatisches RC-Glied T_1			$\dfrac{1}{1+T_1 P}$	$T_1 = RC$ $C = \dfrac{V}{R_G T}$	Übertragungsfunktion gilt exakt nur für laminare Drossel
Verzögerungsfreies Glied P			K	$K = A$	Übertragungsfunktion idealisiert, in Realität Verzögerungsglied vorhanden, Volumen muß extrem klein gehalten werden
Verzögerungsglied 1. Ordnung PT_1			$\dfrac{K}{1+T_1 P}$	$K = A$ $T_1 = RC$ $C = \dfrac{V}{R_G T}$	gezielter Aufbau für Zeitglieder; parasitär in allen realen gerätetechnischen Ausführungen
Nachgebendes Glied DT_1			$K\,\dfrac{T_1 P}{1+T_1 P}$	$A_1 = A_2 = A$ $K_1 = K_2 = K$ $C = \dfrac{V}{R_G T}$ $T_1 = RC$	Ausführung läßt sich in gleicher Form mit Membranen realisieren
PDT_1			$K\,\dfrac{1+T_2 P}{1+T_1 P}$	$A_1 \uparrow A_2$ $K = A_1 - A_2$ $T_2 = \dfrac{T_1}{1-\dfrac{A_2}{A_1}}$; $T_1 = RC$	

Tabelle 2.4. Fortsetzung

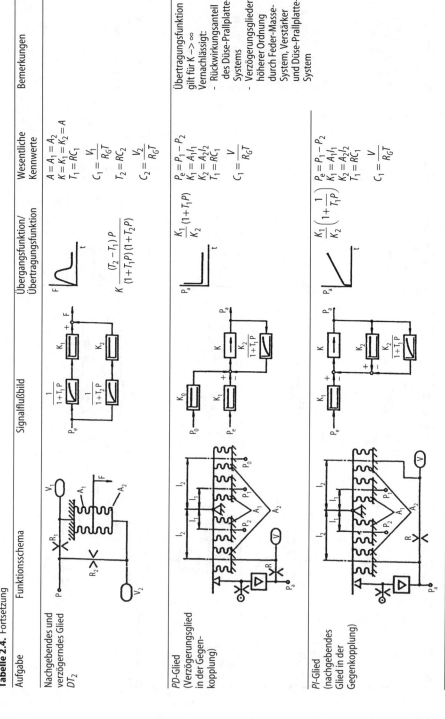

Aufgabe	Funktionsschema	Signalflußbild	Übergangsfunktion/Übertragungsfunktion	Wesentliche Kennwerte	Bemerkungen
Nachgebendes und verzögerndes Glied DT_2			$K\,\dfrac{(T_2-T_1)P}{(1+T_1 P)(1+T_2 P)}$	$A = A_1 = A_2$ $K = K_1 = K_2 = A$ $T_1 = RC_1$ $C_1 = \dfrac{V_1}{R_G T}$ $T_2 = RC_2$ $C_2 = \dfrac{V_2}{R_G T}$	
PD-Glied (Verzögerungsglied in der Gegenkopplung)			$\dfrac{K_1}{K_2}(1+T_1 P)$	$P_e = P_1 - P_2$ $K_1 = A_1 l_1$ $K_2 = A_2 l_2$ $T_1 = RC_1$ $C_1 = \dfrac{V}{R_G T}$	Übertragungsfunktion gilt für $K \to \infty$. Vernachlässigt: - Rückwirkungsanteil des Düse-Prallplatte-Systems - Verzögerungsglieder höherer Ordnung durch Feder-Masse-System, Verstärker und Düse-Prallplatte-System
PI-Glied (nachgebendes Glied in der Gegenkopplung)			$\dfrac{K_1}{K_2}\left(1+\dfrac{1}{T_1 P}\right)$	$P_e = P_1 - P_2$ $K_1 = A_1 l_1$ $K_2 = A_2 l_2$ $T_1 = RC_1$ $C_1 = \dfrac{V}{R_G T}$	

Tabelle 2.5. Ausgewählte Reglerschaltungen

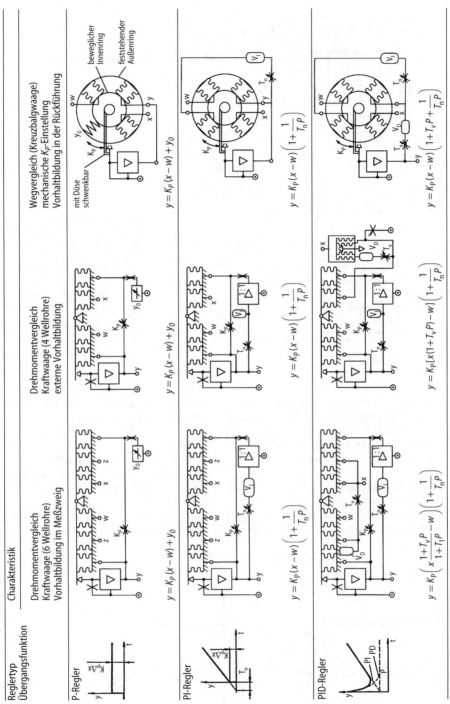

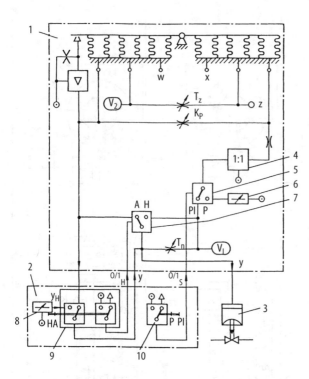

Bild 2.17. Verschaltung eines PI (DZ)-Reglers mit Handsteuerteil des Leitgerätes. *1* Regler, *2* Handsteuerteil des Leitgerätes, *3* Stelleinrichtung, *4* Trennverstärker, *5* P/PI-Strukturumschalter (pneumatisch angesteuert), *6* Stützdruckgeber (Arbeitspunkt für P-Regler), *7* A/H-Umschalter (pneumatisch angesteuert), *8* Handstelldruckgeber, *9* A/H-Umschalter, *10* P/PI-Umschalter, $0/1_H$ und $0/1_S$ binäre Schaltsignale

– Verbindung des Ausgangssignals y_H des Stelldruckgebers (8) im Leitgerät mit der Stelleinrichtung (3) bei Handbetrieb, wobei die T_n-Drossel zwecks *stoßfreier Umschaltung* überbrückt wird.

Je nach Ausführung des Gehäuses wird zwischen *Feld-* und *Wartenreglern* unterschieden. Kompaktregler enthalten meist die Funktionen der Anzeige und der Handein-

stellung von Parametern und Eingangsgrößen (Leitgerätefunktion).

2.4.3
Regler ohne bewegte Bauteile
Der Aufbau fluidischer Regler erfolgt entsprechend der Grundschaltung nach Bild 2.18.

Die Bilanz der Volumenströme an der Verzweigungsstelle *I* lautet

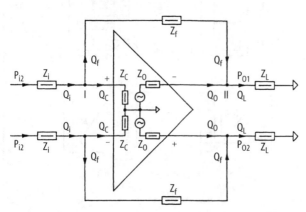

Bild 2.18. Grundschaltung fluidischer Regler

	Schaltung	Übertragungsgleichung	Kennwerte	Kennwerte
P	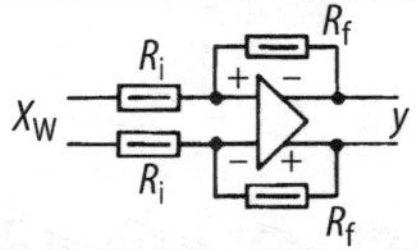 (Schaltbild)	$y = -K_p x_W$	$K_p = \dfrac{R_f}{R_i}\,\dfrac{G_{eff}}{1+G_{eff}}$	$G_{eff} = \dfrac{G_{OB}}{\left(1+\dfrac{R_O}{R_f}+\dfrac{R_O}{R_L}\right)\left(1+\dfrac{R_f}{R_C}+\dfrac{R_f}{R_i}\right)} \gg 1$
I	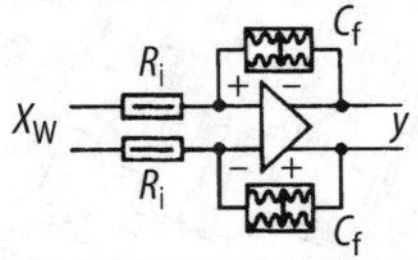 (Schaltbild)	$y = \dfrac{1}{\dfrac{1}{G_{eff}}+sT_I}\,x_W$	$T_I = R_i C_f$	$G_{eff} = \dfrac{G_{OB}}{\left(1+\dfrac{R_O}{R_L}\right)\left(1+\dfrac{R_i}{R_C}\right)} \gg 1$
D	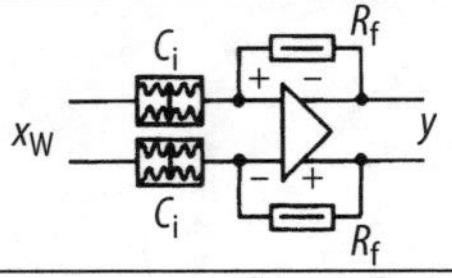 (Schaltbild)	$y = -\dfrac{sT_v}{1+sT_1}\,x_W$	$T_v = R_f C_i\,\dfrac{G_{eff}}{1+G_{eff}}$ $\dfrac{T_v}{T_1} = \left(1+\dfrac{R_f}{R_C}\right)$	$G_{eff} = \dfrac{G_{OB}}{\left(1+\dfrac{R_O}{R_f}+\dfrac{R_O}{R_L}\right)\left(1+\dfrac{R_f}{R_C}\right)} \gg 1$
PD	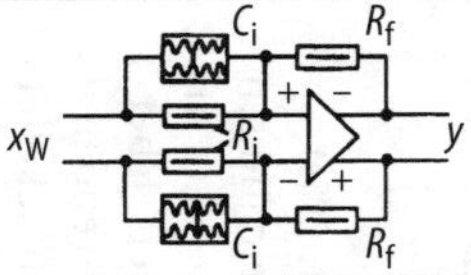 (Schaltbild)	$y = -K_p\,\dfrac{1+sT_v}{1+sT_1}\,x_W$	$K_p = \dfrac{R_f}{R_i}\,\dfrac{G_{eff}}{1+G_{eff}}$ $T_v = R_i C_f$ $\dfrac{T_v}{T_1} = \left(1+\dfrac{R_f}{R_C}+\dfrac{R_f}{R_i}\right)G_{eff}$	$G_{eff} = \dfrac{G_{OB}}{\left(1+\dfrac{R_O}{R_f}+\dfrac{R_O}{R_L}\right)\left(1+\dfrac{R_f}{R_C}+\dfrac{R_f}{R_i}\right)} \gg 1$
PI	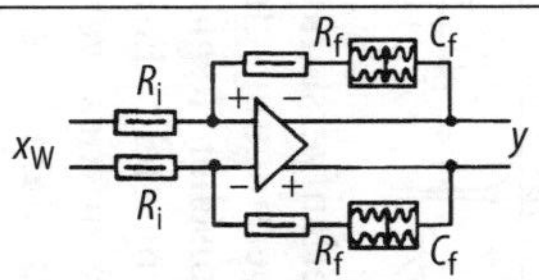 (Schaltbild)	$y = -K_p\,\dfrac{1+sT_n}{\dfrac{K_p}{G_{eff}}+sT_n}\,x_W$	$K_p = \dfrac{R_f}{R_i}$ $T_n = R_i C_f$	$G_{eff} = \dfrac{G_{OB}}{\left(1+\dfrac{R_O}{R_L}\right)\left(1+\dfrac{R_i}{R_C}\right)} \gg 1$
PID	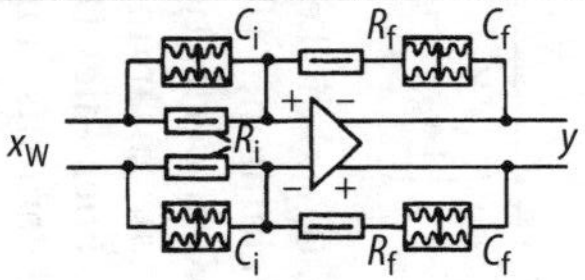 (Schaltbild)	$y = -K_p\,\dfrac{1+\dfrac{1}{sT_n}+sT_v}{\left(1+\dfrac{K_p}{sT_n}\,G_{eff}\right)(1+sT_1)}\,x_W$	$K_p = AR_f/R_i$ $T_n = AR_f/C_f$ $T_v = C_i R_i/A$ $K_p T_v/T_1 = (1+R_i/R_C)\,G_{eff}$ $A = 1+R_i C_i/R_f C_f$	$G_{eff} = \dfrac{G_{OB}}{\left(1+\dfrac{R_O}{R_f}+\dfrac{R_O}{R_L}\right)\left(1+\dfrac{R_i}{R_C}\right)} \gg 1$

Bild 2.19. Schaltungen, Übertragungsgleichungen und Kennwerte fluidischer Regler. Einstellbereich: $K_p = 0{,}16 \ldots 25$, $T_v = T_n = 6 \ldots 1000$ s, Grenzfrequenz: 100 Hz, Einstellmöglichkeit: I, P, (2 × R_i), PI, PD, PID, (2 × R_i), (2 × R_f)

Tabelle 2.6. Kennwerte des benutzten Strahlablenkelements und des daraus aufgebauten Operationsverstärkers

	Strahlelement	Operationsverstärker (5 Strahlelemente)
Speisedruck P_s	4 kPa	
Speisestrom Q_s	6 cm³/s	30 cm³/s
Speiseleistung $P_s Q_s$	24 mW	120 mW
Arbeitspunkt $0,5 (P_{c1} + P_{c2})$; $0,5 (P_{01} + P_{02})$	1 kPa 1 kPa	1 kPa 1 kPa
Steuerbereich $(P_{01} - P_{02})_{min} ... (P_{01} - P_{02})_{max}$	-2,2 kPa ... +2,2 kPa	-2,2 kPa ... +2,2 kPa
Eingangswiderstand R_c	0,53 kPa/cm³ s⁻¹	0,53 kPa/cm³ s⁻¹
Ausgangswiderstand R_0	0,49 kPa/cm³ s⁻¹	0,49 kPa/cm³ s⁻¹
Leerlaufverstärkung G_{0B}	5,4	290
Verstärkung bei Belastung G_{mB}	2,7	145
Grenzfrequenz f_g	500 Hz	300 Hz
Düsenquerschnitt $h \times b$	0,25 mm x 0,55 mm	0,25 mm x 0,55 mm
Abmessung $l \times b \times d$	48 mm x 24 mm x 2 mm	60 mm x 24 mm x 22 mm
Material	Hartgummi	Hartgummi, Alu

$$Q_C = Q_i - Q_f \tag{2.4}$$

und an der Mischstelle II

$$Q_L = Q_0 + Q_f . \tag{2.5}$$

Das sich einstellende Druckverhältnis hängt von der Eingangs- und Rückführimpedanz und von der Kreisverstärkung $G_{eff}(s)$ ab

$$\frac{\Delta p_0}{\Delta pi} = \frac{p_{01} - p_{02}}{p_{i1} - p_{i2}} = -\frac{Z_f}{Z_i} \frac{G_{eff}(s)}{1 + G_{eff}(s)} . \tag{2.6}$$

Die Kreisverstärkung ist

$$G_{eff}(s) = \frac{G_{0B}(s)}{\left(1 + \dfrac{Z_0}{Z_f} + \dfrac{Z_0}{Z_L}\right)\left(1 + \dfrac{Z_f}{Z_c} + \dfrac{Z_f}{Z_i}\right)} \tag{2.7}$$

wobei $G_{oB}(s)$ die Leerlaufverstärkung ist.

Schaltungen, Übertragungsgleichungen und Kennwerte typischer Regler sind in Bild 2.19 zusammengestellt. Einen Überblick über die Daten des verwendeten Strahlelements und daraus entwickelter Operationsverstärker gibt Tabelle 2.6, den konstruktiven Aufbau zeigt Bild 2.20.

Die symmetrische Beschaltung der Regler ist wegen der erforderlichen Synchronverstellung von R_i bzw. R_f durch Tandemwiderstände etwas aufwendig. Diese Schaltung gestattet dafür eine einfache Differenzbildung

für die Regelabweichung und sichert gute Arbeitspunktstabilität der Regler. $G_{eff}(s)$ ist also nach (2.7) von der Leerlaufverstärkung G_{oB} und den Ein- und Ausgangsimpedanzen des Operationsverstärkers abhängig und muß möglichst groß sein.

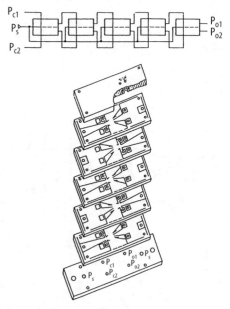

Bild 2.20. Schaltung und Aufbau eines fluidischen Operationsverstärkers

Die im Bild 2.19 skizzierten Fluidkondensatoren (zwei gleiche Faltenbälge durch eine starre Wand getrennt) sind elastische Kapazitäten, die als Reihenkondensatoren wirken und so an beiden Enden frei verschaltet werden können.

Wichtige technische Daten der Regler folgen unmittelbar aus der Bildunterschrift.

Literatur

2.1 Bittner HW (1970) Pneumatische Meßumformer ud Regler. Verlag Technik, Berlin

2.2 Bittner HW (1975) Pneumatische Funktionselemente, 2. Aufl. Verlag Technik, Berlin

2.3 Bork W (1994) Konstruktionsjahrbücher Ölhydraulik und Pneumatik 94/95. Vereinigte Fachverlage, Mainz

2.4 Isermann R (1993) Intelligente Aktoren. VDI-Bericht 277. VDI-Verlag, Düsseldorf

2.5 Janocha H (1992) Aktoren. Grundlagen und Anwendungen. Springer Berlin Heidelberg, New York

2.6 Strohrmann G (1990) Automatisierungstechnik. Grundlagen, analoge und digitale Prozeßleitsysteme, 2. Aufl. Oldenbourg, München Wien

2.7 Multrus V (1970) Pneumatische Logikelemente und Steuerungssysteme. Krausskopf, Mainz

2.8 Schädel HM (1979) Fluidische Bauelemente und Netzwerke. Vieweg, Wiesbaden

2.9 Schädel HM (1974) Grundlagen zur Berechnung von fluidischen Netzwerken. 3. Industrielle Fluidik-Tagung Zürich, Oktober 1974,(F1–F20)

2.10 Rockstroh M (1974) Prinzipielle Möglichkeiten der analogen Informationsverarbeitung mit fluidischen Elementen. Akademie der Wissenschaften der DDR, ZKI-Informationen 2, 47–54

2.11 Rockstroh M, Frei S, Pieloth M (1978) Struktur, Aufbau und Verhalten fluidischer Regler. msr 21/11:633–638.

2.12 Schwarz A (1973) Verarbeitung digitaler Informationen in Moduleinheiten. msr 16ap/3:65–68, 5:115–120

2.13 Schwarz A (1970) Beitrag zur gerätetechnischen Synthese pneumatischer Abtastsysteme. Dissertation, TU Dresden

3 Pneumatische Schaltelemente

H. Töpfer, P. Besch

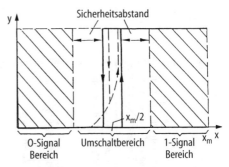

Bild 3.1. Kennlinie eines Schaltelements.
— idealisiert, ---- real

3.1 Arbeitsweise

Schaltelemente unterscheiden sich hinsichtlich ihres Aufbaus, ihrer Wirkungsweise, ihres logischen Verhaltens und der Art der verwendeten Hilfsenergie. Während z.B. ein elektrisches Relais einen Stromkreis unterbricht oder schließt, was den Signalzuständen *o* bzw. *1* zugeordnet werden kann, muß ein pneumatisches Schaltelement eine bestimmte Signalleitung ent- oder belüften, um die Signalzustände *o* oder *1* zu erhalten. Damit wird der Aufbau pneumatischer Schaltelemente bestimmt. Neben den Anschlüssen für die Eingangs- und Ausgangssignale müssen Anschlüsse für die Luftversorgung und für die Entlüftung der Ausgänge vorhanden sein. Im einfachsten Fall hat ein pneumatisches Relais einen Eingang, einen Ausgang, einen Speiseluftanschluß und eine Entlüftungsöffnung. Beim *1*-Signal wird der Ausgang von der Entlüftungsöffnung getrennt und mit dem Speiseluftanschluß verbunden. *o*-Signal bedeutet Entlüftung der Ausgangsleitung bei abgeschlossenem Speiseluftanschluß. Die Kennlinie eines Schaltelements ist in Bild 3.1 dargestellt.

Durch die Speiseluft wird dem Element Hilfsenergie zugeführt. Elemente mit Zufuhr von Hilfsenergie werden *aktive Elemente* genannt. Liefert dagegen das Eingangssignal gleichzeitig die zur Funktion erforderliche Speiseluft, dann ist das Element *passiv*. Daraus folgt, daß nicht zu viele passive Elemente hintereinandergeschaltet werden dürfen. Die Entscheidung, ob aktive oder passive Elemente verwendet werden, hängt von den Anforderungen an die Schaltung ab. Ein durch mehrere passive Elemente übertragenes Signal ist „geschwächt".

Für den Aufbau eines Schaltsystems ist weiterhin von Interesse, wieviel Eingänge nachgeschalteter Elemente an den Ausgang eines Schaltelements angeschlossen werden können. Diese Zahl wird als *fan out* („Auffächerung") bezeichnet.

Die übertragenen Signale werden durch die in der Signalstrecke liegenden Bauelemente und Leitungen verzögert. Die Schaltelemente, die Leitungen, Leitungsverzweigungen, -verengungen und -knicke wirken als Widerstände; alle aufzufüllenden Volumina, wie Kammern, Leitungen, bilden die Kapazitäten. Die Trägheitswirkung der transportierten Luftmasse wirkt sich als Induktivität aus. Zur Erzielung einer schnellen Signalübertragung müssen die Verzögerungsglieder, d.h. die Volumina möglichst klein gehalten werden. Andererseits können ausreichende Luftmassenströme, d.h. die erforderliche Leistung nur bei ausreichenden Strömungsquerschnitten übertragen werden. Es ist also in Abhängigkeit von den Anforderungen ein geeigneter Kompromiß zwischen Signalübertragungszeit und übertragbarer Leistung zu finden.

In Abhängigkeit vom verwendeten Speisedruck unterscheidet man zwischen Schaltelementen für Steuerungen im *Nieder-*, *Normal-* und *Hochdruckbereich*. Tabelle 3.1 zeigt ausgewählte Funktionsprinzipien und Kennwerte.

Nach dem Aufbau können zwei Typen von Elementen unterschieden werden:

- *Elemente mit bewegten Bauteilen*, wie Kölbchen, Membranen, Kugeln oder Folien, durch deren Lageänderung das angestrebte Schaltverhalten erreicht wird.

Tabelle 3.1. Ausgewählte pneumatische Schaltelemente

Elementeart	Funktionsprinzip		Versorgungsdruck kPa	Schaltzeit ms	Anwendung	Bemerkungen
Kolbenelement		Absperrung/Öffnung von Signalwegen durch Kolben-Zylinder-Paarung	100...600 (1000)	6...8	häufig bi- monostabil Mehrfunktionselement	Bauart wie Wegeventile, direkte Ansteuerung von Antrieben, für Realisierung weniger Logikoperationen geeignet
Kugelelement		Kugel verschließt Düsen, Steuerung der Widerstände	bis 600	1...10	wenig mono-, bi- und tristabil	dauernder Luftverbrauch in bestimmten Schaltstellungen
Membran-Schaltelement		Absperrung/Öffnung von Signalwegen durch Membran-Sitz-Paarung	140	2...5	sehr häufig monostabil Mehrfunktionselement	Grundelement für Bausteinsysteme, hohe Zuverlässigkeit
Membran-Sitzventilelement		Absperrung/Öffnung von Signalwegen durch membrangesteuerte Sitzventile	100...600 (1000)	>3	häufig monostabil Mehrfunktionselement	für stellantriebnahen Bereich Umfang an Logikoperationen gering
Folienelement		Steuerung der Signalwege durch freibewegliche Folien	100...200	>2	wenig mono- und bistabil	dauernder Luftverbrauch in einer Schaltstellung, keine Bausteinsysteme
Wandstrahlelement		Strahlwechselwirkung mit Umgebungswänden	2...20 (70)	1...2	rückläufig für Objekte mit extremen Umgebungsbedingungen (Temperatur, Strahlung)	integrierbar, auch zur Steuerung von Stoffströmen auslegbar
Turbulenzelement		Umschlag der Strömungsform des Freistrahles laminar – turbulent	1...10	1...3	rückläufig Realisierung der NOR-Funktion	für integrierte Bauformen wenig geeignet

Diese Elemente werden auch *statische Elemente* genannt.

– *Strahlelemente*, die ohne bewegte Bauteile arbeiten und bei denen strömungstechnische Effekte genutzt werden, um das gewünschte Verhalten zu erfüllen. Da die Funktionsweise dieser Elemente eine ständige Durchströmung erfordert, werden sie als *dynamische Elemente* bezeichnet.

3.2
Schaltelemente mit bewegten Bauteilen

Bei diesen Schaltelementen wird das gewünschte Schaltverhalten (Bild 3.1) durch Lageänderung von bewegten Bauteilen erreicht. Dabei unterscheidet man

– statische Elemente (mit Membranen oder Kolben), bei denen ein Luftverbrauch nur in der Umschaltphase auftritt,
– quasistatische Elemente (mit Kugeln und Federn), bei denen ein ständiger Luftverbrauch vorhanden ist.

In der Anwendung überwiegen die statischen Elemente.

Bei den statischen Elementen muß der Schaltpunkt in Abhängigkeit vom Eingangsdruck festgelegt werden. Dazu gibt es folgende konstruktive Möglichkeiten:

– der Schaltpunkt wird durch Federelemente bestimmt,
– der Schaltpunkt wird durch zusätzliche Stützdrücke bestimmt,
– der Schaltpunkt wird durch das Verhältnis der Wirkflächen bestimmt.

Vom Prinzip her handelt es sich bei diesen Elementen um diskret angesteuerte Druckteilerschaltungen, deren Widerstände W_1 und W_2 im geschalteten Zustand (Bild 3.2) stets zwei Grenzwerte $W_{1,2} \to \infty$ bzw. $W_{1,2} \to 0$ annehmen.

Die Bauelemente unterscheiden sich in der Luftleistung, den Schaltzeiten und der Baugröße nicht wesentlich voneinander [2.7, 3.1]. Zuverlässigkeit und Lebensdauer der Elemente sind allerdings nicht unwesentlich vom Konstruktionsprinzip abhängig. So haben sich besonders Elemente, die auf der Basis des Flächenverhältnisses arbeiten, bewährt, da hier weder zusätzliche Federn noch zusätzliche Stützdrücke erforderlich sind und die Elemente dadurch gegen Druckänderungen relativ unempfindlich sind.

Im folgenden soll als Beispiel das Doppelmembranrelais *DMR* (Bild 3.3) betrachtet

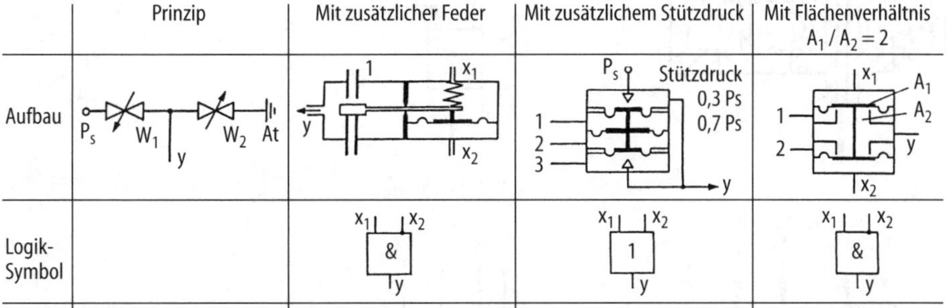

		Prinzip	Mit zusätzlicher Feder	Mit zusätzlichem Stützdruck	Mit Flächenverhältnis $A_1/A_2 = 2$

Aufbau row and **Logik-Symbol** row shown as diagrams.

Logik-Symbol: $\&$, 1 , $\&$

Schaltbelegung	W_1	W_2	y	x_1	x_2	1	2	y	1	2	3	y	x_1	x_2	1	2	y
	0	∞	1	0	0	At	P_s	1	x_1	0,7Ps	x_2		0	0	At	P_s	1
	∞	0	0	0	1	At	P_s	0	0	1	0	0	0	1	At	P_s	0
	0	0	0	1	0	At	P_s	1	1	1	1	1	1	0	At	P_s	1
	∞	∞	0	1	1	At	P_s	1	1	1	0	1	1	1	At	P_s	1
				0	0	P_s	At	0	0	1	1	1	0	0	P_s	At	1
				0	1	P_s	At	1	0,3Ps	x	At		0	1	P_s	At	1
				1	0	P_s	At	0	1	0	0	1	1	0	P_s	At	0
				1	1	P_s	At	0	1	1	0	0	1	1	P_s	At	1
									x	0,7Ps	At						
									0	1	0	0					
									1	1	0	1					

Bild 3.2. Typische Ausführungen von Schaltelementen. Übliche Werte: $Q_{max} = 1{,}2 \ m^3$ i.N./h, Schaltzeit 1...3 ms

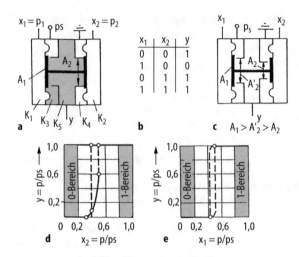

x_1	x_2	y
0	0	1
1	0	0
0	1	1
1	1	1

Bild 3.3. Doppelmembranrelais.
a symmetrischer Aufbau, **b** Schaltbelegungstabelle, **c** unsymmetrischer
Aufbau, **d** Kennlinie für a) bei $x_1 = p_S$,
e Kennlinie für c) bei $x_2 = p_S$

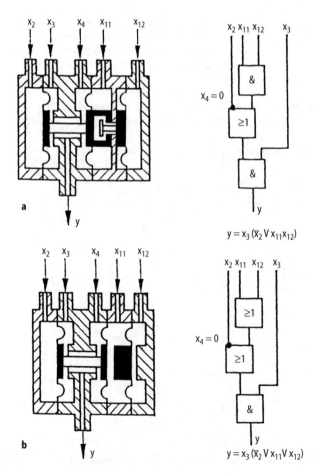

$$y = x_3 (\bar{x}_2 \vee x_{11}x_{12})$$

$$y = x_3 (\bar{x}_2 \vee x_{11} \vee x_{12})$$

Bild 3.4. Erweiterte Doppelmembranrelais mit **a** zusätzlicher UND-Verknüpfung, **b** zusätzlicher ODER-Verknüpfung

werden. In einem Gehäuse sind zwei starr miteinander verbundene Membranen angeordnet. Durch Zwischenwände werden 5 Kammern gebildet: die beiden abgeschlossenen äußeren Kammern K_1 und K_2, die beiden Ringkammern K_3 und K_4 sowie die Ausgangskammer K_5. Der freie Membranhub zwischen den Dichtsitzen beträgt etwa 0,1 ... 0,15 mm. Das wirksame Membranflächenverhältnis A_1/A_2 beträgt 2 : 1. In den beiden Schaltstellungen wird jeweils eine Ringkammer gegen die Ausgangskammer abgeschlossen. Die Funktionsweise kann aus der Kräftebilanz an der Doppelmembran abgeleitet werden. Liegt nur der Speisedruck p_S an, so gilt in Kammer 5: mit $A_1 = 2A_2$ wird $F = A_1 p_S - A_2 p_S = p_S(2A_2 - A_2) = A_2 p_S$. Daraus folgt, daß das Relais den rechten Sitz schließt bzw. den linken mit der Kraft F geöffnet hält. Kammer 3 ist mit p_S verbunden, es gilt $y = p_S$. Wird nun noch ein Druck an Kammer 1 gelegt, dann wird bei $p_1 \approx p_S/2$ der Gleichgewichtszustand vorhanden sein, bei $p_1 > p_S/2$ werden wegen $F = -A_2 p_1$ der linke Sitz geschlossen und der rechte Sitz geöffnet. Damit ist Kammer 5 mit der Atmosphäre verbunden, d.h. $y = p_{At} = 0$, wie auch die Schaltbelegungstabelle im Bild 3.3b zeigt. Weiterführende Darstellungen zu den einzelnen Schaltphasen der Elemente findet man in [3.1].

Nach Bild 3.3a ist das Relais symmetrisch ausgelegt, Hilfsenergie- bzw. Atmosphärenanschluß können vertauscht werden. Wird das Relais jedoch unsymmetrisch aufgebaut (Bild 3.3c), so kommt der Verlauf der Schaltkennlinie nach Bild 3.3d rechts bei $x^2 = 1$ wegen der Mitkopplung bei der Umschaltung dem idealen Verlauf sehr nahe.

Entsprechend Bild 3.4 lassen sich die Doppelmembranrelais durch zusätzliche UND- bzw. ODER-Verknüpfungen erweitern, wodurch eine wesentlich höhere Packungsdichte entsteht. Wenn auch die hier dargestellten Elemente die Realisierung der ODER-Funktion erlauben, verwendet man aus Gründen möglicher Vereinfachungen oft Dioden nach Bild 3.5, auf deren Erläuterung verzichtet werden kann.

Mit Hilfe der angebenen Elemente lassen sich alle erforderlichen logischen Operationen realisieren. Als Beispiel sind im Bild 3.6 einige Schaltungen angegeben.

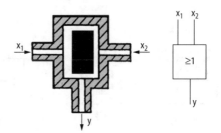

Bild 3.5. Diode als ODER-Glied

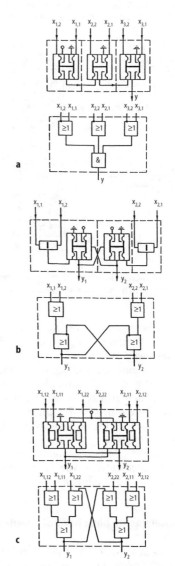

Bild 3.6. Schaltungsbeispiele. **a** UND-Funktion, **b** Flipflop, **c** Flipflop

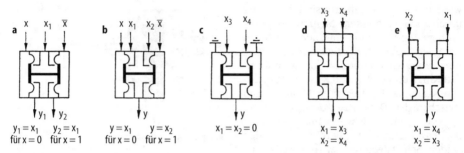

Bild 3.7. Spezielle Anwendungen des Doppelmembranrelais. **a** Signalweiche, **b** Umschalttor, **c** und **d** Maximumauswahl bzw. passive ODER-Funktion, **e** Minimumauswahl bzw. passive UND-Funktion

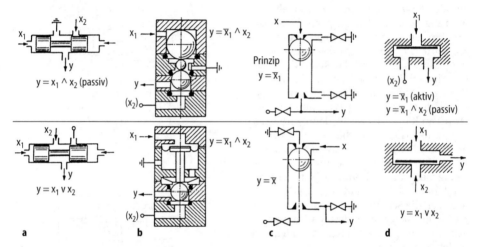

Bild 3.8. Weitere Logikelemente mit bewegten Bauteilen. **a** Kolbenelement (2mm), **b** Kugelelement, **c** quasistatisches Element mit Kugel, **d** quasistatisches Element mit Folie

Bild 3.7 zeigt die Verwendung der Elemente als Umschalter, Signalweiche oder zur Extremwertauswahl.

Schließlich sind im Bild 3.8 noch einige typische Elemente, die mit Kölbchen, Kugeln bzw. Folien arbeiten, skizziert, gleichzeitig werden damit zwei Beispiele für die quasistatischen Elemente angegeben, (Bilder 3.8c,d).

Ausführliche Beschreibungen weiterer Typen von Elementen sowie Literaturstellen sind in [2.7, 3.2] zu finden.

3.3
Schaltelemente ohne bewegte Bauteile

Im Gegensatz zu den statischen Elementen werden Schaltelemente ohne bewegte Bauteile im Betriebszustand stets von Luft durchströmt, sie haben also einen ständigen Luftverbrauch. Bei diesen Elementen werden Effekte der Strömungstechnik genutzt, deren Entdeckung bereits auf Prandtl (1904) und Coanda (1938) zurückgeht. Wegen des ständigen Luftverbrauchs arbeiten sie bei niedrigem Druckpegel ab 0,1 bis 10 kPa. Wegen des Fehlens bewegter Bauteile ist ihr Verschleißverhalten – bei sauberer Betriebsluft – wesentlich günstiger. Kennzeichen sind eine sehr kleine Baugröße, die Eignung zur Schaltungsintegration, die Möglichkeit einer einfachen Herstellung durch Spritzen, Ätzen u.ä. Ihre Nachteile sind die im Vergleich zu den statischen Elementen relativ geringe Ausgangsleistung und die durch gegenseitige Beeinflussung auftretenden Probleme beim Zusammenschalten der Elemente. Die Kombination solcher Elemente erfordert also Vorkenntnisse und Erfahrungen.

Grundprinzip ist die Steuerung eines aus einer Düse (Strahldüse) austretenden Speisestrahls mittels eines oder mehrerer Steuerstrahlen durch Ausnutzung

- der Strahlablenkung (Strahlablenkelemente),
- des Strömungsumschlags laminar-turbulent (Turbulenzelemente),
- des Wandhafteffektes (Wandstrahlelemente, Coanda-Effekt).

Die Steuerung erfolgt derart, daß der Strahl entweder zu der Fangdüse, die das Ausgangssignal liefert, hingelenkt oder von dieser abgelenkt wird bzw. daß der die Fangdüse erreichende Strahl entweder ungestört empfangen oder vom Steuerstrahl gestört und damit geschwächt wird. Nachfolgend werden diese drei Prinzipien und zugehörige Lösungen beschrieben.

Strahlablenkelemente (Impulsverstärker, Freistrahlelemente) beruhen auf der gegenseitigen Beeinflussung der Speise- und Steuerstrahlen durch Bildung eines resultierenden Strahls, dessen Richtung eine Funktion der Impulse der Strahlen ist. Man nutzt ein analoges Grundelement (Strahldüse-Fangdüse) durch Ansteuerung mit diskreten Signalen für logische Operationen.

Bild 3.9 zeigt einige Möglichkeiten, deren Einfachheit auch aus konstruktiver Sicht besticht. Auf Grund ihrer relativ geringen Verstärkung (Abschn. 1.7) eignen sie sich zum Aufbau logischer Elemente nur bedingt, weil die erforderliche Steuerleistung im Vergleich zur Eingangsleistung relativ hoch ist und so die Zusammenschaltung mehrerer Elemente begrenzt wird (geringes fan out). Deshalb findet man das Prinzip der Strahlablenkung in der Praxis nur in passiven UND- bzw. ODER-Vorsätzen am Steuereingang von Elementen, die nach den Prinzipien des Strömungsumschlags bzw. des Coandaeffektes arbeiten (Bild 3.10 bzw. 3.12).

Turbulenzelemente nach Bild 3.10 sind ähnlich aufgebaut wie Strahlablenkelemente, sie werden jedoch so ausgelegt, daß der die Strahldüse verlassende Strahl noch laminar ist und erst bei Ansteuerung durch den Steuerstrahl turbulent wird und „zerfällt". Die bei laminarer oder turbulenter Strömung in der Fangdüse empfangenen Signalamplituden sind deutlich als binäre Signale empfangbar ($A_{1-Sign}/A_{0-Sign} \approx 1 : 8$). Der erforderliche Steuerdruck liegt bei $p_{St} \approx 0{,}1 p_S$ und ist damit relativ niedrig. Daher ist auch der Durchfluß des Steuerstromes $\dot{m}_{st} \approx 0{,}1\ \dot{m}_s$. Damit erreicht man mit diesen Elementen eine brauchbare Verstärkung und ein fan out von etwa 4, d.h. ein Element kann 4 weitere ansteuern.

Der Übergang von der laminaren in die turbulente Strömung erfolgt stetig, so daß das Element kein ausgeprägtes Schaltverhalten aufweist. Die Kennlinien sind jedoch steil genug, um das Element bei Ansteuerung mit diskreten Signalen erfolgreich als Schaltelement betreiben zu können. Während die Elemente früher in koaxialer Bauweise relativ

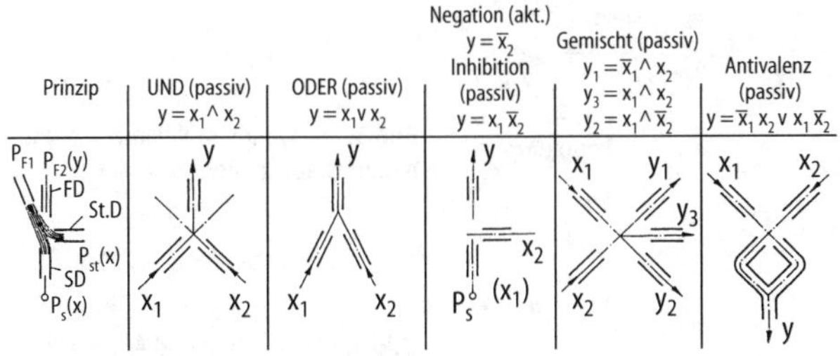

Bild 3.9. Prinzipieller Aufbau von Strahlablenkelementen

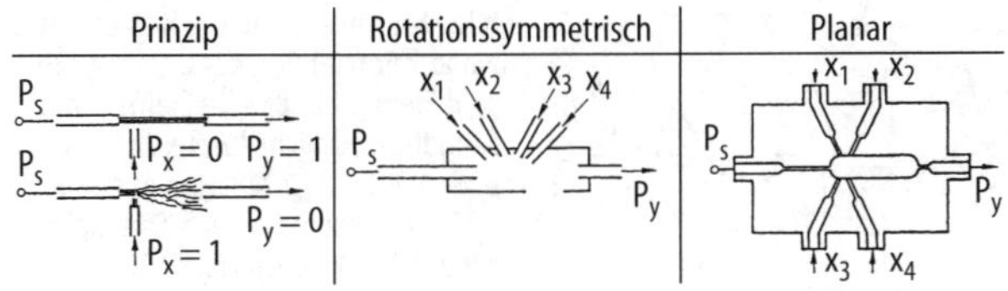

Bild 3.10. Turbulenzelemente. Übliche Werte: $p_s \oplus 1$ kPa; Abmessungen (planar) 20 x 30 mm^2

groß gebaut wurden, hat sich seit einigen Jahren die günstigere Planarbauweise durchgesetzt. Sie eignet sich jedoch nicht gut für integrierte Schaltungen. Turbulenzelemente werden meist mit mehreren Eingängen ausgelegt und ergeben typische NOR-Elemente. Diese eignen sich zur Realisierung aller Logikfunktionen. Aus derartigen Elementen wurden komplette Logiksysteme abgeleitet [2.2, 2.7, 3.4].

Wandstrahlelemente, auch *Grenzschichtverstärker* genannt, nutzen z.B. die Adhäsionseigenschaften einer Grenzschicht beim Umströmen eines flügelartigen Profils. Das Grundprinzip ist z.B. in [2.7] beschrieben, es ergibt ein monostabiles Schaltelement, wie in Bild 3.11 gezeigt.

Der aus der Strahldüse *SD* austretende Strahl folgt dem skizzierten Profil und trifft auf die Fangdüse $FD(y_1)$. Wird jedoch ein Steuersignal x aufgeschaltet, dann ist die Grenzschicht gestört, der Strahl löst sich vom Profil ab und trifft auf die andere Fangdüse $FD(y_2)$. Sind zwei Eingänge x_1, x_2 vorgesehen, so entsteht, bezogen auf y_1, ein NOR-Element und, bezogen auf y_2, ein ODER-Element. Bei entsprechender Anordnung der Düse bei y_2 ist es auch möglich, eine UND-Funktion $y_1 = x_1 \wedge x_2$ zu realisieren. Koppelt man bei einem solchen Element y_2 zurück, dann entsteht ein Flipflop, das über x_1 gesetzt und über die zusätzliche Steuerdüse durch x_2 gelöscht werden kann, Bild 3.11c. Elemente

nach diesem Grundprinzip haben industriell keine wesentliche Anwendung gefunden.

Der Coanda-Effekt hat sich dagegen zum Aufbau von Wandstrahl-Logikelementen in der Anwendung besser bewährt. Tritt ein turbulenter Freistrahl aus einer Düse, so reißt er das Fluid aus seiner Umgebung (Randzone) mit, er hat den in Bild 3.12a gezeichneten Verlauf. Bringt man in der Nähe des Strahls eine Wand an (Bild 3.12b), so können an dieser Seite die mitgerissenen Teilchen nur über einen verengten Querschnitt zwischen Strahl und Wand als Rückstrom geliefert werden, das hat nach der Bernoulli-Gleichung (1.9) eine Erhöhung der Geschwindigkeit und damit eine Abnahme des Druckes auf der Wandseite zu Folge. Auf der anderen Seite des Strahls wirkt jedoch der Umgebungsdruck, der größer als der an der Wand herrschende Druck ist. Die so entstehende Differenzkraft drückt den Strahl gegen die Wand, dadurch wird der Rückstrom entlang der Wand verhindert, und an der Wand bildet sich eine Unterdruckblase, der Strahl haftet an der Wand. Der Rückstrom erfolgt nun vom Anlegepunkt *A* des Strahls (Bild 3.12c), in der Unterdruckblase herrscht dadurch ein Wirbel, und die Unterdruckblase bleibt erhalten. Die Elemente werden symmetrisch aufgebaut, ohne daß der Strahl in der Mitte durchbricht. Dadurch wird das Element bistabil, d.h. der Strahl legt sich an eine der beiden Begrenzungswände an. Die Eindeutigkeit für die Be-

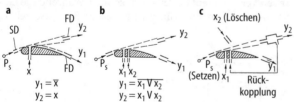

$$y_1 = \overline{x}$$
$$y_2 = x$$

$$y_1 = \overline{x_1 \vee x_2}$$
$$y_2 = x_1 \vee x_2$$

Bild 3.11. Wandstrahlelement. **a** und **b** monostabil, **c** Flipflop

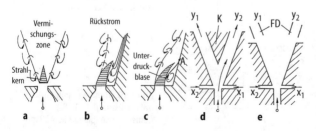

Bild 3.12. Funktion und Aufbau von Elementen mit Nutzung des Coanda-Effektes. **a** Strahl in freier Umgebung, **b** Rückstrom entlang der Begrenzungswand, **c** Entstehung der Unterdruckblase, **d** Element mit Keil, **e** Element mit Fangdüsen. Übliche Werte: $p_s \oplus 0{,}001 \dots 0{,}1$ MPa, fan out $\oplus 4$, $T_s \oplus 1$ ms, Bauform: flach; Düsenabmessung: $0{,}2 \dots 1$ mm; $p_s/p_{st} \oplus 10 \dots 15$

legung der Ausgänge entsteht entweder durch einen zwischen beiden Wänden symmetrisch angeordneten Keil K (Bild 3.12d) oder durch symmetrisch angeordnete Fangdüsen FD (Bild 3.12e). Die Umsteuerung des Elements erfolgt durch die Signale x_1 und x_2, die den Strahl zwar durch den kurzzeitigen Impuls beeinflussen, aber die Umschaltung vor allem durch die „Zerstörung" der Unterdruckblase erreichen. Das Element arbeitet in der skizzierten Form als Flipflop. Das Verhältnis vom Speisedruck p_S zum Steuerdruck p_{St} beträgt $p_S/p_{St} = 10 \dots 15$. Wichtig für die Funktion der Elemente ist eine gute Entlüftung des Elements. Die Erfüllung der gewünschten Funktion durch ein solches Element ist von vielen geometrischen und strömungstechnischen Daten abhängig [3.3].

Bisher wurde nur das bistabile Verhalten beschrieben, die zum Aufbau kombinatorischer Schaltungen erforderlichen monostabilen Elemente erhält man aus bistabilen Elementen durch einen geometrisch unsymmetrischen Aufbau der Elemente, wodurch erreicht wird, daß das Element stets eine bestimmte Vorzugslage einnimmt, wenn nicht durch anliegende Signale die Auslenkung aus der Vorzugslage erzwungen wird. Diese Unsymmetrien sind an ausgeführten Elementen für den Nichtfachmann kaum erkennbar. Möglichkeiten dazu bieten sich vor allem in der unsymmetrischen Anordnung der Begrenzungswände und der Steueröffnungen [3.3]. Werden die Eingänge dieser Elemente durch die im Bild 3.9 gezeigten Strahlablenkelemente erweitert, so entstehen da-

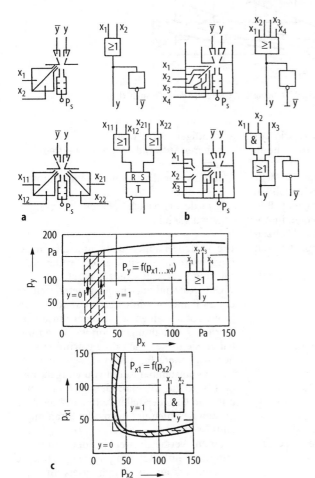

Bild 3.13. Moduleinheiten mit Wandstrahlelementen. **a** Beispiel der Elemente einer Moduleinheit, **b** weitere Elemente einer Moduleinheit, **c** Kennlinien für Moduleinheiten

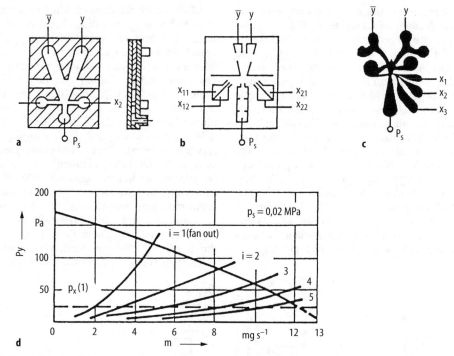

Bild 3.14. Wandstrahlelemente. **a** und **b** bistabil, **c** monostabil, **d** Kennlinie des Elements nach b)

durch UND- bzw. ODER-Vorsätze, die Logikkapazität der Elemente wird erhöht. Beispiele dazu zeigt Bild 3.13.

Das Verhalten der Elemente ist sehr lastabhängig, die Kennlinie des bistabilen Wandstrahlelements (Bild 3.14b) zeigt Bild 3.14d, sie zeigt deutlich das Verhalten in Abhängigkeit von der Last und gibt gleichzeitig Auskunft über das zulässige fan out [3.4].

Die häufig zitierten Vorteile der Strahlelemente, wie

– große logische Kapazität,
– Schaltungsintegration,
– Umempfindlichkeit gegen äußere Einflüsse,
– kleinere Abmessungen,
– höhere Grenzfrequenzen,
– höhere Zuverlässigkeit und
– Vereinfachung der Fertigung,

überwiegen meist gegenüber den Nachteilen, wie

– ständiger Luftverbrauch,
– höherer Aufwand bei der Luftaufbereitung,
– vom Normaldruck abweichende Signalpegel und
– Erfordernisse nach höheren Fertigungsgenauigkeiten.

Die Vorteile können nicht immer voll genutzt werden, so sind einer breiten Einführung stets reale Grenzen gesetzt.

Gute Anwendungschancen bieten sich für diese Funktionseinheiten besonders bei großen Stückzahlen, wo sich der Einsatz integrierter Schaltungen lohnt. Bedeutung haben sie bisher auch dort gewinnen können, wo andere Techniken versagen, wie bei Umgebungstemperaturen von einigen hundert Grad, für die man Elemente aus Keramik und Glas herstellen kann, und bei sehr großen Beschleunigungen oder Strahlungseinflüssen.

Einen Vergleich der in den digitalen Funktionseinheiten eingesetzten Elemente im Hinblick auf die Ausgangsleistung und

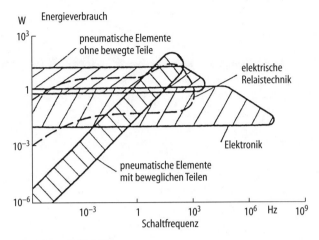

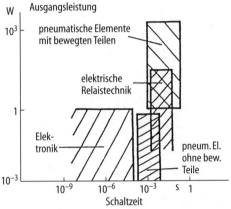

Bild 3.15. Verlust- und Ausgangsleistungen verschiedener Schaltelemente [2.2]. **a** Energieverbrauch in Abhängigkeit von der Schaltfrequenz, **b** Ausgangsleistung in Abhängigkeit von der Schaltzeit

den Leistungsverbrauch in Abhängigkeit von der Schaltfrequenz bzw. der Schaltzeit gegenüber anderen Techniken erlaubt Bild 3.15.

Literatur

3.1 Töpfer H, Schrepel D, Schwarz A (1973) Pneumatische Bausteinsysteme der Digitaltechnik, 2. Aufl. Verlag Technik, Berlin

3.2 Helm L (1971) Einführung in die Fluidik. Akademia Kiado, Budapest

3.3 König G (1975) Zum Entwurf von Fluidelementen unter Benutzung analytischer Modelle. Dissertation, TU Dresden

3.4 Ufer W (1973) Dreloba-Fluid-Module. msr 16/3:69–72

4 Elektrisch-pneumatische Umformer

H. GRÖSCH

Die Schnittstelle von elektronischen Reglern oder Systemen zu pneumatischen Stellantrieben hat in der Prozeßautomatisierung eine wichtige Verbindungsfunktion, nicht zuletzt wegen der problemlosen Anwendung des pneumatischen Signals im explosionsgefährdeten Bereich.

Um ein elektrisches Signal in einen adäquaten pneumatischen Ausgangsdruck umzuformen, stehen mehrere konstruktive Möglichkeiten zur Verfügung:

– Ausschlagverfahren,
– Wegvergleichendes Prinzip,
– Kraftvergleichendes Prinzip,
– Drehmomentvergleichendes Prinzip,
– Elektrischvergleichendes Prinzip.

4.1
Ausschlagverfahren

Zur Messung und Umformung kleiner Wege oder Ausschläge von elektrischen Meßwerken verwendet man das Prinzip des aus der Reglertechnik bekannten pneumatischen Umformers (Bild 4.1).

Das Meßwerk (6) greift an einem Hebel (5) an, der als Prallplatte für einen durch eine Düse (4) entspannten Luftstrom dient.

Der Druck zwischen einer Festdrossel und einer Düse reagiert außerordentlich empfindlich auf geringste Abstandsänderungen zwischen Düse und Prallplatte (s. Abschn. 1.3).

Je nach gewählten Abmessungen von Düse und Festdrossel und bei entsprechend gewählter Zuluft, genügen bereits Abstandsänderungen von weniger als 0,05 mm, um eine Druckänderung zwischen Festdrossel und Düse von mehr als 1 bar zu erzielen. Dieser Druckbereich ist allerdings nur in einem kleinen Bereich linear [4.1], es sei denn, man hält den Druckabfall an der Düse durch einen speziellen Druckdifferenzregler konstant [4.2]. Auch bei großer Präzision in der mechanischen Bauweise und guter Konstanz des Düsenwiderstandes neigt diese Anordnung zu Schwingungen. Aus diesem Grund nimmt man in der Regelungstechnik üblicherweise eine starre Rückführung hinzu. Der Steuerdruck bewegt z.B. über eine Membrandose entweder die Düse oder die Prallplatte zurück (Bild 4.2).

Die Darstellung der elektrisch-pneumatischen Umformung nach Bild 4.1 und Bild 4.2 zeigt auf einfache Weise das Funktionsprinzip der meisten elektrisch-pneumatischen Umformer. Sie ist deshalb besonders gut geeignet für die Darstellung des Prinzips der elektrisch-pneumatischen Umformung.

Gemeinsam ist allen elektrisch-pneumatischen Umformern der berührungslose und somit reibungsfreie Abgriff der elektrischen Meßkraft, um eine Verfälschung der Umformung zu vermeiden.

4.2
Wegvergleichendes Prinzip

Bei anzeigenden elektrischen Meßwerken mit größerem Zeigerausschlag (z.B. Dreh-

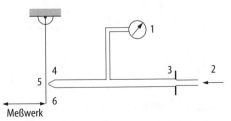

Bild 4.1. Ausschlagverfahren. *1* Ausgangsdruck, *2* Zuluft, *3* Festdrossel, *4* Düse, *5* Hebel (Prallplatte), *6* Meßwerk

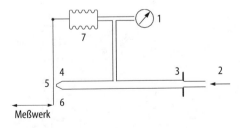

Bild 4.2. Ausschlagverfahren mit Rückführung. *1* Ausgangsdruck, *2* Zuluft, *3* Festdrossel, *4* Düse, *5* Hebel (Prallplatte), *6* Meßwerk, *7* Rückführung

spul- oder Kreuzspulmeßwerken) kann man ein Abtastsystem Strahl-Fangdüse (3, 4) der an Zeigerachse (1) befestigten Steuerfahne (2) nachlaufen lassen (Bild 4.3).

Die Nachführung des Abtastsystems geschieht durch eine vom Ausgangsdruck beaufschlagte Balgfeder (6) mittels einer Kurve (7), deren Kennlinie die eventuell erforderlichen Korrekturen des Umformers beinhaltet.

Dieses System arbeitet, der geringen Kraft des elektrischen Meßwerks wegen, rückwirkungsfrei mit einem sehr niedrigen pneumatischen Strahldruck von ca. 30 mbar und einen Staudruck an der Fangdüse von maximal 10 mbar.

Um auf den in der pneumatischen Regelungstechnik normierten Druck von 0,2–1 bar zu kommen, ist deshalb ein nachgeschalteter pneumatischer Verstärker (5) mit einem Verstärkungsfaktor von >150 erforderlich.

Das Übertragungsverhalten eines anzeigenden elektrisch-pneumatischen Umformers hängt von der Präzision der mechanischen Teile, sowie des gesamten mechanischen Aufbaus ab und wird zusätzlich durch den langsamen systembedingten

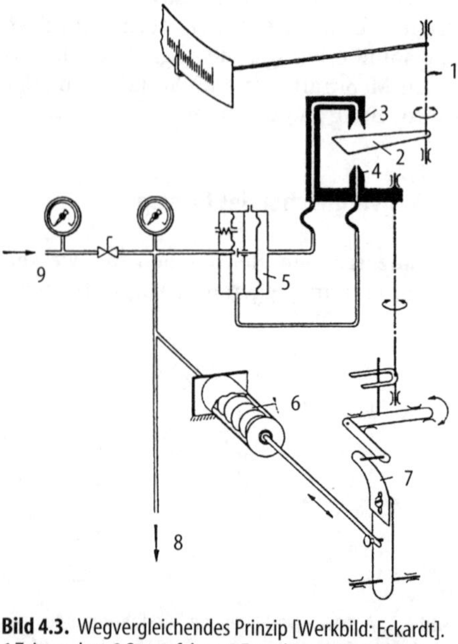

pneumatischen Druckaufbau des Strahl-Fangdüse-Systems beeinflußt.

Die *Sprungantwort* nach DIN 19 226 wird vorrangig bestimmt durch die *Anschwingzeit* und die *Ausgleichzeit* mit möglichst geringer *Überschwingweite*.

Diese Art der elektrisch-pneumatischen Umformung mittels anzeigenden elektrischen Meßwerken ist heute nicht mehr sehr gebräuchlich und dies nicht nur wegen des relativ hohen mechanischen Aufwands. Mit der fortschreitenden Prozeßautomatisierung war das *dynamische Übertragungsverhalten* dieser Geräteart zu langsam und auch des hohen mechanischen Aufwands wegen zu teuer geworden.

Die Verzugszeit T_u ist bei dieser Geräteart im Verhältnis zur Einschwingzeit zu lang und deshalb störend im Zeitverhalten des Regelsystems.

Die Grenzfrequenz nach DIN IEC 770 liegt eher niedrig und beträgt weniger als 1 Hz.

Die Spitze-zu-Spitze-Amplitude des am Eingang liegenden sinusförmigen Signals ist so zu wählen, daß sie für eine gültige Messung ausreicht, und daß sie andererseits relativ klein gehalten werden muß (nicht über 20% der Spanne). Die Frequenz des Eingangssignals wird in Stufen erhöht, mit einem niedrigen Wert beginnend, um der Bedingung der Frequenz 0 zu entsprechen bis zur Frequenz bei welcher die Ausgangsgröße auf die Hälfte der ursprünglichen Amplitude abgesunken ist. Bei jeder eingestellten Frequenzstufe muß mindestens eine vollständige Schwingung der

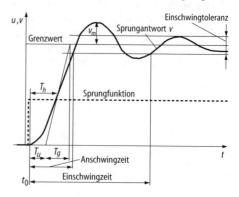

Bild 4.3. Wegvergleichendes Prinzip [Werkbild: Eckardt]. *1* Zeigerachse, *2* Steuerfahne, *3* Fangdüse, *4* Strahldüse, *5* Verstärker, *6* Balgfeder, *7* Kurve, *8* Ausgang, *9* Zuluft

Bild 4.4. Sprungantwort eines Übertragungsgliedes. T_u Verzugszeit, T_g Ausgleichszeit, V_m Überschwingweite

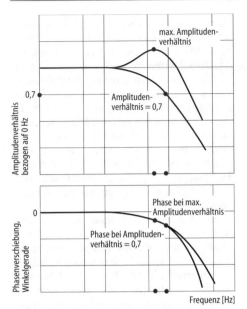

Bild 4.5. Frequenzgang (Bode-Diagramm)

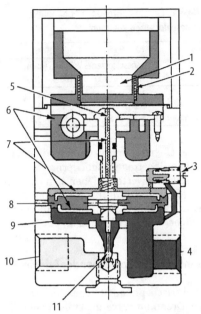

Bild 4.6. Elektrisch-pneumatische Umformung nach dem kraftvergleichenden Prinzip [Werkbild: Bellofram]. *1* Magneteinheit, *2* Tauchspule, *3* Festdrossel, *4* Ausgangsdruck, *5* Düse, *6* Atmosphäre, *7* Steuerdruck, *8* Membrangruppe, *9* Entlüftungsventil, *10* Zuluft, *11* Steuerventil

Eingangs- und Ausgangsgröße aufgezeichnet werden. Die Ergebnisse sind graphisch darzustellen.

4.3
Kraftvergleichendes Prinzip

Die elektrisch-pneumatische Umformung nach dem kraftvergleichenden Prinzip entspricht in seiner Wirkweise dem Funktionsprinzip nach Bild 4.2.

Justierhilfen wie z.B. Nullpunkt- oder Spanneneinstellung sind außer acht gelassen.

Anhand des Funktionsprinzips nach Bild 4.6 wird die Wirkungsweise dieser Geräteart näher erläutert.

Eine freischwingend und reibungsfrei gelagerte Tauchspule bewegt sich in Abhängigkeit des Spulenstroms von z.B. 4 – 20 mA axial gegen eine Düse und verändert den Steuerdruck des Systems Festdrossel-Düse.

Dieser Steuerdruck wirkt auf die Eingangsmembrane des nachgeschalteten pneumatischen Verstärkers.

Das System bewirkt also bei Veränderung des Eingangsstromes von z.B. 4 – 20 mA eine proportionale Veränderung des Ausgangsdruckes. Wegen der dieser Bauart eigenen hohen Verstärkung ist diese Art der

elektrisch-pneumatischen Umformung gut geeignet, durch Verwendung einer entsprechenden Membrangruppe mit größerem Verstärkungsfaktor (Flächenverhältnis) einen höheren Ausgangsdruck als 0,2 – 1 bar zu erzielen. Werte von 0,2 – 6 bar sind bei Verwendung von entsprechend höherem Zuluftdruck mit guter Linearität zwischen Eingangsstrom und Ausgangsdruck zu erreichen. Die runde geschlossene Bauweise dieser Geräte gestattet ohne weitere Schutzmaßnahme, wie z.B. zusätzliches Gehäuse, eine Feldmontage.

Das *dynamische Übertragungsverhalten* ist aufgrund der kompakten Bauweise gut; die *Verzugszeit* T_u ist im Verhältnis zur Einschwingzeit gering. Die *Einschwingzeit* hängt in großem Maß ab von dem nachgeschalteten Volumen oder der Leitungslänge zum nächsten Regel- oder Steuergerät. Aus diesem Grund versucht man die Luftlieferung des pneumatischen Verstärkers auf große *Luftleistung* auszulegen.

Tabelle 4.1 zeigt exemplarisch den Zusammenhang von angeschlossenem Volu-

Tabelle 4.1. Einschwingzeiten in Abhängigkeit vom angeschlossenen Volumen

Eingang	10...90%		90...10%	
	angeschlossenes Volumen (in cm³)			
	100	1000	100	1000
V_m %	1	1	1	1
T_u (s)	0,3	0,6	0,6	1
Einschwingzeit (s)	1	3	1,5	5,5

men und Übertragungsverhalten von pneumatischen Übertragungsgliedern.

Die Tabellenwerte beziehen sich auf den in der Regelungstechnik normierten Ausgangsdruck von 0,2 – 1 bar und einen Zuluftdruck von 1,4 bar (Bild 4.7).

4.4
Drehmomentvergleichendes Prinzip

Die elektrisch-pneumatische Umformung mittels Drehmomentvergleich ist heute die am häufigsten verwendete Bauweise der elektrisch-pneumatischen Umformer. Bei entsprechend gewählten Materialkombina-

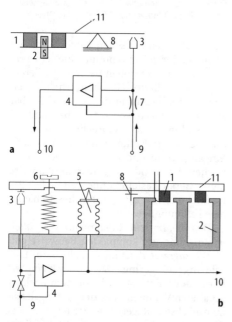

a

b

Bild 4.7. Elektrisch-pneumatische Umformung nach dem Drehmomentvergleichenden Prinzip. **a** [Werkbild: H & B]; **b** [Werkbild: Eckardt]; *1* Tauchspule, *2* Magnet, *3* Düse, *4* Verstärker, *5* Rückführung, *6* Justierung, *7* Festdrossel, *8* Kreuzbandlager, *9* Zuluft, *10* Ausgang, *11* Hebel

tionen besitzen diese Geräte Meßeigenschaften. Bild 4.7a und b zeigen zwei typische Bauweisen dieser Geräteart mittels Tauchspulsystemen.

Die vom Signalstrom durchflossene Tauchspule (1) erzeugt im Magnetfeld des Permanentmagneten (2) eine Stellkraft, die durch den mittels Kreuzband (8) gelagerten Hebel (11) ein Drehmoment erzeugt. Dieses Drehmoment steuert eine Düse (3) und ändert somit den Staudruck des Systems Festdrossel-Düse. Dieser Staudruck wird dem Eingang eines pneumatischen Verstärkers (4) zugeführt.

Bei dem elektrisch-pneumatischen Umformer nach Bild 4.7a wird der Staudruck direkt als Kompensationsdruck verwendet. Das bedeutet, daß der nachgeschaltete pneumatische Verstärker über Meßeigenschaften verfügen muß. Auch sind die Anforderungen an die mechanischen Bauteile der Düse und Prallplatte hoch.

Anders hingegen die Wirkweise des elektrisch-pneumatischen Umformers nach Bild 4.7b. Der von der Düse (3) gesteuerte Staudruck wird nur dem Eingang des pneumatischen Verstärkers (4) zugeführt. Der Ausgang des pneumatischen Verstärkers beaufschlagt einen Rückführbalg (5) soweit, daß das von der Tauchspule (1) erzeugte Drehmoment kompensiert wird.

Da der Ausgangsdruck des pneumatischen Verstärkers als Kompensationsdruck dem Rückführbalg zugeführt wird, ist die Anforderung an die Eigenschaften des pneumatischen Verstärkers nicht sehr hoch.

Üblicherweise wird ein Verstärker mit einem Verstärkungsfaktor von >2 verwendet, um die Anforderung an das System Festdrossel-Düse nicht unnötig hoch und somit teuer zu gestalten. Des weiteren erhöht sich mit dieser Kreisstruktur die *Grenzfrequenz*, da nur ein Teilbereich des von der Festdrossel-Düse erzeugten Steuerdrucks verwendet wird.

Da das drehmomentvergleichende Prinzip die am häufigsten verwendete Bauweise für elektrisch-pneumatische Umformer in der industriellen Prozeßtechnik ist, wird an dieser Stelle generell auf die Anforderungen an diese Geräteart eingegangen. DIN IEC 770 „Methoden der Beurteilung des

Betriebsverhaltens von Meßumformern zum Steuern und Regeln in Systemen der industriellen Prozeßtechnik" enthält auch die aus Sicht des Anwenders wichtigsten Anforderungen. Diese sollten auch in den technischen Datenblättern des Herstellers ihren Niederschlag finden.

Das technische Datenblatt eines jeden Gerätes sollte folgende Angaben enthalten (hier gleich mit exemplarischen Werten dieser Gerätegruppe versehen):

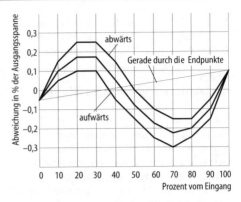

Bild 4.8. Abweichungskurve zur Definition der Linearität. (Linearität = Abweichung von der Geraden in %, Hysterese = Differenz zwischen auf- und abwärts – Messung in %)

Eingang

Signalbereiche	0 – 20 mA; 4 – 20 mA
Eingangsimpedanz	200 Ω bei 20 °C

Ausgang

Signalbereiche	0,2 – 1 bar; 3 – 15 psi
Luftbereiche	max. 3 m_n^3/h

Hilfsenergie

Hilfsenergie	1,4 bar; 15 psi
Eigenverbrauch	0,08 m_n^3/h
Hilfsenergieeinfluß	0,2%/10% Änderung

Übertragungsverhalten

Kennlinienabweichung	" 0,2%
Hysterese	" 0,1%
Bürdencharakteristik	± 3% bei Luftlieferung von 0,4 m_n^3/h
Temperatureinfluß	0,02%/10 °K
Umgebungstemperatur	– 40 °C ... + 60 °C

Dynamisches Verhalten

Grenzfrequenz	10 Hz
Phasenverschiebung	– 180°

Schutzart   IP 54 nach DIN 40050

Explosionsschutz   eigensicher, EExib II CT 6

Gewicht   ca. 1,4 kg

In den technischen Datenblättern steht häufig beim Übertragungsverhalten für die Kennlinienabweichung die Bezeichnung Linearitätsfehler oder *Linearität* (Bild 4.8).

Anmerkung: Linearität ist ein besonderer, aber oft gebrauchter Fall der Kennlinienübereinstimmung, bei dem die festgelegte Kurve eine Gerade ist.

Die für diese Gerätegruppe angegebenen exemplarischen Werte sind auf Dauer nur

zu halten, wenn die pneumatische Energieversorgung (s. Abschn. L2) den Qualitätsanforderungen an die Instrumentenluft nach DIN IEC 654 Teil 2 entspricht. Unabhängig von den dort aufgeführten Versorgungsdruckbereichen bedarf der Abschnitt *Feuchtigkeit und Verunreinigungen* in der pneumatischen Versorgung besonderer Aufmerksamkeit des Anwenders und Betreibers.

Für den Anlagenplaner und Betreiber wissenswerte technische Daten sind in den Gerätedokumentationen selten aufgeführt, obwohl gerade diese Angaben in neuerer Zeit immer wichtiger werden. Hierzu gehören die Angaben über *Einschaltdrift, Langzeitdrift, Hochfrequenzeinstrahlung, Einfluß magnetischer Fremdfelder* (s. Teil A), *Mechanische Schwingungen.*

Deshalb seien hier exemplarische Werte für diese Gerätegruppe genannt:

Einschaltdrift	0,2% nach 4 h
Langzeitdrift	< 0,1% nach 30 Tagen; < 0,5% im Jahr
Hochfrequenz- einstrahlung	Vereinbarung zwischen Hersteller und Anwender
Einfluß magnetischer Fremdfelder	kein Einfluß bei 400 A/m
Mechanische Schwingungen	< 1% zwischen 0 – 500 Hz, 2g (IEC-Publikation 68-2-6)

Die Ausführungen dieser Gerätegruppe sind variantenreich: Von der Feldausführung im

Schutzgehäuse über den 19″-Einschub mit Anschluß nach DIN 41 612 bis zur Ausführung für die DIN-Schienenmontage.

4.5
Elektrischvergleichendes Prinzip

Im Zuge der weitergehenden Prozeßautomatisierung werden die Steuerungen in den Regelsystemen immer häufiger und in Anbetracht der verschiedenen pneumatischen Stellantriebe steigen die Anforderungen an die Bauelemente für die pneumatischen Steuerungen und Regelungen. Elektrischpneumatische Umformer mit einem Eingangssignal von z.B. 4 – 20 mA und einem Ausgangsdruck bis 10 bar finden Eingang in die Prozeßautomatisierung.

Ausreichend konzipierte Querschnitte des pneumatischen Verstärkers erfüllen die Forderung nach kurzer Stellzeit der pneumatischen Stellantriebe trotz großer und verschiedener Antriebsvolumina (Bild 4.9).

Die bisher beschriebenen elektrischpneumatischen Umformer sind *passive* Geräte, teils mit Meßeigenschaften, *ohne* elek-

tronische Bauelemente und *ohne* elektrische Hilfsenergie.

Beim elektrischvergleichenden Prinzip sind elektronische Bauelemente erforderlich, bei manchen Geräten auch elektrische Hilfsenergie. Meßeigenschaften werden nicht gefordert und sind auch nicht erforderlich.

Die elektrisch-pneumatischen Umformer *ohne* elektrische Bauelemente sind gegenüber Störeinflüssen, wie Hochfrequenzeinstrahlung (Funkverkehr usw.) stabil und besitzen ebenso eine hohe Stabilität gegen Einfluß magnetischer Fremdfelder. Elektrisch-pneumatische Umformer *mit* elektronischen Bauelementen benötigen entsprechende Schutzmaßnahmen am Gerät.

Das elektrische Eingangssignal von z.B. 4 – 20 mA wird in einem elektronischen Regler (8) in ein Spannungssignal bis 80 V umgeformt und damit mittels einer Piezo-Prallplatte (1) und einer Düse (2) ein Staudruck gesteuert. Dieser Staudruck wiederum steuert über eine Membran (4) den Ausgangsdruck eines pneumatischen Verstärkers (9).

Der Ausgangsdruck eines pneumatischen Verstärkers wird mittels Druckaufnehmer (7) wieder in ein Spannungssignal umgeformt, dem Regler als Rückführsignal zugeführt und mit dem Eingangssignal verglichen. Der elektronische Regler steuert also solange die Piezo-Prallplatte, bis das Rückführsignal und somit der Ausgangsdruck des pneumatischen Verstärkers dem Eingangssignal entspricht.

Anmerkung: Auch diese elektrisch-pneumatischen Umformer sind aus Gründen der Funktionssicherheit mit pneumatischer Hilfsenergie entsprechend den Qualitätsanforderungen nach DIN IEC 654 Teil 2 zu betreiben.

4.6
Zusammenfassung

Alle beschriebenen elektrisch-pneumatischen Umformer sind Umformer mit analogen Signalen, d.h. sowohl die elektrischen Eingangssignale als auch die pneumatischen Ausgangssignale sind analoge Werte mit einem sehr hohen Auflösungsvermögen von <0,05%.

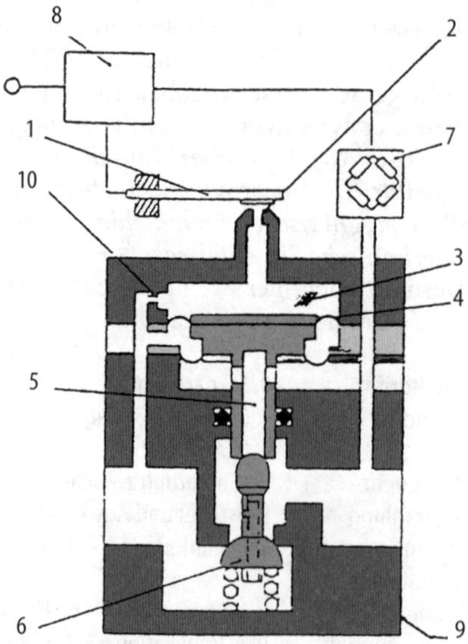

Bild 4.9. Elektrisch-pneumatische Umformung nach dem elektrischvergleichenden Prinzip. *1* Piezo-Prallplatte, *2* Düse, *3* Düsenkammer, *4* Membran, *5* Entlüftung, *6* Steuerventil, *7* Druckaufnehmer, *8* Regler, *9* Verstärker, *10* Festdrossel

Der asymptotische Verlauf des pneumatischen Ausgangsdruckes an den wahren Ausgangsdruckwert nach schnellen elektrischen Eingangssignaländerungen stabilisiert in erwünschter Weise den Regelkreis.

Die Palette der verschiedenen elektrisch-pneumatischen Umformer und deren speziellen Eigenschaften, ermöglichen projektierewrgesehenen Einsatz eine optimale Auswahl.

Oberster Grundsatz für den jahrelangen und störungsfreien Betrieb dieser Geräte ist, dafür zu sorgen, daß die Rahmenbedingungen hierfür anlagenseitig beachtet werden.

Literatur

4.1 Samal E (1954) Regelungstechnik 2. S 59 – 63
4.2 Bergen SA (1954) (Sunvic) Regelungstechnik 2 S 3 – 10

Teil F

Elektronische Steuerungen

1 Speicher-programmierbare Steuerung

M. MARTIN

1.1
Strukturelle Betrachtung der speicher-programmierbaren Steuerung

1.1.1
Grundstruktur einer speicherprogrammier-baren Steuerung (SPS)

Das Spektrum der elektronischen Steuerungen ist sehr breit und hat im Zuge der Entwicklung den überwiegenden Teil der elektromechanischen Steuerungen abgelöst. Die Realisierungsmöglichkeiten elektronischer Steuerungen reichen von der hardwaremäßigen Verknüpfung logischer Bauelemente bzw. integrierter Schaltkreise, über die Verwendung programmierbarer Logik bis hin zum Einsatz von Mikrorechnersystemen. Das Kernstück eines Mikrorechnersystemes ist der *Mikroprozessor*, der entsprechend seiner Befehlsstruktur die Signalverarbeitung übernimmt. Komplettiert wird das System mittels Ein- und Ausgabebaugruppen und den benötigten Speichermedien (Bild 1.1).

Mikrorechner werden in ihrer Architektur und der Art und Weise der Ein- und Ausgabe der Daten ihren jeweiligen Einsatzgebieten angepaßt. Die speicherprogrammierbare Steuerung ist ihrer Struktur nach demzufolge ein dem Anwendungsgebiet Prozeßsteuerung und -regelung angepaßtes Mikrorechnersystem. Ihre funktionale Komponente erhält sie erst durch das speziell auf den Prozeß bezogene *Anwenderprogramm*.

Das Bild 1.2 stellt als Prinzipschema der Struktur einer speicherprogrammierbaren Steuerung dar.

Das modifizierte Mikrorechnersystem verfügt in der Zentralbaugruppe über einen Mikroprozessor (CPU), verschiedene Speichermedien mit unterschiedlichen Aufgabengebieten und Schnittstellen zur Programmierung bzw. Kommunikation. Die Peripheriebaugruppen werden sowohl als Ein- als auch als Ausgabebaugruppen ausgeführt. Eine eigenständige Stromversorgung sorgt für die notwendigen Betriebsspannungen, auch wenn die Anlage nicht in Betrieb ist.

Speicherprogrammierbare Steuerungen können in zwei Bauformen ausgeführt wer-

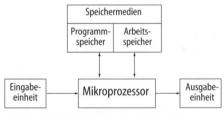

Bild 1.1. Prinzipieller Aufbau eines Mikrorechners

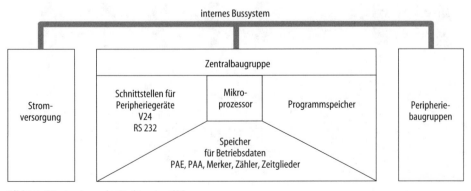

Bild 1.2. Prinzipschema der Struktur einer SPS

den. Dies ist zum einen die *Kompakt-* und zum anderen die *Modulbauweise*. Die Kompaktbauweise findet ihre Anwendung bei Steuerungsaufgaben mit bis zu 16 Ein- und Ausgängen. Bei diesen Geräten sind die Zentralbaugruppe, die E/A-Baugruppen und die Stomversorgung in einem Gehäuse untergebracht (Bild 1.3).

Alle für die Programmierung und die Funktion notwendigen Informationsträger sind auf der Frontplatte angebracht. Eine Modifizierung der E/A-Baugruppen ist nicht vorgesehen. Einige Hersteller bieten aber die Möglichkeit, die Programmierschnittstelle mit einer anderen Konfigurati-

on zu versehen, die es damit gestattet, eine Kommunikation zu anderen Geräten aufzubauen.

Umfangreichere Steuerungen werden hingegen mittels einer modularen SPS realisiert (Bild 1.4).

Diese Bauform bietet den Vorteil flexibel die für die jeweilige Steuerungsaufgabe notwendigen Baugruppen zu verwenden. Alle Baugruppen der modularen SPS werden auf einem Baugruppenträger montiert. Über Steckverbinder wird die Verbindung zum internen Bus hergestellt. Ist das Modul „Zentraleinheit" mit einer Programmierschnittstelle ausgestattet, so ist die Kommu-

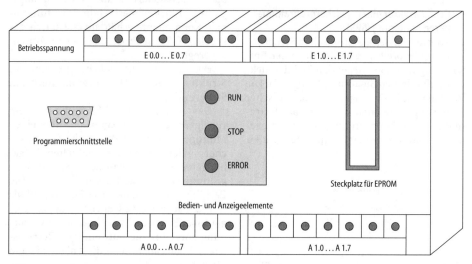

Bild 1.3. Darstellung einer SPS in Kompaktbauweise

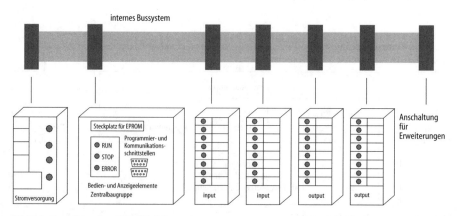

Bild 1.4. Darstellung einer SPS in Modulbauweise

nikationsbaugruppe für die Programmierung und den Betrieb der SPS als eigenständige Steuerung nicht unbedingt erforderlich.

Eine dritte Bauform ist die *Steckkarte*. Sie gibt es sowohl in Industrie-PC als auch in Ausführungen für Standard-PC.

1.1.2
Die Zentralbaugruppe
1.1.2.1
Struktur der Zentralbaugruppe

Die Zentralbaugruppe ist die Verarbeitungseinheit der speicherprogrammierbaren Steuerung (Bild 1.5).

Der Mikroprozessor ist meist ein Standardmikroprozessor, der mittels eines Betriebssystemes (in der Regel Firmware) für die Aufgabenerfüllung modifiziert wird. Er ist sowohl für die Anwenderprogrammabarbeitung als auch für die interne Organisation wie Speicherverwaltung und Schnittstellenkontrolle zuständig. Für umfangreichere Steuerungsaufgaben werden Mehrprozessorsysteme eingesetzt. Die Prozessoren arbeiten entweder parallel (Aufteilung in Teilprozesse) oder im Zeitmultiplex (Verteilung der zu bearbeitenden Daten). Die Prozessoren sind entweder alle in der Zentraleinheit oder in extra dafür konzipierten E/A-Modulen untergebracht.

In den Speicherbaugruppen sind das Anwenderprogramm und für die CPU relevante Daten wie Prozeßabbilder, Merker, Zeiten und Zähler und das Betriebssystem des Prozessors abgelegt.

Über die Schnittstellen werden Programmier- und Kommunikationsgeräte angeschlossen.

1.1.2.2
Bit-und Wortverarbeitung

Zur Abarbeitung von Programmen der digitalen Schaltungstechnik, die nur Bauelemente zum Ausführen von Konjunktion, Disjunktion und Negation beinhalten reicht die Anwendung eines Bitprozessors. Der Bitprozessor ist in der Lage, logische Verknüpfungen in sehr kurzer Zeit herzustellen. Ein Großteil der Anwenderprogramme sind jedoch *Schaltwerke*, deren Realisierung die Speicherung von Zwischenzuständen in Merkern erfordert. Bei ausreichendem Speicherplatz, einer entsprechenden Zykluszeit und relativ großem Programmieraufwand ist die Realisierung auch mit einem Bitprozessor möglich, was jedoch den Ausnahmefall darstellt. In der Regel werden hier Wortprozessoren eingesetzt. Wortprozessoren sind in der Regel Standardmikroprozessoren. Zu ihrem Funktionsumfang zur Bearbeitung von Steuerungsalgorithmen gehören die Ausführung logischer Verknüpfungsoperationen und Wortoperationen wie arithmetische Zeitgeber- und Zählerfunktionen. Der Einsatz von Wortprozessoren ist in mittleren und größeren speicherprogrammierbaren Steuerungen zum Standard geworden. Da die Bitprozessoren eine bessere Zeiteffizienz bei der Abarbeitung logischer Verknüpfungen aufweisen, setzen einige Hersteller sie häufig zur Unterstützung der Wortprozessoren ein. Dabei gilt es aber, die Problematik der Verzweigung und Zusammenführung der Daten zu organisieren. Die zeitliche Organisation der Bit- und Wortverarbeitung kann entweder sequentiell oder parallel erfolgen. Bei der sequentiellen Verarbeitung werden die Funktionen eines Anwenderprogrammes nacheinander abgearbeitet und je nach Zuständigkeit dem Bit- bzw. Wortprozessor übergeben. Die parallele Verarbeitung setzt zwei getrennte Anwenderproramme jeweils für die Bit- bzw. Wortverarbeitung voraus. In beiden Programmen müssen jedoch Anweisungen zur Synchronisation der Programme vorgesehen werden. Die beiden Prozessoren arbeiten gleichzeitig nebeneinander und die Ver-

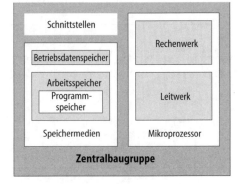

Bild 1.5. Struktur der Zentralbaugruppe

arbeitungsergebnisse werden anschließend synchronisiert. Andere Hersteller setzen nur Wortprozessoren ein und holen die Zeiteffizienz aus der Gestaltung des Betriebssystemes und der Speicherorganisation.

1.1.2.3
Speicher der Zentralbaugruppe

Als Speichermedien der Zentralbaugruppe werden Halbleiterspeicher-Bauelemente eingesetzt. Je nach Verwendungszweck der zu speichernden Daten werden flüchtige oder nicht flüchtige Speicherbaugruppen eingesetzt. Die Speicherkapazität einer SPS ergibt sich aus der Anzahl der gespeicherten Anweisungen in 1 kB (1 kB = 1024 Speicherplätze). In der Regel belegt eine Steuerungsanweisung 16 Bit (2 Byte). Werden z.B. 1000 Anweisungen in einem Speicher abgelegt, sind demzufolge 2 kB belegt. Die eingesetzten Speicherkapazitäten richten sich nach den Größenklassen der jeweiligen SPS und liegen zwischen 0,5 kB und 1 MB.

Betriebsdatenspeicher

Der Betriebsdaten- oder Systemspeicher ist ein „nur lese"-Speicher in Form eines ROM oder PROM. Er beinhaltet das Verwaltungsprogramm der SPS (Betriebssystem). In dieser Firmware sind alle internen Befehle und Arbeitsroutinen für die Arbeit des Prozessors und seiner Dienstprogramme hinterlegt, die, begründet durch das Speichermedium, vom Anwender nicht editiert werden können.

Arbeitsspeicher

Der Arbeitsspeicher ist in der Regel ein flüchtiger Speicher in Form eines RAM. Dies bedeutet, daß bei einem Wegfall der Betriebsspannung der Speicherinhalt verloren geht. Dies kompensiert man mit einer *Batteriepufferung*, die dafür sorgt, daß nach Wegfall der Betriebsspannung das eventuell darin befindliche Anwenderprogramm und remanente Merker weiterhin erhalten bleiben. Das Anwenderprogramm sollte jedoch nach Erstellung und Test auf einen EPROM gebracht werden und somit unabhängig vom Arbeitsspeicher der SPS zur Verfügung stehen. Im Arbeitsspeicher werden die Prozeßabbilder der Eingangs- und der Ausgangssignalbelegung sowie Zeiten, Zähler und Merker gespeichert, die im Laufe der

zyklischen Programmabarbeitung anfallen und für eine spätere Verwendung aufbewahrt werden müssen.

Merker

Merker sind Verknüpfungsergebnisse, die in einem bestimmten Teil des Arbeitsspeichers abgelegt werden und auf die der Nutzer explizit zugreifen kann. Merker, auch *Hilfsausgänge* genannt, werden bei der Programmierung häufig eingesetzt, um Schaltungen in ihrer Struktur zu vereinfachen, übersichtlicher zu machen, redundante Programmteile schneller zu bearbeiten und somit mögliche Fehlerquellen zu beseitigen. Dabei werden große logische Verknüpfungen in kleinere übersichtlichere Teilverknüpfungen zerlegt, deren Ergebnis dann als ein Merker im Speicher abgelegt wird. Durch die Verknüpfung der Merker entsteht dann das Endergebnis (Bild 1.6).

Die Konjunktionen der Eingangsvariablen der Pfade 1 und 2 werden disjunktiv verknüpft auf den Ausgang 1.0 gegeben. Untergliedert man nun in Teilsysteme, so werden die Verknüpfungsergebnisse der Pfade 3 und 4 jeweils an einen Merker übergeben. Diese Merker werden dann im Pfad 5 und 6 disjunktiv verknüpft und das Ergebnis stellt die Information für den Ausgang 1.0 dar.

Bei den Merkern unterscheidet man prinzipiell zwei Arten, einerseits die *nicht remanenten* und zum anderen die *remanenten* Merker. Der Unterschied zwischen den beiden Merkern besteht darin, daß remanente Merker im batteriegepufferten Teil des Arbeitsspeichers abgelegt werden. Dieser Bereich ist für jede SPS vom Hersteller definiert. Nach einem Betriebsspan-

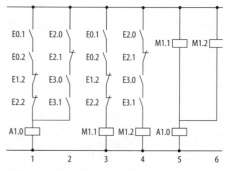

Bild 1.6. Fallbeispiel zur Verwendung von Merkern

nungsausfall wird ein remanenter Merker den selben Signalzustand wie vor dem Spannungsausfall haben. Ein nicht remanenter Merker wird den Signalzustand 0 einnehmen.

1.1.3
Die Peripheriebaugruppen
1.1.3.1
Eingangsbaugruppen

Die Eingangsbaugruppen stellen eine Schnittstelle zum Prozeß dar, über die Informationen vom Prozeß in die Steuerung gelangen. Die Eingangsbaugruppen sind über das interne Bussystem direkt mit der Zentralbaugruppe verbunden, was zur Folge hat, daß neben der eigentlichen Übertragungsfunktion noch zusätzlich Wandler- und Aufbereitungsfunktionen durch die Eingangsbaugruppe übernommen werden müssen.

Digitaleingabe-Baugruppe

Digitaleingabe-Baugruppen werden zur Übertragung digitaler Prozeßsignale eingesetzt. Die verschiedenen Baugruppen aus dem Bereich der Sensoren, Meßwertaufnehmer und Signalgeber stellen ihre Informationen entsprechend ihrer Spezifikation in den unterschiedlichsten Formen zur Verfügung. Die unterschiedlichen Gleich- und Wechselspannungen müssen dem internen Signalpegel (in der Regel 5 V) angepaßt werden. Durch eine entsprechende Dimensionierung der Pegelwandlerstufe realisiert man außerdem einen Schutz der SPS gegen Überspannung, Verpolung und Kurzschluß. Neben der Pegelwandlerfunktion müssen die Eingabebaugruppen auch die galvanische Trennung zwischen den Potentialen von Prozeß und Steuerung realisieren. Dies geschieht meist mittels Optokopplern. Die Verzögerung der Eingangssignale um einige Millisekunden filtert die Prozeßsignale von den Störsignalen, indem nur Signale übertragen werden, die zeitlich länger als die Verzögerungszeit anliegen.

Eine Digitaleingangs-Baugruppe hat zwischen 8 und 32 Eingangsschaltungen die jeweils ihren aktiven Zustand (HIGH-Zustand) über eine Leuchtdiode auf der Frontplatte anzeigen.

Analogeingabe-Baugruppe

Die Analogeingabe-Baugruppe bereitet ankommende analoge Prozeßsignale für die Verarbeitung in der Zentralbaugruppe auf. Analoge Prozeßsignale treten in Form von Strom-, Spannungs-und Widerstandswerten auf, mit denen es möglich ist fast alle Prozeßgrößen zu erfassen. Nachdem sie in der Eingangsbaugruppe verstärkt und gegebenenfalls mittels eines Optokopplers galvanisch vom Prozeßpotential getrennt werden, werden sie einem Analog-/Digitalwandler zugeführt. Nach der Digitalisierung wird der in Bit umgewandelte Strom- bzw. Spannungswert zur Verarbeitung durch den Wortprozessor der Zentralbaugruppe bereitgestellt.

1.1.3.2
Ausgabebaugruppen

Die Ausgabebaugruppen stellen die Schnittstelle zwischen Zentralbaugruppe der SPS und dem Prozeß sicher, indem sie das Verarbeitungsergebnis in für die Aktorbaugruppen nutzbare Signale umsetzen.

Digitalausgabe-Baugruppe

Die Umwandlung des internen Signalpegels in einen externen digitalen Prozeßsignalpegel realisieren Transistorendstufen und Triac-Schaltungen. Der galvanisch getrennte interne Signalpegel ist für das Schalten eines Leistungstransistors verantwortlich. Bei einem „HIGH-Pegel" wird der Leistungstransistor durchgesteuert und eine externe Gleichspannungsquelle übernimmt die Speisung der Verbraucher. Zum Schutz gegen Verpolung ist parallel zum Emitter-Kollektor des Leistungstransistors eine Freilaufdiode geschaltet. Die externe Speisespannung kann mehrere Transistoren versorgen, bei einer Überschreitung der Laststromgrenze schaltet die Baugruppe jedoch ab. Für Wechselstromverbaucher werden Triac-Ausgänge vorgesehen. Der „HIGH-Zustand" eines Ausganges wir auf der Frontplatte durch eine Leuchtdiode signalisiert.

Analogausgabe-Modul

Das Analogausgabe-Modul wandelt das digitale Verarbeitungsergebnis in eine Versorgungsspannung für analoge Aktorbaugruppen um. Für die unterschiedlichen Spannungs-und Strombereiche gibt es entsprechende Baugruppen, die alle mit einer galvanischen Trennung ausgestattet sind. In einem zur Ausgabebaugruppe gehörenden Speicher werden die ankommenden digitalen Signale zwischengespeichert und dem Digital-/Analogwandler zugeführt.

1.1.3.3
Intelligente Peripheriebaugruppen

Produktionsprozesse mit hohem Automatisierungsgrad stellen heutzutage vielseitige Anforderungen an moderne SPS-Systeme. Die zu realisierenden Aufgaben reichen vom Zählen von Impulsen über Wegerfassung und Zeitmessungen bis hin zur Realisierung von Regelkreisen oder der Positionierung von Antrieben. All diese Aufgaben würden den Zentralprozessor der SPS stark beanspruchen; die Programmbearbeitungszeit und somit die Reaktionszeit würde zunehmen.

Durch den Einsatz *signalvorverarbeitender*, sogenannter intelligenter Peripheriebaugruppen (IP) erreicht man hingegen eine Entlastung des Zentralprozessors. Die intelligenten Peripheriebaugruppen realisieren selbständig in sich geschlossene Teilaufgaben, d.h. die vom Prozeß kommenden Signale werden ohne den Zentralprozessor verarbeitet, aufbereitet und auf dem SPS-internen Datenbus zur Verfügung gestellt. Dafür benötigen sie zugunsten einer schnelleren Programmbearbeitung meist weniger Zeit als der Zentralprozessor. IP-Baugruppen sind an jeden Prozeß individuell anpaßbar. Sie werden mit Hilfe von standardisierten Software-Funktionsbausteinen über eine Bedieneroberfläche parametriert. Diese Funktionsbausteine (FB) übernehmen auch die Organisation des Datenverkehrs auf der Schnittstelle zur IP-Baugruppe.

Zählerbaugruppen erlauben das Erfassen von Zählimpulsen mit weit höherer Frequenz, als das mit einer SPS möglich ist. Sie besitzen Register für das Laden von Anfangswerten sowie mehrere Zählkanäle, die durch Kaskadierung eine höhere maximale Zählbreite (Bitbreite) ermöglichen. Hat der Zähler den vorgegebenen Wert erreicht, wird ein Ausgangssignal gesetzt und gegebenenfalls eine Meldung an den Zentralprozessor der SPS gesendet. Für die

Baugruppe gibt es verschiedene Betriebsarten, wie z.B. für die Triggerung, für den Zählvorgang (einmalig oder periodisch) oder auch für die Verwendung des Zählers als Impulsgeber bzw. Frequenzgenerator.

IP-Baugruppen zur digitalen Wegerfassung realisieren die Auswertung von Signalen inkrementeller, absolut kodierter und analoger Weggeber und stellen diese Werte zyklisch dem Zentralprozessor zur Verfügung.

Temperaturregelbaugruppen dienen der Erfassung, Regelung und Überwachung analoger Gebersignale. Der baugruppeninterne Mikroprozessor ist speziell für die Realisierung von Reglerfunktionen ausgelegt. Die optimalen Regelparameter werden durch selbständige *Prozeßidentifikation* beim Hochfahren der Anlage ermittelt. Bei Überschreiten von Grenzwerten bzw. Verlassen des Toleranzbereiches des zu überwachenden Istwertes erfolgt eine Meldung an den Zentralprozessor der SPS.

Für schnelle Regelungen mit häufig verwendeten Zusatzfunktionen existieren Regelungsbaugruppen. Diese sind allgemeine Standard-Regelungsbaugruppen, die erst durch ein steckbares Speichermodul mit der entsprechenden Software an die spezielle Regelungsaufgabe angepaßt werden.

Positionierbaugruppen sind besonders für die Realisierung schneller und sehr genauer Positionierungen geeignet. Dazu sind alle notwendigen Funktionen auf der Baugruppe selbst integriert, so daß sich die Kommunikation mit dem Zentralprozessor der SPS auf die Funktionsauswahl, Start-/Stop-Anweisungen und Auskünfte beschränkt. Ein implementierter Lageregler berechnet die auszugebende Stellgröße. Die für die Wegerfassung erforderlichen inkrementellen Weggeber und ein Programmiergerät können direkt an die Baugruppe angeschlossen werden.

1.2
Funktionale Betrachtung der speicherprogrammierbaren Steuerung

1.2.1
Aufbau der Steuerungsanweisung

Das Programm einer speicherprogrammierbaren Steuerung setzt sich aus einer

Folge von elementaren Steuerungsanweisungen zusammen, die entsprechend ihrer Reihenfolge abgearbeitet werden. Die Steuerungsanweisung, als kleinste selbstständige Einheit eines Programms,wird unter einer bestimmten Adresse im Programmspeicher abgelegt. Prinzipiell besteht eine solche Anweisung aus dem *Operationsteil* und dem *Operandenteil* (Bild 1.7).

Der Operationsteil legt fest, welche Operation bzw. Verknüpfung (UND, ODER, SETZEN, RÜCKSETZEN etc.) der Prozessor mit dem Operanden durchführen soll. Der Operand ist im Operandenteil vereinbart und besteht aus dem Operandenkennzeichen, das die Art des Objektes vorgibt (EINGANG, AUSGANG, MERKER etc.), und dem Parameter, der das Objekt näher bestimmt. Der Parameter besteht bei Zeit- und Zählerbausteinen aus einer Zahl, bei Eingängen, Ausgängen und Merkern aus zwei Zahlen, die durch einen Punkt getrennt sind. Dabei steht vor dem Punkt die Byte-Adresse und nach dem Punkt die Bit-Adresse. Bild 1.8 zeigt zur Veranschaulichung des Aufbaus vier Steuerungsanweisungen in Form eines Netzwerkes.

Die Anweisungen stehen in der Reihenfolge, in der sie abgearbeitet werden sollen, wobei die den Befehlen zugeordneten

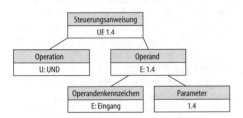

Bild 1.7. Aufbau einer Steuerungsanweisung nach DIN 19238

Adresse	Operation	Operand	Parameter
0000	U	E	16.2
0001	U	E	16.4
0002	UN	M	12.1
0003	S	A	2.0

Bild 1.8. Steuerungsanweisungen eines Netzwerkes

Adressen fortlaufend numeriert sind. Der Zugriff des Prozessors auf die Anweisungen erfolgt mit Hilfe eines Adreßzählers (auch Programmzähler), der die Adressen schrittweise anwählt und somit eine serielle Programmabarbeitung ermöglicht. Die dafür erforderlichen Impulse erhält er von einem Taktgeber (z.B. Quarz). Während ein solcher Impuls (ca. 2–5 Mikrosekunden) an einer Adresse anliegt, d.h. während der Adreßzähler auf eine bestimmte Adresse weist, wird die zugehörige Anweisung aus dem Speicher ausgelesen, entschlüsselt und ausgeführt. Nach der Ausführung der letzten Anweisung des Programmes springt der Zähler erneut auf die erste Adresse; das Programm beginnt von vorn. Man spricht von einer *zyklischen Programmbearbeitung* durch die SPS.

1.2.2
Zyklische Programmbearbeitung

Innerhalb des Speicherbereiches der Zentralbaugruppe können die aktuellen Zustände der E/A-Baugruppen über den internen Bus eingelesen werden (die Prozeßabbilder der Eingänge und der Ausgänge). Ein Programmzyklus beginnt mit der Übernahme der aktuellen Eingangssignale in das Prozeßabbild der Eingänge (PAE). Wird während der Bearbeitung ein Eingangssignal benötigt, so wird dieses aus dem PAE gelesen, unabhängig davon, ob das Signal zu diesem Zeitpunkt tatsächlich anliegt. Ebenso werden Ausgangssignale, die durch Verknüpfungen und Operationen während des Programms entstehen, im Prozeßabbild der Ausgänge (PAA) abgelegt und erst nach Bearbeitung der letzten Programmanweisung an die Ausgänge übertragen. Auch wenn sich im Verlauf der Programmbearbeitung Ausgangssignale ändern, gelangen ausschließlich die zuletzt gespeicherten Zustände an die Ausgänge; ein „Flattern" während des Zyklusses wird somit vermieden. Das Bild 1.9 veranschaulicht den zyklischen Programmdurchlauf innerhalb einer SPS.

Die zyklische Programmbearbeitung kann durch Alarm- oder Zeitroutinen unterbrochen werden.

Die alarmgesteuerte Programmbearbeitung ist für eine schnelle Behandlung

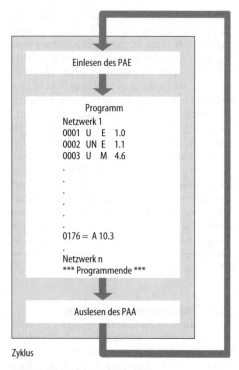

Bild 1.9. Programmzyklus einer SPS

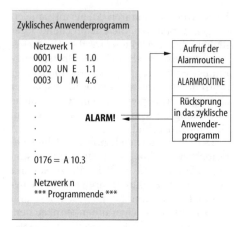

Bild 1.10. Programmunterbrechung durch Alarm

außergewöhnlicher Situationen geeignet. Bei Anliegen eines Alarmsignals wird der laufende Programmzyklus unterbrochen (Interrupt) und ein spezielles Alarmprogramm aufgerufen. Dieses beinhaltet Anweisungen zur Reaktion auf den Alarm. Nach Beenden dieser Routine wird das Hauptprogramm an der Unterbrechungsstelle fortgesetzt. Ein Alarmprogramm besitzt die Möglichkeit, weitere Programme aufzurufen, kann aber nicht von nachfolgenden Alarmmeldungen unterbrochen werden. Treten mehrere Alarme gleichzeitig auf, werden sie entsprechend ihrer Priorität bearbeitet (Bild 1.10).

Die zeitgesteuerte Programmbearbeitung dient dazu, regelmäßig anfallende Aufgaben in einstellbaren Intervallen auszuführen, wie z.B. die Abfrage analoger Meßgrößen. So können für die Bearbeitung bestimmter Programmteile größere Intervalle (z.B. 10 Sekunden) vereinbart werden, wodurch sich die mittlere Zykluszeit zugunsten anderer Programmteile verringert. Zyklisch arbeitende Programmabschnitte

können von einem zeitgesteuerten Programm nach jeder Anweisung unterbrochen werden. Nach der Bearbeitung der Routine wird das zyklische Programm an der Unterbrechungsstelle fortgesetzt. Alarmgesteuerte Programme lassen sich von zeitgesteuerten Programmen nicht unterbrechen, sie können erst im Anschluß an die Alarmbehandlung ausgeführt werden.

1.2.3
Zykluszeit und Reaktionszeit

Die Zeit für das Durchlaufen eines Zyklusses heißt Zykluszeit. Sie ergibt sich aus der Zeit, die für die Bearbeitung einer Anweisung benötigt wird und der Anzahl der zu bearbeitenden Anweisungen. Beispielsweise wird ein Zyklus mit 1 K = 1024 Anweisungen und einer Bearbeitungszeit von durchschnittlich 5 Mikrosekunden pro Befehl in 5,12 Millisekunden abgearbeitet, pro Sekunde würden folglich ca. 195 Zyklen stattfinden. Die Zykluszeit bei Programmen mit 1 K Anweisungen ist eine charakteristische Kenngröße zur Beurteilung von SPS-Systemen.

Die Zeit zwischen der Änderung eines Eingangssignals (Ansprechen von Sensoren) und der Reaktion eines bestimmten Ausganges (Stellsignale für Aktoren) nennt man *Reaktionszeit*. Sie setzt sich aus der Filterzeit am Eingang, der Zykluszeit sowie der Filterzeit am Ausgang zusammen und ist maßgeblich davon abhängig, zu welchem Zeitpunkt der Programmbearbeitung sich die Eingangsgröße ändert. Im ungünstigsten Fall liegt das Signal kurz nach dem Start eines neuen Zyklusses an und wird für den aktuellen Durchlauf nicht mehr berücksichtigt. Erst zu Beginn des nächsten Zyklusses gelangt es in das PAE, wird verarbeitet, und das entsprechende Ausgangssignal gelangt in das PAA. Die Reaktionszeit beinhaltet in diesem Fall neben den Filterzeiten die zweifache Zykluszeit. Ändert sich das Eingangssignal hingegen kurz vor Beginn eines Zyklusses, wird es sofort berücksichtigt, und die Reaktionszeit beinhaltet nur die einfache Zykluszeit. Eine Möglichkeit zur Verkürzung der Reaktionszeit besteht in der in Abschn. 1.2.2 erläuterten, alarmgesteuerten Programmbearbeitung.

1.3
Programmierung

Die Programmierung einer speicherprogrammierbaren Steuerung beruht auf dem Prinzip der Hinterlegung eines für den Prozessor lesbaren und verarbeitbaren Programms im Speicher der Steuerung. Die verwendeten Prozessoren sind von Hersteller zu Hersteller unterschiedlich. Aus diesem Grund hat jeder SPS-Hersteller auch ein eigenes Programmiersystem, welche sich aber in ihrem Aufbau und ihrer Handhabbarkeit prinzipell ähneln. Erst mit der Einführung der Europanorm DIN EN 61131 wird es auf diesem Gebiet der Programmiersprachen eine *Vereinheitlichung* geben. In den weiteren Ausführungen wird sich deshalb an dem Programmiersystem eines derzeitigen Marktführers orientiert.

1.3.1
Strukturierter Programmaufbau

Das Anwenderprogramm einer speicherprogammierbaren Steuerung sollte nach den Regeln der strukturierten Programmierung erstellt werden, was die konsequente Nutzung der Bausteintechnik erfordert. Für fast alle auf dem Markt angebotenen Steuerungen bieten die dazugehörigen Programmiersysteme die Bausteintechnik an. Übersichtlichkeit, schnellere und sichere Fehlersuche lassen den nicht unbedingt größeren Programmier- und Vorberei-

tungsaufwand rechtfertigen. Im einzelnen bietet die Bausteintechnik folgende *Vorteile*:

– Zerlegung einer Gesamtaufgabe in Teilprobleme aus strukturellen oder funktionalen Gesichtspunkten;
– die Zerlegung macht das Problem übersichtlicher, leichter durchschaubar und damit verständlicher;
– einzelne Bausteine, die Teilaufgaben realisieren , können getrennt voneinander programmiert und getestet werden;
– in der Programmerstellung können Bausteine mehrmals verwendet werden oder vom Hersteller angebotene Bausteine benutzt werden, die nur noch über Parameter an die jeweilige Steuerungsaufgabe angepaßt werden müssen.

Somit ist das zu steuernde Gesamtsystem in mehrere Teilsysteme zu zerlegen. Diese Aufgabe ist im Vorfeld der Programmierung zu erledigen. Dabei ist nicht nur der technologische Zusammenhang zu beachten, sondern auch die Entstehung logischer Teilsysteme mit minimalen Schnittstellen. Entstehen Teilsysteme mit nur einer Schnittstelle zum übergeordneten System, so kennzeichnet dieses System eine gewisse Modularität und damit Vielseitigkeit und Austauschbarkeit. Jedes einzelne Teilsystem wird ebenfalls wieder in Teilsysteme zerlegt, so daß das Gesamtsystem aus überschaubaren Einzelsytemen besteht, die in ihrem Zusammenwirken die Gesamtfunktion des Systems wiederspiegeln.

In einem Hauptprogramm werden Reihenfolge und Bedingungen der Programmabarbeitung und der Bausteinaufrufe festgelegt. Somit besteht das Hauptprogramm aus logischen Verknüpfungen, die Bedingungen für Unterprogrammaufrufe darstellen, sowie aus direkten Unterprogrammaufrufen.

In den Programmbausteinen (Unterprogrammen) sind die einzelnen Teilsysteme untergebracht. Der Programmablauf ist in einzelnen Netzwerken hinterlegt, die jeweils aus einer bestimmten Anzahl von Anweisungen bestehen.

Aus den Programmbausteinen heraus können ebenfalls Unterprogramme, Daten-

oder Funktionsbausteine aufgerufen werden.

Funktionsbausteine enthalten sich häufig wiederholende Programmsequenzen in parametrischer Form, d.h. die aktuellen Operanden werden erst bei Bausteinaufruf zugeordnet.

In Datenbausteinen sind feste oder variable Daten oder Parameter enthalten, die für den Programmablauf notwendig sind.

Im Organisationsbaustein (OB) sind absolute Sprünge (SPA) in Unterprogramme dargestellt (Bild 1.11). Dies bedeutet, es soll unabhängig von Bedingungen auf jeden Fall in den jeweiligen Programmbaustein gesprungen werden. Ist der jeweils aufgerufene Baustein abgearbeitet, d.h. das Bausteinende ist erreicht, so geht die Programmabarbeitung an der Stelle des übergeordneten Programmes weiter, wenn nicht anders definiert, wo der Aufruf erfolgte. Es kann aber im aufgerufenen Baustein auch festgelegt werden, zu welcher Stelle der Rücksprung erfolgt. In den einzelnen Programmbausteinen sind in Netzwerken das Programm in Form von logischen Verknüpfungen untergebracht. Das Ergebnis der Verknüpfung wird entweder an ein Ausgangsbit oder ein Merkerbit übergeben. Die Merkerbits werden an einer anderen Stelle im Programm verarbeitet, das Ausgangsbit wird am Zyklusende in das Prozeßabbild der Ausänge transferiert.

Für bestimmte Abläufe ist es notwendig, die Ressourcen von Daten- und Funktionsbausteinen mit einzubinden.

Der Organisationsbaustein mit seinen Unterprogrammen wirkt zyklisch.

1.3.2
Programmiersprachen

Damit eine Steuerung mit dem zu steuernden Prozeß selbständig zusammenarbeiten kann, ist es notwendig zwischen ihnen Informationen auszutauschen.

Der Informationsaustausch erfordert, daß beide Teilnehmer sowohl Informationen senden als auch empfangen können und daß beide eine gemeinsame Sprache sprechen. Die Schnittstellen hierzu sind die E/A-Baugruppen der SPS, die alle ankommenden bzw. abgehenden Prozeßsignale umwandeln. Die Programmierung der Signalverarbeitungseinheit (Mikroprozessor) basiert auf einer für den jeweiligen Mikroprozessor eigenen Programmiersprache. Um die Programmierung zu erleichtern, wurden *problemorientierte Fachsprachen* für die SPS-Programmierung entwickelt, die mittels eines Compilers in die Maschinensprache umgesetzt weden.

In der Praxis haben sich drei Programmiersprachen durchgesetzt: die Anweisungsliste, der Kontaktplan und der Funktionsplan (Logikplan).

1.3.2.1
Programmierung des Anwenderprogrammes in der Anweisungsliste

Die Anweisungsliste stellt die logischen Verknüpfungen des Stromlaufplanes in Form einzelner Steuerungsanweisungen dar (Bild 1.12).

Der Operationsteil sind memotechnische (merkfähige) Abkürzungen für Operationen und Operanden und besteht aus den

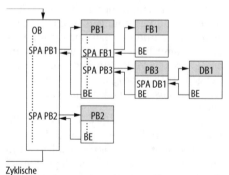

Zyklische
Programmabarbeitung

Bild 1.11. Zyklischer Programmablauf aus Sicht der Programmierung

Beispiele für Operanden und ihre Kennzeichnung		Beispiele für Zuordnung von Bauteilen	
UND	U	Schalter	E 0.1
ODER	O	Temperatursensor	E 0.2
UNDNICHT	U N	Hilfsschütz	M 1.7
ODERNICHT	O N	Motorschütz	A 2.0
SETZEN	S		
RÜCKSETZEN	R		

Bild 1.12. Darstellung der wesentlichen Symbolik der Anweisungsliste

Programmbaustein 1

```
0000 : Netzwerk 1
0001 : U (
0002 : O     E    0.1
0003 : ON    E    0.2
0004 : )
0005 : U     M    7.0
0006 : =     M    1.20

0007 : Netzwerk 2
0008 : U     M    12.0
0009 : UN    M    7.1
0010 : =     A    1.1
0011 : BE
```

Bild 1.13 Darstellung eines SPS-Programmteils in der Anweisungsliste

den jeweiligen Bausteinen zugeordneten E/A-Klemmen der SPS.

Eine Folge von Anweisungen bildet dann ein Netzwerk. Begründet durch die zyklische sequentielle Programmabarbeitung ist mit der Aufeinanderfolge der Anweisungen auch der Programmablauf bestimmt.

Im Bild 1.13 ist ein Beispiel eines Programmbausteines in der Anweisungsliste dargestellt. Die vierstellige Nummer vor den Anweisungen stellt die Adressierung im Programmspeicher dar. Ist eine Anweisung an den Prozessor zur Bearbeitung übergeben, wird der Adresszähler um 1 erhöht und somit die nächste Anweisung geladen. Die Anweisung BE für Programmende kennzeichnet das logische und physische Ende des Bausteins. Die Anweisungsliste ist eine maschinennahe Programmiersprache, die ähnlich wie die Assemblersprache festgeschriebene Befehlsfolgen besitzt und sich somit leicht in einen für den Prozessor verständlichen Code kompilieren läßt.

Für die Programmierung einer speicherprogrammierbaren Steuerung ist es auch möglich, mit einem beliebigen Programmiersystem das Programm zu erstellen, es muß dann nur über einen entsprechenden Compiler in die Syntax der Anweisungsliste der jeweiligen Steuerung übersetzt werden.

1.3.2.2
Programmierung des Anwenderprogramms als Funktionsplan

Der Funktionsplan gehört zu den modernen graphischen Programmiersprachen,

der die Darstellungsweise aus dem Logikplan übernommen hat. Durch die verwendete Symbolik, die in vielen Fachgebieten angewendet wird, gilt diese Darstellungsform als gutes Verständigungsmittel und kann auch direkt in SPS-Programmiergeräte eingegeben werden.

Die Verknüpfungen einer Steuerung werden in rechteckigen Symbolen dargestellt. Hauptsächlich werden die logischen Grundfunktionen (UND, ODER, NICHT) und Flip-Flops (zur Realisierung von Merkern und Ausgängen) verwendet.

Die Funktionsplandarstellung ist in vielen Programmiersystemen seitenorientiert aufgebaut. Auch aus diesem Grund ist es empfehlenswert, das Anwenderprogramm gut strukturiert in möglichst kleine Netzwerke zu zerlegen. Wie in Bild 1.14 zu erkennen ist, wird über das Zuweisen von Merkern das Verknüpfen logischer Ausdrücke gewährleistet. Einige der angebotenen Programmiersysteme lassen die Option der Konvertierung der Programmiersprachen untereinander zu. Da man in der Funktionsplandarstellung an die logischen Symbole gebunden ist, lassen sich nicht alle Programmteile, die in der Anweisungsliste erstellt wurden, in den Funktionsplan konvertieren (z.B. Sprungbefehle). Sollte man jedoch die Funktionsplanprogrammierung wegen ihrer grafischen Möglichkeiten bevorzugen, ist es möglich, das Anwenderprogramm mit den Mitteln des Funktionsplanes zu erstellen und nach der Konvertierung in die Anweisungsliste die übrigen Funktionen hinzuzufügen.

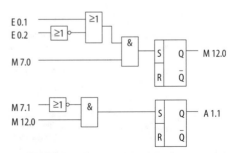

Bild 1.14. Darstellung eines SPS-Programmteils im Funktionsplan

1.3.2.3
Programmierung des Anwenderprogramms im Kontaktplan

Die Darstellungsform des Kontaktplanes ist aus der Stromlaufplandarstellung der Elektrotechnik entstanden. Die einzelnen Elemente des Kontaktplanes zeigen die Stromwege und damit die Wirkungsweise der Schaltung. Liegt eine Steuerungsaufgabe in Form eines Stromlaufplans vor, ist es demnach naheliegend, zur Programmierung der SPS den Kontaktplan zu nutzen (Bild 1.15).

Logische Verknüpfungen werden durch die Anordnung von Verknüpfungssymbolen mit 1- und 0-Signal hergestellt. Eine UND-Verknüpfung ohne Negation erhält man durch die Reihenschaltung von Verknüpfungssymbolen mit 1-Signal. Eine ODER-Verknüpfung eines negierten und eines unnegierten Signales erhält man durch die Parallelschaltung eines Verknüpfungssymbols mit 1-Signal und eines mit 0-Signal. Die Zuweisung „Setzen" und „Rücksetzen" werden zur Definition von Merkerzuständen verwendet (Bild 1.16).

Durch die symbolische Darstellung kann bei der Konvertierung von Programmteilen aus der Anweisungsliste die Problematik der Übersetzbarkeit, ähnlich, wie in Abschn. 1.3.2.2 beschrieben, auftreten.

1.3.2.4
Programmiersprachen für Ablaufsteuerungen

Nach DIN 19237 ist die Ablaufsteuerung eine Steuerung mit zwangsläufig schrittweisem Ablauf, bei der das Weiterschalten von einem Schritt zum folgenden von Weiterschaltbedingungen abhängig ist. Für

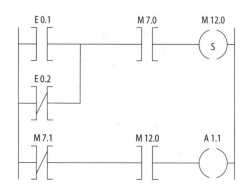

Bild 1.16. Darstellung eines SPS-Programmteils im Kontaktplan

deren Darstellung und rechentechnische Umsetzung wurden Sprachen wie GRAPH5, GRAFCET und GRAFTEC entwickelt. Die Ablaufsteuerung besteht aus einem Betriebsartenteil, einer Ablaufkette und einer Befehlsausgabe. Im Betriebsartenteil werden Automatik- bzw. Einzelschrittbetrieb und Start-Stop-Signale verarbeitet. Daraus entstehen die Freigabesignale für die Ablaufkette und für die Befehlsausgabe. In der Ablaufkette wird das eigentliche Steuerprogramm abgearbeitet. Das Weiterschalten in der Ablaufkette erfolgt bei Erfüllen der Weiterschaltbedingung, die sowohl zeit- als auch prozeßgeführt sein kann. Die Befehlsausgabe realisiert das Ein- bzw. Ausschalten der Steuergeräte.

Die Programmierung in GRAFCET (grafische Darstellung für Steuerungen mit Schritten und Weiterschaltbedingungen) ist eine bildschirmorientierte Entwicklungsmethode für Steuerungen. Es werden sequentielle Prozesse in eine Folge von Schritten, Weiterschaltbedingungen und Befehlsausgaben zerlegt. Die Steuerungsaufgabe wird in einzelne Schritte unterteilt, deren Abfolge durch Weiterschaltbedingungen reglementiert ist und denen Ausgabeaktionen zugeordnet sind.

Die Schrittfolge kann je nach Steuerungsaufgabe linear, simultan oder alternativ sein. Die Simultanverzweigung aktiviert aus einer Transition heraus gleichzeitig mehrere Schritte. Die Zusammenführung erfolgt über Synchronisation. Die Alternativverzweigung läßt jeweils nur einen Pfad durchlaufen.

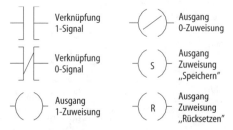

Bild 1.15. Darstellung der wesentlichen Symbolik des Kontaktplans

Auch bei sorgfältiger Programmierung kann es passieren, daß sich Fehler einschleichen. Um die Fehlerquellen schnell und zuverlässig zu diagnostizieren, werden in den Programmiersystemen Hilfsmittel angeboten. Ein Hilfsmittel ist der Test der Ein- und Ausgänge. Dieser Test kann entweder off-line (auf dem Bildschirm des Programmiergerätes) oder on-line (durch LEDs an den SPS-I/Os) erfolgen. Hierbei stellen sich Verdrahtungs- oder Programmierfehler heraus. Eine weitere Möglichkeit besteht in der Abfrage des Status der SPS. Hierbei werden interne SPS-Fehler detektiert.

2 Numerische Steuerungen

G. Duelen

2.1 Einführung und Definition

Bevor die Elektronik bei der Werkzeugmaschinensteuerung Einzug hielt, wurden die Maschinen *manuell* bzw. durch mechanische Automaten gesteuert. Durch Regelantriebe mit hohem Regelbereich, hoher Steifigkeit und kompakter Bauweise wurde die manuelle Steuerung abgelöst. Zunächst wurden die Maschinen mit Vorschubantrieben und Meßsystemen ausgerüstet. Die Integration von Werkzeugmagazinen und von automatischen Werkzeugwechslern erhöhte den Automatisierungsgrad.

Heutige Fertigungsanlagen sind mit moderner *Mikroprozessortechnik* [CNC-Technik; CNC = Computer Numerical Control (computergestützte numerische Steuerung)] realisiert, die eine hohe Flexibilität bieten.

Die Steuerung einer Fertigungsanlage führt sowohl logische Verknüpfungen als auch komplexe Rechenoperationen durch. Die Leistung und Flexibilität einer Fertigungsanlage wird durch den Entwicklungsstand der Werkzeugmaschinen gegeben. Die Entwicklung tendiert heute immer mehr zu flexiblen Fertigungsanlagen für die Kleinserien- und Einzelfertigung.

In den letzten Jahren ist zu erkennen, daß *Industrieroboter* als flexibles Produktionsmittel eine breite Anwendung finden. Insbesondere die Automobilindustrie setzt in großen Stückzahlen Industrieroboter zum Punktschweißen von Karosserieteilen ein. Vermehrt werden das Spritzlackieren, das Auftragen von Klebstoffen sowie das Nahtschweißen und Montagevorgänge durch Einsetzen von Industrierobotern automatisiert. In vielen Industriezweigen wird das Handhaben von Teilen, das Schneiden von Kunststoffen, das Entgraten und das Putzen von Werkstücken mit Industrierobotern erprobt.

Die globale Funktionsstruktur einer numerischen Steuerung ist in Bild 2.1 dargestellt. Der Interpreter dekodiert die Befehle aus dem Bedienpult (manuell) und aus dem Anwenderprogramm (automatisch oder schrittweise) und unterscheidet zwischen Bewegungs- und Schaltfunktionen.

Für die Positionierung des Werkzeuges bzw. Werkstückes wird entweder das Werkstück (in Werkstückkoordinaten) oder das Werkzeug (in Werkzeug- bzw. Maschinenkoordinaten) bewegt.

Für die Koordinatenachsen und Bewegungsrichtungen numerisch gesteuerter Werkzeugmaschinen wird gemäß DIN 66271 nach der 3-Finger-Regel ein rechtshändiges und rechtwinkliges Koordinatensystem – mit den Achsen x, y und z – verwendet.

Ein frei beweglicher Körper im Raum hat sechs *Freiheitsgrade* und kann durch mindestens drei translatorische und/oder rotatorische Bewegungen in eine andere Lage gebracht werden.

Bei Industrierobotern wird die Positionierung und Orientierung des Werkzeugmittelpunktes (TCP = Tool Center Point) mit Hilfe von *kartesischen* Koordinaten in Bezug auf Roboterbasiskoordinaten definiert. Die *achsspezifischen* Roboterkoordinaten sind in einem roboterunabhängigen Koordinatensystem definiert, dessen Nullpunkt sich im Tool-Center-Point befindet (Bild 2.2).

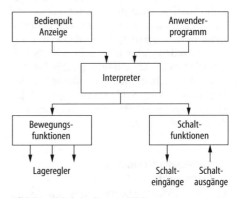

Bild 2.1. Globale Struktur von NC-Steuerungen

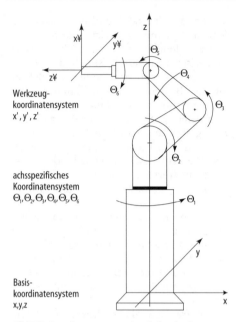

Bild 2.2. Koordinatensysteme eines Industrieroboters

Die den Maschinenbewegungen (der Positionierung und bei mehr als drei Achsen, der Orientierung) zugrundeliegenden Koordinatensysteme unterscheiden sich in *kartesische* und *nichtkartesische* Systeme. Maschinen mit kartesischen Kinematiken geben Werte an den Lageregler in kartesischen Koordinaten weiter, während Maschinen mit nichtkartesischen Koordinaten eine Transformation benötigen, um die kartesischen Werte in achsspezifische Daten umzurechnen.

Für die Positionierung des Werkzeuges bzw. Werkstückes bei Werkzeugmaschinen wird ein rechtwinkliges und rechtshändiges Koordinatensystem mit den Achsen x,y und z verwendet. Bei nichtkartesischen Kinematiken muß zusätzlich die Orientierung beachtet werden (A,B,C). Bei beiden Kinematiken wird eine Interpolation durchgeführt.

Zu den kartesischen Kinematiken zählen Drehmaschinen, Schleifmaschinen, Bohrmaschinen, 4-Achsen-Fräsmaschinen und Bearbeitungszentren.

2.1.1
Kartesische Kinematiken
Drehmaschinen.
In der Werkstückbearbeitung wurde die Kurven- oder Nockensteuerung durch die numerische Steuerung ersetzt. Das erhöhte die Flexibilität in der Umprogrammierung (frei programmierbare Vorschubwege, Vorschubgeschwindigkeiten und Spindeldrehzahlen) und die Wirtschaftlichkeit (kurze Stillstandszeiten, Zeitgewinn bis zu 85%). Um die Programmierung und die Bedienung zu erleichtern, werden heutige Maschinen mit CNC-Steuerungen ausgerüstet, die verschiedene Funktionen wie Schnittgeschwindigkeit, Werkzeugverschleißkontrolle, Vorschubsteuerung oder Werkzeugwechselkontrolle überwachen und durchführen, wobei der automatische Werkzeugwechsel häufig über einen Revolver erfolgt. Moderne CNC-Drehmaschinen sind mit aktiven Werkzeugen ausgerüstet und können sogenannte *Komplettbearbeitung* (Drehen, Fräsen, Bohren durchführen. Dies setzt voraus, daß die Hauptspindel positionierbar ist (C-Achse: Werkstückrotationsachse).

Bohrmaschinen
Bohrmaschinen haben eine Bohrspindel (z-Achse horizontal oder vertikal) mit Spindelkopf und einen Werkstücktisch mit beweglichen x- und y-Achsen.

Der Bohrdruck wird auf das Werkstück ausgeübt, das auf dem Werkstücktisch aufgespannt ist. Die CNC-Steuerung ermöglicht bei den Bohrarbeiten Funktionen wie automatischen Werkzeugwechsel, programmierbare Auswahl der Spindeldrehzahl und des Vorschubes, das Spiegeln der Bohrarbeiten auf andere Quadranten sowie feste Bohrzyklen (Unterprogramme mit verschiedenen Varianten werden nach der Positionierung ausgeführt).

Schleifmaschinen
Bei Schleifmaschinen hat sich die CNC-Technik erst in den letzten Jahren durchgesetzt. Eine Schleifmaschine hat höhere Anforderungen als Dreh- oder Fräsmaschinen zu erfüllen, wie z.B. höhere Genauigkeit, höhere Auflösung, größere Vorschubbereiche sowie automatische Korrekturen nach dem Abrichten der Schleifscheibe. Rundschleifmaschinen besitzen im allgemeinen zwei Achsen, während Flachschleifmaschinen drei Achsen besitzen. Werkzeugschleifmaschinen können dagegen bis zu fünf Achsen haben.

2.1.2
Nichtkartesische Kinematiken

Industrieroboter (Handhabungsgeräte) mit fünf oder sechs Freiheitsgraden zählen zu den nichtkartesischen Maschinen, bei denen die kartesischen Werte durch eine *Transformation* in Winkelkoordinaten bzw. Polarkoordinaten (achsspezifische Koordinaten) umgerechnet werden müssen (oder umgekehrt). Die Umrechnung der Roboterkoordinaten in kartesische Koordinaten wird Vorwärtstransformation und die Umrechnung der kartesischen Werte in Winkelkoordinaten wird Rückwärtstransformation genannt (Bild 2.3).

Die meisten Roboter setzen sich aus einer Kombination von drei Bewegungsachsen zur Positionierung und drei weiteren Bewegungsachsen zur Orientierung des Werkzeugs zusammen. Die Kombination der Bewegungsachsen zur Positionierung jeweils mit drei Freiheitsgraden bestimmen die vier charakteristischen Arbeitsräume des Roboters.

Auch Werkzeugmaschinen können zu den nichtkartesischen Maschinen gehören, wenn sie zusätzlich eine Orientierung aufweisen. Ein Beispiel dafür ist die 5-achsige Fräsmaschine. Die 5-achsige Fräsmaschine zum CNC-Fräsen von Werkstücken mit gekrümmten Flächen bietet neben geometrischen und technologischen auch wirtschaftliche Vorteile wegen der zusätzlichen Freiheitsgrade der Maschine gegenüber dem dreiachsigen CNC-Fräsen. Da beim 5-Achsen-Fräsen außer der Fräserspitze auch die Achsrichtung des Fräsers zum Werkstückkoordinatensystem bahngesteuert wird, erfolgt beim Stirnfräsen eine Kippung der Fräserachsorientierung. Somit wird eine bessere Anpassung der Werkzeug- an die Werkstückgeometrie bei der Verarbeitung gekrümmter Flächen erzielt.

Der Einsatz neuer, leistungsfähiger Hardwarestrukturen in der CNC-Steuerung ermöglicht die Verlagerung von Softwarefunktionen aus der Arbeitsvorbereitung in den Maschinenbereich. Die Schaffung von 3D-Werkzeugkorrekturen mit Konturschutz in der CNC-Steuerung erlaubt einen flexibleren Werkzeugeinsatz. Höhere Interpolationsverfahren führen zur Reduzierung der NC-Daten und zur Steigerung von Bearbeitungsgenauigkeit und Oberflächengüte. Weitere Sonderfunktionen einer CNC-Steuerung, wie z.B. eine grafische Simulation sowie eine Kollisions- und Beschleunigungskontrolle, ergänzen das Konzept für eine effiziente Fräsbearbeitung.

Für das Fräsen von Umformwerkzeugen dienen häufig Modelle als Vorgabe. Durch das Digitalisieren der Modellform auf einem Koordinatenmeßgerät und die anschließende Modellierung der Daten auf einem CAD-System kann eine vollständige Geometriebeschreibung des Werkstücks erzielt werden. Beim Einsatz eines in einem CAD-System [CAD = Computer Aided Design (computerunterstützte Konstruktion von Produkten)] integrierten NC-Moduls wird entsprechend einer gewählten Schnittaufteilung in der Regel eine große Anzahl von Koordinatenwerten der 5 Achsen berechnet und als NC-Programm der Steuerung übergeben. Dieser Datentransfer ist über ein DNC-System (DNC = Direct Numerical Control) zwischen dem übergeordneten Rechner und der CNC-Steuerung möglich. Durch die Integration eines NC-Moduls in das CAD-System können schwierige Geometrien ohne Genauigkeitsverlust aufbereitet werden.

2.2
Bewegungssteuerung

2.2.1
Einführung

Die Steuerbefehle werden alphanumerisch codiert an die Steuerung übergeben und

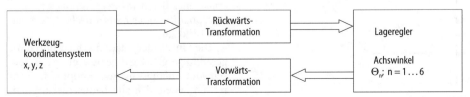

Bild 2.3. Koordinatentransformation kartesischer Daten in achsspezifische Daten

setzen sich aus Weginformationen und Schaltinformationen zusammen. Weginformationen, die die relative Lage von Werkzeug und Werkstück zueinander kennzeichnen, setzen voraus, daß die numerisch gesteuerten Achsen mit einem Meßsystem ausgerüstet sind sowie über technologische Daten wie z.B. Vorschubgeschwindigkeit oder Spindeldrehzahl verfügen. Durch die Schaltinformationen werden die Zustände von zusätzlichen Maschinenfunktionen wie z.B. Werkzeugwechsel oder Spannvorrichtung bestimmt.

Ein CNC-Anwenderprogramm ist aus genormten Sätzen aufgebaut, die aus einzelnen Wörtern bestehen. Sie beginnen jeweils mit einer Adresse, gefolgt von numerischen Information (Satznummer, Wegbedingung, Position, Vorschubgeschwindigkeit, Drehzahl, Werkzeugauswahl, Schaltbedingungen, z.B. Kühlmittel ein/aus).

Jeder NC-Satz wird als ein Programmschritt interpretiert. Die Abarbeitung des Programms geschieht nicht nach den Satznummern, sondern in der Reihenfolge der Speicherplätze.

Ein Merkmal der CNC-Steuerung ist die Art, wie der Bewegungsablauf der zu steuernden Bewegungsachsen durchgeführt wird.

Punktsteuerungen [PTP = point to point (Punkt zu Punkt)] sind durch das gleichzeitige Verfahren aller Bewegungsachsen gekennzeichnet, wobei kein funktionaler Zusammenhang zwischen den Achsbewegungen erforderlich ist (Bild 2.4).

Bei *Vielpunkt-* oder *Quasibahnsteuerungen* wird die zu verfolgende Bahn durch eine Vielzahl von Stützpunkten programmiert. Diese Stützpunkte können durch

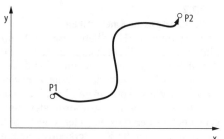

Bild 2.5. Bahnsteuerung

Punktsteuerung oder durch Interpolation in dem geräteeigenen Koordinatensystem abgefahren werden.

Bei einer *Bahnsteuerung* bewegen sich alle Verfahrachsen nach einem vorgegebenen funktionalen Zusammenhang (Bild 2.5). Die Werkzeuge müssen mit vorgeschriebener Orientierung und Geschwindigkeit entlang einer programmierten Bahn durchgeführt werden können. Abweichungen in der zu verfolgenden Bahn sowie in der Lage des Werkstücks bzw. der Werkstückteile sind mit Sensoren zu erfassen und in der Steuerung zu korrigieren.

Je nach der Anzahl der gleichzeitig und unabhängig voneinander steuerbaren Achsen spricht man von 2-, 3- oder mehrachsigen Bahnsteuerungen. Zur Berechnung der Bahnpunkte bis zum Zielpunkt enthält die Steuerung einen *Interpolator*. Bei gleichzeitiger Interpolation aller Achsen spricht man von 3D-Bahnsteuerung. Der hierzu notwendige Rechenaufwand erfordert den Einsatz von leistungsfähigen Mikroprozessorsystemen.

2.2.2
Interpolation

Der Interpolator sorgt dafür, daß die aus den Achsenbewegungen resultierende Bewegung zwischen dem Anfangs- und Endpunkt auf der programmierten Bahnkurve liegt. Dazu gibt es verschiedene Interpolationsarten, z.B. *Linearinterpolation*, *zirkulare* Interpolation oder *quadratische* Interpolation (Bild 2.6).

Die Linearinterpolation erfolgt durch die geradlinige, gleichzeitige Bewegung der Achsen vom Anfangs- bis zum Endpunkt. Theoretisch lassen sich alle Bahnsteuerungsaufgaben mit Linearinterpolation lösen.

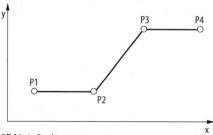

Bild 2.4. Punktsteuerung

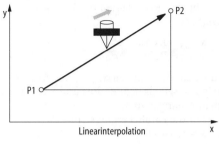

Bild 2.6. Darstellung der Zirkular- und Linearinterpolation

Bei schnellen Bewegungen treten bei Richtungs- oder Geschwindigkeitsänderungen an den Eckpunkten der Bahn Schwingungen auf. Für ein geeignetes Übergangsverhalten von einem Bahnsegment zum anderen (abgerundete Übergänge) können zirkulare oder quadratische Interpolationen angewandt werden, wenn die Bahnkurve nicht die Eckpunkte einhalten muß.

Die erwähnten Bearbeitungsverfahren erfordern die Möglichkeit, neben der Position auch die Orientierung des Werkzeugs im Arbeitsraum nach vorgegebenen programmierten Anweisungen einzustellen. Mit diesen Anforderungen ergeben sich zwei steuerungstechnische Aufgaben:

– Bahnverfolgung mit einem definierten Punkt des Werkzeugs,
– Orientierung eines nichtrotationsymmetrischen Werkzeuges in Bezug zur Bahn.

Die Anforderung, kartesische Koordinaten für eine Bahnsteuerung von Systemen mit nichtkartesischen Kinematiken zu verwenden, beruht auf folgenden Überlegungen:

– Ein dreidimensionales Interpolationsverfahren ist ausreichend.
– Durch Translation und Rotation der Anwenderprogrammdaten können Positi-

onsänderungen des Gesamtwerkstücks oder der Werkstückteile berücksichtigt werden.
– Bahnkorrekturen können durch Verarbeitung von Sensorsignalen im Interpolationsvorgang vorgenommen werden.
– Die Programmierung durch numerische Eingabe der Koordinaten sowie die Verwendung von Referenzpunkten ist möglich.
– Die Programmierung durch das *Teach-In-Verfahren* (Programmierung durch Positionsaufnahme) wird erheblich erleichtert, so daß die Bedienbarkeit der Maschine durch die Beschreibung des Arbeitsraumes mit kartesischen Koordinaten verbessert wird.

Die Verwendung von kartesischen Koordinaten erfordert bei der Ausführung des Anwenderprogrammes einen zweistufigen Berechnungsvorgang:

– Die Stützpunkte auf der Bahn werden durch Interpolation im kartesischen Koordinatensystem ermittelt.
– Die Transformation der kartesischen Koordinaten ergibt entsprechende Führungsgrößen für die Achsen.

Die im Teach-In-Verfahren ermittelten Informationen sind aus den Winkelpositionen der Bewegungsachsen zusammengestellt. Die kartesischen Koordinaten werden durch Transformation aus diesen Informationen abgeleitet.

Ziel des Interpolators ist es, die Informationsflut in der Steuerung so klein wie möglich zu halten. Um einer beliebigen Kurve mit einem Werkzeug zu folgen, müssen die Koordinaten verschiedener Punkte auf der Kurve an die Servosysteme weitergegeben werden. Die zumeist vorkommenden Werkstückkonturen sind aus Geraden und Kreisbögen zusammengesetzt. Daher lohnt es sich, die Punkte auf diesen Bahnen durch ein spezielles Rechenmodul in der Steuerung berechnen zu lassen, da sie sonst vorher ausgerechnet werden müßten und der Informationsträger übertrieben lang werden würde. Wenn ein eingebauter Interpolator benutzt wird, dann ist die Eingangsinformation bestimmt durch:

– Art der Bahn (linear, zirkular, usw.);
– Anfangs- und Endpunkte der Bahn und
  beim Kreisbogen noch durch den Projek-
  tionsstrahl vom Anfangs- zum Mittelpunkt;
– Bahngeschwindigkeit.

Aus diesen Werten berechnet der Interpolator eine Reihe diskreter Sollwerte für jede
Achse als eine Funktion der *Interpolationstaktzeit.*

2.2.2.1
Mathematische Beschreibung der Bahn

In kartesischen Koordinaten läßt sich eine
Kurve in folgenden mathematischen Formen beschreiben:

– explizite Form $x = f(y,z)$
– implizite Form $F(x,y,z) = 0$
– parametrische Form $x = x(\tau)$
                      $y = y(\tau)$
                      $z = z(\tau)$
                      mit τ als Parameter.

Die *explizite* Form wird für die Interpolation praktisch nicht benutzt.

Die *implizite* Form wird in Suchschritt-
Interpolatoren benutzt, aber dann meist
nur für eine zweiachsige Interpolation.

Ausgangspunkt ist die Gleichung der Ke-
gelschnitte:

$$F(x,y) = Ax^2 + 2Bxy + Cy^2 + 2Dx + 2Ey + F = 0.$$

Dann gilt:
– für die Gerade: $A = B = C = 0$
– für den Kreis: $A = C, B = 0$
                    $D = E = 0$

mit dem Mittelpunkt im Koordinatenur-
sprung,
– für die Parabel: $AC - B^2 = 0$.

In *Parameterform* ergibt sich jeweils
eine Gleichung pro Maschinenachse. Für
die Gerade lauten diese:

$$x = a_0 + a_1\tau$$
$$y = b_0 + b_1\tau$$
$$z = c_0 + c_1\tau.$$

Mit $0 \leq \tau \leq 1$ sind a_0, b_0, c_0 die Anfangskoor-
dinaten und $a_0 + a_1, b_0 + b_1, c_0 + c_1$ die Endko-
ordinaten der Geraden, τ kann in Beziehung
zur realen Zeit gesehen werden.

Für den Kreis lauten die Parameterglei-
chungen:

$$x - x_m = R\cos(\tau + \phi)$$
$$y - y_m = R\sin(\tau + \phi)$$

mit den Koordinaten x_m, y_m des Kreismit-
telpunkts, R als dem Radius und $R\cos\phi$ als
dem Anfangspunkt.

Für die Parabel ergibt sich:
$$x = a_0 + a_1\tau + a_2\tau^2$$
$$y = b_0 + b_1\tau + b_2\tau^2.$$

2.2.2.2
Interpolation nach der Suchschrittmethode

Ausgangspunkt ist die implizite Funktions-
gleichung $F(y, y) = 0$. Die Funktion muß in
der Interpolationsumgebung *monoton* sein,
d.h. für jeden x-Wert muß ein eindeutiger
y-Wert existieren und umgekehrt.

Für alle Punkte auf der Fläche, die auf
der einen Seite der Interpolationskurve liegen, gilt $F(x, y) > 0$, und für die Punkte auf
der anderen Seite $F(x, y) < 0$. Für die Punkte auf der Kurve gilt $F(x, y) = 0$.

Die Suchschrittmethode besteht darin,
einen Einheitsschritt in x- und y-Richtung
auszuführen und danach das Zeichen von
$F(x, y)$ zu testen.

Aus z.B. $F(x + 1, y) < 0$ folgt daraus ein
Schritt in y-Richtung und umgekehrt aus
$F(x, y + 1) > 0$ folgt hieraus ein Schritt in x-
Richtung.

2.2.2.3
Interpolation durch Integration

Die zumeist verwendete Methode ist die der
Digitalen-Differential-Analysatoren (DDA),
deren Basiselement ein Integrator ist.

Die Grundgleichung des Integrators lautet:

$$s_{(\tau)} = \int_{\tau_0}^{\tau} F_{(\tau)} \, d\tau \qquad (2.1)$$

und die dazugehörige Differentialgleichung

$$ds = F_{(\tau)} d\tau.$$

Die Variable S läßt sich als

$$s = s_0 + \int_{s_0}^{s} ds$$

beschreiben.

In der digitalen Berechnung wird das
Differential ds durch einen endlichen Zu-

wachs Δs und die Integration wird eine direkte Summation

$$\int_{\tau_0}^{\tau} F_{(\tau)}\, d\tau = \lim_{\Delta\tau_v \to 0} \sum_{v=1}^{n} F_{(\tau)}\Delta\tau_v. \qquad (2.2)$$

Je kleiner $\Delta\tau_v$ ist, um so besser nähert sich die Summe dem Integral.

Für einen zweiachsigen linearen Interpolator sind im Anwenderprogramm der Anfangspunkt (x_0, y_0), der Endpunkt (x_1, y_1) und die Bahngeschwindigkeit (V) vorgegeben.

Die Interpolationstaktzeit T_i ist eine Konstante des Steuerungsprogramms.

Die Interpolationsvorbereitung berechnet die Bahnlänge

$$s = \sqrt{(x_1 - x_0)^2 + (y_1 - y_0)^2}\ , \qquad (2.3)$$

die Länge des Interpolationsschrittes

$$\Delta S = VT_i$$

und die Anzahl der Interpolationsschritte

$$N = \frac{S}{\Delta s} \qquad (2.4)$$

(N wird ganzzahlig genommen).

Hieraus folgen die Achsabschnitte (Sollwerte).

$$\Delta x = \frac{x_1 - x_0}{N} \quad \text{und} \quad \Delta y = \frac{y_1 - y_0}{N}\ . \ (2.5)$$

Der Interpolationsvorgang: Bei jedem Takt T_i werden die Sollwerte Δx und Δy ausgegeben und summiert

$$x = \sum_{1}^{N} \Delta x \quad \text{und} \quad y = \sum_{1}^{N} \Delta y\ . \qquad (2.6)$$

2.2.2.4
Spline-Interpolation

Als Ausgangspunkt dienen streng monoton wachsende Abszissenwerte x der Stützpunkte: $x_1 < x_2 < \ldots < x_k < \ldots < x_{n-1} < x_n$ und die Verbindung der einzelnen Stützpunkte durch kubische Funktionen, jeweils im Intervall x_k, x_{k-1} (Bild 2.7).

Die Stützpunkte werden durch Messungen aufgenommen, z.B. aus dem Clay-Modell der Karosserie oder direkt aus der CAD-Darstellung.

Die Anforderungen an einen möglichst glatten Kurvenzug sind

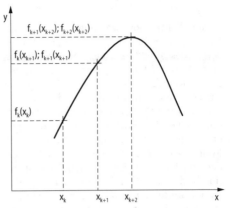

Bild 2.7. Verbindung der einzelnen Stützpunkte durch kubische Funktionen

– Stetigkeit der Funktionen in den Stützpunkten:
$$f_k(x_{k+1}) = f_{k+1}(x_{k+1})$$

– Knickpunktfreiheit (Stetigkeit der 1. Ableitung) in den Stützpunkten:
$$f'_k(x_{k+1}) = f'_{k+1}(x_{k+1})$$

– Gleichheit der Krümmung (Stetigkeit der 2. Ableitung) in den Stützpunkten
$$f''_k(x_{k+1}) = f''_{k+1}(x_{k+1}).$$

Interpolierende kubische Splines bestehen aus $n-1$ aneinandergereihten Polynomen 3. Grades $f_k(x)$, die zweimal stetig differenziert sind.

Auch die Stützpunkte selbst werden von dieser Funktion durchlaufen.

Ansatz:

$$f_k(x) = A_k^*\,(x-x_k)^3 + B_k^*\,(x-x_k)^2 + C_k^*\,(x-x_k) + D$$

Es müssen also für $n-1$ Intervalle $(x_k + x_{k+1})$ zwischen den Stützpunkten $[x_k, f_k(x)]$ und $[x_{k+1}, f_{k+1}(x_{k+1})]$ die entsprechenden Koeffizienten A_k, B_k, C_k und D_k bestimmt werden.

Der Vorteil der Spline-Interpolation ist, daß mathematisch *nicht beschreibbare* Kurvenzüge mit hoher Genauigkeit interpoliert werden können. Je nach erforderlicher Genauigkeit kann die Anzahl der Stützpunkte komprimiert werden. Der Nachteil dieser Interpolation ist der hohe Rechenaufwand.

2.2.3
Koordinatentransformation

Die Positionsbeschreibung der Achsen sowie des *Effektors* (das Greifsystem) in einer Robotersteuerung erfolgt in kartesischen Koordinaten. Die Berechnung der kartesischen Koordinaten aus den jeweiligen Achs-Ist-Werten beim Teach-In-Verfahren sowie die Ableitung der Führungsgrößen für die Achsen aus den kartesischen Koordinaten der zu verfolgenden Bahn werden mit Hilfe von Koordinatentransformationen durchgeführt. Es gibt grundsätzlich zwei Koordinatensysteme zur Berechnung von Koordinatentransformation: *Weltkoordinaten* (kartesische Koordinaten) und *Roboterkoordinaten* (Winkelkoordinaten).

2.2.3.1
Weltkoordinaten

Die Weltkoordinaten (Raumkoordinaten) heißen auch kartesische Koordinaten. Das kartesische Koordinatensystem besteht aus drei Achsen, die senkrecht aufeinander stehen: x-Achse, y-Achse und z-Achse.

Alle Zahlen in Pfeilrichtung vom Nullpunkt haben ein positives Zeichen. Zur De finition der Weltkoordinaten muß der Roboter in eine *Grundstellung* als „Referenzstellung" gebracht werden. Beim kartesischen Roboter (s. Abschn. 2.2.3.3) sind die Weltkoordinaten gleich den Roboterkoordinaten. Beim zylindrischen Roboter wird die z-Achse festgelegt, die x- und y-Koordinaten können gewählt werden.

Wenn die dreidimensionale Bahn des Greifer- oder Werkzeugmittelpunktes TCP in kartesischen Koordinaten definiert ist, muß für das Anfahren dieser Bahn von kartesischen Weltkoordinaten in Roboterkoordinaten transformiert werden (Rücktransfor-mation). Wenn die Werte in Roboterkoordinaten vorliegen (z.B. Gelenkwinkel), muß für die Positionierung des Greifers eine Transformation von Roboterkoordinaten in Weltkoordinaten erfolgen (Vorwärtstransformation).

2.2.3.2
Roboterkoordinaten oder geräteeigene Koordinaten

Die Roboterkoordinaten sind roboterspezifische Gelenkkoordinaten mit Gelenkwinkeln, mit denen die Positionen der einzelnen Antriebssysteme beschrieben und angesteuert werden können. Ein Gelenkarm-Roboter besitzt Drehachsen, die als Meßsystem eine Winkelskala mit einer Grad-Einteilung haben, wobei eine volle Umdrehung 360° entspricht. Die Nullpunkte der einzelnen Winkelskalen und deren positive Zählrichtung werden aus der Referenzstellung in Weltkoordinaten abgeleitet.

2.2.3.3
Koordinatentransformation in Matrixform

Koordinatentransformationen werden benötigt, um Steuerinformationen, die für die kartesischen Koordinaten berechnet wurden, in die geräteeigenen Koordinaten umzurechnen. Sind umgekehrt Positionswerte der Dreh- und Schubgelenke vorgegeben, dann kann die Lage des zu handhabenden Werkzeugs durch Koordinatentransformationen im kartesischen Koordinatensystem beschrieben werden. Die Transformation von Roboterkoordinaten in kartesische Koordinaten erfolgt durch die *Denavit-Hartenberg-Transformationsmatrizen*. Die Rücktransformation der Welt- in Roboterkoordinaten hängt vom kinematischen Aufbau des Roboters ab und ist nicht eindeutig.

Rotation und Translation
Für die Drehung um die Achsen des Basissystems erhält man:

$$T_x = \mathrm{Rot}(x,\alpha) = \begin{bmatrix} 1 & 0 & 0 \\ 0 & \cos\alpha & -\sin\alpha \\ 0 & \sin\alpha & \cos\alpha \end{bmatrix} \quad (2.7)$$

und

$$\begin{bmatrix} x' \\ y' \\ z' \end{bmatrix} = \mathrm{Rot}(x,\alpha) \begin{bmatrix} x \\ y \\ z \end{bmatrix}$$

$$T_y = \mathrm{Rot}(y,\alpha) = \begin{bmatrix} \cos\alpha & 0 & \sin\alpha \\ 0 & 1 & 0 \\ -\sin\alpha & o & \cos\alpha \end{bmatrix}$$

und

$$\begin{bmatrix} x' \\ y' \\ z' \end{bmatrix} = \mathrm{Rot}(y,\alpha) \begin{bmatrix} x \\ y \\ z \end{bmatrix}$$

$$T_z = \text{Rot}(z, \alpha) = \begin{bmatrix} \cos\alpha & -\sin\alpha & 0 \\ \sin\alpha & \cos\alpha & 0 \\ 0 & 0 & 1 \end{bmatrix}$$

$$\text{und} \quad \begin{bmatrix} x' \\ y' \\ z' \end{bmatrix} = \text{Rot}(z, \alpha) \begin{bmatrix} x \\ y \\ z \end{bmatrix}.$$

Die Translation wird durch die Gleichung

$$\begin{bmatrix} x' \\ y' \\ z' \end{bmatrix} = \begin{bmatrix} x \\ y \\ z \end{bmatrix} \cdot \begin{bmatrix} n_x \\ n_y \\ n_z \end{bmatrix} \qquad (2.8)$$

beschrieben. Der Vektor n kennzeichnet die Verschiebung der Koordinatensysteme.

In homogenen Koordinaten folgt daraus:

$$\begin{bmatrix} x' \\ y' \\ z' \\ 1 \end{bmatrix} = \begin{bmatrix} & & & n_x \\ & \text{Rot}(z, \alpha) & & n_y \\ & & & n_z \\ 0 & 0 & 0 & 1 \end{bmatrix} \begin{bmatrix} x \\ y \\ z \\ 1 \end{bmatrix}. \qquad (2.9)$$

Die allgemeine vektorielle Gleichung für den Ortsvektor v_p kann aus den kinematischen Ersatzbildern des Bildes 2.8 abgeleitet werden

$$\underline{r}_p = \sum_{k=1}^{m} l_k \qquad (2.10)$$

mit m = Anzahl der Roboterkomponenten. In Gerätekoordinaten kann der Raumvektor $\underline{r}_p$ mit der Gleichung

$$\underline{r}_p = \sum_{k=1}^{m} \prod_{i=1}^{n_k} T(\alpha_i) l_k \qquad (2.11)$$

und die jeweilige Komponente mit der Gleichung

$$\underline{l}_k = \prod_{i=1}^{n_k} T(\alpha_i) \underline{l}'_k \qquad (2.12)$$

beschrieben werden

mit
n_k = Anzahl der Rotationsfreiheitsgrade,
$T(\alpha_i)$ = Rotationsmatrizen und,
$\underline{l}'_k$ = Komponente in dem jeweiligen Koordinatensystem.

Die raumbezogene Orientierung wird durch die Projektionen des Werkzeugs und des Werkzeugträgers auf die jeweiligen Basisvektoren $\underline{X}, \underline{Y}, \underline{Z}$ eindeutig beschrieben.

$$\underline{l}_3 = l_3(x, y, z) \prod_{i=1}^{n_3} T(\alpha_i) \underline{l}'_3$$
$$\underline{l}_4 = l_4(x, y, z) \prod_{i=1}^{n_4} T(\alpha_i) \underline{l}'_4 \qquad (2.13)$$

Beim Abfahren einer geraden Bahn mit konstanter bahnbezogener Orientierung des Werkzeugs und des Werkzeugträgers ist die raumbezogene Orientierung auch konstant.

Aus den Transformationsgleichungssystemen ergeben sich drei Gleichungen mit sechs Variablen. Die Lösbarkeit des Gleichungssystems erfordert mindestens drei zusätzliche Gleichungen. Bei den Bearbeitungsverfahren Lichtbogenschweißen, Entgraten, Spritzlackieren und Brennschneiden ist es notwendig, die Orientierung des Werkzeugs relativ zur Richtung des Bahnvektors konstant zu halten. Die Werkzeugorientierung wird beim Verfahren entlang von Raumkurven auf den Tangentenvektor der Kurve bezogen. Bei Handhabungs- und Montageaufgaben müssen die Werkstücke entlang einer durch das Werkstück gelegten Geraden geführt werden können. Auch bei nichtrotationssymmetrischen Werkzeugen und insbesondere bei Werkzeugen, die mit Sensoren ausgestattet sind, ist die Orientierung des Werkzeugträgers wichtig. Es ist deshalb sinnvoll, die zusätzlichen Gleichungen zur Lösung des Transformationsgleichungssystems aus der Vorgabe oder aus der Bestimmung der Orientierung des zu handhabenden Werkzeugs und des Werkzeugträgers abzuleiten.

Analytische Lösung

Zur Bestimmung der Steuerungsgrößen α_i bzw. α_i und l_k muß das Gleichungssystem

$$\underline{r}_p = \sum_{k=1}^{m} \prod_{i=1}^{n_k} T(\alpha_i) l_k \qquad (2.14)$$

gelöst werden. Die notwendigen Zusatzgleichungen können aus dem Gleichungssystem

$$\underline{l}_3 = l_3(x, y, z) \prod_{i=1}^{n_3} T(\alpha_i) \underline{l}'_3$$
$$\underline{l}_4 = l_4(x, y, z) \prod_{i=1}^{n_4} T(\alpha_i) \underline{l}'_4 \qquad (2.15)$$

abgeleitet werden.

Wenn die Orientierung des Werkzeugs und des Werkzeugträgers bestimmt ist, kann der Vektor $\underline{r}_{p2}$ aus

$$\underline{r}_{p2} = \underline{r}_p - \underline{l}_3 - \underline{l}_4$$

berechnet werden.

Die Steuerungsgrößen der Hauptachsen (1, 2, 3 in Bild 2.8) werden durch inverse Transformation aus

$$T^{-1}(\alpha_i)\underline{r}_p = \sum_{i=1}^{2} \prod_{i=2}^{n_k} T(\alpha_i)\underline{l}'_k \qquad (2.16)$$

abgeleitet.

Die Steuerungsgrößen der Handachsen (4, 5, 6 in Bild 2.8) sind durch die inverse Transformation mit

$$\prod_{i=n-3}^{1} T^{-1}(\alpha_i)\underline{l}_3 = \prod_{i=n-3}^{n-1} T(\alpha_i)\underline{l}'_3 \qquad (2.17)$$

und

$$\prod_{i=n-1}^{1} T^{-1}(\alpha_i)\underline{l}_4 = T(\alpha_n)\underline{l}'_4 \qquad (2.18)$$

zu berechnen.

Die Anzahl der Rotationsfreiheitsgrade des Roboters ist mit n angegeben.

Die analytische Lösung ist nur möglich für Kinematiken, deren Achsen 4, 5 und 6 einen gemeinsamen Schnittpunkt haben.

Iterative Lösung

Für andere Kinematiken müssen iterative Rechenmethoden verwendet werden. Eine effiziente Rechenmethode basiert auf der Linearisierung der direkten Transformation und verwendet den multidimensionalen Typ des *Newton-Raphson-Algorithmus*.

Das iterative Konzept kann folgendermaßen beschrieben werden: Das direkte kinematische Problem oder die Transformationsgleichungen

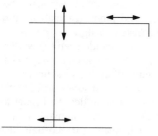

Kartesischer Arbeitsraum
3 Translationsachsen

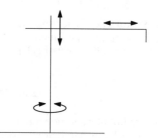

Zylindrischer Arbeitsraum
2 Translationsachsen
1 Rotationsachse
(SCARA)

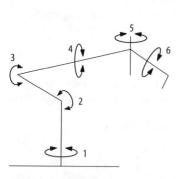

Arbeitsraum Hohlkugel
6 Rotationsachsen

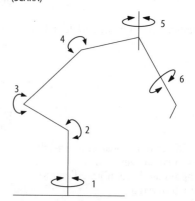

Arbeitsraum Vollkugel
6 Rotationsachsen

Bild 2.8. Kinematische Ersatzschaltbilder

$$\underline{x} = \underline{f}(\Theta)$$

werden durch partielle Differenzierung bilanziert

$$\underline{x}(\Theta + \Delta\Theta) = \underline{f}(\Theta) + \left[\frac{d}{d\Theta}[f(\Theta)]\right]\Delta\Theta \quad (2.19)$$

Die Matrix ist die *Jacobi-Matrix*

$$\left[\frac{d}{d\Theta}[f(\Theta)]\right]. \quad (1.20)$$

Das Ersetzen von $\underline{x}_{(\Theta + \Delta\Theta)}$ durch $\underline{x}_n$, die Werte der Position und Orientierung, ergibt ein lineares Gleichungssystem für die Bestimmung der Gelenkwinkel $\underline{\Theta}$. Die Addition des Inkrements $\underline{\Delta\Theta}$ bewirkt eine Approximation der Gelenkvariable. Die Iteration wird fortgeführt, bis das Kriterium

$$\underline{x}_n = \underline{f}(\underline{\Theta}) < \varepsilon$$

realisiert ist.

Vorteile dieser Methode sind:
- allgemein anwendbar,
- die Analyse der Eigenschaften der Jacobi-Matrix erlaubt eine allgemeine Lösung des Problems der Singularitäten,
- eine Erweiterung für redundante Kinematiken ist möglich,
- die Konvergenz ist schnell und stabil,
- Reduzierung des Problems der Mehrdeutigkeit.

Nachteile sind:
- das Problem der Anfangswerte,
- erhöhte Rechenzeit.

Denavit-Hartenberg Kinematik-Parameter
Die Abbildung eines Vektors von einem Koordinatensystem auf ein anderes Koordinatensystem erfolgt durch die Denavit-Hartenberg 4×4-Transformationsmatrix, die sich aus der 3×3-Untermatrix für die Rotation und 3×1-Matrix für die Translation zusammensetzt.
Die Transformationsmatrix nach Denavit lautet

$$\underline{T} = \prod_{i=1}^{6} \underline{A_i}. \quad (2.21)$$

A_i ist die sogenannte 4×4 Denavit-Hartenberg-Matrix und beschreibt die Über-

führung zweier Koordinatensysteme durch zwei Translationen und zwei Rotationen

$$\underline{A_i} = \begin{bmatrix} \cos\Theta & -\sin\Theta_i\cos\alpha_i & \sin\Theta_i\sin\alpha_i & a_i\cos\Theta_i \\ \sin\Theta & \cos\Theta_i\cos\alpha_i & -\cos\Theta_i\sin\alpha_i & a_i\sin\Theta_i \\ 0 & \sin\alpha_i & \cos\alpha_i & d_i \\ 0 & 0 & 0 & 1 \end{bmatrix}.$$

Bei einer Rotation ist Θ, bei einer Translation ist d_i variabel.
Durch Multiplikation aller D-H-Matrizen

$$\underline{T} = D_{1D} \cdot D_2 \cdot \ldots \cdot D_6 \quad \underline{T} = \prod_{i=1}^{6} \underline{A} \quad (2.23)$$

erhält man eine 4×4 Matrix, die die Effektor-Orientierung und -Position darstellt:

$$\underline{T} = \begin{bmatrix} n_x & o_x & a_x & p_x \\ n_y & o_y & a_y & p_y \\ n_z & o_z & a_z & p_z \\ 0 & 0 & 0 & 1 \end{bmatrix} \quad \underline{T} = \begin{bmatrix} \underline{n} & \underline{o} & \underline{a} & \vdots & \underline{p} \\ & & & \vdots & \\ \ldots & \ldots & \ldots & \vdots & \ldots \\ & & \underline{0} & \vdots & 1 \end{bmatrix}.$$

Die Vektoren $n_{x,y,z}$, $o_{x,y,z}$ und $a_{x,y,z}$ beschreiben die Koordinaten des Effektors (Orientierung des „Effektor-Frames" in Bezug auf das „Roboter-Frame") und $p_{x,y,z}$ den Ortsvektor vom Roboterkoordinatensystem zum kartesischen Koordinatensystem (Entfernung vom Ursprung des Weltkoordinatensystems zum Ursprung des kartesischen Koordinatensystems des Effektors).

2.2.4
Sensorschnittstellen
Industrieroboter können in Produktionsprozessen mit *geordneter* und *invarianter* Peripherie eingesetzt werden. Die zu handhabenden Werkstücke und Werkzeuge müssen dann genau positioniert werden und Werkstücktoleranzen sind einzuhalten.
Bei *variabler* Peripherie ist der Einsatz von Industrierobotern nur mit Hilfe von Sensoren möglich. Positions- und Bewegungsabweichungen der geführten Werkzeuge, der zu bearbeitenden Werkstücke sowie Kollisionen zwischen Roboter und Peripherie, müssen erfasst und der Steuerung als Korrekturwerte zugeführt werden. Die Bahnsteuerung kann Programmablaufkorrekturen durch Sensorsignale in kartesische Koordinaten realisieren.

Während des Programmablaufs sollen die Abweichungen der zu verfolgenden Bahnen, die Änderungen der Lichtbogenlänge oder des Schleifscheibendurchmessers und des Schleifmoments sowie die Abweichungen der bahnbezogenen Geschwindigkeiten und Orientierungen der Werkzeuge erfaßt und korrigiert werden.

Eine Erweiterung der Einsatzmöglichkeiten von Industrierobotern zur Handhabung von Werkstücken erfordert die *Werkstückerkennung*. Die Position und Orientierung der zu greifenden Werkstücke sollen dem Handhabungssystem über Sensorsignale zugeführt werden.

Das Anfahren der zu entgratenden Werkstücke mit unterschiedlichen Schleifscheiben- oder Bürstendurchmessern, das Stapeln von Teilen mit unterschiedlichen Höhen sowie das Bearbeiten von Teilen, deren Positionen Toleranzen aufweisen, erfordert die Hilfe von Suchfunktionen.

Zur Erhöhung der Betriebssicherheit müssen während des Arbeitsablaufs Kollisionen zwischen Roboter und Peripherie im Arbeitsraum erkannt werden und entsprechende Maßnahmen auslösen.

Nach ihren Funktionen sind Sensorsignale folgendermaßen einzuteilen:

– Die Signale zur Überwachung des Arbeitsablaufes und des Arbeitsraumes brechen die laufenden Programme ab und leiten die dem gemeldeten Zustand zugeordneten Sonderfunktionen ein.
– Die statistischen Programmkorrekturdaten beziehen sich auf die Positions- und Orientierungsabweichungen der Werkstücke sowie auf die Werkstücktoleranzen. Diese Daten führen zur Korrektur der Anwenderprogrammkoordinaten, bevor die Koordinaten für die Steuerprogramme freigegeben werden.
– Die dynamischen Programmkorrekturdaten entstehen aus den während des Programmablaufs auftretenden Bahnabweichungen. Zur Korrektur dieser Abweichungen bietet sich die Verarbeitung der Korrektursignale im Interpolationsprogramm an.

Bei jedem Interpolationsschritt der programmierten Bahn kann die durch den

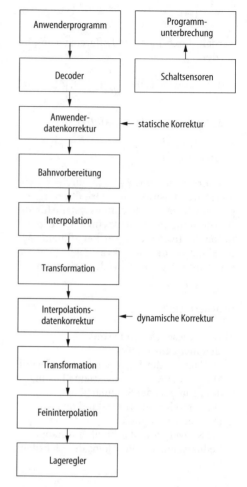

Bild 2.9. Schnittstellen-Organisation einer Steuerung mit Sensoren

Sensor gemeldete Abweichung berücksichtigt werden.

Diese Aufteilung der Sensorsignale führt zu drei Sensorschnittstellen in der Steuerungssoftware (Bild 2.9). Die erste Schnittstelle kann ähnlich wie bei einer Programmunterbrechung aufgebaut werden. An die zweite und dritte Schnittstelle sind die zu verarbeitenden Steuerdaten auf ein kartesisches Koordinatensystem bezogen. Die statistischen und dynamischen Korrekturwerte müssen daher den Schnittstellen in kartesischen Koordinaten angeboten werden.

Bahnabweichungen können durch Werkstücktoleranzen und durch gerätespezifische Einflüssen entstehen.

Es gibt zwei Arten Bahnabweichungen, bezogen auf die programmierte Bahn:

- Bahnabweichungen, die durch Werkstücktoleranzen entstehen,
- Bahnabweichungen, die auf gerätespezifische Einflüsse zurückzuführen sind.

Beim Nahtschweißen werden Bahnabweichungen durch *Toleranzen* in der Werkstückvorbereitung verursacht. Sie müssen während des Schweißvorganges von Sensoren erfaßt werden. Die zur Verfügung stehenden Sensoren sind optischer, magnetischer oder taktiler Art und können nur unter bestimmten Bedingungen, wie Art der Naht und Schweißstromstärke, eingesetzt werden.

Beim Entgraten von Werkstücken sind die Bahnabweichungen auf variable Gratabmessungen zurückzuführen. Wird mit Schleifscheiben entgratet, so muß auch das Abnutzen der Schleifscheiben automatisch berücksichtigt werden. Hierzu genügt das Messen von Schleifdruck und Schleifmoment. Für das Entgraten mit Fräswerkzeugen ist lediglich das Fräsmoment konstant zu halten.

Die notwendigen Korrekturmöglichkeiten für das Nahtschweißen und Entgraten können auf drei Korrekturrichtungen reduziert werden. Die Abweichung der Schweißbogenlänge und das Abnehmen des Schleifscheibendurchmessers sind auf die *Normale* zur Bahn zu beziehen. Die Bahnabweichungen müssen auf der *Binormale* zur Bahn berechnet werden. Die Breite der Schweißnaht sowie das Schleif- oder Fräsmoment sollen auf die *Tangente* zur Bahn bezogen werden und korrigieren die Bahngeschwindigkeit.

Die *gerätespezifischen* Einflüsse setzen sich aus Änderungen der Massenträgheitsmomente, Beschleunigungskräften, Coriolismomenten und Zentrifugalkräften zusammen. Die Bewegungsgleichungen der kinematischen Glieder können mit der Methode von Lagrange ermittelt werden:

$$\underline{M}(q_i)\ddot{q}_i + g(q_i, \dot{q}_i) = \underline{U}.$$

Die Massenmatrix $\underline{M}$ beschreibt die Kopplung des Systems über die Beschleunigungskräfte, während der Kraftvektor g das System über Coriolismomente und Zentrifugalkräfte verbindet. Die in der Massenmatrix auftretenden Änderungen der Trägheitsmomente und die nichtlinearen Kopplungen des Systems bewirken bei Beschleunigungen und großen Geschwindigkeiten Bahnabweichungen. Zur Korrektur dieser Bahnabweichungen wurden mehrere *Regelungsverfahren* bekannt.

Die Reduzierung der Bahnabweichungen durch *Störgrößenaufschaltung* ist ein mögliches Regelverfahren. Die Störgrößen der Zentrifugal- und Coriolismomente treten am Eingang der Regelstrecke auf und können deshalb nicht durch die Lageregler beseitigt werden. Wegen der aufwendigen meßtechnischen Erfassung der Störgrößen ist nur das Modellverfahren sinnvoll (Bild 2.10).

Die Ist-Werte der Achsen und die Geschwindigkeiten werden im Modell für die Bildung der Zentrifugal- und Coriolismomente benötigt. Die Stellgröße u_{3s}, die aus den Störgrößen z_{3n} ermittelt wird, ist der Lageführungsgröße zu überlagern. Eine genaue Kompensation der Störgrößen ist zu aufwendig, da das gesamte regelungstechnische Modell des Antriebssystems in dem Steuerungsprozessor nachgebildet werden müßte.

Eine einfachere Methode, die Bahnabweichungen zu reduzieren, benötigt lediglich die Ist-Positionen, die ohnehin in den Software-Lagereglern vorhanden sind. In jedem Interpolationstakt werden die Istwerte der Achsen in kartesische Koordinaten transformiert. Der Bahnabweichungsvektor ist die Differenz zwischen Soll- und Istwerten. Sie enthält eine Bahnabweichung und einen Bahnschleppfehler. Durch die Trennung in Fehlerkomponenten können für die Bahnabweichungs- und Schleppfeh-

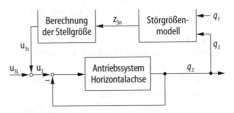

Bild 2.10. Blockdiagramm der Regelung mit Störgrößenaufschaltung

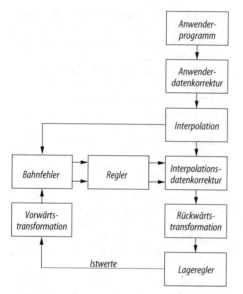

Bild 2.11. Bahnfehlerkorrektur durch Istwertrückkopplung

lerkorrektur unterschiedliche Regler verwendet werden (P- und PI-Regler).

Die Bahnfehlerdaten müssen der dynamischen Sensorschnittstelle zugeführt werden. Das Blockschaltbild (Bild 2.11) zeigt die Organisation der Steuerung mit Bahnfehlerkorrektur.

2.3
Programmierung

2.3.1
Programmierung von NC-Maschinen

Die DIN-Norm 66217 definiert die Lage der *Koordinatensysteme* für Werkzeugmaschinen. Verwendet wird ein rechtshändiges orthogonales Koordinatensystem mit den Achsen X, Y und Z, das auf die Hauptführungsbahnen der Maschine ausgerichtet ist.

Die Z-Achse liegt parallel zur Achse der Arbeitsspindel. Die positive Richtung der Z-Achse verläuft vom Werkstück zum Werkzeug (Fräsen, Bohren, usw.) oder von der Arbeitsspindel zum Werkstück (Drehen).

Die X-Achse ist die Hauptachse der Positionierebene und liegt parallel zur Aufspannfläche des Werkstückes.

Bewegungsachsen parallel zu X, Y und Z sind mit U, V, W gekennzeichnet und eventuelle Drehachsen mit A, B und C.

Der Bezug zwischen der Lage des Werkstückes und der Stellung des Werkzeuges wird durch Bezugspunkte hergestellt.

Der Referenzpunkt ist durch Endschalter und das Meßsystem meistens am Ende des Schlittens oder am Anfang der Drehachse festgelegt. Nach dem „Referenzpunktfahren" deckt sich der Referenzpunkt mit dem Schlittenbezugspunkt.

Der Werkstücknullpunkt ist der Ursprung des Werkstückkoordinatensystems. Der Programmierer kann die Lage frei wählen. Die Ausgangsposition der Werkzeugspitze oder des Werkzeugmittelpunktes wird über die Einspannlängen automatisch ermittelt.

Die Programmierungsverfahren können in manuelle, maschinelle und Werkstattprogrammierung aufgeteilt werden.

Beim manuellen Programmieren ist die Koordinierung der Zeichen nach DIN 66024 und der Aufbau des NC-Satzes nach DIN 66025 festgelegt.

In einem Arbeitsplan wird die Reihenfolge der Bearbeitung festgelegt. Für den Maschinenbediener müssen die Spannlage des Werkstückes und die Einstellängen sowie die Kodenummer der Werkzeuge angegeben werden. Den größten Aufwand erfordert die Festlegung der Werkzeugbewegung. Die Bewegungen werden in Einzelschritte (linear, zirkular) aufgeteilt. In den meisten Fällen ist zusätzlich eine Schrittaufteilung erforderlich. Der Aufwand soll durch Rechnerunterstützung verringert werden. Bei der Programmierung wird die Fertigkontur des Werkstückes festgelegt. Die Radien der Werkzeugspitze oder des Fräsers werden in der Steuerung mit Hilfe eines Radienkorrekturprogramms berücksichtigt.

Die *maschinellen* Programmierungssysteme verwenden problemorientierte Sprachen (Wörter und Symbole), die leicht zu merken sind. Das Programm wird unabhängig von der Werkzeugmaschine und der Steuerung erstellt. Die vom Rechner generierten Daten stellen eine allgemeine Lösung des Bearbeitungsproblems dar und werden mit CLDATA (Cutter Location) bezeichnet. Die Daten können für mehrere verschiedene Maschinen verwendet werden. Sie werden ausschließlich durch einen

„Postprozessor" der Maschine und Steuerung angepaßt.

Das universellste Programmiersystem ist APT (Automatically Programmed Tool). Es ist für einfache und komplexe Bearbeitungsaufgaben (bis zu fünf gesteuerten Achsen) geeignet.

Da dieses System große und schnelle Rechner erfordert, wurden eine Anzahl abgemagerter Systeme für begrenzte Anwendungen und kleinere Rechner entwickelt. In Deutschland wurde das EXAPT-System aufgebaut. EXAPT (Extended subset of APT) ist ein *technologieorientiertes* System. Technologieorientierte Systeme ermöglichen außer der Berechnung geometrischer Informationen auch die Bestimmung der technologischen Bearbeitungsangaben (Vorschub-, Schnittgeschwindigkeit, usw.). Die Umwandlung des in der Symbolsprache geschriebenen Teilprogrammes in die Steuerinformationen für die Werkzeugmaschine erfolgt in zwei Schritten in den Rechenprogrammen „Prozessor" und „Postprozessor".

Im Prozessor werden Anweisungen des Teilprogramms auf formale Fehler überprüft. Die arithmetischen und geometrischen Anweisungen werden berechnet. Mit den Daten aus der Werkstoff- und Werkzeugdatei bestimmt der Prozessor die Schnittwerte wie Schnittiefe, Schnittgeschwindigkeit und Vorschubgeschwindigkeit. Schnittaufteilungen und Kollisionsberechnungen erfolgen ebenfalls automatisch. Wie schon erwähnt, paßt der Postprozessor die Daten an die Steuerung und die Maschine an.

Die *Werkstattorientierte Programmierung* (WOP) schafft mehr Flexibilität bei vergleichsweise niedrigen Investitionskosten. Insbesondere für Klein- und Mittelbetriebe ohne Arbeitsvorbereitung ist die Programmierung in der Werkstatt eine günstige Lösung. Hersteller von Steuerungen und Werkzeugmaschinen bieten zunehmend leistungsfähigere Programmiersysteme an. Systeme mit graphisch-interaktiver Eingabe unterstützen den Facharbeiter vor Ort beim Programmieren seiner Bearbeitungsaufgabe. Viele Betriebe haben erkannt, daß es auch bei vorhandener Programmierung in der Arbeitsvorbereitung sinnvoll ist, zu-

sätzlich die Werkstattprogrammierung einzusetzen.

Herkömmliche CIM-Konzepte (Computer Integrated Manufacturing) zielen auf den Einsatz in Großbetrieben und lassen wenig Spielraum für angepaßte, flexible Werkstattlösungen. Ausgehend vom Werkstattbereich entstanden dagegen Konzepte, die auf Nutzung des Facharbeiter-Knowhows abzielen. Am weitesten sind die Komponenten zur werkstattorientierten graphisch-interaktiven NC-Programmierung entwickelt. Diese unterstützen die Programmierung vor Ort als integriertes System an der Einzelmaschine oder extern als PC-Lösung. Neben dem eigentlichen Programmieren unterstützen diese Systeme auch damit zusammenhängende Tätigkeiten wie Arbeitsplanung, Rüsten, Werkzeug- und Spannmittelverwaltung.

In Erweiterung hierzu werden Systeme angeboten, die den gesamten Werkstattbereich und die dort anfallenden organisatorischen und steuernden Tätigkeiten unterstützen. Von wesentlicher Bedeutung ist, daß diese Systeme über facharbeitergerecht ausgelegte Bedienoberflächen verfügen. Die Übertragung der WOP-Philosophie auf weitere Systeme und deren Anwendung im Werkstattbereich verleiht dem Begriff WOP die neue Bedeutung „Werkstattorientierte Produktionsunterstützung".

Hier sind zahlreiche leistungsfähige Einzelsysteme entstanden, die problemorientiert angepaßte, werkstattgerechte Lösungen bieten. Es sind die herstellerspezifischen Komponenten für die werkstattorientierte Programmierung, wie Betriebsmittelverwaltung, Betriebsdatenerfassung sowie Leitstandssysteme für die unterste Planungsebene.

Die Integration von WOP-Systemen im CIM-Umfeld unter Einbeziehung der werkstattorientierten Produktionsunterstützung wird durch Schnittstellen zu vorgelagerten Bereichen, wie Konstruktion und Arbeitsvorbereitung, unterstützt. Vorteilhaft wirkt sich hier die logische Aufteilung in einen geometriebeschreibenden Teil des Programmiersystems und der damit erzeugten Quellprogramme aus.

Die Möglichkeit der Geometrieübernahme von CAD vereinfacht die Erstellung von

Bearbeitungsprogrammen und vermeidet
Mehrfacheingaben. Die Eignung eines
Werkstückes für die Werkstattprogrammierung wird somit nicht durch die Komplexität der Geometrie bestimmt. Der Facharbeiter kann sich auf das Festlegen der technologisch sinnvollen Bearbeitungsfolge
konzentrieren. Der Austausch von Geometriedaten zwischen einzelnen WOP-Systemen etwa zu Nachfolgetechnologien (Drehen, Rundschleifen) ist ebenso möglich.

2.3.2
Programmierung von Industrierobotern

Die Programmierverfahren werden in *On-
Line*- und *Off-Line*-Programmierung unterteilt.

Das verbreitetste On-Line-Programmier-
verfahren ist das *Teach-In*-Verfahren. Das
Teach-In-Verfahren (Programmierung
durch Positionsaufnahme) ist ein Programmierverfahren, indem die einzelnen Bahnpunkte angefahren werden und per Tasten-
druck die Positionswerte in dem Speicher
als Sollwerte abgelegt werden. In manchen
Anwendungsbereichen wie Lackieren oder
Nahtschweißen ist die Hauptaufgabe das
richtige Bahnprofil zu erreichen. Die geeig-
netste Programmiermethode für solche
Anwendungen ist das *Play-Back* Verfahren.
Der Programmierer bewegt die Roboter-
spitze durch eine Folge von ausgesuchten
Positionen. Die durchlaufenen Punkte werden nach einem Zeittakt gespeichert (Disk
oder Magnetband). Später, im automatischen Betrieb, werden die gespeicherten
Daten vom Band abgerufen und an die Robotersteuerung weitergeführt. Die Bewe-
gungsgeschwindigkeit im automatischen
Betrieb kann unabhängig von der bei der
Eingabe vorhandenen Bewegungsgeschwin-
digkeit manipuliert werden.

Bei einem Off-Line-Programmiersystem
können über die Benutzerschnittstelle mit
Hilfe der IR-Programmerzeugung Anwenderprogramme erstellt werden, wobei dem
Benutzer zu diesem Zweck eine Reihe von
Hilfsmitteln und Funktionen (z.B. grafische
Ein-/Ausgaben, Zugriffe auf Datenbanksysteme) zur Verfügung stehen. Die Ausführbarkeit des Off-Line erstellten Anwenderprogramms wird im „Simulationssystem"
überprüft. Zu diesem Zweck sind Modelle

und Algorithmen vorhanden, die die am
Fertigungsprozeß beteiligten Komponenten hinsichtlich ihres Bewegungsverhaltens,
ihrer Kinematik und ihrer äußeren Form
rechnerintern darstellen. Die Off-Line erstellten und überprüften Anwenderprogramme werden dann zum realen Steue-
rungsrechner des Roboters übertragen und
nach einem Testlauf unter realen Bedingungen im Automatikbetrieb ausgeführt.

**Informationsaufbau eines Off-Line-Pro-
grammiersystemes.** Das Off-Line-Programmiersystem setzt die Kopplung mit
3D-CAD-Systemen und Betriebsmittelda-
tenbanken voraus. Die Betriebsmitteldatenbank muß Beschreibungen der Werkstückvorrichtungen, der Werkzeuge, der werk-
zeug- und werkstückführenden Kinematiken und deren kinematischen Verkettungen
mit dem Zellen-Koordinatensystem sowie
die Abbildung der Steuerungssysteme enthalten. Darüber hinaus müssen zum Zweck
der grafischen Unterstützung beim Programmieren, Planen und bei der Simulation der Bewegungsabläufe auch 3D-Gestalt-
Modelle der Maschinen und Komponenten
der Bearbeitungszelle vorhanden sein. In
CAD-Systemen sind im allgemeinen Geo-
metrieformationen über Punkte, Linien,
Flächen und Volumen vorhanden. Diese
sind auf die benötigten Geometrieformen
des spezifischen Anwenderprogrammes ab-
zubilden. Das Off-line-Programmiersystem
kann für Aufgaben der

- Arbeitsplanung,
- Industrieroboterprogrammierung und
  der
- Betriebsmittelplanung und -konstruk-
  tion

eingesetzt werden. Von der Entwicklung
und Konstruktion werden Informationen
über die Geometrie und die Qualität der
Werkstücke vorgegeben. Die für den Bear-
beitungsvorgang erforderlichen Steuerinformationen werden in drei Phasen aufgebaut:

Phase 1: Auswahl der benötigten Werkzeuge
und Vorrichtungen sowie Erstellung der
Arbeitspläne. Die Information ist anla-
genunabhängig.

Phase 2: Auswahl, Konfiguration und Anpassung der benötigten Betriebsmittel wie beispielsweise Industrieroboter und Transporteinrichtungen; Generierung der Steuerprogramme und die grafisch-dynamische Simulation der geplanten Abläufe mit dem Ziel der Optimierung des Gesamtsystems. Die Informationen sind auf die rechnerinterne Anlagendarstellung bezogen.

Phase 3: Anpassung der idealen Steuerprogramme und -parameter an die realen Betriebsmittel unter Berücksichtigung vorhersehbarer Systemfehler und Prozeßeinflüsse. Die auf die rechnerinterne Anlagendarstellung bezogenen Informationen sind an das reale Anlagenverhalten angepaßt.

Im folgenden soll der Informationsaufbau des Off-Line-Programmiersystems am Beispiel von *Punktschweißrobotern* gezeigt werden.

In *Phase 1* werden unter Berücksichtigung der konstruktiven und der prozeßabhängigen Randbedingungen die Positionen und Orientierungen der Normalvektoren der Schweißpunkte in Werkstückkoordinaten beschrieben. Zur Festlegung des Orientierungsvektors kann eine ausgewählte Schweißzange in die grafische Darstellung des Werkstücks eingeblendet werden, wobei die Richtung der Elektroden mit der Richtung des Normalvektors des gewählten Schweißpunktes übereinstimmt. Durch Rotation der Zange um den Normalvektor kann der zweite Orientierungsvektor festgelegt werden.

Die Festlegung der Bewegung der Schweißzange zwischen den einzelnen Schweißpunkten erfordert die Definition zusätzlicher Hilfsframes, die von den produktionstechnischen Randbedingungen abhängen. Die Positionsvektoren der Hilfsframes beschreiben Punkte im Raum, die außerhalb des Werkstückes liegen.

Ein weiterer Aspekt betrifft die Einbeziehung von Toleranzen bei der Festlegung der Orientierungsvektoren der Arbeitsframes. Kann auf Grund von konstruktiven Randbedingungen und Qualitätsforderungen an den Schweißpunkt eine Abweichung von der Normalrichtung der Schweißelektroden zugelassen werden, so besteht die Möglichkeit, dies bei der Festlegung der Orientierungsvektoren zu berücksichtigen. In der praktischen Anwendung können dadurch Taktzeiten verringert oder zusätzliche Schweißstationen eingespart werden.

Weiterhin lassen sich Sequenzen von Bearbeitungsvorgängen in der definierten Reihenfolge mit zugehörigen Hilfsframes simulieren und ermöglichen somit eine Überprüfung des Fertigungsablaufes. Der Schweißvorgang wird für jeden Schweißpunkt in einem Unterprogramm festgelegt.

In *Phase 2* muß die Betriebsmitteldatenbank nach einer für die geplante Aufgabe geeigneten Bearbeitungszelle abgefragt werden. Für das Punktschweißen sind die geeigneten Roboterkinematiken, Werkstückvorrichtungen und Materialflußsysteme zu analysieren.

Nach Festlegung der Bearbeitungszelle werden zuerst die auf das Werkstückkoordinatensystem bezogenen Arbeitsframes in das Roboterhauptkoordinatensystem transformiert. Dazu werden die in der Betriebsmitteldatenbank vorhandenen Informationen über die kinematische Verkettung der Komponenten, bezogen auf das Zelle-Referenz-Koordinatensystem, verwendet. Anschließend wird das Anwenderprogramm automatisch generiert.

Zur Überprüfung der erstellten Anwenderprogramme auf ihre Ausführbarkeit in der Bearbeitungszelle ist ein geeignetes Simulationssystem verfügbar. Über das kinematische Modell läßt sich die räumliche Anordnung sämtlicher Komponenten bestimmen und unter Benutzung der jeweiligen Gestaltbeschreibung als 3D-Darstellung am Grafikbildschirm visualisieren. Durch die Bewegungssimulation kann der Planer den Gesamtablauf, die Koordination der Bewegungen der Komponenten sowie mögliche Kollisionen zwischen den Komponenten überprüfen.

Werden bei der Simulation Kollisionen festgestellt oder ist der Arbeitsraum nicht optimal genutzt, kann der Planer Änderungen in dem Modell der Bearbeitungszelle durchführen. Die optimierte Bearbeitungszelle wird dann dem Betriebsmittelplaner in Auftrag gegeben.

In *Phase 3* erfolgt die Anpassung der idealen Anwenderprogramme an die realen Be-

triebsmittel. Die Off-line-Erstellung des Anwenderprogramms erfolgt auf der Basis der
Planungsdaten. Das Anwenderprogramm
wird zwar in der Simulation fehlerfrei ablaufen, im realen System jedoch nicht direkt
ausführbar sein. Die ungenaue Bestimmung
der geometrischen Kenndaten des Handha-
bungsgerätes führt bei der steuerungsinter-
nen Koordinatensystemtransformation zu
Abweichungen zwischen dem planerisch ermittelten und dem vom Roboter angefahrenen Raumpunkt. Diese Abweichung stellt
den Fehler der absoluten Positionierung dar.
Die Toleranz der Komponenten und die Abweichungen der Gelenknullagen sind Systemfehler und können daher getrennt von
den durch externe Kräfte entstehenden Verformungen betrachtet werden.

In den Denavit-Hartenberg-Transfor-
mationsgleichungen der unbelasteten kinematischen Kette können die Systemfehler
durch ein Schätzverfahren identifiziert werden. Der Einfluß der externen Kräfte wird
durch ein zusätzliches Modell beschrieben.
Diese Modelle ermöglichen die Umrechnung der Planungsdaten in reale Daten für
die vorgegebene kinematische Kette und
erlauben eine ausreichende Fehlerkompen-
sation. Hiermit können nachträgliche Pro-
grammkorrekturen vor Ort vermieden werden.

2.3.3
Kalibrierung

Ein Maß für die *Genauigkeit* bei einem Industrieroboter ist die Positioniergenauigkeit der auf verschiedene Weise wiederholt
anzufahrenden Raumpunkte (Wiederholgenauigkeit). Der Fehler der Positioniergenauigkeit wird als Abweichung zwischen
der wahren Lage des angefahrenen Raum-
punktes, bezogen auf das Roboter-Basisko-
ordinatensystem und den über die Trans-
formationsbeziehung aus den achsspezifischen Größen berechneten kartesischen
Werten definiert.

Die Angabe der Wiederholgenauigkeit
beinhaltet nur den *relativen* Positionierfeh-
ler in Bezug auf den vorgegebenen Raumpunkt, der durch den Roboter angefahren
wurde. Sie beinhaltet keine Angabe über die
absolute Positioniergenauigkeit der angefahrenen Raumpunkte, bezogen auf das

dem Roboter zugewiesene Basiskoordina-
tensystem.

Die dominierenden Fehlerquellen, welche die absolute Positioniergenauigkeit beeinflussen, sind die unzureichenden mathematischen Nachbildungen der kinematischen Strukturen durch die Transformationsgleichungen (z.B. idealisiertes Modell,
Nachgiebigkeit) und die mit nur ungenü-
gender Genauigkeit bestimmbaren Parameter der Transformation.

Die Positioniergenauigkeit eines Industrieroboters ist ein entscheidender Punkt
für die Erhöhung der stationären Genauigkeit entlang der von der Steuerung interpo-
lierten Bahn, für die Austauschbarkeit von
Industrierobotern in der Produktion ohne
Korrektur der programmierten Geometriedaten und für die Ausführbarkeit eines Off-
Line erstellten Anwenderprogramms vor
Ort ohne Korrektur der aufgabenspezifi-
schen Geometriedaten. Ein Nullagefehler
im Meßgeber einer Achse von 0,1 Grad
kann einen kartesischen Positionsfehler des
TCP von 3 bis 5 mm zur Folge haben.

Kalibrierung von kinematischen Ketten.
Ein Kalibrierungsverfahren besteht im we
sentlichen aus einem Modell der kinematischen Kette und dem mathematischen Verfahren zur Bestimmung der Modellparame-
ter für den Industrieroboter, wobei der Industrieroboter als statistisches System betrachtet wird.

Nach dieser Struktur des Verfahrens
wird der Roboter als statistisches System
modelliert, in dem die Eingangsgrößen aus
den Werten der Winkelgeber auf den Mo-
torwellen und die Ausgangsgrößen aus der
Position des Effektors ermittelt werden. Das
Verfahren läuft folgendermaßen ab:

Der Roboter fährt eine gewisse Anzahl
vorher festgelegter und optimierter Punkte
an. In jedem Punkt werden die Werte der
Winkelgeber automatisch ausgelesen und
die kartesische Position des Effektors gemessen. Zur Positionsmessung wird ein *automatisches Theodolitensystem* mit einer
Auflösung im Arbeitsraum <0,05 mm benutzt. Ausgehend von diesen Messungen
werden mit einem Identifikationsverfahren
die Parameter des Modells bestimmt. Zur
Verifikation der identifizierten Parameter-
werte werden die bei Verwendung dieser

Parameter im gesamten Arbeitsraum des Roboters noch vorhandenen Positionsfehler bestimmt und statistisch ausgewertet.

Weitere Einsatzmöglichkeiten mit der automatisierten Kalibrierung ist die Endjustage in der Roboterfertigung, die Qualitätskontrolle bei Hersteller und Anwender oder die Roboterdiagnose.

Allgemeine Literatur

Weck M (1989) Werkzeugmaschinen, Bd. 3, Automatisierung und Steuerungstechnik, 3.Aufl. VDI-Verlag, Düsseldorf

Giloi W, Liebig H (1980) Logischer Entwurf digitaler Systeme. Springer, Berlin Heidelberg New York

Fasol KH (1988) Binäre Steuerungstechnik. Springer, Berlin Heidelberg New York

Borucki L (1977) Grundlagen der Digitaltechnik. Teubner, Stuttgart

Tietze, Schenk (1985) Halbleiter-Schaltungstechnik. Springer, Berlin Heidelberg New York

Flick Th, Liebig H (1990) Mikroprozessortechnik. Springer, Berlin Heidelberg New York

Auer A (1990) SPS Aufbau und Programmierung. Hüthig, Heidelberg

Wratil P (1989) Speicherprogrammierbare Steuerung in der Automatisierungstechnik. Vogel, Würzburg

Grötsch E (1991) SPS-Speicherprogrammierbare Steuerungen vom Relaisersatz bis zum CIM-Verbund. Oldenbourg, München

DIN 66217 (1975) Koordinatenachsen und Bewegungsrichtungen für numerisch gesteuerte Arbeitsmaschinen. Beuth, Berlin

Spur G, Auer BH, Sinnig H (1979) Industrieroboter. Hanser, München

Berger H (1998) Automatisieren mit SIMATIC S5-155 U. Siemens, Berlin

Wloka DW (1992) Robotersysteme, Bd.1–3. Springer, Berlin Heidelberg New York

Gevatter H-J (1973) Elektrische Servosysteme für Industrieroboter, 3. Int. Symposium, Verlag Moderne Industrie, München

Teil G

Bauelemente für die Signalverarbeitung mit hydraulischer Hilfsenergie

1 Hydraulische Signal- und Leistungsverstärker

D. Findeisen

Einleitung

Um die Bewegung der Welle oder der Kolbenstange eines hydrostatischen Stellantriebs zu steuern, beeinflussen *Hydroventile* die Druckflüssigkeit (Fluid) als Energieträger entsprechend der Steuerungsaufgabe über den Durchflußweg, den Flüssigkeitsdruck oder die Volumenstromstärke. Nach der Aufgabe gliedern sich daher die Ventile in *Wege-, Druck-* und *Stromventile*. Die Arbeitsweise der Ventile unterscheidet sich nach dem Wertebereich des Stellwegs am Steuer- oder Schließelement Kolbenschieber, Kugel oder Kegel. So weisen nichtdrosselnde (schaltende) Wegeventile endlichen Wertebereich für zwei oder mehrere Stellungen, hingegen drosselnde Wegeventile und Stetigventile kontinuierlichen Wertebereich für beliebige Zwischenstellungen auf.

Hydraulische Stetigventile (DIN 24311) sind Steuergeräte mit Proportionalverhalten und elektrischem Eingangssignal, die ein Hydrauliksystem (Steuer- oder Regelstrecke) nach Steuerungsanweisungen mit stetiger Signalbildung verstellen, um die Ausgangsgröße der Strecke (Kenngröße des Abtriebs innerhalb deren Auslegungsbereichs) stetig zu beeinflussen. Aus dem elektrischen Eingangssignal bildet das Steuergerät ein hydraulisches Signal am Ventilausgang, die Stellgröße, die zur Aussteuerung des nachfolgenden Verbrauchers (Stellglieds) Hydromotor, hydraulischer Schwenkmotor oder Hydrozylinder, (s. Kap. I 3) dient [2.10].

Der Begriff Stetigventil umfaßt Servoventile und Proportionalventile, wobei eine eindeutige Trennung zwischen beiden Einzelbegriffen heute nicht mehr aufrechtzuerhalten ist. Vielmehr kennzeichnen diese Begriffe unterschiedliche Bauformen elektrisch stetig verstellbarer Ventile. Da elektrisches Eingangssignal und hydraulisches Ausgangssignal ungleichartig sind, außerdem die hydraulische Leistung am Ausgang um Größenordnungen höher ist als die Steuerleistung am Eingang, tritt in Ventilen mit elektrischen Eingangssignalen Signalumformung und Leistungsverstärkung auf. Es liegt als Funktionseinheit ein Umformglied *mit Hilfsenergie*, somit ein Verstärker, vor. Dieser ist durch das Stetigventil als gegliederte Baueinheit verwirklicht, die sich in zwei oder mehrere Ventilstufen unterteilt. Im Sinne des Prinzips der Aufgabenteilung ordnet man eigens abgestimmten Ventilstufen jeweils eine spezielle Teilfunktion zu, um höhere Leistungsverstärkung und günstiges Übertragungsverhalten gleichzeitig zu erzielen. Die in Richtung der Verarbeitung des Eingangssignals aufeinander folgenden Ventilstufen setzen sich zusammen aus elektrischer Eingangsstufe, hydraulischer Verstärkerstufe (Vorsteuerstufe) und Leistungsstufe (Hauptstufe). Die Stufen beeinflussen Leistungsverstärkung und Übertragungskennwerte, so daß Aufbau und Verhalten von Eingangs- und Vorsteuerstufe hydraulischer Stetigventile als Übersicht nachfolgend wiedergegeben seien [1.1-1.9].

1.1 Elektrische Eingangsstufe für Stetigventile

Eingabeglied für das Steuersignal ist die elektrische Eingangsstufe, die in mehreren Varianten für „Energieart wandeln" unter Nutzung unterschiedlicher physikalischer Effekte verwirklicht wird [2.4], (s. Tabelle 1.1).

Eingangsstufen hydraulischer Stetigventile sind elektrisch stetig ansteuerbar. Da das elektrische Eingangssignal als proportionales mechanisches Ausgangssignal (Stellweg) abgebildet wird, wobei die zur Bildung des Ausgangssignals benötigte En-

Tabelle 1.1. Elektrische Eingangsstufen unterschiedlicher physikalischer Effekte mit zugehörigen Kenngrößen für Stetigventile nach Backé [1.8]

			Proportional-magnet	Tauchspule	Torquemotor	Linearmotor
Steuerleistung	P_{St}	W	5 … 40	0,2 … 5	0,02 … 4	10 … 40
Hubarbeit		Nmm	20 … 1000	8 … 80	2 … 40	400 … 2000
Nichtlinearität d. mittl. Kennlinie	$\varnothing\frac{x_{e,max}}{x_{e,nom}}\%$		0,5 … 6	1 … 7	1 … 2	0,5 … 6
charakt. Frequenz	$f_{-90°}$	Hz	10 … 150	100 … 200	100 … 300	10 … 200

Bezeichnungen Proportionalmagnet: Magnetkörper (Gehäuse), Anker, nicht magnetisierbares Zwischenstück, Steuerkonus, Steuerspule (Erregerwicklung), Polkern, $x_e = I_e$, X, F

Tauchspule: Steuerwicklung, Rückholfeder (Schrauben-), Magnetjoch, Dauermagnet, $x_e = I_e$, X, F

Torquemotor: Polschuhe (Jochteile), Steuerspulen, Anker, Dauermagnete, Rückholfeder (Biegerohr-), $x_e = I_e$, X, F

Linearmotor: Anker, Rückholfeder (Membran-), Steuerspule, Dauermagnete, $x_e = I_e$, X, F

ergie vom Eingangssignal aufgebracht wird (Baueinheit *ohne Hilfsenergie*), handelt es sich im engeren Sinn um elektromechanische Umformer [1.2, 1.7, 2.4].

Der *Proportionalmagnet* arbeitet nach dem elektromagnetischen Prinzip (Effekt: Magnetfeld wirkt auf ferromagnetischen Kern) und wurde aus dem Gleichstrom-Hubmagneten (Schaltmagneten) entwickelt mit Anpassung an das Ventilverhalten über ein Konussystem für unmagnetisierbare Zwischenzone. Durch Gestaltoptimierung des Steuerkonus läßt sich die Magnetkraft-Hub-Kennlinie dahingehend variieren, daß die dem Strom proportionale Magnetkraft über den größeren Teil des Magnethubs annähernd konstant bleibt.

Die *Tauchspule* arbeitet nach dem elektrodynamischen Prinzip (Effekt: Magnetfeld wirkt auf stromdurchflossenen Leiter) und wird als elektrisch stetig ansteuerbare Eingangsstufe seit langem eingesetzt, jedoch in dieser Funktion von anderen Umformern zunehmend verdrängt. Eine eisenlose Spule bewegt sich im magnetischen Feld, das durch einen Permanentmagneten erzeugt wird. Die Tauchspule wird durch eine Rückholfeder in Mittelstellung gehalten. Hinsichtlich ihres statischen und dynamischen Übertragungsverhaltens schneiden Tauchspulen gut ab, da die Hysterese gering, die Linearität hoch und der Spulenkörper von geringer Masse ist. Allerdings sind Stellkraft und Hubarbeit bezogen auf Bauvolumen und Gewicht niedriger als bei den anderen Umformern.

Der *Torquemotor* (Drehanker-Magnetmotor) arbeitet nach dem elektromagnetischen Prinzip eines Gleichstrom-Hubmagneten, allerdings mit 2 gegeneinander wirkenden Wicklungen in einem Bauelement und drehender Bewegung zum Betätigen (polarisiertes Drehmagnetsystem). Der drehbar gelagerte Weicheisenkern (Drehanker) wird durch eine Biegefeder in Mittelstellung gehalten. Werden die den federgefesselten Drehanker umgebenden Spulen vom Gleichstrom durchflossen, so wird das Dauermagnetfeld in den diagonal gegenüberliegenden Luftspalten je nach Polarität gestärkt oder geschwächt. Am magnetisierten Anker greift ein Kräftepaar an, das diesen gegen die Kraftwirkung der Rückholfeder

(Biegerohr) dreht. Für das Magnetisieren der Luftspalte sind geringe Abstände der Polschuhe notwendig, mithin nur kleine Magnethübe möglich, so daß hohe Fertigungsgenauigkeit zu fordern ist. Außerdem ist bei hinreichend kleinem Luftspalt die Hysterese, insbesondere die Koerzitivfeldstärke weitgehend durch die magnetischen Eigenschaften des Weicheisenmaterials bestimmt, dessen Auswahl und Wärmebehandlung sorgfältig vorzunehmen ist. Fertigungsaufwand und Empfindlichkeit gegen äußere Störeinwirkungen werden durch hervorragendes dynamisches Verhalten aufgewogen, wenn dieses für das dynamische Gesamtverhalten des Stetigventils von besonderem Gewicht ist. Dies trifft besonders auf die Bauform Servoventil zu [1.8, 1.10].

Der *Linearmotor* arbeitet nach dem elektromagnetischen Prinzip mit Überlagerung der Magnetfelder von Permanent- und Elektromagneten wie beim Torquemotor, jedoch mit linearer Bewegung zum Betätigen. Die Verfügbarkeit hartmagnetischer Werkstoffe machte die Entwicklung dieses Umformers möglich, der hohe Stellkraft, bezogen auf Bauvolumen und Gewicht, erzeugt und gute Übertragungseigenschaften aufweist. Der Linearmotor wird damit insbesondere den Forderungen der Flughydraulik gerecht und für diese vorrangig in Servoventilen mit direktwirkender elektrischer Steuerung, also unter Verzicht auf eine Leckverlust verursachende hydraulische Vorsteuerstufe eingesetzt [1.2, 1.11].

Elektromechanische *Umformer nach dem piezoelektrischen oder magnetostriktiven Effekt* sind wegen zu geringer Wirkungshöhe in bezug auf den erreichbaren Verstellweg bzw. wegen sich verschlechterndem Übertragungsverhalten bei Wirkvervielfachung durch Serienanordnung noch nicht einsatzreif.

Zum Vergleich elektromechanischer Umformer dient meist die *Hubarbeit*. Auf neueren Prinzipien beruhende Umformer (piezoelektrische und magnetostriktive Festkörperaktoren) erzeugen sehr große Kräfte F bei minimalen Wegen X, verrichten also nur sehr kleine Hubarbeiten. Spezielle Stellwegvergrößerer für die Kraft-Wegtransformation befinden sich in der Entwicklung.

Herkömmliche Umformer bringen zwar weniger hohe Kräfte, dafür ausreichend große Hübe (im mm-Bereich) auf. Linearmotor und Proportionalmagnet erbringen große, Torquemotor und Tauchspule nur kleine Hubarbeiten. Erstere Varianten eignen sich als Eingangsstufe zur direktwirkenden Steuerung der Hauptstufe, allerdings ist vom Eingangssignal eine vergleichsweise große Steuerleistung P_{St} aufzubringen, s. Tabelle 1.1. Letztere Varianten können mit geringem Energieniveau elektrisch angesteuert werden, benötigen jedoch zur Weitergabe des Ausgangssignals X an den Kolbenschieber eine zwischengeschaltete hydraulische Verstärkerstufe.

1.2
Hydraulische Vorsteuerstufe für Stetigventile (Verstärkerstufe)

Die direktwirkende Steuerung der Leistungsstufe ermöglicht zwar die Ventilsteuerung (Widerstandssteuerung) mit geringerem Energieverlust, da die Versorgung der hydraulischen Steuerung (Deckung des Steuervolumenstroms) entfällt. Sind aber große Energieflüsse kontinuierlich zu verstellen, reicht die vom elektrischen Eingangssignal aufgebrachte Energie nicht aus, um das mechanische Ausgangssignal zur Aussteuerung der nachfolgenden Hauptstufe zu bilden. Stetigventile großen Nennvolumenstroms und dementsprechend hoher, der Stellbewegung des Kolbenschiebers entgegenwirkender Strömungskraft benötigen große Kräfte zur Steuerung. Bei indirekt wirkender Steuerung ist das mechanische Ausgangssignal (Stellweg) der elektrischen Eingangsstufe ein Zwischensignal, das nicht zur Bewegung des Hauptsteuerkolbens, sondern zum Verstellen eines Hilfsenergieflusses dient. Die hydraulische Vorsteuerstufe ist folglich eine Baueinheit mit Hilfsenergie (Verstärkerstufe), die in mehreren Lösungen für „Leistung verstärken" realisiert wird [1.2], s. Tabelle 1.2.

Das von der elektrischen Eingangsstufe gelieferte mechanische Ausgangssignal lenkt einen Steuerschieber, eine Prallplatte oder ein Strahlrohr aus und verstimmt die abgeglichene hydraulische Widerstandsschaltung

eines internen Steuerkreises. Es bauen sich dadurch unterschiedliche Steuerdrücke an den gleich großen, einander gegenüberliegenden Steuerflächen des Hauptsteuerschiebers auf, so daß dieser durch Druckbeaufschlagung (Steuerdruckdifferenz) verstellt wird. Die zur Energieversorgung des Ventilsteuerkreises benötigten Hilfsgrößen (Steuervolumenstrom, Eingangsdruck) werden dem Hauptkreis entnommen, der somit als Hilfsenergiequelle (s. Kap. L 3) zur Verstärkung der Steuerleistung dient. Die größere Ausgangsleistung der Vorsteuerstufe reicht aus, um das mechanische Ausgangssignal (Stellweg) zur Aussteuerung der Hauptstufe auch dann zu bilden, wenn dem Hauptsteuerkolben große Strömungskräfte entgegenwirken.

Als abgestimmte Widerstandsschaltung dienen symmetrische Anordnungen hydraulischer Konstant- und Stellwiderstände unterschiedlicher Widerstandsformen. Die zur Widerstandsänderung und Verstimmung genutzten physikalischen Effekte beruhen auf Drosselung und Energiewandlung strömender Flüssigkeiten [1.7, 2.4].

Beim *Steuerschieber* erfolgt die Drosselung über axial verschiebbare Steuerkanten, u.a. über 4 Steuerkanten eines Längsschiebers mit von der Betätigungsrichtung unabhängiger (symmetrischer) Kennlinie.

Beim *Düsen-Prallplatte-System* (zweiseitigen Strahlklappenventil) werden bei gegebener Düsenöffnung von den Spalthöhen zwischen Doppeldüse und Prallplatte (Strahlklappe) im Gegensinn veränderliche Strömungswiderstände gebildet. Die Auslenkung der Prallplatte zieht eine Steuerdruckdifferenz nach sich und bewegt den Hauptsteuerkolben aus der Mittelstellung. Die Auslenkrichtung legt die Bewegungsrichtung, die Spalthöhe die Stellgeschwindigkeit des Hauptsteuerkolbens fest.

Beim *schwenkbaren Strahlrohr* nutzt man die Wandlung der Energie strömender Flüssigkeiten durch Überführung von kinetischen in statischen Druck, um eine Steuerdruckdifferenz aufzubauen. Eine Auslenkung des Strahlrohrs ändert den in den Steuerbohrungen herrschenden Staudruck, dessen Größe von der Überdeckung von Strahlrohraustritt und Steuerbohrungsöffnung abhängt.

Tabelle 1.2. Hydraulische Vorsteuerstufen unterschiedlicher Wirkprinzipien (Verstärkerstufen) für Stetigventile nach Backé [1.8]

			Steuerschieber	Düsen-Prallplatte	Strahlrohr
Durchmesser	$d; d_i$	mm	4 ... 12	0,25 ... 0,5	0,12 ... 0,2
Stellweg	X	mm	±1 ... ±4	±0,06 ... ±0,075	±0,47
Eingangsdruck	P_P	bar	350	350	70
Maximalwert des Steuervolumenstroms	$\dot{V}_{St,max}$	l/min	5 ... 200	0,3 ... 2	0,1 ... 2

Die Kennlinien von Düsen-Prallplatte-System und Strahlrohr weisen über einen großen Bereich der Auslenkung Linearität bezüglich der Steuerdruckdifferenz auf, wobei die maximal zulässige Verschmutzung der Druckflüssigkeit (Verschmutzungsgrad) bei letztgenanntem Wirkprinzip erheblich höher, die Anforderung an die Filtration dementsprechend niedriger ist [2.4].

Um die Funktion der Leistungsverstärkung zu betonen, werden die Vorsteuerstufen nach dem kennzeichnenden Verstärkerprinzip auch als Schieber-, Düsen- bzw. Staustrahlverstärker bezeichnet [1.1].

Literatur

1.1 Oppelt W (1972) Kleines Handbuch technischer Regelvorgänge, 5. Aufl. Verlag Chemie, Weinheim

1.2 Backé W (1992) Grundlagen der Ölhydraulik, Umdruck zur Vorlesung, 8. Aufl. (HP) RWTH Aachen

1.3 Götz W (1989) Elektrohydraulische Proportional- und Regelungstechnik in Theorie und Praxis. Firmenschrift: Bosch, Stuttgart

1.4 Hydraulik-Trainer (1989) Bd. 2, Proportional- und Servoventil-Technik, 3. Aufl. Vogel, Würzburg

1.5 Skinner SC (1992) Grundlagen der Proportionalventil-Technik und Lehrbuch der Regelungstechnik für Proportional- und Servoventile. Firmenschriften: Vickers Systems, Bad Homburg

1.6 Autorengemeinschaft: Anwendungstechnik Fluidtronik. Firmenschrift: Herion, Fellbach

1.7 Backé W (1974) Systematik der hydraulischen Widerstandsschaltungen in Ventilen und Regelkreisen. Krausskopf, Mainz

1.8 Backé W (1987) Steuerungs- und Schaltungstechnik II, Proportionaltechnik, Umdruck zur Vorlesung, 3. Aufl. Institut für hydraulische und pneumatische Antriebe und Steuerungen (HP). RWTH, Aachen

1.9 Scheffel G, Pasche E (1986) Elektrohydraulik, Stetiges Bewegen mit 2-Wege-Einbauventilen und Kolbenschieberventilen. VDI-Verlag, Düsseldorf

1.10 Kleinert DK (1986) Proportionalmagnete für Hydraulik und Pneumatik. Vortrag Frankfurt a.M. Firmenschrift: Magnet-Schultz, Memmingen

1.11 Teutsch HK (1990) Elektromagnetischer Linearmotor für direkt betätigte Servoventile, O+P 34/11:754–761 und 9. AFK (1990) Bd. 2, S 171–192

2 Elektrohydraulische Umformer

D. Findeisen

Die *Stetigwegeventile* stellen einen proportionalen Zusammenhang zwischen Eingangssignal und Volumenstrom in den Arbeitsleitungen (Verbaucheranschlüssen) her, wobei die Volumenstromrichtung in den Arbeitsleitungen, abhängig von der Polarität des Eingangssignals, umkehrbar ist.

2.1 Proportional-Wegeventile

Stetigwegeventile der Bauform Proportional-Wegeventile, die als „verfeinerte" Variante schaltender Wegeventile mit elektrischer Betätigung durch Magnet entwickelt wurden, haben breite Anwendung für stetiges Bewegen gefunden. Als Stetig- und Multifunktionalventil vereinfacht das Proportional-Wegeventil hydraulische Schaltungen und verringert die Zahl der erforderlichen Steuergeräte. Die elektrische Ansteuerung ist zwar aufwendiger als die elektromechanische Kontaktsteuerung für schaltende Ventile, doch werden elektronische Signalgeber und -anpasser als integrierte Schaltungen listenmäßig angeboten.

Proportional-Wegeventile sind auch als „entfeinerte" Variante der Servoventile entwickelt worden, wobei das Übertragungsverhalten an dasjenige von Servoventilen heranreicht (Regelventile). Nach ursprünglicher Aufgabenstellung grenzen sich die Bauformen durch die vorgesehene Art der Beeinflussung der Strecke ab. Hiernach bestimmt sich die Anforderungshöhe an die Übertragungskennwerte, insbesondere an die dynamischen Kennwerte. Das Proportional-Wegeventil dient zur Antriebssteuerung, d.h. es ist mit geringeren Anforderungen an das Zeitverhalten Glied (Steller) einer Steuerkette und arbeitet in offenem

Wirkungsablauf mit dem Hydrauliksystem als Leistungsteil zusammen.

Da eine Steuerung nur bei stabilen Strecken und bekannten oder erfaßbaren Störgrößen möglich ist [DIN 19226 Teil 4], können Proportional-Wegeventile lediglich für hydrostatische Antriebe mit Lastsystemen verwendet werden, die entsprechende Eigenschaften aufweisen und Lastannahmen erfüllen. Sind hingegen regelungstechnische Maßnahmen erforderlich, ist das Servoventil vorzusehen.

Das aus dem elektrisch betätigten 4/3-Wegeventil (Schaltventil mit Betätigung durch zwei gegeneinander wirkende Magnete) entstandene einstufige Proportional-Wegeventil weist einen Ventilkolben mit beidseitigen Steuernuten symmetrisch zu beiden Arbeitsanschlüssen auf (Vierkanten-Steuerschieber).

Aufbau. Das *Ventil ohne Lageregelung des Steuerkolbens* ist mit zwei gegeneinander wirkenden Proportionalmagneten ausgestattet, deren Ankerstangen unmittelbar auf den federzentrierten Steuerschieber wirken (hubgesteuerter Proportionalmagnet), s. Bild 2.1a.

Das *Ventil mit Lageregelung des Steuerkolbens* enthält zusätzlich eine elektrische Rückführung, wobei zur Aufnahme des Rückführsignals Stellweg s über den Ventilhub s_0 ein Wegsensor (z.B. Differentialtransformator, s. Abschn. B 5.1.1) vorzusehen ist. Dieser wird in der Ventilachse an das Gehäuse angebaut. In druckdichter Ausführung ist das Ankerführungsrohr des elektrischen Wegaufnehmers mit Hydrauliköl gefüllt (lagegeregelter Proportionalmagnet), [2.1], s. Bild 2.1b.

Statische Kennwerte. Die statische Kennlinie beschreibt den Zusammenhang zwischen stationären Werten des elektrischen Eingangssignals und der hydraulischen Ausgangsgröße. Die funktionale Abhängigkeit ist in der Regel nichtlinear und wird deshalb meist graphisch dargestellt (Bild 2.1). Für Stetigventile mit mehreren Ausgangsgrößen (Volumenstrom, Druck) werden Kennlinienfelder angegeben [DIN 24311].

Beim Proportional-Wegeventil ist der Volumenstrom $\dot{V}$ die maßgebende Ausgangsgröße, so daß deren Abhängigkeit von der

a

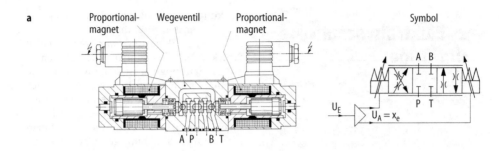

b

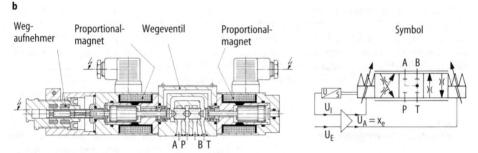

Bild 2.1. Proportional-Wegeventil, einstufig; Symbol mit Funktionsplan (Nenngröße 6, Bosch). **a** ohne Lageregelung, **b** mit Lageregelung

elektrischen Spannung U_e als Eingangssignal x_e oder vom Stellweg s (bezogen auf den Ventilhub s_o) bei konstanter Ventildruckdifferenz je Steuerkante (z.B. $\Delta p = 8$ bar) und bei unbelastetem Verbraucher dargestellt wird. Demgegenüber entspricht der Druckverlust im Ventil der Summe aus den Ventildruckdifferenzen an Zu- und Rücklaufdrosselkante (z.B. $\Delta p_\Sigma = 16$ bar) und folgt somit aus Eingangsdruck p_p abzüglich Rücklaufdruck p_T (bei Lastdruck $p_L = 0$).

Die Ventildruckdifferenz je Steuerkante (symmetrische Anordnung, gleichflächiger Zylinder) ist

$$\Delta p = p_p - p_A = p_B - p_T \; ,$$

der Lastdruck

$$p_L = p_A - p_B$$

und die Ventildruckdifferenz (Druckverlust im Ventil)

$$\Delta p_\Sigma = p_p - p_L - p_T$$
$$= p_p - p_A + p_B - p_T$$
$$= 2\Delta p = p_p - p_T \quad \text{für } p_L = 0 \; .$$

Die Volumenstrom-(Signal-)Kennlinie erstreckt sich über positiven und negativen Signalbereich (2 Quadranten), wobei die Kennlinienäste mit Änderung der Volumenstromrichtung diagonal gegenüberliegend fortgesetzt, vereinfachend auch nebeneinander, dargestellt werden, [2.1] (Bild 2.2).

Sind die Drosselquerschnitte der Durchflußwege P–A, B–T bzw. P–B, A–T gleich groß, besteht keine Volumenstromasymmetrie, so daß man die Darstellung der Volumenstrom-Signal-Kennlinie auch auf einen Quadranten beschränken kann.

Der Steuerkolben ist mit symmetrischen Steuernuten in Form von Rundkerben oder Dreiecknuten versehen, so daß eine stetig-progressive Kennlinie innerhalb des Stellbereichs der Ausgangsgröße erreicht wird. Der flache Verlauf im *Kleinsignalbereich* erlaubt eine empfindliche Einstellung der Geschwindigkeit am mechanischen Ausgang des hydrostatischen Antriebs.

Das Verhältnis der Volumenstromänderung zum Eingangssignal, d.h. die Steigung der mittleren Kennlinie (Volumenstrom-Übertragungsfaktor, Steilheit $K_{\dot{V}}$) ist durch Empfindlichkeitsjustierung einstellbar.

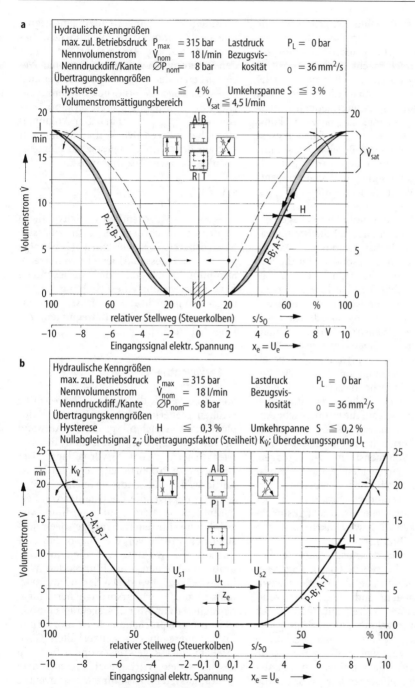

a

Hydraulische Kenngrößen

max. zul. Betriebsdruck P_{max} = 315 bar   Lastdruck P_L = 0 bar

Nennvolumenstrom $\dot{V}_{nom}$ = 18 l/min   Bezugsvis-

Nenndruckdiff./Kante $\varnothing P_{nom}$= 8 bar   kosität $_0$ = 36 mm²/s

Übertragungskenngrößen

Hysterese   H ≦ 4 %   Umkehrspanne S ≦ 3 %

Volumenstromsättigungsbereich $\dot{V}_{sat}$ ≦ 4,5 l/min

b

Hydraulische Kenngrößen

max. zul. Betriebsdruck P_{max} = 315 bar   Lastdruck P_L = 0 bar

Nennvolumenstrom $\dot{V}_{nom}$ = 18 l/min   Bezugsvis-

Nenndruckdiff./Kante $\varnothing P_{nom}$= 8 bar   kosität $_0$ = 36 mm²/s

Übertragungskenngrößen

Hysterese   H ≦ 0,3 %   Umkehrspanne S ≦ 0,2 %

Nullabgleichsignal z_e; Übertragungsfaktor (Steilheit) $K_{\dot{V}}$; Überdeckungssprung U_t

Bild 2.2. Statische Volumenstrom-(Signal-)Kennlinie ($\dot{V}$-x_e-Kennlinie) eines Proportional-Wegeventils, einstufig (Nenngröße 6, Bosch), mit Übertragungskenngrößen (statischen Kennwerten). **a** ohne Lageregelung, **b** mit Lageregelung

Linearisierte Beziehungen gelten nur für kleine Bereiche der Kennlinie (Linearisierung in der Umgebung des Arbeitspunkts).

Im *Nullbereich* macht sich eine positive Überdeckung durch eine Totzone U_t [DIN 19226 Teil 2] bemerkbar, die ca. 20% des Betätigungshubs s_b umfaßt, jedoch mittels Überdeckungssprungs signalseitig kompensiert werden kann. Der *Sättigungsbereich* kennzeichnet den Bereich der Kennlinie, in dem sich der Volumenstrom mit steigendem Eingangssignal nicht mehr wesentlich ändert (Volumenstromsättigung $\dot{V}_{sat}$), s. Bild 2.2a.

Der Einfluß einer ventilinternen Lageregelung wirkt sich nicht nur auf die Nichtlinearität der mittleren Kennlinien $\Delta x_{e,max}$ /$\Delta X_{e,nom}$, sondern insbesondere auf die Signaldifferenz und die Signaländerung in bezug auf gleichbleibenden bzw. zu erzeugenden Volumenstrom aus. Beträgt die größte Differenz des Eingangssignals für einen bestimmten Volumenstrom beim Durchfahren des vollen Signalbereichs (Hysterese H) ohne Lageregelung (3...6)%, läßt sich dieselbe mit Lageregelung auf (0,2...1)% beschränken. Entsprechend verringern sich die von der Hysterese abhängigen statischen Kennwerte, die sich auf die erforderliche Änderung des Eingangssignals von einem Haltepunkt aus beziehen, um eine meßbare Änderung des Volumenstroms zu erzeugen. Dabei ist zu unterscheiden, ob das Eingangssignal in der gleichen oder entgegengesetzten Richtung verändert wird, aus der der Haltepunkt angesteuert wurde (Ansprechempfindlichkeit E bzw. Umkehrspanne S [DIN 24311], s. Bild 2.2b).

Der *Stellbereich* der Ausgangsgröße wird ebenfalls von der ventilinternen Lageregelung beeinflußt. Beträgt das Verhältnis zwischen minimalem und maximalem Volumenstrom ohne Lageregelung 1:20, erzielt man mit Lageregelung eine Auflösung von ca. 1 : 100. Damit läßt sich bei gegebenem maximalem Volumenstrom (z.B. = 18 l/min) ein wesentlich kleinerer minimaler Volumenstrom einstellen (z.B. = 0,18 l/min statt 0,9 l/min) und der Kleinsignalbereich mit guter Wiederholbarkeit aussteuern.

Die Nenngröße (NG) entsprechend dem Lochbild der zugehörigen Anschlußplatte [DIN 24340 Teil 2] steht in Beziehung zum Volumenstrom beim Nenneingangssignal und beim Nennwert der Ventildruckdifferenz, wonach die Auswahl erfolgt. Unter den Stetigventilen weisen Proportional-Wegeventile an der Drosselstelle „Kolbennut" eine niedrige Ventildruckdifferenz auf (Nenndruckdifferenz pro Steuerkante, vorzugsweise Δp_{nom} = 5 bar). Der Volumenstrom bei anderen Druckdifferenzen ergibt sich aus dem Durchflußgesetz für blendenförmige Querschnittsöffnungen zu

$$\dot{V} = \dot{V}_{nom}\sqrt{\frac{\Delta p}{\Delta p_{nom}}} \; .$$

Wie bei den Wegeventilen (Schaltventilen) ist der bezüglich der Stellkräfte zulässige Betriebsbereich zu beachten (Leistungsgrenze). Bei dessen Überschreiten treten Strömungskräfte auf, die insbesondere ohne Lageregelung eine Erhöhung des Volumenstroms nicht mehr zulassen und unkontrollierbare Schieberbewegungen zur Folge haben [2.2].

2.2
Servoventile

Stetigwegeventile der Bauform Servoventile erfüllen Steuerfunktionen höchster Komplexität, wenn auch mit größerem Aufwand für die Ansteuerelektronik und die Betriebssicherung der Hydroanlage. Der Übergang zu Proportional-Wegeventilen ist mittlerweile fließend, erreichen doch schnelle Regelventile die Qualität von Servoventilen. Letztere sind allerdings von vornherein für eine derartige Beeinflussung der Strecke vorgesehen, so daß eine fortlaufende Wirkung auf die Antriebsgröße über einen zurückführenden Wirkungsweg erzielt wird. Das Servoventil setzt man folglich nach ursprünglicher Aufgabenstellung zur Antriebsregelung ein, d.h. es ist mit entsprechend hoher Anforderung insbesondere an das Zeitverhalten Glied (Steller) eines Regelkreises und arbeitet in geschlossenem Wirkungsablauf mit dem Hydrauliksystem zusammen. Servoventile werden daher für hydrostatische Antriebe mit Lastsystemen verwendet, auf die nicht ausreichend erfaßbare Störgrößen einwirken oder deren Streckenverhalten instabil werden kann.

Je nach der Art der Regelgröße x am mechanischen Ausgang des hydrostatischen Antriebs oder im angekoppelten Lastsystem lassen sich mit dem Servoventil in der Funktion des Stellers Lage- oder Geschwindigkeitsregelkreise aufbauen. Man benötigt hierzu außer der aus dem Servoverstärker (Ventilverstärker) bestehenden Ansteuerelektronik, z.B. als bestückte Standardleiterplatte, ein Meßsystem für externe Sensorsignale (Weg- bzw. Drehzahlaufnehmer, s. Teil B) und eine analoge oder digitale Regeleinrichtung (Systemregelverstärker, s. Teil C). Letztere enthält ggf. Glieder zur weiteren Signalverarbeitung und ist als anwenderspezifische Baugruppe bzw. als Programm eines eigenständigen oder (bei meist vorhandener Maschinensteuerung) integrierfähigen Rechensystems (Mikroprozessors) zu verwirklichen [2.4, 1.3–1.6].

Als elektrische Eingangsstufe dient vorzugsweise der Torquemotor, der ein hervorragendes *dynamisches Verhalten* hat.

Um Stellfunktionen in zeitkontinuierlichen Antriebsregelungen ausführen zu können, erfüllt die Hauptstufe wesentliche Voraussetzungen, indem diese auf die Steuerkantengeometrie mit geraden Steuerkanten und Nullüberdeckung festgelegt ist.

Mit zweistufigen Servoventilen lassen sich kleinere Volumenströme (z.B. Nenngröße (NG) 6 mit Nennvolumenstrom $\dot{V}_{nom}$ = 8,8 l/min), bis zum Erreichen der Leistungsgrenze auch größere Volumenströme (z.B. NG 16 mit Nennvolumenstrom $\dot{V}_{nom}$ = 100 ... 200 l/min) bei größerer Ventildruckdifferenz steuern (Nenndruckdifferenz/Kante Δp_{nom} = 35 bar).

Bei einer elektrischen Steuerleistung von P_{St} = 60 mW und einer hydraulischen Ausgangsleistung (Produkt Ausgangsvolumenstrom und Lastdruck) von P_h = (1,2 ... 400) kW erreicht das Stetigventil dieser Bauform mittlere bis große Leistungsverstärkung von $(0,02 ... 7)10^6$.

Aufbau. Die hintereinandergeschalteten Ventilstufen, hydraulische Verstärker- und Leistungsstufe, sind als abgestimmte Widerstandsschaltung aufzufassen und hinsichtlich des Wirkungsweges ausschließlich im geräteinternen Lageregelkreis verknüpft. Der Abgleich von Steuerwiderstän-

den wird daher nur im geschlossenen Wirkungsablauf herbeigeführt.

Die hydraulische Vorsteuerstufe arbeitet in den meisten Anwendungen nach dem *Düsen-Prallplatte-Prinzip* (s. Abschn. E 1.3) und greift lediglich in den Steuerkreislauf ein.

Die Hauptstufe enthält ein Rückführungssystem, das durch innere Rückführung der Lage des Steuerschiebers einen mechanischen oder elektrischen Abgleich herbeiführt.

Lageregelung des Steuerschiebers durch mechanischen Kraftabgleich. Der in Luft arbeitende (gekapselte) Torquemotor ist gegen äußere Magnetfelder abgeschirmt und gegen Schmutzeinwanderung in die Magnetspalte durch eindringende Flüssigkeit abgedichtet (s. Bild 2.3a). Der drehbar gelagerte Weicheisenanker (Drehanker) nimmt bei stromlosen Steuerspulen ein labiles magnetisches Gleichgewicht ein und wird durch eine Biegefeder in Mittelstellung gehalten. Liegt das Eingangssignal an, fließt ein Gleichstrom durch die Steuerspulen und erzeugt ein magnetisches Feld in den einander diagonal gegenüberliegenden Luftspalten, das sich mit entgegengesetzter Polarität dem dauermagnetischen Feld überlagert. Infolge des damit verknüpften Kräftepaars dreht sich der federgefesselte magnetisierte Anker mit der Prallplatte, wobei Rückhol- und Rückführfeder (Biegerohr und Blattfeder) verformt werden.

Das Düsen-Prallplatte-System enthält zwei symmetrisch angeordnete, kraftschlüssig gefügte Düseneinsätze. Diese sind gegen Zusetzen durch mitgeführte Feststoffpartikel geschützt, indem man ein integriertes Vorsteuer-Filtersystem abgestufter Filterfeinheit vorsieht. Die Prallplatte wird vom Torquemotor reibungsarm ausgelenkt und verändert die Strömungswiderstände in den Spalten zu den Düsen gegensinnig, so daß sich eine Steuerdruckdifferenz aufbaut, die den Steuerschieber aus der Mittelstellung bewegt.

Die mechanische Rückführung des Stellwegs der Hauptstufe auf die Prallplatte der Vorsteuerstufe kompensiert äußere Störeinflüsse und erfolgt mittels einer am Anker befestigten Rückführfeder, deren freies Ende kugelförmig ausgebildet und spielfrei in die Umfangsnut des Ventilkolbens eingepaßt sein muß. Dessen Stellbewegung ist beendet, sobald Momentengleichgewicht zwischen antreibendem Drehanker und rückstellendem Federsatz (Rückhol- und Rückführfeder) herrscht. Durch den mechanischen *Kraftabgleich* wird die Prallplatte annähernd in ihre Anfangslage überführt, so daß eine restliche Steuerdruckdifferenz den Ventilkolben entgegen der strömungsbedingten Reaktionskraft in der definierten Stellung hält. Erst mit verändertem Eingangssignal wird eine andere Stellung angesteuert.

Die Hauptstufe mit Vierkanten-Steuerschieber ist als Hülsenventil ausgeführt, um die engen Fertigungstoleranzen für eine genaue Lagezuordnung der Steuerkanten einhalten zu können. Hierfür wird eine Steuerbuchse aus randschichtgehärtetem Stahl mit elektroerosiv abgetragenen Rechteckfenstern im Ventilgehäuse formschlüssig gefügt. Mittels eines drehbaren Justierstifts läßt sich die Steuerbuchse relativ zum Ventilkolben geringfügig verschieben und die Nullpunkteinstellung mechanisch vornehmen. Die über äußere Ringnuten erzielte Druckentlastung der Steuerbuchse bringt ein stabiles Nullpunktverhalten mit sich (z.B. D 760, Moog [2.5]; SM4, Vickers Systems [1.5, 2.7]).

Um bei mechanischer Rückführung Formabweichungen infolge Strömungs- oder Gleitverschleißes zu vermeiden, führt man funktionswichtige Elemente aus verschleißfestem Werkstoff aus. So kann das freie Ende der Rückführfeder als Kugel aus Saphir ausgeführt, die Prallflächen der Strahlklappe mit Decksteinen ebenfalls aus Saphir [DIN 8263], die Doppeldüsen mit unverlierbaren Lochsteinen [DIN 8262 Teil 2] ausgekleidet sein (z.B. 4 WS 2 EM, Mannesmann Rexroth [1.4, 2.2]) (Bild 2.3).

Die vier geraden Kolbenkanten des Steuerschiebers bilden mit den zugeordneten Kanten der Steuerbuchse steuerbare Widerstände der Widerstandsform *Blende*. Wird der Schieber aus der Mittelstellung in positiver Richtung bewegt, ergeben sich Durchflußweg und -richtung für den Volumenstrom zwischen den Anschlüssen P und B sowie A und T. Außer der Ruhestellung und zwei Endstellungen kann der Schieber eine beliebige Anzahl Zwischenstellungen ein-

nehmen, so daß über den variablen Öffnungsquerschnitt der ringförmigen Blende eine unterschiedliche Drosselwirkung erzielt wird. Dies kennzeichnet die zur Dosierung des Volumenstroms genutzte drosselnde Vorrangfunktion von Stetigwegeventilen. Um ausreichende Stelldynamik zu erzielen, wird das Steuervolumen $\dot{V}_{St}$ durch kürzere Gehäusekanäle und kleine Steuerkammern für kurzen Ventilhub klein gehalten, s. Bild 2.3b.

Lageregelung des Steuerschiebers durch hydraulischen Wegabgleich kann durch barometrische Rückführung erzielt werden. Anstelle von Abgleichnuten an den Enden des Kolbenschiebers läßt sich dessen Lage auf die Vorsteuerstufe vom System Düsen-Prallplatte über eine sich aufbauende Steuerdruckdifferenz zurückführen. Diese erreicht ihren der Prallplatte zurückstellenden Bestimmungswert nach *Kraftabgleich* mit einer der beiden Meßfedern. Als solche wirkt diejenige, auf die sich der Steuerschieber mit seiner gegenüberliegenden Steuerfläche abstützt (z.B. 4 WS 2 EB, Mannesmann Rexroth [1.4, 2.2]).

Lageregelung des Steuerschiebers durch elektrischen Wegabgleich. Ohne die Kombination von Eingangs- und Vorsteuerstufe zu ändern, die dem mechanisch lagegeregelten Servoventil zugrunde liegt, läßt sich das Ventilverhalten dadurch verbessern, daß man das Rückführsystem abwandelt. Zwar verbindet sich mit der mechanischen Rückführung über Rückführfeder der Vorzug einer kompakten Baueinheit mit geringem Bauaufwand, aber die ursprünglich für Leistungsstufe dreistufiger Servoventile vorbehaltene elektrische Rückführung wird zunehmend auch für zweistufige Ventile genutzt, um deren Ventilverhalten zu verbessern (s. Bild 2.4). Zur Abbildung der Steuerkolbenlage verwendet man einen induktiven Wegaufnehmer, der nach dem linearen Differentialtransformator-Prinzip (LVDT) arbeitet, druckdicht ist und den Aufbau eines Tauchankers ähnlich der Differentialdrossel (Spannungsteiler) hat (z.B. D 769, Moog [2.6]; 4 WS 2 EE, Mannesmann Rexroth [1.4, 2.2]), s. Bild 2.4b.

Bei Verschieben des Meßankers des LVDT aus der Mittelstellung wird die in den Sekundärspulen induzierte Wechselspan-

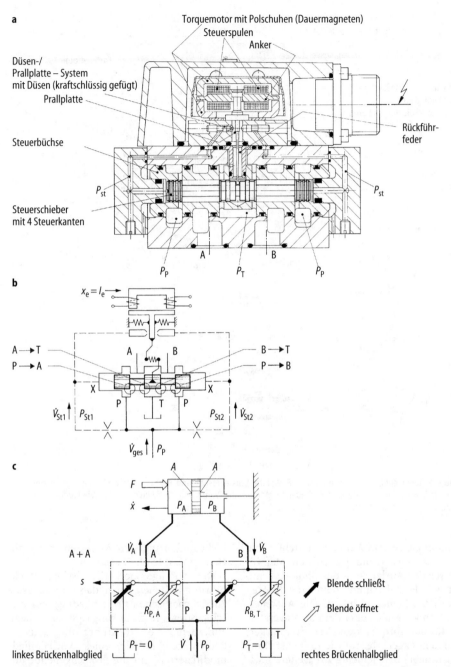

Bild 2.3. Servoventil, zweistufig, mit Düsen-Prallplatte-Vorsteuerstufe und mechanischer Rückführung (Durchfluß-Servoventil, Nenngröße 10, Moog). **a** Aufbau, **b** Funktionsplan (Vierkanten-Steuerschieber mit Nullüberdeckung, Rückführungssystem und Steuerkreis), **c** Schema (symmetrische hydraulische Widerstandssteuerung mit 4 Stellblenden, Vollbrücke Schaltung A + A) nach Backé [2.15]

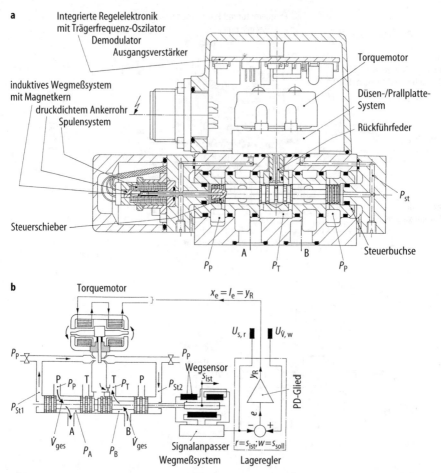

Bild 2.4. Servoventil, zweistufig, mit Düsen-Prallplatte-Vorsteuerstufe und elektrischer Rückführung, integrierter Elektronik (Nenngröße 10, Moog). **a** Aufbau mit Elektronik über Ventilgehäuse, **b** Funktionsplan (Vierkanten-Steuer-schieber, Rückführungssystem und Steuerkreis)

nung ungleich. Am Aufnehmer steht damit eine Ausgangsspannung an, die ein Maß für die relative Auslenkung der Spule gegenüber dem Ferritkern und damit für die *Stellung des Magnetankers* ist. Die Ansteuerelektronik enthält außer dem Stromverstärker für den Torquemotor (Ventilverstärker) und dem Lageregler für die Kolbenstellung (Positioner) Bauelemente zur weiteren Signalverarbeitung, etwa ein ausgleichendes Netzwerk (z.B. PD-Glied), s. Bild 2.4b.

Sensor-Auswerteelektronik und Ansteuer-Regelelektronik sind gerätenah zusammengefaßt und als Leiterplatte in das Ventilgehäuse einbezogen. Die Integration der

Elektronik bringt den Vorzug einer abgeglichenen Ventileinheit mit sich.

Die Vorzüge der elektrischen Rückführung bestehen darin, daß im Gegensatz zur mechanischen prinzipbedingt ein verschleißfreies Rückführungssystem vorliegt, außerdem die Rückführgröße „Steuerkolbenlage" mittels eines Vorhaltglieds modifiziert, damit durch nachgebende anstelle starrer Rückführung (PD- statt P-Glied im Rückführzweig) die Phasennacheilung des Steuerschiebers z.T. kompensiert werden kann. Damit läßt sich die Stabilität des ventilinternen Lageregelkreises erhöhen. Das Ventilverhalten verbessert sich bezüglich der statischen Kennwerte durch sehr kleine Hysterese ($H<0{,}5\%$), Umkehrspanne ($S<0{,}1\%$) und Nullpunktinstabilität ($<1\%$ bei $\Delta T = 55$ K) sowie in den dynamischen Kennwerten durch deutlich höhere Eck- und phasenkritische Frequenzen des Ventilfrequenzgangs insbesondere im Kleinsignalbereich ($I_e = (10 \dots 25)\%$ von I_{nom}).

Da bei elektrischer Rückführung zwischen Vorsteuer- und Hauptstufe keine mechanische oder hydraulische Kopplung besteht, andererseits bei Ausfall der Elektronik der Steuerschieber des intakten Ventils eine definierte Ruhelage einnehmen soll, genügt man den Sicherheitsanforderungen durch eine zusätzliche mechanische Rückführung mittels Rückführfeder.

Diese Ventilvariante erfüllt sehr hohe Anforderungen an das Übertragungsverhalten und damit eine unerläßliche Voraussetzung (hohe Kreisverstärkung) für Antriebsregelungen bei anspruchsvollen Bewegungsaufgaben.

Weitgehend werden derartige Anforderungen bereits vom schnellen Proportional-Wegeventil (Regelventil) bzw. von dessen weiterentwickelter Variante bei geringerer Störanfälligkeit erfüllt (z.B. D 661-S, Moog [2.3]).

Bei sehr hohen Anforderungen an die Zuverlässigkeit werden Servoventile mit Vorsteuerstufe nach dem Strahlrohrprinzip hergestellt. Außer höherer zulässiger Verschmutzung bringt der höhere wirksame Steuerdruck kleinere Bauweise mit sich (z.B. Jet-Pipe-Servoventile, Atchley Controls [2.8]).

Statische Kennwerte. Die Volumenstrom-(Signal-)Kennlinie mit dem Volumenstrom-Übertragungsfaktor $K_{\dot{V}}$ sowie die hieraus ableitbaren Kenngrößen Hysterese H, Ansprechempfindlichkeit E und Umkehrspanne S wurden bei der Behandlung des Proportional-Wegeventils bereits eingeführt.

Um das statische Verhalten von Stetigventilen vollständig zu beschreiben, ist insbesondere die Abhängigkeit des Volumenstroms vom Lastdruck wiederzugeben. Die Volumenstrom-Druck-Kennlinie ($\dot{V}$, p_L-Kennlinie) ergibt mit dem Eingangssignal x_e, i.a. der Stromstärke I_e, als variablem Parameter ein Kennfeld, das meist als Kennlinienschar mit konstantem Eingangsdruck p_p und Rücklaufdruck p_T als Scharparameter dargestellt wird, s. Bild 2.5.

Dynamische Kennwerte. Die Auslegung von Antriebsregelkreisen stellt ebenso Forderungen an das Zeitverhalten, so daß be-

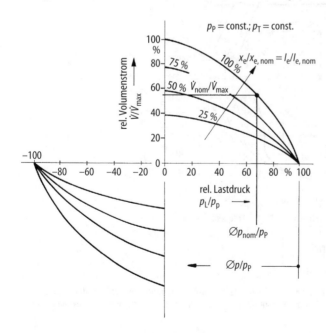

Bild 2.5. Statische Kennlinie eines Servoventils mit Vierkantensteuerung; Volumenstrom-Druck-Kennlinie ($\dot{V}$-p_L-Kennlinie) mit dem Eingangssignal x_e gleich elektrischer Steuerstrom I_e als Parameter und dem statischen Kennwert Nennwert des Volumenstroms $\dot{V}_{nom}$ bei Nennwert der Ventildruckdifferenz p_{nom} (Darstellung relativer Größen)

sonders für Servoventile dynamische Kennwerte zur Beurteilung des Übertragungsverhaltens heranzuziehen sind [DIN 19226 Teil 2, DIN 24311].

Die Frequenzkennlinien (Bode-Diagramme) zweistufiger Servoventile in Standardausführung sind in den Grenzen des Signalbereichs für Teil- und Vollaussteuerung (40% und 100% des Nenneingangssignals) durch die Beschreibungsfunktion für zwei Ventilvarianten gleicher Nenngröße, jedoch mit unterschiedlichem Rückführungssystem, dargestellt, [2.5], s. Bild 2.6.

Mit dem Übergang von mechanischer auf elektrische Rückführung erhöhen sich die charakteristischen Frequenzen $f_{-3 \text{ dB}}$ und

$f_{-90°}$ und damit der nutzbare Übertragungsbereich (Arbeitsfrequenzbereich) bei voller Aussteuerung erheblich. Im Kleinsignalbereich ist der Unterschied noch augenfälliger. Servoventile mit elektrischer Lageregelung eignen sich daher für hochdynamische Druck- bzw. Kraft-, Geschwindigkeits- und Lageregelungen.

Für besonders hohe Anforderungen an die Ventildynamik lassen sich in Abwandlung der Standardausführung die Steuerflächen des Ventilkolbens verkleinern und die Stellzeit weiter verkürzen (High-response- und Super-high-response-Ventile [2.5, 2.6]).

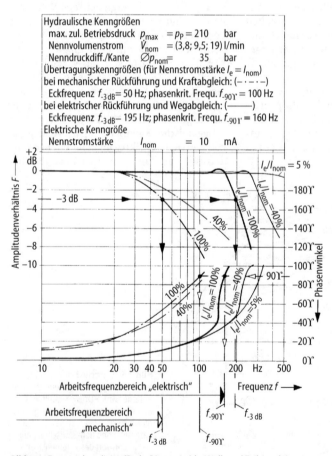

Bild 2.6. Frequenzkennlinien (Bode-Diagramm) bei Voll- und Teilsignal-Aussteuerung (Beschreibungsfunktion für die relativen Eingangsamplituden 40 % und 100 %) (Nenngröße 10, Moog), mit Übertragungskenngrößen (dynamischen Kennwerten)

2.3
Proportional-Druckventile

Außer der Funktion von Wegeventilen, (s. Abschn. 2.1, 2.2) läßt sich hydraulischen Stetigventilen auch die Funktion des stetigen Steuerns oder Begrenzens von *Drücken* zuweisen. Stetigdruckventile stellen einen proportionalen Zusammenhang zwischen Eingangssignal und Druck in den Verbraucheranschlüssen her [DIN 24 311].

Hierzu gehören die Bauformen der Proportional- und der Servo-Druckventile. Führt man die Verstellbarkeit der Kraft, gegen die der Druck zu steuern ist, nicht durch mechanische Betätigung einer Feder oder hydraulisch durch einen Steuerdruck, sondern durch einen elektromechanischen Umformer herbei, lassen sich Druckbegrenzungs- und Druckminderventile elektrisch stetig verstellbar ausführen.

Beim *direktwirkenden Proportional-Druckbegrenzungsventil* steuert der kraftgesteuerte Proportionalmagnet den Einlaßdruck durch Öffnen des Ventilkegels für kleine Volumenströme ($\dot{V}<5$ l/min) (Bild 2.7a). Die ausschließlich als Vorsteuerstufe (Pilotventil) für relativ kleinen Stellweg verwendete Variante ($\dot{V}=1$ l/min) verbindet man mit verschiedenartigen Hauptstufen zu zweistufigen Ventilen kompakten Aufbaus bei guten Übertragungskenngrößen, [2.1].

Um die statischen Kennwerte zu verbessern, setzt man lagegeregelte Proportionalmagneten ein (Bild 2.7b). Hierfür ist das Zusammenwirken des Magneten mit der Ventilfeder unerläßlich, da mit dem Kraftabgleich gleichzeitig der Stellweg des Hubmagneten durch einen angebauten Wegaufnehmer zurückgeführt wird. Über definierte Weg-Haltepunkte läßt sich nach zugeordneter Federkennlinie die Differenz zwischen Magnetrückstell- und Magnetkraft (Krafthysterese) als störende Auswirkung vorwiegend der Reibungskraft im Ankerführungssystem aufheben.

Die Höhe des Drucks wird von der Kraft der Ventilfeder und dem Sitzdurchmesser bestimmt. Die höchste Druckstufe hat den kleinsten Sitzdurchmesser. Die nachgiebige Feder auf der Vorderseite des Ventilkegels wirkt als Führungs- und Rückholfeder, um koaxiale Ausrichtung des Abschlußteils sowie den minimal zulässigen Einstelldruck zu sichern (z.B. ohne und mit Lageregelung, NG 6, Bosch [1.3, 2.1, 2.9]; mit Lageregelung, DBETR, Mannesmann Rexroth [1.4, 2.2]).

Für größere Volumenströme ($\dot{V}>150$ l/min) setzt man das zweistufige (vorgesteuerte) Proportional-Druckbegrenzungsventil ein, das sich durch seitliches Anflanschen der direktwirkenden Variante an eine Hauptstufe mit federbelastetem Längsschieber oder Hauptkolben ergibt. Kombiniert man letztere mit einer Stromregeleinheit als Einschraubventil für den Steuerstrom, gelangt man zum vorgesteuerten Druckminderventil (z.B. NG 6, Bosch; DMEM oder DRE, Mannesmann Rexroth).

Statische Kennwerte. Beim Proportional-Druckventil ist der Druck p einzige Ausgangsgröße, so daß dessen Abhängigkeit von der elektrischen Spannung U_e als Eingangssignal x_e bei konstantem Volumenstrom $\dot{V}$ und geschlossener Arbeitsleitung dargestellt wird (Bild 2.8).

Die Druck-(Signal-)Kennlinie verläuft nur im positiven Signalbereich (1. Quadranten), [2.1].

Das Verhältnis der Druckänderung zum Eingangssignal (Druck-Übertragungsfaktor, Steilheit K_p) ist durch Empfindlichkeitsjustierung einstellbar.

Linearisierte Zusammenhänge gelten für größere Gebiete der Kennlinie. Im Kleinsignalbereich ist die Kennlinie gekrümmt und mündet bei $U_e \to 0$ in eine Totzone U_t. Der minimal zulässige Einstelldruck p_{min} ist aufgrund der entgegen der Magnetkraft wirkenden Strömungskraft nicht unterschreitbar. Der Einfluß ventilinterner Lageregelung mindert außer der Nichtlinearität der mittleren Kennlinie insbesondere die Signaldifferenz beim Durchfahren des Signalbereichs (Hysterese H). Beträgt diese ohne Lageregelung <3%, s. Bild 2.8a, läßt sie sich durch Lageregelung auf <1% eingrenzen, s. Bild 2.8b. Entsprechend verbessern sich die mit der Hysterese zusammenhängenden statischen Kennwerte (Ansprechempfindlichkeit E, Umkehrspanne S [DIN 24311, DIN 24564 Teil 1]).

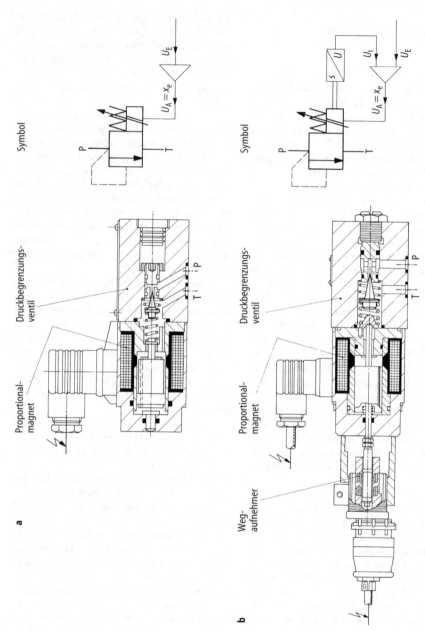

Bild 2.7. Proportional-Druckbegrenzungsventil, einstufig; Symbol mit Funktionsplan (Nenngröße 6, Bosch). **a** ohne Lageregelung, **b** mit Lageregelung

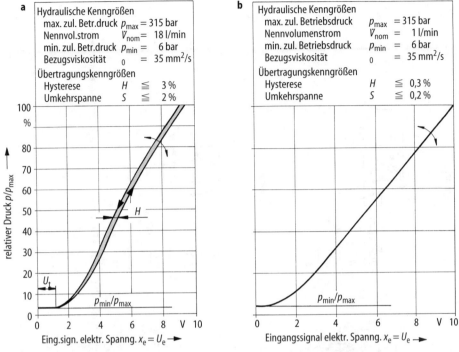

a

Hydraulische Kenngrößen
max. zul. Betr.druck p_{max} = 315 bar
Nennvol.strom V_{nom} = 18 l/min
min. zul. Betr.druck p_{min} = 6 bar
Bezugsviskosität $_0$ = 35 mm^2/s

Übertragungskenngrößen
Hysterese H $\leqq$ 3 %
Umkehrspanne S $\leqq$ 2 %

b

Hydraulische Kenngrößen
max. zul. Betriebsdruck p_{max} = 315 bar
Nennvolumenstrom V_{nom} = 1 l/min
min. zul. Betriebsdruck p_{min} = 6 bar
Bezugsviskosität $_0$ = 35 mm^2/s

Übertragungskenngrößen
Hysterese H $\leqq$ 0,3 %
Umkehrspanne S $\leqq$ 0,2 %

Bild 2.8. Druck-(Signal-)Kennlinie (p, x_e-Kennlinie) eines Proportional-Druckbegrenzungsventils, einstufig (Nenngröße 6, Bosch), mit statischen Übertragungskenngrößen. **a** ohne Lageregelung, **b** mit Lageregelung

Außer nach dem Kegelsitzprinzip mit Lageregelung läßt sich ein proportionaler Zusammenhang zwischen Eingangssignal und Druck auch nach dem Düse-Prallplatte-System oder nach dem Kugelsitzprinzip mit Plattenanker herstellen. Bei der ersten Variante drückt das als Prallplatte ausgebildete Ankerstangenende gegen eine Düse. Damit genügt man geringeren Anforderungen an die statischen Kennwerte. Die zweite Variante nutzt einen feldkraftgefesselten, scheibenförmigen Magnetanker, der das Abschlußteil Kugel reibungsarm an den Kegelsitz der Düse anlegt und sehr hohe Anforderungen an das Übertragungsverhalten erfüllt (s. Abschn. E 1.3).

2.4
Proportional-Drosselventile

Außer als Wege- und Druckventil (s. Abschn. 2.1–2.3) dienen hydraulische Stetigventile auch zum stetigen Steuern eines *Aus-*

laßstroms. Stetigstromventile stellen einen proportionalen Zusammenhang zwischen Eingangssignal und Volumenstrom in einer Arbeitsleitung (einem Verbraucheranschluß) und in einer Wirkrichtung her [DIN 24311].

Führt man die Verstellbarkeit der Drosselung nicht durch mechanische Betätigung, sondern durch einen elektromechanischen Umformer herbei, lassen sich Drosselventile und Stromregelventile elektrisch stetig verstellbar ausführen.

Die elektrische Eingangsstufe ist ein Proportionalmagnet, der wie bei den Proportional-Wegeventilen für geringere Anforderungen an die statischen Kennwerte als hubgesteuerter, für höhere Anforderungen als lagegeregelter Proportionalmagnet arbeitet (Bild 2.9a).

Beim direktwirkenden Proportional-Drosselventil ist der hier lagegeregelte Proportionalmagnet mit einem Wegeventil kombiniert, dessen Steuerkolben Feinsteu-

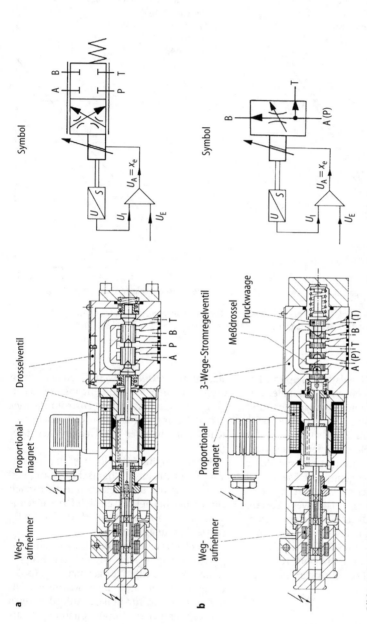

Bild 2.9. Stetigstromventil mit Lageregelung, einstufig; Symbol mit Funktionsplan (Nenngröße 6, Bosch). **a** Proportional-Drosselventil, **b** Proportional-Stromregelventil

ernuten aufweist. Man erhält eine stetig-progressive Volumenstrom-Ventilhub-Kennlinie mit flachem Verlauf.

Die Ankerstange des Magneten bewegt den federzentrierten Kolbenschieber gegen die Rückholfeder, so daß sich mit Änderung des Drosselquerschnitts an den Feinsteuerkanten ein definierter Auslaßstrom einstellt [2.1] (Bild 2.9).

2.5
Proportional-Stromregelventile

Beim direktwirkenden Proportional-Stromregelventil ist das Proportional-Drosselventil mit einer Druckwaage kombiniert, so daß sich wie beim konventionellen Stromregelventil Druckkompensation (Einlaß-bzw. Lastdruck) einstellt (Bild 2.9b). Vom lagegeregelten Proportionalmagneten wird eine Meßdrossel, beim temperaturkompensierten Stromregelventil eine Meßblende verstellt. Die Druckwaage befindet sich in derselben Ventilachse und bildet einen zweiten Drosselquerschnitt. Das Ventil ist mit einem Differenzdruckventil zum Behälter als 3-Wege-Stromregelventil, wahlweise auch als 2-Wege-Stromregelventil ausführbar (z.B. NG 6 und NG 10, Bosch [1.3, 2.1]; 2 FRE, Mannesmann Rexroth [1.4, 2.2]).

Statische Kennwerte. Beim Proportional-Stromregelventil ist der Volumenstrom $\dot{V}$ die einzige Ausgangsgröße, so daß dessen Abhängigkeit von der elektrischen Spannung U_e als Eingangssignal x_e bei konstanter Ventildruckdifferenz (bevorzugter Nennwert/Kante Δp = 5 bar [DIN 24564 Teil 1]) und verschwindendem Lastdruck (p_L = 0) dargestellt wird.

Die Volumenstrom-(Signal-)Kennlinie des Proportional-Drosselventils stimmt mit der des Proportional-Wegeventils mit Lageregelung (Bild 2.2b), bei gleich guten statischen Kennwerten (Hysterese H <1%) überein, beschränkt sich allerdings auf den positiven Signalbereich (1. Quadranten). Beim Proportional-Stromregelventil beeinflussen Form und Größe der Meßblende den Verlauf der Kennlinie.

Literatur

2.1 Proportionalventile ohne/mit eingebauter Elektronik. NG 6, NG 10. Firmenschrift: Bosch, Stuttgart

2.2 Komponentenkatalog Proportional-, Regel- und Servoventile, Elektronik-Komponenten und -Systeme. Firmenschrift: Mannesmann Rexroth, Lohr

2.3 Proportionalventile mit elektrischer Lageregelung des Steuerkolbens mit integrierter Elektronik. Baureihe D 660 – ... H, D, P. Firmenschrift: Moog, Böblingen

2.4 Backé W (1986) Servohydraulik, Umdruck zur Vorlesung, 5. Aufl. (HP) RWTH Aachen

2.5 Durchfluß-Servoventile. Baureihe D 760. Firmenschrift: Moog, Böblingen

2.6 Servoventile mit elektrischer Lageregelung des Steuerkolbens und integrierter Elektronik. Baureihe D 769. Firmenschrift: Moog, Böblingen

2.7 SM4 – Servoventile. Firmenschrift: Vickers Systems, Bad Homburg

2.8 Anonym (1991) Elektrohydraulisches Servoventil mit hoher Verläßlichkeit. O+P 35/10:796–798

2.9 Götz W (1990) Stufenlose Wandler. KEM 27/4:46–47

2.10 Findeisen D, Findeisen F (1994) Ölhydraulik, Handbuch für die hydrostatische Leistungsübertragung in der Fluidtechnik, 4. Aufl. Springer, Berlin Heidelberg New York

Teil L

Hilfsenergiequellen

1 Netzgeräte

J. PETZOLDT

1.1 Übersicht

Netzgeräte übernehmen die Energiebereitstellung für alle elektrischen und elektronischen Funktionseinheiten. Diese *Hilfsenergie* wird in der Regel als Gleichspannung benötigt, an die bestimmte Anforderungen bezüglich deren Höhe, den zulässigen überlagerten Wechselanteilen (Welligkeit), der Potentialtrennung und der Versorgungszuverlässigkeit gestellt sind. In vielen Anwendungen müssen verschiedene Hilfsspannungen unterschiedlicher Höhe bereitgestellt werden, die gegebenenfalls untereinander potentialgetrennt ausgeführt sind. Typische Werte sind +5 V, +15 V, −15 V. Die von den Hilfsspannungen versorgten Verbraucher benötigen keine Blindleistung, d.h. der Leistungsfluß ist in Richtung Verbraucher unidirektional. Die Quelle der Hilfsenergie ist entweder das ein- oder dreiphasige 50 Hz-Netz oder eine Batterieanlage. Für den Fall der höchsten *Versorgungszuverlässigkeit* muß eine Batterieanlage immer parallel zur Netzeinspeisung betrieben werden, um bei Netzausfall den Energiebedarf aller Verbraucher zu decken. In diesem Fall spricht man von einer *unterbrechungsfreien Stromversorgung* (USV). Bild 1.1 zeigt zusammengefaßt die grundlegenden Aufgaben einer Hilfsstromversorgung, wobei der bidirektionale Anschluß einer Batterieanlage nur bei einer USV existiert.

Die Netzwechselspannung muß sowohl gleichgerichtet als auch in die entsprechende Spannungsebene der Ausgangsspannungen transformiert werden. Da die Gleichrichtung keinen kontinuierlichen Leistungsfluß aus dem Netz zuläßt, ist eine Zwischenspeicherung der Energie in Kondensatoren (Spannungszwischenkreis) notwendig. Nach der Art der Spannungstransformation unterscheidet man zwei grundlegend unterschiedliche Konzepte, erstens Schaltungen mit *Netzfrequenztransformatoren* und zweitens Schaltungen mit *Hochfrequenztransformatoren*, deren Frequenzbereich sich von ca. 20 kHz bis zu mehreren hundert kHz erstrecken kann. Nachfolgend werden nur die Grundkonzepte betrachtet, ohne auf alle weiteren Kombinationsmöglichkeiten einzugehen.

1.1.1 Schaltungen mit Netzfrequenztransformatoren

Bei diesem Konzept zeigt Bild 1.2 die Variante mit nur einem Transformator und einem zentralen Energiezwischenspeicher. Der Netztransformator ist primärseitig über eine EMV-Filtereinrichtung mit dem Netz verbunden. Sekundärseitig kann zwischen der Gleichrichtung und dem Spannungszwischenkreis eine Schaltung zur Leistungsfaktorregelung angeordnet sein, die im Transformator und damit auch im Netz einen nahezu sinusförmigen Strom synchron zur Netzspannung fließen läßt. Bei Verzicht auf diese Schaltung wird das Netz mit erheblichen Oberschwingungsströmen belastet. Aus der vom Netz potentialgetrennten Zwischenkreisspannung werden alle anderen Verbraucherspannungen abgeleitet. Die nichtstabilisierte Zwischenkreisspannung von z.B. 24 V liegt bereits auf Verbraucherpotential, so daß die Verbraucherspannungen ohne Potentialtrennung entweder über Schaltregler oder Längsregler auf

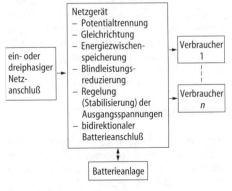

Bild 1.1. Aufgaben eines Netzgerätes

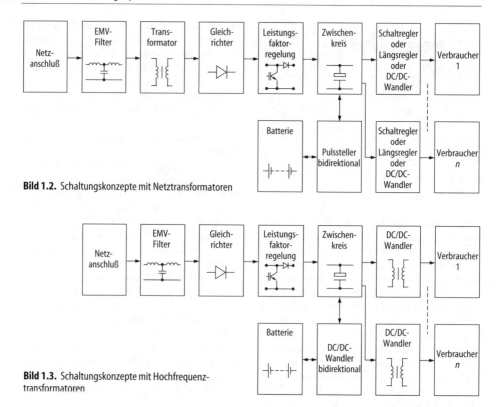

Bild 1.2. Schaltungskonzepte mit Netztransformatoren

Bild 1.3. Schaltungskonzepte mit Hochfrequenztransformatoren

die erforderliche Höhe geregelt (stabilisiert) werden. Nur bei untereinander potentialfreien Spannungen müssen potentialtrennende DC/DC-Wandler eingesetzt werden.

Ein für USV-Anlagen notwendiger Batterieanschluß erfolgt über bidirektionale Pulssteller, die sowohl die Batterieladung als auch deren Entladung übernehmen. Die Batteriespannung liegt dabei in der gleichen Größenordnung und auf gleichem Potential wie die Zwischenkreisspannung.

1.1.2
Schaltungen mit Hochfrequenztransformatoren

Auf Grund des hohen Gewichts und Volumens von 50 Hz-Transformatoren verwendet man zunehmend *primär getaktete* Schaltungen, in denen ein Hochfrequenztransformator die Spannungstransformation und Potentialtrennung übernimmt. In Bild 1.3 ist das Grundprinzip dargestellt.

Die Netzspannung wird nach dem EMV-Filter direkt gleichgerichtet. Damit ergibt

sich eine auf Netzspannungspotential liegende Zwischenkreisspannung von ca. 300 V bei einphasigem und ca. 500 V bei dreiphasigem Netzanschluß. Eine zwischen Gleichrichter und Spannungszwischenkreis geschaltete Leistungsfaktorregelung kann einen blindleistungsarmen Netzanschluß bewirken. Die einzelnen Verbraucherspannungen werden aus dem Zwischenkreis durch potentialtrennende DC/DC-Wandler (s. Abschn. 1.6) gewonnen. Bei einer Erweiterung dieses Schaltungskonzeptes zur USV-Anlage muß die Batterie über bidirektional arbeitende DC/DC-Wandler mit dem Zwischenkreis verbunden werden.

1.2
Gleichrichtung

Für die Gleichrichtung kommen in der Regel *ungesteuerte Diodengleichrichter* zum Einsatz, die auf der Gleichspannungsseite direkt mit dem Zwischenkreiskondensator verbunden sind. Diese Gleichrichter arbei-

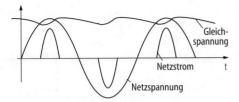

Bild 1.4. Strom- und Spannungsverläufe der Netzgleichrichtung

ten prinzipiell im Lückbereich des Stromes. Bild 1.4 zeigt die typischen Strom- und Spannungsverläufe einer derartigen Schaltung. Der Mittelwert der Gleichspannung ist stark belastungsabhängig. Der Netzstromverlauf besteht aus einzelnen Ladeimpulsen des Zwischenkreiskondensators, woraus ein niedriger Grundschwingungsgehalt resultiert. Trotz der ungesteuerten Betriebsweise der Gleichrichter kommt es zu einer relativ hohen *Blindleistungsbelastung* des Netzes und des evtl. vorgeschalteten Netzfrequenztransformators. Diese Belastung bewirkt bei dem Anschluß von einphasigen Gleichrichtern an die drei Stränge des Dreiphasensystems eine extrem hohe Strombelastung des Nulleiters. Die häufig verwendeten Gleichrichterschaltungen faßt Bild 1.5 zusammen.

Bezeichnung	Schaltung	statisches Übertragungsverhalten
Brückenschaltung einphasig	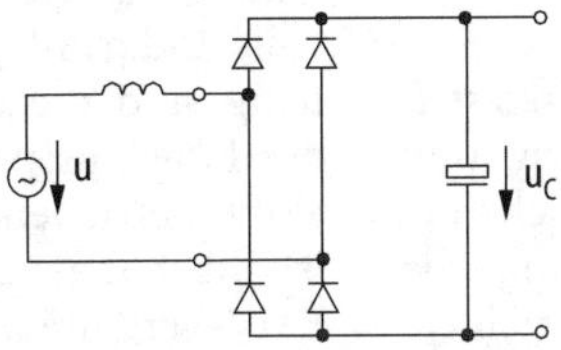	$u_C \approx \hat{u}$
Brückenschaltung dreiphasig	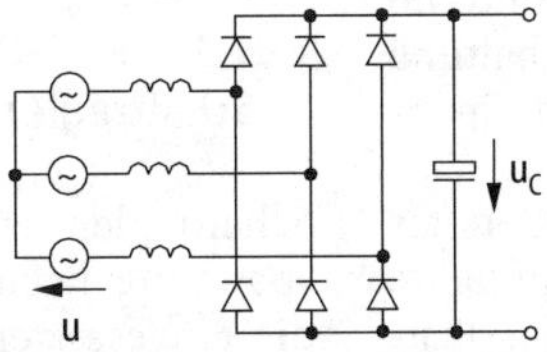	$u_C \approx \sqrt{3}\,\hat{u}$
Mittelpunktschaltung ac-seitig	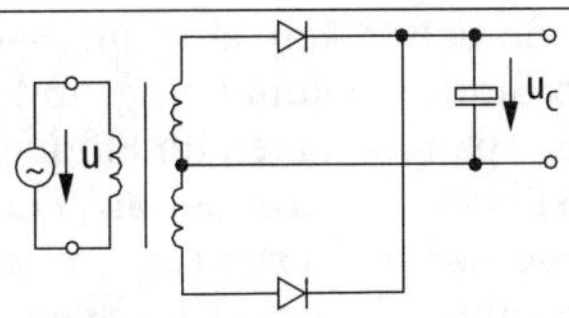	$u_C \approx \hat{u} \cdot \ddot{u}$
Mittelpunktschaltung dc-seitig	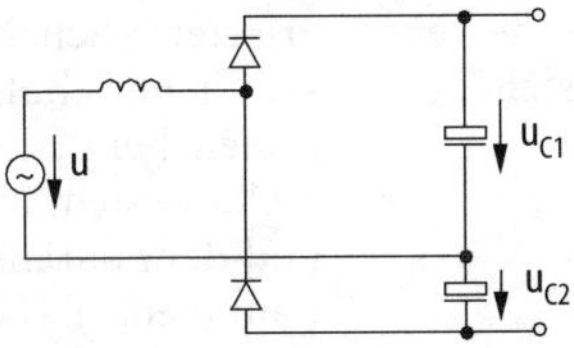	$u_{C1} \approx \hat{u}$ $u_{C2} \approx \hat{u}$
Mittelpunktschaltung ac- und dc-seitig	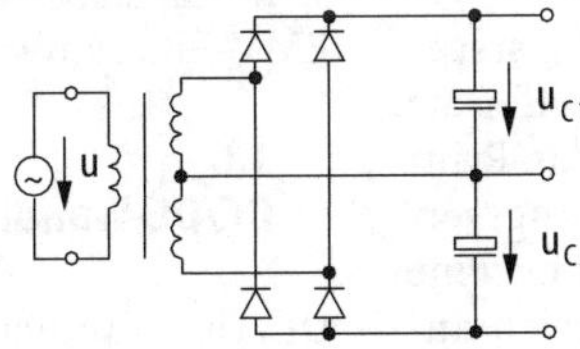	$u_{C1} \approx \hat{u} \cdot \ddot{u}$ $u_{C2} \approx \hat{u} \cdot \ddot{u}$

Bild 1.5. Netzgleichrichter

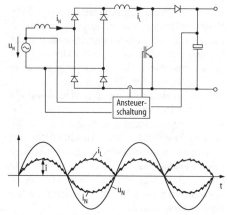

Bild 1.6. Leistungsfaktorregelung mittels Hochsetzsteller

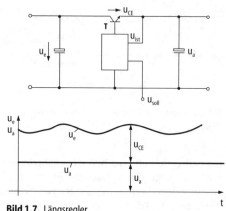

Bild 1.7. Längsregler

1.3
Leistungsfaktorregelung

Durch die Anordnung eines *Hochsetzstellers* zwischen Gleichrichterschaltung und Zwischenkreiskondensator läßt sich bei dessen entsprechender Ansteuerung die Blindleistungsaufnahme der Gleichrichterschaltung wesentlich reduzieren. Bild 1.6 zeigt die entsprechende Gesamtschaltung und die idealisierten Strom- und Spannungsverläufe.

Für den Betrieb des Hochsetzstellers als Leistungsfaktorregler existieren komplette Ansteuerschaltkreise. Diese geben das Tastverhältnis des Hochsetzstellers so vor, daß der Strom i_L jeweils einer positiven Sinushalbschwingung in Phase zur Netzspannung entspricht. Über den einstellbaren Spitzenwert $\hat{\imath}$ dieses Stromes wird die Zwischenkreisspannung auf einen konstanten Wert geregelt, der größer als der ohne Leistungsfaktorregelung sich einstellende Wert der Kondensatorspannung ist.

1.4
Längsregler

Das klassische Prinzip zur Spannungsregelung bzw. Stabilisierung ist der Einsatz eines Längsreglers. Bild 1.7 zeigt das Prinzipschaltbild und typische Spannungsverläufe. Der Längstransistor T wird über seine Ansteuereinheit so im aktiven Bereich angesteuert, daß die Differenz zwischen Spannungssollwert und -istwert als Kollektor-

Emitter-Spannung über dem Transistor abfällt. Derartige Längsregler existieren als vollständig integrierte Baugruppen. Nachteilig sind die bei großen Schwankungen der Eingangsspannung hohen Verluste des aktiv betriebenen Transistors. Vorteilhaft ist die hohe Regeldynamik und das gute EMV-Verhalten.

1.5
Schaltregler

Schaltregler stabilisieren die Ausgangsspannung nach dem *Chopperprinzip*, d.h. die eingesetzten Leistungshalbleiter arbeiten ausschließlich im Schalterbetrieb. Es kommen grundsätzlich alle Pulsstellervarianten im Einquadrantenbetrieb (s. Kap. C4) zum Einsatz. Für die Umsetzung der Steuerverfahren und die Regelung der Spannungen existiert ein breites Sortiment von integrierten Schaltkreisen, die gleichzeitig sämtliche Schutz- und Überwachungsfunktionen beinhalten. Der Vorteil der Schaltregler besteht in dem hohen Wirkungsgrad und dem daraus resultierenden geringeren Raumbedarf. Nachteilig ist die höhere Störspannungsabstrahlung, die einen höheren EMV-Filteraufwand erfordert.

1.6
DC/DC-Wandler

DC/DC-Wandler realisieren die Regelung ihrer Ausgangsspannung unter der Bedingung, daß Eingang und Ausgang *potential-*

Bezeichnung	Schaltung	statisches Übertragungsverhalten (Mittelwertmodell)

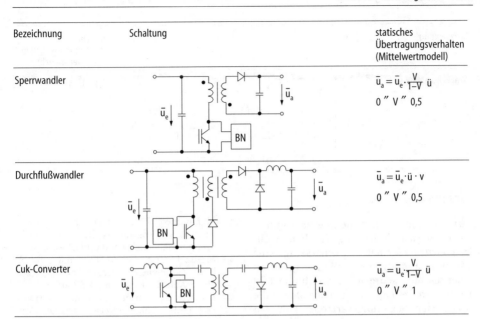

Sperrwandler		$\bar{u}_a = \bar{u}_e \cdot \dfrac{V}{1-V} \, \ddot{u}$ $0 \text{''} V \text{''} 0{,}5$
Durchflußwandler		$\bar{u}_a = \bar{u}_e \cdot \ddot{u} \cdot v$ $0 \text{''} V \text{''} 0{,}5$
Cuk-Converter		$\bar{u}_a = \bar{u}_e \cdot \dfrac{V}{1-V} \, \ddot{u}$ $0 \text{''} V \text{''} 1$

Bild 1.8. Einschalteranordnungen

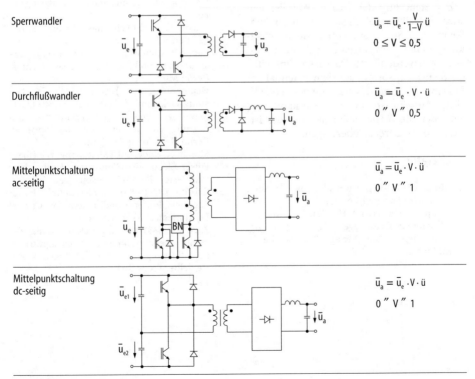

Sperrwandler		$\bar{u}_a = \bar{u}_e \cdot \dfrac{V}{1-V} \, \ddot{u}$ $0 \leq V \leq 0{,}5$
Durchflußwandler		$\bar{u}_a = \bar{u}_e \cdot V \cdot \ddot{u}$ $0 \text{''} V \text{''} 0{,}5$
Mittelpunktschaltung ac-seitig		$\bar{u}_a = \bar{u}_e \cdot V \cdot \ddot{u}$ $0 \text{''} V \text{''} 1$
Mittelpunktschaltung dc-seitig		$\bar{u}_a = \bar{u}_e \cdot V \cdot \ddot{u}$ $0 \text{''} V \text{''} 1$

Bild 1.9. Zweischalteranordnungen

Bezeichnung	Schaltung	statisches Übertragungsverhalten (Mittelwertmodell)
Brückenschaltung	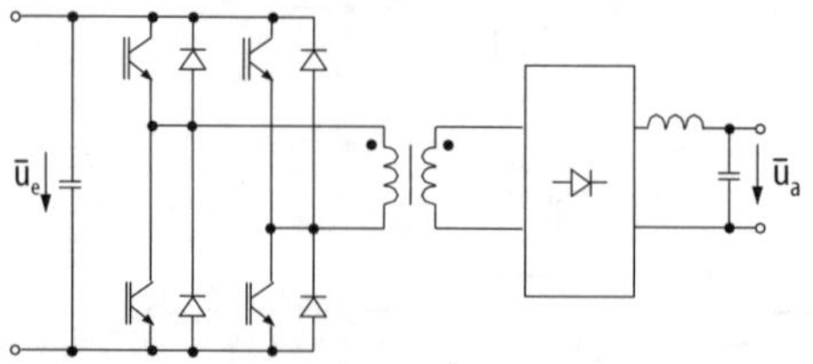	$\bar{u}_a = \bar{u}_e \cdot V \cdot \ddot{u}$ $0 '' V '' 1$

Bild 1.10 Vierschalteranordnung

getrennt sind. Sie bestehen deshalb immer aus einer Grundschaltung, die dem Hochfrequenztransformator primärseitig eine Wechselspannung zur Verfügung stellt und einer sekundärseitigen Gleichrichtung. Bild 1.8 bis 1.10 zeigen in Übersichtsform die wichtigsten Schaltungsvarianten von den Einschalteranordnungen bis zur Vierschalteranordnung (*BN* Beschaltungsnetzwerk, *V* Tastverhältnis, *ü* Windungszahlverhältnis, vgl. Abschn. C4.3.2).

Zur Steuerung der DC/DC-Wandler existiert für alle Schaltungsvarianten ein umfangreiches Sortiment von Ansteuerschaltkreisen, auf die im einzelnen nicht näher eingegangen werden kann. Da je nach Einsatzfall die Steuerung sowohl auf dem Potential der Eingangsspannung als auch auf dem Potential der Ausgangsspannung liegen kann, sind entweder die Ansteuersignale oder die Istwerte potentialfrei zu übertragen.

Literatur

1. Bradley DA (1994) Power Electronics, 2. Aufl., Chapman and Hall, London
2. Lappe R u.a. (1994) Handbuch Leistungselektronik: Grundlagen, Stromversorgung, Antriebe, 5. Aufl., Verlag Technik, Berlin München
3. Muhammed HR (1993) Power Electronics-Circuits, Devices and Applications, 2. Aufl., Prentice Hall, Englewood Cliffs, New Jersey
4. Mazda FF (1993) Power Electronics Handbook: Components, Circuits and Applications, 2. Aufl., Butterworths, London
5. Bausiere R, Labrique F, Seguier G (1993) Power Electronic Converters: DC-DC Conversion, Springer, Berlin Heidelberg New York
6. Williams BW (1992) Power Electronics: Devices, Drivers, Applications and Passive Components, 2. Aufl., Macmillan, Basingstoke
7. Michel M (1992) Leistungselektronik, Springer, Berlin Heidelberg New York
8. Lappe R, Conrad H, Kronberg M (1991) Leistungselektronik, 2. Aufl., Verlag Technik, Berlin München
9. Heumann K (1991) Grundlagen der Leistungselektronik, 5. Aufl., Teubner, Stuttgart
10. Meyer M (1990) Leistungselektronik: Einführung, Grundlagen, Überblick, Springer, Berlin Heidelberg New York
11. Mohan N, Undeland TM, Robbins WP (1989) Power Electronics: Converters, Applications and Design, John Wiley&Sons, New York
12. Griffith DC (1989) Uninterruptible Power Supplies: Power Conditioners for Critical Equipment, Dekker, New York
13. Zach F (1988) Leistungselektronik: Bauelemente, Leistungskreise, Steuerungskreise, Beeinflussungen, 2. Aufl., Springer, Berlin Heidelberg New York

2 Druckluftversorgung

L. KOLLAR

2.1
Anforderungen an Druckluft und ausgewählte Eigenschaften von Druckluft

Druckluft wird in Funktionseinheiten der Automatisierungstechnik als Energie- und Informationsträger genutzt [2.1–2.5]. Aus der jeweiligen Anwendung und dem Einsatzgebiet in der Prozeßtechnik ergeben sich die Anforderungen an die Druckluft (Tabelle 2.1). So muß z.B. Druckluft im Bereich der Lebensmittelindustrie ölfrei sein, was beim Einsatz in der Kraftwerkstechnik nicht notwendig ist.

Die Druckbereiche (Überdruck gegen Atmosphäre) sind [2.2]:

– Niederdruck 0,1 ... 10 kPa,
– Normaldruck 0,02 ... 0,2 Mpa,
– Hochdruck 0,2 ... 1,0 Mpa,
– Höchstdruck 1,0 Mpa
  (10^5 Pa = 1 bar).

Die Eigenschaften von Luft sind hauptsächlich durch hohe Kompressibilität und geringe Viskosität gekennzeichnet.

Bedingt durch die geringe Viskosität ergeben sich kleine innere und äußere Reibungsverluste.

Weitere ausgewählte Eigenschaften der Luft sind [2.2]:

– Energiespeicherung bedingt durch die hohe Kompressibilität der Luft,
– infolge der geringen Viskosität kann die Strömungsgeschwindigkeit in Rohrleitungen bis zu 40 m/s bei verhältnismäßig geringen Druckverlusten betragen. Daraus ergeben sich Arbeitsgeschwindigkeiten für Linearmotoren von bis zu 6 m/s und bei Rotationsmotoren Drehzahlen bis zu 150 000 min^{-1},
– die geringe Viskosität der Luft verursacht selbst bei großen Leitungslängen geringe

Tabelle 2.1. Zulässige Restverunreinigung der Druckluft für typische Anwendungsfälle [2.1]

Verschmutzungsklasse	Art der Anwendung Geräteart	max. Abmessung harter Teilchen in µm	Nennfilterfeinheit in µm	max.Gehalt in mg/m³ i.N.		
				Harte Teilchen	Wasser in flüssigem Zustand	Öl in flüssigem Zustand
2 (1)*	Steuerungs- und Regelungstechnik Längenmeßtechnik Farbspritzen Blaspistolen zur Reinigung hydraulischer, pneumatischer und elektronischer Geräte Luftlager Druckluftmotoren sehr hoher Drehzahl	5	3,2	1	500 (nicht zulässig)	(nicht zulässig)
6 (5)*	Blaspistolen zur Reinigung von Maschinenteilen	25	16	2	800 (nicht zulässig)	16 (nicht zulässig)
8 (7)*	Pneumatische Steuerungs- und Antriebstechnik	40	25	4	800 (nicht zulässig)	16 (nicht zulässig)
12 (11)*	Druckluftnetz	nicht festgelegt	–	12,5	3200 (nicht zulässig)	25 (nicht zulässig)

* Bei den eingeklammerten Verschmutzungsklassen muß die Temperatur mind. 10 K unter der niedrigsten auftretenden Betriebstemperatur liegen

Druckverluste und ermöglicht den Betrieb zentraler Druckluftversorgungsanlagen,

- da die Luft aus der Umgebung einer Anlage entnommen wird, kann sie nach Anwendung als Informations- oder Energieträger unmittelbar an die Umgebung abgegeben werden, so daß eine Rückleitung der Luft entfällt,
- Druckluft ist ein relativ teurer Energieträger und vermag auf Grund der geringen Viskosität Bewegungen (z.B. von Linearmotoren) nur schwach zu dämpfen.

Beim Betrieb von Druckluftanlagen führen Kondenswasser und Vereisung bei adiabatischer Entspannung sowie Entlüftungsgeräusche zu nicht zu vermeidenden Belastungen.

2.2
Aufbau von Druckluftanlagen

Druckluft wird mit Hilfe von Verdichtern aus atmosphärischer Luft erzeugt (Bild 2.1).

Sie wird von einem Verdichter (2) über ein Staubfilter (1) angesaugt. Die Lufttemperatur muß vor jeder Druckstufe am Verdichter angezeigt werden. Um einen guten Füllungsgrad zu erreichen, sollte das Filter an einem relativ kühlen Ort angebracht sein. Da Verdichter drucklos anfahren, müssen sie mit einem schallgedämpften Luftaustritt (3) ausgerüstet sein.

Nach dem Verdichten wird die durch Kompression erwärmte Luft durch einen Vorkühler (4) gekühlt. Dabei entsteht Kondensat als z.B. Öl-Wassergemisch. Beide Bestandteile werden im Vorfilter abgeschieden und der Druckluft entzogen. Danach durchströmt die Luft das Rückschlagventil (5), das Rückwirkungen von Druckschwankungen des Netzes auf Verdichter in der Anlage unterbindet. Im Hauptkühler (6) wird die Luft auf ca. 20 °C gekühlt. Im Kondensatabscheider (7) werden durch die Abkühlung freiwerdendes Kondensat und Öl abgeschieden. Der Druckluftspeicher (8) sichert die Druckluftversorgung bei Leerlauf oder abgeschaltetem Verdichter und

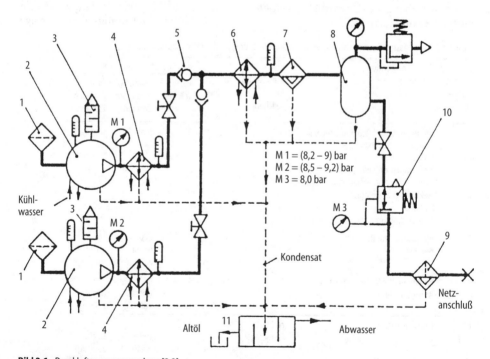

M 1 = (8,2 − 9) bar
M 2 = (8,5 − 9,2) bar
M 3 = 8,0 bar

Bild 2.1. Drucklufterzeugungsanlage [2.3]
1 Staubfilter, *2* Verdichter, *3* Schalldämpfer, *4* Vorkühler, *5* Rückschlagventil, *6* Hauptkühler, *7* Kondensatabscheider,
8 Druckluftspeicher (Windkessel) *9* Kondensat-Feinfilter, *10* Druckdifferenzventil, *11* Ölabscheider

dämpft Druckstöße im Druckluftnetz. Da der Druckluftspeicher als zusätzlicher Wasserabscheider betrieben wird, darf er nicht im Nebenschluß installiert sein.

Um den Druck eines Leitungsnetzes nicht vom Zu- und Abschalten der Verdichter (Schaltdruckdifferenz Δp) zu beeinflussen, wird ein Druckdifferenzventil (10) in das Leitungssystem eingebaut. Der Netzdruck wird dadurch von 0,1 bis 0,2 bar unter dem Einschaltdruck des Verdichters gehalten. Nach dem Druckdifferenzventil ist ein weiterer Kondensatabscheider (9) erforderlich.

Soll die Druckluft gut entölt sein, ist der nach dem Druckdifferenzventil angeordnete Kondensatabscheider (9) als Kondensat-Feinfilter mit Aktivkohle vorzusehen. Da das Kondensat aus allen Kondensatabscheidern der Anlage Öl-Wassergemisch enthält, ist es durch einen Ölabscheider (11) zu leiten. Nach Durchlaufen des Ölabscheiders darf das Kondensat einer Abwasserleitung zugeführt werden.

Bei Betrieb von mehreren Verdichtern auf einen Druckluftspeicher muß jeder einzeln vom Druckluftnetz abgeschaltet werden können sowie vor Druckstößen aus dem Netz durch ein Rückschlagventil (5) abgesichert sein.

2.3
Drucklufterzeugung

Verdichter saugen zumeist atmosphärische Luft an, verdichten sie auf einen Enddruck für den die Druckluft benötigt wird und fördern sie in Druckluftspeicher. Dazu wird die mechanische Energie eines Elektromotors oder Verbrennungsmotors in Druckluftenergie und Wärmeenergie umgewandelt [2.3–2.5]. Angewendet werden Kolbenverdichter und Turboverdichter (Bild 2.2).

Kolbenverdichter oder auch Verdrängerverdichter erhöhen den Druck durch Verringerung des Arbeitsraumes. Dazu dienen bei Hubkolbenverdichtern hin- und hergehende Kolben, bei Vielzellenrotationsverdichtern rotierende Schieber und bei Schraubenverdichtern die ineinandergreifenden Schenkel rotierender Schrauben. Kolbenverdichter fördern Volumenströme von rd. 100 m³/h bis $2{,}5 \cdot 10^5$ m³/h und erzeugen maximal Drücke von größer 2000 bar (Bild 2.3).

Infolge des beim Verdichten der Luft ansteigenden Druckes nehmen die Temperatur und die aufzuwendende mechanische Leistung stark zu bei gleichzeitiger Abnahme des Förderstromes. Ab bestimmten Temperaturen kann sich das von der Zylinderschmierung mit Öl durchsetzte Luftgemisch entzünden. Während die untere Explosionsgrenze eines Öldampf- oder feindispersen Ölnebel-Luftgemisches (d≤10 μm) bei etwa 50 g Öl/m³ liegt, fällt sie mit steigender Tropfengröße auf etwa 3 g/m³ bei d = 140 μ [2.4]. Um trotz dieser Gefahr und einer nicht zu überschreitenden oberen Temperaturgrenze der verdichteten Druckluft von 200 °C höhere Drücke zu realisie-

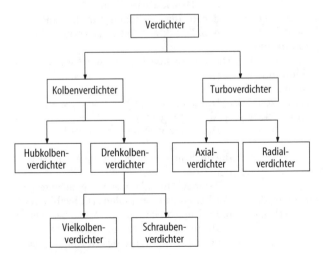

Bild 2.2. Einteilung der Verdichter

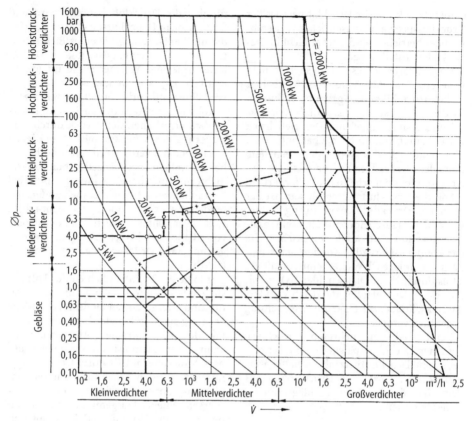

Bild 2.3. Arbeitsbereiche von Verdichtern [2.4]. ——— Hubkolbenverdichter, –γ–γ– Zellenverdichter, –+–+– Schraubenverdichter, –·–·–·– Turboverdichter und -gebläse (radial und axial), ------- Kreiskolbengebläse

ren, werden mehrstufige Kolbenverdichter eingesetzt [2.2, 2.4].

Turboverdichter beschleunigen die angesaugte Luft in Laufrädern und wandeln die aus einem Elektro- oder Verbrennungsmotor entnommene Energie in Diffusoren in statische Druckenergie der Druckluft um.

Mit Turboverdichtern werden im Vergleich zu Kolbenverdichtern größere Volumenströme bei zumeist kleineren Drücken realisiert.

2.4
Regelung des Förderstromes

Die Regelung des Förderstromes dient der Anpassung des Luftbedarfs an die Verbraucher. Sie ist abhängig von

– der Art und Größe des Verdichters,
– dem Druckluftspeicher,
– der Art des Verdichterantriebes und
– dem Druckluftbedarf der Verbraucher.

Die wichtigsten Regelungen sind [2.1, 2.2, 2.4]:

– Durchlaufregelung,
– Abschaltregelung,
– Drehzahlregelung,

die auch in Kombination angewendet werden.

Bei der Durchlaufregelung arbeitet der Verdichter im normalen Drehzahlbereich ohne Unterbrechung des Antriebes. Durch Entlastungseinrichtungen (z.B. Öffnen des Saugventils während des Verdichtungshubes) wird der Verdichter – in Abhängigkeit vom Bedarf an Druckluft – teilweise oder vollständig entlastet und so der Druckluftstrom geregelt.

Bei der Abschaltregelung wird der Verdichterantrieb abgeschaltet, wenn der eingestellte Nenndruck erreicht ist. Bei abgeschaltetem Verdichter wird der Druckluftbedarf aus einem Druckluftspeicher abgedeckt. Sinkt der Druck unter eine für die Anlage zulässige Grenze, wird der Verdichterantrieb wieder eingeschaltet. Zum Anlaufen werden Verdichter mit einer Anlaufentlastungseinrichtung ausgestattet (z.B. Anlauf gegen entlüfteten Zwischenbehälter).

Bei der Drehzahlregelung wird der Druckluftstrom proportional zur Drehzahl des Verdichterantriebes geregelt. Der dabei mögliche Stellbereich ist begrenzt.

2.5
Druckluftaufbereitung

Je nach Anwendungsbereich der Druckluft ergeben sich verschiedene Anforderungen an die Druckluft (Tabelle 2.1).

Druckluft soll keine Verunreinigungen (Staub, metallische Teilchen von Abrieb, Wasser) enthalten.

Zur Sicherung der Druckluftparameter werden bei der Druckluftaufbereitung eingesetzt:

– Filter und Kondenswasserabscheider,
– Druckregler,
– Druckluftöler.

Druckluftfilter haben die Aufgabe, Staub und metallischen Abrieb aus der Druckluft herauszufiltern. Durch entsprechende Gestaltung der Luftwege im Filter und durch die Filtereinsätze – gegenwärtig zumeist Sinterwerkstoffe mit Porengrößen von 25 bis 40 µm – wird die Luft von Partikeln gereinigt. Der Druckverlust von Druckluftfiltern liegt zwischen 0,01 und 0,05 Mpa [2.2].

Druckluftregler kompensieren Druckluftschwankungen und sichern den für den Verbraucher benötigten Wert des Druckes im Luftstrom. Durch Sollwerteinstellung läßt sich der verbraucherspezifische Wert des Druckes einstellen.

Druckluftöler dienen der Ölzugabe, um mechanisch bewegte Teile von z.B. Druckluftmotoren zu schmieren. Das zur Schmierung beweglicher Teile erforderliche Öl wird dem Druckluftstrom in Form eines feinen Ölnebels zugeführt, der gleichzeitig die vom Luftstrom umfluteten Bauglieder vor Korrosion schützt und zumeist unmittelbar vor den zu ölenden mechanisch bewegten Funktionseinheiten angeordnet ist [2.3]. Druckluftöler arbeiten nach dem Prinzip des Vergasers. Durch eine Venturidüse wird aus einem Ölbehälter entsprechend der sich einstellenden Druckdifferenz Öl in den Luftstrom gegeben und versprüht. Die in den Luftstrom einzubringende Ölmenge kann mittels Einstelldrossel festgelegt werden. Für pneumatische Anlagen wird Öl mit einer Viskosität von 17 … 25 mm²/s bei 20 °C verwendet. Das Öl soll harzfrei, alterungsbeständig und korrosionsschützend sein. Der Ölzusatz soll 0,04 bis 0,2 g/m³ im Normzustand betragen [2.2].

Literatur

2.1 Töpfer H, Schwarz A (Hrsg) (1988) Wissensspeicher Fluidtechnik: Hydraulische und pneumatische Antriebs- und Steuerungstechnik. Fachbuchverlag, Leipzig, S 280–293
2.2 Stollberg H (1990) Einführung in die Pneumatik. – In: Einführung in die Hydraulik und Pneumatik, Will D , Ströhl H (Hrsg), 5., unv. Aufl., Verlag Technik, Berlin, S 285–313
2.3 Zeh P (1993) Lehrgangsunterlagen „Pneumatik". AWT Treptow, Berlin-Treptow
2.4 Häußler W (Hrsg) (1965) Taschenbuch Maschinenbau. Bd. 2. Energieumformung und Verfahrenstechnik. Verlag Technik, Berlin, S 64–117, 370–390
2.5 Kläy HR (1990) Gasverdichter (Übersicht). In: Verdichter Handbuch, Vetter G (Hrsg). Vulkan, Essen, S 2–5

3 Druckflüssigkeits-quellen

D. FINDEISEN

3.1
Antriebseinheiten als Energiequelle

Der breit gefächerten Vielfalt an Arbeitsmaschinen stehen zwei Kraftmaschinen (Antriebseinheiten) als Energiequelle der Hydroanlage gegenüber, welche die primärseitig zur Verfügung stehende Energie umformen: *Elektromotor* als elektrische Maschine und *Verbrennungsmotor* als Wärmekraftmaschine.

3.2
Hydropumpen als Energieumformer

Pumpen sind mechanisch-hydraulische Energieumformer, die die von einer Antriebseinheit bereitgestellte rotatorische mechanische Energie über die Pumpenwelle aufnehmen, in hydraulische umformen und am Druckstutzen abgeben ("Hydrogenerator").

Drehkolbenmaschinen. Nach der Anzahl der Lösungsvarianten übertrifft die Hauptgruppe mit rotierenden Verdrängerelementen diejenige mit oszillierenden. Die Mehrzahl der Maschinen mit rotierenden Ver-

drängerelementen fördert in Umfangsrichtung, nur eine Bauart fördert in Achsrichtung (Schraubenläufersystem).

Erfolgt die Förderung der Druckflüssigkeit in Umfangsrichtung, spricht man von Umfangsmaschinen. Bei dieser großen Gruppe der Drehkolbenmaschinen, die auch Kapselmaschinen genannt werden, kann die Lage der Drehachse in der Ebene des kreisförmigen Gehäuses (Kapsel) konzentrisch oder exzentrisch zur Gehäuseachse sein, [3.1, 3.2], s. Bild 3.1.

Hubkolbenmaschinen. Die Gruppe mit oszillierenden (schwingenden) Verdrängerelementen erfordert ein Triebwerksystem, das die Getriebefunktion "wechselsinnig Schieben bei gleichsinnigem Drehantrieb" erfüllt. Aus der Anordnung der Zylinder und ihrer Lage zur Triebwellenachse leitet man verschiedene Triebwerksysteme ab, die sich in der Bewegungsrichtung des Verdrängerelements "zylindrischer Kolben" im Zylinderblock unterscheiden.

Beim Axialkolbensystem sind die Einzelzylinder parallel auf einem Zylinder angeordnet. Die Kolben werden formschlüssig über eine zwangsläufig geschlossene kinematische Kette einer räumlichen Schubkurbel oder kraftschlüssig über einen räumlichen Kurventrieb hin- und hergehend bewegt, [3.3, 3.4], s. Bild 3.2.

Antriebsaggregate. Diese werden nach Art des Antriebs, z.B. Elektro-Hydropumpe, benannt und bilden mit Behälter, weiterer Hydraulikausstattung und Zubehör eine Gerätebaugruppe.

Um zu einem wirtschaftlichen Programm von Antriebsaggregaten zu gelan-

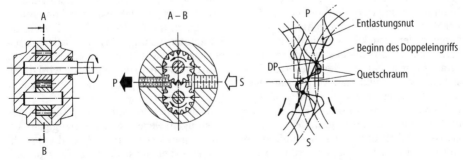

Bild 3.1. Außenzahnradpumpe mit festem Spalt (Dreiplattenpumpe), Verdrängerprinzip und Zahneingriff bei Evolventenverzahnung mit druckseitiger Entlastungsnut

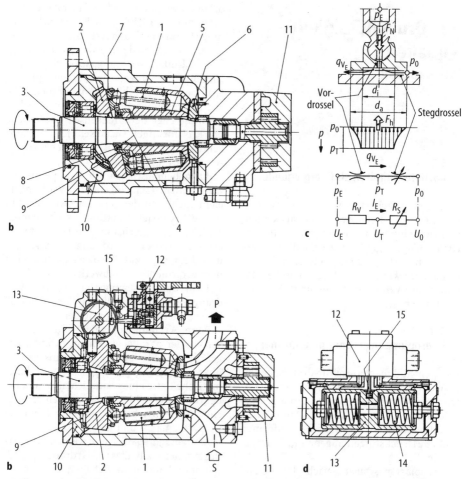

Bild 3.2. Axialkolbenpumpe, Schrägscheibenbauart (A4V, Hydromatik Brueninghaus, Mannesmann Rexroth). **a** Längsschnitt senkrecht zur Schwenkachse, **b** Längsschnitt in Schwenkachse, **c** ebener Gleitschuh als hydrostatisches Axiallager mit hydraulischer Widerstandsschaltung und elektrischem Analogon des Spannungsteilers, **d** hydraulische Stelleinrichtung, druckabhängig (HD, Hydromatik) als Grundbaustein eines Verstellprogramms für die Pumpensteuerung

gen, vereint man insbesondere für kleine Nenngrößen mehrere Funktionen auf dem Behälter. Außer zum Aufbewahren und Aufbereiten der Druckflüssigkeit dient er als Träger des Pumpenblocks und der Steuergeräte sowie als anschlußfertige Druckflüssigkeitsstation. Stellt man Antriebsaggregate für gleiche Funktionen in zweckmäßiger Größenstufung zusammen, erhält man die nach Behälterrauminhalt gestaffelte Baureihe. Hinsichtlich der Steuerungsfunktionen läßt sich ein breites Spektrum von Varianten verwirklichen, indem man die begrenzte Zahl wiederkehrender Grundbausteine

eines Serienaggregats mit anflanschbaren Ventilen als Zusatzbausteinen kombiniert. Mit einem integrierten Steuerteil variabler Zusammensetzung lassen sich aufgabenspezifische Teilfunktionen erfüllen. Die Baureihe der Antriebsaggregate wird damit zum Baukastensystem für verschiedene Funktionen erweitert.

In der *Mobilhydraulik* wird für kleinere Leistungen wegen seiner freizügigen Anordnung in Kraftfahrzeugen und selbstfahrenden Arbeitsmaschinen der elektromotorische Antrieb dem Wärmekraftantrieb vorgezogen. Verbraucherseitig herrschen

Kurzzeitbetrieb (S2) oder Aussetzbetrieb (S3) geringer relativer Einschaltdauer t_r vor, so daß der E-Motor von einem Druckschalter nur bei Bedarf eingeschaltet wird. Mit dem Schalt-Drucksystem verringern sich Energieverbrauch, Lärmentwicklung und Verschleiß auf ein Mindestmaß [3.5].

Kleinaggregate bestehen aus batteriebetriebenem Gleichstrom- oder bordnetzbetriebenem Wechsel-/Drehstrommotor mit Pumpe, die über Pumpenträger am Leichtbaubehälter aus Aluminium oder Kunststoff befestigt sind. Kleinaggregate von 0,3 bis 9,5 l Behältervolumen sind serienmäßig mit Druckbegrenzung, Rückschlagventil, ggf. Nothandpumpe zur Sicherung der wichtigsten Funktionen bei Stromausfall ausgestattet, ferner einbaufertig gestaltet, z.B. für den Einschub in Vierkantprofilrohre an Lkw mit Ladebordwänden (KA, EA, Bucher Hydraulik [3.6]).

Der zum Ventilblock erweiterte Pumpenträger erlaubt den Anschluß weiterer Ventile, etwa als Einbauventile (z.B. Hub-Senk-Modul). Austauschbare Baugruppen lassen sich zu speziellen Ausführungsvarianten zusammenstellen, um unterschiedliche Steueraufgaben an Ladebordwänden, Hebebühnen oder Scherenhubtischen erfüllen zu können (EP 9, Bosch [3.7]).

Für den mobilen Einsatz konzipierte, aber für stationäre Einsatzfälle im Kurzzeit- oder Aussetzbetrieb ebenso geeignete Kleinaggregate bilden einen Übergang zu *Kompaktaggregaten* mit bis zu 30 l Behältervolumen (HC, Heilmeier&Weinlein; HPTM, Parker Fluidpower).

Mobilhydrauliken großen Leistungsbedarfs lassen sich nur von einem Konstantstrom- oder Konstantdrucksystem speisen, dessen Pumpe an die Wärmekraftmaschine mechanisch gekoppelt und während der Stillstandzeit im Leerlauf angetrieben wird.

In der *Stationärhydraulik* werden Antriebsaggregate kleinerer Nenngröße bis zu 63 (75) l Behältervolumen in Baureihen vielfältiger Varianten und in feiner Größenstufung eingesetzt, die an genauer bestimmte und anlagenspezifische Anforderungen angepaßt sind [3.8].

Literatur

3.1 Götz W (1983) Hydraulik in Theorie und Praxis. Handbuch. Firmenschrift: Bosch, Stuttgart

3.2 Zahnradpumpen. Firmenschrift: Bosch, Stuttgart

3.3 Hydraulik-Trainer (1991) Bd. 1. Grundlagen und Komponenten der Fluidtechnik. 2. Aufl. Vogel, Würzburg

3.4 Komponentenkatalog Hydropumpen. Firmenschrift: Mannesmann Rexroth, Lohr

3.5 Kahrs M (1986) Hydroversorgungseinheiten in Kraftfahrzeugen und selbstfahrenden Arbeitsmaschinen. O+P 30/3:164–166

3.6 Hydroaggregate Baureihe KA und EA. Firmenschrift: Bucher, Klettgau

3.7 Hydro-Kleinaggregate EP 9. Firmenschrift: Bosch, Stuttgart

3.8 Findeisen D, Findeisen F (1994) Ölhydraulik. Handbuch für die hydrostatische Leistungsübertragung in der Fluidtechnik. 4. Aufl. Springer, Berlin Heidelberg New York

Allgemeines Abkürzungsverzeichnis

L. Schick

A Hilfsachse, Drehbewegung um X-Achse nach →DIN 66025

A Track A oder Spur A von Encoder bzw. Lagemeßgeber

AA Arbeits-Ausschuß

AACC American Automatic Control Council

AAE American Association of Engineers

AAI Average Amount of Inspection

AAL →ATM Adapter Layer

AALA American Association for Laboratory Accreditation

AAM Application Activity Modul, Aktivitäten-Modul für eine Prozeß-Kette von →STEP

AB Ausgangs-Byte, stellt eine 8 Bit breite Schnittstelle vom Automatisierungsgerät zum Prozeß dar

AB Aussetz-Betrieb z.B von Maschinen nach →VDE 0550

ABB →ASEA Brown Boveri

ABB Ausschuß für Blitzschutz und Blitzforschung im →VDE

ABC Asynchronous Bus Communication

ABC Automatic Brightness Control

ABCB Association of British Certification Bodies

ABEL Advanced Boolean Expression Language, Design-Hochsprache bzw. Sprachprozessor

ABI Application Binary Interface

ABIC Advanced →BICMOS

ABM Arbeitsgemeinschaft der Brandschutzlaboratorien der Materialprüfstellen

ABS Association Belge de Standardisation, Belgischer Normenverband (heute NBN)

ABT Advanced →BICMOS Technology

ABUS Automobile Bit-serielle Universal-Schnittstelle, serieller Bus, von VW entwickelt

AC Adaptive Control

AC Automatic Control, Steuer- und Regelungstechnik

AC Advanced →CMOS, Schaltkreisfamilie

AC Advisory Committee, beratendes Normen-Komitee

AC Alternating Current, Wechselstrom

ACC Analog Current Control

ACC Advisory Committee on Standards for Consumers

ACCESS Automatic Computer Controlled Electronic Scanning System

ACE Asynchronous Communication Element

ACE Advanced Computing Environment, Konsortium von →PC-Herstellern

ACE →ASIC Club Europe

ACEC Advisory Committee on Electromagnetic Compatibility

ACF Advanced Communication Function, Kommunikationssystem von →IBM

ACGC Advanced Colour Graphic Computer

ACIA Asynchronous Communications Interface Adapter

ACIA Advisory Committee on International Affairs

ACIS Association for Computing and Information Sciences

ACL Advanced →CMOS Logic, schnelle CMOS-Schaltkreisfamilie mit hoher Treiberfähigkeit

ACL Access Control Lists, Zugangsberechtigungsliste, z.B. für bestimmte Funktionen einer Steuerung

ACM Association for Computing Machinery, Verband der Computer-Industrie in den USA

ACM Automatic Copy Milling, System für die automatische →NC-Programmierung

ACOS Advisory Committee on Safety, beratendes Normen-Komitee für (Maschinen-)Sicherheit

ACR Advanced Control for Robots, Steuerungsfamilie von Siemens

ACRMS Alternating Current Root Mean Square, Effektivwert des Wechselstromes

ACSD Advisory Committee on Standards Development, beratendes Normen-Komitee für Entwicklungsfragen

ACSE Associaton Control Service Element, Übertragungsprotokoll für unterschiedliche Rechnersysteme von →ISO

ACT Advanced →CMOS Technology, →TTL-kompatible CMOS-Schaltkreisfamilie

ACTE Approvals Committee for Terminal Equipment, Zulassungskomitee für Endeinrichtungen der EGK

ACU Access Control Unit, Zugriffs-Regel-Einheit, z.B. für Speicher

ACU Arithmetic Control Unit, Steuer- und Rechenwerk eines Rechners

AD Addendum, Ergänzung zu einem →ISO-Standard

AD Address/Data, gemultiplexter Adress-/Datenbus auf Prozessor-Baugruppen

A&D Automatisierungs- und Antriebstechnik, Geschäftsbereich der SIEMENS AG, ehemals → AYT

ADAR Achsmodulare digitale Antriebsregelung

ADB Address Bus

ADB Apple Desktop Bus, Apple-System-Bus

ADC Analog Digital Converter, Analog-Digital-Umsetzer

ADCP Advanced Data Communications Control Procedure, Protokoll für die Datenübertragung auf Leitungen

ADEPA Association pour le Développement de la Production Automatisée, Verband für die Entwicklung der automatischen Produktion

ADETIM Association pour le Développement des Techniques des Industries Mécaniques, Verband für technische Entwicklung in der Maschinenindustrie

ADF Adressier-Fehler, bei Eingängen und Ausgängen der →SPS, Störungs-Anzeige im →USTACK der SPS

ADIF Analog Data Interchange Format, Standard-Programmiersprache

ADIS Automatic Data Interchange System, System zum automatischen Austausch von Daten

ADKI Arbeitsgemeinschaft Deutscher Konstruktions-Ingenieure

ADLNB Association of Designated Laboratories and Notified Bodies, Zusammenschluß zugelassener Laboratorien und gemeldeter Stellen unter der →EU-Richtlinie 91/263/EWG

ADM Add Drop Multiplexer

ADMA Advanced Direct Memory Access

ADMD Administration Management Domains, Mitteilungs-Verbund der Telekommunikation

ADO Ampex Digital Optical

ADP Advanced Data Path, Baustein des →EISA-System-Chipsatzes von Intel

ADPCM Adaptive Differential Pulse Code Modulation, Form der Sprachcodierung und -kompression

ADPM Automatic Data Processing System

ADR Address

ADr Anlaß-Drosselspule

ADS Analog Design System

ADS Allgemeine Daten-Schnittstelle, Kommunikations-Schnittstelle der →SINUMERIK

ADU Analog Digital Umsetzer

ADX Automatic Data Exchange

AE Auftrags-Eingang

AEA American Engineering Association

AEA American Electronic Association

AECMA Association of Europeen de Constructeurs de Material Aerospatiale

AED →ALGOL Extended Design

AEE Asociacion Electrotecnica Espanola

AEF Ausschuß für Einheiten und Formelgrößen im →DIN

AEI Associazione Elettrotecnica Italiana

AEI Association of Electrical Industries (USA)

AENOR Asociacion Espanola de Normalizacion y Certificacion

AFAQ Association Française pour l'Assurance de la Qualité

AFB Application Function Block

AFC Advanced Function of Communication, Datenübertragungssystem von IBM

AFG Arbritrary Function Generator

AFM Atomic Force Microscope

AFNOR Association Française de Normalisation

AFP Automatic Floating Point

AG Advisory Group

AG Automatisierungsgerät

AG Assemblée Générale, Generalversammlung, z.B. der →EU

AGM Arbeits-Gemeinschaft Magnetismus

AGQS Arbeits-Gemeinschaft Qualitäts-Sicherung e.V.

AGT Ausschuß Gebrauchs-Tauglichkeit im Deutschen Normenausschuß

AGV Automated Guided Vehicle

AGVS Automated Guided Vehicle Systems

AHDL Analog Hardware Description Language

AI Artificial Intelligence

AI Application Interface, Graphik-Software-Schnittstelle

AIC Application Interpreted Construct, Interpretierter Resourcenblock von →STEP

AID Automatic Industrial Drilling, Erstellung von Bohrlochstreifen für →NC-gesteuerte Bohrmaschinen

AIDS Automatic Integrated Debugging System

AIEE American Institute of Electrical Engineers, jetzt →IEEE

AIF Arbeitsgemeinschaft Industrieller Forschungsvereinigungen

AIIE American Institute of Industrial Engineers, amerikanischer Ingenieursverband

AIK Analog Interface Kit

AIM Application Interpreted Modul, aus der produktorientierten Normung von →STEP

AIN Advanced Intelligent Network, Oberbegriff für alle neuen softwaregesteuerten Netze

AIST Agency of Industrial Science and Technology (standards devision), Amt für industrielle Wissenschaft und Technologie in Tokio

AIT Advanced Information Technology in Design and Manufacturing, Forschungsverbund der europäischen Automobil- und Luftfahrt-Industrie

AIU Audio Interface Unit, Baustein für →ISDN

AIX Advanced Interactive Executive, Betriebssystem von IBM

AIZ Ausschuß Internationale Zusammenarbeit des →DAR

AJM Abrasive-Water-Jet-Machining, Abrasiv Wasserstrahl-Bearbeitung

AK Anforderungs-Klassen, z.B. nach nationalen Normen

AK Arbeits-Kreis

AKIT Arbeits-Kreis Informations-Technik im →ZVEI

AKPRZ Arbeits-Kreis Prüfung und Zertifizierung vom →ZVEI

AKQ Arbeits-Kreis Qualitätsmanagement im →ZVEI

AKQSS Arbeits-Kreis Qualitäts-Sicherungs-Systeme vom →ZVEI

AL Assembly Language, interaktives Programmiersystem, z.B. für Montage-Roboter

AL Ausfuhr-Liste, Handels-Embargo-Liste

ALDG Automatic Logic Design Generator, Rechnerunterstützter Schaltungsentwurf von IBM

ALE Address Latch Enable, Mikroprozessor-Signal zum Abspeichern der gemultiplexten Adressen

ALFA Automatisierungs-System für Leiterplatten-Bestückung mit flexibler Automaten-Organisation

ALGOL Algorithmic Language

ALI Application Layer Interface, Schicht vom Profibus

ALS Advanced Low Power Schottky

ALU Arithmetic Logic Unit

AM Amplituden-Modulation, Modulationsart zur Informationsübertragung

AM Asynchron-Motor

AM Arbitration Message, Arbitrierungs-Mechanismus

AM Amendment

AMA Arbeitsgemeinschaft Meßwert-Aufnehmer

AMB Ausstellung für Metall-Bearbeitung, internationale Werkzeugmaschinen-Messe

AMBOSS Allgemeines modulares bildschirmorientiertes Software-System

AMD Advanced Micro Devices, Halbleiter-Hersteller

AME Automated Manufacturing Electronics, internationale Fachmesse für automatisierte Fertigung

AMEV Arbeitskreis Maschinen- und Elektrotechnik staatlicher und kommunaler Verwaltungen von →DIN

AMF Analog Multi-Frequency, Monitortyp

AMI Alternate Mark Inversion, binärer Leitungscode

AMICE Architecture Manufacturing Integrated Computer European, europäisches Entwicklungsprogramm für Informationstechnik

AML A Manufacturing Language, von IBM entwickelte Programmiersprache für Roboter

AML Assembly Micro Library

AMLCD Active Matrix Liquid Crystal Display

AMM Asynchron-Motor-Modul von →SIMODRIVE-Geräten

AMNIP Adaptive Man-Machine Non-arithmetical Information Processing, Sprache für nichtarithmetische Informationsverarbeitung

AMP Associative Memory Processor

AMP Automated Manufacturing Planning

AMPS Advanced Mobile Phone System, US-Standard für Zellulartelefon

AMT Advanced Manufacturing Technologies

AMT Available Machine Time

AMX ATM-Multiplexer, Teil einer →ISDN Vermittlung

A/N Alpha-/Numerik-Modus des →VGA-Adapters

ANIE Associazione Nazionale Industrie Elettrotecniche

ANL Anlagen, auch Geschäfts-Bereich der Siemens AG

ANP Ausschuß Normen-Praxis in der →DIN

ANS American National Standard

ANSI American National Standards Institute

ANTC Advanced Networking Test Center, s.a. →EANTC

AOQ Average Outgoing Quality, durchschnittlicher Anteil fehlerhafter Bauelemente bei Lieferung

AOW Asia Oceania Workshop, asiatisches Normenbüro für Standards

AP Acknowledge Port, Schnittstelle von →PCs

AP Application Protocol, Anwendungs- und Implementierungs-Spezifikation in →STEP

APA Asien-Pazifik-Ausschuß der Deutschen Wirtschaft

APA All Points Addressable, Graphikmodus des →VGA-Adapters

APC Automatic Pallet Changer

APC Automatic Process Control

APEX Advanced Processor Extension, Computer von Intel mit mehreren Rechenwerken

APF All Plastic Fibre

API Application Programming Interface, Programmiersprachen-Schnittstelle von →ISDN

API Application Interface, Anwender-Schnittstelle

APL A Programming Language, höhere, dialogorientierte Programmiersprache

APM Advanced Power Management

APM Advanced Process Manager

APP Applikation, Datei-Ergänzung von →GEM

APS Advanced Programming System, Programmiersystem für die Offline-Programmierung von Robotern

APS Anwenderorientierte Programmier-Sprache

APS Automated Parts Stoking

APT Automatically Programmed Tools

APT Automatic Picture Transmission

APTS Automatic Program Testing

APU Arithmetic Processing Unit

APX Application Processor Extension, Software-Schnittstelle zwischen →CISC- und →RISC-Prozessor

AQAP Allied Quality Assurance Publication, Qualitätssicherungs-Normen der Alliierten (NATO)

AQL Acceptable Quality Level

AQS Ausschuß Qualitätssicherung und angewandte Statistik im →DIN, jetzt →NQSZ

AR Autonome Roboter, Firma, u.a. Hersteller für automatische Transport-Systeme

ARB Arbitration(-Error), Entscheidung bzw. Zuordnung z.B. von Bus-Zugriffen durch Prozessoren

ARB Arbitrary Waveform Generator

ARC Advanced →RISC Computing

ARC Attached Resource Computer, Rechner-Architektur

ARC Archivdatei, Datei-Ergänzung

ARCNET Attached Resource Computer Network, Rechner-Netzwerk

ARM Advanced (ACORN) →RISC Machine

ARM Application Reference Modul, Beschreibung eines Applikations-Protokolles von →STEP

ARMP Allied Reliability and Maintainability Publications, Zuverlässigkeits- und Instandhaltungs-Normen der NATO

AROM Alterable →ROM

ARP Address Resolution Protocol, Netzwerk-Protokoll

ARPA Advanced Research Projects Agency, Forschungsinstitution des US-Verteidigungsministeriums

ARQ Automatic Repeat Request

ART Advanced Regulation Technology, Regelung für hochgenaue Bearbeitung

AS Automatisierungs-System

AS Advanced Schottky, →TTL-Schaltkreis-Familie

AS Anschaltung, Bezeichnung von Koppel-Baugruppen in der →SIMATIC

AS511 Anschaltung 511 für Programmiergeräte von →SIMATIC S5

AS512 Anschaltung 512 für Prozeßrechner von →SIMATIC 55

ASA American Standard Assoziation

ASA Antreiben Steuern Automatisieren, Fachmesse für Automatisierungs-Komponenten in Stuttgart

ASB Associated Standards Body, assoziierte Organisation des →CEN

ASB Antreiben Steuern Bewegen, Fachmesse für Antriebe

ASB Aussetz-Schalt-Betrieb, z.B. von Maschinen nach →VDE 0530

ASC →ASCII-Datei, Datei-Ergänzung

ASCII American Standard Code for Information Interchange

ASCP Association Suiisse de Contrôle des Installations sous Pression

ASE Association Suisse des Electriciens

ASEA Schwedischer Roboterhersteller

ASG Arbeitsausschuß Sicherheitstechnische Grundsätze im →DIN

ASI Aktuator/Sensor-Interface

ASI Antriebs-, Schalt- und Installationstechnik, Geschäfts- Bereich der Siemens AG

ASIC Application Specific Integrated Circuit

ASIS Application Specific Integrated Sensor

ASIS American Society for Information Science

ASM Application Specific Memory

ASM Asynchron Motor (Machine)

ASM Automation Sensorik Meßtechnik

ASM Assembler-Quellcode, Datei-Ergänzung

ASME American Society of Mechanical Engineers

ASN Abstract Syntax Notation

ASO Active Sideband Optimum

ASP Application Specific Processor

ASP Attached Support Processor

ASPLD Application Specific Programmable Logic Device, programmierbares Gerät

ASPM Automated System for Production Management

ASPQ Association Suisse pour la Promotion de la Qualité

ASQC American Society for Quality Control

ASRAS Application Specific Resistor Arrays

ASRC Asyncronous Sample-Rate-Converter

ASSP Application Specific Standard Products

AST Asymmetrical Stacked Trench, Struktur für Halbleiter-Speicherzellen

AST Active Segment Table

ASTA Association of Short-Circuit Testing Authorities (London), Vereinigung der Prüfstellen für Kurzschlußprüfung

ASTM American Society for Testing and Materials (Philadellphia, USA)

ASU Asynchron-Synchron-Umsetzer

AT Advanced Technologie

AT Anlaß-Transformator

ATB Antriebs-Technik Bauknecht, Antriebs-Geräte-Bezeichnung der Firma Bauknecht

ATC Automatic Tool Changer

ATD Asynchronous Time Division, Netzwerk-Verfahren

ATDM Asynchronous Time Division Multiplexing

ATE Automatic Test Equipment

ATF Automatic Track Finding

ATF →ASIC Technology File

ATG Automatic Test Generator

ATIS A Tool Integrated Standard, objektorientierte Schnittstelle

ATM Asynchronous Transfer Mode, Übertragungs-Modus für Breitband-→ISDN

ATM Abstract Test Method, abstrakte Test-Methode

ATMS Advanced Text Management System, Textverarbeitungssystem von IBM

ATN Attention, Adress- bzw Dateninterpretation an der →IEC-Bus-Schnittstelle

ATPG Automatic Test Pattern Generation

ATS Abstract Test Suite, abstraktes Testverfahren

AUI Attachment Unit Interface, →Ethernet-Schnittstelle

AUT Automatisierungstechnik, Geschäftsbereich der Siemens AG, heute A&D

AUT Automatic, z.B. Betriebsart der →SINU-MERIK

AUTOSPOT Automated System for Positioning of Tools

AV Arbeits-Vorbereitung

AVC Audio Video Computer

AVI Arbeitsgemeinschaft der Eisen und Metall verarbeitenden Industrie

AVK Arbeitsgemeinschaft Verstärkte Kunststoffe, u.a. Ersteller der Datenbank für faserverstärkte Kunststoffe in Frankfurt

AVLSI Analog Very Large Scale Integration

AW Ausgangswort, stellt eine 16-Bit breite Schnittstelle vom Automatisierungsgerät dar

AWC Absolut-Winkel-Codierer

AWF Ausschuß für Wirtschaftliche Fertigung e.V.

AWG American Wire Gauge

AWK Aachener Werkzeugmaschinen Kolloquium

AWL Anweisungsliste, Darstellung von →SPS (z.B. →SIMATIC)-Programmen in Form von Abkürzungen

AWS Abrasiv-(Hochdruck-)Wasser-Strahl zur Bearbeitung von Blechen und Kunststoffen

AWV Außen-Wirtschafts-Verordnung, Embargo-Bestimmungen

AZG Ausschuß für Zertifizierungs-Grundlagen im →DIN

AZM Anwendungs-Zentrum Mikroelektronik in Duisburg

AZR Arbeits-Zuteilung und -Rückmeldung, Funktion einer echtzeitnahen Werkstattsteuerung

B Hilfsachse, Drehbewegung um Y-Achse nach →DIN 66025

B Track B oder Spur B vom Encoder bzw. Lagemeßgeber

BA-ADR Baustein-Absolut-Adresse im →USTACK der →SPS, steht für den nächsten Befehl des letzten Bausteins

BAC Bauelemente-Art-Code für Ausfallraten-Prognosen

BAG Betriebsartengruppe, Betriebsartengruppen fassen →NC-Kanäle und Achsen zusammen, die in einer eigenständigen Betriebsart arbeiten

BAK Backup, Sicherungskopie, Datei-Ergänzung

BAM Bit-Serial Access Method

BAM Bitserieller Anschluß für Mehrfachsteuerungen, Übertragungsverfahren für Mehrfachsteuerungen

BAM Bundes-Anstalt für Materialforschung und -prüfung

BANRAM Block Alterable Non-voltage →RAM

BAP Bildschirm-Arbeits-Platz

BAPS Bewegungs-Ablauf Programmier-Sprache für Roboter

BAPT Bundesamt für Post und Telekommunikation

BAS Bildsignal, Austastsignal, Synchronisiersignal

BAS Basic-Quellcode, Datei-Ergänzung

BASEX →BASIC Extension, Erweiterung von BASIC

BASIC Beginners All-Purpose Symbolic Instruction Code

BAT Batch-Datei, Stapel-Datei, Datei-Ergänzung

BAT Batterie, gebräuchliche Abkürzung

Baud Maßeinheit bei der Datenübertragung in Bit/s

BAW Bundes-Amt für Wirtschaft

BAZ Bearbeitungs-Zentrum

BB Betrieb mit Batterien nach →DIN VDE 0558T1

BB1/2 Betriebs-Bereit 1 oder 2, Klarmeldung der →SINUMERIK

B&B Bedienen und Beobachten

BBS Bulletin Board System, Mailbox-System

BBU Batterie Backup Unit

BCC Block Checking Character

BCD Binary Coded Decimal

BCDD Binary Coded Decimal Digit

BCF Befehls-Code-Fehler, Anzeige im →USTACK der →SPS

BCI Binary Coded Information

BCMD Bulk Charge Modulated Device, Bildaufnehmer mit hoher Auflösung

BCO Binary Coded Octal

BCS British Calibration Service

BCT →BI-CMOS-Technology

BCU Bus Control Unit, Bussteuerung eines Computers

BD Binary Decoder, binäre Dekodierschaltung

Bd Baud, Übertragungsrate in Bit/s

BDAM Basic Direct Access Method

BDE Betriebs-Daten-Erfassung

BDE Bundesverband der Deutschen Entsorgungswirtschaft e.V.

BDI Bundesverband der Deutschen Industrie e.V. in Köln

BDI Base Diffusion Isolation, Transistor-Herstellungsverfahren

BDF Bedienfeld

BDL Business Definition Language, allgemeine höhere Programmiersprache

BDM Basic Drive Module, Antriebs-Grund-Modul, bestehend aus Stromrichter und Regelung

BDS Beam Delivery System, Laser-Strahl-Führungs-System für Roboter

BDSB Betrieblicher Daten-Schutz-Beauftragter

BDSG Bundes-Daten-Schutz-Gesetz

BDU Basic Display Unit, Ein-/Ausgabeeinheit der Datenverarbeitung

BE Baustein Ende, Kennzeichnung des Programmendes in der →AWL des →SPS-Programmes

BE Bauelement

BEA Baustein Ende Absolut, Kennzeichnung eines absoluten Programmendes in der →AWL des →SPS-Programmes

BEAMA British Electrical and Allied Manufacturers Association

BEB Baustein Ende Bedingt, Kennzeichnung eines bedingten Programmendes in der →AWL des →SPS-Programmes

BEC British Electrotechnical Committee

BEF-REG Befehls-Register, enthält den zuletzt bearbeiteten Befehl im →USTACK der →SPS

BEM Boundary Element Methode

BER Bit Error Rate, Verhältnis zwischen fehlerhaften und fehlerfreien übermittelten Bits

BERT Bit Error Rate Test, Bit-Fehlerraten-Messung

BESA British Engineering Standards Association

BESY Betriebs-System

BEUG Bitbus European User Group

BEVU Bundesvereinigung mittelständischer Elektronikgeräte-Entsorgungs- und Verwertungs-Unternehmen e.V.

BF Beauftragbare Funktion, kleinste von außen abrufbare Funktion beim Informationsaustausch mit Arbeitsmaschinen nach →DIN 66264

BfD Bundesbeauftragter für den Datenschutz

BFS Basic File System

BG Berufsgenossenschaft

BG Baugruppe, →BGR

BGA Ball-Grid-Array, →PLD-Gehäuse für oberflächenmontierbare Bauelemente

BGFE Berufsgenossenschaft Feinmechanik und Elektrotechnik

BGR Baugruppe, →BG

BGT Baugruppen-Träger

BH Binary to Hexadecimal

BIA Berufsgenossenschaftliches Institut für Arbeitssicherheit

BICMOS Bipolar →CMOS, Halbleiter-Technologie mit hohem Eingangswiderstand, geringer Stromaufnahme und Bipolar-Ausgang

BICT Boundary In-Circuit-Test

BIFET Bipolar Field Effect Transistor

BIMOS Bipolar Metal Oxide Semiconductor

BIN Binärdatei, Ergebnis einer Kompilierung, Datei Ergänzung

BIN Belgisch Instituut voor Normalisatie (Brüssel), belgisches Normen-Gremium, →IBN

BIOS Basic Input Output System, Hardwareorientiertes Basis-Betriebs-System eines Rechners

BIS Business Instruction Set Befehlssatz für kommerzielle Rechnerprogramme

BIS Büro-Informations-System

B-ISDN Broadband-→ISDN, Breitband-ISDN

BIST Built-In Self Test, in Bauteilen oder Baugruppen integrierte →HW oder →SW zum Selbsttest ohne externe Unterstützung

Bit Binary Digit, binäre Informationseinheit

BIT Built-In Test, in Bauteilen oder Baugruppen integrierte →HW oder →SW zur Testunterstützung

BIX Binary Information Exchange

BJF Batch Job Foreground, Stapelverarbeitung aus dem Vordergrundspeicher

BKS Bezugs-Koordinaten-System von Werkzeugmaschinen und Robotern

BKZ Betriebsmittel-Kennzeichen

BL Block Lable, Kennzeichnung eines Datenblockes

BLD Bauelemente-Belegungs-Dichte bei der Entflechtung von Leiterplatten

BLE Block Length Error

BLE Betriebsmittel der Leistungs-Elektronik nach →VDE 0160

BLU Basic Logic Unit

BM Binary Multiply

BME Bundesverband Materialwirtschaft, Einkauf und Logistik e.V.

BMEF British Mechanical Engineering Federation

BMFT Bundes-Ministerium Forschung und Technologie

BMI Bidirectional Measuring Interface, genormte Schnittstelle für Meßdatenübermittlung

BMP Bitmap-Grafik, Datei-Ergänzung bei WINDOWS

BMPM Board Mounted Power Module, direkt auf Leiterplatten montierbare →DC/DC-Module

BMPT Bundes-Ministerium für Post und Telekommunikation

BMSR Betriebs-Meß-, -Steuerungs- und -Regelungstechnik

BMWI Bundes-Ministerium für Wirtschaft

BN Benutzeranleitung, z.B. Geräte-Dokumentation

BNM Bureau de Normalisation de la Mécanique

BO Binary to Oktal

BOF Bedien-Ober-Fläche

BOM Beginning of Message, Steuerzeichen für den Anfang einer Übertragung

BORAM Block-oriented →RAM, Speicher mit Block-Daten-Struktur

BORIS Block-oriented Interactive Simulation System

BOT Beginning of Tape

BOT Beginning of Telegram

BP Batch Processing

BPAM Basic Partitioned Access Method, Zugriffsverfahren auf gespeicherte Daten

BPBS Band-Platte-Betriebs-System
BPI Bits (Bytes) Per Inch
BPM Bundesministerium für Post- und Fern-
meldewesen
BPS Bits (Bytes) Per Second
BPSK Binary Phase Shift Keying
BPU Basic Processing Unit
BPU Betriebswirtschaftliche Projektgruppe für
Unternehmensentwicklung
BQL Basic Query Language
BRA Basic Rate Access
BRI Basic Rate Interface, Netzwerkschnittstelle
von →ISDN
BRITE Basic Research in Industrial Technolo-
gies for Europe
BS Betriebs-System
BS British Standard, britische Norm, auch Kon-
formitätszeichen
BS Bahn-Synchronisation
BS Boundary Scan, Chip-integrierte Test-Archi-
tektur
BS Backspace, Steuerzeichen von Rechnern und
Druckern
BSA British Standards Association (London)
BSAM Basic Sequential Access Method
BSC Binary Synchronous Communication, Pro-
tokoll für die byteserielle Datenübertragung
von IBM
BSC Base Station Controller
BSDL Boundary Scan Description Language,
Eingabe-Sprache für →BICT
BSEA Bedien- und Steuerdaten Ein-/Ausgabe
nach →DIN 66264
BSF Bahn-Schalt-Funktion von Robotern
BSI Bundesamt für Sicherheit in der Informati-
onstechnik
BSI British Standard Institute (London)
BSR Boundery-Scan-Register, Schiebekette mit
Boundery-Scan-Zellen
BSRAM Burst Static →RAM, schnelle statische
Schreib- und Lesespeicher
BSS Base Station Systems
BSS British Standard Specification
BST Binary Search Tree binärer Suchpfad in
einer Datenbank
BSTACK Baustein-Stack, Speicher in der →SPS
BST-STP Baustein-Stack-Pointer, Meldung im
→USTACK der →SPS über die Anzahl der im
→BSTACK eingetragenen Elemente
BT Bureau Technique
BT Bedien-Tafel, z.B. der →SINUMERIK
BTAM Basic Telecommunications Access Me-
thod
BTC Branch Target Cache
BTL Beginning Tape Label
BTR Behind the Tape Reader, Schnittstelle zwi-
schen Lochstreifenleser und Steuerung mit
direkter Dateneingabe durch Umgehung des
Lesers

BTS Base Transceiver Stations
BTS Bureau Technique Sectoriel, technisches
Sektorbüro des →CEN
BTSS Basic Time Sharing System, Betriebssy-
stem für Mehrrechner-Betrieb
BTX Bildschirm-Text, Fernseh-Informations-
System
BUB Bedienen und Beobachten
BUVE Bus-Verwaltung nach →DIN 66264
BV Bild-Verarbeitung
BVB Bundes-Verband Büro- und Informations-
Systeme e.V.
BVS Bibliothek-Verbund-System der Siemens AG
BWB Bundesamt für Wehrtechnik und Beschaf-
fung
BWM Bundes-Wirtschafts-Ministerium
B-W-N Bohrung-Welle-Nut, Meßzyklus in der
→NC für die Werkstück- und Werkzeug-Ver-
messung
BWS Berührungslos wirkende Schutzeinrich-
tung, Roboter-Schutz-Einrichtung nach
→VDI 2853
BZT Bundesamt für Zulassungen in der Tele-
kommunikation in Saarbrücken

C Hilfsachse, Drehbewegung um Z-Achse nach
→DIN 66025
C Höhere komfortable Programmiersprache
CA Conseil d'Administration, Verwaltungsrat,
z.B. der →EU
CA Computer Animation, Bewegungsabläufe
mittels Computer
CAA Computer Aided Advertising (Animation),
Methode zur Rechnerunterstüzten Dokumen-
tation
CAA Computer Aided Assembling, Rechnerun-
terstütze Montage
CACEP Commission de l'Automatisation et de
la Conduite Electronique des Processus, Aus-
schuß für Automatisierung und elektronische
Prozeßsteuerung
CACID Computer Aided Concurrent Integral
Design, Hilfsmittel für simultanes Konstru-
ieren
CAD Computer Aided Design, Rechnerunter-
stützte Konstruktion von Produkten
CAD Computer Aided Drafting, Rechnerunter-
stütztes Zeichnen
CAD Computer Aided Detection, Rechnerun-
terstütztes Erkennen
CADAT Computer Aided Design and Test,
Rechnerunterstütztes Konstruieren und Te-
sten
CADD Computer Aided Design and Drafting,
Rechnerunterstütztes Konstruieren und
Zeichnen
CADE Computer Aided Data Entry, Rechner-
unterstütztes Datenerfassungssystem

CADEP Computer Aided Design of Electronic Products, Rechnerunterstütztes Entwickeln von elektronischen Produkten

CADIC Computer Aided Design of Integrated Circuits, Rechnerunterstütztes Entwickeln von integrierten Schaltungen

CADIS Computer Aided Design Interactive System, von Siemens entwickeltes →CAD-System für dreidimensionale Darstellungen

CAD-NT →CAD-Norm-Teile, Normung von Produkt-Daten-Formaten

CADOS →CAD für Organisatoren und Systemingenieure

CAE Computer Aided Engineering, Rechnerunterstützte Entwicklung. →DV-Unterstützung für die technischen Bereiche, mit Sicherstellung des kontinuierlichen Datenflusses vom Entwickler bis zum computergesteuerten Fertigungs- bzw. Prüfmittel

CAE Computer Aided Education, Rechnerunterstützte Ausbildung

CAE Computer Aided Enterprise

CAGD Computer Aided Geometric Design

CAH Computer Aided Handling, Rechnerunterstützte Handhabung

CAI Computer Aided Industry, Rechnereinsatz in der Industrie

CAI Computer Aided Illustration, Methode zur Rechnerunterstüzten Dokumentation

CAI Computer Assisted Instruction, programmierte Unterweisung

CAI Computer Aided Instruction, Rechnerunterstützte Unterweisung

CAL Computer Aided Logistics

CAL Common Assembly Language

CAL Computer Assisted Learning

CAL Computer Animation Language, Programmiersprache zur Erstellung beweglicher Computergrafiken

CAL Conversational Algebraic Language, höhere Programmiersprache für technisch-wissenschaftliche Aufgaben

CAL Calender-Datei, Datei-Ergänzung bei WINDOWS

CALAS Computer Aided Laboratory Automation System, Rechnerunterstützte Labor-Automatisierung

CALS Computer Aided Acquisition and Logistic Support, internationale Standardisierung für technische Dokumentation bzw. Vernetzung von Systemen

CAM Computer Aided Manufacturing

CAM Content Addressable Memory, Speicher für Netzwerke

CAM Central Address Memory, zentraler Speicher eines Datenverarbeitungssystemes

CAM Communication Access Method, Zugriffsverfahren bei der Daten-Fernübertragung

CAMAC Computer Automated Measurement and Control, automatisierte Meß- und Steuertechnik

CAMEL Computer Assisted Education Language, Programmiersprache für den Rechnerunterstützten Unterricht

CAMP Compiler for Automatic Machine Programming

CAMP Computer Assisted Movie Production, Rechnerunterstütztes Erzeugen von bewegten Bildern

CAN Control (Controller) Area Network

CANS Computer Assisted Network System, Rechnerunterstütztes Verwaltungssystem für Netze

CAO Computer Aided Office (Organization)

CAP Computer Aided Planning, Rechnerunterstützte Arbeitsplanung

CAP Computer Aided Publishing, Methode zur Rechnerunterstüzten Dokumentation

CAP Computer Assisted Production

CAPD Computer Aided Package Design, Methode zur Rechnerunterstüzten Dokumentation

CAPE Computer Aided Production Engineering

CAPE Computer Aided Plant Engineering, Rechnerunterstützte Planung

CAPI Common-→ISDN-→API, Anwenderprogramm-Schnittstelle

CAPIEL Comité de Coordination des Associations de Constructeurs d'Appareillage Industriel Electrique du Marché Commun

CAPM Computer Aided Production Management

CAPP Computer Aided Process Planning

CAPS Computer Assisted Problem Solving

CAPSC Computer Aided Production Scheduling and Control, Rechnerunterstützte Produktions-Planung und -Steuerung

CAQ Computer Aided Quality Control

CAQA Computer Aided Quality Assurance

CAR Computer Aided Robotic

CAR Computer Aided Repair

CAR Channel Address Register, Kanal-Adreß-Register einer Rechner-Zentraleinheit

CARAM Content Addressable →RAM, Speicher mit wahlfreiem Zugriff

CARE Computer Aided Reliability Estimation

CARO Computer Aided Routing System, internationale Vereinigung zur Erforschung von Computerviren

CAS Communication (Control) Access System

CAS Computer Aided Service

CAS Columne Address Strobe, Steuersignal für dynamische →RAM

CAS Computer Aided Simulation

CASCO Conformity Assessment Committee, →ISO-Rats-Komitee für Konformitätsbeurteilung

CASD Computer Aided System Design

CASE Conformity Assessment System Evaluation

CASE Computer Aided Software Engineering

CASE Computer Aided Service Elements, Teil der Schicht 7 des →OSI-Modelles

CAST Computer Aided Storage and Transportation

CAT Computer Aided Testing

CAT Computer Aided Technologies, Fachmesse für Computer-Anwendung

CAT Computer Aided Teaching

CAT Computer Aided Translation

CAT Computer Aided Telephony

CAT Connector Assembly Tooling(-Kit), Werkzeugsatz für die Montage von Glasfasersteckern

CAT Character Assignment Table

CATE Computer Aided Test Engineering, Rechnerunterstützte Entwicklung von Teststrategien

CATP Computer Aided Technical Publishing

CATS Computer Aided Teaching System

CATS Computer Automated Test System

CATV Community Antenna Television, Kabelfernsehen

CAV Constant Angular Velocity, Aufzeichnungsverfahren mit konstanter Rotationsgeschwindigkeit

CB Certification Body, Zertifizierungs-Institution

CB Circuit Breaker

CBB Conformance Building Block, Begriff aus der Industrie-Automation

CBC →CMOS-Bipolar-CMOS, Basis-Zellen einer Gate-Array-Technologie

CBC Cipher Block Chaining, Schlüsselblockverkettung von Daten

CBEMA Computer and Business Equipment Manufactures Association, Vereinigung der amerikanischen Computer-Hersteller

CBIC Cell Based →IC, Standard-Zellen-IC

CBN Cubic Bor Nitrid, kubisches Bor-Nitrid

CBT Computer Based Training

CBX Computerised Branch Exchange, Rechnergesteuerte Telekommunikationsanlage

CC Cyclic Check

CC Cable Connector, Kabelanschluß

CC Communication Controller, Ein-/Ausgabe-Steuerung von Rechnern

CCA →CENELEC Certification Agreement

CCC →CEN Certification Committee

CCC Consumer Consultative Committee, beratender Verbraucherausschuß bei der Europäischen Kommission in Brüssel

CCD Charge Coupled Devices

CCE Commission des Communautés Européennes, Kommission der Europäischen Gemeinschaft

CCE Configuration Control Element

CCEE Commission de Coopération Economique Européenne, Kommission für die wirtschaftliche Zusammenarbeit Europas

CCFL Cold Cathode Fluorescence Light, Anzeige-Technologie

CCG Certification Consultative Group des →IEC

CCH Coordination Committee for Harmonization, Koordinierungs-Ausschuß für Harmonisierung der →CEPT

CCI Comité Consultatif International de l'Union Internationale de Télécommunications, Internationales beratendes Komitee der Internationalen Fernmeldeunion

CCIA Computer and Communications Industry Association, Vereinigung der amerikanischen Computer- und Kommunikations-Industrie

CCIR Comité Consultatif International des Radiocommunications, internationaler beratender Ausschuß für den Funkdienst

CCITT Comité Consultatif International Télégrahique et Telephonique, internationales Komitee für Telegraphen- und Fernsprechdienst

CCL Commerce Control List, Liste der amerikanischen Handelsware

CCM Coordinate Measuring Machine

CCM Charge Coupled Memory, ladungsgekoppeltes Schieberegister (Halbleiterspeicher)

CCP Communication Control Program

CCT Comite de Coordination des Télécommunications, französische Organisation für Gütesicherung

CCU Central Control Unit, zentrale Steuereinheit eines Rechners

CCU Communication Control Unit, Kommunikations-Steuereinheit eines Rechners

CCU Concurrency Control Unit, externe Parallelverarbeitung beim Mikroprozessor

CCW Counter-Clockwise, im Gegenuhrzeigersinn

CD Collision Detection, Kollisions-Erfassung

CD Carrier Detect, →RS-232-Modem-Signal, das der Gegenstation mitteilt, daß es ein Signal empfangen hat

CD Compact Disk

CD Committee Draft, Vorschlag eines Dokumentes, das zur Abstimmung ansteht

CDA Customer Defined Array

CDC →CENELEC Decision Committee

CDC Compact Diagnostic Chamber, z.B. Absorberraum für →EMV-Messungen

CDE Common Desktop Environment, Standard-Bedienoberfläche von →UNIX

CDI Compact Disk Interactive, Optisches Speichermedium

CDIL Ceramic Dual In Line, Gehäuseform von integrierten Schaltkreisen, →CDIP

CDIP Ceramic Dual Inline Package, Gehäuseform von integrierten Schaltkreisen, →CDIL

CDL Comité de Lecture, Normenprüfstelle bei →CENELEC

CDM Charged Device Model, Prüf-Modell für die Entladung eines Bauteiles gegen Masse

CDM Complete Drive Module, komplettes Antriebs-Modul, z.B. für Wechselstrom-Motore

CDMA Code Division Multiple Access, Zugangsmethode zum Frequenzspektrum in der Mobilkommunikation

CDRAM Cached Dynamic →RAM, dynamischer Speicher

CD-ROM Compact Disk →ROM

CDTI Computer Dependent Test Instruments

CE Communauté Européenne, Konformitäts-Zeichen der →EU

CEB Comité Electronique Belge, belgisches Elektrotechnisches Komitee

CEBIT Centrum für Büro- und Informations-Technik, Messe in Hannover mit internationaler Beteiligung

CEC Commission of the European Communities, Kommission der Europäischen Gemeinschaft

CECA Communauté Européenne du Charbon et de l'Acier, Europäische Gemeinschaft für Kohle und Stahl (→EGKS)

CECAPI Comité Européen des Constructeurs d'Appareillage Electrique d'Installation, europäisches Komitee der Hersteller elektrischer Installations-Geräte

CECC →CENELEC Electronic Components Committee, Komitee für elektronische Bauelemente

CECIMO Comité Européen de Cooperation des Industries de la Machine-Outil, europäisches Komitee für die Zusammenarbeit der Werkzeugmaschinen-Industrie

CECT Center of Emerging Computer Technologies

CEDAC Cause Effect Diagram with Addition of Cards, →QS-Werkzeug, Kombination von Ursachen-, Wirkungsdiagramm, graphischer Darstellung und Maßnahmen

CEE International Commission on Rules for the Approval of Electrical Equipment, internationale Kommission für Regeln zur Begutachtung elektronischer Erzeugnisse. Seit 1985 in die →IEC integriert

CEE Communauté Economique Européenne

CEE Commission Economique pour l'Europe, Wirtschaftskommission für Europa der UN in Genf

CEEC Committee of European Economic Cooperation

CEF Comité Electrotechnique Française

CEI Comitato Elettrotecnico Italiano

CEI Commission Electrotechnique Internationale, entspricht →IEC

CELMA Committee of →EEC Lighting Manufacturers Association, europäischer Verband der Leuchtenhersteller in London

CEM Contract Electronics Manufacturer

CEM Compatibilité Electromagnétique, Elektromagnetische Verträglichkeit →EMC

CEMA Canadian Electrical Manufacturers Association, Verband kanadischer Hersteller elektronischer Geräte

CEMACO Constructeurs Européens de Matériaux de Connexion, →EU-Hersteller-Kommission für Verbindungsmaterial

CEMEC Committee of European Associations of Manufacturers of Electronic Components

CEN Comité Européen de Normalisation

CENCER →CEN Certification, CEN-Zertifizierung

CENEL Comité Européen de Coordination des Normes Electriques; Vorläufer von →CENELEC

CENELCOM Comité Européen de Coordination des Normes Electriques des Pays de la Communauté Economique Européenne, Koordinationsausschuß für elektrotechnische Normen der →EWG-Länder

CENELEC Comité Européen de Normalisation Electrotechnique, europäisches Komitee für elektrotechnische Normung

CEO Chief Executive Officer

CEOC Confédγration Européenne d'Organismes de Contrôle

CEPEC Committee of European Associations of Manufacturers of Passive Electronic Components

CEPT Conférence Européenne des Administrations des Postes et des Télécommunications

CES Comité Electrotechnique Suisse

CES Critical Event Scheduling, Simulationsmethode für →PLDs

CESA Canadian Engineering Standards Association

CFA Clock Frequency Adjusted, Leistungs-Analyse von Rechner-Systemen bei angepaßter Taktfrequenz

CFG Configuration, Setup-Info, Datei-Ergänzung

CFI →CAD Framework Initiative, →SW-Standardisierung für →CAE

CFP Color Flat Panel, Farb-Flach-Bildschirm

CFR Controlled Ferro Resonance, geregelte Stromversorgung

CG Character-Generator

CGA Color Graphics Adapter

CGI Computer Graphics Interface, Normung von Produkt-Daten-Formaten nach →ISO

CGM Computer Graphics Meta-File, Normung von Produkt-Daten-Formaten nach →ISO

CGMIF Computer Graphics Metafile Interchange Format

CHG Change

CHI Computer Human Interaction

CHILD Computer Having Intelligent Learning and Development, künstliche Intelligenz mit Lerneigenschaften

CHILL →CCITT High Level Language

CIA Computer Interface Adapter, Anpassungs-Adapter für Computer-Schnittstellen

CiA →CAN in Automation, Vereinigung der Industrieautomatisierung

CIAM Computer Integrated and Automated Manufacturing, Rechnerunterstützte Produkterzeugung

CIAS Computer Integrated Administration und Service

CIB Computer Integrated Business, Integriertes Gesamtkonzept von Entwicklung, Verwaltung, Fertigung, Service usw.

CID Computer Integrated Documentation

CID Computer Integrated Development

CID Contactless Identification Devices, kontaktlos arbeitende Identifikations-Schaltungen in ICs

CIGRE Conférence Internationale des Grands Réseaux Electriques, internationale Konferenz für Hochspannungsnetze in Paris

CIL Controllorate of Inspection Electrics

CIL Computer Integrated Logistics

CIM Computer Integrated Manufacturing

CIME Computer Integrated Manufacturing and Engineering →CIM

CIMEC Comité des Industries de la Mesure Electrique et Electronique, EWG-Hersteller-Komitee für elektrische und elektronische Meßtechnik

CIM-TTZ →CIM-Technologie-Transfer-Netz

CIO Computer Integrated Office

CIOCS Communications Input/Output Control System, Steuerung der Datenfernübertragung

CIP Compatible Independent Peripherals

CIP Computer Integrated Processing

CIPM Comité International des Poids et Mesures, Internationales Komitee für Maße und Gewichte

CIPS Common Information Processing Service von →CEN/CENELEC

CIS →CENELEC Information System

CIS Character Imaging Systems

CIS Communication Information System

CISC Complex Instruction Set Computer, Computer mit sehr umfangreichem Befehlssatz

CISPR Comité International Spécial des Perturbations Radioélectriques, Internationaler Ausschuß für Funkstörungen in Genf und London

CISQ Certificazione Italiana dei Sistemi Qualita delle Aziende, italienische Zertifizierungsstelle für Qualitäts-Management-Systeme

CIT Computer Integrated Telephony

CITT Computer Integrated Telephone and Telematics

CK Chloropren-Kautschuk

CKW Chlor-Kohlen-Wasserstoff

CL Control Language, Programmiersprache der Steuer-und Regelungstechnik

CL Cycle Language, zyklenorientierte Programmiersprache

CL800 Cycle Language 800, Programmiersprache von Siemens für die Erstellung von Bearbeitungszyklen auf dem Programmierplatz WS800

CLB Configurable (Combinational) Logic Block, kombinierbare Logik mit Speicherelementen bei →LCAs

CLC →CENELEC (Kurzform)

CLCC Ceramic Leaded Chip Carrier, Gehäuseform von integrierten Schaltkreisen in →SMD

CLCS Current Logic Current Switching, stromgesteuerter integrierter Schaltkreis

CLC/TC →CENELEC Technical Committee

CLDATA Cutter Location Data

CLF Clear File, Löschanweisung

CLM Closed Loop Machining

CLR Clear, löschen

CLT Communications Line Terminal, Datenendgerät

CLT Computer Language Translator

CLUT Color Look Up Table, Farben-(Speicher-)Such-Tabelle

CLV Constant Linear Velocity, Aufzeichnungsverfahren mit konstanter Datendichte

CM Common Modification, gemeinsame Abweichungen

CM Cache Memory, Hintergrundspeicher

CM Central Memory

CMC Certification Management Committee for Electronic Components, Komitee des →IEC-Gütebestätigungs- Systems für elektronische Bauelemente

CMI Coded Mark Inversion, binärer Leitungskode

CMI Cincinnati Millacron Incorpored, Werkzeugmaschinenhersteller der USA

CMIP Common Management Information Protocol →OSI-Netzwerk-Management-Protokoll

CMIS Common Manufacturing Information System

CML Current Mode Logic, →ASIC-Technologie mit hoher Treiberfähigkeit

CMM Coordinate Measuring Machine

CMMA Coordinate Measuring Machine Manufactures Association

CMMU Cache Memory Management Unit

CMOS Complementary Metal Oxide Semiconductor, Halbleiter-Technologie mit hohem Eingangswiderstand und geringer Stromaufnahme

CMOT →CMIP over →TCP/IP, Netzwerkmanagement für TCP/IP-Netze

CMRR Common Mode Rejection Ratio

CMS →CAN-based Message Specification, Sprache für die Beschreibung verteilter Anwendungen

CMS Computer Marking System

CMYK Cyan Magenta Yellow Black, Druck-Farb-Standard

CNC Computerized Numerical Control

CNET Centre National d`Etudes de Télécommunication

CNF Configuration, Setup-Info, Datei-Ergänzung

CNMA Communication Network for Manufacturing Applications

CNS Communications Network System, Telekommunikations-Netz

CNV Convertierungs-Datei, Datei-Ergänzung von WINDOWS

CO Central Office

COB Chip on Board

COB →COBOL-Quellcode, Datei-Ergänzung

COBOL Common Business Oriented Language

COBRA Common Object Broker Request Architecture, objektorientierte Schnittstelle

COC Coded Optical Character

COF Customer Oriented Function

COLIME Comité de Liaison des Industries Métalliques, Verbindungsausschuß der Verbände der europäischen metallverarbeitenden Industrien

COM Communication (-Bereich), Kommunikations-Bereich der →SINUMERIK, führt den Dialog mit der Bedientafel und den externen Komponenten durch

COM Computer Output Microfilm, Ausgabe alphanumerischer oder graphischer Daten über Mikrofilm-Aufzeichnungsgeräte

COM Command-Datei

COMEL Comité de Coordination des Constructeurs de Machines Tournantes Electriques du Marche Commun, europäische Vereinigung der Hersteller von rotierenden elektrischen Maschinen

COMFET Conductivity Modulated →FET

COMSEC Communications Security

COMSOAL Computer Method of Sequencing Operations for Assembly Lines

CONCERT European Committee for Conformy Certification

COO Cost of Ownerchip, Bausteinkosten

COOL Control Oriented Language

COP CO-Processor

COPICS Communications Oriented Production and Control System, Produktionskontrolle mittels Fernübertragung

COQ Cost of Quality, Qualitätskosten

CORA →CIM-orientierte Anfertigung, z.B. von Baugruppen

COREPER Comité des Représentants Permanents, Ausschuß der ständigen Vertreter der Mitgliedstaaten der →EU

COROS Control and Operator System, Bedien- und Beobachtungs-Konzept von →SIMATIC

COS Corporation for Open Systems, Zusammenschluß von Computer- und Kommunikations-Firmen

COS Cooperation for the Application of Standards for Open Systems (USA)

COS Chip On Silicon, Silizium- verdrahtete Schaltkreise

COSINE Cooperation for →OSI Networking in Europa

COSMOS Complementary Symmetric Metal Oxide Semiconductor

COSYMA Computerized System for Manpower and Equipment Planning

CP Communication Processor

CP Communication Phase, Übertragungsphase

CP Circuit Package, Gehäuse für integrierte Schaltkreise

CP Check Point, Anlaufpunkt nach Programmunterbrechung

CP Continuous Path (Controlled Path)

CP Card Punch, Lochkartenstanzer

CP Command Port, Schnittstelle am →PC

CPC →CENELEC Programming Committee

CPC Customer Programmable Cycles

CPC Computer Process Control

CPD Construction Products Directive

CPE Customer Premises Equipment, Kunden-Endgeräte, z.B. Telefone, Computer usw.

CPE Computer Performance Evaluation, Leistungsermittlung von Datenverarbeitungsanlagen

CPGA Ceramic Pin Grid Array, Bezeichnung von Logikbausteinen mit hoher Pin-Zahl in Keramik-Ausführung

CPI Cycles Per Instruction

CPI Clock Per Instruction

CPI Characters Per Inch

CPI Code-Page-Information, Zeichensatz-Tabellen-Datei, Datei-Ergänzung von →MSDOS

CPL Customer Programmable Language

CPLD Complex Programmable Logic Device, komplexe anwenderspezifische programmierbare Bausteine

CPM Critical Pass Methods

CPS Characters Per Second

CPU Central Prozessor Unit

CQC Capability Qualifying Components, Eignungstest bei Spezifikationen

CR Carriage Return, Wagen-Rücklauf

CR Central Rack

CRAM Card →RAM, Magnetkartenspeicher

CRC Cutter Radius Correction, Fräser- bzw. Schneiden-Radius-Korrektur von Werkzeugmaschinen-Steuerungen

CRC Cyclic Redundancy Check, spezielles Fehlerprüfverfahren zur Erhöhung der Datenübertragungs-Sicherheit

CRD Cardfile

CRDR Cyclic Request Data with Reply, zyklischer →RDR-Dienst

CRISP Complex Reduced Instruction Set Processor, Kombination von →RISC- und →CISC-Prozessor

CRL Communication Relations List, vom →PROFIBUS

CROM Control →ROM, Nur-Lese-Speicher für feste Abläufe

CRT Cathode Ray Tube

CRTC Cathode Ray Tube Controller, Video-Baustein (Prozessor) zur Monitor-Steuerung

CS Chip Select

CS Central Secretariat

CS Companion Standard, Begriff aus der Industrie-Automation

CSA Client Server Architecture

CSA Canadian Standards Association, kanadischer Normenausschuß, gleichzeitig Bezeichnung für Norm und Normenkonformitäts-Zeichen

CSB Channel Status Byte, Anzeige eines Prozessor-Ein-/Ausgabekanales

CSBTS China State Bureau of Technical Supervision, nationales chinesisches Normungsinstitut

CSC →CENCER Steering Committee

CSG Constructive Solid Geometrie, Volumenorientiertes 3D-→CAD-Modell

CSIC Computer System Interface Circuit, Rechner-Schnittstelle

CSMA Carrier Sense Multiple Access, Mehrfach-Zugriff mit Signal-Abtastung

CSMA/CA Carrier Sense Multiple Access with Carrier Avoidance, Zugriffsverfahren, bei dem die Datenkollission durch Vergabe von Prioritäten verhindert wird

CSMA/CD Carrier Sense Multiple Access with Collision Detection, Mehrfach-Zugriff mit Signalabtastung und Kollisions-Erkennung. Ein Protokoll vom→ IEEE 802.3 für lokale Netze, z.B. →ETHERNET

CSMB Continuous System Modeling Program, Simulationsprogramm für Großprojekte

CSPC Companion Standard for Programmable Controller, offene Kommunikation für →SPS

CSPDN Circuit Sitched Public Data Network

CSRD Cyclic Send and Request Data, zyklischer →SRD-Dienst

CSTA Computer Supported Telecommunication Application, Standard für Rechner-Vernetzung per Telefon der →ECMA

CT Cordless Telephone

CTI Section on Communications Terminals and Interfaces, Arbeitsgruppe für Datenübertragungsgeräte und Schnittstellen

CTI Colour Transient Improvement, Schaltung zur dauerhaften perfekten Bildwiedergabe

CTI Computer Telephony Integration, Rechnerunterstütztes Telefonsystem

CTI Cooperative Testing Institute for Electrotechnical Products, Gesellschaft zur Prüfung elektrotechnischer Industrieprodukte GmbH

CTIA Cellular Telecommunications Industry Association, Herstellervereinigung in USA

CTP Composite Theoretical Performance, gesamte theoretische Rechner-Leistung

CTR Common Technical Regulations

CTRL Control

CTS Clear To Send, Meldung der Sende-Bereitschaft bei seriellen Daten-Schnittstellen

CU Central Unit

CUA Common User Access, Leitlinie für die Benutzeroberfläche von IBM

CVD Chemical Vapor Deposition

CVI C for Virtual Instrumentation, Meßtechnik-System für WINDOS und Sun

CVT Continuously Variable Transmission

CVW Codeview Debugger for WINDOWS

CW Clockwise

CW Continuous Wafe, Dauer-Sinussignal (Störimpuls)

CXC Controller Extension Connector

D Werkzeug-Korrektur-Speicher nach →DIN 66025

DA Digital to Analogue

DAA Data Access Arrangement

DAB Dauerlaufbetrieb mit Aussetz-Belastung, z.B. von Maschinen nach →VDE 0550

DAC Digital Analog Converter

DAC Design Automation Conference, wichtige →CAE-Messe

DAC Discretionary Access Control, Begriff der Datensicherung

DAC Dual Attachment Concentrator →FDDI-Anschluß

DAD Draft Addendum, Vorschlag eines →AD

DAE Deutsche Akkreditierungsstelle Elektrotechnik, Dienststelle der →EU

DAL Digital Access Line, Leitung zwischen Rechner und Peripherie zur Informationsübertragung

DAM Direct Access Memory

DAM Deutsche Akkreditierungsstelle Metall und verbundene Werkstoffe, Dienststelle der →EU

DAN Desk Area Network, optoelektronisches Netzwerk für die Vernetzung von →PCs

DAP Data Acquisition and Processing

DAP Deutsche Akkreditierungsstelle Prüfwesen, Dienststelle der →EU

DAPR Digital Automatic Pattern Recognition

DAQ Data Acquisition, Daten-Erfassung

DAR Deutscher Akkreditierungs-Rat, Dienststelle der →EU

DAS Data Acquisition System

DASET Deutsche Akkreditierungsstelle Stahl-
bau und Energie-Technik

DASM Drehstrom Asynchron Maschine

DASP Digital Array Signal Processor

DASSY Daten-Transfer und Schnittstellen für
offene, integrierte →VLSI-Systeme, →BMFT-
Projekt für →EDIF und →VHDL

DAST Direct Analog Storage Technology, direkte analoge Sprachspeicherung

DAT Digital Audio Tape

DAT Durating of Drive Telegram, Zeiteinheit
bei der Antriebs-Steuerung

DAT Data, Datei-Ergänzung

DATech Deutsche Akkreditierungsstelle Technik

DATEL Data Telecommunication (Telephonie,
Telegraph), Datenübertragung der Deutschen
Bundespost

DATEX Data Exchange Service, Dienst der
Deutschen Bundespost für Datenübertragung

DAU Digital Analog Umsetzer →DAC

DAV Data Valid, Anzeige der Datengültigkeit an
der →IEC-Bus-Schnittstelle

DB Daten Baustein bei →SIMATIC S5

DB Data Byte

DB Daten-Block, Anwenderdaten einer →BF
beim Informationsaustausch mit Arbeitsmaschinen nach →DIN 66264

DB Dauer-Betrieb

DB Drehstrom-Brückenschaltung

dB Dezibel

DB Digital to Binary

DBA Data Base Administration

DB-ADR Daten-Baustein-Adresse

DBC Data-Bus-Controller, Baustein des →EISA-
System-Chipsatzes von Intel

DBF DBASE-File, Datei-Ergänzung

DBL-REG Daten-Baustein-Länge-Register im
→USTACK der →SPS

DBMS Data Base Management System

DBP Deutsches Bundes-Patent(-Amt)

DBP Deutsche Bundes-Post

DBS Datenbank im →SQL-WINDOWS-Format,
Datei-Ergänzung

DBV Daten-Block-Verzeichnis, Adressentabelle,
die einer →BF die →DBs zuweist beim Informationsaustausch mit Arbeitsmaschinen nach
→DIN 66264

DC Direct Current

DC Direct Control, Steuerzeichen der Datenübertragung

DC Device Control

DCB Direct Copper Bonding, Verfahren zum
Verknüpfen von Keramik-Substraten in der
Halbleiter-Technik

DCC Digital Compact Cassette, digitales Auf-
zeichnungs- und Abspielsystem für Magnet-
tonbänder

DCC Display Combination Code, Funktion des
→VGA-Adapters zur Erkennung des Bildschirmtyps

DCCS Distributed Computer Control System

DCCU Detached Concurrency Control Unit,
Kontroll- bzw. Zähl-Register eines →RISC-
Prozessors

DCD Data Carrier Detect, Empfangs-Signal-
Pegel von seriellen Daten-Schnittstellen

DCE Data Circuit terminating Equipment

DCE Data Communications Equipment

DCE Distributed Computing Environment, Verarbeitung von Daten auf unterschiedlichen
Rechnern nach →OSF

DCI Display Control Interface, Standard in der
Video-Darstellung

DCLK Data Clock, Taktleitung von seriellen
Daten-Schnittstellen

DCM Data Communications Multiplexer, im
Multiplexverfahren gesteuerte Datenfernübertragung

DCN Data Communications Network

DCS Distributed Control System, dezentrale
Steuerung

DCS Digital Communication Service, Erweiterung des →GSM-Standards

DCS Data Communications System, Steuerung
der gesamten Datenübertragung eines Rechners

DCS Digital Cellular System →GSM-Standard
mit hoher Kapazität

DCT Discreet (Direct) Cosinus Transformation

DCT Dictionary, Lexikondatei, Datei-Ergänzung

DCTL Direct Coupled Transistor Logic, integrierte Schaltung mit direkt gekoppelten
Transistoren

DCU →DSP Chipselect Unit, Baustein-Auswahl
beim DSP

DD Double Density, doppelte Speicherdichte
einer Diskette

DDBMS Distributed Data-Base Management
System, Verwaltung einer Datenbank

DDC Direct Digital Control, Digitalrechner, der
direkt mit seinen Ein-/Ausgängen verbunden
ist

DDCMP Digital Data Communications Message
Protocol, Übertragungsprotokoll für Weitver-
kehrsnetze

DDE Dynamic Data Exchange, →SW-Paket für
den Datenaustausch bei WINDOWS

DDL Device Description Language, standardisierte, objektorientierte Metasprache

DDM Desting Drafting and Manufacturing,
Rechnerunterstütztes System für Konstruktion und Fertigung von GE

DDMS Design Data Management System,
Framework-Architektur für die Produkt-
Entwicklung

DDP Distributed Data Processing, Datenvertei-
lung auf einem Mehrrechner-System

DDRS Digital Data Recording System, System
zum Aufzeichnen digitaler Daten

DDS Digital Data Storage, Aufzeichnungs-For-
mat von Laufwerken

DDS Data Display System, Daten -Anzeigegerät

DDT Data Description Table, Tabelle für Daten-
festlegung

DDTE Digital Data Terminal Equipment, digitale Daten-Endeinrichtung

DDTL Diode Diode Transistor Logic, Schaltung
für Verknüpfungslogik

DDTN Domain Divided Twisted Nematic, Flüs-
sigkristall-Technik

DE Data Entry, Dateneingabe

DEC Decodierung

DECT Digital European Cordless Telephone, europäischer Standard für schnurlose Telefone

DEE Daten-Endeinrichtung, Empfangs-Station
bei serieller Datenübertragung

DEEP Design Environment with Emulation of
Prototypes, Projekt für Entwurfs-Rationalisie-
rung am Fraunhofer Institut für Mikroelektronische Schaltungen und Systeme, Duisburg
und Dresden IMS

DEF Definitionsdatei, Datei-Ergänzung

DEK Dansk Elektroteknisk Komite, dänisches
Elektrotechnisches Komite

DEKITZ Deutsche Koordinierungsstelle für Informations-Technik, Normen-Konformitäts-
Prüfung und -Zertifizierung

DEL Delete, Löschen

DEMKO Danmarks Elektriske Materiel-Kon-
trol, dänische Elektrotechnische Prüfstelle

DEMVT Deutsche Gesellschaft für →EMV-
Technologie, Vereinigung von EMV-Fachleu-
ten

DES Data Encryption Standard →PC-Schlüssel-
Algorithmus

DEVO Datenerfassungsverordnung

DF Disk File, auf Diskette gespeicherte Datei

DFA Design for Assembly, Methode zur Fehlervermeidung

DFAM Deutsche Forschungsgesellschsft für die
Anwendung der Mikroelektronik e.V. in
Frankfurt

DFG Deutsche Forschungs-Gemeinschaft

DFKI Deutsches Forschungszentrum für Künstliche Intelligenz

DFM Design for Manufacture

DFN Deutsches Forschungs-Netz, deutsche
Netzwerk-Technologie

DFP Digital Fuzzy Processor

DFS Direct File System

DFT Design for Testability

DFT Discrete Fourier Transformation, Rechen-
verfahren zur Ermittlung der Zusammensetzung periodischer Signale

DFÜ Daten-Fern-Übertragung

DFV Daten-Fernverarbeitung in der Fernmel-
detechnik

DFV Druckformatvorlage, Datei-Ergänzung

DGD Deutsche Gesellschaft für Dokumentation
e.V.

DGFB Deutsche Gesellschaft für Betriebswirt-
schaft, deutscher Verband der Betriebswirte

DGIS Direct Graphics Interface Standard, Schnitt-
stellen-Standard von Graphik-Prozessoren

DGPI Deutsche Gesellschaft für Produkt-Infor-
mation

DGQ Deutsche Gesellschaft für Qualität, Vereinigung der deutschen Industrie für Qualitäts-
themen

DGW Deutsche Gesellschaft für Wirtschaftliche
Fertigung und Sicherheitstechnik

DGWK Deutsche Gesellschaft für Waren-Kenn-
zeichnung GmbH

DH Decimal to Hexadecimal

DI Data Input, Daten-Eingabe, Betriebart der
→SINUMERIK

DI Deutsches Industrieinstitut

DIA Display Industry Association, Vereinigung
für Anzeigeeinheiten in der Industrie

DIANE Direct Information Access Network Europe

DIBA Dialog Basic, einfache, dialogfähige,
höhere Programmiersprache

DIC Dictionary, Lexikondatei

DIF Design Interchange Format, Datenstruktur
ähnlich →EDIF

DIF Data Interchange Format

DIHT Deutscher Industrie- und Handelstag

DIL Dual-in-line, Gehäuse für integrierte
Schaltkreise

DIN Deutsches Institut für Normung e.V., ehemals Deutsche Industrie-Normen

DINZERT →DIN Zertifizierungsrat

DIO Data In/Out, Datentransfer, Betriebsart der
→SINUMERIK

DIO Data Input Output, Datenleitungen der
→IEC-Bus-Schnittstelle

DIO Digital Input/Output

DIOS Distributed →I/O-System, →SPS-System
von Philips

DIP Dual-in-line Package, Gehäuse für integrierte Schaltkreise

DIR Directory, bei →PCs Auflistung des Datei-
Verzeichnisses unter →DOS

DIR Data Input Register

DIS Distributed Information System

DIS Draft International Standard

DISPP Display Part Program

DITR Deutsches Informationszentrum für
Technische Regeln des →DIN

DIU Data Interface Unit, Baustein für →ISDN

DIW Deutsches Institut für Wirtschaftsfor-
schung in Berlin

DIX-Ethernet Digital/Intel/Xerox →Ethernet, Netz für hohe Übertragungsraten

DKB Dauerlaufbetrieb mit Kurzzeit-Belastung, z.B. von Maschinen nach →VDE 0550

DKD Deutscher Kalibrier-Dienst

DKE Deutsche Elektrotechnische Kommision, vertreten im →DIN und →VDE

DL Datenbyte Links, Operand im →SPS-Programm

DL Diode Logic, integrierte Schaltkreise mit Dioden-Logik

DL Data Length, Länge eines Datenbereiches

DLC Data Link Controller, →ISDN-Funktion

DLC Diamant-Like Carbon, Diamant-ähnlicher Kohlenstoff für die Werkzeugherstellung

DLC Duplex Line Control, Steuerung der Datenübertragung in beiden Richtungen

DLE Data Link Escape, Datenübertragungs-Umschaltung, Steuerzeichen bei der Rechnerkopplung

DLL Dynamic Link Library, Datei-Ergänzung

DLM Double Layer Metal, Halbleiter-Technologie

DLP Double Layer Polysilicium, zweilagige integrierte Schaltung

DLR Deutsche Forschungs-Anstalt für Luft- und Raumfahrt

DM Dreh-Melder, elektromagnetischer Positionsgeber mit analoger Ausgangsspannung

DMA Direct Memory Access

DMACS Distributed Manufacturing Automation and Control Software

DMC Digital Motion Control

DMC Digital Micro Circuit

DMD Digital Micro-mirror Device, Speicher-Spiegel-Chip für hochauflösende Bilder

DMDT Durating of Master Date Telegram

DME Design Management Environment, F ramework-Architektur für die Produkt-Entwicklung

DME Distributed Management Environment, →OSF-Standard für →PCs

DMF Digital Multi-Frequency, Monitortyp

DMI Deutsches Maschinenbau-Institut

DMIS Dimensional Measuring Interface Specification, Herstellerneutrale →CNC-Programme für Meßmaschinen

DMM Digital-Multimeter

DMOS Double Diffused MOS für Transistor mit kurzen Schaltzeiten

DMP Dezentrale Maschinen-Peripherie

DMS Data Management System

DMS Digital Memory Size

DMS Dehnungs-Meß-Streifen für Drucksensoren

DMST Durating of Master Telegram

DMT Design Maturing Testing

DNA Deutscher Normen-Ausschuß, Vorläufer des →DIN

DNAE Daten-Netz-Abschluß-Einrichtung

DNC Direct Numerical Control, Beeinflussung und Verkettung von →CNCs durch einen übergeordneten Leitrechner

DNC Distributed Numerical Control, verkettete numerische Steuerungen

DNC Digital Netwerk Control, über ein Netzwerk verbundene numerische Steuerungen

DNP Direct Numerical Processing, →DNC

DOC Decimal to Octal Conversion

DOC Document, Datei-Ergänzung

DOE Design of Experiments, Methode zur Fehlervermeidung

DOF Degree Of Freedom

DOMA Dokumentation Maschinenbau e.V.

DOPP Doppelfehler, Anzeige im →USTACK der →SPS bei Aktivierung einer aktiven Bearbeitungsebene

DOR Data Output Register

DOS Disk Operating System

DOT Dokument-Vorlage, Datei-Ergänzung

DP Draft Proposal, erster Schritt für →ISO-Normen

DP Data Port, Schnittstelle vom →PC

DPCM Differential Pulse Code Modulation

DPG Digital Pattern Generator

DPI Dots per Inch

DPL Design and Programming Language, höhere Programmiersprache zur Programmerstellung

DPLL Digital Phase Locked Loop

DPM Defects Per Million

DPM Dual Ported Memory, Speicher-Schnittstelle, →DPR und →DPRAM

DPMI →DOS Protected Mode Interface, PC-Standard zur Nutzung von 16 MByte Arbeits-Speicher

DPN Data Processing Network

DPR Dual Port →RAM, Speicher-Schnittstelle, →DPRAM und →DPM

DPRAM Dual Port →RAM, Speicher-Schnittstelle, →DPR und →DPM

DPS Data Processing System

DPSS Data Processing System Simulation

DQC Data Quality Control

DQDB Dual Queue Data (Dual) Bus für Breitband-→ISDN

DQDB Distributed Queue Dual Bus nach →IEEE 802.6

DQS Deutsche Gesellschaft zur Zertifizierung von Qualitäts-Sicherungs- und Management-Systemen mbH

DR Datenbyte Rechts, Operand im →SPS-Programm

DR (Test)-Data Register der Boundary Scan Architektur

DRAM Dynamic →RAM

DRC Design Rule Check, Überprüfung der Entwurfs-Regeln

DRF Differential Resolver Function

DROS Disk Resisdent Operating System, Betriebssystem auf Magnetplattenspeicher

DRT Digital Real Time

DrT Dreh-Transformator

DRTL Diode Resistor Transistor Logic, integrierte Schaltung mit Dioden, Widerständen und Transistoren

DRV Drive, Antrieb

DRV Driver, Treiber, Datei-Ergänzung

DRY Dry run, Probelauf-Vorschub der →SINU-MERIK

DS Data Security, Datensicherung

DS Dansk Standardiseringsrad, dänisches Normen-Gremium

DS Disc Storage, Magnetplattenspeicher

DS Double Sided, beidseitig beschreibbare Diskette

DS Doppelstern-Schaltung

DSA Direct Storage Access, direkte Datenübertragung zwischen einem Gerät und einem Speicher

DSA Digital Signal Analysator

DSB Daten-Schutz-Beauftragter

DSB Decoding Single Block, Dekodierungs-Einzelsatz

DSB Dauerlauf-Schalt-Betrieb z.B. von Maschinen nach →VDE 0530

DSL Data Structure Language, höhere Programmiersprache für strukturierte Programmierung

DSM Deep Submicron Technology, Halbleiter-Technologie mit sehr feinen Strukturen, z.B 0,25 Mikrometer

DSMC Dynamic System Matrix Control, prädikatives Regelverfahren für hochgenaue Bahnbewegungen

DSN Distributed System Network, proprietäres Netzwerk von Hewlet Packard

DSO Digitales Speicher Oszilloskop

DSP Digital Signal Processor zur →HW-nahen Signalverarbeitung

DSR Data Set Ready, Meldung der Betriebs-Bereitschaft von seriellen Daten-Schnittstellen

DSS Decision Support System, Framework-Architektur für die Produkt-Entwicklung

DSS Daten-Sicht-Station

DSS Doppelstern-Schaltung mit Saugdrossel

DSSA Daten-Sicht-Station Ausgabe

DSSE Daten-Sicht-Station Eingabe

DST Digital Storage Tape

DSTN Double Supertwisted Nematic, gegensinnige Schichten in der →LCD-Technik

DSU Disc Storage Unit, Magnetplattenspeicher

D-Sub →Sub-D

DSV Deutscher Schrauben-Verband e.V.

DT Data Terminal, Datensichtgerät/-station

DTA Data, Datei-Ergänzung

DTC Desk Top Computer, Tischrechner

DTC Direct Torque Control, Regelungskonzept für Standard-Drehstromantriebe

DTC Data Transfer Controller, Datenübertragungs-Steuerung

DTD Dokument-Typ-Definition, deutsche Dokumentations-Norm

DTE Data Terminal Equipment, Daten-Sichtstation

DTE Daten-Transfer-Einrichtung

DTE Desk-Top Engineering →DTP mit →CAD verknüpfte Systeme

DTL Diode Transistor Logic, Logikfamilie, bei der die Verknüpfungen über Dioden erfolgt, mit einem Transistor als Ausgangstreiber

DTP Desk-Top Publishing

DTP Data Transfer Protocol

DTPL Domain Tip Propagation Logic, Technik zur Herstellung von →ICs

DTR Data Terminal Ready, Meldung der Betriebsbereitschaft des Daten-Endgerätes bei seriellen Daten-Schnittstellen

DTR Draft Technical Report

DTS Desk-Top System

DTV Deutscher Verband Technisch- Wissenschaftlicher Vereine

DUAL Dynamic Universal Assembly Language, maschinennahe Programmiersprache

DÜE Daten-Übertragungs-Einrichtung

DUSt Daten-Umsetzer-Stelle

DUT Device under Test

DÜVO Daten-Übertragungs-Verordnung

DV Daten-Verarbeitung von digitalen und analogen Daten

DVA Daten-Verarbeitungs-Anlage

DVE Digital Video Effects, digitale Beeinflussung bzw. Nachbearbeitung von Videoaufnahmen

DVI Digital Video Interaktive, Einbindung von Videofilmen und Fotos auf →PCs

DVI Design Verification Interface

DVM Digital-Volt-Meter

DVMA Direct Virtual Memory Access

DVN Device Number, Geräte-Nummer

DVO Durchführungs-Verordnung

DVS Digital Video System

DVS Doppelt Versetzt Schruppen, Bearbeitungsgang von Werkzeugmaschinen

DVS Daten-Verwaltungs-System

DVS Design Verification System →IC-Test-System

DVS Deutscher Verband für Schweißtechnik

DVSt Daten-Vermittlungs-Stelle

DVT Design Verification Testing

DW Daten-Wort, Operand im →SPS-Programm

DX Duplex, gleichzeitige Übertragung auf einer Leitung in beiden Richtungen

DXC Data Exchange Control, Datenaustausch zwischen Zentraleinheiten

DXF Drawing Exchange Format →PC-Dateiformat, Datei-Ergänzung

DYCMOS Dynamic Complementary →MOS
DZP Distanz zum Ziel-Punkt, Roboter-Begriff

E Programmierung des 2. Vorschubes nach
→DIN 66025
E Eingang, z.B. von der Maschine zur →SPS
E/A-Baugruppe, Binäre Ein-Ausgabe-Baugruppe
mit 24V-Schaltpegel und genormten Aus-
gangsströmen von 0,1A; 0,4A und 2,0A
EAC European Groups for the Accreditation of
Certification, europäische Organisation für
Akkreditierung und Anerkennung von Prüf-
und Zertifizierungsstellen
EACEM European Association of Consumer El-
ectronics Manufacturers, europäische Vereini-
gung der Fachverbände der Unterhaltungse-
lektronik
EAE Eingabe/Ausgabe-Einheit
EAFE Europäischer Ausschuß für Forschung
und Entwicklung
EAL European Accreditation of Laboratories,
Europäische Akkreditierung von Laboratori-
en
EAN Europäische Artikel-Norm, Norm über
maschinenlesbaren Kode z.B. Barcode
EANTC European Advanced Networking Test
Center
EAP Eingabe/Ausgabe-Prozessor, Rechner zur
Steuerung von Ein- und Ausgaben
EAPROM Electrically Alterable →PROM
EAR Eingabe/Ausgabe-Register, Zwischenspei-
cherung von Ein- und Ausgaben
EAROM Electrically Alterable →ROM
EASL Engineering Analysis and Simulation
Language, Programmiersprache für Analyse
und Simulation
EAST European Academy of Surface Technolo-
gy →EU-Bildungsinstitut für Oberflächen-
Montage
EB Electron Beam
EB Eingangs-Byte, z.B. 8-Bit-breite-Schnittstelle
vom Prozess- zum Automatisierungsgerät
EB Elektronisches/Elektrisches Betriebsmittel,
in der →DIN VDE gebräuchliche Bezeich-
nung eines elektrischen Gerätes
EB Erschwerter Betrieb, z.B. von Maschinen
nach →VDE 0552
EBB →EISA Bus Buffer, Baustein des EISA-Sy-
stem-Chipsatzes von Intel
EBC →EISA Bus Controller, Baustein des EISA-
System-Chipsatzes von Intel
EBCDIC Extended Binary-Coded Decimal In-
terchange Code, Zeichendarstellung in
Großrechnern
EBFE Europäische Behörde für Forschung und
Entwicklung
EBI Elektronisches Betriebsmittel zur Informa-
tionsverarbeitung nach →VDE 0160

EB-ROM Electronic Book-→ROM, Dokumenta-
tion auf →CD
EBV Elektronische Bild-Verarbeitung
EC Electromagnetic Compatibility →EMC
EC European Commission
EC European Communities →CE
EC Export Control, Handels-Embargo
ECA Economic Cooperation Administration,
Verwaltung für wirtschaftliche Zusammenar-
beit in Washington
ECAD Electronic-→CAD, Rechnerunterstützes
Entwerfen von elektrischen Schaltungen
ECAP Electronic Circuit Analysis Program,
Analyse-Programm für passive und aktive li-
neare und nichtlineare Netzwerke
ECC Error Correction Code, Fehler-Korrektur-
Verfahren
ECCL Error Checking and Correction Logic, Er-
kennung und Korrektur von falschen Zeichen
bei der Datenübertragung
ECCN Export Control Classification Number
ECCSL Emitter Coupled Current Steering
Logic
ECDC Electro-Chemical Diffused Collector
ECE Economic Commission for Europe, Wirt-
schaftskommission der Vereinten Nationen
für Europa
ECHO European Commission Host Organizati-
on, europäische Datenbank in Luxemburg
ECI European Cooperation in Informatics, eu-
ropäische Informatiker-Vereinigung
ECIF Electronic Components Industry Federa-
tion, Verband der britischen Bauelemente-In-
dustrie
ECIP European →CAD Integration Project,
→ESPRIT-Projekt für →EDIF-Datenaus-
tauschformate
ECISS European Committee for Iron and Steel
Standardization, europäisches Komitee für
Eisen- und Stahlnormung
ECITC European Committee for Information
Technology Certification, europäisches Komi-
tee für Zertifizierung in der Informations-
technik
ECL Emitter Coupled Logic
ECM Electro Chemical Machining
ECM European Common Market
ECMA European Computer Manufacturers As-
sociation, Vereinigung der europäischen
Rechner-Hersteller in Genf
ECP Emitter Coupled Pair, emittergekoppeltes
Transistorpaar
ECPSA European Consumer Product Safety Or-
ganization, europäische Oraganisation für
Produkt-Sicherheit
ECQAC Electronic Components Quality Assu-
rance Committee, Komitee für Gütesiche-
rung von Bauelementen der Elektro-Indu-
strie

ECRC European Computer Industry Research Centre, von Bull, →ICL und Siemens gegründetes Forschungszentrum für Rechner

ECSA European Computing Services Association, europäische Vereinigung für Computer-Dienstleistungen

ECSEC European Council Security, Begriff der Datensicherung

ECSL Extended Control and Simulation Language

ECTC Europea Council for Testing and Certification, jetzt →EOTC

ECTEL European Telecommunication and Professional Electronics Industry, europäischer Verband für Telekommunikation und Elektronik

ECTRA European Committee for Telecommunications Regulatory Affairs, europäischer Verband für Telekommunikation

ECU European Currency Unit

ECU European Clearing Unit

ECUI European Committee of User Inspectoratres, Europäisches Komitee der Überwachungsstellen von Betreibern in London

ED →EWOS Document

ED Relative Einschalt-Dauer, z.B. von Maschinen nach →VDE 0550

EDA Electronic Design Automation, Entwicklungsumgebung für den rechnergestützten Entwurf von Produkten

EDAC Error Detection And Correction, Schaltkreis zur Erkennung und Korrektur von Fehlern in Speichersystemen

EDAC European Design Automation Conference

EDC Error Detection and Correction

EDDM Electric Design Data Model, Datenverwaltung für elektrische Verbindungen

EDI Electronic Data Interchange, Daten-Kommunikations-System, auch →CIM-Fachverband

EDI Emulator-Device-Interface, Schnittstelle von WINDOWS

EDIF Electronic Data (Design) Interchange Format, Internationaler Standard für Datenaustausch der Hersteller elektronischer Bauelemente

EDIFACT Electronic Data Interchange for Administration, Commerce and Transport, →OSI-Standard, elektronischer Datenaustausch für Verwaltung, Wirtschaft und Transport

EDIS Engineering Data Information System, Datenbank für technische Informationen

EDM Engineering Data Management

EDM Electrical Discharge Machining

EDMS Engineering Data Management System

EDO-DRAM Extended Data Out →DRAM, dynamischer Schreib- und Lesespeicher mit lange offenen Ausgängen

EDP Electronic Data Processing

EDPD Electronic Data Processing Device

EDPE Electronic Data Processing Equipment

EDPS Electronic Data Processing System

EDR Sternpunkt-Erdungs-Drosselspule

EDRAM Enhanced Dynamic →RAM, großer dynamischer Speicher

EDS Electronic Data Switching, Daten- und Fernschreib-Vermittlungstechnik

EDS Electronic Design System, Leiterplatten-Entflechtungs-System

EDT Editor

EdT Erdungs-Transformator

EDU Electronic Display Unit

EDV Electriktronische Daten-Verarbeitung

EDVA Electriktronische Daten-Verarbeitungs-Anlage

EDVS Electriktronisches Daten-Verarbeitungs-System

EE End-Einrichtung der Telekommunikation

EEA European Environmental Agency, europäische Umwelt-Agentur

EEA European Economic Area, Einheitliche Europäische Akte

EEC European Economic Community →EWG

EECL Emitter-Emitter Coupled Logic

EECMA European Electronic Components Manufacturers Association, Verband der europäischen Hersteller elektronischer Bauelemente

EEM Energy Efficient Motor

EEMS Enhanced Expanded Memory Specification, vergrößerter Erweiterungsspeicher vom →PC

EEN Environment Electromagnetic Noise, elektromagnetisches Rauschen

EEPLA Electrically Erasable Programmable Logic Array

EEPLD Electrically Erasable Programmable Logic Device

EEPROM Electrically Erasable Programmable →ROM

E2PROM →EEPROM

EEZ Erstfehler-Eintritts-Zeit, Zeitspanne, in der die Wahrscheinlichkeit für das Auftreten eines sicherheitskritischen Fehlers gering ist

EF Einzel-Funktion, selbständige Funktion einer →BF beim Informationsaustausch mit Arbeitsmaschinen nach →DIN 66264

EFDA European Federation of Data processing Associations, europäischer Verband der Vereinigung für Datenverarbeitung

EFIMA Europäische Fachmesse für Instrumentierung, Meß- und Automatisierungs-Technik

EFL Emitter Follower Logic

EFM Eight to Fourteen Modulation, Umsetzung 8-Bit-Code in 14-Bit-Code

EFQM European Foundation for Quality Management in Eindhoven, Niederlande

EFS Error Free Seconds, Maß für die Übertragungsqualität, entspricht bitfehlerfreien Sekundenintervallen

EFSG European Fire and Security Group, Europäische Gruppe Brandschutz und Sicherheitstechnik

EFTA European Free Trade Association, Europäische Freihandelszone

EG Erweiterungs-Gerät, Bezeichnung der →SIMATIC-Peripherie-Geräte für →E/A-Erweiterung

EG Expert Group, z.B. von Normen-Gremien

EG Europäische Gemeinschaft, jetzt →EU

EGA Enhanced Color Graphics Adapter →PC-Ausgabe-Standard

EGB Elektrostatisch gefährdete Bauelemente, internationale Bezeichnung →ESD

EGK →EG-Kommission

EGKS Europäische Gemeinschaft für Kohle und Stahl →CECA

EGMR EG-Maschinen-Richtlinie, Richtlinie des Rates der Europäischen Gemeinschaft für Maschinensicherheit

EGN Einzel-Gebühren-Nachweis der Telekommunikation

EHF Extremely High Frequencies, Millimeterwellen

EHKP Einheitliche höhere Kommunikations-Protokolle

EIA Electronic Industries Association, Normenstelle der USA, unter anderen für Schnittstellen und deren Protokolle, z.B. →RS-232-C, →RS-422, →RS-485 u.a.

EIAJ Electronic Industries Association of Japan, Verband der Elektronischen Industrie von Japan

EIAMUG European Intelligent Actuation and Measurement User Group, Anwendervereinigung für intelligente Bedien- und Meßmittel

EIB Electronical Installation Bus

EIBA Electronical Installation Bus Association

EIDE Enhanced Integrated Drive Electronics, Steuerelektronik für (Festplatten-) Laufwerke

EIJA →EIAJ

EIM Electronic Image Management

EISA Extended Industrial Standard Architecture, erweiterte Industrie-Standard-Architektur von Rechnern, z.B. auch für Standard-Bus

EITI European Interconnect Technology Initiative, Leiterplatten-Hersteller-Initiative für neue Technologien

EITO European Information Technology Observatory

EJOB European Joint Optical Bistability, europäisches Forschungsopjekt für einen optischen Rechner

EKL Elektronische Klemmleiste →SIMATIC-→E/A-Modul, das direkt an die Maschine montiert werden kann

EL Erhaltungs-Ladung nach →VDE 0557

ELD Electro-Lumineszenz-Display

ELF Extremely Low Frequencies

ELG Elektronisches Getriebe der →SINUMERIK

ELITE European Laboratory for Intellegent Techniques Engineering

ELKO Elektrolyt-Kondensator

ELOT Hellenic Organization for Standardization, griechisches Normen-Gremium

ELSECOM European Electrotechnical Sectoral Committee for Testing and Certification, europäisches Komitee für Prüfung und Zertifizierung elektronischer Systeme

ELSI Extra Large Scale Integration

ELTEC Elektro-Technik, Fachausstellung der Elektro-Industrie

ELTEX Electronic Time Division Telex, elektronische Übermittlung von Fernschreiben

ELV Extra Low Voltage

EMA Elektro-Magnetische Aussendung, Elektromagnetische Beeinflussung der Umwelt durch ein Betriebsmittel

EMA Enterprice Management Architecture, Netzwerkmanagement

EMail Electronic Mail, elektronische Versendung und Empfang von Nachrichten mittels →PC

EMB Elektromagnetische Beeinflussung, Funktionsstörung von elektrischen oder elektronischen Betriebsmitteln durch elektromagnetische Impulse

EMC Electromagnetic Compatibility, Elektromagnetische Verträglichkeit →EMV, →EC

EMD Electrical Manual Design, Methode zur Computerunterstüzten Dokumentation

EME Electromagnetic Emmission

EMI Electromagnetic Influence

EMI Electromagnetic Incompatibility

EMI Elektro-Magnetische Interferenzen (Störungen)

EMK Elektro-Motorische Kraft

EMM Expanded Memory Manager, →PC-Treiber für den Erweiterungs-Speicher

EMO Exposition Européenne de la Machine-Outil, auch Euro Mondial, europäische Werkzeugmaschinen-Ausstellung mit internationaler Beteiligung

EMP Electromagnetic Pulse

EMR Elektro-Magnetisches Relais

EMS Electronic Mail System, elektronisches Mitteilungs-System

EMS Expanded Memory Spezification, Speichererweiterung vom →PC

EMS Electronic Mail System, Integriertes Büro-Kommunikations-System

EMTT European →MAP/→TOP Testing

EMUF Einplatinen-Computer mit universeller Festprogrammierung

EMUG European →MAP Users Group, europäische MAP-Anwender-Vereinigung

EMV Elektromagnetische Verträglichkeit, darunter versteht man die Fähigkeit eines elektrischen Gerätes in einer vorgegebenen elektromagnetischen Umgebung fehlerfrei zu funktionieren, ohne dabei die Umgebung in unzulässiger Weise zu beeinflussen

EMVG →EMV-Gesetz der Bundesrepublik

EN European Norm, Europäische Norm, ersetzt in zunehmendem Maße die nationalen Normen

ENCMM →Ethernet Network Control- und Management-Modul

ENQ Enquiry, Sendeaufforderung, Steuerzeichen bei der Rechnerkopplung

ENV Europäische Norm zur versuchsweisen Anwendung bzw. Vornorm

EOA End Of Address

EOB End Of Block

EOD End Of Data

EOD Erasable Optical Disk, wiederbeschreibbare optische Speicherplatte

EOF End Of File

EOI End Of Interrupt, Prozessor-Register

EOI End Or Identify, Ende einer Datenübertragung an der →IEC-Bus-Schnittstelle

EOL End Of Line, Zeilenende

EOLT End Of Logical Tape, Ende eines Magnetbandes

EOM End Of Massage

EOQC European Organization for Quality Control, europäische Organisation für Qualitätskontrolle in Rotterdam

EOQS European Organization for Quality Systems, europäische Organisation für Qualitäts-Systeme

EOR End Of Record, Satzende bei der Daten-Fernübertragung

EOR End Of Reel, Band- oder Lochstreifenende

EOS European Operating System

EOS Electrical Over Stressed, Störspannung unter 100V mit hoher Ladungsmenge

EOT End Of Tape, Lochstreifen-Ende

EOT End Of Telegram, Ende der Übertragung

EOT End Of Transmission, Ende der Übertragung, auch Steuerzeichen bei der Rechnerkopplung

EOTA European Organization for Technical Approvals, europäische Organisation für Technische Zulassungen

EOTC European Organization for Testing and Certification, europäische Organisation für Prüfung und Zertifizierung

EOQ European Organization for Quality, europäische Organisation für Qualität

EPA Enhanced Performance Architecture

EPA Event Processor Array, erweiterte →MAP-Architektur für Echtzeit-Kommunikation

EPA Europäisches Patent-Amt in München

EPD Electric Power Distribution

EPD Electrical Panel Design, Methode zur Computerunterstüzten Dokumentation

EPDK Enhanced Postprocessor Development Kit, Entwicklungswerkzeug für →CAD-Postprozessoren

EPE European Power Electronics and Applications

EPG European Publishing Group

EPHOS European Procurement Handbook on Open Systems, europäisches Beschaffungs-Handbuch für offene Systeme

EPIC Enhanced Performance Implanted →CMOS, Halbleiter-Technologie auf →CMOS-Basis

EPLD Erasable Programmable Logic Devices, Bezeichnung für UV-Licht löschbare, anwenderprogrammierbare Bausteine

EPMI European Printer Manufacturers and Importers, Arbeitsgemeinschaft des →VDMA

EPO Europäische Patent-Organisation

EPP Expanded Poly-Propylen, Kunststoff für die Herstellung geschäumter Gehäuse

EPR Ethylene Propylene Rubber, Werkstoff für Leitungs- und Kabelmantel

EPROM Erasable Programmable →ROM, mit UV-Licht löschbarer und elektrisch programmierbarer nur Lesespeicher

EPS Encapsulated Post-Script, →PC-Datei-Format

EPS Electric Power System

EPS Elektronisch Programmierbare Steuerung, Variante der →SPS

EPS Entwicklungs-Planung und -Steuerung

EPTA Association of European Portable Electric Tool Manufacturers in Frankfurt

EQA European Quality Award, Selbstbewertung der Qualität nach →TQM- bzw. →EFQM-Modell

EQNET European Quality Network for System Assessment and Certification, europäisches Netzwerk für die Beurteilung und Zertifizierung von Qualitäts-Sicherungs-Systemen

EQS European-Committee for Quality System Assessment and Certification, europäisches Komitee für die Beurteilung und Zertifizierung von Qualitäts-Management-Systemen

ER Extension Rack, Erweiterungs-Rahmen z.B. der →SIMATIC S5

ER Erregung, z.B. von Gleichstrom-Antrieben

E/R Einspeise-/Rückspeise-Einheit der →SIMODRIVE-Antriebe von Siemens

ERA Electrical Research Association, Forschungsgesellschaft für Elektrotechnik in Leatherhead, GB

ERA Electronic Representatives Association, Verband der Vertreter elektronischer Erzeugnisse der USA

ERASIC Electrically Reprogrammable →ASIC
ERC Electrical Rule Check, Simulations-Programm
ERR Error, Fehlermeldung
ES902 Einbau-System 902
ESA Ein-Stations-Montage-Automat
ESB Electrical Standards Board, Ausschuß für elektische Normen in New York
ESC Engineering Standards Committee, Ausschuß für technische Normen des →BSI
ESC Escape
ESC European Sensor Committee, europäisches Komitee für Sensor-Technik
ESCIF European Sectorial Committee for Intrusion and Fire Protection, Europäisches Sektor-Normen-Gremium für Sicherheitstechnik und Brandschutz
ESD Electrostatic Sensitiv Device, Internationale Bezeichnung für elektrostatisch gefährdete Bauelemente →EGB
ESD Electro Static Discharge, Störspannung über 100V mit geringer Ladungsmenge, d.h. kurze Impulsdauer
ESD European Standards Data Base
ESDI Enhanced Small Devices Interface →PC-Controller-Schnittstelle
ESF European Standards Forum
ESF Extended Spooling Facility, Betriebssystem-Erweiterung von →DOS
ESFI Epitaxialer Silizium-Film auf Isolator zur Herstellung eines →IC
ESI European Standards Institution
ESK Edelmetall-Schnell-Kontakt(-Relais), eingetragenes Warenzeichen der Siemens AG
ESp Erdschluß-Lösch-Spule
ESPITI European Software Process Improvement Training Initiative, europäische Trainings-Initiative zur Verbesserung des Software-Erstellungs-Prozesses; Förderung durch die →EU
ESPRIT European Strategic Programme for Research and Development in Information Technology, Forschungs- und Entwicklungs- Rahmenprogramm der →EU
ESR Effective Serial Resistor (Widerstand), Vorwiderstand von Kondensatoren, mit dem bei hohen Strömen gerechnet wird
ESR Essential Safety Requirement, grundlegende Sicherheitsanforderung z.B. einer →EU-Richtlinie
ESRA European Safety and Reliability Association, europäischer Verband für Sicherheit und Zuverlässigkeit
ESSAI European Siemens Nixdorf Supercomputer Application Initiative, →SNI-Projekt mit Universitäten zur Förderung der Forschung für einen Supercomputer
ESSCIRC European Solid State Circuits Conference, europäische Halbleiter-Konferenz

ESSD Edge Sensitive Scan Design, Regeln beim →ASIC-Design-Test
ESVO Elektronik-Schrott-Verordnung
ETA Emulations- und Test-Adapter, Testsystem für Mikroprozessorsysteme
ETB Elektronisches Telefon-Buch
ETB Erweitertes Tabellen-Bild der →SINUMERIK-Mehr-Kanal-Anzeige
ETC Etcetera, z.B. Taste bei der →SINUMERIK zum Weiterschalten
ETCCC European Testing and Certification Coordination Council, Europäischer Rat für die Prüf- und Zertifizierungs-Koordination
ETCI Electro-Technical Council of Ireland, Verband der Elektrotechniker in Irland
ETCOM European Testing and Certification for Office and Manufacturing Protocols
ETEP European Transactions on Electrical Power Engineering
ETFE Ethylene Vinyl Flour Ethylene, Werkstoff für Leitungs- und Kabelmantel
ETG Energie-Technische Gesellschaft im →VDE
ETHERNET Lokale Netzwerk-Architektur, die einen Industrie-Standard darstellt
ETL Electrical Testing Laboratories Ltd., elektrische Prüflaboratorien der USA
ETL Electrotechnical Laboratory, staatliches elektrotechnisches Labor in Japan
ETS European Telecommunications Standard, europäische Telekommunikations-Norm
ETSI European Telecommunication Standard Institute, Europäisches Institut für Telekommunikationsnormen
ETT European Transactions on Telecommunications and Related Technologies
ETX End Of Text
ETZ Elektrotechnische Zeitschrift des →VDE
EU Europäische Union, Europäische Gemeinschaft, früher →EG
EU Extension Unit, Erweiterungsgerät, z.B. für Binäre →E/A-Baugruppen
EUCERT European Council for Certification, jetzt →EOTC
EUCLI European Communication Line Interface, europaweit zugelassener Schnittstellen-Baustein für öffentliche Netze
EUCLID Easily Used Computer Language for Illustration and Drawings, höhere Programmiersprache für die Erstellung von Zeichnungen und Illustrationen
EUFIT European Congress on Fuzzy and Intelligent Technologies, europäischer Kongreß für Fuzzy-Logik und neuronale Netze
EURAS European Academy for Standardization e.V., europäische Akademie für Normung in Hamburg
EUREKA European Research Coordination Agency, Koordination der Entwicklungsvorhaben von Frankreich und Deutschland

EUROLAB European Laboratories, europäischer Zusammenschluß von Prüflaboratorien

EUT Equipment under Test, z.B. Prüflinge bei →EMV-Messungen

EUUG European Unix-System User Group, Vereinigung der europäischen →UNIX-Anwender

EVA Ethylene Vinyl Acetate Copolymer, Werkstoff für Leitungs- und Kabelmantel

EVR Electronic Video Recording, elektronische Aufzeichnung von Bildern

EVT Engineering Verification Testing

EVU Elektrizitäts-Versorgungs-Unternehmen

EVz End-Verzweiger der Telekommunikation

EW Eingangswort, stellt eine 16 Bit breite Schnittstelle vom Prozess zum Automatisierungsgerät dar

EW Early Warning, Information, daß das Bandende folgt

EWA Europäische Wekzeugmaschinen-Ausstellung, Vorläufer der →EMO

EWG Europäische Wirtschafts-Gemeinschaft

EWH Expected Working Hours, angenommene Betriebszeit eines Gerätes

EWICS European Working Group for Industrial Computer Systems, europäischer Arbeitskreis für industrielle Rechner-Systeme

EWIV Europäische Wirtschaftliche Interessen-Vereinigung, Rechtsform der Europäischen Gemeinschaft

EWOS European Workshop for Open System, Arbeitsgruppe für offene Netze

EWR Europäischer Wirtschafts-Raum, →EWG und →EFTA

EWS European Workstation, Entwicklungsprojekt des →EOS

EWS Engineering Workstation

EWS Europäisches Währungs-System

EWS Elektronisches Wähl-System

EWSA Elektronisches Wähl-System Analog

EWSD Elektronisches Wähl-System Digital

EXACT Exchange of Authenticated electronic Component performance, Testdata, Internationale Organisation für den Austausch beglaubigter Prüfdaten über elektronische Bauelemente

EXAPT Extended Subset of →APT, Teile-Programmier-System, entwickelt an den Technischen Hochschulen Aachen, Berlin und Stuttgart. Untermenge von APT

EXAPT Exact Automatic Programming of Tools, Programmerstellung für numerisch gesteuerte Maschinen

EXE Externe Impulsformer Elektronik, Signalanpassung von Meßimpulsen an die Werkzeugmaschinen-Steuerung

EXE Executable-Datei, Programmdatei, Datei-Ergänzung

EXT Extension, Erweiterungs-Datei, Datei-Ergänzung

EXU Execution Unit, Baustein zur schnellen Interruptverarbeitung

EZS Eingabe Zwischen-Speicher

F Programmierung des Vorschubes nach →DIN 66025

FA Folge-Achse

FA Flexible Automation

FACT Fairschild Advanced →CMOS Technology, Hochgeschwindigkeits-CMOS-Schaltkreisfamilie

FACT Flexible Automatic Circuit Tester, Einrichtung zum Testen unterschiedlicher Schaltkreise

FAIS Factory Automation Interconnection System, japanisches Mini-→MAP-Konzept

FAMETA Fachmesse für Metallbearbeitung in Nürnberg

FAMOS Flexibel automatisierte Montage-Systeme, →CIM-orientierte Montage von Roboterkomponenten

FAMOS Flexible Automated Manufacturing and Operating System, Standard-Software für integrierte Werkstatt-Organisation

FAMOS Floating Gate Avalanche →MOS

FANUC, japanischer Hersteller von →NC- und →RC-Steuerungen sowie →SPS

FAPT Fanuc →APT, Teile-Programmier-Sprache der Fa. Fanuc, die den Sprachaufbau von APT verwendet

FAST Fairchild Advanced Schottky →TTL, Hochgeschwindigkeits-TTL-Schaltkreisfamilie

FAST Facility for Automatic Sorting and Testing, automatisches Prüf- und Sortiersystem

FAT File Allocation Table von →MS-DOS

FAW Forschungsinstitut für anwendungsorientierte Wissensverarbeitung (Umweltinformatik)

FB Funktions-Baustein, Anwenderfunktionen im →SPS-Programm

FB Funktions-Block, eine oder mehrere →BFs beim Informationsaustausch mit Arbeitsmaschinen nach DIN 66264

FBA Fehlerbaum-Analyse →FTA

FBAS Farb-Bildsignal Austastsignal, Synchronisiersignal, Monitor- Eingangs- Signal, bei dem Farbinformation, Bildinformation und Synchronisiersignal auf einer Leitung moduliert übertragen werden

FBD Funktion Block Diagram

FBG Flach-Bau-Gruppe, gebräuchliche Bezeichnung von Leiterplatten

FB-IA Fachbereich Industrielle Automation und Integration im →NAM

FB-MHT Fachbereich Montage und Handhabungs-Technik im →NAM

FBO Fernmelde-Bau-Ordnung

FBS Funktions-Baustein-Sprache nach →IEC 65 für →SPS

FC Fan Control

FCC Federal Communication Commission, USA-Bundesbehörde für Telekommunikation

FCI Flux Changes per Inch, Magnetisierungsdichte in Flußwechsel je Zoll, z.B. bei Magnetplatten

FCKW Fluor Chlor Kohlen Wasserstoff

FCPI Flux Changes Per Inch, Zahl der Flußwechsel pro Zoll auf einem Magnetspeicher

FCS Frame Check Sequence, Übertragungs-Sequenz mit Fehlerauswertung z.B. nach →CRC

FD Floppy Disk, magnetischer Datenträger für Rechner

FDAP Frequency Domain Array Processor

FDC Floppy Disk Controller

FDC Factory Data Collection

FDD Floppy Disk Drive

FDD Frequency Division Duplex, Variante der →FDMA, bei dem der Übertragung und dem Empfang je eine Trägerfrequenz zugewiesen ist

FDDI Fibre Distributed Data Interface, Glasfaser-Verteiler-Schnittstelle für die Datenübertragung

FDL Fieldbus Data Link Layer, Feldbus-Datensicherungs-Schicht

FDM Frequency Division Multiplexor, Einrichtung, die den Frequenzbereich in separate Kanäle aufteilt

FDMA Frequency Division Multiple Access, Netzzugangsverfahren für Frequenzbänder

FDOS Floppy Disk Operating System, Betriebssystem auf Diskette

FDX Full Duplex, Vollduplex, gleichzeitige Datenübertragung in beiden Richtungen

F&E Forschung & Entwicklung, →R&D

FEB Front End Processor, Vorschaltrechner zur Entlastung des Hauptrechners, z.B. zur Schnittstellenbedienung

FED Field Emission Display, elektronenemitierende Schicht in der →LCD-Technik

FED Fachverband Elektronik Design

FEEPROM Flash Electrical Erasable Programmable Read Only Memory, schnelle elektrisch programmierbare →EPROM

FEEI Fachverband der Elektro- und Elektronik-Industrie

FELV Functional Extra-Low Voltage

FEM Finite Elemente Methode, Simulation von Prozessen, bzw komplexe Rechner-unterstützte Berechnungsverfahren

FEN Förderverein für Elektrotechnische Normung e.V. der →CECC in Frankfurt

FEPROM Flash Erasable Programmable Read Only Memory, schnelle →EPROM

FET Field Effect Transistor

FF Flip Flop

FF Form Feed, Steuerzeichen für Seiten-Vorschub

FFA Fahren auf Fest-Anschlag, Arbeitsweise an Werkzeugmaschinen

FFM Fest-Frequenz-Modem

FFS Flexibles Fertigungs-System, Rechnergeführtes Produktions-System, mit dem beliebige Werkstücke in beliebigen Losgrößen gefertigt werden können

FFS Flash File System

FFS Fast File System

FFT Fast Fourier Transformation

FFZ Flexible Fertigungs-Zelle

FGA Future Graphics Adapter, Farbgraphik-Anschaltung für Monitore

FGEA Forschungs-Gemeinschaft Elektrische Antriebe

FGS Fördergemeinschaft SERCOS-Interface e.V.

FIFO First in/First out, Speicher, der ohne Adressangabe arbeitet und dessen Daten in der selben Reihenfolge gelesen wie gespeichert werden

FILO First in/Last out, Speicher, der ohne Adressangabe arbeitet und dessen Daten in der umgekehrten Reihenfolge gelesen wie gespeichert werden

FIM Field Induced Model, Simulations-Modell für →EGB

FIMS Flexible Intelligent Manufacturing System

FIP Factory Instrumentation Protocoll, Vorarbeit für Feldbus-Standard, →Flux d'Information (FIP)

FIP Feldbus Industrie Protokoll

FIP International Federation for Information Processing

FIP Flux d'Information du et vers le Processus

FIPS Federal Information Processing Standard

FIS Flexibles Inspektions-System, System zur frühzeitigen Erkennung von Störgrößen bei →FFS

FIT Failures In Time, Anzahl von Ausfällen je Zeiteinheit

FITL Fibre in the Loop, Glasfaser-Meßtechnik

FKM Forschungs-Kuratorium, Maschinenbau e.V.

FKME Fachkreis Mikroelektronik des →VDI/VDE

FL Fuzzy-Logic, zum Definieren mathematisch ungenauer Aussagen

FLAT Flat Large Area Television, ferroelektrisches →LC-Display

FLCD Ferro Liquid Crystal Display, Flüssigkristall-Display auf Eisen-Basis

FLOP Floating Octal Point, Oktalzahlen bei der Gleitkommarechnung

FLOPS Floating Point Operation Per Second

FLP Fatigue Life Prediction

FLR Fertigungs-Leit-Rechner

FLT Fertigungs-Leit-Technik

FLXI Force Local Expansion Interface, Schnittstelle zum →VME-Bus

FLZ Fertigungs-Leit-Zentrale(-Zentrum)
FM Frequenz-Modulation
FM Funktions-Modul, z.B. der →SIMATIC S5
FM Fachnormen-Ausschuß Maschinenbau
FMA Fieldbus Management
FMC Flexible Manufacturing Cell
FMC Fuzzy-Micro-Controller, Regelungsbaustein
FMEA Failure Modes and Effects Analysis
FMECA Failure Mode and Effect Criticality Analysis
FM-NC Funktions-Modul Numerical Control, Funktions-Modul der →SIMATIC für Numerische Steuerung
FMS Flexible Manufacturing System
FMS Fieldbus Message Specification, Spezifikation der Kommunikationsdienste nach →OSI Schicht 7
FMU Flexible Manufacturing Unit
FMV Full Motion Video
FNA Fachnormen-Ausschuß
FNC Flexible Numerical Controller
FND Firmen-Neutrales Datenübertragungs-Protokoll nach →DIN
FNE →FAIS Networking Event, Automatisierungs-Netzwerk
FNE Fach-Normenausschuß Elektrotechnik im Deutschen Normen-Ausschuß
FNIE Fédération Nationale des Industries Electroniques, nationaler französischer Verband der elektronischen Industrie
FNL Fach-Normenausschuß Lichttechnik
FOAN Flexible Optical Access Network, Glasfaser-Meßtechnik
FOL Fiber Optic Link
FOR →FORTRAN-Quellcode, Datei-Ergänzung
FORTRAN Formula Translator, höhere Programmiersprache
FOV Field of View
FP Flat Panel, Flach-Bildschirm
FP File Protect, Zugriffsschutz für Dateien
FP Fixed Point, Festpunkt
FPAD Field Programmable Adress Decoder, →PLA für Adreßdekodierung
FPAL Field Programmable Array Logic, vom Anwender programmierbare Logik-Arrays
FPD Fine-Pitch-Device, Leiterplatten-Entflechtung mit Raster <0,635 mm
FPD Flat Panel Display, Flachbildschirm
FPGA Field Programmable Gate Array, vom Anwender programmierbare UND-Arrays
FPL Fuzzy Programming Language, Makro-Sprache für Fuzzy-Technologie
FPLA Field Programmable Logic Array, vom Anwender programmierbare Logik-Arrays
FPLD Field Programmable Logic Device, vom Anwender programmierbare Logik
FPLS Field Programmable Logic Sequencer
FPM Field Programmable Micro-Controller, Anwenderorientierter Micro-Controller

FPM-DRAM Fast Page Mode-→DRAM, schnelle dynamische Schreib- und Lesespeicher
FPML Field Programmable Macro Logic
FPP Floating Point Processor
FPS Frei programmierbare Steuerung
FPS Forschungs- und Prüfgemeinschaft Software des →VDMA
FPT Fine Pad Technique, →SMD-Feinätztechnik
FPU Floting Point Unit, Gleitkomma-Rechnung für arithmetische Operationen
FQM Fachgesellschaft für Qualitäts-Management
FQS Forschungsvereinigung Qualitäts-Sicherung
FRAM Ferroelectrical →RAM, schneller nichtflüchtiger Schreib-Lese-Speicher
FRC Frame-Rate-Control, Verfahren zur Erzeugung von Graustufen auf →ELDs
FRED Fast Recovery Epitaxial Diode
FROM Factory Programmable →ROM, vom Hersteller eingestellter Festwertspeicher
FRK Fräser-Radius-Korrektur bei der Werkzeugmaschinen-Steuerung
FRN Feed Rate Number, Vorschubzahl, Schlüsselzahl für die Vorschubgeschwindigkeit
FRPI Flux Reversals Per Inch, Zahl der Flußwechsel pro Zoll auf einem Magnetspeicher
FS File Server, zentraler Speicher eines Rechnersystemes
FS Fernschreiber bzw. Fernschreiben
FS Field Separator, Steuerzeichen für die Fernübertragung
FS Full Scale
FSB Functional System Block, vordefinierter, layoutoptimierter →ASIC-Funktionsblock
FSK Frequency Shift Key, Frequenz-Modulations-Technik
FSR Full Signal Range
FST Flat Square Tube, flacher, fast rechteckiger Bildschirm
FST Feed Stop, Vorschub Halt, Maschinen-Steuer-Funktion der →SINUMERIK
FSTN Film Super-Twisted Nematic, Folien in der →LCD-Technik zum Farbausgleich
FSZ Fertigungs- und Service-Zentrum der Siemens AG in München; eigenständiges Dienstleistungs-Unternehmen
FT File Transfer, Programm zur Datenübertragung
FTA Fault Tree Analysis
FTAM File Transfer Access and Management, →OSI-Standard
FTK Fertigungs-Technisches Kolloquium
FTL Fuzzy Technologies Language, →HW-unabhängiges Beschreibungsformat
FTL Flash Translation Layer, →PCMCIA-Dateisystem-Standard
FTN Film Twinsed Nematic, →LC-Display-Technik

FTP File Tranfer Protocol, standardisierte Datenübertragung

FTP Foiled Twisted Pair, paarweise verdrillte Leitung mit Folienschirm

FTS Fahrerlose Transport-Systeme

FTS Flexible Toolhandling System, flexible Werkzeugverwaltung an Werkzeugmaschinen

FTZ Fernmelde-Technisches Zentralamt (Zulassung) der Bundespost

FTZ Fehler-Toleranz-Zeit, Zeitspanne, in der ein Prozeß durch Fehler beeinträchtigt werden kann

FU Frequenz-Umrichter

FUBB Funktion Unter-Bild-Beschreibung der →SINUMERIK-Mehr-Kanal-Anzeige

FuE Forschung und Entwicklung

FUP Funktions-Plan, Darstellung eines →SIMATIC-Programmes mit Funktions-Symbolen, ähnlich der Logik- Schaltzeichen

FVA Forschungs-Vereinigung Antriebstechnik

FVK Faser-Verbund-Kunststoff

FW Firmware, Hardware-nahe Software, z.B. Betriebssysteme

FWI Fachverband Werkzeug-Industrie

FZI Forschungs-Zentrum für Informatik in Karlsruhe

G Grinding, Steuerungsversion für Schleifen

G Wegbedingung im Teileprogramm nach →DIN 66025

GaAs Gallium-Arsenid

GAB Grundlastbetrieb mit zeitweise abgesenkter Belastung nach →DIN VDE 0558 T1

GAL Generic Array Logic, flexibles, elektrisch lösch- und programmierbares Gate-Array

GAM Graphic Access Methode, Zugriff auf gespeicherte grafische Information

GAN Global Area Network

GARM Generic Application Reference Model, Spezifikations-Methode in →STEP

GASP General Analysis of System Performance

GATT General Agreement on Tariffs and Trade

GB Gleichrichter-Betrieb von Stromrichtern

GBIB General Purpose Interface Bus

GCI General Circuit (Computer) Interface, →ISDN-Protokoll

GCR Group Code Recording, Daten-Aufzeichnungs-Verfahren mit hoher Dichte

GDBMS Generalized Data Base Management System, Verwaltung einer universellen Datenbank

GDC Graphic Display Controller, Ansteuer-Einheit oder Baustein für Bildschirm-Ansteuerung

GDDM Graphical Data Display Manager, Großrechner-Graphik-System

GDI Graphics Device Interface, Schnittstelle unter WINDOWS

GDM Graphic Display Memory, Graphik-Bild-Speicher

GDS Graphic Design System

GDT Global Descriptor Table, Descriptor-Tabelle der Prozessoren 386 und 486 von Intel

GDU Graphic Display Unit, Graphik-Bildschirm

GE General Electric, amerikanischer Steuerungs-Hersteller

GE Grinding Export, Exportversion der →SINUMERIK-Schleifmaschinen-Steuerungen

GEA Gesellschaft für Elektronik und Automation mbH

GEDIG German →EDIF Interest Group

GEF General Electric Fanuc, Werkzeugmaschinen-Vertriebs-Gesellschaft von →GE und →FANUC in den USA

GEMAC Gesellschaft für Mikroelektronik-Anwendung Chemnitz mbH

GEN Generator, Datei-Ergänzung

GENOA Generieren und Optimieren von Arbeitsplänen, Arbeitsplanungs-Prozess mit →DV-Techniken rationalisieren

GEO Geometrie(-Datenverarbeitung)

GET →VDI-Gesellschaft Energie-Technik

GFI Gesellschaft zur Förderung der Elektrischen Installationstechnik e.V.

GFK Glas-Faser-verstärkter Kunststoff

GFLOPS Giga Floating Point Operations Per Second

GFO Gesellschaft für Oberflächen-Technik mbH

GFPE Gesellschaft für praktische Energiekunde e.V.

GGS Güte-Gemeinschaft Software, Zertifizierungsstelle für SW-Prüflabors

GHDL Genrad Hardware Description Language, Hardware- Beschreibungssprache für →VLSI von Genrad

GHz Giga-Hertz

GI Gesellschaft für Informatik e.V. in Bonn

GIF Graphics Interchange Format, Protokoll zum Austausch von Grafik-Daten, Datei-Ergänzung

GIFT General Internal →FORTRAN Translator

GIM Generalized Information Management System, Verwaltung von Datenbanken

GIRL Graphic Information Retrieval Language, Programmiersprache für das Wiederfinden grafischer Information

GIRLS Generalized Information Retrieval and Listing System, Programm für das Wiederfinden grafischer Information

GIS Generalized Information System, Informationssystem von IBM

GISP Generalized Information System for Planning, Informationssystem für die Planung

GKB Grundlastbetrieb mit zusätzlicher Kurzzeit-Belastung z.B. von Werkzeugmaschinen nach →DIN VDE 0558 T1

GKE Graphische Kontur-Erstellung, Simulations- und Schulungs-Software für Werkzeugmaschinen-Steuerungen

GKS Graphical Kernel System, Graphisches Kernsystem. Internationale Norm (→ISO 7942) für graphische Daten-Verarbeitung

GL Gleichrichter

GLATC Graphics and Languages Agreement Group for Testing and Certification

GLT Gebäude-Leit-Technik nach →DIN

GMA Gesellschaft Mess- und Automatisierungs-Technik des →VDI/VDE

GMD Gesellschaft für Mathematik und Datenverarbeitung mbH

GME Gesellschaft für Mikro-Elektronik des →VDE/VDI (alt)

GMF Gesellschaft für Mikro- und Feinwerktechnik des →VDI/VDE (alt), →GMM

GML Graphical Motion Control Language von Allen-Bradley

GMM →VDE/VDI-Gesellschaft Mikroelektronik, Mikro- und Feinwerktechnik

GMSK Gaussian Mean (Minimum) Shift Keying, Modulationstechnik zur Übertragung von digitalen Daten auf einer Funkfrequenz

GN General Numerik, gemeinsame ehemalige Vertriebsfirma von →FANUC und Siemens für Werkzeugmaschinen-Steuerungen in den USA

GND Ground, Bezeichnung für elektrische Bezugsmasse (oV)

GNS Global Network Service, Datenkommunikations-Dienst

GOL General Operating Language, Programmiersprache für die Bedienoberfläche

GOPS Giga Operations Per Second

GOS Global (Graphic) Operating System, Betriebssystem für Rechner

GOSIP Government Open System Interconnection Profile, standardisierte Computernetze

GPC General Policy Committee des →IEC

GPIB General Purpose Interface Bus, Meßgeräte-Bus nach →IEEE-488

GPL General Purpose Logic, applikationsorientierte Funktions-Logik

GPL Generalized Programming Language, allgemeine Programmiersprache

GPOS General Purpose Operating System, universelles Betriebssystem

GPPC General Purpose Power Controller, →C-CITT-kompatibler Schaltnetzteil-Regler

GPS Global Positioning System

GPSC General Purpose Control System, universelles Steuer- und Regelsystem

GPSL General Purpose Simulation Language, allgemeine Simulation von Netzen

GPSS General Purpose Simulation System, allgemeines Simulationssystem

GQFP Guarding Quad Flat Package, Gehäuseform von Integrierten Schaltkreisen mit

hoher Pinzahl

GRID Graphic Interaktive Display, grafisches Datensichtgerät

GRIT Graphical Interface Tool, graphische →PC-Bedienoberfläche für Werkzeugmaschinen-Steuerungen

GRP Group, Gruppen-Datei, Datei-Ergänzung

GS Geprüfte Sicherheit, Konformitätszeichen für Sicherheit

GS General Storage

GSF Gesellschaft für Strahlen- und Umwelt-Forschung mbH

GSG Geräte-Sicherheits-Gesetz, Gesetz über technische Arbeitsmittel in Deutschland

GSM Group Speciale Mobile, Standard für digitale zellulare Mobil-Kommunikation

GSM Global System for Mobil-Communication

GSP Graphic System Processor, Graphik-Prozessor

GTI Graphics Toolkit Interface, 2D-/3D-Schnittstelle von Graphik-Prozessoren

GTO Gate Turn Off, abschaltbarer Thyristor

GTO Graduated Turn On, Groundbounce-Begrenzung bei →ICs

GTT Gesellschaft für Technologie-Förderung und Technologie-Beratung in Duisburg

GTW Gesellschaft für Technik und Wirtschaft e.V.

GTZ Gesellschaft für Technische Zusammenarbeit mbH

GUI Graphical User Interface, graphische Benutzer-Schnittstelle von →PCs

GUS Gesellschaft für Umwelt-Simulation bei Karlsruhe

GUUG German →UNIX User Group

GZF Gesellschaft zur Förderung des Maschinenbaus

GZP Gütegemeinschaft Zerstörungsfreie Werkstoff-Prüfung im →RAL

H Hexadezimalzahl

H High-Pegel, logischer Pegel = 1

H Programmierung einer Hilfsfunktion

HAL Hard Array Logic, allgemein gebräuchliche Abkürzung für festverdrahtete →PLDs

HAL Hardware Abstraction Layer

HAL Hot-Air-Levelling-Process, Prozeß zur Leiterplattenherstellung

HAR Harmonization Agreement for Cables and Cords

HART High Adressable Remote Transducer

HAST Highly Accelerated Stress Technique, Zuverlässigkeitsuntersuchung von Halbleitern

HAZOP Hazard and Operability Study, Untersuchung der Gefahrenquellen und der Bedienbarkeit, z.B. von Maschinen

HBM Human Body Model, Simulations-Modell für →EGB

HBT Heterojunction Bipolar Transistor, Transistor-Technologie

HBZ Hochgeschwindigkeits-Bearbeitungs-Zentrum

HC High Speed →CMOS, →HCMOS

HC High Current

HCMOS High Speed →CMOS, schnelle CMOS-Schaltkreisfamilie

HCR Host Control Register

HCS Host Chip Select, →IDE-Schnittstellen-Signal

HCT High Speed →CMOS Technology, →TTL-kompatible schnelle CMOS-Schaltkreisfamilie

HD Harmonization Document, Harmonisierungs-Dokument der →CEN/CENELEC-Norm

HD Hard Disk, magnetischer Datenspeicher, Festplattenlaufwerk von Rechnern

HD High Density, z.B. hohe Speicherdichte bei →FDs

HDA Head Disk Assemblies, Zugriffs-Mechanismen für Festplattenlaufwerke

HDCMOS High Density →CMOS, Schaltkreisfamilie mit sehr feiner Silicium-Struktur

HDD Hard Disk Drive, →PC-Festplatten-Laufwerk

HDDR High Density Digital Recording, Aufzeichnung digitaler Daten mit hoher Speicherdichte

HDI Haftpflichtverband der Deutschen Industrie

HDL Hardware Description Language, Hardware-Beschreibungssprache für →VLSI

HDLC High Level Data Link Control, von der →ISO genormtes Bit-orientiertes Protokoll für die Datenübertragung

HDSL High Bit-Rate Digital Subscriber Line, Übertragungstechnik auf Basis bestehender Telefonleitungen

HDTV High Definition Tele-Vision, Breitwand-Bildformat mit hoher Auflösung

HDX Half Duplex, Halbduplex, Datenübertragung in beiden Richtungen, jedoch nicht gleichzeitig

HDZ Hochschul-Didaktisches Zentrum der RWTH Aachen

HE Höhen Einheit, Angabe der Baugruppenhöhe im 19"-System. Eine HE = 44.45 mm

HELP Highly Extandable Language Processor, erweiterbarer Sprachprozessor

HEMT High Electron Mobility Transistor-Technology, leistungsfähiger →FET

HF High Frequencies

HFDS High Frequency Design Solution

HGA Hercules Graphic Adapter, Graphik-Anschaltung für Monitore

HGB Hoch-Geschwindigkeits-Bearbeitung

HGC Hercules Graphic Controller, →PC-Ausgabe-Standard

HGF Hochschul-Gruppe Fertigungstechnik

HGF Hoch-Geschwindigkeits-Fräsen

HGÜ Hochspannungs-Gleichstrom-Übertragung

HIC Hybrid Integrated Circuit, integrierte Schaltung mit diskreten Bauelementen

HICOM High Communication, Telefonanlage von Siemens

HIFO Highest In First Out

HIPER Hierarchically Interconnected and Programmable Efficient Resources

HIT Hamburger Institut für Technologie-Förderung

HKW Halogen-Kohlen-Wasserstoff

HL Halbleiter, auch Bereich der Siemens AG

HLC High Level Compiler, Übersetzung von Programmiersprachen

HLC Hot Liquid Cleaning, Leiterplatten-Reinigungsverfahren

HLCS High Level Control System

HLDA High Level Design Automation

HLDA Hold Acknowledge, Bestätigung der Halt-Anforderung vom Prozessor

HLG Hochlaufgeber

HLL High-Speed Low Voltage Low Power, →CMOS-Schaltkreisfamilie mit niedriger Versorgungsspannung (3,3V)

HLL High Level Language, Hochsprache

HLM Heterogeneous →LAN Management, Netzwerkmanagement von IBM

HLP Help, Hilfe-Datei, Datei-Ergänzung

HLR Home Location Register

HLTTL High Level Transistor - Transistor Logik, bipolare Transistortechnik

HMA High Memory Area, Speicherbereich oberhalb der 1 MByte-Grenze bei →PCs

HMI Hannover Messe Industrie

HMOS High Performance →MOS, →NMOS-Technologie mit hoher Gatterlaufzeit

HMS High Resolution Measuring System, hochauflösendes Meß-System, z.B. der Istwertaufbereitung von Strom- oder Spannungs-Rohsignalen von Lagegebern

HMT Hindustan Machine Tools, indische Werkzeugmaschinen-Fabrik

HMTF Hub Management Task Force der →IEEE 802.3

HNI Heinz Nixdorf Institut der Universität Paderborn

HNIL High Noise Immunity Logic, Logik-Familie mit hoher Störsicherheit

HP Hewlett Packard, u.a. Hersteller hochwertiger Meßgeräte

HPFS High Performance File System von OS/2

HPG Hand-Puls-Generator, Elektronisches Handrad, auch →MPG

HPGL Hewlett Packard Graphic Language

HPMS High Performance Main Storage, zentraler Speicher mit kurzen Zugriffszeiten

HPU Hand Programming Unit, Programmier-Handgerät, z.B. für die Roboter-Programmierung

HRM High Reliability Module, Element mit hoher Zuverlässigkeit

HS Haupt-Spindel von Werkzeugmaschinen

HSA Haupt-Spindel-Antrieb, Antrieb der Arbeitsspindel von Werkzeugmaschinen

HSA Highest Station Address, höchste z.B. Feldbus-Adresse

HSA High Speed Arithmetic, schnelle arithmetische Recheneinheit

HSC High Speed Cutting, Hochgeschwindigkeits-Bearbeitung, →HSM

HSCX High- Level Serial Communication Controller Extended, leistungsfähiger 2-Kanal-→HDLC-Controller mit Protokoll-Unterstützung

HSD High Speed Data, Datenübertragung mit hoher Geschwindigkeit

HSDA High Speed Data Aquisition

HSDC High Speed Data Channel

HSEZ Hohl-Schaft-Einfach-Zylinder, Steilkegel der Werkzeugaufnahme für den automatischen Werkzeugwechsel

HSI High Speed Input, Controller-Funktions-Einheit

HSIO High Speed Input / Output, Controller-Funktions-Einheit

HSLN High Speed Local Network

HSO High Speed Output, Controller-Funktionseinheit

HSP High Speed Printer

HSK Hohl-Schaft-Kegel, Steilkegel der Werkzeugaufnahme für den automatischen Werkzeugwechsel

HSM High Speed Machining, Hochgeschwindigkeits-Bearbeitung, →HSC

HSM High Speed Memory, Speicher mit kurzer Zugriffszeit

HSS High Speed Steel, Hochleistungs-Schnellarbeits-Stahl für Zerspanungs-Werkzeuge

HSS High Speed Storage, Speicher mit kurzer Zugriffszeit

HST High Speed Technology, Übertragungs-Standard für hohe Datenraten

HSYNC Horizontal Synchronisiersignal, horizontale Bild-Synchronisation bei Kathodenstrahl-Röhren

HSZ Hohl-Schaft-Zylinder, Steilkegel der Werkzeugaufnahme für den automatischen Werkzeugwechsel

HT Horizontal Tabulator, Anzeige-Steuerzeichen

HTCC High Temperature Cofired Ceramic, Keramik für Multilayer-Leiterplatten für hohe Temperaturen

HTL High Threshold Logic, Logik-Familie mit höherer Versorgungsspannung (+15 V) und dadurch störsicherer

HTL High-Voltage Transistor Technology, Transistoren für Hochvolt-Anwendungen

HTML Hyper-Text Markup Language, Programmiersprache der →WWW -Benutzeroberfläche

HTTL High Power Transistor - Transistor Logik, bipolare Transistortechnik hoher Leistung

HV High Voltage

HVOF High Velocity Oxygen Fuel, Flammspritzen mit hoher Partikelgeschwindigkeit, über 300 m/s

HW Hardware, z.B. Geräte und Baugruppen von Rechen-Anlagen

Hz Hertz, Zyklen pro Sekunde

I Interpolationsparameter oder Gewindesteigung parallel zur X-Achse nach →DIN 66025

IACP International Association of Computer Programmers, internationaler Programmierer-Verband

IAD Integrated Access Device

IAD Integrated Automated Docomentation, per Programm erstellte Dokumentation

IAF Identification and Authentication Facility, Begriff der Datensicherung

IAM Institut für Angewandte Mikroelektronik e.V. in Braunschweig

IAO Institut für Arbeitstechnik und Organisation in Stuttgart

IAQ International Academy for Quality, internationale Akademie für Qualität in New York

IAR Integrierte Antriebs-Regelung

IAW Institut für Arbeits-Wissenschaft der RWTH Aachen

IBC Integrated Broadband Communication

IBC →ISDN Burst Transceiver Circuit, 2-Draht-Übertragungsbaustein bis 3 km

IBCN Integrated Broadband Communications Network

IBF Institut für Bildsame Formgebung der RWTH Aachen

IBI Intergovernment Bureau for Informatics, Büro für internationale Aufgaben der Informatik

IBM International Business Machines Corporation, Computerhersteller der USA

IBN Inbetriebnahme, z.B. von Werkzeugmaschinen, →IBS

IBN Institut Belge de Normalisation, belgisches Normen-Gremium, →BIN

IBS Inbetriebsetzung, z.B. von Werkzeugmaschinen, →IBN

IBST International Bureau of Software Test

IBU Instruction Buffer Unit, Befehlsaufnahme-Register eines Rechners

IC Integrated Circuit, Integrierte Halbleiterschaltung auf einem Chip

ICA Internationales Centrum für Anlagenbau, Teil der →HMI

ICAM Integrated Computer Aided Manufacturing, Integration von Fertigungs-, Handhabungs-, Lagerungs- und Transportsystemen

ICC →ISDN Communication Controller, Ein-Kanal-→HDLC-Controller

ICC International Computer Conference

ICC International Congress Center in Berlin

ICC International Conference on Communications, internationale Konferenz für Übertragungstechniken

ICC International Chamber of Commerce, Internationale Handelskammer in Genf

ICC Intelligent Communication Controller

ICC Inspectorate Coordination Committee von →IECQ

ICCC International Council for Computer Communication, internationale Vereinigung für Übertragungstechnik

ICD In Circuit Debugger

ICDA International Circuit Design Association, internationaler Verband für Schaltungstechnik

ICE In-Circuit Emulation, Testsystem für Mikroprozessorsysteme

ICE Integrated Circuit Engineering, amerikanisches Marktforschungs-Institut für →IC

ICIP International Conference on Information Processing, internationale Konferenz für Informationsverarbeitung

ICL International Computer Ltd., Computer-Hersteller von Großbritannien

ICO Icon, Datei-Ergänzung

ICP Interactiv Contour Programming

ICR Intermediate Code for Robots, Vereinheitlichung des Roboter-Steuer-Codes

ICR International Congress of Radiology, internationaler Kongreß für Strahlenschutz

ICRP International Commission on Radiological Protection, internationale Strahlenschutz-Kommission

ICS Integrierte Computerunterstützte Software-Entwicklungsumgebung

ICS Informations-Centrum Schrauben

ICT In Circuit Test, Testwerkzeug für →FBGs in der Produktion

ID Identifier, Kennzeichnung

IDA Intelligent Design Assistant, Expertensystem zur Unterstützung der Konstruktion

IDA Industrielle Datenverarbeitung und Automation

IDAS Interchange Data Structure, Schnittstelle des Manufacturing Design System (→MDS)

IDC Isolation Displacement Connector, Schneidklemmtechnik für Kabelkonfektionen

IDE Integrated Drive Electronics, Schnittstelle zur Ansteuerung eines Massenspeichers

IDE Integrated Disk Environment, Festplatten-Schnittstelle von →PCs

IDEA International Data Encryption Algorithmus, universeller Blockchiffrier-Algorithmus für die Datenübertragung und -speicherung

IDMS Integrated Data Base Management System, Programmsystem für Management-Aufgaben

IDN Integrated Digital Network

IDN Identification Number

IDP Integrated Data Processing, Programmablauf eines Rechners

IDPS Integrated Design and Production System, standardisierte →ASIC-Entwicklungs-Biblothek

IDR Identification Register von Boundary Scan

IDS Information and Documentation Systems, Programm für Informationsverarbeitung und Dokumentation

IDT Institut für Datenverarbeitung in der Technik

IDT Interrupt Descriptor Table, Descriptor-Tabelle der Prozessoren 386 und 486 von Intel

IDTV Improved Definition Tele-Vision, 100Hz-Ablenktechnologie für flimmerfreie Darstellung

IEC International Electrotechnical Commission

IEC →ISDN Echo Cancellation(-Circuit), Voll-Duplex- Übertragungs- Baustein für Leitungen bis 8 km

IECEE →IEC-System for Conformity to Standards for Safety of Electrical Equipment

IECQ →IEC Quality Assessment System for Electronic Components

IEEE Institute of Electrical and Electronics Engineers, Verein der Elektro- und Elektronik-Ingenieure der USA

IEMP Internal →EMP, energiereiche Gamma-strahlen als Störquelle in elektronischen Schaltungen

IEMT International Electronic Manufacturing Technology

IEN Instituto Elettrotecnico Nazionale, nationales italienisches Institut für Elektrotechnik

IETF Internet Engineering Task Force, Gremium für Netzwerkprotokolle

IEV International Electrotechnical Vocabulary

IEZ Internationales Elektronik Zentrum in München

IFA Internationale Funk-Ausstellung

IFAC International Federation of Automatic Control, internationaler Verband der Steuer- und Regelungstechniker

IFC Interface Clear, definiertes Setzen der →IEC-Bus-Schnittstelle

IFC International Fieldbus Consortium, Gremium für die Standardisierung des Feldbusses

IFE Intelligent Front End, intelligente Schnittstelle mittels Rechner

IFET Inverse Fast Fourier Transormation

IFF Interchange File Format, Standard für Graphik- und Text-Dateien

IFF Institut für Industrielle Fertigung und Fabrikbetrieb der Universität Stuttgart

IFFT Inverse Fast Fourier Transformation

IFG International Field-Bus Group

IFL Integrated Fuse Logic, freiprogrammierbare Bausteine in Sicherungstechnik

IFM Institut für Montage-Automatisierung

IFMS Integriertes Fertigungs- und Montage-System

IFOR Interactive →FORTRAN, dialogorientierte FORTRAN-Sprache

IFR International Federation of Robotics, internationale Vereinigung der Roboter-Anwender

IFSA International Fuzzy System Association, internationale Fuzzy-System-Vereinigung

IFSW Institut für Strahl-Werkzeuge, z.B. für Laser

IFT Institut für Festkörper-Technologie in München

IFU Institut für Umformtechnik der Universität Stuttgart

IFUM Institut für Umformtechnik und Umform-Maschinen in Hannover

IFW Institut für Fertigungstechnik und Werkzeugmaschinen in Hannover

IFW Institut für Werkzeug- Maschinen der Universität Stuttgart

IG Industrie-Gewerkschaft

IGD Institut für Graphische Datenverarbeitung in Darmstadt

IGES Initial Graphics Exchange Specification

IGFET Insulated Gate Field Effect Transistor

IGMT Interessenverband Gerätetechnik für Feinwerk- und Mikro-Technik in Chemnitz

IGBT Insulated Gate Bipolar Transistor, Leistungs-Bauelement, ansteuerbar wie ein →MOS-FET, mit niedrigem Durchlaßwiderstand

IGES Initial Graphics Exchange Specification Schnittstelle des Manufacturing Design System (MDS) nach →ANSI

IGW Interaktive Graphische Werkstattprogrammierung, Bedienoberfläche einer →CNC-CAD zur Erstellung eines Teileprogrammes direkt aus der Werkstückzeichnung mit graphischen Elementen

IHK Industrie- und Handels-Kammer

IHK Internationale Handels-Kammer in Paris

IIASA International Institute for Applied Systems Analysis

IIF Image Interchange Format

I²ICE Integrated Instrumentation and In-Circuit Emulation System, Testsystem für Mikroprozessorsysteme

I²L Integrated Injection Logic, bipolare Technik für Schaltungen mit hoher Bauteildichte und geringer Leistungsaufnahme

IIOC Independent International Organisation for Certification

IIR Infinite Impulse Response Filter, rekursives Filter

IIRS Institute for Industrial Research and Standards, Institut für industrielle Forschung und Normung in Dublin

IIS Institut für Integrierte Schaltkreise in Erlangen

IKA Interpolatorische Kompensation mit Absolutwerten, frühere Bezeichnung: Durchhang-Kompensation, z.B. bei Drehmaschinen

IKTS Institut für Keramische Technologie und Sinterwerkstoffe in Dresden

IKV Institut für Kunststoff- Verarbeitung in Aachen

IL Instruction List Language, Anweisungsliste

ILAB Irish Laboratory Accreditation Board, irische Akkreditierungsstelle für Labors in Dublin

ILAC International Laboratory Accreditation Conference, internationales System für die Anerkennung von Prüfstellen

ILAN Industrial Local Area Network

ILB Inner Lead Bonding, Bond-Kontakte von →SMD-Bauelementen

ILF Infra Low Frequencies

ILMC Input Logic Macro Cell, Gate-Array-Eingang

ILO International Labour Organization

IM Interface Modul, →SIMATIC-S5-Koppel-Baugruppe, z.B. zu Erweiterungsgeräten

IMD Inter-Modulation Distortion, Intermodulations-Verzerrungen, z.B. von →D/A-Umsetzern

IMECO International Measurement Confederation, Gesellschaft für Mess- und Automatisierungs-Technik, →GMA

IMIS Integrated Management Information System, Informationssystem für Führungs- und Entscheidungsdaten

IML Institut für Materialfluß und Logistik in Dortmund

IMMAC Inventory Management and Material Control

IMO Institut für Mikrostruktur-Technologie und Optokoppler in Wetzlar

IMP Integrated Multiprotocol Processor

IMPATT Impact Avalanche and Transit Time, Schaltverhalten von Dioden

IMQ Institute Italiano del Marchio de Qualita, italienische Zeichen-Prüfstelle

IMR Interaction-Modul Receive

IMS Interaction-Modul Send

IMS Information Management System, Datenbanksystem der IBM

IMS Intellectual Manufacturing System, Studie über Normen-Vereinheitlichung computerkontrollierter Fertigungsautomatisierung

IMS Institut für Mikroelektronische Schaltungen und Systeme in Duisburg

IMS Institut für Mikroelektronik Stuttgart, Stiftung des Öffentlichen Rechts

IMST Insulated Metal Substrate Technology, Halbleiter-Hybrid-Technologie

IMT Insert Mounting Technique, Technologie zur Widerstandsverarbeitung auf Leiterplatten

IMTS International Machine-Tool Show, Internationale Maschinen-Messe

IMTS International Manufacturing Technology Show, internationale Messe für Fertigungstechnik

IMW Institut für Maschinen-Wesen

IN Intelligent Network, Oberbegriff für alle Softwaregesteuerten Netze

INA Inkrementale Nullpunktverschiebung im Automatikbetrieb, bei konventionellen Impulsgebern

INC Incremental

INC Include-Datei, Datei-Ergänzung

IND Institut für Nachrichtentechnik und Datenverarbeitung der Universität Stuttgart

INF Informations-Datei, Datei-Ergänzung

INI Initialisierungs-Datei, Datei-Ergänzung

INL Integral Non-Linearity

INPRO Innovationsgesellschaft für fortgeschrittene Produktions-Systeme in der Fahrzeugindustrie mbH in Berlin

INRIA Institut National de Recherche en Informatique et en Automatique, französisches Institut für Informatik und Automatisierung

INT Interrupt, maskierbare Unterbrechungs-Anforderung an den Prozessor

INTA Interrupt Acknowledge, Bestätigung der Interrupt-Anforderung an den Prozessor vom Prozessor

INTAP Interoperability Technology Association for Information Processing in Japan

INTEL Integrated Electronics Corporation, Halbleiterhersteller der USA

INTERKAMA Internationaler Kongreß mit Ausstellung für Meßtechnik und Automation

INTUC International Telecommunication Users Group

I/O Input/Output-Interface, binäre Ein-/Ausgabe-Baugruppe mit 24V-Schaltpegel und genormten Ausgangsströmen von 0,1A, 0,4A und 2,0A

IOB →IO-Block, Ein-/Ausgabe der →LCAs

IOCS Input/Output Control System

IOE International Organization of Employers, Internationaler Arbeitgeber-Verband

IOM →ISDN Oriented Modular(-Interface)

IOP Input-Output Processor

IOR Input-Output-Register

IP Internet Protocol, Ebene 3 vom →ISO/OSI-Modell

IPA Institut für Produktionstechnik und Automatisierung in Stuttgart

IPC Institute for Interconnecting and Packaging Electronic Circuits, Institut für Verbindung und Gehäuse elektronischer Schaltungen der USA

IPC Industrie Personal Computer

IPC Integrated Process Control

IPC Inter-Process Communication, Kommunikation zwischen Steuerungs-, Regelungs-, Überwachungs- und Prozeßeinheiten

IPDS Intelligent Printer Data Stream

IPI Image Processing and Interchange, Bildverarbeitungs-Standard von →ISO/IEC

IPK Institut für Prozess- Automatisierung und Kommunikation

IPK Institut für Produktionsanlagen und Konstruktionstechnik in Berlin

IPM Inter-Personelle Mitteilungs-Dienstleistung der Telekommunikation

IPM Intelligent Power Modul

IPMC Industrial Process Measurement and Control

IPO Interpolation, funktionsmäßige Verknüpfung von →NC-Achsen

IPP Integrierte Produktplanung und Produktgestaltung, Begriff aus dem Produktmanagement

IPQ Instituo Portugues da Qualidada, portugiesisches Normen-Gremium

IPS Intelligent Power Switch, itelligente getaktete Stromversorgung

IPS Internal Backup System, automatisches Datensicherungs-System

IPS Interactive Programming System

IPS Inch Per Second, Maßeinheit für Verarbeitungsgeschwindigkeit

IPSJ Information Processing Society of Japan, japanische Gesellschaft für Informationsverarbeitung

IPSOC Information Processing Society of Canada, kanadische Gesellschaft für Informationsverarbeitung

IPT Institut für Produktions-Technologie in Aachen

IPU Instruction Processor Unit, Zentraleinheit des Prozessors, auch →CPU

IPX Internetwork Packet Exchange, Netzwerk-Protokoll

IQA Institute of Quality Assurance

IQM Integrated Quality Management

IQSE Institut für Qualität und Sicherheit in der Elektrotechnik des TÜV Bayern

IR Industrial Robot

IR Instruction-Register, z.B. der Boundary Scan Architektur

IR Internal Rules (Regulations)

IR Infra Red

IRDATA Industrial Robot Data, genormter Code zur Beschreibung von Roboter-Befehlen nach →VDI 2863

IRED Infra-Red Emitting Diode, Infra-Rot-
Leucht-Diode
IRL Industrial Robot Language, Programmier-
sprache für Roboter
IROFA International Robotics and Factory Au-
tomation
IRPC →ISDN Remote Power Controller, →C-
CITT-kompatibler Schaltnetzteil-Regler mit
integriertem Schalttransistor
IS International Standard
IS Integrierte Schaltung, deutsche Bezeichnung
für →IC
ISA International Federation of the National
Standardizing Associations, internationaler
Bund der nationalen Normenausschüsse
ISA Industry Standard Architecture, z.B. für
Standard-Bus
ISAC →ISDN Subscriber Access Controller, In-
terface-Baustein für Sprach- und Daten-Kom-
munikation über 4-Draht-Bus
ISAM Index Sequential Access Method, Direkt-
zugriffs-Datei nach einem Schlüssel
ISC International Standards Committee, Aus-
schuß für internationale Normung
ISDN Integrated Services Digital Network, öf-
fentliches Netz zur Übertragung von Sprache,
Daten, Bildern und Texten
ISEP Internationales Standard-Einschub-Prin-
zip für elektronische Baugruppen
ISF Institut für Sozialwissentschaftliche For-
schung e.V. in München
ISFET Ion Sensitive Field Effect Transistor,
Ionen-dotierter Feldeffekt-Transistor
ISI Institut für Systemtechnik und Innovations-
forschung in Karlsruhe
ISI Indian Standards Institution, indisches Nor-
men-Gremium
ISI Industrielles Steuerungs- und Informations-
system der →SNI
ISM Industrial Scientific Medical, Gerätekatego-
rie mit eingeschränkten →EMV-Parametern
ISM Intelligent Sensor Modul, Sensor-Modul
von Siemens
ISM Information System for Management, Sy-
stem für Steuerung und Verwaltung
ISO International Standard Organization, Inter-
nationale Organisation für Normung
ISONET →ISO Information Network
ISP Integrated System Peripheral(-Controller),
Baustein des →EISA-System-Chipsatzes von
Intel
ISP Interoperable Systems Project, Projekt zur
Standardisierung des Feldbusses der Prozeß-
automatisierung
ISPBX Integrated Services Private Branch
Exchange
ISRA Intelligente Systeme Roboter und Auto-
matisierung, Dienstleistungs-Unternehmen,
daß sich mit Roboter-Programmierung befaßt

ISSCC International Solid State Circuit Confe-
rence, internationale Halbleiter-Konferenz
ISST Institut für Software- und System-Technik
in Berlin
IST Institut für System-Technik und Innovati-
onsforschung in Karlsruhe
ISTC Industry Science and Technology Canada
ISW Institut für Steuerungstechnik der Werk-
zeugmaschinen und Fertigungs-Einrichtun-
gen der Universität Stuttgart
IT Information Technology
ITAA Information Technology Association of
America, Verband der Informationstechnik
der USA
ITAC →ISDN Terminal Adapter Circuit,
Schnittstellen-Baustein für Nicht-ISDN-Ter-
minals
ITAEGM Information Technology Advisory Ex-
perts Group Manufacturing, →IT-Beratungs-
gruppe Fertigungs-Technik
ITAEGS Information Technology Advisory Ex-
perts Group Standardization, →IT-Beratungs-
gruppe Normung
ITAEGT Information Technology Advisory Ex-
perts Group Telecommunication, →IT-Bera-
tungsgruppe Telekommunikation
ITC Inter-Task-Communication
ITC International Trade Commission
ITG Informations-Technische Gesellschaft im
→VDE
ITK Institut für Telekommunikation in Dort-
mund
ITM Inspection du Travail et des Mines, luxem-
burgisches Normen-Gremium
ITOS International Teleport Overlay System
ITQA Information Technology Quality Assu-
rance
ITQS Information Technology Quality Systems
ITQS Institut für Qualität und Sicherheit in der
Elektronik der Unternehmensgruppe TÜV
Bayern
ITR Internal Throughput Rate, Bestimmung der
internen Leistung eines Rechners von IBM
ITS Integriertes Transport-Steuerungs-System
der Deutschen Bundesbahn
ITSEC Information Technology Security Eva-
luation Criteria, →EU-Standard für Datensi-
cherheit
ITSTC Information Technology Steering Com-
mittee, →IT-Lenkungs-Komitee
IT&T Information Technology and Telecommu-
nications
ITT International Telephon and Telegraph Cor-
poration, Telefon- und Telegrafengesellschaft
der USA
ITU International Telecommunication Union,
Internationale Fernmeldeunion
ITUT Internationales Transferzentrum für Um-
welt-Technik in Leipzig

IU Integer Unit

IUC Intelligent Universal Controller

IUT Implementation Under Test

IVPS Integrated Vacuum Processing System, Wafer-Handhabungs-System

IWF Institut für Werkzeugmaschinen und Fertigungstechnik der TU Berlin

IWS Incident Wave Switching(-Driver), Bus-Treiber von →TI

IWS Industrial Work Station, Industrie-Arbeitsplatz-Rechner

IZE Informations-Zentrale der Elektrizitätswirtschaft e.V.

IZT Institut für Zukunftsstudien und Technologiebewertung in Berlin

J Interpolationsparameter oder Gewindesteigung parallel zur Y-Achse nach →DIN 66025

JAN Joint Army Navy, eingetragenes Warenzeichen der US-Regierung, erfüllt MIL-Standard

JBIG Joint Bilevel Image Coding Group, Standard zur Komprimierung von →S/W-Bildern

JCG Joint Coordinating Group des →CEN/→CLC/→ETSI

JEC Japanese Electrotechnical Committee, japanisches elektrotechnisches Komitee

JEC Journées Européenns des Composites, Fachmesse für Verbund-Werkstoffe

JECC Japan Electronic Computer Center

JEDEC Joint Electronic Devices Engineering Council, technischer Gemeinschaftsrat für elektronische Anforderungen

JEIDA Japan Electronic Industrie Development Association, japanischer Normenverband

JESA Japan Engeneering Standard Association, japanischer Normenverband

JESSI Joint European Submicron Silicon Initiative, europäisches Forschungsprojekt der Elektroindustrie

JET Just Enough Test, Teststrategie für Leiterplatten

JFET Junction Field Effect Transistor, Feldeffekt-Transistor mit pn-Steuerelektrode

JGFET Junction Gate Field Effect Transistor, Feldeffekt-Transistor mit einem Gatter als Steuerelektrode

JIMTOF Japan International Machine Tool Fair, internationale Werkzeugmaschinenmesse in Osaka

JIPDEC Japanese Information Processing Development Center

JIRA Japan Industrial Robots Association, Verband der japanischen Roboter-Hersteller

JIS Japanese Industrial Standard, japanische Industrienorm, auch japanisches Konformitätszeichen

JISC Japanese Industrial Standards Committee, japanisches Normen-Komitee der Industrie

JIT Just-in-time Production, bedarfsorientierte Fertigung

JLCC J-Leaded (Ceramic) Chip Carrier, Gehäuseform von integrierten Schaltkreisen in →SMD

JMEA Japan Machinery Exporters Association, Verband der japanischen Maschinen-Exporteure

JMS Job Management System, Programm zur automatischen Bearbeitung von Aufträgen

JOG Jogging, Betriebsart von Werkzeugmaschinen, konventionelles Verfahren der Achsen

JOR Jornal-Datei, Datei-Ergänzung

JPC Joint Programming Committee

JPEG Joint Photographics Experts Group, Normen-Gremium für farbige Standbilder

JPG Joint Presidents Group des →CEN/→CLC/→ETSI

JSA Japanese Standards Association, japanischer Normenverband

JTAG Joint Test Action Group, Testverfahren für Baugruppen

JTC Joint Technical Committee, gemeinsames technisches Komitee von →ISO und →IEC für Kommunikationstechnik

JTPC Joint Technical Program Committee

JUSE Japanese Union Scientists and Engineers

JWG Joint Working Group

K Interpolationsparameter oder Gewindesteigung paralell zur Z-Achse nach →DIN 66025

KB →KByte

KB Kurzzeit-Betrieb, z.B. von Maschinen nach →VDE 0550

Kb Kilo-bit, 1024 Bit

KBD Keyboard, Tastenfeld, z.B. einer Bedien-Einheit

KBM Knowledge Base Memory, Fuzzy-System-Speicher

KByte Kilo-Byte; KByte werden im Dualsystem angegeben: 1 KByte = 1024 Byte

K-Bus Kommunikations-Bus, z.B. der →SIMATIC

KCIM Kommision Computer Integrated Manufacturing, Normungs-Kommision, die sich mit Rechnerunterstützter Fertigung befaßt

KD Koordinaten-Drehung, Funktion bei der →SINUMERIK-Teile-Programmierung

KDCS Kompatible Daten-Kommunications-Schnittstelle für Rechnersysteme von unterschiedlichen Herstellern

KDr Kurzschluß-Drosselspule

KDS Kopf-Daten-Satz

KDZ Kopf-Daten-Zeile

KEG Kommission der Europäischen Gemeinschaften

KEMA Keuring van Electrotechnische Materialen Arnheim NL, niederländische Vereinigung zur Prüfung elektrotechnischer Materialien

kHz Kilo-Hertz, tausend Zyklen pro Sekunde

KI Künstliche Intelligenz

KIS Kunden-Informations-System der Siemens AG

KMG Koordinaten-Meß-Gerät

KO Kathodenstrahl-Oszillograph

KOM Kommunikation, →SINUMERIK-Funktions-Komponente

KOP Kontakt-Plan, Darstellung eines →SPS-Programmes mit Kontakt-Symbolen

KpDr Kompensations-Drosselspule

KRST Kunden-Roboter-Steuer-Tafel der Siemens Robotersteuerungen →SIROTEC

KSS Kühl-Schmier-Stoff, Schmier-und Kühlmittel bei spanabhebenden Werkzeugmaschinen

KST Kunden-Steuer-Tafel, z.B. von Robotersteuerungen

KUKA Größter deutscher Roboter-Hersteller in Augsburg

KV Kreis-Verstärkung, Verstärkungsfaktor des gesamten Lageregel-Kreises

KVA Kilo-Volt-Ampere, Leistungseinheit

KVP Kontinuierlicher Verbesserungs-Prozeß, Verbesserungswesen der Deutschen Industrie mit direkter Umsetzung von Verbesserungen

KW Kilo-Watt, Leistungseinheit

KW Kilo-Worte

KW Kalender-Woche

L Unterprogramm-Nummer von Teileprogrammen für Werkzeugmaschinen-Steuerungen

L Low-Pegel, logischer Pegel = o bei TTL o.ä.

L Lasern, Steuerungs-Version für Lasern

LA Leit-Achse, z.B. einer Werkzeugmaschine

LA Lenkungs-Ausschuß z.B der →DKE oder des →DIN

LAB Logic Array Block, logische Schaltungseinheit

LAN Local Area Network, lokales Netz für die Verbindung von Rechnern, Terminals, Überwachungs- und Steuereinrichtungen sowie alle Automatisierungsgeräte

LANCAM Local Area Network →CAM

LANCE Local Area Network Controller for →Ethernet

LAP-B Link Access Procedure- Balanced, Protokoll der →OSI-Schicht 2

LAP-D Link Access Procedure-Data, Link-Layer-Protokoll für den D-Kanal von →ISDN

LASER Light Amplification by Stimulated Emission of Radiation

LASIC Laser-→ASIC, kundenspezifischer Schaltkreis für die Lasertechnik

LAT Lehrstuhl für Angewandte Thermodynamik der →RWTH Aachen

LBL Label-Datei, Datei-Ergänzung

LBR Laser Beam Recorder, Aufzeichnungsgerät mit Laser

LC Liaison Committee

LC Line Conditioner, Spannungsstabilisierung, z.B. für Computeranlagen

LC Line of Communication

LC Liquid Crystals, Flüssigkristall mit durch Spannung veränderbaren optischen Eigenschaften

LCA Logic Cell Array, umprogrammierbare Logik-Arrays in →CMOS-SRAM-Technologie

LCB Line Control Block, Steuerzeichen zur Zeilenfortschaltung

LCC Leaded (Leadless) Chip Carrier, Gehäuseform von integrierten Schaltkreisen in →SMD

LCC Life Cycle Costs, Lebenslauf-Kosten eines Produktes

LCCC Leaded (Leadless) Ceramic Chip Carrier, Gehäuseform von integrierten Schaltkreisen in →SMD

LCD Liquid Crystal Display, optoelektronische Anzeige mit Flüssigkristallen

LCID Large Color Integrated Display, Flüssigkristall-Anzeige

LCID Low Cost Intelligent Display, →LED-Anzeigen mit geringer Leistungsaufnahme von Siemens

L.C.I.E Laboratoire Central des Industries Electriques, Zentrallaboratorium der Elektroindustrie Frankreichs

LCP Liquid Cristal Polymer, Hochtemperaturbeständiger Kunststoff

LCR Inductance Capacitance Resistance, Schaltungsanordnung aus Induktivität, Kapazität und Widerstand

LCS Lower Chip Select, Auswahlleitung vom Prozessor für den unteren Adressbereich

LCU Line Control Unit, Steuerung einer Datenübertragungseinrichtung

LCV →LWL-Controller →VME-Bus, Steuerbaustein für Lichtwellenleiter

LD Ladder Diagram Language, Kontaktplan

LDI Laser Direct Imaging, Laser-Plotter-Prinzip zur Leiterplatten-Herstellung

LDT Local Descriptor Table, Descriptor-Tabelle der Prozessoren 386 und 486 von Intel

LED Light Emitting Diode, Leuchtdioden, farbiges Licht aussende Halbleiterdioden

LEMP Lighting Electro-Magnetic Pulse, elektromagnetischer Blitzimpuls

LES Lesson, Lernprogramm-Datei, Datei-Ergänzung

LEX Lexikon-Datei, Datei-Ergänzung

LF Line Feed, Zeilen-Vorschub oder Kennzeichnung eines Satzendes im →NC-Programm

LF Low Frequencies, Kilometerwelle

LG Landes-Gesellschaft, Siemens-Vertretung im Ausland

LGA Land Grid Array(-Gehäuse) von hochintegrierten Schaltkreisen

LGA Landes-Gewerbe-Anstalt

LIC Linear Integrated Circuit

LIB Library, Bibliothek-Datei, Datei-Ergänzung

LIFA Lastabhängige Induktions- und Frequenz-Anpassung, z.B. von Frequenzumrichtern

LIFE Logistics Interface for Manufacturing Environment, logistische Schnittstelle des Manufacturing Design System (→MDS)

LIFO Last in / First out

LIFT Logically Integrated →FORTRAN Translator

LIGA Lithografie mit Synchrotronstrahlung, Galvanoformung und -abformung. Verfahren zur Herstellung von Mikrostruktur-Teilen

LIN Linear, z.B. Bewegung von Robotern

LIOE Local →IO Peripheral, Baustein des →EISA-System-Chipsatzes von Intel

LIPL Linear Information Processing Language, Programmiersprache für lineare Programmierung

LIPS Logical Inference per Second

LIS Language Implementation System, Programmiersprache für Systemprogramme

LISP List Processing Language, höhere Programmier-Sprache, vorwiegend im Bereich der "Künstlichen Intelligenz" eingesetzt

LIU Line Interface Unit, →ISDN-Funktion

LIW Long Instruction Word

LK Lochkarte, Speicherung durch Löcher auf einer Karte

LKA Lochkartenausgabe, Ausgabe von Information durch Stanzen von Löchern auf einer Karte

LKE Lochkarteneingabe, Eingabe von Information durch Lesen von Lochkarten

LKL Lochkartenleser, Gerät zum Lesen der Information von Lochkarten

LK/min Lochkarten pro Minute, Arbeitsgeschwindigkeit von Lochkarten-Ein- und Ausgabegeräten

LKST Lochkartenstanzer, Gerät zum Ausgeben von Information auf Lochkarten

LLC Logical Link Control, Teil des →ISO-Referenzmodells

LLCS Low Level Control System, Steuerungs-System mit niedriger Versorgungsspannung

LLI Low Layer Interface vom →PROFIBUS

LLL Low Level Logic, Logikschaltung mit niedriger Versorgungsspannung

LMA Logic Macro Cell, Gate Array Zelle

LMS Large Modular System, →SPS-System von Philips

LMS Linear-Meß-System, z.B. für Werkzeugmaschinen

LNE Laboratoire National d'Essais, nationales Forschungsinstitut Frankreichs

LO Local Oscillator, Überlagerungsoszillator in Mischstufen

LOG Logbuch von Backup (→DOS), Datei-Ergänzung

LON Local Operating Network

LOP Logik-Plan, Darstellung eines →SPS-Planes mit Logik-Symbolen

LOVAG Low Voltage Agreement Group unter →ELSECOM

LP Leiterplatte

LP Lean Production, schlanke bzw. optimierte Produktion

LP Load Point, physikalischer Punkt auf dem Magnetband

LP Line Printer, Drucker mit Zeilenvorschub, →LPT

LPA Lehrstuhl für Prozeß-Automatisierung der Universität Saarbrücken

LPC Link Programmable Controller

LPI Lines per Inch, Maß für den Zeilenabstand

LPM Lines per Minute

LPS Lines per Second

LPS Low Power Schottky, →LS

LPT Line Printer, Drucker mit Zeilenvorschub, →LP

LPZ Lighting Protection Zone

LQ Letter Quality, Korrespondenz-Qualität der Schrift bei Druckern

LQL Limiting Quality Level

LRC Longitudinal Redundancy Check, Fehlerprüfverfahren zur Erhöhung der Datensicherheit

LRQA Lloyds Register Quality Assurance

LRU Last Recently Used, Abarbeitung von Aufträgen

LS Lochstreifen, Speicherung durch Löcher auf einem Papierstreifen

LS Low Power Schottky, →TTL-Schaltkreis-Familie

LS Luft-Selbstkühlung von Halbleiter-Stromrichter-Geräten

LSA Lochstreifenausgabe (-gerät), Gerät zum Ausgeben von Information auf Lochstreifen

LSB Least Significant Bit

LSD Least Significant Digit

LSE Lochstreifeneingabe(-gerät), Gerät zum Lesen von Information auf Lochstreifen

LSI Large Scale Integration, Bezeichnung von integrierten Schaltkreisen (→IC) mit hohem Integrationsgrad

LSL Langsame Störsichere Logik, Logik-Familie mit hohem Störabstand, die mit 15V betrieben werden kann

LSP Logical Signal Processor

LSS Lochstreifenstanzer, Gerät zum Ausgeben von Information auf Lochstreifen

LSSD Level Sensitive Scan Design, Regel für →ASIC-Design-Test

LST Liste, Datei-Ergänzung

LSZ Lochstreifen-Zeichen, Informationseinheit auf Lochstreifen

LT Leistungs-Transformator

LTCC Low Temperature Cofired Ceramik, Keramik für Multilayer-Leiterplatten für niedrige Temperaturen

LTPD Lot Tolerance Percent Defective, Rückzuweisende Qualitätslage

LU Logical Unit

LUF Umluft-Fremd-Lüftung von Halbleiter-Stromrichter-Geräten

LUM Luminaires Components, Agreement Group unter →ELSECOM

LUS Umluft-Luft-Selbstkühlung von Halbleiter-Stromrichter-Geräten

LUT Look Up Table, (Speicher-)Such-Tabelle

LUW Umluft-Wasserkühlung von Halbleiter-Stromrichter-Geräten

LVD Low Voltage Directive, Niederspannungsrichtlinie der →EU

LVE Liefer-Vorschriften für die Elektische Ausrüstung von Maschinen, maschinellen Anlagen und Einrichtungen des →NAM

LVE Low Voltage Equipment, Agreement Group unter →ELSECOM

LVM Lose-verketteter Mehrstations-Montage-Automat

LVS Lager-Verwaltungs-System, z.B. durch ein Fertigungsleitsystem

LWL Licht-Wellen-Leiter, sie dienen der Daten-Übertragung in Kommunikations-Netzen und sind aus Glas- oder Kunststoff-Fasern hergestellt

LZB Liste der zugelassenen Bauelemente vom →BWB

LZF Laufzeit-Fehler, Anzeige im →USTACK der →SPS bei Fehlern während der Befehlsausführung

LZN Liefer-Zentrum Nürnberg der Siemens AG

M Zusatzfunktion nach →DIN 66025, Anweisung an die Maschine

M Milling, Steuerungsversion für Fräsen

M Merker, Speicherplatz in der →SPS

MA Montage-Abteilung

MAC Multiplexed Analogue Components

MAC Multiplier Accumulator

MAC Man and Computer, Mensch und Maschine

MAC Measurement and Control

MAC Macintosh-Computer von Apple

MAC Media Access Control, Element von →FDDI für die Paket-Interpretation, Token Passing und Paket-Framing

MAC Mandatory Access Control, Begriff der Datensicherung

MACFET Macro Cell →FET

MAD Mean Administrative Delay, mittlere administrative Verzugsdauer

MADT Mean Accumulated Down Time, mittlere addierte Unklardauer

MAK Maximale Arbeitsplatz-Konzentration (von Schadstoffen), Begriff aus dem Umweltschutz

MAN Metropolitan Area Network, spezielle →LAN-Version für den innerstädtischen Verkehr

MAN Manchester, binärer Leitungscode

MANUTEC Manufacturing Technology, Roboter-Hersteller, Siemens-Tochter-Firma

MAP Manufacturing Automation Protocol, Standardisierung der Kommunikation im Fertigungsbereich nach →ISO

MAP Main Audio Processor, →ISDN-Funktion

MAPL Multiple Array Programmable Logic, programmierbare Mehrfach-Logik-Bausteine

MAR Manufacturing Assembly Report, Bericht aus der Fertigung

MARC Machine Readable Code, maschinenlesbarer Code

MARS Marketing Activities Reporting System, Marktbeobachtungs-System

MARS Multiple Aperatured Reluctance Switch, Verzögerungsschalter

MAS Microprogram Automation System, mikroprogrammiertes Steuerungssystem

MAT Machine Aided Translation, Maschinengestützte Übersetzung

MAU Medium Attachement Unit, Medienanschlußeinheit nach →IEEE oder Transceiver für Ethernet

MAX Multiple Array Matrix

MB →MByte

MB Merker Byte, Speicherplatz mit 8-Bit-Breite in der →SPS

MB Mail-Box, Daten-Briefkasten

MB Magnet-Band, elektomagnetisches Speichermedium

Mb Mega-bit, 1048576 Bit

MBC Multiple Board Computer, auf mehreren Baugruppen untergebrachter Rechner

MBD Magnetic Bubble Device, Magnetblasen-Speicher, früher in Steuerungen verwendet

MBF Mini-Bedien-Feld, z.B. einer Steuerung

MBG Magnetband-Gerät, Gerät zur Informationsspeicherung

MBV Maschinenbau-Verlag in Stuttgart

MBX Mailbox, elektronischer Briefkasten

MByte Mega-Byte, MByte werden im Dualsystem angegeben: 1 MByte = 1048576 Byte

MC Milling Center, Steuerungsversion Fräszentrum

MC   Magnetic Card
MC   Memory Card, Speicherkarte
MC   Marks Committee, Prüfzeichen-Komitee von →CENELEC
MC   Micro Computer, Zentraleinheit eines Rechners
MC   Management Committee
MC   Micro Controller, programmierbarer Rechnerbaustein
MC   Machine Check, Maschinen- bzw. Anlagen-Überprüfung
MC   Maschinen Code, maschinell lesbarer Code
MC   Mode Control, Betriebsarten-Steuerung
MC5 Maschinen Code der Step 5-Sprache
MCA Micro Channel Architecture, →PC-System-Bus
MCA Multiplexing Channel Adapter, Steuerungsanschluß an einen Multiplexkanal
MCAD Mechanical Computer Aided Design
MCAE Mechanical Computer Aided Engineering. DV-Unterstützung für die technischen Bereiche, mit Sicherstellung des kontinuierlichen Datenflusses vom Entwickler bis zum computergesteuerten Fertigungs- bzw. Prüfmittel
MCB Moulded →CB
MCB Multi-Chip-Bauelement, mehrere integrierte Schaltungen in einem Gehäuse
MCC Motor Control Center
MCD Memory Card Drive, →RAM-Speicher-Laufwerk
MCI Moulded Circuit Interconnect, Bezeichnung von dreidimensionalen Leiterplatten bzw. Schaltungsträgern
MCI Machine Check Interruption, (Maschinen-) Programmunterbrechung zwecks Überprüfung der Anlage
MCM Magnetic Card Memory, Speichermedium Magnetkarte
MCM Magnetic Core Memory, Speichermedium Magnetkern
MCM Monte Carlo Method, Methode zur Ermittlung des Systemverhaltens
MCM Modular Chip Mounting, Bezeichnung einer →SMD-Bestückungs-Maschine
MCM Multiple Chip Module, Integration von →ICs auf einem Modul, z.B. Komplettrechner auf einem Modul
MCP Master Control Program, Grundprogramm einer Steuerung
MCPR Multimedia Communication Processing and Representation, Forschungs- und Rahmenprogramm der →EU zum Thema Kommunikation
MCR Multi Contact Relay, Relais mit mehreren Kontakten
MCR Molded-Carrier-Ring, Anschlußtechnik von →ICs
MCS Maintenance Control System, Wartungs-Steuer-System

MCS Mega Cycles per Second, →MHz
MCS Micro Computer System, Rechner-System
MCS Modular Computer System, modular aufgebauter Rechner
MCS Midrange Chip Select, Auswahlleitung vom Prozessor für den mittleren Adressbereich
MCT →MOS-Controlled Thyristor, abschaltbarer MOS-gesteuerter Thyristor
MCU Machine Control Unit, Maschinen-Steuereinheit oder Maschinen-Steuertafel
MCU Microprogram Control Unit, programmierbare Steuerung
MCU Motion Control Unit, Antriebs-Steuer- und Regeleinheit
MD   Maschinen Daten, Maschinen-relevante Daten in der →NC
MD   Magnetic Disk, Magnetplatte als Speichermedium
MDA Manual Data Input/Automatic, Handeingabe/Automatik, Betriebsart der →SINUMERIK
MDA Monochrom Display Adapter, →SW/WS-Anschaltung für Monitore
MDA Manufacturing Defect Analyzer, System zur Untersuchung von Leiterplatten auf Fertigungsfehler
MDA →MOS Digital Analogue, Bibliothek von spezifizierten analogen und digitalen Standardzellen von Motorola
MDE Manufacturing Data Entry, Betriebsdaten-Erfassung
MDE Maschinen-Daten-Erfassung
MDI Manual Data Input, Handeingabe der Steuerungs-Daten, Betriebsart von Werkzeugmaschinen-Steuerungen
MDI-PP Manual Data Input Part Program, Handeingabe des Teile-Programmes, Betriebsart der →SINUMERIK
MDI-SE-TE Manual Data Input Setting Data Testing Data, Handeingabe der Werkzeugkorrekturen, Nullpunktverschiebungen und Maschinendaten; Betriebsart der →SINUMERIK
MDRC Manufacturing Design Rule Checker
MDS Maschinen-Daten-Satz, z.B. einer →SPS
MDS Magnetic Disc Store, Magnetplattenspeicher, →MD
MDT Mean Down Time, gesamte Ausfallzeit eines Systems oder Gerätes, von der Fehlererkennung bis zum Wiederanlauf
MDT Master Data Telegram
ME   Milling Export, Exportversion der →SINUMERIK-Fräsmaschinen-Steuerungen
MEEI Magyar Elektronikal Egyesuelet Intzet, ungarisches Institut für die Prüfung elektronischer Erzeugnisse in Budapest
MELF Metal Electrode Face-Bonding, mit ihrer Metalloberfläche auf der Leiterplatte befestigte Bauelemente

MEM Memory, Speicher

MEPS Million Events Per Second, Meßgröße für die Bewertung der Geschwindigkeit von Simulatoren

MEPU Measure Pulse, Meßpuls, z.B. Eingang einer Werkzeugmaschinen-Steuerung

MES Mechanical Equipment Standards

MES Mikrocomputer-Entwicklungs-System

MESFET Metal Semiconductor Field Effect Transistor, mittels elektrischem Feld steuerbarer Transistor

MEU Menügruppe, →DOS-Shell-Datei-Ergänzung

MEZ Mehrfachfehler-Eintritts-Zeit, Zeitspanne, in der die Wahrscheinlichkeit für das Auftreten von kombinierten Mehrfachfehlern gering ist

MF Multi-Function(-Tastatur)

MF Medium Frequencies, Hektometer-Welle, (Mittelwelle)

MFC Multi Function Chip (Card)

MFC Metallschicht-Flach-Chipwiderstand, →SMD-Bauteil

MFD Microtip Fluorescent Display, flacher Kathodenstrahlröhren-Bildschirm

MFLOPS Million Floting-Point Operations per Second

MFM Modified Frequency Modulation, →PC-Controller-Schnittstelle

MFS Material-Fluß-System

MG Magnet-Band(-Gerät)

MGA Multimedia Graphics Architecture

MHI Messe Hannover Industrie, größte Industrie-Messe der Welt

MHI Montage Handhabung Industrie-Roboter, Fachgemeinschaft der →VDMA und Messe für Industrie-Roboter

MHT Montage- und Handhabungs-Technik, Roboter-Fachbereich des →NAM

MHS Message Handling System

MHz Mega-Hertz, Million Zyklen pro Sekunde

MIB Management Information Base, Netzwerk-Management

MIC Media Interface Connector, optischer Steckverbinder

MICR Magnetic Ink Character Recognition

MICS Manufacturing Information Control System

MICS Mechanical Interface Coordinate System

MID Moulded Interconnection Device, Bezeichnung von dreidimensionalen Leiterplatten bzw. Schaltungsträgern

MIGA Mikrostrukturierung, Galvanoformung, Abformung, Herstellung von Chip-Aufnahme-Kunststoff-Formen

MIL STD Military Standard, Militär-Standard, Norm für Produkte der Rüstungs-Industrie

MIM Metal-Isolator-Metal, Technologie einer Flüssigkristall-Anzeige

MIMD Multiple Instruction-Stream, Multiple Data-Stream, Rechner-Klassifizierung von Flynn

MIPS Million Instructions Per Second

MIPS Microprocessor without Interlocked Pipeline Stages

MIPS Most Insignificant Performance Standard

MIS Mikrofilm Information System, Informationssystem per Mikrofilm

MISD Multiple Instruction-Stream Single-Data-Stream, Rechner-Klassifizierung von Flynn

MISP Minimum Instruction Set Computer, Rechner mit geringem Befehlsvorrat

MIT Massachusetts Institute of Technology, Forschungseinrichtung der USA

MITI Ministry of International Trade and Industry, japanisches Industrie- und Handels-Ministerium

MIU Multi Interface Unit

MK Magnet-Karte, →MC

MK Metallisierter Kunststoff-Kondensator

MKA Mehr-Kanal-Anzeige am Bildschirm der →SINUMERIK

MKS Maschinen-Koordinaten-System, z.B. von Werkzeugmaschinen

MKT Metall Kunststoff Technik, Polyester-Kondensator

ML Machine Language, Rechnerinterne Maschinensprache

ML Markierungs-Leser, Erkennung von Strichmarkierungen

MLB Multi Layer Board, Mehrlagen-Leiterplatte, →MLPWB

MLD Mean Logistic Delay, Mittlere Logistische Verzugsdauer

MLFB Maschinenlesbare Fabrikate-Bezeichnung

MLP Multiple Line Printing, gleichzeitiger Druck von mehreren Zeilen

MLPWB Multi Layer Printed Wiring Board, Mehrlagen-Leiterplatte, →MLB

MLZ Mobiles Laser-Zentrum, gegründet von Daimler Benz

MM Milling/Milling, Steuerungsversion für Doppelspindel-Fräsmaschine

MMA Microcomputer Managers Association, Verband von PC-Spezialisten

MMC Man Machine Communication, z.B. Bedienoberfläche von Werkzeugmaschinen-Steuerungen für Bedienen, Programmieren und Simulieren, siehe auch MMK

MMC Multi-Micro-Computer

MMC Memory-Cache-Controller, Speicher-Verwaltung

MMFS Manufacturing Message Format Standard

MMG Multibus Manufacturing Group, technisches Komitee

MMH Maintenance Man-Hours, Instandhaltungs-Mann-Stunden

MMI Manufacturing Message Interface, Schnittstelle von Kommunikationssystemen im Fertigungsbereich

MMI Man Machine Interface, Schnittstelle Mensch-Maschine

MMI Memory Mapped Interface, Speicher-Schnittstelle

MMIC Monolithic Microwave Integrated Circuit

MMK Mensch-Maschine-Kommunikation, z.B. Bedienoberfläche von Werkzeugmaschinen-Steuerungen für Bedienen, Programmieren und Simulieren, →MMC

MMS Manufacturing Message Specification, Kommunikationssystem zwischen intelligenten Einheiten im Fertigungsbereich

MMS Mensch-Maschine-Schnittstelle, z.B. Bedienoberfläche von Werkzeugmaschinen-Steuerungen

MMSI Manufacturing Message Specification Interface, Schnittstelle von Kommunikationssystemen im Fertigungsbereich

MMU Memory Management Unit, Speicherverwaltungseinheit für den virtuellen Adreßraum

MNLS Multi National Language Supplement, Begriff der Datensicherung

MNOS Metal Nitride Oxide Semiconductor, unipolarer Halbleiter

MNP Microcom Networking Protocol, fehlertolerantes Kommunikationssystem von Microcom

MNPQ Meß-, Normen-, Prüf- und Qualitätsmanagementwesen

MNT Menue-Table, Datei-Ergänzung

MO Magneto Optical (Diskette), →MOD

MO Memory Optical, optisches Speichersystem

MOD Modul

MOD Magneto Optical Disk, Speicher mit magnetischer Lese- und optischer Schreibeinrichtung

MODEM Modulator und Demodulator, Umsetzer für die Datenübertragung in der Nachrichtentechnik

MOP Monitoring Processor, Test-/Hilfs-Prozessor zur Analyse von Multiprozessor-Systemen unter Echtzeit-Betrieb

MOPS Million Operations per Second

MOS Metal Oxide Semiconductor (Silizium), Halbleiter-Technologie mit hohem Eingangswiderstand und geringer Stromaufnahme

MOS Modular Operating System

MOSAR Method Organized for a Systematic Analysis of Risks, Analyse von Gefährdungs-Situationen z.B. an Maschinen

MOSFET Metal Oxide Semiconductor Field Effect Transistor, →MOS und →FET

MOST Metal Oxide Semiconductor Transistor, unipolarer Transistor in →MOS-Technik

MOT Motor

MOTBF Mean Operating Time Between Failure, →MTBF

MOTEK Montage- und Handhabungs-Technik, Fachmesse

MP Magnet-Platte, Speicher in Plattenform

MP Metall-Papier-Kondensator

MP Mikro-Prozessor, Recheneinheit auf einem Chip

MP Multi-Prozessor, mehrere zusammenarbeitende Recheneinheiten

MPA Material-Prüfungs-Amt

MPC Multi-(Media-)Personal-Computer, →PC für den Netz-Verbund

MPC Multi-Port-Controller, Steuereinheit für mehrere verknüpfte Schnittstellen

MPC Message Passing Coprocessor, Schnittstellenprozessor für Multibus II

MPCB Moulded Printed Circuit Board, Bezeichnung von dreidimensionalen Leiterplatten bzw. Schaltungsträgern

MPEG Motion (Moving) Picture Experts Group, Normen-Gremium für bewegte Videobilder

MPF Main Program File, Teileprogramm von Werkzeugmaschinen-Steuerungen

MPG Manual Pulse Generator, Elektronisches Handrad, auch →HPG

MPI Micro-Processor Interface, →ISDN-Funktion

MPI Man Process Interface, Schnittstelle zwischen Mensch und Prozeß

MPI Multi Processor Interface, Schnittstelle im Rechnerverbund

MPI Multi Point Interface, mehrpunktfähige Schnittstelle

MPIM Multi Port Interface Modul von →ETHERNET

MPLD Mask Programmed Logic Device

MPM Metra Potential Methods, Management- und Planungs-Verfahren mit Computerunterstützung

MPR Multi Port →RAM, Speicherschnittstelle von Rechnereinheiten, z.B. zum Bussystem

MPS Magnet-Platten-Speicher

MPS Materialfluß-Planungs-System

MPS Meter per Second

MPSS Mehrpunktfähige Schnittstelle z.B. der →SIMATIC S5

MPST Multi-Processor Control System for Industrial Machine Tool, Mehrprozessor-Steuersystem für Arbeitsmaschinen nach →DIN 66264

MP-STP Mehrprozessor-Stopp, Störungs-Anzeige im →USTACK der →SPS bei Ausfall einer Prozessor-Einheit

MPT Multi Page Technology, →PC-Datei-Format

MPU Micro-Processor Unit, Teileinheit eines Rechners

MQFP Metal Quad Flat Pack, Gehäuse für integrierte Schaltkreise mit einer Leistungs-Auf-
nahme von max. 10W

MQW Multi Quantum Wells, alternierende
dünne Lagen von Halbleitern

MRA Mutual Recognition Arrangement, gegenseitige Anerkennungsvereinbarung von Zerti-
fikaten, z.B. unter →EOTC

MRP Machine Resource Planning

MRP Manufacturing Resource Planning

MRP Material Requirements Planning

MRT Mean Repair Time, mittlere Instandhal-
tungsdauer

MS Microsoft, Softwarehaus, vor allem für
→PC-Programme

MS Message Switching, Speicher-Vermittlungs-
Technik

MS Mobile Station

MSB Most Significant Bit

MSC Manufacturing Systems and Cells

MSC Mobile Switching Center

MSD Machine Setup Data, Maschinen-Einrich-
te-Daten, auch Maschinendaten oder Maschi-
nen-Parameter genannt

MSD Most Significant Digit

MSD Machine Safety Directive, Maschinen-
Richtlinie 89/392/EWG

MSDOS Microsoft-→DOS, →PC-Betriebssy-
stem

MSG Message, Meldungen, Datei-Ergänzung

MSI Medium Scale Integration, Bezeichnung
von integrierten Schaltkreisen (→IC) mit
mittlerem Integrationsgrad

MSNF Multi System Networking Facility von
IBM

MSP Machine System Program, Betriebssystem

MSPS Mega Samples Per Second

MSR Messen Steuern Regeln, Normbezeich-
nung in →DIN und →VDE

MSRA Multi-Standard Rate Adapter, Adapter
zum Anschluß an →ISDN-Netzwerke

MST Maschinen-Steuer-Tafel, →MSTT

MST Micro System Technologies, Hochintegra-
tion von elektrischen und nichtelektrischen
Funktionen

MSTT Maschinen- Steuer- Tafel, →MST

MSV Medium Speed Variant, zeichenorientier-
tes Protokoll von Siemens für Weitverkehrs-
netze

MSZH Magyar Szabvanyügyi Hivatal, nationales Normeninstitut von Ungarn

MT Magnetic Tape

MTBF Mean Time Between Failure, Mittlere Be-
triebsdauer (Zeit zwischen zwei Fehlern, Ausfällen). Sie gilt nur für reproduzierbare Hard-
warefehler und Bauteileausfälle, für Serien-
produkte, bezogen auf die Gesamtzahl der gelieferten Produkte und bei 24-Stunden-Be-
trieb

MTBM Mean Time Between Maintenance

MTBR Mean Time Between Repair

MTE Multiplexer Terminating Equipment,
Funktion von →SDH

MTF Mean Time to Failures

MTF Message Transfer Facility

MTOPS Million Theoretical Operations per Second

MTM Maschinen Temperatur Management, Erfassung und Verarbeitung der thermischen
Einflüsse bei Werkzeugmaschinen

MTR Magnetic Tape Recorder

MTS Multi Tasking Support, Betriebssystem für
Standard-→PC

MTS Machine Tool Supervision

MTS Mega-Transfer per Second

MTSO Mobile Telephone Switching Office

MTTF Mean Time To Failure

MTTFF Mean Time To First Failure

MTTR Mean Time To Repair (Restoration),
mittlere Reparaturzeit. Sie kennzeichnet die
Zeit, die zur Lokalisierung und Behebung
eines Hardwarefehlers benötigt wird

MUAHAG Military Users Ad Hoc Advisory
Group, Liste der für den militärischen Bereich
zugelassenen Bauelemente

MULTGAIN Multiply Gain, Multiplikations-
Faktor für die Sollwertausgabe der →SINU-
MERIK

MUT Mean Up Time, mittlere Klardauer

MUX Multiplexer, u.a. →ISDN-Funktion

MVI Metallverarbeitende Industrie

MVP Multimedia-Video-Processor

MW Merker Wort, Speicherplatz 16-Bit in der
→SPS

MXI Multisystem Extension Interface, Stan-
dard-Bus-Schnittstelle

N Negativ

N Satznummer von Teileprogrammen nach
→DIN 66025

N Nibbling, Steuerungsversion für Nippeln

NACCB National Accreditation Council for Certification Bodies, nationaler britischer Akkre-
ditierungsrat für Zertifizierung in London

NAGUS Normen-Ausschuß Grundlagen des
Umwelt-Schutzes

NAK Negative Acknowledge, Negative Rück-
meldung, Steuerzeichen bei der Rechnerkopplung

NAM Normen-Ausschuß Maschinenbau

NAMAS National Measurement Accreditation
Service, nationales britisches Akkreditierungssystem für das Meßwesen, Kalibrierstel-
len und Prüflaboratorien

NAMUR Normen Arbeitsgemeinschaft Meß-
und Regeltechnik der chemischen Industrie in
Deutschland mit Sitz in Leverkusen

NAPCTC North American Policy Council for
→OSI Testing and Certification

NAS Network Application Support, Client-Server-Strategie von Digital Equipment

NAT Network Analysis Technique

NATLAS National Testing Laboratory Authorities, nationale englische Behörde für Prüflabors

NB Negativ-Bescheinigung des →BAW für Exportgüter

NBS National Bureau of Standards, Department of Commerce, nationales Normen-Büro der USA unter →ANSI

NC Network Computer

NC No connected, z.B. nicht angeschlossene Pins von →ICs

NC Numerical Control, Numerische Steuerung. Numerisch heißt "zahlenmäßig", das heißt die einzelnen Befehle werden einer Werkzeugmaschine mit Hilfe einer "Zahlen verstehenden Steuerung" eingegeben

NC National Committee von →CENELEC

NCAP Nematic Curvilinear Aligned Phase, Flüssigkristall-Technologie

NCB Network Control Block, Nachrichtenträger auf Datennetzen

NCC National Computing Conference, nationale Computerkonferenz in USA

NCMES Numerical Controlled Measuring and Evaluation System, Programmiersystem für die maschinelle Programmierung von Meßmaschinen

NCP Network Control Program, Programm zur Steuerung von Datennetzen

NCRDY NC-Ready, Klarmeldung von Werkzeugmaschinen-Steuerungen

NCS Norwegian Certification System, norwegisches Zertifizierungs-System

NCS Network Computing System

NCS Numerical Control Society, Vereinigung von NC-Maschinen-Anwendern der USA

NCS Numerical Control System

NCSC National Computer Security Council, Begriff der Datensicherung

NCVA →NC-Daten-Verwaltung und -Aufbereitung nach →DIN 66264

NDAC Not Data Accepted, Daten-Annahme-Verweigerung an der →IEC-Bus Schnittstelle

NDIS Network Driver Interface Specification, Schnittstelle von Computernetzen

NDT Non Destructive Testing

NE Nibbling Export, Exportversion der →SINUMERIK-Nippel-Steuerungen

NE Normenstelle Elektrotechnik, eigenständige Normenstelle des →BWB

NEC National Exhibition Centre, Messezentrum in Birmingham

NEC Nederlands Elektrotechnisch Comite, niederländisches Normen-Gremium

NEC Nippon Electric Corporation, japanischer Halbleiter- und Geräte-Hersteller

NEK Norsk Elektroteknisk Komite, norwegisches Elektrotechnisches Komitee

NEMA National Electrical Manufacturers Association, Notionalverband der Elektroindustrie der USA

NEMKO Norges Elektriske Materiellkontroll, norwegisches Prüfinstitut für elektrotechnische Erzeugnisse in Oslo

NEMP Nuclear Electro-Magnetic Pulse, elektomagnetischer Impuls, der von einer Atom-Explosion ausgeht

NEP Noise Equivalent Power

NET Norme Européenne de Telecommunication, europäische Fernmelde-Norm

NET Noise Equivalent Temperature

NF Normes Françaises, Herausgeber →AFNOR und →UTE, zugleich Normenkonformitätszeichen Frankreichs

NFM Network File Manager, Netzwerk-Dateiverwaltung

NFS Network File System, Netzwerk-Dateiverwaltung von SUN

NI Normenausschuß Informations-Verarbeitungs-Systeme von →DIN und →VDE

NI Network Interworking

NIC Network Interface Card, Netzwerk- oder →LAN-Adapter-Karte

NIN Normenausschuß Instandhaltung, vertreten im →DIN

NIPC Networked Industrial Process Control

NIST National Institute of Standards and Technology, amerikanisches Normenbüro für Standards

NK Natur-Kautschuk, Werkstoff für Leitungs- und Kabelmantel

NL New Line, Zeilenvorschub mit Wagenrücklauf

NLM Netware Loadable Module, Gateware-Software zur Verbindung von →SINEC-H1 und Novell-Teilnehmern

NLQ Near Letter Quality, Drucker-Schönschrift

NLR Non Linear Resitor, nichtlinearer Widerstand

NMC NUMERIK Motion Control, Siemens-NUMERIK-Vertriebs-Gesellschaft in den USA

NMF Network Management Forum

NMI Non Maskable Interrupt, nicht maskierbare Unterbrechungsanforderung an den Prozessor

NMOS →N-Channel-→MOS, Halbleiter-Technologie

NMR Normal Mode Rejection

NMS Network Management Station (System), zum Verwalten, Warten und Überwachen von Netzwerken

NMT Netzwerk-Management, →NMS

NNI Nederlands Normalisatie Instituut, niederländisches Normen-Gremium

NORIS Normen-Informations-System der Siemens AG

NOS Network Operating System

NP Negativ-Positiv, Struktur von Halbleitern

NPL New Programming Language, Programmiersprache, →PL1

NPN Negativ-Positiv-Negativ(-Transistor), Halbleiteraufbau

NPR Noise Power Ratio, Rauschleistungsabstand von Meßgeräten

NPT Netzplantechnik, graphische Darstellung zeitlicher Abläufe

NPT Non-Punch-Through

NPX Numeric Processor Extension, Erweiterung mit einem numerischen Prozessor

NQC National Quality Campaign, Aktion zur Verbesserung des Qualitätsgedankens in Großbritannien

NQSZ Normenausschuß Qualitätsmanagement, Statistik und Zertifizierungsgrundlagen

NRFD Not Ready For Data, Unklarmeldung zur Datenübernahme an der →IEC-Bus-Schnittstelle

NRM Natural Remanent Magnetization, Restmagnetismus

NRZ Non-Return to Zero, Übertragungsverfahren mit Information per Spannungspegel

NS National Standard

NSAI National Standard Authority of Ireland, irisches Normen-Gremium in Dublin

NSC National Semiconductor, Halbleiter-Hersteller

NSF Norges Standardiserings-Forbund, norwegisches Normen-Gremium in Oslo

NSI National Supervising Inspectorate, vergleichbar mit der →VDE-Prüfstelle

NSM Normenausschuß Sach-Merkmale im →DIN

NSTB National Science and Technology Board, behördliche Organisation für Wissenschaft und Technologie in Singapur

NT Nachrichten-Technik

NT Network Termination

NT New Technologies

NTC Negative Temperatur Coeffizient, Heißleiter, Widerstandsabnahme bei Temperaturanstieg

NTG Nachrichten-Technische Gesellschaft

NTSC National Television Standards Committee, →TV-Standard mit 30 Bildern pro Sekunde

NTT Nippon Telegraph and Telephone, japanische Telefon- und Telegrahpengesellschaft

ntz Nachrichten-Technische Zeitschrift

NUA Network User Address, Telefonnummer eines Datex-P-Teilnehmers

NUI Network User Identification, Kennung eines Datex-P-Teilnehmers

NUM NUMERIK, französischer Steuerungs-Hersteller

NURBS Non Uniform Rational Base Spline, nicht uniforme rationale B-splines, mathematische Methode für Freiformflächen in →CAD-Systemen

NV Nullpunkt-Verschiebung, Eingabe im Anwenderprogramm

NVLAP National Voluntary Laboratory Accreditation Programme der USA

NVS Norsk Verkstedsindustris, Norwegian Engineering industries in Oslo

NWIP New Work Item Proposal, Vorschlag für eine neue Arbeit in →IEC

NWM Normenausschuß Werkzeug-Maschinen

OA Office Automation, Büro-Automatisierung

OACS Open-Architecture-→CAD-System von Motorola

OATS Open Area Test Sites, Freifeld-Meßgelände für →EMV

OAV Ost-Asiatischer Verein, Träger des →APA

OB Organisations-Baustein, Organisations-Teil im →SPS-Anwenderprogramm

OBJ Objekt-Code-Datei, Datei-Ergänzung

OC Open Collector, Ausgang von ICs mit offenem Kollektor des Ausgangstransistors

OC Operation Code, Befehlskode von Rechnern

OC Operation Control, (automatische) Prozeß-Steuerung

OCG →OSTC Certification Group

OCI Online Curve Interpolator, Funktion von Werkzeugmaschinen-Steuerungen

OCL Operation Control Language, Programmiersprache für die Prozeß-Steuerung

OCL Over Current Limit, Stromüberwachung

OCP Operators Control Panel, Bedientafel bzw. -pult, z.B. von Werkzeugmaschinen

OCP Over Current Protection

OCR Optical Character Recognition, optische Zeichenerkennung, Maschinenlesbarkeit von gedruckten Zeichen

OCS Office Computer System

OCW Operating Command Word

OD Optical Disk

ODA Office Document Architecture, →OSI-Standard

ODCL Optical Digital Communication Link, optische digitale Kommunikation

ODI Open Datalink Interface, Datenschnittstelle

ODIF Open Document Interchange Format, standardisierte Form von Dokumenten

OEC Output Edge Control, Schaltung zur Verminderung von Störungen

OECD Organization for Economic Cooperation and Development, Organisation für Europäische Wirtschaftliche Zusammenarbeit und Entwicklung

OEEC Organization for European Economic Cooperation, Organisation für Europäische Wirtschaftliche Zusammenarbeit in Paris

OEM Original Equipment Manufacturer, Hersteller von Geräten für Anlagen und Systeme, z.B. Hersteller von Steuerungen für Maschinen

OF Öl-Fremdlüftung, z.B. von Halbleiter-Stromrichter-Geräten

OIC Optical Integrated Circuit

OIML Organisation Internationale de Mesure Légale, Internationale Organisation für gesetzliches Meßwesen in Frankreich

OIW →OSI Implementors Workshop in →NIST

OLB Outer Lead Bonding, Bond-Kontakte von →SMD-Bauelementen

OLD Old-Datei, alte Datei, Datei-Ergänzung

OLE Object Linking and Embedding, Verbindung von →PC-Anwender-Dateien

OLIVA Optically Linked Intelligent →VME-Bus Architecture

OLM On-Line Monitor, Direktsteuerung bzw. -überwachung

OLMC Output Logic Macro Cell, Gate-Array-Ausgang

OLP Off-Line-Programming, Anwendung bei der Roboter-Programmierung

OLTP On-Line Transaction Processing, Fehlertolerantes Computer-System

OLTS On-Line Test System, mitlaufendes Fehlererkennungs-System

OM Operational Maintenance, Wartung während des Betriebs

OME On-board Module Expansion, Schnittstelle für Multibus II Module

OMG Object Management Group, Herstellervereinigung für objektorientierte Datenbanksysteme

OMI Open Microprocessor Initiative, Bibliotheks-Programm zum Projekt →ESPRIT der →EU

OMP Operating Maintenance Panel, Wartungsfeld, z.B. einer Werkzeugmaschinen-Steuerung

OMP Operating Maintenance Procedure

ON Österreichisches Normungsinstitut

ÖN Österreichische Norm

ONA Open Network Access

ONC Open Network Computing

OnCE On Chip Emulation

ONE Optimized Network Evolution

ONI Optical Network Interface, Schnittstelle für Glasfaser-Kabel

ONPS Omron New Production System, neues Produktionssystem

OOA Object Oriented Analysis, Analyse von objektorientierten Lösungen

OOD Object Oriented Design, an der Analyse orientiertes Entwickeln

OOP Object-Oriented Programming, Programmierung mit projektorientierten, gekapselten Daten

OP Operators Panel, Bedientafel z.B. von Werkzeugmaschinen-Steuerungen

OPAL Open Programmable Architecture Language, Hardware-Entwicklungs-Software von →NSC

OPC Operating-Code, Befehlsverschlüsselung

OPPOSITE Optimization of a Production Process by an Ordered Simulation and Iteration Technique, Produktions-Optimierung durch Simulations-und Iterationstechniken

OPT Optimized Production Technology, detailliertes Netzwerk eines Fertigungsmodelles

OPV Operations-Verstärker

ÖQS Österreichische Vereinigung zur Zertifizierung von Qualitätssicherungs-Systemen

ORCA Optimised Reconfigurable Cell Array, →FPGA mit automatischer Plazierung und Verdrahtung der Schaltung

ORGALIME Organisme de Liaison des Industries Métalliques Européenes, Verbindungsstelle der europäischen Maschinenbau-, metallverarbeitenden und Elektro-Industrie in Brüssel

ORKID Open Real Time Kernel Interface Definition, Standardisierung verschiedener Betriebssysteme

OROM Optical →ROM, optischer nur Lese-Speicher

ORT Ongoing Reliability Testing

OS Operating System

OS Öl-(Luft)-Selbstkühlung von Halbleiter-Stromrichter-Geräten

OSA Open Systems Architecture

OSACA Open System Architecture for Controls within Automation systems, Gremium der Werkzeug-Maschinen-Steuerungs-Hersteller zur Erarbeitung eines Steuerungs-Standards

OSC Oscillator, →OSZ

OSD On Screen Display, Bedienerführung am Bildschirm

OSE Open System Environment

OSF Open System (Software) Foundation, graphische Bedienoberfläche für →PCs auf →UNIX

OSI Open Systems Interconnection, →ISO-Referenzmodell für Rechner-Verbundnetze

OSITOP →OSI Technical and Office Protocols

OSP Operator System Program

OSP Organic Solderability Protection, Feinleitertechnik zur Erzielung flacher Bestückoberflächen

OSTC Open Systems Testing Consortium

OSZ Oszillator, →OSC

OT Optical Transceiver, optischer Leitungsverstärker

OTA Open Training Association, Verein namhafter Hersteller von Informations- und Automatisierungsgeräten

OTDR Optical Time Domain Reflectometer, Meßgerät für Rück-Streumessung von Lichtwellenleitern

OTL OSI Testing Liason Group

OTP One Time Programmable, Bezeichnung von →EPROMs ohne Lösch-Fenster

OTPROM One Time Programmable Read Only Memory

OUF Öl-Umlauf-Fremdlüftung von Halbleiter-Stromrichter-Geräten

OUS Öl- Umlauf- Luft- Selbstkühlung von Halbleiter-Stromrichter-Geräten

OUT Output

OUW Öl-Umlauf-Wasserkühlung von Halbleiter-Stromrichter-Geräten

OVD Outside Vapor Deposition, Verfahren zur Herstellung von Glasfasern für Lichtwellenleiter

ÖVE Österreichischer Verband für Elektrotechnik

OVFL Over-Flow, Überlauf von Speichern oder Registern, auch Störungsanzeige im →U-STACK der →SPS

OVG Obere Vertrauens-Grenze, →UCL

OVL Over Voltage Limit, Spannungsüberwachung

OVL Overlay-Datei, Datei-Ergänzung

ÖVQ Österreichische Vereinigung für Qualitätssicherung

OW Öl-Wasserkühlung von Halbleiter-Stromrichter-Geräten

OWG Optical Waveguide Cables

P Dritte Bewegung parallel zur X-Achse nach DIN 66025

P Positiv

P Pressing, Steuerungsversion für Pressen

PA Polyamid, Werkstoff für Leitungs- und Kabelmantel

PA Prüfstellen-Ausschuß des →VDE

PAA Prozess-Abbild der Ausgänge, z.B. einer →SPS

PABX Private Automatic Branch Exchange

PAC Programmable Array Controller

PAC Project Analysis and Control

PAC Personal Analog Computer

PACE Precision Analog Computing Equipment, analoger Präzisionsrechner

PACS Peripheral Address Chip Select, Prozessor-Register

PACT Programmed Automatic Circuit Tester, automatisches Testgerät für elektronische Schaltungen

PAD Packet Assembly Disassembly facility, telefonischer Zugangspunkt zum Datex-P-Netz der →DBP

PADT Programming and Debugging Tool

PAE Prozess-Abbild der Eingänge, z.B. einer →SPS

PAG Programm-Ablauf-Graph, Hilfsmittel für Problementwurfs- und SPS-Programmierung

PAG Siemens Protokoll Arbeits-Gruppe

PAI Polyamidimide, hochtemperaturbeständiges Thermoplast

PAL Programmable Array Logic, allgemein gebräuchliche Abkürzung für anwenderspezifische Bausteine mit programmierbarem UND-Array

PAL Phase Alternation Line, Farbfernsehsystem, Phasenwechsel von Zeile zu Zeile

PAM Puls-Amplituden-Modulation

PAMELA Produktorientiertes Auskunftsystem mit einheitlichem Datenpool für Lieferstellen und Abnehmer im →SIMATIC-Geschäft

PAR Polyarcrylate, hochtemperaturbeständiges Thermoplast

PAS Process Automation System

PAS Pascal-Quellcode, Datei-Ergänzung

PASS Personal Access Satellite System, Telekommunikationssystem per Satellit der NASA

PATE Programmed Automatic Test Equipment, programmierbare automatische Testeinrichtung

PB Programm-Baustein, Teil des →SPS-Anwenderprogrammes

PB Peripherie Byte, Peripherie-Abbild 8 Bit in der →SPS

PB Puffer-Betrieb, z.B. von Maschinen nach →VDE 0557

PBM Puls-Breiten-Modulation

P-Bus Peripherie-Bus z.B. der →SIMATIC

PC Parity Check, Paritätsprüfung, z.B. bei der Daten-Übertragung

PC Personal-Computer, allgemeine Bezeichnung von Einzelplatz-Rechnern

PC Programmable Control, alte Bezeichnung der →PLC (→SPS)

PC Printed Card, gedruckte Schaltung, auch Flachbaugruppe

PC Punched Card

PC Process Control

PC Production Control

PC Program Counter

PC Programm Committee des →CEN

PCA Programmable Logic Control Alarm, →PLC-Alarme

PCA Policy Group on Conformity Assessment des →IEC

PCB Printed Circuit Board, Leiterplatte, gedruckte Schaltung usw.

PCC Process Control Computer, Prozeßrechner

PCC Plastic Chip Carrier, Gehäuseform von integrierten Schaltkreisen

PCD Poly-Crystalline Diamond, Schneidwerkzeug für →CNC-Werkzeugmaschinen, →PKD

PC-DOS Personal Computer – Disk Operating System, Betriebssystem für Personal Computer

PCE Process Control Element

PCF Plastic Cladded Silica Fibre, Glasfaser-Kabel

PCG Printed Circuit Generator, Programm für die Schaltungs-Entflechtung

PCI Personal Computer Instruments, Meßgerät auf →PC-Basis

PCI Peripheral Component Interconnect, Prozessor-unabhängiges Bussystem

PCI Peripheral Components Interface

PCI Programm Controlled Interrupt

PCIM Power Conversion and Intelligent Motion, Kongreßmesse der Elektronik

PCL Programmable Control Language, Programmiersprache von →GE für integrierte Anpaßsteuerungen

PCL Printer Command Laguage, Drucker-Steuer-Sprache, z.B. für Schriftenanwahl, Blocksatz usw., Datei-Ergänzung

PCM Pulse Code Modulation

PCM Plug Compatible Manufacturing, Herstellung von steckkombatiblen Einheiten

PCM Process Communication Monitor, Steuerung und Überwachung der Prozeß-Kommunikation

PCMC →PCI, Cache and Memory Controller, PCI-Chipset

PCMCIA Personal Computer Memory Card International Association, PC-Karten-Standard

PCMS Programmable Controller Message Specification, offene Kommunikation für →SPS

PCN Personal Communications Network, europäische Norm für drahtlose Telefone

PCP Programmable Control Programm, →SPS-Programm in Maschinen-Code

PCS Peripheral Chip Select, Auswahlleitungen für Prozessor-Peripherie mit definierter Byte-Länge

PCS Process Control System

PCS Personal Communication Services, Dienste für mobile Sprach- und Datenkommunikation

PCTE Portable Common Tool Environment, Schnittstelle für Software-Entwicklungssysteme

PD Peripheral Device

PD Proportional-Differential(-Regler)

PDA Percent Defective Allowed, maximal erlaubter Ausfallprozentsatz

PDA →PCB Design Alliance

PDA Personal Digital Assistant, tragbares Rechner-Kommunikationssystem

PDE Personal-Daten-Erfassung

PDC Plasma Display Controller, Steuerung der Plasma-Display-Anzeige

PDDI Product Data Definition Interface, Schnittstelle zwischen Konstruktion und Fertigung

PDES Product Data Exchange Spezifikation, Normung von Produkt-Daten-Formaten nach →NBS

PDIF Product Definition Interchange Format

PDIP Plastic Dual In-line Package, Gehäuseform von integrierten Schaltkreisen

PDK Postprocessor Development Kit, Entwicklungswerkzeug für →CAD-Postprozessoren

PDL Page Description Language, Seiten-Beschreibungs-Sprache für Drucker

PDM Produkt-Daten-Management, Verwaltung von Produkt-Informationen

PDN Public Data Network, öffentliches Paketvermittlungsnetz für die Datenübertragung

PDP Plasma Display Panel

PDR Processing Data Rate, Rechnerleistung nach Millionen Bit pro Sekunde

PDS Produkt-Daten-Satz, Produkt-Parameter-Programmierung einer →SPS

PDU Protocol Data Unit, Software-Schnittstelle von →MAP

PDV Prozeß-Daten-Verarbeitung

PE Polyäthylene, Werkstoff für Leitungs- und Kabelmantel

PE Protective Earth, Schutzleiter-Kennzeichnung

PE Peripheral Equipment

PE Phase Encoding, phasenkodiertes Aufzeichnungs-Verfahren

PEARL Process and Experiment Automation Real Time Language, Programmiersprache für die Prozeßdaten-Verarbeitung

PEB Peripherie-Extension Board, externe Erweiterungs-Einheit

PEEL Programmable Electrically Erasable Logic, →PALs und →PLAs in →EEPROM-Technik

PEG Produkt-Entwicklungs-Gruppe

PEI Polyetherimide, hochtemperaturbeständiges Thermoplast

PEIR Process Evaluation and Information Reduction

PEK Polyetherketone, hochtemperaturbeständiges Thermoplast

PEL Picture Element (→PIXEL), Bildpunkt eines →VGA-Monitors

PELV Protective Extra Low Voltage, Schutz durch Funktionskleinspannung mit "Sicherer Trennung"

PENSA Pan European Network Systems Architecture

PEP Planar Epitaxial Passivated, passivierter Planar-Transistor

PERT Program Evaluation Review Technic, Management- und Planungs-Verfahren mit Computer-Unterstüztung

PES Polyethersulfon, hochtemperaturbeständiges Thermoplast

PES Programmierbares Elektronisches System, Begriff aus →IEC-Normen

PET Patterned Epitaxial Technology, Herstellungs-Verfahren für →ICs

PEU Peripherie Unklar, Störungs-Anzeige im →USTACK der →SPS

PF Power Factor

PFC Power-Factor-Correction, Eingangsschaltung von Stromversorgungen zur Leistungsfaktor-Korrektur

PFM Pulse Frequency Modulation

PFM Postsript Font Metric, Schriftinformation, Datei-Ergänzung

PFU Prozeß-Fähigkeits-Untersuchung, Begriff der →SMT-Technik

PG Programmier-Gerät, z.B. für eine →SPS

PGA Programmable Gate Array, allgemein gebräuchliche Abkürzung für hochkomplexe Logikbausteine

PGA Pin Great Array, Bezeichnung von Logikbausteinen mit hoher Pin-Zahl

PGC Professional Graphics Controller, Video-Baustein von IBM für Vektorgraphik

PHA Preliminary Hazard Analysis, vorläufige Fehlerquellen-Analyse

PHF Parts History File, Qualitäts-Sicherungs-Programm der →CNC

PHG Programmier-Hand-Gerät, z.B. für Roboter-Steuerungen

PHIGS Programmers Hierarchical Interactive Graphics System, Norm der →ANSI, USA, für den Austausch von graphischen Programmen

PHP Personal Handy Phone, Standard für digitale schnurlose Telefone

PHY Physical Layer Control, Element von →FDDI für Kodierung/Dekodierung und Taktgeber

PI Polyimide, hochtemperaturbeständiges Thermoplast

PI Programm-Instanz, →STF-ES-Protokoll

PI Proportional-Integral(-Regler)

PIA Peripheral Interface Adapter, Schnittstellen-Anpassung

PIC Programmable Interrupt Controller

PIC Personal Intelligent Communication

PIC Programmable Integrated Circuit

PICS Protocol Implementation Confirmance Statement

PICS Production Information and Control System, Produktions-Steuerung und -Information von IBM

PID Proportional-Integral-Differential(-Regler)

PIF Program Information File, Datei-Ergänzung

PIM Personal Information Manager, →EDV-Datenbank-Manager

PIN Personal Identification Number, Paßwort, z.B. von Rechner

PIN Positive Intrinsic Negative, Diode mit der Zonenfolge P-I-N

PIO Parallel Input Output, →E/A-Ports von Mikroprozessor-Schaltungen

PIP Picture in Picture

PIPS Production Information Processing System

PIU Plug In Unit

PIXEL Picture Element, kleinstes darstellbares Bildelement oder kleinster Bildpunkt

PIXIT Protocol Implementation Extra Information for Testing

PKD Poly-Kristalliner Diamant, Schneidwerkzeug für →CNC-Werkzeugmaschinen, →PCD

PKP Produkt Konzept Planung, Begriff aus dem Produktmanagement

PKS Produkt Komponenten Struktur, Begriff aus dem Produktmanagement

PL1 Programming Language 1, ursprünglich NPL "new PL". Höhere Programmier-Sprache mit Elementen von →ALGOL, →COBOL und →FORTRAN, von IBM entwickelt

PLA Programmable Logic Array, allgemein gebräuchliche Abkürzung für anwenderspezifische, programmierbare UND/ODER-Array

PLC Programmable Logic Controller, Speicherprogrammierbare Steuerung (→SPS)

PLCC Plastic Leaded Chip Carrier, Gehäuseform von integrierten Schaltkreisen in →SMD

PLD Programmable Logic Device, allgemeine Abkürzung für anwenderspezifische, programmierbare Bausteine

PLE Programmable Logic Element, Oberbegriff für programmierbare Bausteine

PLL Phase Locked Loop

PL/M Programmimg Language for Microcomputer, Programmiersprache für Mikrocomputer

PLP Physical Layer Protocol, →FDDI-Standard für die Festlegung von Takt, Symbolsatz sowie Kodierungs- und Dekodierungsverfahren

PLR Programming Language for Robots

PLS Programmable Logic Sequencer

PLS Prozeß-Leit-System

PLT Prozeß-Leit-Technik

PLV Production Level Video, Video-Daten-Kompressions-Algorithmus

PM Preventive Maintenance

PM Process Manager

PMAG Project Management Advisory Group, Gruppe des →ISO/TC

PMC Programmable Machine Controller, →FANUC-SPS

PMD Physical Medium Dependent, Element der FDDI für die Festlegung der Wellenformen optischer Signale und der Verbinder in →ISO DIS 9314-3

PML Programmable Macro Logic, Anwenderspezifische, mit Makro-Funktionen programmierbare Schaltkreise

PMMU Paged Memory Management Unit

PMOS →P-Channel-→MOS, Halbleiterbauelement in MOS-Technologie

PMS Process Monitoring System

PMS Project Management System

PMS Peripheral Message Specification

PMT Parallel Modul Test, Verfahren zum Testen von Speichern

PMU Processor Management Unit

PMU Parameter Measuring Unit, Prüfautomat zur Messung analoger Parameter

PN Positiv-Negativ, pn-Struktur von Halbleitern

PNA Project Network Analysis, projektabhängige Netzplantechnik

PNC Programmed Numerical Control, numerisch gesteuerte Maschine

PNE Présentation des Normes Européennes, Gestaltung von Europäischen Normen

PNO Profibus-Nutzer-Organisation

PNP Positiv-Negativ-Positiv(-Transistor), pnp-Struktur von Halbleitern

POF Plastic Optical Fiber

POH Path Over-Head, Funktion von →SDH

POI Point of Information, Informations-Zentrale

POL Process Oriented Language

POL Problem Oriented Language, Problemorientierte Programmiersprache

POS Program Option Select, →BIOS-Programm zur Lokalisierung des Bildschirmtyps bei →PS/2-Computern

POSAT →POSIX Agreement Group for Testing and Certification

POSI Promotion Group for →OSI, Normungsgruppe japanischer Computer-Hersteller

POSIX Portable Operating System Interface Unix, Arbeitsgruppe des →IEEE für →UNIX-Standards

POST Power On Self Test, →BIOS-Programm zum Test des →VGA-Adapters bei →PS/2-Computern

POTS Plain Old Telephone Service, analoges stationäres Telefon

PP Part Program, Teile-Programm von Werkzeugmaschinen-Steuerungen

PP Peripheral Processor

PP Polypropylene, Werkstoff für Leitungs- und Kabelmantel

PPAL Programmed →PAL, allgemein gebräuchliche Abkürzung für festprogrammierte PALs

PPC Production Planning and Control

PPC Parallel Protocol Controler, Baustein vom Futurebus +

PPDM Puls-Pausen-Differenz-Modulator z.B. von →D/A-Wandlern

PPE Polyphenylenether, hochtemperaturbeständiges Thermoplast

PPE Produkt-Planung und -Entwicklung

PPH Produkt-Pflichten-Heft

PPI Pixels per Inch, Pixeldichte in →PIXEL pro Zoll

PPM Part per Million

PPM Puls-Phasen-Modulation

PPP Point to Point Protocol, Zugangs-Software für →WWW-Netze

PPP Produkt Profil Planung, Begriff aus dem Produktmanagement

PPS Parallel Processing System, System zur parallelen Bearbeitung von Programmen

PPS Polyphenylensulfid, hochtemperaturbeständiges Thermoplast

PPS Produktions-Planung und -Steuerung

PPS Production Planning and Control-System

PPSS Produktions-Planung und -Steuerungs-System

PQFP Plastic Quad Flat Package, Gehäuseform von integrierten Schaltkreisen

PR Prozeß-Rechner

PR Printer, Drucker

PRAM Programmable →RAM, programmierbare RAMs mit wahlfreiem Zugriff

PRBS Pseudo Random Binary Signal

PRCB Printed Resistor Circuit Board, Leiterplatten oder Keramiksubstrate mit Widerstands-Paste

PRCI →PC Robot Control Interface, schnelle Kopplung zwischen Personal-Computer und Roboter-Steuerung

PRD Printer Definition, Datei-Ergänzung

prEN preliminary European Norm, europäischer Normentwurf

prENV preliminary European Norm Vornorm, europäischer Vornorm-Entwurf

PRG Programm-Quellcode, Datei-Ergänzung

prHD preliminary Harmonization Document, Harmonisierungs-Dokument-Entwurf

PRI Primary Rate Interface, Nutzer-Netzwerk-Schnittstelle von →ISDN

PRI Precision Robots International

PRISMA Permanent reorganisierendes Informations-System merkmalorientierter Anwenderdaten

PRN Printer, Druckertreiber, Druck-Datei, Datei-Ergänzung

PRO Precision →RISC Organization, Interessengemeinschaft der RISC-Anwender

PROFIBUS Process Field Bus, Normbestrebung achtzehn deutscher Firmen für einen Standard im Feldbusbereich

PROFIT Programmed Reviewing Ordering and Forecasting Inventury Technique, Lagerverwaltungs-Programm

PROLAMAT Programming Language for Numerically Controlled Machine Tools

PROLOG Programming in Logic, höhere Programmier-Sprache für "Künstliche Intelligenz"

PROM Programmable Read Only Memory, allgemeine Abkürzung für anwenderspezifische Bausteine mit programmierbaren ODER-Array

PRPG Pseudo Random Pattern Generator

PRS Prozeß-Regel-(Rechner) -System

PRT Partial Data Transfer, Transfer-Kommando

PRZ Prüfung und Zertifizierung, Arbeitsgruppe des →ZVEI

PS Programming System

PS Programmable Switch, programmierbarer
Schalter
PS Power Supply
PS Proportional-Schrift, Schriftart, bei der jedes
Zeichen nur den Platz einnimmt, den es
benötigt
PS/2 Personal System/2, Personal Computer von
IBM
PSC Process Communication Supervisor, Steue-
rung von Prozeß-Daten
PSD Position Sensitive Device
PSD Programmable System Device, program-
mierbare Systembausteine
PSDN Packet Switched Digital Network, Netz
für die Paketvermittlung
PSO Power Supply O.K., Klarmeldung der →SI-
NUMERIK-Stromversorgung
PSP Produkt Strategie Planung, Begriff aus dem
Produktmanagement
PSP Program Segment Prefix, Datenstruktur
z.B. im →PC
PSPDN Packet Switched →PDN, →PSDN
PSPICE →SPICE der Firma Microsim
PSRAM Pseudo Static Random Access Memory
PST Programmable State Tracker, Baustein des
→EISA-System-Chipsatzes von Intel
PST Preset Actual Value, Istwertsetzen, Betriebs-
art von Werkzeugmaschinen-Steuerungen
PSTN Public Switched Telephone Network, öf-
fentliches Telefon- und Telekommunikations-
netz
PSTS Profile Specific Test Specification
PSU Polyphenylensulfon, hochtemperaturbe-
ständiges Thermoplast
PSU Power Supply Unit
PT Punched Tape
PT Punch-Through
PTC Positive Temperatur Coeffizient, Kaltleiter,
Widerstandszunahme bei Temperaturanstieg
PTB Physikalisch Technische Bundesanstalt in
Braunschweig
PTE Path Terminating Equipment, Funktion
von SDH
PTFE Poly Tetra Flour Ethylene, Werkstoff für
Leitungs- und Kabelmantel sowie Leiterplat-
ten-Material
PTH Plated Through Hole
PTM Point to Multipoint
PTMW Platin-Temperatur-Meß-Widerstand,
präziser temperaturabhängiger Widerstand
PTP Point to Point
PTP Paper Tape Punch
PTZ Post-Technisches Zentralamt
PU Peripheral Unit
PV Photo Voltaic
PV Prozess-Verwaltung
PVC Polyvinyl Chloride, Werkstoff für Lei-
tungs- und Kabelmantel
PVR Photo-Voltaik-Relais

PVT Process Verification Testing, Prüfung des
Fertigungs-Prozesses während der Entwick-
lung
PW Pass-Wort, dient dazu, ein Programm oder
Dateien vor unbefugten Zugriffen zu schützen
PW Peripherie Wort, Peripherie-Abbild 16 Bit in
der →SPS
PWB Printed Wiring Board
PWG Preparatory Working Group, vorbereiten-
de Arbeitsgruppe im →IEC
PWM Pulse Width Modulation, Puls-Weiten-
Modulation z.B. im Regelkreis von Stromver-
sorgungen
PWR Puls-Wechsel-Richter
PZI Prüf- und Zertifizierungs-Institut im
→VDE

Q Dritte Bewegung parallel zur Y-Achse nach
→DIN 66025
Q0-7 Qualitätsstufen 0 bis 7
QA Quality Assurance
QA Quality Audit, Begutachtung der Wirksam-
keit einer Qualitätssicherung
QAP Quality Assurance Program
QB Quittungs-Bit der Rechner-Kopplung
QBASIC Quick-→BASIC
QC Quality Control, Qualitätskontrolle
QDES Quality Data Exchange Specification
QFD Quality Function Deployment, Metho-
de zur qualitätsgerechten Prozeß-Entwick-
lung
QFP Quad Flat Package, Gehäuseform von inte-
grierten Schaltkreisen in →SMD
QG Qualitäts-Gruppen
QIC Quarter Inch Cartridge, Magnetband in
Viertelzoll-Diskette
QIC Quarter Inch Compatibility, Interessenge-
meinschaft zum Standardisieren von Lauf-
werken
QIS Qualitäts-Informations-System, z.B. einer
Produktionseinheit
QIS Quality Insurance System
QIT Quality Improvement Team, Qualitäts-
Prüf-Gruppe
QLS Quiet Line State, Meldung einer freien Leitung
QM Quality Management
QMI Quality Management Institute in Ka-
nada
QML Quality Manufacturers List, Liste zugelas-
sener Hersteller
QMS Quality Management System
QP Questionnaire Procedure, Umfrage-Verfah-
ren bei Normungs-Instituten
QPL Qualified Products List, Liste zugelassener
Produkte
QPS Qualitäts-Planung und -Sicherung
QS Quality System
QSA Qualitäts-Sicherung Auswertung

QSM Qualitäts-Sicherung Mitschreibung

QSM Quality System Manual, Qualitäts-Richtlinien

QSOP Quality Small Outline Package, Gehäuseform von integrierten Schaltkreisen in →SMD mit geringem Pinabstand

QSS Quality System Standard

QSS Qualitäts-Sicherungs-System

QSV Qualitäts-Sicherungs-Verfahren(-Vereinbarung)

QTA Quick Turn Around-(→ASIC), Anwenderspezifischer Schaltkreis mit den positiven Eigenschaften von Gate-Arrays und →EPLDs

QUICC Quad Integrated Communication Controller, integrierter Multiprotokoll-Prozessor

QVZ Quittungsverzug beim Datenaustausch mit der Peripherie; Störungs-Anzeige im →U-STACK der →SPS

QZ Qualität und Zuverlässigkeit, Zeitschrift vom Carl Hanser Verlag

R Dritte Bewegung parallel zur Z-Achse oder Eilgang in Richtung Z-Achse nach →DIN 66025

R Encoder Reference Signal R, Nullmarke, Signal von Wegmeßgebern

R20mA Linienstromquelle des Empfängers bei seriellen Daten-Schnittstellen →TTY

RA Recognition Arrangement

RAC Random Access Controller, Speicher-Steuerung

RACE Research and Development in Advanced Communications Technologies for Europe, Forschungs- und Entwicklungs-Rahmenprogramm der →EU

RAD Radial, Zusatzbezeichnung bei Bauteilen mit radialen Anschlußdrähten, z.B. →MKT-RAD

RAID Redundant Array of Inexpensive Disk, fehlertoleranter Speicher von Rechnern

RAL Reichs-Ausschuß für Lieferbedingungen und Gütesicherung in Bonn

RAL Reprogrammable Array Logic, mehrfach programmierbare anwenderspezifische Bauelemente

RALU Registers and Arithmetic and Logic Unit, Speicher und Operationseinheit von Rechnern

RAM Random Access Memory, wahlfreier Schreib-und Lesespeicher

RAPT Robot-APT, Roboter-Programmiersystem auf Basis von →APT

RARP Reverse Address Resolution Protocol, Variante der Netzübertragung

RAS Reliability Availability Serviceability (Safety)

RBP Regitered Business Programmer, Programmierer in den USA

RBW Resolution Bandwidth, Auflösungsbandbreite von Analysatoren

RC Redundancy Check, Prüfung einer Daten-Information auf Fehlerfreiheit

RC Remote Control

RC Resistor Capacitor, Widerstands-Kondensator-Schaltung

RC Robot Control, Roboter-Steuerung z.B. von Siemens

RCA Row Column Address

RCC Remote Center Compliance, Komponente des Roboter-Greifwerkzeuges

RCD Residual Current Protective Device

RCD Resistor Capacitor Diode, Widerstands-Kondensator-Dioden-Schaltung

RCM Robot Control Multiprocessing, Roboter-Steuerung von Siemens

RCP Robot Control Panel, Roboter-Steuertafel

RCTL Resistor Capacitor Transistor Logic, schnelle Logikfamilie mit Widerstands-Verknüpfungen und Ausgangs-Transistor

RCWV Rated Continuous Working Voltage, Nennspannung

R&D Research and Development

RD Reference Document

RDA Remote Database Access, Datenzugriff

RDA Remote Diagnostic Access, Zugriff über Diagnose-Software

RDC Resolver-/ Digital-Converter, Analog-/Digital-Umsetzer von Lagegebern

RDK Realtime Development Kit

RDPMS Relational Data Base Management System

RDR Request Data with Reply, Daten-Anforderung mit Daten-Rückantwort beim →PROFIBUS

RDRAM Rambus Dynamic →RAM, Speicherverwaltung für dynamische RAMs

RDTL Resistor Diode Transistor Logic, Schaltkreisfamilie mit Widerstand-Diode-Transistor-Schaltung

RECI Recycling Circle der Universität Erlangen-Nürnberg

REF Reference Point Approach, Referenzpunkt anfahren, Betriebsart von Werkzeugmaschinen-Steuerungen

REK Rechnerkopplung

REL-SAZ Relativer →SAZ, Enthält im →U-STACK der →SPS die Relativ-Adresse des zuletzt bearbeiteten Befehls

REM Raster-Elektronen-Mikroskop

REN Remote Enable, Einschaltung des Fernsteuerbetriebes der am →IEC-Bus angeschlossenen Geräte

REPOS Repositionierung, Zurückfahren an die Unterbrechungsstelle, z.B. bei numerisch gesteuerten Werkzeugmaschinen

REPROM Reprogrammable →ROM, mehrfach programmierbares →PROM, →EPROM

REQ Request

RES Residenter Programmteil, Datei-Ergänzung

RF Radio Frequency, Bereich der elektromagnetischen Wellen für die drahtlose Nachrichtenübertragung

RFI Radio Frequency Interference, englischer Ausdruck für →EMV

RFS Remote File Service, Netzwerkprotokoll, mit dessen Hilfe Rechner auf Daten anderer Rechner zugreifen können

RFTS Remote Fiber Testing System, Glasfaser-Testsystem

RFZ Regal-Förder-Zeuge

RGB Rot-Grün-Blau, RGB-Schnittstelle zur Monitor-Anschaltung

RGP Raster Graphics Processor

RGW Rat für gegenseitige Wirtschaftshilfe der 8 Staaten des ehemaligen Warschauer Paktes

RI Ring Indicator, ankommender Ruf von seriellen Daten-Schnittstellen

RIA Robot Industries Association, Verband für Industrie-Roboter

RID Rechner-interne Darstellung, Darstellung eines realen Objektes im Speicher eines Rechners

RIOS →RISC Operating System

RIOS Remote →I/O-System, →SPS-System von Philips

RIP Routing Information Protocol, Netzwerk Protokoll zum Austausch von Routing-Informationen

RIS Requirements Planning and Inventury Control System, Bedarfsplanung und Bestands-Steuerung

RISC Reduced Instruction Set Computer, schneller Rechner mit geringem Befehlsvorrat

RIU Rate Adaption Interface Unit, Baustein für →ISDN

RK Rechner-Kopplung, →RKP

RKP Rechner-Kopplung z.B. über die Schnittstellen →V24, →RS-422, →RS-485, →SINEC usw.

RKW Rationalisierungs-Kuratorium der Deutschen Wirtschaft e.V. in Eschborn

RLAN Radio →LAN, funkgestütztes lokales Netzwerk

RLE Run Length Encoded, Datei-Ergänzung

RLG Rotor-Lage-Geber, Rotatorisches Meßsystem zur Bestimmung der Lage von Werkzeugmaschinen-Schlitten

RLL Run Lenght Limited, →PC-Controller-Schnittstelle

RLT →RAM-Logic-Tile, Gate-Array-Zellen

RLT Rückwärts leitender Thyristor

RMOS Refractory Metal Oxide Semiconductor, hitzebeständiger Metalloxyd-Halbleiter

RMS Root Mean Square

RMW Read Modify Write, Schreib-Lese-Vorgang

RNE Réseau National d'Essais, nationaler französischer Akkreditierungsverband für Prüflaboratorien

ROBCAD Roboter-→CAD, CAD-System zur Programmierung von Schweißrobotern bei BMW von Tecnomatix

ROBEX Programmier-System für Roboter von der Universität Aachen

ROD Rewritable Optical Disk

ROM Read Only Memory

ROSE Remote Operation Service, Serviceleistung im Rechner-Netz

ROT Rotor-Lagegeber von Werkzeugmaschinen-Achsen

ROV Rapid Override, Eilgang-Korrektur einer Werkzeugmaschinen-Steuerung

RPA R-Parameter Aktiv, z.B. bei einer Werkzeugmaschinen-Steuerung

RPC Remote Procedure Call, Betriebssystem-Erweiterung für Netzwerke

RPK Institut für Rechneranwendung in Planung und Konstruktion der Universität Karlsruhe

RPL Robot Programming Language, Programmier-Sprache für Roboter von der Universität Berlin

RPP →RISC Peripheral Processor

RPS Repositioning, Wiederanfahren an die Kontur, Betriebsart von Werkzeugmaschinen-Steuerungen

RPSM Resources Planning and Scheduling Method, Methode der Betriebsmittel-Planung und Verfahrens-Steuerung

RS Reset-Set, Rücksetz- und Setzeingang von Flip-Flops

RS Recommended Standard, empfohlener Standard von →EIA

RS-232-C Recommended Standard 232 C, Serielle Daten-Schnittstelle nach →EIA Standard RS-232

RS-422-A Recommended Standard 422 A, Serielle Daten-Schnittstelle nach →EIA Standard RS-422

RS-485 Recommended Standard 485, Serielle Daten-Schnittstelle nach →EIA Standard RS 485

RSL Reparatur-Service-Leistung der Siemens AG für Werkzeugmaschinen-Steuerungen

RSS Rotations-Symmetrisch Schruppen, Bearbeitungsgang von Werkzeugmaschinen

RST Roboter-Steuer-Tafel

RSV Reparatur-Service-Vertrag der Siemens AG für Werkzeugmaschinen-Steuerungen

RT Regel-Transformator

RTC Real Time Clock

RTC Real Time Computer

RTC Real Time Controller

RTD Real Time Display

RTD Resistance Temperature Detector

RTE Regenerater Terminating Equipment, Funktion von →SDH

RTF Rich Text Format, Dokumentenaustausch, Datei-Ergänzung

RTK Real Time Kernel, applikationsbezogenes Betriebs-System

RTL Real Time Language, Programmiersprache für Echtzeit-Datenverarbeitung

RTL Resistor Transistor Logic, Logikfamilie mit Widerstands- Verknüpfungen und Ausgangs-Transistor

RTP Real Time Program

RTS Real Time System

RTS Request To Send, Sendeteil einschalten, Steuersignal von seriellen Daten-Schnittstellen

RTXPS Real Time Expert System

RUMA Reuseable Software for Manufacturing Application, mehrfach verwendbare Software

RvC Raad voor de Certificatie, holländischer Rat für die Zertifizierung

RWL Rest-Weg-Löschen, Funktion der →SINU-MERIK

RWTH Rheinisch Westfälische Technische Hochschule in Aachen

RxC Receive Clock, Empfangstakt von seriellen Daten-Schnittstellen

RxD Receive Data, Empfangs-Daten von seriellen Daten-Schnittstellen

S Spindel-Drehzahl nach DIN 66025

S5 →SIMATIC 5, →SPS der Siemens AG

S7 →SIMATIC 7, →SPS der Siemens AG

SA Structured Analysis, Software-Spezifikationstechnik

SAA System Application Architecture, Schnittstelle von →IBM

SAA Standards Association of Australia, Normenverband von Australien

SABS South African Standards Institution, südafrikanisches Normenbüro, zugleich Bezeichnung für Norm und Normenkonformitätszeichen

SAC Single Attachment Concentrator, →FDDI-Anschluß

SADC Sequential Analog-Digital Computer, Computer für serielle Bearbeitung von analogen und digitalen Daten

SADT Structural Analysis and Design Tool (Technique)

SAF Scientific Arithmetic Facility, sichere numerische Berechnung

SAM Serial Access Memory, Bildspeicher-Baustein

SAN System Area Network

SAP System Anwendungen Produkte in der Datenverarbeitung

SAP Service Access Point, Software-Schnittstelle von →MAP

SAP Schnittstellen-Anpassung der Centronics-Schnittstelle am Siemens-Drucker PT88

SAQ Schweizerische Arbeitsgemeinschaft für Qualitätsförderung

SASE Specific Application Service Elements, Teil der Schicht 7 des →OSI-Modelles

SASI Shugart Association Systems Interface, →SCSI

SAST System-Ablauf-Steuerung nach →DIN 66264

SAZ Step- Adress- Zähler, enthält im →U-STACK der →SPS die Absolut-Adresse des zuletzt bearbeiteten Befehls

SB Schritt-Baustein, Steuerbaustein des →SPS-Programmes

SB Steuer-Block, Speicherbereich (16 Byte) im Übergabespeicher beim Informationsaustausch mit Arbeitsmaschinen nach →DIN 66264

SBC Single Board Computer, Einplatinen-Computer

SBI Serial Bus Interface

SBQ Stilbenium Quarternized, Fotopolymer-Siebdruckverfahren

SBS Siemens Bauteile Service, Dienstleistungsbetrieb der Siemens AG

SC Serial Controller, →IC für serielle Schnittstelle, z.B. →RS-232, →RS 422 usw.

SC System Controller, System-Steuerung

SC Symbol Code, Zeichen-Verschlüsselung

SC Sub-Committee, Unter-Komitee, z.B. in Normen-Gremien

SCA Synchronous Communications Adapter, Schnittstelle für synchrone Datenübertragung

SCADA Supervisory Control and Data Aquisition

SCAN Serially Controlled Access Network

SCARA Selective Compliance Assembly Robot Arm, Schwenkarm-Montage-Roboter

SCAT Single Chip →AT(-Controller), →PC-Steuerbaustein

SCB Supervisor Circuit Breaker, Stromkreis-Überwachung und -Abschaltung

SCB System Control Board, →PC-Überwachungs-System

SCC Standard Council of Canada, nationales Normungsinstitut von Kanada

SCC Serial Communication Controller, serielle Steuerung von Information

SCFL Source Coupled Fet Logic, →ASIC-Zellen-Architektur

SCI Scalable Coherent Interface, →IEEE-Standard-Schnittstelle für schnelle Bussysteme

SCI Siemens Communication Interface, Informations-Schnittstelle von Siemens

SCIA Steering Committee Industrial Automation, Lenkungskomitee für industrielle Automatisierung von →ISO und →IEC

SCL Structured Control Language, Programmier-Hochsprache z.B. für →SPS

SCM Streamline Code Simulator, rationeller Kode-Simulator

SCN Siemens Corporate Network, Siemens-Dienststelle für Kommunikation mit öffentlichen Netzen

SCOPE System Cotrollability Observability Partitioning Environment, integrierter Schaltkreis mit Testpins

SCOPE Software Certification Programme in Europe

SCP System Control Processor, Rechner für die System-Steuerung

SCPI Standard Commands for Programmable Instruments, Befehls-Sprache für programmierbare Meßgeräte

SCR Silicon Controlled Rectifier, Thyristor

SCR Script-(Screen-)Datei, Datei-Ergänzung

SCS Siemens Components Service, Siemens Bauteile Service, →SBS

SCS Service Control System

SCSI Small Computer System Interface, Parallele E/A-Schnittstelle auf System-Ebene. Nachfolger von SASI

SCT Screen-Table, Datei-Ergänzung

SCT Surface Charge Transistor, ladungsgekoppelter Transistor

SCT System Component Test

SCTR System Conformance Test Report

SCU Scan Control Unit

SCU Secondary Control Unit, Hilfs-Steuereinrichtung

SCU System Control Unit, System-Steuereinheit

SCXI Signal Conditioning Extensions for Instrumentation, Meßgeräte-Standard

SD Super Density -Disk, Massenspeicher mit Phase-Change-Verfahren

SD Structured Design, Software-Spezifikationstechnik

SD Setting Data, maschinenspezifische Daten der →NC

SD Shottky Diode

SD Standard

SDA Send Data with Acknowledge, Daten-Sendung mit Quittungs-Antwort beim →PROFIBUS

SDA System Design Automation

SDAI Standard Data Access Interface, in der →ISO spezifizierter Mechanismus für den Datenaustausch zwischen Rechnern

SDB Silicon Direct Bonding, Direktverdrahtung von Halbleiter-Chips auf der Leiterplatte

SDC Semiconductor Distribution Center, Halbleiter-Service von Siemens

SDF Standard Data Format, Datei-Ergänzung

SDH Synchronous Digital Hierarchy, Telekommunikations-Standard

SDI Serial Data Input

SDI Serial Device Interface

SDK Software Development Kit, Software-Entwicklungswerkzeug von WINDOWS

SDL System Description Language, systembeschreibende Programmiersprache

SDLC Synchronous Data Link Control, Bitorientiertes Protokoll zur Datenübertragung von →IBM

SDN Send Data with No Acknowledge, Daten-Sendung ohne Quittungs-Antwort beim →PROFIBUS

SDRAM Synchronous Dynamic →RAM zur Ausführung von taktsynchronen speicherinternen Operationen

SDU Service Data Unit, Software-Schnittstelle von →MAP

SE Setting, maschinenspezifische Daten der →NC

SE Software Engineering, Software-Betreuung bzw.-Beratung

SE Simultaneous Engineering

SE Societas Europaea, europäische Aktiengesellschaft, Rechtsform der Europäischen Gemeinschaft

SEA Setting Data Activ, →NC-Settingdaten aktiv

SEB Sicherheit Elektrischer Betriebsmittel, Sektorkomitee der →DAE

SEC Schweizerisches Elektrotechnisches Comitée

SECAM Sequential Couleur a Memory, TV-Standard mit 25 Bildern pro Sekunde

SECT Software Environment for →CAD Tools

SEDAS Standardregelungen Einheitlicher Daten-Austausch-Systeme

SEE Software Engineering Environment, Software-Entwicklungs-Bereich

SEED Self Electro-Optic Effect Device, optischer Schalter

SEK Svenska Elektriska Kommissionen, schwedische elektrotechnische Kommission in Stockholm

SELV Safety Extra-Low Voltage

SEMI Semiconductor Equipment and Materials International, internationaler Handelsverband

SEMKO Svenska Elektriska Materialkontrollanstanten, schwedische Prüfstellen für elektrotechnische Erzeugnisse in Stockholm

SEP Standard-Einbau-Platz im →ES902- System mit 15,24 mm Breite

SERCOS Serial Realtime Communication System, offenes, serielles Kommunikations-System, z.B. zwischen →NC und Antrieb

SESAM System zur elektronischen Speicherung alphanumerischer Merkmale

SESAM Symbolische Eingabe-Sprache für Automatische Meßsysteme

SET Standard d'Echange et de Transport, Normung von Produkt-Daten-Formaten nach →AFNOR

SET Software Engineering Tool, Software-Entwicklungs-Werkzeug

SEV Schweizerischer Elektrotechnischer Verein

SF Schalt-Frequenz, z.B. von Stromversorgungen

SFB System Field Bus

SFC Sequentual Function Chart, sequentielle Darstellung der Funktion

SFDR Spurous Free Dynamic Range, Dynamik von A/D-Umsetzern

SFE Société Française des Electriciens, französische Gesellschaft für Elektrotechniker

SFS Suomen Standardisoimiliito, finnischer Normenverband , zugleich finnische Norm und Normenkonformitätszeichen

SFU Spannungs-Frequenz-Umsetzer

SG Strategie Gruppe, z.B. in Normen-Gremien

SGML Standard Generalized Markup Language, Standard-Programmiersprache für die Datenverwaltung

SGMP Simple Gateway Monitoring Protocol, Netzwerk-Management-Protokoll von Internet

SGS Studien-Gruppe für Systemforschung in Heidelberg

SGT Silicon Gate Technology, Halbleiter-Herstellungsverfahren

S&H Sample & Hold, Baustein zum Speichern von Analog-Spannungen

SHA Sample- and Hold- Amplifier, S&H-Verstärker

SHF Super High Frequency, Zentimeterwellen (Mikrowelle)

SI International System of Units, internationales Einheiten-System

SIA Semiconductor Industry Association, Verband der Halbleiter-Hersteller

SIA Serial Interface Adapter, Anpassung serieller Schnittstellen

SIA Siemens Industrial Automation, Siemens AUT-Tochter in USA

SIBAS Siemens Bahn-Antriebs-Steuerung

SIC Semiconductor Integrated Circuit, Halbleiter-Schaltung

SICAD Siemens Computer Aided Design, Siemens-Programmsystem zur Rechnerunterstützten Darstellung von graphischen Informationen

SICOMP Siemens Computer

SIG Sichtgerät

SIG Special Interest Group, z.B. Normen-Arbeits-Gruppe

SIGACT Special Interest Group on Automation and Computability Theory, Arbeitsgruppe des →ACM für Automatisierung

SIGARCH Special Interest Group on Computer Architecture, Arbeitsgruppe des →ACM für Rechner-Architektur

SIGART Special Interest Group on Artificial Intelligence, Arbeitsgruppe des →ACM für Künstliche Intelligenz

SIGBDP Special Interest Group on Business Data Processing, Arbeitsgruppe des →ACM für kommerzielle Datenverarbeitung

SIGOMM Special Interest Group on Data Communications, Arbeitsgruppe des →ACM für Datenübertragung

SIGCOSIM Special Interest Group on Computer Systems Inatallation Management, Arbeitsgruppe des →ACM für Computer-Installation

SIGDA Special Interest Group on Design Automation, Arbeitsgruppe des →ACM für Entwurfs-Automatisierung

SIGDOC Special Interest Group on Documentation, Arbeitsgruppe des →ACM für Dokumentation

SIGGRAPH Special Interest Group on Computer Graphics, Arbeitsgruppe des →ACM für Computergraphik

SIGIR Special Interest Group on Information Retrieval, Arbeitsgruppe des →ACM für Informations-Speicherung und -wiedergewinnung

SIGLA Systema Integrato Generico per la Manipolacione Automatica, von Olivetti entwickelte Programmier-Sprache für Montage-Roboter

SIGMETRICS Special Interest Group on Measurement and Evaluations, Arbeitsgruppe des →ACM für Messen und Auswerten

SIGMICRO Special Interest Group on Microprogramming, Arbeitsgruppe des →ACM für Mikroprogrammierung

SIGMOND Special Interest Group on Management of Data, Arbeitsgruppe des →ACM für die Datenverwaltung

SIGNUM Special Interest Group on Numerical Mathematics, Arbeitsgruppe des →ACM für numerische Mathematik

SIGOPS Special Interest Group on Operating Systems, Arbeitsgruppe des →ACM für Betriebssysteme

SIGPC Special Interest Group on Personal Computing, Arbeitsgruppe des →ACM für →PC

SIGPLAN Special Interest Group on Programming Language, Arbeitsgruppe des →ACM für Programmiersprachen

SIGRAPH Siemens-Graphik, maschinelles Programmier-System für Dreh- und Fräsbearbeitung

SIGSAM Special Interest Group on Symbolic and Algebraic Manipulation, Arbeitsgruppe des →ACM für Symbol- und algebraische Verarbeitung

SIGSIM Special Interest Group on Simulation, Arbeitsgruppe des →ACM für Simulation

SIGSOFT Special Interest Group on Software Engineering, Arbeitsgruppe des →ACM für die Software-Erstellung

SII The Standard Institution of Israel, israelisches Normen-Gremium

SIK Sicherungs-Kopie (Datei), Datei-Ergänzung

SIL Safety Integrity Level, sicherheitsbezogene Zuverlässigkeits-Anforderung

SIM Simulation (Simulator)

SIMATIC Siemens-Automatisierungstechnik

SIMD Single Instruction-Stream Multiple Data-Stream

SIMICRO Siemens Micro-Computer-System

SIMM Single Inline Memory Modul, Speicher, die auf einer Platine aufgebaut sind

SIMOCODE Siemens Motor Protection and Control Device, elektronisches Motorschutz- und Steuergerät von Siemens

SIMODRIVE Siemens Motor Drive, Siemens-Antriebs-Steuerung

SIMOREG Siemens Motor Regelung

SIMOVIS Siemens Motor Visualisierungs-System

SIMOX Separation by Implantation of Oxygen, Silicium-Wafer für hohe Temperaturen

SIMP Simulations-Programm

SINAL Sistema Nationale di Accreditamento di Laboratorie, nationales Akkreditierungssystem für Prüflaboratorien von Italien

SINAP Siemens Netzanalyse Programm

SINEC Siemens Network Communication, lokale Netzwerk-Architektur mit Busstruktur von Siemens

SINET Siemens Netzplan

SINI System-Initalisierung nach →DIN 66264

SINUMERIK Siemens Numerik, Werkzeug-Maschinen- und Roboter-Steuerungen der Siemens AG

SIO Simultaneous Interface Operation

SIOV Siemens Over Voltage, Überspannungs-Ableiter (Varistor) von Siemens

SIP Single In-line Package, Gehäuseform von integrierten Schaltkreisen

SIPAC Siemens Packungs-System, mechanisches Aufbausystem für Elektronik-Baugruppen

SIPAS Siemens Personal-Ausweis-System, Ausweis-Lese- und Auswerte-System

SIPE System Internal Performance Evaluator, Programm zur Bestimmung der Rechnerleistung

SIPMOS Siemens Power →MOS, Leistungs-Transistor

SIPOS Siemens Positionsgeber, Lagegeber für Werkzeugmaschinen-Steuerungen

SIRL Siemens-Industrial Robot Language, Hochsprache von Siemens für die Programmierung von Robotern

SIROTEC Siemens Roboter Technik

SIS Standardiserinskommissionen i Sverige, schwedische Normenkommission, zugleich Bezeichnung für Norm und Normenkonformitätszeichen

SISCO Siemens Selftest Controller, Baustein für Baugruppen-Test von Siemens

SISD Single Instruction-Stream Single Data-Stream

SISZ Software Industrie Support Zentrum, Zentrum für offene Systeme

SITOR Siemens Thyristor

SIU Serial Interface Unit, Einheit für serielle Übertragung

SIVAREP Siemens Wire Wrap Technik, Siemens Verdrahtungs-Technik

SK Soft Key, Software-Schalter oder -Taster

SKP Skip, Satz ausblenden, Betriebsart von Werkzeugmaschinen-Steuerungen

SKZ Süddeutsches Kunststoff-Zentrum (Zertifizierungsstelle)

SL Schnell-Ladung, z.B. von Batterien nach →VDE 0557

SLDS Siemens Logic Design System

SLIC Subscriber Line Interface Circuit

SLICE Simulation Language with Integrated Circuit Emphasis, Sprach- oder Befehls-Simulation mit →IC-Unterstützung

SLIK Short Line Interface Kernel(-Architecture)

SLIMD Single Long Instruction Multiple Data

SLIP Serial Line Internet Protocol, Zugangs-Software für →WWW-Netze

SLP Selective Line Printing

SLPA Solid Logic Process Automation, Automatisierung der →IC-Herstellung

SLS Selective Laser Sintering, Sinterprozeß mit Laser-Unterstützung

SLT Solid Logic Technology, →IC-Schaltungstechniken

SM Surface Mounted, Oberflächen-montierbar, →SMA, →SMC, →SMD, →SME, →SMP, →SMT

S&M Sales and Marketing

SMA Surface Mounted Assembly, Herstellungs-Prozeß von Leiterplatten in →SMD

SMC Surface Mounted Components, →SMD

SMD Surface Mounted Device, Oberflächen-montierbare Bauelemente

SME Surface Mounted Equipment, Geräte für die Montage von Leiterplatten in →SMD

SME Siemens-Mikrocomputer-Entwicklungssystem

SME Society of Manufacturing Engineers, schwedischer Maschinenbau-Verband

SMI Small and Medium Sized Industry

SMIF Standard Mechanical Interface, mechanische Standard-Verbindungstechnik

SMM System Management Mode

SMMT Society of Motor Manufacturers and Traders

SMP Surface Mounted Packages, Oberbegriff für alle Gehäuseformen von →SM-Bauelementen

SMP Symmetric Multi Processing, Multiprozessor-Architektur

SMS Small Modular System, →SPS-System von Philips

SMT Surface Mounted Technology, Technologie der Oberflächen-montierbaren Bauelemente

SMT Station Management, Element von →FDDI für Ring-Überwachung, -Management, -Konfiguration und Verbindungs-Management

SMTP Simple Mail Tranfer Protocol, einfaches Mail-Protokoll

SN Signal to Noise, Pegelabstand zwischen Nutz- und Rauschsignal

SN Siemens Norm, verbindliche Festlegungen über alle Siemens-Bereiche

SNA System Network Architecture, Kommunikationsnetz von →IBM

SNAK Siemens-Normen-Arbeits-Kreis

SNC Special National Conditions, besondere nationale Bedingungen, z.B. in der Normung

SNI Siemens Nixdorf Informationssysteme AG

SNMP Simple Network Management Protocol, Verwaltung von komplexen Netzwerken

SNR Signal to Noise Ratio, Signal-Rausch-Abstand z.B. von D/A-Umsetzern

SNT Schalt-Netz-Teil, getaktete Stromversorgung

SNV Schweizerische Normen-Vereinigung

SO Small Outline (Package), Gehäuseform von integrierten Schaltkreisen in →SMD, →SOP

SOEC Statistical Office of the European Communities, Büro für Statistik der →EU in Luxemburg

SOGITS Senior Officials Group Information Technology Standardization, Gruppe hoher Beamter für Informations-Technik der →EU

SOGS Senior Officials Group on Standards, Gruppe hoher Beamter für Normen der →EU

SOGT Senior Officials Group Telecommunication, Gruppe hoher Beamter für Telekommunikation der →EU

SOH Start Of Header, Übertragungs-Steuerzeichen für den Beginn eines Vorspannes

SOH Section Over-Head, Funktion von →SDH

SOI Silicon on Insulator, Material für hochintegrierte Halbleiter und Leistungs-→ICs

SOIC Small Outline Integrated Circuit, SMD-Bauelement im Standard-Gehäuse

SOL Small Outline Large (Package), Gehäuseform von integrierten Schaltkreisen in →SMD

SONET Synchronous Optical Network, Standard für schnelle optische Netze

SOP Small Outline Package, Gehäuseform von integrierten Schaltkreisen in →SMD, →SO

SOS Silicon on Saphire, Halbleiter-→MOS-Technologie

SOT Small Outline Transistor, →SMD-Transistor-Gehäuse

SPAG Standard Promotion and Application Group, →ISO Standardisierungs-Organisation

SPAG Strategic Planning Advisory Group, Gruppe des →ISO/TC

SPARC Scalable Processor Architecture, Standardisierung bei →RISC-Prozessoren

SPC Stored Program Controlled, Programmgesteuerte Einheit

SPC Statistical Process Control, Statistische Prozeßregelung

SPDS Smart Power Development System, Entwicklungs-Tool für Smart-Power-→ICs

SPDT Single-Pole Double-Throw

SPEC Systems Performance Evaluation Cooperative, Konsortium namhafter Computer-Hersteller

SPF Sub Program File, Unterprogramm

SPF Software Production Facilties, Software-Häuser bzw. -Fabriken

SPICE Simulation Program Circuit with Integrated Emphasis, Simulation von elektronischen Schaltungen

SPIM Single Port Interface Modul von →ETHERNET

SPM Stopping Performance Monitor, Nachlaufzeit-Überwachung z.B. von Werkzeugmaschinen

SPP System Programmers Package, →SW-Entwicklungs-Werkzeug

SPS Speicher-programmierbare Steuerung, z.B. →SIMATIC S5 von Siemens

SPS Siemens Prüf-System

SPT Smart Power Technology, →BICMOS-Prozeß von Siemens

SpT Spar-Transformator

SQ Squelch, Rauschsperre zur Ausblendung des Grundrauschpegels

SQA Selbstverantwortliches Qualitätsmanagement am Arbeitsplatz

SQA Software Quality Assurance

SQC Statistical (Process) Quality Control

SQFP Shrink Quad Flat Package, Gehäuseform von integrierten Schaltkreisen in →SMD

SQL Structured Query Language

SQS Schweizerische Vereinigung für Qualitäts-Sicherungs-Zertifikate in Bern

SQUID Superconduction Quantum Interference Device, Sensor für magnetische Signale

SR Set-Reset, Setz- und Rücksetz-Eingang von Flip-Flops

SR Switched Reluctance, vektorgesteuerter AC-Motor

SRAM Static →RAM, statischer Schreib-Lese-Speicher

SRCL Siemens Robot Control Language, Programmiersprache für Siemens Roboter-Steuerungen

SRCLH Siemens Robot Control Language High-Level, verbesserte Programmiersprache →SRCL

SRCS Sensory Robot Control System

SRCI Sensory Robot Control Interface, schnelle Kopplung zwischen Personal-Computer und Roboter-Steuerung

SRD Send and Request Data, Daten-Sendung mit Daten-Anforderung und Daten-Rück-Antwort beim →PROFIBUS

SRG Stromrichtergerät, z.B. Antriebssteuerung von Werkzeugmaschinen

SRI Stanford Research Institut, amerikanisches Roboterlabor mit Niederlassung in Frankfurt

SRK Schneiden Radius Korrektur, Funktion einer Werkzeugmaschinen-Steuerung

SRPR Standard Reliability Performance Requirement

SRQ Service Request, Datenanforderung durch die Geräte am →IEC-Bus

SRTS Signal Request To Send, Steuersignal zum Einschalten des Senders bei seriellen Daten-Schnittstellen

SS Simultaneous Sampling

SS Schnitt-Stelle

SSDD Solid-State Disk Drive

SSFK Spindel-Steigungs-Fehler-Kompensation, Funktion einer Werkzeugmaschinen-Steuerung, auch Maschinendaten-Bit

SSI Small Scale Integration, Bezeichnung von integrierten Schaltkreisen mit niedrigem Integrationsgrad

SSI Synchron Serial Interface, Istwertschnittstelle von Werkzeugmaschinen

SSM Shuttle Stroking Method, Verzahnungs-Methode auf Werkzeugmaschinen

SSO Spindle Speed Override, Spindel-Drehzahl-Korrektur, Funktion einer Werkzeugmaschinen-Steuerung

SSOP Shrink Small Outline Package, Gehäuseform von Integrierten Schaltkreisen in →SMD

SSP Super Smart-Power(-Controller), Mikro-Controller und Leistungsteil auf einem Chip

SSR Solid State Relais

SSS Sequential Scheduling System

SSS Switching Sub-System

SST Schnittstelle, allgemeine Bezeichnung in der →SW und →HW

ST Steuerung

ST Strukturierter Text, Sprache der →SPS

STC Scientific Technical Committee

STD Synchronous Time Division, Netzwerk-Verfahren

STEP Standard for the Exchange of Product, Normung von Produkt-Daten-Formaten nach →ISO

STEPS Stetige Produktions-Steigerung, Baustein von →TQM

STF SINEC Technologische Funktion, Ebene 7-Protokoll, funktionskompatibel zu →ISO 9506

STF-ES →SINEC Technologische Funktion-Enhanced Syntax

STFT Short Time Fast Fourier Transformation

STG Synchronous Timing Generator

STL Schottky Transistor Logic, Schaltkreistechnik

STL Short Circuit Testing Liaison

STM Scanning Tunneling Microscope

STM Synchronous Transfer Mode, synchroner Transfer-Modus

STM Synchronous Transfer Mode, Übertragungs-Modus der Telekommunikation

STN Super Twisted Nematic(-Display), Flüssigkristall-Anzeige

STP Statens Tekniske Provenaen, staatliche dänische technische Prüfanstalt zur Prüfstellenanerkennung

STP Steuer-Programm

STP Stop-Zustand der →SPS, Störungs-Anzeige im →USTACK

STP Shielded Twisted Pair, geschirmte verdrillte Doppelleitung

STS Ship To Stock, Ware ohne Eingangsprüfung aufgrund guter Qualität

STUEB Baustein-→STACK-Überlauf, Anzeige im →USTACK der →SPS

STUEU Unterbrechungs-→STACK-Überlauf, Anzeige im →USTACK der →SPS

STW Steuerwerk

STX Start of Text, Anfang des Textes, Steuerzeichen bei der Rechnerkopplung

SUB-D Subminiatur-Stecker Bauform D, genormte Stecker

SUCCESS Supplier Customer Cooperation to Efficiently Support mutual Success, Logistik-Programm für die Auftragsabwicklung von Siemens

SV Strom-Versorgung

SUT System Under Test

SVID System V Interface Definition, Schnittstelle von AT&T für →Unix

SVRx System V Release x, aktuelle Version von →Unix

SW Soft-Ware, Gesamtheit der Programme eines Rechners

SWINC Soft Wired Integrated Numerical Control, numerische Steuerung von Maschinen mit festverdrahteten Programmen

SWR Standing Wave Ratio, Stehwellenverhältnis zwischen Sende- und Empfangsimpedanz

SWT Sweep Time, Zeit für einen vollen Wobbeldurchlauf bei Signal- und Frequenzgeneratoren

SW/WS Schwarz/Weiß, z.B. Darstellung auf dem Bildschirm

SX Simplex, Datenübertragung in einer Richtung

SYCEP Syndicat des Industries de Composants Electroniques Passifs, Verband der französischen Hersteller passiver Bauelemente

SYNC Synchronisation

SYMAP Symbolsprache zur maschinellen Programmierung für →NC-Maschinen von der ehemaligen DDR

SYMPAC Symbolic Programming for Automatic Control, symbolische Programmierung für Steuerungen

SYS System

SYS Systembereich der →SINUMERIK-Mehr-Kanal-Anzeige

SYS Systeminformations-Datei, Datei-Ergänzung

SYST System-Steuerung, oberste hierarchische Ebene in einem →MPST-System nach →DIN 66264

T Werkzeugnummer im Teileprogramm nach →DIN 66025

T Turning, Steuerungsversion für Drehen

TA Terminal-Adapter, Endgeräte-Adapter

TA Technischer Ausschuß, z.B. von Normen-Gremien

TAB Tabulator, Taste auf Schreibmaschinen und auf der Rechner-Tastatur, mit der definierte Spaltensprünge durchgeführt werden können

TAB Tape Automatical Bonding, Halbleiter-Anschlußtechnik; Begriff aus der →SM-Technik

TACS Total Access Communication System

TAE Telekommunikations-Anschluß-Einheit

TAP Test Access Port, Schnittstelle der Boundary Scan Architektur

TAP Transfer und Archivierung von Produktdaten, Normung auf dem Gebiet der äußeren Darstellung produktdefinierender Daten bei der rechnergestützten Konstruktion, Fertigung und Qualitäts-Kontrolle

TB Technologie-Baustein, →SIMATIC-Baustein zur Anbindung von →FMs

TB Technisches Büro

TB Technische Beschreibung

TB Time Base, Zeitbasis

TB Terminal Block, Anschlußblock für Binär-Signale, z.B. einer →SINUMERIK- oder →SIMATIC-Steuerung

TBG Test-Baugruppe

TBINK Technischer Beirat für Internationale Koordinierung, Leitungsgremium der →DKE

TBKON Technischer Beirat Konformitätsbewertung, Gremium der →DKE

TBM Time Based Management, Zeitbasis-Management

TBS Textbaustein, Datei-Ergänzung

TC Technical Committee

TC Turning Center, Bezeichnung z.B. von Dreh-Automaten

TC Tele Communication

T&C Testing and Certification, Testen und Zertifizieren, auch Typprüfung

TC ATM Technical Committee on Advanced Testing Methods to →TC MTS, technisches Normen-Komitee

TC-APT Teile-Programmier-System auf Basis von →APT

TCAQ Testing Certification Accreditation Quality-Assurance

TCB Trusted Computing Base, Begriff der Datensicherung

TCC Time-Critical Communications

TCCA Time-Critical Communications Architecture

TCCE Time-Critical Communications Entities

TCCN Time-Critical Communications Network

TCCS Time-Critical Communications System

TCE Temperature Coefficient of Expansion, Wärmedehnungskoeffizient

TCIF Tele-Communication Industry Forum

TCMDS Timer Counter Merker Data Stack, Laufzeit-Datenbereich einer →SPS

TC MTS Technical Committee on Methods for Testing and Specification, technisches Komitee

TCP Tool Centre Point, Arbeitspunkt des Werkzeuges bei Robotern

TCP Transmission Control Protocol, Ebene 4 vom →ISO/OSI-Modell

TCS Tool Coordinate System, Werkzeug-Koordinaten-System

TCT Total Cycle Time

TDCS Transaction- and Dialog-Communication-System

TDD Timing Driven Design, Verarbeitung zeitkritischer Signale im IC

TDED Trade Data Elements Directory

TDI Trade Data Interchange

TDI Test Data Input, Steuersignal vom Test Access Port

TDID Trade Data Interchange Directory

TDL Task Description Language, Roboter-spezifische Programmiersprache

TDM Time Division Multiplexor, Gerät, das mehrere Kanäle zu einer Übertragungleitung zusammenfaßt

TDMA Time Division Multiple Access, Zugangsmodus für ein Frequenzspektrum beim Halbduplex-Betrieb

TDN Telekom-Daten-Netz

TDO Test Data Output, Steuersignal vom Test-Access-Port

TDR Time Domain Reflectometer, Impedanz-Meßgerät z.B. für →EMV-Messungen

TE Teil-Einheit, Angabe der Baugruppenbreite im 19"-System. Eine TE = 5,08 mm

TE Testing, z.B. maschinenspezifische Test-Daten der →NC

TE Turning Export, Exportversion der →SINUMERIK-Drehmaschinen-Steuerungen

TE Teil-Entladung bei Hochspannungs-Prüfungen

TE Test Equipment, Testeinrichtung

TEDIS Trade Electronic Data Interchange Systems

TELEAPT 2 Teile-Programmier-System von →IBM auf Basis von →APT

TELEX Teleprinter Exchange, öffentlicher Fernschreibverkehr

TEM Transmissions-Elektronen-Mikroskop

TEMEX Telemetry Exchange, Datenübermittlungsdienst zur Maschinen-Fernüberwachung

TF Technologische Funktion

TFD Thin Film Diode, Foliendioden in der →LCD-Technik

TFEL Thin Film Electro-Lumineszenz, Technologie für Displays

TFM Trusted Facility Management, Begriff der Datensicherung

TFS Transfer-Straßen, Verbund von Werkzeugmaschinen für die Bearbeitung eines Werkstückes oder gleicher Werkstücke

TFT Thin Film Transistor, Transistor in Dünnschichttechnik

TFT Thin Film Technology, Dünnfilm-Technologie für die Halbleiter-Herstellung

TFTLC Thin Film Transistor Liquid Crystal

TFTP Trivial File Transfer Protocol

Tfx Telefax

TGA Träger-Gemeinschaft für Akkreditierung GmbH, Dienststelle der →EU in Frankfurt

TGL Technische Normen, Gütevorschriften und Lieferbedingungen, ehemaliger DDR- Qualitäts-Standard

THD Total Harmonic Distortion, Klirrfaktor z.B. von →D/A-Umsetzern

THZ →TEMEX-Haupt-Zentrale

TI Texas Instruments, u.a. Halbleiter-Hersteller

TIF Tagged Image File, Scanformat, Datei-Ergänzung

TIFF Tag Image File Format, →PC-Datei-Format

TIGA Texas Instruments Graphics Architecture, Graphik-Software-Schnittstelle

TIM Temperature Independent Material, Temperatur-unabhängiges Material

TIO Test Input Output, Prüfung der Ein-Ausgabe-Funktion

TIP Transputer Image Processing, Konzept für Echtzeit-Verarbeitung

TIP Texas Instruments Power, Industrie-Standard-Bauelemente von Texas Instruments

TK Tele-Kommunikation

TK Temperatur-Koeffizient oder -Beiwert, z.B. von Bauelementen

TKO Tele-Kommunikations-Ordnung

TLM Triple Layer Metal, Halbleiter-Technologie

TM Tape Mark, Bandmarke, z.B. eines Magnetbandes

TM Turing Machine, von Turing entwickelte universelle Rechenmaschine

TMN Telecommunication Management Network, Rechnerunterstützte Netzwerke

TMP Temporäre Datei, Datei-Ergänzung

TMR Triple Modular Redundancy, dreifach modulare Redundanz

TMS Test Mode Select der Boundary-Scan-Architektur

TMSL Test and Measurement Systems Language, Programmiersprache für Prüf- und Meßsysteme

TN Technische Normung

TN Twisted Nematic(-Display), Flüssigkristall (-Anzeige)

TN Task Number, Auftrags-/Bearbeitungs-Nummer

TNAE →TEMEX-Netz-Abschluß-Einrichtung

TNC The Network Center

TNV Telecommunication Network Voltage, Fernmelde-Stromkreis

TO Tool Offset, Werkzeug-Korrektur, z.B. bei Werkzeugmaschinen-Steuerungen, auch Steuerungs-Eingabe

TOD Time of Day Clock, Uhrzeit-Anzeige eines Rechners

TOP Technical and Office (Official) Protocol, Konzept zur Standardisierung der Kommunikation im technischen und im Büro-Bereich, auch Schnittstelle für Fertigungs-Automatisierung

TOP Tages-Ordnungs-Punkt

TOP Time Optimized Processes, zeitoptimierte Prozesse von Entwicklung bis Vertrieb der Siemens AG

TOPFET Temperature and Overload Protected →FET

TOPS Total Operations Processing System, Betriebssystem von →IBM

TOT Total Outage Time

TP Totem Pole, Ausgang von →ICs

TP Tele Processing

TP Transaction Processing, Übertragung und Verarbeitung von Aufgaben, Programmen usw.

TPC Transaction Processing Council, Ausschuß für die Themen des Transaction Processing

TPE Transmission Parity Error, Paritätsfehler bei der Datenübertragung

TPI Tracks Per Inch, Pulse pro Zoll, z.B. bei Wegmeßgebern

TPL Telecommunications Programming Language, Programmiersprache für Daten-Fernübertragung

TPS Technical Publishing System, Dokumentations-System, auch →SW zur Handhabung von Normen

TPT Transistor-Pair-Tile, Gate-Array-Zellen

TPU Time Processing Unit

TPV Transport-Verbindung der Rechner-Kopplung

TQA Total Quality Awareness

TQC Total (Top) Quality Control

TQC Total Quality Culture, absolute Qualität

TQFP Thin Quad Flat Pack, Gehäuseform von integrierten Schaltkreisen

TQM Total Quality Management, gesamtes Qualitäts-Management eines Betriebes

TR Tape Recorder, Tonband-Gerät

TR Technical Report, Technischer Bericht

TR Technische Richtlinie

TRAM Transputer-Modul

TRANSMIT Transformation Milling Into Turning, Funktions-Transformation, um auf einer Drehmaschine Fräsarbeiten durchzuführen

TRL Transistor Resistor Logic, Schaltungs-Technologie mit Transistoren und Widerständen

TRM Terminal-Datei, Datei-Ergänzung

TRON The Realtime Operating System Nucleus, Rechner-Architektur mit Echtzeit-Betriebs-System

TS Tri-State, Ausgang von →ICs mit abschaltbarem Ausgangstransistor

TSL Tri-State Logic, →TS-Schaltkreis-Technologie

TSN Task Sequence Number, Auftrags-/Bearbeitungs-Nummernfolge

TSOP Thin Small Outline Package, Gehäuseform von integrierten Schaltkreisen in →SMD

TSOS Time Sharing Operating System, Zeit-Multiplex-Verfahren, →TSS

TSS Task Status Segment, Descriptor-Tabelle der Prozessoren 386 und 486 von Intel

TSS →TEMEX-Schnittstelle

TSS Time Sharing System, Zeit-Multiplex-Verfahren, →TSOS

TSSOP Thin Shrink Small Outline Package, Gehäuseform von integrierten Schaltkreisen in →SMD

TST Time Sharing Terminal, Sichtgerät für mehrere Benutzer

TSTN Triple Super Twisted Nematic, Flüssigkristall-Anzeige

TT Turning/Turning, Steuerungsversion für Doppelspindel-Drehmaschine

TTC Telecommunications Technology Committee in Japan

TTCN Tree and Tabular Combined Notation

TTD Technisches Trend Dokument, von der →IEC herausgegeben

TTL Transistor Transistor Logic, mittelschnelle digitale Standardbaustein-Serie mit 5V-Versorgung

TTLS Transistor Transistor Logic Schottky, schnelle →TTL-Bausteine mit Schottky-Transistor

TTRT Target Token Rotation Time

TTX Teletex

TTY Teletype, Fernschreiber-Schnittstelle mit 20mA-Linienstrom von Siemens

TU Tributary Unit, Funktion von →SDH

TUG Tributary Unit Group, Funktion von →SDH

TÜV Technischer Überwachungs-Verein, Prüfstelle für Geräte-Sicherheit

TÜV-Cert →TÜV-Certifizierungsgemeinschaft e.V. in Bonn

TÜV-PS →TÜV-Produkt Service, TÜV-Filialen im Ausland

TV Television

TVB →TEMEX-Versorgungs-Bereich

TVX Valid Transmission Timer, Überwachen, ob eine Übertragung möglich ist

TW Type-Writer, Schreibmaschine

TX Telex

TxC Transmit Clock, Sendetakt von seriellen Daten-Schnittstellen

TxD Transmit Data, Sende-Daten von seriellen Daten-Schnittstellen

TxD/RxD Transmit Data/Receive Data, Sende- und Empfangs-Daten von seriellen Daten-Schnittstellen

TXT Text-Datei, Datei-Ergänzung

TZ →TEMEX-Zentrale

U Zweite Bewegung parallel zur X-Achse nach →DIN 66025

U -Peripherie, →SIMATIC-Peripherie-Baugruppen der U-Serie

UA Unter-Ausschuß, z.B. von Normen-Gremien

UA Unavailability, Unverfügbarkeit, z.B. eines Systems bei dessen Ausfall

UALW Unterbrechungs-Anzeigen-Lösch-Wort, Anzeige im →USTACK der →SPS

UAMK Unterbrechungs-Anzeigen-Masken-Wort, Anzeige im →USTACK der →SPS

UAP Unique Acceptance Procedure, einstufige Annahmeverfahren

UART Universal Asynchronous Receiver Transmitter, Schnittstellen-Baustein für die asynchrone Datenübertragung

UB Unsigned Byte

UBC Universal Buffer Controller, universelle Puffer-Steuerung

UCIC User Configuerable Integrated Circuit, Anwender-Schaltkreis

UCIMU Unione Costruttori Italiano di Maccine Ustensili, Union der Werkzeugmaschinen-Hersteller Italiens

UCL Upper Confidence Level, →OVG

UCP Uninterruptable Computer Power

UCS Upper Chip Select, Auswahlleitung vom Prozessor für den oberen Adressbereich

UD Unsigned Doubleword

UDAS Unified Direct Access Standard, Standard für den direkten Datenzugriff

UDI Universal Debug Interface

UDP User Datagram Protocol, Protokoll zum Versenden von Datagrammen

UDR Universal Document Reader, Gerät für maschinenlesbare Zeichen

UHF Ultra High Frequency

UI User Interface, Benutzeroberfläche bzw. Schnittstelle zum Benutzer

UIDS User Interface Development System, Framework- Architektur für Produktentwicklung

UIL User Interface Language, Programmiersprache für Anwender-Schnittstellen

UILI Union Internationale des Laboratoires Indépendants, internationale Union unabhängiger Laboratorien in Paris

UIMS User Interface Management System, Framework-Architektur für die Produkt-Entwicklung

UIT Union Internationale des Télécommunications, internationale Fernmeldeunion in Genf

UK Unter-Komitee von →DKE

UL Underwriters Laboratories, Prüflaboratorien der amerikanischen Versicherungs-Unternehmen. UL ist ein Gütezeichen der US-Industrie

ULA Universal (Uncommitted) Logic Array, allgemein gebräuchliche Abkürzung für einen universell einsetzbaren Kundenschaltkreis

ULSI Ultra Large Scale Integration, Bezeichnung von integrierten Schaltkreisen mit sehr hoher Integrationsdichte

ULSI User →LSI, Anwender-spezifische LSI-Schaltkreise

UMB Upper Memory Block, höherer Speicherbereich beim →PC

UMR Ultra Miniatur Relais, Kleinst-Relais

UNI User to Network Interface, Nutzer-Netzwerk-Schnittstelle von →ISDN

UNI Unificazione Nazionale Italiano, italienisches Normen-Gremium

UNICE Union des Industries de la Communauté Economique, Union der Industrie-Verbände der →EU

UNIX Betriebs-System für 32-Bit-Rechner von AT&T

UNMA Unified Network Management Architecture

UP Under Program, Unterprogramm, z.B. vom Anwenderprogramm

UP User Programmer

UPI Universal Peripheral Interface

UPIC User Programmable Integrated Circuit

UPL User Programming Language

UPS Uniterruptable Power Supply

USA User Specific Array, ähnlich einem Standard-Zell-Design

USART Universal Synchronous / Asynchronous Receiver / Transmitter, Ein-Ausgabe-Baustein zur seriellen Datenübertragung. Anwendung bei den Normschnittstellen →RS232-C, →RS422 und →RS485

USASI United States of America Standards Institute, Vorgänger von →ANSI

USB Universal Serial Bus, serieller →PC-Bus

USC Under-Shoot Corrector, Unterschwingungs-Dämpfung bei →ICs

USIC Universal System Interface Controller, Multifunktions-Controller für serielle und paralelle Schnittstellen

USIC User Specific →IC, andere Bezeichnung für →ASIC

USTACK Unterbrechungs-STACK, Speicher in der →SPS zur Aufnahme der Unterbrechungs-Ursachen

USV Unterbrechungsfreie Strom-Versorgung

UTE Union Technique de l'Electricité, französische Elektrotechnische Vereinigung

UTP Unshielded Twisted Pair, ungeschirmte →ETHERNET-Leitungen

UUCP Unix to Unix Copy, weltweites Netz für den Datenaustausch zwischen →UNIX-Rechnern

UUG →UNIX User Group, Vereinigung der UNIX-Anwender

UUT Unit Under Test

UVEPROM Ultra Violet Eraseable Programmable Read Only Memory, mit UV-Licht löschbares →EPROM

UVV Unfall-Verhütungs-Vorschrift der Berufsgenossenschaften

UW Unsigned Word

UZK Zwischenkreisspannung, z.B. von Stromrichtern

V Zweite Bewegung parallel zur Y-Achse nach →DIN 66025

V.24 Schnittstelle vom →CCITT für die serielle Datenübertragung. Weitgehende Übereinstimmung mit →RS-232-C

VA Value Analysis, →WA

VA Volt Ampere

VAC Voltage Alternating Current

VAD Value Added Distributor

VAL Variable Language, Programmier-System für Roboter von Unimation USA

VAN Value Added Network, Daten-Fernübertragung

VANS Value Added Network Services, Daten-Fernübertragungs-Service

VAR Variable

VAS Value Added Services, Daten-Übertragungs-Service

VASG →VHDL Analysis and Standardization Group im →IEEE

VBG Vorschrift der Berufs-Genossenschaft

VBM Verband der Bayerischen Metallindustrie

VBMI Verein der bayerischen metallverarbeitenden Industrie

VC Validity Check, Gültigkeitsprüfung

VCCI Voluntary Control Council for Interference by Data Processing Equipment and Electric Office Machines in Japan

VCE Virtual Channel Extension, Optimierung der Pin-Zuordnung von →FBG-Testern

VCEP Video Compression/Expansion Processor

VCI Verband der Chemischen Industrie e.V. Deutschlands

VCO Voltage Controlled Oscillator

VCPI   Virtual Control Program Interface, PC-Standard zur Nutzung von 16 MByte Arbeits-Speicher

VCR   Video Cassette Recorder, Videorecorder

VDA   Verband der Automobil-Industrie e.V., erstellt u.a. auch Vorschriften für →SPS-Anwendung

VDA-FS   →VDA-Flächen-Schnittstelle, Normung von Produkt-Daten-Formaten nach →DIN für die Automobil-Industrie

VDA-IS   →VDA-Iges-Subset, nach →VDMA/VDA 66319

VDA-PS   →VDA-Programm-Schnittstelle, nach →DIN V 66304

VDC   Voice Data Compressor/Expander, Baustein für →ISDN

VDC   Voltage Direct Current

VDE   Verband Deutscher Elektrotechniker e.V., Normen-Verband, zugleich auch sicherheitstechnisches Konformitätszeichen

VDEPN   Vereinigung der Deutschen Elektrotechnischen Prüffelder für Niederspannung e.V.

VDE-PZI   VDE-Prüf- und Zertifitierungs-Institut in Offenbach

VDEW   Vereinigung Deutscher Elektrizitätswerke e.V.

VDI   Verein Deutscher Ingenieure, Normen-Verband, vorwiegend für die Industrie tätig

VdL   Verband der deutschen Leiterplatten-Industrie

VDMA   Verband Deutscher Maschinen- und Anlagenbauer e.V. in Frankfurt / M

VDR   Voltage Dependent Resistor

VDRAM   Video →DRAM, Video-Speicher mit serieller und paralleler Schnittstelle

VDT   Video (Visual) Display Terminal, Daten-Sichtgerät, →VDU

VdTÜV   Vereinigung der Technischen Überwachungs-Vereine e.V.

VDU   Visual Display Unit, Daten-Sichtgerät, →VDT

VDW   Verein Deutscher Werkzeugmaschinen-Hersteller

VEA   (Bundes-)Verband der Energie-Abnehmer in Hannover

VEE   Visual Engineering Environment, Symbole für die Softwareumgebung von Entwicklung und Prüffeld

VEI   Vocabulaire Electrotechnique International, internationales technisches Wörterbuch

VEL   Velocity, Geschwindigkeit, →VELO

VELO   Velocity, Geschwindigkeit, auch Einheit von Maschinendaten bei Werkzeugmaschinen-Steuerungen

VEM   Vereinigung Elektrischer Montageeinrichtungen, Vereinigung von ehemaligen DDR-Firmen, u.a. NUMERIK Chemnitz

VERA   →VME-Bus and Extensions Russian Association, russische VME-Bus-Vereinigung

VESA   Video Electronics Standard Association, Zusammenschluß führender Graphikfirmen

VFC   Voltage Frequency Converter

VFD   Virtual Field Device

VFD   Vakuum Fluoreszenz Display

VFEA   →VME Futurebus+Extended Architecture, Bussystem für Multiprozessor-Systeme

VG   Verteidigungs-Geräte-Norm, Bauelemente-Norm der NATO

VGA   Video Graphics Adapter, Farbgraphik-Anschaltung für Monitore

VGAC   Video Graphics Array Controller, Baustein (Prozessor) zur Ansteuerung von Farb-Monitoren

VGB   (Technische) Vereinigung der Großkraftwerk-Betreiber

VHDL   →VHSIC Hardware Description Language, Hardware-Beschreibungssprache für →VLSI

VHF   Very High Frequency, Meterwellen

VHSIC   Very High Speed Integrated Circuit, Bezeichnung einer Schaltkreisfamilie mit sehr hoher Verarbeitungsgeschwindigkeit

VID   Video-Treiber, Datei-Ergänzung

VIE   Visual Indicator Equipment, optische Anzeige-Einrichtung

VIK   Vereinigung Industrielle Kraftwirtschaft e.V.

VIMC   →VME-Bus Intelligent Motion Controller

VINES   Virtual Networking Software, Netzwerk-Betriebssystem auf →UNIX-Basis

VIP   Vertically Integrated →PNP, Technologie für extrem schnelle monolithische integrierte Schaltungen

VIP   Vertical Integrated Power, Bezeichnung für verschiedene "smart power"-Technologien

VIP   Visual Indicator Panel

VIP   →VHDL Instruction Processor, Netzwerk von VHDL-Beschleunigern

VISRAM   Visual →RAM

VIT   Virtual Interconnect Test, Virtueller In-Circuit-Test

VITA   →VME-Bus International Trade Association, internationale Vereinigung der VME-Bus-Betreiber

VKE   Verknüpfungs-Ergebnis im →SPS-Anwender-Programm

VLB   →VESA Local Bus

VLD   Visible Laser Diode

VLF   Very Low Frequencies

VLIW   Very Long Instruction Word-Architecture, gleichzeitige Verarbeitung von mehreren gleichartigen Befehlen in einem Prozessor

VLN   Variable Header with Local Name

VLR   Visitor Location Register

VLSI   Very Large Scale Integration, Bezeichnung von integrierten Schaltkreisen (IC) mit sehr hohem Integrationsgrad

VMD Virtual Manufacturing Device

VME Versa Module Europe, Bussystem für Platinen im Europaformat

VMEA Variant Mode and Effects Analysis, Planung und Kontrolle von Teile- und Produkt-Varianten

VML Virtual Memory Linking

VMM Virtual Memory Manager, virtuelle Speicherverwaltung

V-MOS Vertical →MOS

VMPA Verband der Material-Prüfungs-Anstalten Deutschlands

VNS Verfahrens-neutrale Schnittstelle für Schaltplandaten nach →DIN 40950

VO Verordnung

VPS Videomat Programmable Sensor

VPS Voll Profil Schruppen, Bearbeitungsgang von Werkzeugmaschinen

VPS Verbindungs-programmierte Steuerung

VR Virtual Reality, Interaktive Computer-Simulation

VRAM Video Random Access Memory, Video-→RAM von PCs

VRC Vertical Redundancy Check, Fehlerprüfverfahren zur Erhöhung der Datenübertragungs-Sicherheit

VRMS Volt Root Mean Square

VS Virtual Storage

VSA Vorschub-Antrieb, z.B. einer Werkzeugmaschine

VSD Variable Speed Drives

VSI Verband der Software-Industrie Deutschlands e.V.

VSM Verein Schweizerischer Maschinen-Industrieller

VSO Voltage Sensitive Oscilloscope

VSOP Very Small Outline Package, Gehäuseform von integrierten Schaltkreisen in →SMD

VSS →VHDL System Simulation

VSYNC Vertical Synchronisation, vertikale Bild-Synchronisation bei Kathodenstrahlröhren

VT Video Terminal, Daten-Sichtgerät

VTAM Virtual Telecommunications Access Method, Netware-Router durch Mainframes

VTCR Variable Track Capacity Recording, Steuerung der variablen Spurkapazität von Festplatten

VTW Verlag für Technik und Wirtschaft

VXI →VME Bus Extension for Instrumentation, Untermenge vom VME-Bus für die Meßtechnik

VXI Very Expensive Instrumentation, Standard in der Meßtechnik

W Zweite Bewegung parallel zur Z-Achse nach →DIN 66025

W Encoder Warning Signal, Verschmutzungs-Signal vom Lage-Meßgeber

WA Wert-Analyse, →VA

WAN Wide Area Network, Weitverkehrsnetz

WARP Weight Association Rule Processor, Fuzzy-Controller-Baustein

WATS Wide Area Telecommunications Services, Datenübertragungs-Dienste von AT&T

WB Wechselrichter-Betrieb von Stromrichtern

WCM World Class Manufacturing

WD Winchester Disk, Festplatten-Datenspeicher für Rechner

WD Working Draft, Normen-Arbeitsgruppe

WDA Werkstatt-Daten-Auswertung über die →CIM-Kette

WDD Winchester Disk Drive

WECC Western European Calibration Cooperation, Zusammenschluß der →EU- und →EFTA-Staaten, mit Ausnahme von Island und Luxemburg

WECK Weckfehler, Anzeige im →USTACK der →SIMATIC bei Weckalarmbearbeitung während der Bearbeitung des →OB 13

WELAC Western European Laboratory Accreditation Cooperation

WEM West European Metal Trades Employers Associations, Vereinigung der Arbeitgeber-Verbände der Metall-Industrie in West-Europa

WF Werkzeugmaschinen-Flachbaugruppen der →SIMATIC

WFM World Federation for the Metallurgic Industry, Weltverband der Metall-Industrie

WFMTUG World Federation of →MAP/TOP User Groups

WG Working Group, Bezeichnung der Normung-Arbeitsgruppen

WGP Wissenschaftliche Gesellschaft für Produktionstechnik

WI Work Item

WIP Work In Process

WK Werkzeug-Korrektur, Eingabe im Anwenderprogramm

WKS Werkstück-Koordinaten-System, z.B. von Werkzeugmaschinen

WLAN Wireless Local Area Network, drahtlose →LANs, z.B. für portable →PCs

WLB Wechsel-Last-Betrieb z.B von Maschinen nach →DIN VDE 0558

WLRC Wafer Level Reliability Control

WLTS Werkzeug-,Lager- und Transport-System

WMF WINDOWS Meta File, →PC-Datei-Format, Datei-Ergänzung

WOIT Workshop on Optical Information Technology, Nachfolger der →EJOB

WOP Wort-Prozessor

WOP Werkstatt-orientierte (optimierte) Programmierung, Funktion von Werkzeugmaschinen-Steuerungen

WOPS Werkstatt-orientiertes Programmiersystem für Schleifen, Funktion von Werkzeugmaschinen-Steuerungen

WORM Write Once Read Multiple (Many), optischer Speicher, der nur einmal beschrieben werden kann

WP Word Processing, Textbe- und -verarbeitung

WPABX Wireless Private Automatic Branch Exchange, Anwendung der schnurlosen Telefonie, z.B. bei →DECT

WPC Wired Program Controller, festverdrahteter (-programmierter) Rechner

WPG Wordperfect-Grafik, Datei-Ergänzung

WPL Wechsel-Platten-Speicher

WPP Wirtschaftlicher Produkt-Plan zur Beurteilung der Wirtschaftlichkeit anhand der Marginalrendite

WPD Work Piece Directory, Werstückverzeichnis, z.B. von numerisch gesteuerten Werkzeugmaschinen

WR Wagen-Rücklauf, →CR

WR Wechsel-Richter, Stromrichter in der Antriebstechnik

WRAM WINDOWS-→RAM, spezielle →VRAMs für WINDOWS

WRI (WINDOWS-)Write, Textdatei, Datei-Ergänzung

WRK Werkzeug Radius Korrektur, Funktion von Werkzeugmaschinen-Steuerungen

WS Wait State, Wartezeit beim Speicherzugriff

WS Work Station, Arbeitsplatz-Rechner

WS Work Scheduling, →DV-Arbeitsvorbereitung

WS800 Work Station 800, Programmierplatz von Siemens, zur Erstellung von Bearbeitungszyklen für eine numerisch gesteuerte Werkzeugmaschine

WSG Winkel-Schritt-Geber, Lagegeber für Werkzeugmaschinen-Steuerungen

WSP Wende-Schneid-Platten für Zerspanungs-Werkzeuge

WSS Werkstatt-Steuer-System

WSTS World Semiconducdor Trade Statistics, Marktforschungszweig des Welt-Halbleiterverbandes

WT Werkstatts-Technik, Zeitschrift für Produktion und Management vom →VDI

WTA World Teleport Association

WUF Wasser- Umlauf- Fremdlüftung von Halbleiter-Stromrichter-Geräten

WUW Wasser-Umlauf-Wasserkühlung von Halbleiter-Stromrichter-Geräten

WVA Welt-Verband der Metall-Industrie

WW Wire Wrap, Verdrahtungstechnik durch Drahtwickelung

WWW World Wide Web, Multimediafähige Computer-Benutzer-Oberfläche

WYSIWYG What you see is what you get, Darstellung am Bildschirm, wie sie über Drucker ausgegeben wird

WZ Werkzeug

WZFS Werkzeug-Fluß-System z.B. an Werkzeugmaschinen

WZK Werkzeugkorrektur, Funktion von Werkzeugmaschinen-Steuerungen

WZL Werkzeugmaschinen- und Betriebe-Lehre, Studienfach an der RWTH in Aachen

WZM Werkzeugmaschine

WZV Werkzeugverwaltung

X Bewegung in Richtung X-Achse nach →DIN 66025

XENIX Hardware-unabhängiges Betriebssystem von Microsoft

XGA Extended Graphic Adapter (Array), neuer Graphik-Standard von →IBM

XLC Excel-Chart, Datei-Ergänzung

XLM Excel-Makro, Datei-Ergänzung

XLS Excel-Worksheet, Datei-Ergänzung

XMA Expanded Memory Architecture, Architektur des →PC-Erweiterungs-Speichers

XMS Extended Memory Specification, →PC-Standard zur Nutzung von 16 MByte Arbeits-Speicher

XNS Xerox Network System, →Ethernet-Protokol

XT Extended Technology, →PC-Technologie

Y Bewegung in Richtung Y-Achse nach →DIN 66025

YAG Yttrium-Aluminium-Granat(-Laser)

YP Yield Point, Sollbruchstelle

Z Bewegung in Richtung Z-Achse nach →DIN 66025

ZAM Zipper Associative Matrix, assoziative Reißverschlußmatrix für Datenbanken

ZCS Zero Current Switching

ZD Zeitmultiplex-Daten-Übertragungs-System

ZDE Zentralstelle Dokumentation Elektrotechnik e.V. beim →VDE

ZDR Zeilen-Drucker, →LPT

ZE Zentral-Einheit, z.B. eines Rechners

ZER Zertifizierungsstelle

ZF Zero Flag, Bit vom Prozessor-Status-Wort

ZFS Zentrum Fertigungstechnik Stuttgart

ZG Zentral-Gerät, z.B. der →SIMATIC

ZG Zeichen-Generator, Baustein auf Video-Baugruppen

ZGDV Zentrum für Grafische Daten-Verarbeitung in Darmstadt

ZIF Zero Insertion Force

ZIP Zigzag In-line Package, Gehäuseform von integrierten Schaltkreisen

ZIR Zirkular, z.B. Bewegung von Robotern

ZK Zwischenkreis, z.B. Spannungs-Zwischenkreis von Stromrichtern

ZKZ Zeit-Kenn-Zahl, Roboter-Begriff

ZLS Zentralstelle der Länder für Sicherheitstechnik

ZN Zweig-Niederlassung, Siemens-Vertretung
im Inland

ZO Zero Offset, Nullpunkt-Verschiebung bei
Werkzeugmaschinen-Steuerungen

ZPAL Zero Power PAL, →PAL mit geringer
Stromaufnahme

ZRAM Zero Random Access Memory, Halblei-
ter-Speicher mit Lithium-Batterie

ZS Zertifizierungs-Stelle, akkreditierte Prüflabors

ZST Zeichen-Satz-Tabelle

ZV Zeilen-Vorschub, →LF

ZVEH Zentralverband der Deutschen Elektro-
handwerke

ZVEI Zentralverband Elektrotechnik- und
Elektroindustrie e.V.

ZVP Zuverlässigkeits-Prüfung

ZVS Zero Voltage Switching

ZWF Zeitschrift für wirtschaftlichen Fabrikbetrieb vom Carl Hanser Verlag

ZWSPE Zwischen-Speicher-Einrichtung der Telekommunikation

ZYK Zykluszeit überschritten, Störungs-Anzeige im →USTACK der →SPS

ZZF Zentralamt für Zulassungen im Fernmel-
dewesen

Sachverzeichnis

Druck: Mercedes-Druck, Berlin
Verarbeitung: Buchbinderei Lüderitz & Bauer, Berlin